Linux内核完全注释

20周年版

/ 第2版 /

赵炯◎编著

机械工业出版社
CHINA MACHINE PRESS

本书对早期的 Linux 操作系统内核(v0.11)全部源代码文件进行了详细的注释和说明,旨在帮助读者用较短的时间对 Linux 的工作机理获得全面而深刻的理解,为进一步学习和研究 Linux 系统打下坚实的基础。书中首先介绍了 Linux 系统的发展历史,着重说明了各个内核版本之间的重要区别,给出了选择 0.11 版作为研究对象的原因;然后依据内核源代码的组织结构对所有代码进行了详细注释。在注释的同时,还介绍了读者应该了解的相关知识,并给出了相关的硬件信息。本书还介绍了内核源代码的组织结构及相互关系。

本书适合作为计算机专业学生学习操作系统课程的实践教材和参考书,也适合 Linux 操作系统爱好者自学,还可供具有一定基础的技术人员作为嵌入式开发应用的参考书。

图书在版编目(CIP)数据

Linux 内核完全注释:20 周年版/赵炯编著. —2 版. —北京:机械工业出版社, 2023.12(2024.11 重印)

ISBN 978-7-111-74065-0

Ⅰ. ①L… Ⅱ. ①赵… Ⅲ. ①Linux 操作系统 Ⅳ. ①TP316.85

中国国家版本馆 CIP 数据核字(2023)第 198609 号

机械工业出版社(北京市百万庄大街 22 号 邮政编码 100037)
策划编辑:车 忱 责任编辑:车 忱
责任校对:宋 安 责任印制:邓 博
北京盛通印刷股份有限公司印刷
2024 年 11 月第 2 版第 3 次印刷
184mm×260mm · 28 印张 · 2 插页 · 690 千字
标准书号:ISBN 978-7-111-74065-0
定价:198.00 元

电话服务 网络服务
客服电话:010-88361066 机 工 官 网:www.cmpbook.com
010-88379833 机 工 官 博:weibo.com/cmp1952
010-68326294 金 书 网:www.golden-book.com
封底无防伪标均为盗版 机工教育服务网:www.cmpedu.com

出版说明

Linux 是一个优秀的操作系统，问世之后迅速壮大，在计算机领域不断开疆拓土，如今已成为软件业的基石。

Linux 的成功与高质量的 Linux 图书密不可分。机械工业出版社较早认识到 Linux 的价值，并邀请专家编写和翻译相关图书。多年来，出版的 Linux 图书涵盖 Linux 的内核、开发和应用，为 Linux 在国内的传播做出了巨大贡献。

《Linux 内核完全注释》自 2004 年出版以来，因其对 Linux 内核源码的详尽、准确的注释，在业界和高校产生了较大影响，也为许多计算机爱好者指明了正确的学习方法，20 年间不断重印。此次再版，除了改正原书中已发现的错误，还将单色印刷改成双色印刷，以更好地满足读者的阅读和收藏需求。希望本书能继续得到大家的认可。

机械工业出版社

前　言

本书是一本有关 Linux 操作系统内核工作原理的入门读物，主要目标是使用尽量少的篇幅和有限的学习时间，对完整的 Linux 内核源代码进行解剖，使读者对操作系统的基本功能和实现方式有一个全面的理解。

目前已有的阐述 Linux 内核的书籍，均尽量选用 Linux 内核的新版本进行描述，但由于这些版本的内核源代码庞大，只能对源代码进行选择性的讲解，许多实现细节被忽略。本书则对完整的 Linux 内核源代码进行了全面解剖。表面看来，本书对 Linux 早期内核版本注释的内容似乎过时，但通过学习你会发现，利用本书学习 Linux 内核，由于源代码短小精干，因此会有极高的学习效率，能够做到事半功倍、快速入门，并为进一步选择新内核学习打下坚实的基础。

正如 Linux 系统的创始人 Linus 所说，要理解一个系统的真正运行机制，一定要阅读其源代码。系统本身是一个整体，具有很多看似不重要的细节。只有在详细阅读过完整的内核源代码之后，才会对整个系统的运作过程有深刻的理解。以后再选择较新内核源代码进行学习时，也不会碰到大问题，基本上都能顺利地理解新代码的内容。

为了帮助读者提高学习效率，作者通过对多个 Linux 内核版本进行比较和选择，最终选择了与目前 Linux 内核基本功能较为相近，又非常短小的 0.11 版作为入门学习的最佳版本。0.11 版内核源代码只有一万四千行左右（325KB），其中包括的内容基本上都是 Linux 系统的精髓。

在阅读本书时，读者应该具备基本的有关 80x86 处理器编程和相关外围硬件的知识，还应具备使用 Linux 系统的初级技能。由于 Linux 最早是根据 M. J. Bach 的《UNIX 操作系统设计》一书的基本原理开发的，因此若能适当参考该书，则更有利于对源代码的理解。

在对每个程序进行描述时，首先说明程序的主要用途、输入输出参数以及与其他程序的关系，然后在程序中对代码进行详细注释。注释时对源代码和原注释不做任何改动。在代码之后对程序中出现的一些语句或硬件方面的相关知识进行说明。

本书所需的一些基本概念均分布在各章中，这样编排主要是为了能够使读者方便地找到相关信息，而且在结合源代码阅读时，对一些基本概念能有更深的理解。另外，由于篇幅所限，书中对内核源代码多数文件开始处的版权信息做了省略，但程序中的行号仍然按原来的编号。

最后要说明的是，当你已经完全理解了本书解说的一切内容时，并不代表你已经成为一个 Linux 行家了，你只是刚刚踏上 Linux 的征途，具有了成为一个 Linux 高手的初步知识。这时你应该去阅读更多的源代码。

本书读者群的定位是一些知晓 Linux 系统一般使用方法或具有一定编程经验，但比较缺乏阅读目前最新内核源代码的基础，又急切希望能够进一步理解类 UNIX 操作系统内核工作原理和实际代码实现的爱好者。在阅读时可以参考为本书专门开设的网站 www.oldlinux.org。从中可以下载到很多学习资料和上机实习软件。

作　者

目　录

第1章　概　　述

本章首先概述 Linux 操作系统诞生的过程和开发、成长的重要环境支柱，解释了选择早期内核版本作为学习对象的原因，并具体说明选择早期内核进行学习的优点，以及如何开始进一步学习。

1.1　Linux 的诞生和发展

Linux 操作系统是 UNIX 操作系统的一种克隆版本。它诞生于 1991 年的 10 月 5 日（这是第一次正式向外公布的时间）。以后借助互联网，在全世界各地计算机爱好者的共同努力下，发展成目前世界上用户最多的一种类 UNIX 操作系统，并且使用人数还在迅猛增加。Linux 操作系统的诞生、发展和成长过程依赖于五个重要支柱：UNIX 操作系统、MINIX 操作系统、GNU 计划、POSIX 标准和互联网。

1.1.1　UNIX、MINIX、GNU 和 POSIX

UNIX 操作系统是美国贝尔实验室的 Ken Thompson 和 Dennis Ritchie 于 1969 年夏在 DEC PDP-7 小型计算机上开发的一个分时操作系统。后经 Dennis Ritchie 于 1972 年用 C 语言进行了改写，使得 UNIX 系统在大专院校得到了推广。

MINIX 操作系统是由 Andrew S. Tanenbaum 在 1987 年编制的，主要用于学生学习操作系统原理。目前主要有两个版本在使用：1.5 版和 2.0 版。最初该操作系统在大学使用是免费的，但其他用户需要付费使用。现在它已经是完全免费的，可以从许多 FTP 上下载。

GNU 计划和自由软件基金会（the Free Software Foundation，FSF）是由 Richard M. Stallman 于 1984 年创办的，旨在开发一个免费的、类似 UNIX 的操作系统——GNU 系统。到 20 世纪 90 年代初，GNU 项目已经开发出许多高质量的免费软件，其中包括有名的 Emacs 编辑系统、BASH shell 程序、GCC 系列编译器程序、GDB 调试程序等。这些软件为 Linux 操作系统的开发创造了一个合适的环境，是 Linux 能够诞生的基础之一。所以目前许多人都将 Linux 操作系统称为“GNU/Linux”操作系统。

POSIX（Portable Operating System Interface）是由 IEEE 和 ISO/IEC 开发的一套标准。到 20 世纪 90 年代初，POSIX 标准的制定正处在最后投票敲定的时候。此时 Linux 刚刚起步。这个标准为 Linux 提供了极为重要的信息，使得 Linux 能够在标准的指导下进行开发，做到与绝大多数 UNIX 系统兼容。

1.1.2　Linux 操作系统的诞生和版本的变迁

1981 年 IBM 公司推出著名的 IBM PC 微型计算机。此后十年间，MS-DOS 操作系统一直是微型计算机上的主宰。在这一阶段，硬件价格虽然逐年下降，但软件价格仍然居高不下。当时另一个阵营是 UNIX 世界。为了寻求高利润，UNIX 经销商将价格抬得极高。一度受到贝尔实验室许可而可以在大学中用于教学的 UNIX 源代码也一直被小心地守卫着不许公开。正在此时,出现了 MINIX 操作系统,并有一本详细描述其工作原理的书可供参考。于是几乎所有计算机爱好者都开始阅读此书。其中也包括 Linux 系统的创造者 Linus Benedict Torvalds。

在 1990 年,20 岁的 Linus 是芬兰赫尔辛基大学计算机系的二年级学生,也是一个自学的计算机黑客。为了学习计算机知识,Linus 用当年圣诞节得到的压岁钱和贷款,购买了一台 386 兼容计算机,并从美国邮购了 MINIX 系统软件。在等待 MINIX 软件期间,Linus 认真研究了 80386 的硬件知识。为了能通过 Modem 拨号连接到学校的主机上,他使用汇编语言并利用 80386 CPU 的多任务特性编制出一个终端仿真程序。为了将自己的一台老式计算机上的软件复制到新计算机上,他还为软驱、键盘等一些硬件设备编制出驱动程序。

通过编程实践,并在学习过程中认识到 MINIX 系统的诸多限制,Linus 开始有了编制操作系统的想法。此时 GNU 计划已经开发出许多工具软件,其中最受期盼的 GNU C 编译器已经出现,但 GNU 的操作系统 HURD 仍在开发中。而 MINIX 也有了版权,需要购买才能得到源代码。对于 Linus 来说已经等不及了。从 1991 年 4 月份起,他通过修改终端仿真程序和硬件驱动程序,开始编制起自己的操作系统来。根据 Linus 在 comp. os. minix 新闻组上发布的消息,我们可以知道他逐步从学习 MINIX 系统阶段发展到开发自己的 Linux 系统的过程。

在他回答有关 MINIX 的一个问题时,所说的第一句话就是“请阅读源代码”。他认为答案就在源程序中。这也说明了对于学习系统软件来说,不仅需要懂得系统的基本工作原理,还需要结合源代码,学习系统的实现方法。因为理论毕竟是理论,其中省略了许多细节,而这些细节问题虽然没有太多的理论含量,但它们是一个系统必要的组成部分,就像麻雀身上的羽毛。

第一个与 Linux 系统有关的消息是 Linus 在 1991 年 7 月 3 日在 comp. os. minix 新闻组上发布的,其中透露了他正在进行 Linux 系统的开发,并且在最初的 Linux 内核代码中,Linus 就已经为 Linux 与 POSIX 标准的兼容性做好了准备。在 0. 01 版内核/include/unistd. h 文件中就已经定义了几个 POSIX 标准要求的常数符号。在相关注释中,Linus 写道:“OK,这也许是个玩笑,但我正在着手研究它呢。”到 1991 年的 10 月 5 日,Linus 在 comp. os. minix 新闻组上发布消息,正式向外宣布 Linux 内核系统的诞生(Free MINIX-like kernel sources for 386-AT)。这段消息可以称为 Linux 的诞生宣言,并且一直广为流传。

Linux 从诞生到 1. 0 版正式出现,发布的主要版本见表 1-1。

表 1-1 Linux 内核的主要版本

版本号	发布日期	说明
0. 01	1991. 8	第一个正式向外公布的 Linux 内核版本。多线程文件系统、分段和分页内存管理
0. 02	1991. 10. 5	该版本以及 0. 03 版是内部版本,目前已经无法找到。特点同上
0. 10	1991. 10	由 Ted Ts'o 发布的 Linux 内核版本。增加了内存分配库函数
0. 11	1991. 12. 8	基本可以正常运行的内核版本。支持硬盘和软盘驱动
0. 12	1992. 1. 15	主要增加了数学协处理器的软件模拟程序,增加了作业控制、虚拟控制台、文件符号链接和虚拟内存对换功能
0. 95(0. 13)	1992. 3. 8	加入虚拟文件系统支持,增加了登录功能。改善了软盘驱动程序和文件系统的性能。改变了硬盘编号方式。支持 CDROM

(续)

版 本 号	发布日期	说 明
0.96	1992.5.12	开始加入网络支持。改善了串行驱动、高速缓冲、内存管理的性能,支持动态链接库,并能运行 X-Window 程序
0.97	1992.8.1	增加了对新的 SCSI 驱动程序的支持
0.98	1992.9.29	改善了对 TCP/IP(0.8.1)网络的支持,纠正了 extfs 的错误
0.99	1992.12.13	重新设计进程对内存的使用分配,每个进程有 4GB 线性空间
1.0	1994.3.14	第一个正式版

将 Linux 系统 0.13 版内核直接改称 0.95 版,Linus 的意思是让大家不要觉得离 1.0 版还很遥远。同时,从 0.95 版开始,对内核的许多改进工作(补丁程序的提供)均以其他人为主了,而 Linus 的主要任务开始变成对内核的维护和决定是否采用某个补丁程序。在本书写作时,最新的内核版本是 2003 年 12 月 18 日公布的 2.6.2 版。包括约 15000 个文件,使用 gz 压缩后大小也有 40MB 左右!

1.2 内容综述

本书主要对 Linux 的早期内核 0.11 版进行详细描述和注释。Linux-0.11 版本是在 1991 年 12 月 8 日发布的。在发布时包括以下几个文件:

```
bootimage.Z          -具有美国键盘代码的压缩启动映像文件;
rootimage.Z          -以 1200KB 压缩的根文件系统映像文件;
linux-0.11.tar.Z     -内核源代码文件;
as86.tar.Z           -Bruce Evans 的二进制执行文件,是 16 位的汇编程序和装入程序;
INSTALL-0.11         -更新过的安装信息文件。
```

目前除了原来的 rootimage.Z 文件,其他四个文件均能找到。不过作者已经利用互联网上的资源为 Linux 0.11 重新制作了一个完全可以使用的 rootimage-0.11 根文件系统,并重新为其编译出能在 0.11 环境下使用的 gcc 1.40 编译器,配置出可用的实验开发环境。目前,这些文件均可以从 oldlinux.org 网站上下载。具体下载位置是:

http://oldlinux.org/Linux.old/images/　该目录中含有已经制作好的内核映像文件 bootimage 和根文件系统映像文件 rootimage。

http://oldlinux.org/Linux.old/kernel/　该目录中含有内核源代码程序,包括本书所描述的 Linux 0.11 内核源代码程序。

http://oldlinux.org/Linux.old/bochs/　该目录中含有已经设置好的运行在计算机仿真系统 bochs 下的 Linux 系统。

http://oldlinux.org/Linux.old/Linux-0.11/　该目录中含有可以在 Linux 0.11 系统中使用的其他一些工具程序和说明文档。

本书分析了 Linux 0.11 内核中所有源代码程序,对每个源程序文件都进行了详细注释,包括对 Makefile 文件和 .h 头文件的注释。分析过程主要是按照计算机启动过程进行的。因此分析的连贯性到初始化结束内核开始调用 shell 程序为止。其余的各个程序均针对其自身进行分析,没有连贯性,因此可以根据自己的需要进行阅读。但在分析时还是提供了一些应用实例。

在分析过程中,如果第一次遇到较难理解的语句时,将给出相关知识的详细介绍。比如,在阅读代码第一次遇到C语言内嵌汇编代码时,将对GNU C语言的内嵌汇编语言进行较为详细的介绍;在遇到对中断控制器进行输入/输出操作时,将对Intel中断控制器(8259A)芯片给出详细的说明,并列出使用的命令和方法。这样做有助于加深对代码的理解,又能更好地了解所用硬件的使用方法,作者认为这种解读方法要比单独列出一章内容来总体介绍硬件或其他知识效率要高得多。

为了保持结构的完整性,对代码的说明是以内核中源代码的组成结构进行的,基本上是以每个源代码中的目录为一章内容进行介绍。整个Linux内核源代码的目录结构见表1-2。所有目录结构均以linux为当前目录。

表1-2 linux目录

名　称	大　小	最后修改日期
boot/		1991-12-05 22:48:49
fs/		1991-12-08 14:08:27
include/		1991-09-22 19:58:04
init/		1991-12-05 19:59:04
kernel/		1991-12-08 14:08:00
lib/		1991-12-08 14:10:00
mm/		1991-12-08 14:08:21
tools/		1991-12-04 13:11:56
Makefile	2887 B	1991-12-06 03:12:46

本书内容可以分为三个部分。第1章至第4章是描述内核引导启动和32位运行方式的准备阶段,学习内核的初学者应该全部进行阅读。第二部分从第5章到第10章是内核代码的主要部分。其中第5章内容可以作为阅读本部分后续章节的索引。第11章到第13章是第三部分内容,可以作为阅读第二部分代码的参考。

第2章概要描述了Linux操作系统的体系结构,内核源代码文件放置的组织结构以及每个文件的大致功能。还介绍了Linux对物理内存的使用分配方式以及对虚拟线性地址的使用分配,以及如何在RedHat Linux 9操作系统上编译本书所讨论的Linux内核,对内核代码需要修改的地方。最后开始注释内核程序包中linux/目录下所看到的第一个文件,即内核代码的总体Makefile文件的内容。该文件是所有内核源程序的编译管理配置文件,供编译管理工具软件make使用。

第3章将详细注释boot/目录下的三个汇编程序,其中包括磁盘引导程序bootsect. s、获取BIOS中参数的setup. s汇编程序和32位运行启动代码程序head. s。这三个汇编程序完成了内核从块设备上引导加载到内存,对系统配置参数进行探测,完成了进入32位保护模式运行之前的所有工作,为内核系统进一步的初始化工作做好了准备。

第4章主要介绍init/目录中内核系统的初始化程序main. c。它是内核完成所有初始化工作并进入正常运行的关键。在完成了系统所有的初始化工作后,创建了用于shell的进程。在介绍该程序时将需要查看其所调用的其他程序,因此对后续章节的阅读可以按照这里调用的顺序进行。由于内存管理程序的函数在内核中被广泛使用,因此该章内容应该最先选读。当你能真正看懂直到main. c程序为止的所有程序时,就已经对Linux内核有了一定的了解,可以说有一半入门了，但还需要对文件系统、系统调用、各种驱动程序等进行更深一步的阅读。

第 5 章主要介绍 kernel/目录中的所有程序。其中最重要的部分是进程调度函数 schedule()、sleep_on()函数和有关系统调用的程序。此时你已经对其中的一些重要程序有所了解。

第 6 章对 kernel/dev_blk/目录中的块设备程序进行了注释说明。该章主要含有硬盘、软盘等块设备的驱动程序，主要与文件系统和高速缓冲区打交道。因此，在阅读这章内容时需首先浏览一下文件系统的章节。

第 7 章对 kernel/dev_chr/目录中的字符设备驱动程序进行注释说明。这一章中主要涉及串行线路驱动程序，键盘驱动程序和显示器驱动程序，因此含有较多与硬件有关的内容，在阅读时需要参考一下相关书籍。

第 8 章介绍 kernel/math/目录中的数学协处理器的仿真程序。由于本书所注释的内核版本，还没有真正开始支持协处理器，因此本章的内容较少，也比较简单，只需有一般了解即可。

第 9 章介绍内核源代码 fs/目录中的文件系统程序，在看这章内容时建议你能够暂停一下，先去阅读 Andrew S. Tanenbaum 的《操作系统：设计与实现》一书中有关 MINIX 文件系统的章节，因为最初的 Linux 系统只支持 MINIX 文件系统，Linux 0.11 版也是如此。

第 10 章解说 mm/目录中的内存管理程序。要透彻地理解这方面的内容，需要对 Intel 80x86 微处理器的保护模式运行方式有足够的理解，因此本章在适当的地方包含较为完整的有关 80x86 保护模式运行方式的说明，这些知识基本上都可以参考 Intel 80386 程序员编程手册(Intel 80386 Programmer's Reference Manual)。但在此章中，以源代码中的运用实例为对象进行解说，可以更好地帮助读者理解它的工作原理。

现有的 Linux 内核分析书籍都缺乏对内核头文件的描述，因此对于一个初学者来讲，在阅读内核程序时会遇到许多障碍。本书的第 11 章对 include/目录中的所有头文件进行了详细说明，基本上对每一个定义、每一个常量或数据结构都进行了详细注释。虽然该章内容主要是为阅读其他章节中的程序作参考使用的，但是若想彻底理解内核的运行机制，仍然需要了解这些头文件中的许多细节。

第 12 章介绍了 Linux 0.11 版内核源代码 lib/目录中的所有文件。这些库函数文件主要向编译系统等系统程序提供接口函数，阅读这些文件对以后理解系统软件会有较大的帮助。由于这个版本较低，所以这方面的内容并不是很多，可以很快地看完。这也是我们选择 0.11 版的原因之一。

第 13 章介绍 tools/目录下的 build.c 程序。这个程序并不包括在编译生成的内核映像(image)文件中，它仅用于将内核中的磁盘引导程序块与其他主要内核模块连接成一个完整的内核映像(kernel image)文件。

1.3 本章小结

本章首先阐述了 Linux 诞生和发展不可缺少的五个支柱：UNIX 最初的开放源代码版本为 Linux 提供了基本原理和算法；Richard Stallman 的 GNU 计划为 Linux 系统提供了丰富且免费的各种实用工具；POSIX 标准的出现为 Linux 提供了实现与标准兼容系统的参考指南；Tanenbaum 的 MINIX 操作系统为 Linux 的诞生起到了不可忽略的参考作用；互联网是 Linux 成长和壮大的必要环境。

1.4 习题

1. 利用互联网上的搜索引擎,查找有关 UNIX、MINIX、GNU 的主要相关站点和详细信息。并使用 www. google. com 网站上的 Linux 新闻组,了解 Linux 诞生和发展的过程。

2. 复习有关 Intel 80x86 体系结构的硬件及其编程知识,尤其是关于 Intel 80x86 运行在保护虚拟地址模式(简称保护模式)下的工作原理。

3. Linus 在最初开发 Linux 操作系统内核时,主要算法参考了 M. J. Bach 著的《UNIX 操作系统设计》一书,Linux 内核源代码中很多重要函数的名称都取自该书。在继续学习本书之前,请先复习一下该书的基本内容。

第2章　Linux内核体系结构

本章首先基于Linux 0.11版的内核源代码，简要描述内核的基本体系结构、主要构成模块，概要说明了内核源代码目录中组织形式以及子目录中各个代码文件的主要功能、基本调用的层次关系。随后描述了构建Linux 0.11内核编译实验环境的方法。接下来切入正题，从内核源文件linux/目录下的第一个文件Makefile开始，对每一行代码进行详细说明。

2.1　Linux内核模式和体系结构

一个完整可用的操作系统主要由4部分组成：硬件、操作系统内核、操作系统服务和用户应用程序，如图2-1所示。用户应用程序是指那些字处理程序、互联网浏览器程序或用户自行编制的各种应用程序；操作系统服务程序是指向用户提供的服务，被看作是操作系统部分功能的程序。在Linux操作系统上，这些程序包括X窗口系统、shell命令解释系统以及内核编程接口等系统程序；操作系统内核是本书所感兴趣的部分，它主要用于对硬件资源的抽象和访问调度。

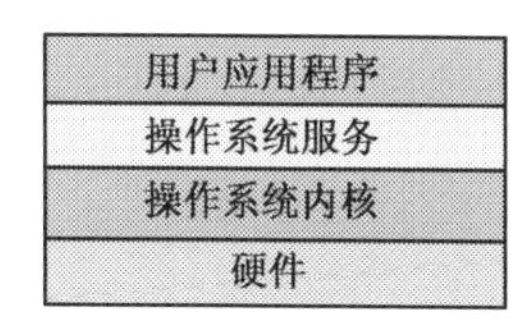

图2-1　操作系统组成部分

目前，操作系统内核的结构模式主要可分为整体式的单内核模式和层次式的微内核模式。而本书所注释的Linux 0.11内核，则采用了单内核模式。单内核模式的主要优点是内核代码结构紧凑、执行速度快，不足之处主要是层次结构性不强。

在单内核模式系统中，操作系统提供服务的流程为：应用主程序使用指定的参数执行系统调用指令（int x80），使CPU从用户态（User Mode）切换到内核态（Kernel Mode），然后系统根据参数值调用特定的系统调用服务程序，而这些服务程序则根据需要调用底层的支持函数以完成特定的功能。在完成了应用程序要求的服务后，操作系统又从内核态切换回用户态，回到应用程序中继续执行后续指令。因此，单内核模式的内核也可粗略地分为三层：调用服务的主程序层、执行系统调用的服务层和支持系统调用的底层函数，如图2-2所示。

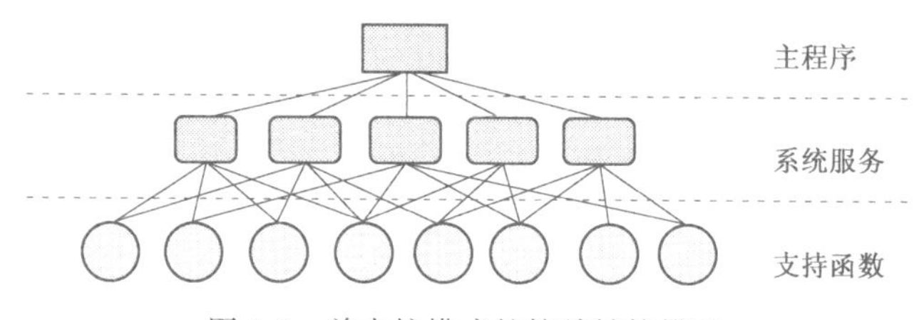

图2-2　单内核模式的简单结构模型

Linux内核主要由5个模块构成，它们分别是：进程调度模块、内存管理模块、文件系统模块、进程间通信模块和网络接口模块。

进程调度模块用来负责控制进程对CPU资源的使用。所采取的调度策略使各进程能够公平合理地访问 CPU,同时保证内核能及时地执行硬件操作。内存管理模块用于确保所有进程能够安全地共享机器主内存区,同时,内存管理模块还支持虚拟内存管理方式,使 Linux 的进程可以使用比实际内存空间更多的内存容量。并可以利用文件系统把暂时不用的内存数据块交换到外部存储设备上去,当需要时再交换回来。文件系统模块用于支持对外部设备的驱动和存储。虚拟文件系统模块通过向所有的外部存储设备提供一个通用的文件接口,隐藏了各种硬件设备的不同细节,从而提供并支持与其他操作系统兼容的多种文件系统格式。进程间通信模块子系统用于支持多种进程间的信息交换方式。网络接口模块提供对多种网络通信标准的访问并支持许多网络硬件。

这几个模块之间的依赖关系见图 2-3。其中的连线代表它们之间的依赖关系,虚线和虚框部分表示 Linux 0.11 中还未实现的部分(从 Linux 0.95 版才开始逐步实现虚拟文件系统,而网络接口的支持到 0.96 版才有)。

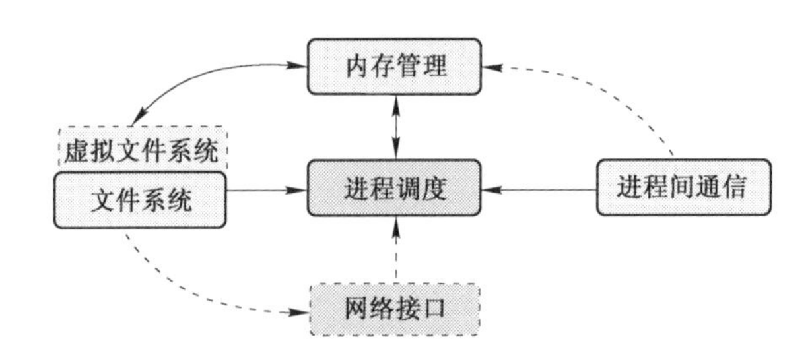

图 2-3 Linux 内核系统模块结构及相互依赖关系

由图可以看出,所有的模块都与进程调度模块存在依赖关系。因为它们都需要依靠进程调度程序来挂起(暂停)或重新运行它们的进程。通常,一个模块会在等待硬件操作期间被挂起,而在操作完成后才可继续运行。例如,当一个进程试图将一数据块写到软盘上去时,软盘驱动程序就可能在启动软盘加速期间将该进程置为挂起等待状态,而在软盘进入正常转速后再使得该进程能继续运行。另外 3 个模块也是由于类似的原因而与进程调度模块存在依赖关系。

其他几个依赖关系有些不太明显,但同样很重要。进程调度子系统需要使用内存管理子系统来调整一些特定进程所使用的物理内存空间。进程间通信子系统则需要依靠内存管理子系统来支持共享内存通信机制。这种通信机制允许两个进程访问内存的同一个区域以进行进程间信息的交换。虚拟文件系统也会使用网络接口来支持网络文件系统(NFS),同样也能使用内存管理子系统来提供内存虚拟盘(ramdisk)设备。而内存管理子系统也会使用文件系统来支持内存数据块的交换操作。若从单内核模式结构模型出发,我们还可以根据 Linux 0.11 内核源代码的结构将内核主要模块绘制成图 2-4 所示的框图结构。

其中内核级中的几个方框,除了硬件控制方框以外,其他粗线方框分别对应内核源代码的目录组织结构。除了这些图中已经给出的依赖关系以外,所有这些模块还会依赖于内核中的通用资源。这些资源包括内核所有子系统都会调用的内存分配和收回函数、打印警告或出错信息函数以及一些系统调试函数。

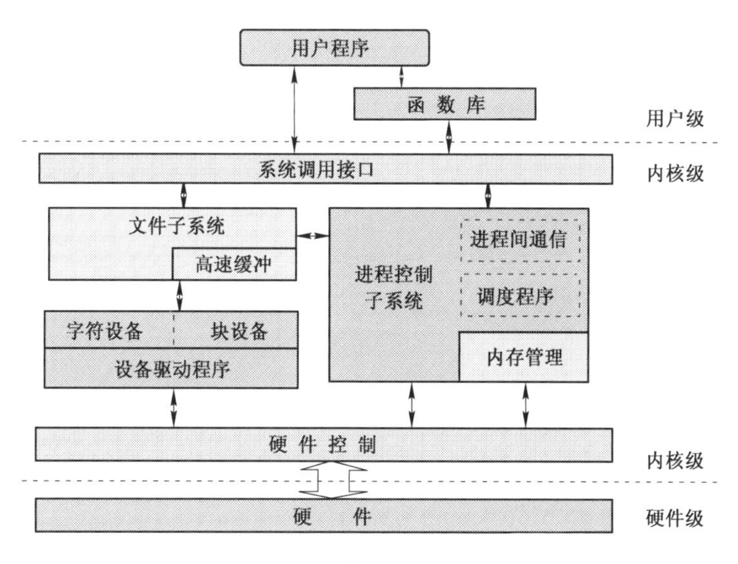

图 2-4　内核结构框图

2.2　Linux 中断机制

在使用 80x86 组成的 PC 中，采用了两片 8259A 可编程中断控制芯片。每片可以管理 8 个中断源。通过多片的级联方式，能构成最多管理 64 个中断向量的系统。在 PC/AT 系列兼容机中，使用了两片 8259A 芯片，共可管理 15 级中断向量。其级联示意图见图 2-5。其中从芯片的 INT 引脚连接到主芯片的 IR2 引脚上。主 8259A 芯片的端口基地址是 0x20，从 8259A 芯片是 0xA0。

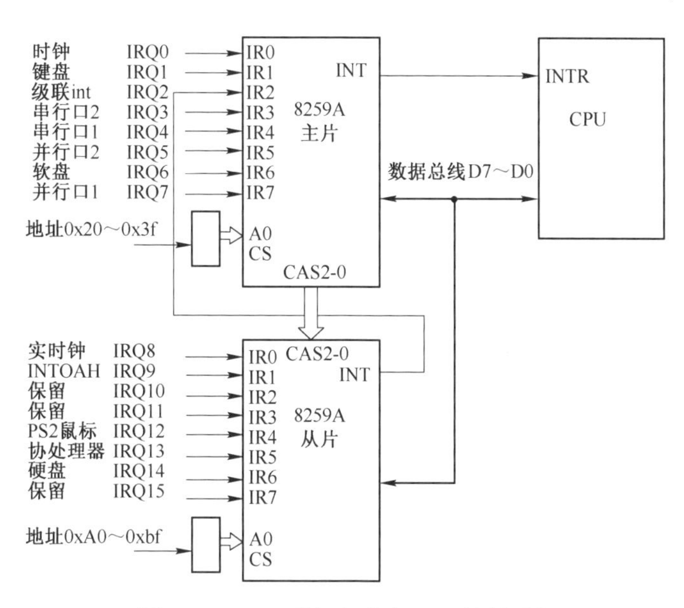

图 2-5　PC/AT 微机级联式 8259 控制系统

在总线控制器控制下，8259A 芯片可以处于编程状态和操作状态。编程状态是 CPU 使用

IN 或 OUT 指令对 8259A 芯片进行初始化编程的状态。一旦完成了初始化编程,芯片即进入操作状态,此时芯片即可随时响应外部设备提出的中断请求(IRQ0~IRQ15)。通过中断判优选择,芯片将选中当前最高优先级的中断请求作为中断服务对象,并通过 CPU 引脚 INT 通知 CPU 外中断请求的到来,CPU 响应后,芯片从数据总线 D7~D0 将编程设定的当前服务对象的中断号送出,CPU 由此获取对应的中断向量值,并执行中断服务程序。

对于 Linux 内核来说,中断信号通常分为两类:硬件中断和软件中断(异常)。每个中断是由 0~255 之间的一个数字来标识。对于中断 int0~int31(0x00~0x1f),每个中断的功能由 Intel 公司固定设定或保留用,属于软件中断,但 Intel 公司称之为异常。因为这些中断是在 CPU 执行指令时探测到异常情况而引起的。通常还可分为故障(fault)和陷阱(traps)两类。中断 int32~int255 (0x20~0xff)可以由用户自己设定。在 Linux 系统中,则将 int32~int47(0x20~0x2f)对应于 8259A 中断控制芯片发出的硬件中断请求信号 IRQ0~IRQ15,并把程序编程发出的系统调用(system_call)中断设置为 int128(0x80)。

在 Linux 0.11 内核源代码的 head.s 程序中,内核首先使用一个哑中断向量(中断描述符)对中断描述符表(Interrupt Descriptor Table,IDT)中所有 256 个描述符进行了默认设置(boot/head.s,78 行)。这个哑中断向量指向一个默认的"无中断"处理过程(boot/head.s,150 行)。当发生了一个中断而又没有重新设置过该中断向量时就会显示信息"未知中断(unknown interrupt)"。因此,对于系统需要使用的一些中断,内核必须在其继续初始化的处理过程中(init/main.c)重新设置这些中断的中断描述符项,让它们指向对应的实际处理过程。通常,硬件异常中断处理过程(int0~int 31)都在 traps.c 的初始化函数中进行了重新设置(kernel/traps.c,181 行),而系统调用中断 int128 则在调度程序初始化函数中进行了重新设置(kernel/sched.c,385 行)。

2.3 Linux 系统定时

在 Linux 0.11 内核中,PC 的可编程定时芯片 Intel 8253 被设置成每隔 10ms 就发出一个时钟中断(IRQ0)信号。这个时间节拍就是系统运行的脉搏,我们称之为 1 个系统滴答。因此每经过 1 个滴答就会调用一次时钟中断处理程序(timer_interrupt)。该处理程序主要用来通过 jiffies 变量来累计自系统启动以来经过的时钟滴答数。每当发生一次时钟中断该值就增 1。然后从被中断程序的段选择符中取得当前特权级 CPL 作为参数调用 do_timer()函数。

do_timer()函数则根据特权级对当前进程运行时间做累计。如果 CPL=0,则表示进程是运行在内核态时被中断,因此把进程的内核运行时间统计值 stime 增 1,否则把进程用户态运行时间统计值增 1。如果程序添加过定时器,则对定时器链表进行处理。若某个定时器时间到(递减后等于 0),则调用该定时器的处理函数。然后对当前进程运行时间进行处理,把当前进程运行时间片减 1。如果此时当前进程时间片还大于 0,表示其时间片还没有用完,于是就退出 do_timer()继续运行当前进程。如果此时进程时间片已经递减为 0,表示该进程已经用完了此次使用 CPU 的时间片,于是程序就会根据被中断程序的级别来确定进一步处理的方法。若被中断的当前进程是工作在用户态的(特权级别大于 0),则 do_timer()就会调用调度程序 schedule()切换到其他进程去运行。如果被中断的当前进程工作在内核态,即在内核程序中运行时被中断,则 do_timer()会立刻退出。因此这样的处理方式决定了 Linux 系统在内核态运行时不会被调度程序切换。进程在内核态程序中运行时是不可抢占的,但当处于用户态程序中运行时则是可以被抢占的。

2.4 Linux 内核进程控制

程序是一个可执行的文件,而进程(process)是一个执行中的程序实例。利用分时技术,在 Linux 操作系统上同时可以运行多个进程。分时技术的基本原理是把 CPU 的运行时间划分成一个个规定长度的时间片(time slice),让每个进程在一个时间片内运行。当进程的时间片用完时系统就利用调度程序切换到另一个进程去运行。因此实际上对于具有单个 CPU 的机器来说某一时刻只能运行一个进程。但由于每个进程运行的时间片很短(例如 15 个系统滴答=150ms),所以表面看来好像所有进程在同时运行着。

对于 Linux 0.11 内核来讲,系统最多可有 64 个进程同时存在。除了第一个进程是“手工”建立以外,其余的都是进程使用系统调用 fork 创建的新进程,被创建的进程称为子进程(child process),创建者则称为父进程(parent process)。内核程序使用进程标识号(process ID, pid)来标识每个进程。进程由可执行的指令代码、数据和堆栈区组成。进程中的代码和数据部分分别对应一个执行文件中的代码段、数据段。每个进程只能执行自己的代码和访问自己的数据及堆栈区。进程之间的通信需要通过系统调用来进行。对于只有一个 CPU 的系统,在某一时刻只能有一个进程在运行。内核通过调度程序分时调度执行运行各个进程。

Linux 系统中,一个进程可以在内核态(kernel mode)或用户态(user mode)下执行,因此,Linux 内核堆栈和用户堆栈是分开的。用户堆栈用于进程在用户态下临时保存调用函数的参数、局部变量等数据。内核堆栈则含有内核程序执行函数调用时的信息。

2.4.1 任务数据结构

内核程序通过进程表对进程进行管理,每个进程在进程表中占有一项。在 Linux 系统中,进程表项是一个 task_struct 任务结构指针。任务数据结构定义在头文件 sched.h 中。有些书上称其为进程控制块(Process Control Block, PCB)或进程描述符(Process Descriptor, PD)。其中保存着用于控制和管理进程的所有信息。主要包括进程当前运行的状态信息、信号、进程号、父进程号、运行时间累计值、正在使用的文件和本任务的局部描述符以及任务状态段信息。该结构每个字段的具体含义参见头文件 sched.h。

当一个进程在执行时,CPU 的所有寄存器中的值、进程的状态以及堆栈中的内容被称为该进程的上下文。当内核需要切换(switch)至另一个进程时,它需要保存当前进程的所有状态,即保存当前进程的上下文,以便在再次执行该进程时,能够恢复到切换时的状态执行下去。在 Linux 中,当前进程上下文均保存在进程的任务数据结构中。在发生中断时,内核就在被中断进程的上下文中,在内核态下执行中断服务例程。但同时会保留所有需要用到的资源,以便中断服务结束时能恢复被中断进程的执行。

2.4.2 进程运行状态

一个进程在其生存期内,可处于一组不同的状态下,称为进程状态,如图 2-6 所示。进程状态保存在进程任务结构的 state 字段中。当进程正在等待系统中的资源而处于等待状态时,则称其处于睡眠等待状态。在 Linux 系统中,睡眠等待状态被分为可中断的和不可中断的等待状态。

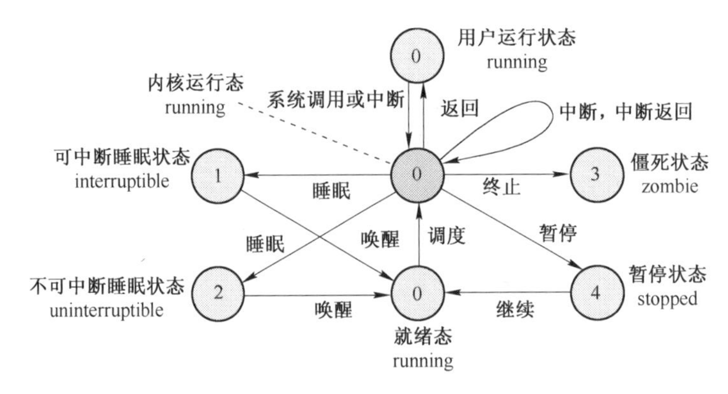

图 2-6　进程状态及转换关系

(1) 运行状态(TASK_RUNNING)。当进程正在被 CPU 执行,或已经准备就绪随时可由调度程序执行,则称该进程为处于运行状态(running)。进程可以在内核态运行,也可以在用户态运行。当系统资源已经可用时,进程就被唤醒而进入准备运行状态,该状态称为就绪态。这些状态(图中中间一列)在内核中表示方法相同,都被称为处于 TASK_RUNNING 状态。

(2) 可中断睡眠状态(TASK_INTERRUPTIBLE)。当进程处于可中断睡眠状态时,系统不会调度该进程执行。当系统产生一个中断或者释放了进程正在等待的资源,或者进程收到一个信号,都可以唤醒进程,转换到就绪状态(运行状态)。

(3) 不可中断睡眠状态(TASK_UNINTERRUPTIBLE)。与可中断睡眠状态类似。但处于该状态的进程只有被 wake_up()函数明确唤醒时才能转换到可运行的就绪状态。

(4) 暂停状态(TASK_ STOPPED)。当进程收到信号 SIGSTOP、SIGTSTP、SIGTTIN 或 SIGTTOU 时就会进入暂停状态。可向其发送 SIGCONT 信号让进程转换到可运行状态。在 Linux 0.11 中,还未实现对该状态的转换处理。处于该状态的进程将被作为进程终止来处理。

(5) 僵死状态(TASK_ZOMBIE)。当进程已停止运行,但其父进程还没有询问其状态时,称该进程处于僵死状态。

当一个进程的运行时间片用完,系统就会使用调度程序强制切换到其他的进程去执行。另外,如果进程在内核态执行时需要等待系统的某个资源,此时该进程就会调用 sleep_on()或 interruptible_sleep_on()自愿地放弃 CPU 的使用权,而让调度程序去执行其他进程。进程则进入睡眠状态(TASK_UNINTERRUPTIBLE 或 TASK_INTERRUPTIBLE)。

只有当进程从"内核运行态"转移到"睡眠状态"时,内核才会进行进程切换操作。在内核态下运行的进程不能被其他进程抢占,而且一个进程不能改变另一个进程的状态。为了避免进程切换时造成内核数据错误,内核在执行临界区代码时会禁止一切中断。

2.4.3　进程初始化

当 boot/目录中的引导程序把内核从磁盘上加载到内存中,并让系统进入保护模式下运行后,就开始执行系统初始化程序 init/main.c。该程序首先确定如何分配使用系统物理内存,然后调用内核各部分的初始化函数分别对内存管理、中断处理、块设备和字符设备、进程管理以及硬盘和软盘硬件进行初始化处理。在完成了这些操作之后，系统各部分已经处于可运行状态。此后程序把自己“手工”移动到任务 0(进程 0)中运行，并使用 fork()调用首次创建出进程 1。在进程 1 中程序将继续进行应用环境的初始化并执行 shell 登录程序。而原进程 0 则会在系统空闲时被调度执行，此时任务 0 仅执行 pause()系统调用，并会再调用调度函数。

“移动到任务 0 中执行”这个过程由宏 move_to_user_mode(include/asm/system.h)完成。它把 main.c 程序执行流从内核态(特权级 0)移动到了用户态(特权级 3)的任务 0 中继续运行。在移动之前，系统在对调度程序的初始化过程(sched_init())中，首先对任务 0 的运行环境进行了设置。这包括人工预先设置好任务 0 数据结构各字段的值(include/linux/sched.h)、在全局描述符表中添入任务 0 的任务状态段(TSS)描述符和局部描述符表(LDT)的段描述符，并把它们分别加载到任务寄存器 tr 和局部描述符表寄存器 ldtr 中。

需要强调的是，内核初始化是一个特殊过程，内核初始化代码也即是任务 0 的代码。从任务 0 数据结构中设置的初始数据可知，任务 0 的代码段和数据段基址是 0，段限长是 640KB。而内核代码段和数据段的基址是 0，段限长是 16MB，因此任务 0 的代码段和数据段分别包含在内核代码段和数据段中。内核初始化程序 main.c 就是任务 0 中的代码，只是在移动到任务 0 之前系统正以内核态特权级 0 运行着 main.c 程序。宏 move_to_user_mode 的功能就是把运行特权级从内核态的 0 级变换到用户态的 3 级，但是仍然继续执行原来的代码指令流。

在移动到任务 0 的过程中，宏 move_to_user_mode 使用了中断返回指令造成特权级改变的方法。该方法的主要思想是在堆栈中构筑中断返回指令需要的内容，把返回地址的段选择符设置成任务 0 代码段选择符，其特权级为 3。此后执行中断返回指令 iret 时将导致系统 CPU 从特权级 0 跳转到外层的特权级 3 上运行。图 2-7 是特权级发生变化时中断返回堆栈结构示意图。

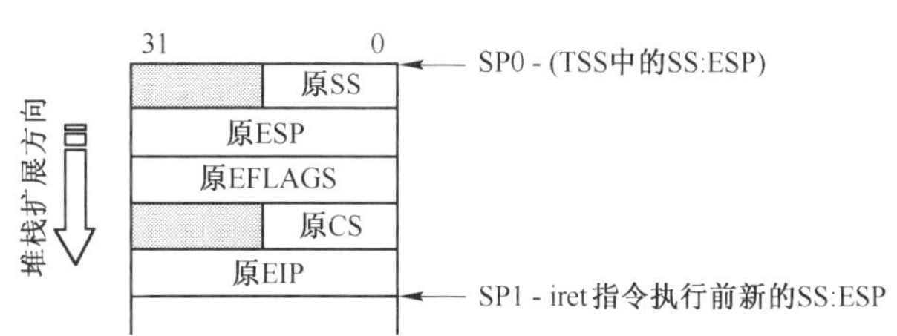

图 2-7　特权级发生变化时中断返回堆栈结构示意图

宏 move_to_user_mode 首先往内核堆栈中压入任务 0 数据段选择符和内核堆栈指针。然后压入标志寄存器内容。最后压入任务 0 代码段选择符和执行中断返回后需要执行的下一条指令的偏移位置。该偏移位置是 iret 后的一条指令处。

当执行 iret 指令时，CPU 把返回地址送入 CS:EIP 中，同时弹出堆栈中标志寄存器内容。由于 CPU 判断出目的代码段的特权级是 3，与当前内核态的 0 级不同。于是 CPU 会把堆栈中的堆栈段选择符和堆栈指针弹出到 SS:ESP 中。由于特权级发生了变化，段寄存器 DS、ES、FS 和 GS 的值变得无效，此时 CPU 会把这些段寄存器清零。因此在执行了 iret 指令后需要重新加载这些段寄存器。此后，系统就开始以特权级 3 运行在任务 0 的代码上。所使用的用户态堆栈还是原来在移动之前使用的堆栈。而其内核态堆栈则被指定为其任务数据结构所在页面的顶端开始(PAGE_SIZE + (long)&init_task)。由于以后在创建新进程时，需要复制任务 0 的任务数据结构，包括其用户堆栈指针，因此要求任务 0 的用户态堆栈在创建任务 1(进程 1)之前保持“干净”状态。

2.4.4 创建新进程

Linux 系统中创建新进程使用 fork( ) 系统调用。所有进程都是通过复制进程 0 而得到的，都是进程 0 的子进程。

在创建新进程的过程中，系统首先在任务数组中找出一个还没有被任何进程使用的空项（空槽）。如果系统已经有 64 个进程在运行，则 fork( ) 系统调用会因为任务数组表中没有可用空项而出错返回。然后系统为新建进程在主内存区中申请一页内存来存放其任务数据结构信息，并复制当前进程任务数据结构中的所有内容作为新进程任务数据结构的模板。为了防止这个还未处理完成的新建进程被调度函数执行，此时应该立刻将新进程状态置为不可中断的睡眠状态（TASK_UNINTERRUPTIBLE）。

随后对复制的任务数据结构进行修改。把当前进程设置为新进程的父进程，清除信号位图并复位新进程各统计值，并设置初始运行时间片值为 15 个系统滴答数（150ms）。接着根据当前进程设置任务状态段（TSS）中各寄存器的值。由于创建进程时新进程返回值应为 0，所以需要设置 tss.eax = 0。新建进程内核态堆栈指针 tss.esp0 被设置成新进程任务数据结构所在内存页面的顶端，而堆栈段 tss.ss0 被设置成内核数据段选择符。tss.ldt 被设置为局部表描述符在 GDT 中的索引值。如果当前进程使用了协处理器，则还需要把协处理器的完整状态保存到新进程的 tss.i387 结构中。

此后系统设置新任务的代码和数据段基址、限长并复制当前进程内存分页管理的页表。如果父进程中有文件是打开的，则应将对应文件的打开次数增 1。接着在 GDT 中设置新任务的 TSS 和 LDT 描述符项，其中基地址信息指向新进程任务结构中的 tss 和 ldt。最后再将新任务设置成可运行状态并返回新进程号。

2.4.5 进程调度

由前面描述可知，Linux 进程是抢占式的。被抢占的进程仍然处于 TASK_RUNNING 状态，只是暂时没有被 CPU 运行。进程的抢占发生在进程处于用户态执行阶段，在内核态执行时是不能被抢占的。

为了能让进程有效地使用系统资源，又能使进程有较快的响应时间，就需要对进程的切换调度采用一定的调度策略。在 Linux 0.11 中采用了基于优先级排队的调度策略。

1. 调度程序

schedule( ) 函数首先扫描任务数组。通过比较每个就绪态（TASK_RUNNING）任务的运行时间递减滴答计数 counter 的值来确定当前哪个进程运行的时间最少。哪一个的值大，就表示运行时间还不长，于是就选中该进程，并使用任务切换宏函数切换到该进程运行。

如果此时所有处于 TASK_RUNNING 状态进程的时间片都已经用完，系统就会根据每个进程的优先权值 priority，对系统中所有进程（包括正在睡眠的进程）重新计算每个任务需要运行的时间片值 counter。计算的公式是：counter = counter/2 + prioity。

然后 schdeule( ) 函数重新扫描任务数组中所有处于 TASK_RUNNING 状态的进程，重复上述过程，直到选择出一个进程为止。最后调用 switch_to( ) 执行实际的进程切换操作。

如果此时没有其他进程可运行，系统就会选择进程 0 运行。对于 Linux 0.11 来说，进程 0

会调用 pause( )把自己置为可中断的睡眠状态并再次调用 schedule( )。不过在调度进程运行时,schedule( )并不在意进程 0 处于什么状态。只要系统空闲就调度进程 0 运行。

2. 进程切换

执行实际进程切换的任务由 switch_to( )宏定义的一段汇编代码完成。在进行切换之前,switch_to( )首先检查要切换到的进程是否为当前进程,如果是则什么也不做,直接退出。否则就首先把内核全局变量 current 置为新任务的指针,然后长跳转到新任务的任务状态段 TSS 组成的地址处,造成 CPU 执行任务切换操作。此时 CPU 会把其所有寄存器的状态保存到当前任务寄存器 TR 中 TSS 段选择符所指向的当前进程任务数据结构的 tss 结构中,然后把新任务状态段选择符所指向的新任务数据结构中 tss 结构中的寄存器信息恢复到 CPU 中,系统就正式开始运行新切换的任务了。这个过程如图 2-8 所示。

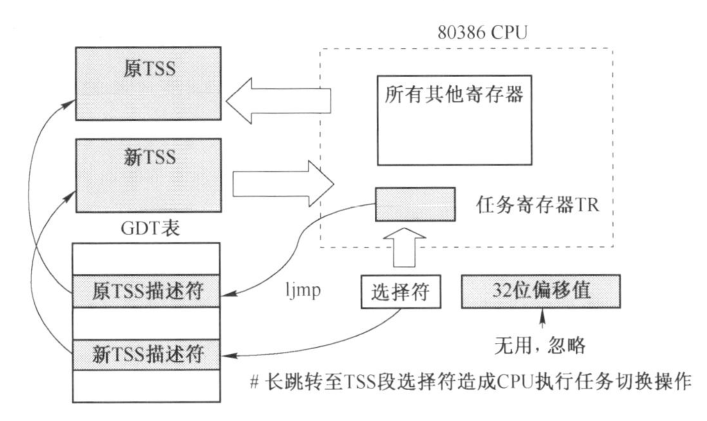

图 2-8　任务切换操作示意图

2.4.6　终止进程

当一个进程结束了运行或在半途终止了运行,那么内核就需要释放该进程所占用的系统资源。这包括进程运行时打开的文件、申请的内存等。

当一个用户程序调用 exit( )系统调用时,就会执行内核函数 do_exit( )。该函数会首先释放进程代码段和数据段占用的内存页面,关闭进程打开着的所有文件,对进程使用的当前工作目录、根目录和运行程序的 i 节点进行同步操作。如果进程有子进程,则让 init 进程作为其所有子进程的父进程。如果进程是一个会话头进程并且有控制终端,则释放控制终端,并向属于该会话的所有进程发送挂断信号 SIGHUP,这通常会终止该会话中的所有进程。然后把进程状态置为僵死状态(TASK_ZOMBIE)。并向其原父进程发送 SIGCHLD 信号,通知其某个子进程已经终止。最后 do_exit( )调用调度函数去执行其他进程。由此可见在进程被终止时,它的任务数据结构仍然保留着。因为其父进程还需要使用其中的信息。

在子进程在执行期间,父进程通常使用 wait( )或 waitpid( )函数等待其某个子进程终止。当等待的子进程被终止并处于僵死状态时,父进程就会把子进程运行所使用的时间累加到自己进程中。最终释放已终止子进程任务数据结构所占用的内存页面,并置空子进程在任务数组中占用的指针项。

2.5 Linux 内核对内存的使用方法

在 Linux 0.11 内核中,为了有效地使用机器中的物理内存,内存被划分成几个功能区域,如图 2-9 所示。

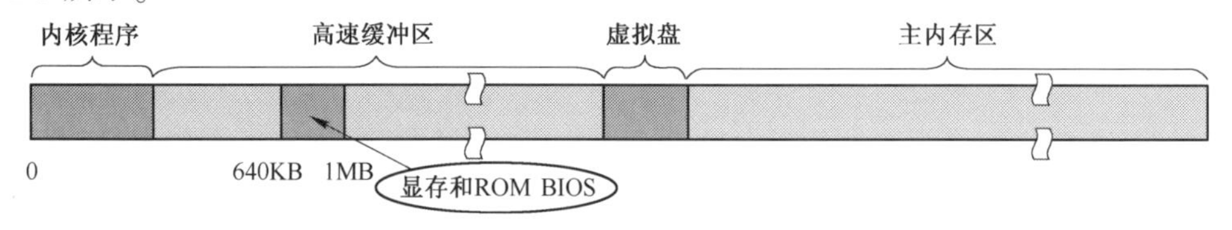

图 2-9 物理内存使用的功能区域分布图

其中,Linux 内核程序占据在物理内存的开始部分,接下来是用于供硬盘或软盘等块设备使用的高速缓冲区部分。当一个进程需要读取块设备中的数据时,系统会首先将数据读到高速缓冲区中;当有数据需要写到块设备上去时,系统也是先将数据放到高速缓冲区中,然后由块设备驱动程序写到设备上。最后部分是供所有程序可以随时申请使用的主内存区。内核程序在使用主内存区时,也同样要首先向内核的内存管理模块提出申请,在申请成功后方能使用。对于含有 RAM 虚拟盘的系统,主内存区头部还要划去一部分,供虚拟盘存放数据。

由于计算机系统中所含的实际物理内存容量是有限的,因此 CPU 中通常都提供了内存管理机制对系统中的内存进行有效的管理。在 Intel CPU 中,提供了两种内存管理(变换)系统:内存分段系统(Segmentation System)和分页系统(Paging System)。而分页管理系统是可选择的,由系统程序员通过编程来确定是否采用。为了能有效地使用这些物理内存,Linux 系统同时采用了 Intel CPU 的内存分段和分页管理机制。

在 Linux 0.11 内核中,当进行地址映射时,我们需要首先分清 3 种地址以及它们之间的变换概念:程序(进程)的逻辑地址;CPU 的线性地址;实际物理内存地址。

逻辑地址(Logical Address)是指由程序产生的与段相关的偏移地址部分。在 Intel 保护模式下就是指程序执行代码段限长内的偏移地址(假定代码段、数据段完全一样)。应用程序员仅需与逻辑地址打交道,而分段和分页机制对他来说是完全透明的,仅由系统编程人员涉及。

线性地址(Linear Address)是逻辑地址到物理地址变换之间的中间层。程序代码会产生逻辑地址,或者说是段中的偏移地址,加上相应段的基地址就生成了一个线性地址。如果启用了分页机制,那么线性地址可以再经变换以产生一个物理地址。若没有启用分页机制,那么线性地址直接就是物理地址。Intel 80386 的线性地址空间容量为 4GB。

物理地址(Physical Address)是指出现在 CPU 外部地址总线上的寻址物理内存的地址信号,是地址变换的最终结果地址。如果启用了分页机制,那么线性地址会使用页目录和页表中的项变换成物理地址。如果没有启用分页机制,那么线性地址就直接成为物理地址了。

虚拟内存(Virtual Memory)是指计算机呈现出要比实际拥有的内存大得多的内存量。因此它允许程序员编制并运行比实际系统拥有的内存大得多的程序。这使得许多大型项目也能够在具有有限内存资源的系统上实现。一个很恰当的比喻是:你不需要很长的轨道就可以让一列火车从上海开到北京。你只需要足够长的铁轨(比如说 3km)就可以完成这个任务。采取的方法是把后面的铁轨立刻铺到火车的前面,只要你的操作足够快并能满足要求,列车就能像在一条完整的轨道上运行。这也就是虚拟内存管理需要完成的任务。在 Linux 0.11 内核中,给每个程序(进程)都划分了总容量为 64MB 的虚拟内存空间。因此程序的逻辑地址范围是 0x0000000 到 0x4000000。

有时我们也把逻辑地址称为虚拟地址。因为与虚拟内存空间的概念类似,逻辑地址也是与实际物理内存容量无关的。

在内存分段系统中,一个程序的逻辑地址是通过分段机制自动地映射(变换)到中间层的线性地址上。每次对内存的引用都是对内存段中内存的引用。当一个程序引用一个内存地址时,通过把相应的段基址加到程序员看得见的逻辑地址上就形成了一个对应的线性地址。此时若没有启用分页机制,则该线性地址就被送到 CPU 的外部地址总线上,用于直接寻址对应的物理内存。

若采用了分页机制,则此时线性地址只是一个中间结果,还需要使用分页机制进行变换,再最终映射到实际物理内存地址上。与分段机制类似,分页机制允许我们重新定向(变换)每次内存引用,以适应我们的特殊要求。使用分页机制最普遍的场合是当系统内存实际上被分成很多凌乱的块时,它可以建立一个大而连续的内存空间的映像,好让程序员不用操心和管理这些分散的内存块。分页机制增强了分段机制的性能。页地址变换是建立在段变换基础之上的。任何分页机制的保护措施并不会取代段变换的保护措施,而只是进行更进一步的检查操作。

因此,CPU 进行地址变换(映射)的主要目的是为了解决虚拟内存空间到物理内存空间的映射问题。虚拟内存空间的含义是指一种利用二级或外部存储空间,使程序能不受实际物理内存量限制而使用内存的一种方法。通常虚拟内存空间要比实际物理内存量大得多。

那么虚拟内存空间管理是怎样实现的呢?原理与上述列车运行的比喻类似。首先,当一个程序需要使用一块不存在的内存时(即在内存页表项中已标出相应内存页面不在内存中),CPU 就需要一种方法来得知这个情况。这是通过 80386 的页错误异常中断来实现的。当一个进程引用一个不存在页面中的内存地址时,就会触发 CPU 产生页出错异常中断,并把引起中断的线性地址放到 CR2 控制寄存器中。因此处理该中断的过程就可以知道发生页异常的确切地址,从而可以把进程要求的页面从二级存储空间(比如硬盘上)加载到物理内存中。如果此时物理内存已经被全部占用,那么可以借助二级存储空间的一部分作为交换缓冲区(swapper)把内存中暂时不使用的页面交换到二级缓冲区中,然后把要求的页面调入内存中。这就是内存管理的缺页加载机制,在 Linux 0.11 内核中是在程序 mm/memory.c 中实现的。

Intel CPU 使用段(segment)的概念来对程序进行寻址。每个段定义了内存中的某个区域以及访问的优先级等信息。而每个程序都可由若干个内存段组成。程序的逻辑地址(或称为虚拟地址)即是用于寻址这些段和段中具体地址位置。在 Linux 0.11 中,程序逻辑地址到线性地址的变换过程使用了 CPU 的全局段描述符表 GDT 和局部段描述符表 LDT。由 GDT 映射的地址空间称为全局地址空间,由 LDT 映射的地址空间则称为局部地址空间,而这两者构成了虚拟地址空间。具体的使用方式见图 2-10。

图中画出了具有两个任务时的情况。对于中断描述符表 IDT,它是保存在内核代码段中的。由于在 Linux 0.11 内核中,内核和各任务的代码段和数据段都分别被映射到线性地址空间中相同基址处,且段限长也一样,因此内核和任务的代码段和数据段都分别是重叠的。另外,Linux 0.11 内核中没有使用系统段描述符。

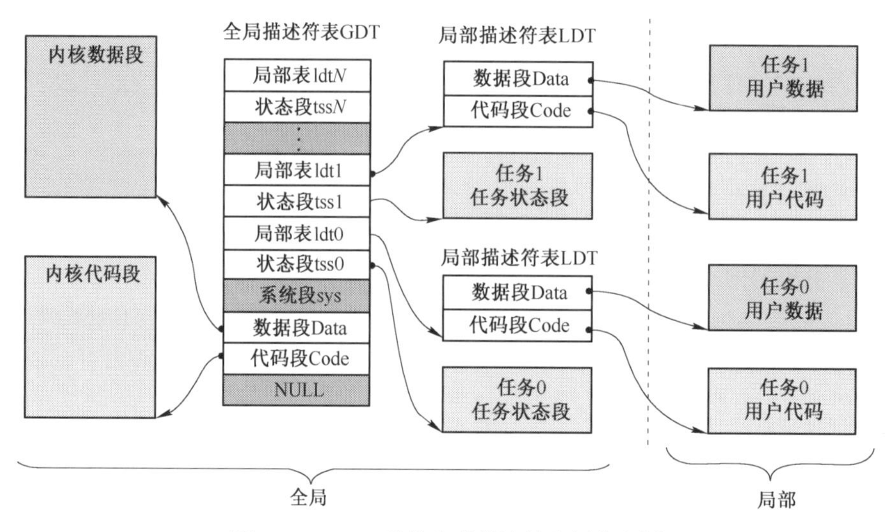

图 2-10　Linux 系统中虚拟地址空间分配图

内存分页管理的基本原理是将整个主内存区域划分成以 4096B 为一页的内存页面。程序申请使用内存时,就以内存页为单位进行分配。在使用这种内存分页管理方法时,每个执行中的进程(任务)可以使用比实际内存容量大得多的连续地址空间。对于 Intel 80386 系统,其 CPU 可以提供多达 4GB 的线性地址空间。对于 Linux 0.11 内核,系统设置全局描述符表 GDT 中的段描述符项数最大为 256,其中两项空闲、两项系统使用,每个进程使用两项。因此,此时系统可以最多容纳(256-4)/ 2=126 个任务,并且虚拟地址范围是 (256-4)/ 2×64MB 约等于 8GB。但 0.11 内核中人工定义最大任务数 NR_TASKS = 64 个,每个进程虚拟地址范围是 64MB,并且各个进程的虚拟地址起始位置是任务号×64MB。因此所使用的虚拟地址空间范围是 64MB×64 =4GB,如图 2-11 所示。4GB 正好与 CPU 的线性地址空间范围或物理地址空间范围相同,因此在 0.11 内核中比较容易混淆三种地址概念。

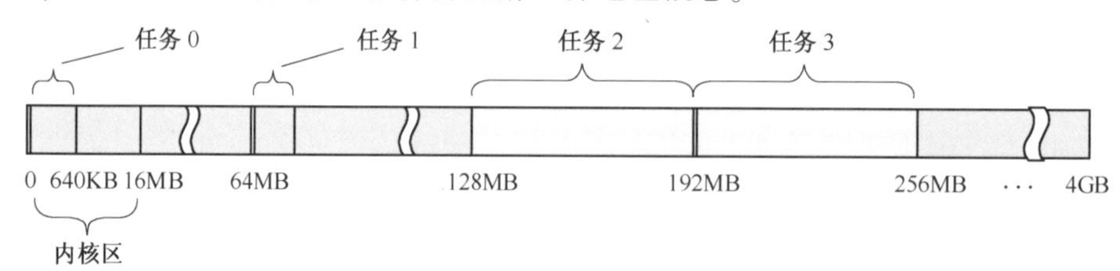

图 2-11　Linux 0.11 虚拟地址空间的使用示意图

进程的虚拟地址需要首先通过其局部段描述符变换为 CPU 整个线性地址空间中的地址,然后再使用页目录表 PDT(一级页表)和页表 PT(二级页表)映射到实际物理地址页上。因此两种变换不能混淆。

为了使用实际物理内存,每个进程的线性地址通过二级内存页表动态地映射到主内存区域的不同内存页上。因此每个进程最大可用的虚拟内存空间是 64MB。每个进程的逻辑地址通过加上任务号×64MB,即可转换为线性地址。不过在注释中,我们通常将进程中的地址简单地称为线性地址。

有关内存分页管理的详细信息,可参见第 10 章开始部分的有关说明。

从 Linux 内核 0.99 版以后，对内存空间的使用方式发生了变化。每个进程可以单独享用整个 4GB 的地址空间范围。由于篇幅所限，这里对此不再说明。

2.6 Linux 系统中堆栈的使用方法

本节内容概要描述了 Linux 内核从开机引导到系统正常运行过程中对堆栈的使用方式。这部分内容的说明与内核代码关系比较密切，可以先跳过，在开始阅读相应代码时再回来仔细研究。Linux 0.11 系统中共使用了四种堆栈。一种是系统初始化时临时使用的堆栈；一种是供内核程序自己使用的堆栈（内核堆栈），只有一个，位于系统地址空间固定的位置，也是后来任务 0 的用户态堆栈；另一种是每个任务通过系统调用，执行内核程序时使用的堆栈，我们称之为任务的内核态堆栈，每个任务都有自己独立的内核态堆栈；最后一种是任务在用户态执行的堆栈，位于任务（进程）地址空间的末端，称为用户态堆栈。下面分别对它们进行说明。

2.6.1 初始化阶段

1. 开机初始化时（bootsect.s，setup.s）

当 bootsect 代码被 ROM BIOS 引导加载到物理内存 0x7c00 处时，并没有设置堆栈段，当然程序也没有使用堆栈。直到 bootsect 被移动到 0x9000:0 处时，才把堆栈段寄存器 SS 设置为 0x9000，堆栈指针 esp 寄存器设置为 0xff00，即堆栈顶端在 0x9000:0xff00 处，参见 boot/bootsect.s 第 61、62 行。setup.s 程序中也沿用了 bootsect 中设置的堆栈段。这就是系统初始化时临时使用的堆栈。

2. 进入保护模式时（head.s）

从 head.s 程序起，系统正式开始在保护模式下运行。此时堆栈段被设置为内核数据段（0x10），堆栈指针 esp 设置成指向 user_stack 数组的顶端（参见 head.s，第 31 行），保留了 1 页内存（4KB）作为堆栈使用。user_stack 数组定义在 sched.c 的 67～72 行，共含有 1024 个长字。它在物理内存中的位置可参见图 2-12。此时该堆栈是内核程序自己使用的堆栈。

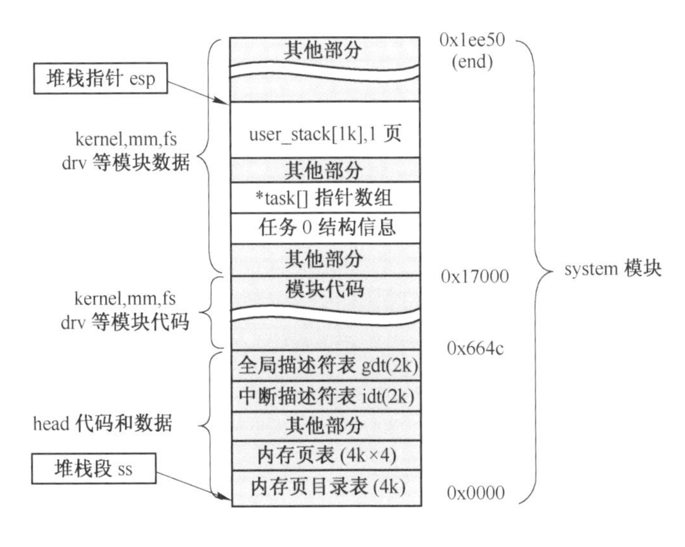

图 2-12 刚进入保护模式时内核使用的堆栈示意图

3. 初始化时(main. c)

在 main. c 中,在执行 move_to_user_mode()代码之前,系统一直使用上述堆栈。而在执行过 move_to_user_mode()之后,main. c 的代码被"切换"成任务 0 中执行。通过执行fork()系统调用,main. c 中的 init()将在任务 1 中执行,并使用任务 1 的堆栈。而 main()本身则在被"切换"成为任务 0 后,仍然继续使用上述内核程序自己的堆栈作为任务 0 的用户态堆栈。关于任务 0 所使用堆栈的详细描述见后面说明。

2.6.2 任务的堆栈

每个任务都有两个堆栈,分别用于用户态和内核态程序的执行,并且分别称为用户态堆栈和内核态堆栈。这两个堆栈的主要区别在于任务的内核态堆栈很小,所保存的数据量最多不能超过(4096-任务数据结构)个字节,大约为 3KB。而任务的用户态堆栈却可以在用户的 64MB 空间内延伸。

1. 在用户态运行时

每个任务(除了任务 0)有自己的 64MB 地址空间。当一个任务(进程)刚被创建时,它的用户态堆栈指针被设置在其地址空间的末端(靠近 64MB 顶端),而其内核态堆栈则被设置成位于其任务数据结构所在页面的末端。应用程序在用户态下运行时就一直使用这个堆栈。堆栈实际使用的物理内存则由 CPU 分页机制确定。由于 Linux 实现了写时复制功能(Copy on Write),因此在进程被创建后,若该进程及其父进程没有使用堆栈,则两者共享同一堆栈对应的物理内存页面。

2. 在内核态运行时

每个任务都有自己的内核态堆栈,与每个任务的任务数据结构(task_struct)放在同一页面内。这是在建立新任务时,fork()程序在任务状态段 tss 的内核级堆栈字段(tss. esp0 和 tss. ss0)中设置的,参见 kernel/fork. c,93 行。内核为新任务申请内存用作保存其 task_struct 结构数据,而 tss 结构(段)是 task_struct 中的一个字段。该任务的内核堆栈段值 tss. ss0 也被设置成为 0x10(即内核数据段),而 tss. esp0 则指向保存 task_struct 结构页面的末端,见图 2-13。

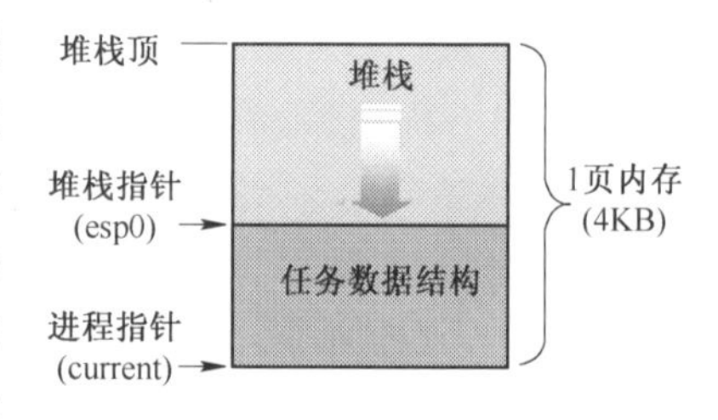

图 2-13 进程的内核态堆栈示意图

为什么通过内存管理程序从主内存区分配得来的用于保存任务数据结构的一页内存也能被设置成内核数据段中的数据呢?即 tss. ss0 为什么能被设置成 0x10 呢?这要从内核代码段的长度范围来说明。在 head. s 程序的末端,分别设置了内核代码段和数据段的描述符。其中段的长度被设置成了 16MB。这个长度值是 Linux 0. 11 内核所能支持的最大物理内存长度(参见 head. s 中 110 行开始的注释)。因此,内核代码可以寻址到整个物理内存范围中的任何位置,当然也包括主内存区。到 Linux 0. 98 版后内核段的限长被修改成了 1GB。

每当任务执行内核程序而需要使用其内核栈时,CPU 就会利用 TSS 结构把它的内核态堆栈设置成由这两个值构成。在任务切换时,老任务的内核栈指针(esp0)不会被保存。对 CPU 来讲,这两个值是只读的。因此每当一个任务进入内核态执行时,其内核态堆栈总是空的。

3. 任务 0 的堆栈

任务 0 的堆栈比较特殊,需要特别予以说明。任务 0 的代码段和数据段相同,段基地址都是从 0 开始,限长也都是 640KB。这个地址范围也就是内核代码和基本数据所在的地方。在执行了 move_to_user_mode( )之后,它的内核态堆栈位于其任务数据结构所在页面的末端,而它的用户态堆栈就是前面进入保护模式后所使用的堆栈,即 sched. c 的 user_stack 数组的位置。任务 0 的内核态堆栈是在其人工设置的初始化任务数据结构中指定的,而它的用户态堆栈是在执行 move_to_user_mode( )时,在模拟 iret 返回之前的堆栈中设置的。在该堆栈中,esp 仍然是 user_stack 中原来的位置,而 ss 被设置成 0x17,即用户态局部表中的数据段,也就是从内存地址 0 开始并且限长为 640KB 的段。参见图 2-7。

2.6.3 内核态与用户态堆栈之间的切换

任务调用系统调用时就会进入内核,执行内核代码。此时内核代码就会使用该任务的内核态堆栈进行操作。当进入内核程序时,由于优先级别发生了改变(从用户态转到内核态),用户态堆栈的堆栈段和堆栈指针以及 eflags 会被保存在任务的内核态堆栈中。而在执行 iret 退出内核程序,回到用户程序时,将恢复用户态的堆栈和 eflags。这个过程见图 2-14。

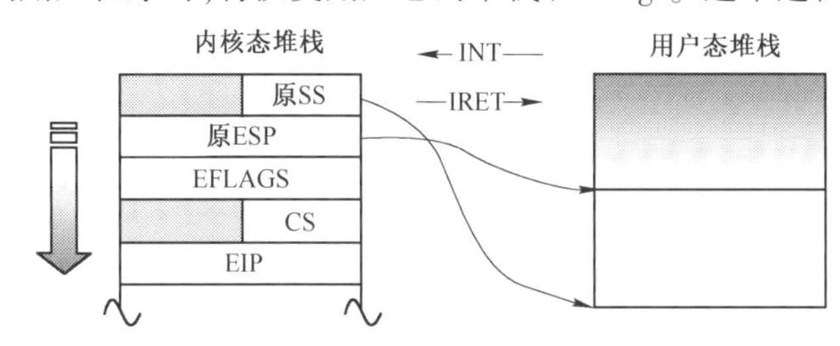

图 2-14　内核态和用户态堆栈的切换

2.7 Linux 内核源代码的目录结构

由于 Linux 内核是一种单内核模式的系统,因此内核中所有程序几乎都有紧密的联系,它们之间的调用关系非常密切。所以在阅读一个源代码文件时往往需要参阅其他相关的文件。因此有必要在开始阅读内核源代码之前,先熟悉一下源代码文件的目录结构。这里我们首先列出 Linux 内核完整的源代码目录,包括其中的子目录。然后逐一介绍各个目录中所含程序的主要功能,使得整个内核源代码的安排形式能在我们的头脑中建立起一个大概的框架,有利于下一章开始的源代码阅读工作。当我们使用 tar 命令将 linux-0. 11. tar. gz 解开时,内核源代码文件被放到了 linux 目录中。其中的目录结构如图 2-15 所示。

该内核版本的源代码目录中含有 14 个子目录,总共包括 102 个代码文件。下面逐个对这些子目录中的内容进行描述。

linux/目录是源代码的主目录,在该主目录中除了包括所有的 14 个子目录以外,还含有唯一的一个 Makefile 文件。该文件是编译辅助工具软件 make 的参数配置文件。make 工具软件的主要用途是通过识别哪些文件已被修改过,从而自动地决定在一个含有多个源程序文件的程序系统中哪些文件需要被重新编译。因此,make 工具软件是程序项目的管理软件。

linux/目录下的这个 Makefile 文件还嵌套地调用了所有子目录中包含的 Makefile 文件,这样,当 linux/目录(包括子目录)下的任何文件被修改过时,make 都会对其进行重新编译。因此为了编译整个内核所有的源代码文件,只要在 linux 目录下运行一次 make 命令即可。

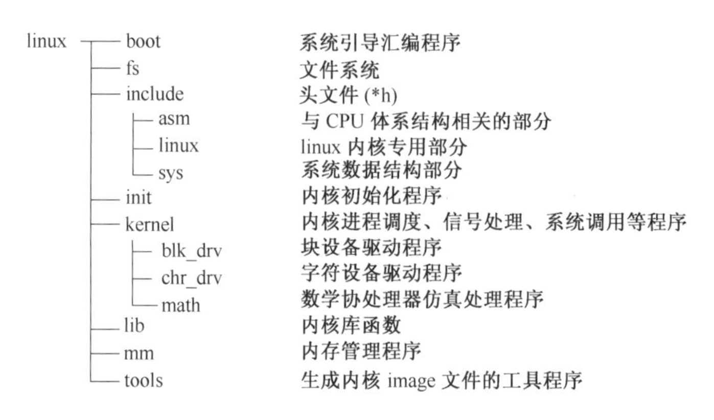

图 2-15　Linux 内核源代码目录结构

2.7.1　引导启动程序目录 boot

boot 目录中含有 3 个汇编语言文件，是内核源代码文件中最先被编译的程序。这 3 个程序完成的主要功能是当计算机加电时引导内核启动，将内核代码加载到内存中，并做一些进入 32 位保护运行方式前的系统初始化工作。其中 bootsect. s 和 setup. s 程序需要使用 as86 软件来编译，使用的是 as86 的汇编语言格式（与微软的类似），而 head. s 需要用 GNU as 来编译，使用的是 AT&T 格式的汇编语言。这两种汇编语言在下一章的代码注释里以及代码列表后面的说明中会有简单的介绍。

bootsect. s 程序是磁盘引导块程序，编译后会驻留在磁盘的第一个扇区中（引导扇区，0 磁道（柱面），0 磁头，第 1 个扇区）。在 PC 加电 ROM BIOS 自检后，将被 BIOS 加载到内存 0x7C00 处执行。setup. s 程序主要用于读取机器的硬件配置参数，并把内核模块 system 移动到适当的内存位置处。head. s 程序会被编译链接在 system 模块的最前部分，主要进行硬件设备的探测设置和内存管理页面的初始设置工作。

2.7.2　文件系统目录 fs

fs 目录是文件系统实现程序的目录，共包含 17 个 C 语言程序。这些程序之间的主要引用关系见图 2-16。图中每个方框代表一个文件，从上到下基本按引用关系放置。其中各文件名均略去了后缀 . c，虚线框中的程序文件不属于文件系统，带箭头的线条表示引用关系，粗线条表示有相互引用关系。

由图可看出，这些程序可以分成四个部分：高速缓冲区管理、底层文件操作、文件数据访问和文件高层函数，在对本目录中文件进行注释时，我们也将分成这四个部分来描述。

对于文件系统，我们可以将它看成是内存高速缓冲区的扩展部分。所有对文件系统中数据的访问，都需要首先读取到高速缓冲区中。本目录中的程序主要用来管理高速缓冲区中缓冲块的使用分配和块设备上的文件系统。管理高速缓冲区的程序是 buffer. c，而其他程序则主要用于文件系统管理。

在 file_table. c 文件中，目前仅定义了一个文件句柄（描述符）结构数组。ioctl. c 文件将引用 kernel/chr_drv/tty. c 中的函数，实现字符设备的 I/O 控制功能。exec. c 程序主要包含一个执行程序函数 do_execve( )，它是所有 exec( ) 函数簇中的主要函数。fcntl. c 程序用于实现文

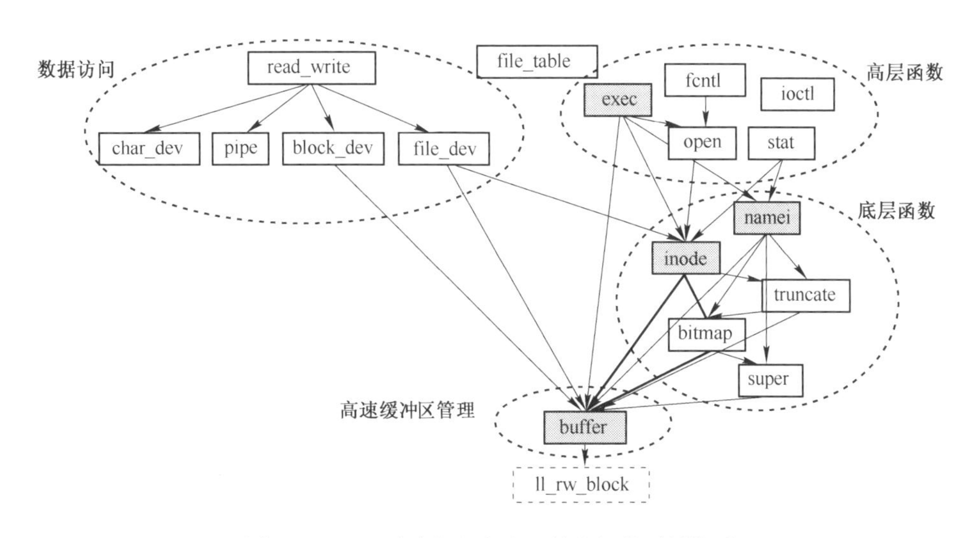

图 2-16　fs 目录中各程序中函数之间的引用关系

件I/O控制的系统调用函数。read_write.c 程序用于实现文件读/写和定位三个系统调用函数。stat.c 程序中实现了两个获取文件状态的系统调用函数。open.c 程序主要包含实现修改文件属性和创建与关闭文件的系统调用函数。

char_dev.c 主要包含字符设备读写函数 rw_char()。pipe.c 程序中包含管道读写函数和创建管道的系统调用。file_dev.c 程序中包含基于 i 节点和描述符结构的文件读写函数。namei.c 程序主要包括文件系统中目录名和文件名的操作函数和系统调用函数。block_dev.c 程序包含块数据读和写函数。inode.c 程序中包含针对文件系统 i 节点操作的函数。truncate.c 程序用于在删除文件时释放文件所占用的设备数据空间。bitmap.c 程序用于处理文件系统中 i 节点和逻辑数据块的位图。super.c 程序中包含对文件系统超级块的处理函数。buffer.c 程序主要用于对内存高速缓冲区进行处理。虚框中的 ll_rw_block 是块设备的底层读函数，它并不在 fs 目录中，而是 kernel/blk_drv/ll_rw_block.c 中的块设备读写驱动函数。放在这里只是让我们清楚地看到，文件系统对于块设备中数据的读写，都需要通过高速缓冲区与块设备的驱动程序 ll_rw_block()来进行，文件系统程序集本身并不直接与块设备的驱动程序打交道。

在对程序注释过程中，我们将另外给出这些文件中各个主要函数之间的调用层次关系。

2.7.3　头文件主目录 include

头文件目录中总共有 32 个 .h 头文件。其中 include/主目录下有 13 个头文件，其他头文件则存放在 asm(4 个)、linux(10 个)和 sys(5 个)三个子目录中。

include/主目录下的头文件主要是供内核和用户程序使用；asm/子目录主要用于存放与计算机硬件体系结构密切相关的头文件；linux/子目录用于存放 Linux 内核专用的头文件；sys/子目录用于存放一些与文件状态、进程、系统数据类型等有关的头文件。

2.7.4　内核初始化程序目录 init

该目录中仅包含一个文件 main.c，用于执行内核所有的初始化工作，然后移到用户模式创建新进程，并在控制台设备上运行 shell 程序。

程序首先根据机器内存的容量对缓冲区内存容量进行分配,如果还设置了虚拟盘,则在缓冲区内存后面也为它留下空间。之后就进行所有硬件的初始化工作,包括人工创建第一个任务(task 0),并设置中断允许标志。在执行从内核态移到用户态之后,系统第一次调用创建进程函数 fork(),创建出一个用于运行 init()的进程,在该子进程中,系统将进行控制台环境设置,并且再生成一个子进程用来运行 shell 程序。

2.7.5 内核程序主目录 kernel

linux/kernel 目录中共包含 12 个代码文件和一个 Makefile 文件,另外还有 3 个子目录。由于这些文件中代码之间调用关系复杂,因此这里就不详细列出各文件之间的引用关系,但仍然可以进行大概分类,如图 2-17 所示。

通用程序		硬件中断程序	系统调用程序
sched.c	mktime.c	asm.s	system_call.s
panic.c			
printk.c,vsprintf.c		traps.c	fork.c,sys.c,exit.c,signal.c

图 2-17 各文件的调用层次关系

asm. s 程序用于处理系统硬件异常所引起的中断,对各硬件异常的实际处理程序则是在 traps. c 文件中,在各个中断处理过程中,将分别调用 traps. c 中相应的 C 语言处理函数。

exit. c 程序主要包括用于处理进程终止的系统调用。包含进程释放、会话(进程组)终止和程序退出处理函数以及杀死进程、终止进程、挂起进程等系统调用函数。

fork. c 程序给出了进程创建系统调用 sys_fork()相关的两个 C 语言函数。

mktime. c 程序包含一个内核使用的时间函数 mktime(),用于计算从 1970 年 1 月 1 日 0 时起到开机当日的时间,作为开机时间(秒)。仅在 init/main. c 中被调用一次。

panic. c 程序包含一个显示内核出错信息并停机的函数 panic()。printk. c 包含一个内核专用信息显示函数 printk()。vsprintf. c 实现了现已归入标准库中的字符串格式化函数。

sched. c 程序中包括有关调度的基本函数(sleep_on、wakeup、schedule 等)以及一些简单的系统调用函数。另外还有几个与定时相关的软盘操作函数。signal. c 程序中包括了有关信号处理的 4 个系统调用以及一个在对应的中断处理程序中处理信号的函数 do_signal()。

sys. c 程序包括很多系统调用函数,其中有些还没有实现。system_call. s 程序实现了系统调用(int 0x80)的接口处理过程,实际的处理过程则包含在各系统调用相应的 C 语言处理函数中,这些处理函数分布在整个 Linux 内核代码中。

1. 块设备驱动程序子目录 kernel/blk_drv

通常情况下,用户是通过文件系统来访问设备的,因此设备驱动程序为文件系统实现了调用接口。在使用块设备时,由于其数据吞吐量大,为了能够高效地使用块设备上的数据,在用户进程与块设备之间使用了高速缓冲机制。在访问块设备上的数据时,系统首先以数据块的形式把块设备上的数据读入到高速缓冲区中,然后再提供给用户。blk_drv 子目录共包含 4 个 C 文件和 1 个头文件。头文件 blk. h 由于是块设备程序专用的,所以与 C 文件放在一起。这几个文件之间的大致关系见图 2-18。

blk. h 中定义了 3 个 C 程序中共用的块设备结构和数据块请求结构。hd. c 程序主要实现对硬盘数据块进行读/写的底层驱动函数 do_hd_request()等;floppy. c 程序主要实现了对软盘数据块的读/写驱动函数。ll_rw_blk. c 程序实现了底层块设备数据读/写函数 ll_rw_block(),内核中所有其他程序都是通过该函数对块设备进行数据读写操作。你将看到该函数在许多访问块设备数据的地方被调用,尤其是在高速缓冲区处理文件 fs/buffer. c 中。

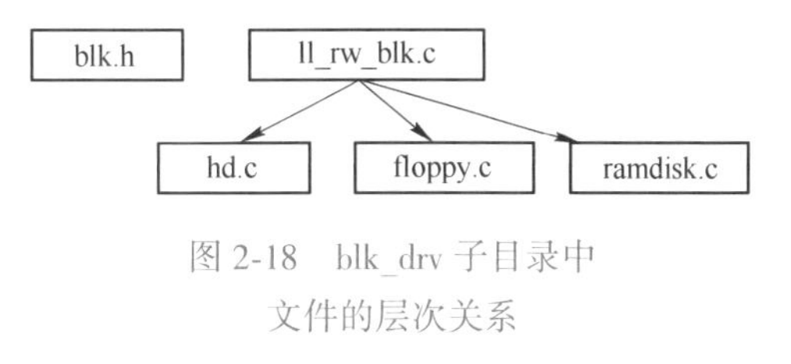

图 2-18 blk_drv 子目录中文件的层次关系

2. 字符设备驱动程序子目录 kernel/chr_drv

字符设备程序子目录共含有 4 个 C 语言程序和 2 个汇编程序文件。这些文件实现了对串行端口 rs-232、串行终端、键盘和控制台终端设备的驱动。图 2-19 显示了这些文件之间的大致调用层次关系。

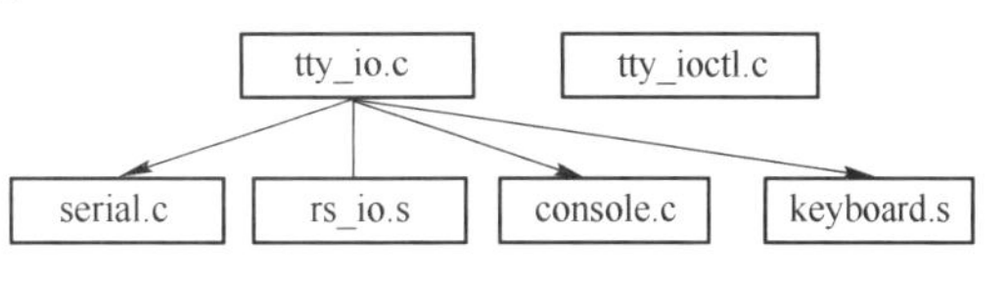

图 2-19 字符设备程序之间的关系示意图

tty_io. c 程序中包含 tty 字符设备读函数 tty_read()和写函数 tty_write(),为文件系统提供了上层访问接口。另外还包括在串行中断处理过程中调用的 C 函数 do_tty_interrupt(),该函数将会在中断类型为读字符的处理中被调用。

console. c 文件主要包含控制台初始化程序和控制台写函数 con_write(),用于被 tty 设备调用,还包含对显示器和键盘中断的初始化设置函数 con_init()。

rs_io. s 汇编程序用于实现两个串行接口的中断处理程序。该中断处理程序会根据从中断标识寄存器(端口 0x3fa 或 0x2fa)中取得的 4 种中断类型分别进行处理,并在处理中断类型为读字符的代码中调用 do_tty_interrupt()。

serial. c 用于对异步串行通信芯片 UART 进行初始化操作,并设置两个通信端口的中断向量。另外还包括 tty 用于向串口输出的 rs_write()函数。

keyboard. s 程序主要实现了键盘中断处理过程 keyboard_interrupt。

tty_ioctl. c 程序实现了 tty 的 I/O 控制接口函数 tty_ioctl()以及对 termio[s]终端 I/O 结构的读写函数,并会在实现系统调用 sys_ioctl()的 fs/ioctl. c 程序中被调用。

3. 协处理器仿真和操作程序子目录 kernel/math

该子目录中目前仅有一个 C 程序 math_emulate. c。其中的 math_emulate()函数是中断 int7 的中断处理程序调用的 C 函数。当机器中没有数学协处理器,而 CPU 执行了协处理器的指令时,就会引发该中断。因此,使用该中断就可以用软件来仿真协处理器的功能。本书所讨论的内核版本还没有包含有关协处理器的仿真代码。本程序只是打印一条出错信息,并向用户程序发送一个协处理器错误信号 SIGFPE。

2.7.6 内核库函数目录 lib

内核库函数用于为初始化程序 init/main. c 执行在用户态的进程提供调用支持。它与普通静态函数库的实现方法完全一样。在该目录中共有 12 个 C 语言文件,除了一个由 Tytso 编制的 malloc. c 程序较长以外,其他的程序都很短,有的只有一两行代码。这些文件主要包括退出函数_exit()、关闭文件函数 close()、复制文件描述符函数 dup()、文件打开函数open()、写文件函数 write()、执行程序函数 execve()、内存分配函数 malloc()、等待子进程状态函数wait()、创建会话系统调用 setsid( )以及在 include/string. h 中实现的所有字符串操作函数。

2.7.7 内存管理程序目录 mm

该目录包括 2 个代码文件。主要用于管理程序对主内存区的使用,实现了进程逻辑地址到线性地址以及线性地址到主内存区中物理内存地址的映射,通过内存的分页管理机制,在进程的虚拟内存页与主内存区的物理内存页之间建立了对应关系。

page. s 文件包括内存页面异常中断(int 14)处理程序,主要用于处理程序由于缺页而引起的页异常中断和访问非法地址而引起的页保护。memory. c 程序包括对内存进行初始化的函数 mem_init( ),由 page. s 的内存处理中断过程调用的 do_no_page( )和 do_wp_page( )函数。在创建新进程而执行复制进程操作时,使用该文件中的内存处理函数来分配管理内存空间。

2.7.8 编译内核工具程序目录 tools

该目录下的 build. c 程序用于将 linux 各个目录中被分别编译生成的目标代码链接合并成一个可运行的内核映像文件 image。其具体的功能可参见第 3 章内容。

2.8 内核系统与用户程序的关系

在 Linux 系统中,内核为应用程序提供了两方面的接口。其一是系统调用接口(在第 5 章中说明),即中断调用 int 0x80;另一方面是通过库函数与内核进行信息交流。库函数是基本 C 函数库 libc 的组成部分。许多系统调用是作为基本 C 语言函数库的一部分实现的。

系统调用主要是提供给系统软件直接使用或用于库函数的实现。而一般用户开发的程序则是通过调用像 libc 等库中的函数来访问内核资源。通过调用这些库中的程序,应用程序代码能够完成各种常用工作,例如,打开和关闭对文件或设备的访问、进行科学计算、出错处理以及访问组和用户标识号 ID 等系统信息。

系统调用是内核与外界接口的最高层。在内核中,每个系统调用都有一个序列号(在 include/linux/unistd. h 头文件中定义),并常以宏的形式实现。应用程序不应该直接使用系统调用,因为这样的话,程序的移植性就不好了。因此目前 Linux 标准库 LSB(Linux Standard Base)和许多其他标准都不允许应用程序直接访问系统调用宏。系统调用的有关文档可参见 Linux 操作系统的在线手册的第 2 部分。

库函数一般包括 C 语言中没有提供的执行高级功能的用户级函数,例如输入/输出和字符串处理函数。某些库函数只是系统调用的增强功能版。例如,标准 I/O 库函数 fopen 和 fclose 提供了与系统调用 open 和 close 类似的功能,但却是在更高的层次上。在这种情况下,系统调用通常能提供比库函数略微好一些的性能,但是库函数却能提供更多的功能,而且更具检错能力。系统提供的库函数有关文档可参见 Linux 操作系统的在线手册第 3 部分。

2.9 Linux 内核的编译实验环境

最初的 Linux 操作系统内核是在 MINIX 1. 5. 10 操作系统的扩展版本 MINIX-i386 上交叉编译开发的。MINIX 1. 5. 10 版本的操作系统是随 Tanenbaum 的《操作系统:设计与实现》一书第 1 版一起由 Prentice Hall 发售的。该版本的 MINIX 虽然可以运行在 80386 及其兼容微机上，但并没有利用 80386 的 32 位机制。为了能在该系统上进行 32 位操作系统的开发，Linus 使用了 Bruce Evans 的补丁程序将其升级为 MINIX-386，并把 GNU 的系列开发工具 GCC、GDB、Emacs、Bash 等移植到 MINIX-386 上。在这个平台上，Linus 进行交叉编译，开发出 Linux 0.01、0.11、0.12 等版本的内核。作者曾根据 Linux 的邮件列表的文章介绍，建立起了当时的开发平台，顺利地编译出 Linux 的早期版本内核（见 http://oldlinux.org 论坛中的介绍）。

但由于 MINIX 1.5.10 早已过时，而且该开发平台的建立非常烦琐，因此这里只简单介绍如何修改 Linux 0.11 版内核源代码，使其能在目前常用的 RedHat Linux 9 操作系统标准的编译环境下进行编译，并生成可运行的启动映像文件 boot-image。读者可以在普通 PC 上或 VMWare 等虚拟机软件中运行它。这里仅给出主要的修改方面，所有的修改之处可使用工具 diff 来比较修改后和未修改前的代码，找出其中的区别。假如未修改过的代码在 linux 目录中，修改过的代码在 linux-mdf 中，则需要执行下面的命令：

```
diff -r linux linux-mdf > dif.out
```

其中文件 dif.out 中即包含代码中所有修改过的地方。已经修改好并能在 RedHat Linux 9 下编译的 Linux 0.11 内核源代码可以从下面地址下载：

```
http://oldlinux.org/Linux.old/kernel/0.1x/linux-0.11-040327-rh9.tar.gz
http://oldlinux.org/Linux.old/kernel/0.1x/linux-0.11-040327-rh9.diff.gz
```

用编译好的启动映像文件软盘启动时，屏幕上会显示以下信息：

```
Booting from Floppy...
Loading system ...
Insert root floppy and press ENTER
```

如果在显示出“Loading system...”后就没有反应了，则说明内核不能识别计算机中的硬盘控制器系统。可以找一台老式 PC 再试试，或者使用 VMWare、Bochs 等虚拟机软件试验。在要求插入根文件系统盘时，若直接按回车键，则会显示不能加载根文件系统的信息（Kernel panic: Unable to mount root），并且死机。因此，若要完整地运行 Linux 0.11 操作系统，还需要与之相配的根文件系统，原始的 0.11 根文件系统盘已无法找到，但可以到本书的网站上下载一个重建的 0.11 根文件系统。

1. 修改 Makefile 文件

在 Linux 0.11 内核源代码文件中，几乎每个子目录中都包括一个 Makefile 文件，需要对它们进行以下修改：

1）将 gas 改名为 as，gld 改名为 ld。现在 gas 和 gld 已经直接改名为 as 和 ld 了。

2）as（原 gas）已经不用-c 选项，因此需要去掉其-c 编译选项，这一选项在内核主目录 linux 下 Makefile 文件中的 34 行。

3）去掉 gcc 的编译标志选项-fcombine-regs、-mstring-insns 以及所有子目录中 Makefile 中的这两个选项。在 1994 年的 gcc 手册中就已找不到-fcombine-regs，而-mstring-insns 是 Linus 自己给 gcc 增加的选项。

4）在 gcc 的编译标志选项中，增加-m386 选项。这样在 RedHat Linux 9 下编译出的内核映像文件中就不含有 80486 及以上 CPU 的指令，因此该内核就可以运行在 80386 机器上。

2. 修改汇编程序中的注释

as86 编译程序不能识别 C 语言的注释语句，因此需要使用“!”注释掉 boot/bootsect. s 文件中的 C 注释语句。

3. 内存位置对齐语句 align 值的修改

在 boot 目录下的三个汇编程序中，align 语句使用的方法目前已经改变。原来 align 后面带的数值是指对齐内存位置的幂，而现在则需要直接给出对齐的整数地址值。因此，原来的语句：. align 3 需要修改成（2 的 3 次方，$2^3=8$）：. align 8。

4. 修改嵌入宏汇编程序

由于 as 不断改进，目前其自动化程度越来越高，已经不需要人工指定一个变量需使用的 CPU 寄存器。因此内核代码中的_asm_("ax")需要全部去掉。例如 fs/bitmap. c 文件的第 20 行、26 行上，fs/namei. c 文件的第 65 行上等。

在嵌入汇编代码中，另外还需要去掉所有对寄存器内容无效的声明。例如 include/string. h 中第 84 行：:"si","di","ax","cx");需要修改成::);。

5. C 程序变量在汇编语句中的引用表示

在开发 Linux 0. 11 时所用的汇编器，在引用 C 程序的变量时要在变量名前加一下画线"_"，而目前的 gcc 编译器可以直接识别使用这些汇编中引用的 C 变量，因此需要将汇编程序（包括嵌入汇编语句）中所有 C 变量前的下画线去掉。例如 boot/head. s 程序第 15 行语句 . globl _idt,_gdt,_pg_dir,_tmp_floppy_area 需要改成 . globl idt,gdt,pg_dir,tmp_floppy_area。第 31 行语句：lss _stack_start,%esp 需要改成：lss stack_start,%esp。

2. 10 linux/Makefile 文件

从本节起，我们开始对内核源代码文件进行注释。首先注释 linux/目录下遇到的第一个文件 Makefile。我们首先描述程序所完成的基本功能，然后对程序进行详细注释，最后针对程序中的一些难点进行说明。后续章节中将按照这样的类似结构进行注释。

Makefile 文件相当于程序编译过程中的批处理文件，是工具程序 make 运行时的输入数据文件。只要在含有 Makefile 的当前目录中键入 make 命令，它就会依据 Makefile 文件中的设置对源程序或目标代码文件进行编译、链接或进行安装等活动。

make 工具程序能自动地确定一个大程序系统中哪些程序文件需要被重新编译，并发出命令对这些程序文件进行编译。在使用 make 之前，需要编写 Makefile 信息文件，该文件描述了整个程序包中各程序之间的关系，并针对每个需要更新的文件给出具体的控制命令。通常，执行程序是根据其目标文件进行更新的，而这些目标文件则是由编译程序创建的。一旦编写好一个合适的 Makefile 文件，那么在你每次修改程序系统中的某些源代码文件后，执行 make 命令就能进行所有必要的重新编译工作。make 程序是根据 Makefile 数据文件和代码文件的最后修改时间（last-modification time）来确定哪些文件需要进行更新，对于每一个需要更新的文件它会根据 Makefile 中的信息发出相应的命令。在 Makefile 文件中，开头为“#”的行是注释行。文件开头部分的“=”赋值语句定义了一些参数或命令的缩写。

linux/目录下 Makefile 文件的主要作用是指示 make 程序最终使用独立编译链接成的

tools/目录中的 build 执行程序将所有内核编译代码链接和合并成一个可运行的内核映像文件 image。具体来讲,是对 boot/中的 bootsect. s、setup. s 使用 8086 汇编器进行编译,分别生成各自的执行模块。再对源代码中的其他所有程序使用 GNU 的编译器 gcc/gas 进行编译,并链接成模块 system。再用 build 工具将这三块组合成一个内核映像文件 image。基本编译链接/组合结构如图 2-20 所示。

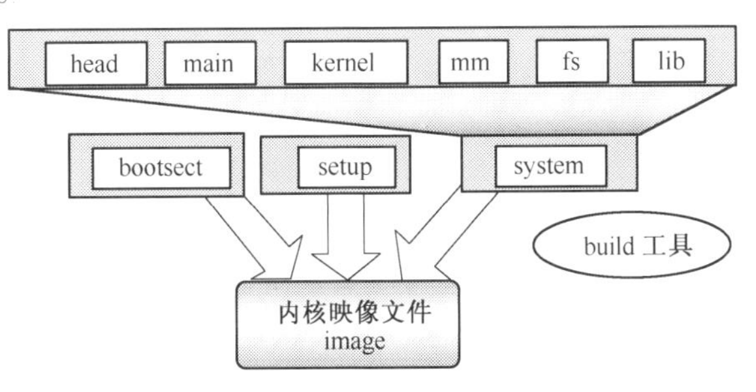

图 2-20　内核编译链接/组合结构

在 Linux 内核源代码中,除 tools/、init/和 boot/目录外,其余每个子目录均包含一个相应的 Makefile 文件,这些文件结构完全一样。由于篇幅所限,书中仅给出一个 Makefile 文件的注释。文件 2-1 是该文件的详细注释。

文件 2-1　linux/Makefile

```
 1 #
 2 # if you want the ram-disk device, define this to be the
 3 # size in blocks.
 4 # 如果你要使用 RAM 盘设备的话,就定义块的大小。
 5 RAMDISK = #-DRAMDISK=512
 6
 7 AS86    =as86 -0 -a          # 8086 汇编编译器和链接器,见后面的介绍。后带的参数含义分别
 8 LD86    =ld86 -0             # 是:-0 生成 8086 目标程序;-a 生成与 gas 和 gld 部分兼容的代码。
 9
10 AS      =gas                 # GNU 汇编编译器(gas)和链接器(gld),见后面的介绍。
11 LD      =gld
   # 下一行是 GNU 链接器 gld 运行时用到的选项。含义是:-s 输出文件中省略所有的符号信息;-x 删除所
   # 有局部符号;-M 表示需要在标准输出设备(显示器)上打印链接映像(link map),是指由链接程序产
   # 生的一种内存地址映像,其中列出了程序段装入到内存中的位置信息。具体来讲有这些信息:a. 目
   # 标文件及符号信息映射到内存中的位置;b. 公共符号如何放置;c. 链接中包含的所有文件成员及其
   # 引用的符号。
12 LDFLAGS =-s -x -M
13 CC      =gcc $(RAMDISK)      # gcc 是 GNU C 程序编译器。对于 UNIX 类的脚本程序而言,在引用定义
                               # 的标识符时,需在前面加上 $符号并用括号括住标识符。
   # 下两行是 gcc 的选项。前一行最后的'\'符号表示下一行是续行。选项含义为:-Wall 打印所有警告
   # 信息;-O 指示对代码进行优化;-fstrength-reduce 是优化循环语句;-mstring-insns 是 Linus 自己为
   # gcc 增加的选项,用于对字符串指令优化程序,可以去掉。
14 CFLAGS  =-Wall -O -fstrength-reduce -fomit-frame-pointer \
15 -fcombine-regs -mstring-insns
   # 下行 cpp 是 gcc 的前(预)处理程序。标志-nostdinc 和-Iinclude 的含义是不要搜索标准目录中的头
   # 文件,而是使用-I 选项指定目录或者是在当前目录里搜索头文件。
16 CPP     =cpp -nostdinc -Iinclude
17
```

```
18
19 # ROOT_DEV specifies the default root-device when making the image.
20 # This can be either FLOPPY, /dev/xxxx or empty, in which case the
21 # default of /dev/hd6 is used by 'build'.
22 # ROOT_DEV 指定在创建内核映像(image)文件时所使用的默认根文件系统所在的设备,这可以是软盘
   #(FLOPPY)、/dev/xxxx 或者干脆空着,空着时 build 程序(在 tools/目录中)就使用默认值/dev/hd6。
23 ROOT_DEV=/dev/hd6
24 # 下面是 kernel、mm 和 fs 目录所产生的目标代码文件。为方便引用,用 ARCHIVES 标识符表示。
25 ARCHIVES=kernel/kernel.o mm/mm.o fs/fs.o
26 DRIVERS =kernel/blk_drv/blk_drv.a kernel/chr_drv/chr_drv.a
   # 块和字符设备库文件。.a 表示该文件是个归档文件,即包含许多可执行二进制代码子程序集合
   # 的库文件,通常是用 GNU 的 ar 程序生成。ar 是 GNU 的二进制文件处理程序,用于创建、修改以及
   # 从归档文件中抽取文件。
27 MATH    =kernel/math/math.a  # 数学运算库文件。
28 LIBS    =lib/lib.a           # 由 lib/目录中的文件所编译生成的通用库文件。
29
30 .c.s:                        # make 老式的隐式后缀规则。该行指示 make 利用下面命令将所有
                                # 的 .c 文件编译生成 .s 汇编程序。':'表示下面是该规则的命令。
31          $(CC) $(CFLAGS) \
32          -nostdinc -Iinclude -S -o $*.s $<
   # 指示 gcc 采用前面 CFLAGS 所指定的选项以及仅使用 include/目录中的头文件,在适当地编译后不进
   # 行汇编就停止(-S),从而产生与输入的各个 C 文件对应的汇编语言形式的代码文件。默认情况下所
   # 产生的汇编程序文件是原 C 文件名去掉 .c 而加上 .s 后缀。-o 表示其后是输出文件的形式。其中
   # $*.s(或 $@)是自动目标变量,$<代表第一个先决条件,这里是符合条件*.c 的文件。
33 .s.o:                        # 指示将所有 .s 汇编程序编译成 .o 目标文件。下一行是实现该操
                                # 作的具体命令,即使用 gas 将汇编程序编译成 .o 目标文件。
34          $(AS) -c -o $*.o $<  # gas 标志 -c 表示只编译或汇编但不做链接操作。
35 .c.o:                        # 类似上面,*.c 文件->*.o 目标文件。
36          $(CC) $(CFLAGS) \
37          -nostdinc -Iinclude -c -o $*.o $<  # 使用 gcc 将 C 语言文件编译成目标文件但不链接。
38
39 all:     Image               # all 表示创建 Makefile 所知的最顶层目标。这里是 Image 文件。
40 # 下句说明目标(Image)是由分号后的 4 个元素产生,分别是 boot/中的 bootsect 和 setup 文件、
   # tools/目录中的 system 和 build 文件。42、43 两行是执行的命令。第一行表示使用 tools 目录下的
   # 工具程序 build 将 bootsect、setup 和 system 文件以 $(ROOT_DEV) 为根文件系统设备组装成内核映
   # 像文件 Image。第二行的 sync 同步命令是迫使缓冲块数据立即写盘并更新超级块。
41 Image: boot/bootsect boot/setup tools/system tools/build
42          tools/build boot/bootsect boot/setup tools/system $(ROOT_DEV) > Image
43          sync
44 # 下一行表示 disk 这个目标要由 Image 产生。命令 dd 为 UNIX 标准命令:复制一个文件,根据选项进
   # 行转换和格式化。'bs='表示一次读/写的字节数。'if='表示输入的文件,'of='表示输出到的文件。
   # 这里/dev/PS0 是指第一个软盘驱动器(设备文件)。
45 disk: Image
46          dd bs=8192 if=Image of=/dev/PS0
47
48 tools/build: tools/build.c          # 由 tools 目录下的 build.c 程序生成执行程序 build。
49          $(CC) $(CFLAGS) \
50          -o tools/build tools/build.c# 编译生成执行程序 build 的命令。
51
52 boot/head.o: boot/head.s            # 利用上面给出的 .s.o 规则生成 head.o 目标文件。
53 # 下句表示 tools/system 文件要由分号右边元素生成。56~61 行是生成 system 的具体命令。最后的
   # > System.map 表示 gld 需要将连接映像重定向保存在 System.map 文件中。关于 System.map 文件的
```

```
   # 用途参见注释后的说明。
54 tools/system:   boot/head.o init/main.o \
55                 $(ARCHIVES) $(DRIVERS) $(MATH) $(LIBS)
56         $(LD) $(LDFLAGS) boot/head.o init/main.o \
57         $(ARCHIVES) \
58         $(DRIVERS) \
59         $(MATH) \
60         $(LIBS) \
61         -o tools/system > System.map
62
63 kernel/math/math.a:                # 数学协处理函数文件 math.a 由下一行上的命令实现。
64         (cd kernel/math; make)
65 # 进入 kernel/math/目录;运行 make 工具程序。下面 66~82 行的含义与此处类似。
66 kernel/blk_drv/blk_drv.a:          # 块设备函数文件 blk_drv.a
67         (cd kernel/blk_drv; make)
68
69 kernel/chr_drv/chr_drv.a:          # 字符设备函数文件 chr_drv.a
70         (cd kernel/chr_drv; make)
71
72 kernel/kernel.o:                   # 内核目标模块 kernel.o
73         (cd kernel; make)
74
75 mm/mm.o:                           # 内存管理模块 mm.o
76         (cd mm; make)
77
78 fs/fs.o:                           # 文件系统目标模块 fs.o
79         (cd fs; make)
80
81 lib/lib.a:                         # 库函数 lib.a
82         (cd lib; make)
83
84 boot/setup: boot/setup.s                          # 这里开始的三行是使用 8086 汇编和链接器
85         $(AS86) -o boot/setup.o boot/setup.s # 对 setup.s 文件进行编译生成 setup 文件。
86         $(LD86) -s -o boot/setup boot/setup.o# -s 选项表示要去除目标文件中的符号信息。
87
88 boot/bootsect:  boot/bootsect.s                   # 同上。生成 bootsect.o 磁盘引导块。
89         $(AS86) -o boot/bootsect.o boot/bootsect.s
90         $(LD86) -s -o boot/bootsect boot/bootsect.o
91 # 92~95 这四行的作用是在 bootsect.s 程序开头添加一行有关 system 文件长度的信息。方法是首先
   # 生成含有“SYSSIZE = system 文件实际长度”一行信息的 tmp.s 文件,然后将 bootsect.s 文件添加在
   # 其后。取得 system 长度的方法是:首先利用命令 ls 对 system 文件进行长列表显示,用 grep 命令取
   # 得列表行上文件字节数字段信息,并定向保存在 tmp.s 临时文件中。cut 命令用于剪切字符串,tr 用
   # 于去除行尾的回车符。其中:(实际长度+15)/16 用于获得用‘节’表示的长度信息。1 节=16 字节。
92 tmp.s:  boot/bootsect.s tools/system
93         (echo -n "SYSSIZE = (";ls -l tools/system | grep system \
94                 | cut -c25-31 | tr '\012' ' '; echo "+ 15 ) /16") > tmp.s
95         cat boot/bootsect.s >> tmp.s
96 # 当执行命令'make clean'时,就会执行 98~103 行上的命令,去除所有编译链接生成的文件。'rm'
   # 是文件删除命令,选项-f 含义是忽略不存在的文件,并且不显示删除信息。
97 clean:
98         rm -f Image system.map tmp_make core boot/bootsect boot/setup
99         rm -f init/*.o tools/system tools/build boot/*.o
```

```
100         (cd mm;make clean)        # 进入 mm/目录;执行该目录 Makefile 文件中的 clean 规则。
101         (cd fs;make clean)
102         (cd kernel;make clean)
103         (cd lib;make clean)
104 # 下面该规则将首先执行上面的 clean 规则,然后对 linux/目录进行压缩,生成 backup.Z 压缩文件。
    # 'cd ..'表示退到 linux/的上一级目录;'tar cf - linux'表示对 linux/目录执行 tar 归档程序。
    # cf 表示需要创建新的归档文件;'| compress -'表示将 tar 程序的执行通过管道操作('|')传递给
    # 压缩程序 compress,并将压缩程序的输出存成 backup.Z 文件。
105 backup: clean
106         (cd .. ; tar cf - linux | compress -> backup.Z)
107         sync                        # 迫使缓冲块数据立即写盘并更新磁盘超级块。
108 # 下面目标或规则用于各文件之间的依赖关系。创建的这些依赖关系是为了让 make 确定是否需要重建
    # 一个目标对象。比如当某个头文件被改动过后,make 就通过生成的依赖关系,重新编译与该头文件有
    # 关的所有 *.c 文件。具体方法如下:使用字符串编辑程序 sed 对 Makefile 文件(这里即自己)进行处
    # 理,输出为删除 Makefile 文件中'### Dependencies'行后面的所有行(下面从 118 开始的行),并生
    # 成 tmp_make 临时文件(也即 110 行的作用)。然后对 init/目录下的每一个 C 文件(其实只有一个文
    # 件 main.c)执行 gcc 预处理操作,-M 标志告诉预处理程序输出描述每个目标文件相关性的规则,并且
    # 这些规则符合 make 语法。对于每一个源文件,预处理程序输出一个 make 规则,其结果形式是相应源
    # 程序文件的目标文件名加上其依赖关系——该源文件中包含的所有头文件列表。111 行中的 $$i
    # 实际上是 $($i)的意思。这里 $i 是这句前面的 shell 变量的值。最后把预处理结果都添加到临时
    # 文件 tmp_make 中,并将该临时文件复制成新的 Makefile 文件。
109 dep:
110         sed '/\#\#\# Dependencies/q' < Makefile > tmp_make
111         (for i in init/*.c;do echo -n "init/"; $(CPP) -M $$i;done) >> tmp_make
112         cp tmp_make Makefile
113         (cd fs; make dep)                   # 对 fs/目录下的 Makefile 文件也做同样的处理。
114         (cd kernel; make dep)
115         (cd mm; make dep)
116
117 ### Dependencies:
118 init/main.o : init/main.c include/unistd.h include/sys/stat.h \
119   include/sys/types.h include/sys/times.h include/sys/utsname.h \
120   include/utime.h include/time.h include/linux/tty.h include/termios.h \
121   include/linux/sched.h include/linux/head.h include/linux/fs.h \
122   include/linux/mm.h include/signal.h include/asm/system.h include/asm/io.h \
123   include/stddef.h include/stdarg.h include/fcntl.h
```

1. Makefile 简介

Makefile 文件是 make 工具程序的配置文件。make 程序的主要用途是能自动地决定一个含有很多源程序文件的大型程序中哪个文件需要被重新编译。Makefile 的使用比较复杂,这里只是根据上面的 Makefile 文件做些简单的介绍。详细说明可参考 GNU make 使用手册。

为了使用 make 程序,就需要 Makefile 文件来告诉 make 要做些什么工作。通常,Makefile 文件会告诉 make 如何编译和链接一个文件。当明确指出时,Makefile 还可以告诉 make 运行各种命令(例如,作为清理操作而删除某些文件)。

make 的执行过程分为两个阶段。在第一个阶段,它读取所有的 Makefile 文件以及包含的 Makefile 文件等,记录所有的变量及其值、隐式的或显式的规则,并构造出所有目标对象及其先决条件的一幅全景图。在第二阶段,make 就使用这些内部结构来确定哪个目标对象需要被重建,并且使用相应的规则来操作。

当 make 重新编译程序时，每个修改过的 C 代码文件必须被重新编译。如果一个头文件被修改过了，那么为了确保正确，每一个包含该头文件的 C 代码程序都将被重新编译。每次编译操作都产生一个与源程序对应的目标文件（object file）。最终，如果任何源代码文件被编译过了，那么所有的目标文件只要是刚编译完的还是以前就编译好的必须链接在一起以生成新的可执行文件。

简单的 Makefile 文件含有一些规则，这些规则具有如下的形式：

```
目标(target)... : 先决条件(prerequisites)...
                  命令(command)
                  ...
```

其中“目标”对象通常是程序生成的一个文件的名称；例如是一个可执行文件或目标文件。目标也可以是所要采取活动的名字，比如“清除”（clean）。“先决条件”是一个或多个文件名，是用作产生目标的输入条件。通常一个目标依赖几个文件。而“命令”是 make 需要执行的操作。一个规则可以有多个命令，每一个命令自成一行。注意，需要在每个命令行之前键入一个制表符！这是粗心的人常常忽略的地方。

如果一个先决条件通过目录搜寻而在另外一个目录中被找到，这并不会改变规则的命令，它们将被如期执行。因此，你必须小心地设置命令，使得命令能够在 make 发现先决条件的目录中找到需要的先决条件。这就需要利用自动变量。自动变量是一种在命令行上根据具体情况能被自动替换的变量。自动变量的值是基于目标对象及其先决条件而在命令执行前设置的。例如，“$^”的值表示规则的所有先决条件，包括它们所处目录的名称；“$<”的值表示规则中的第一个先决条件；“$@”表示目标对象；另外还有一些自动变量这里就不提了。

有时，先决条件还常包含头文件，而这些头文件并不在命令中说明。此时自动变量“$<”正是第一个先决条件。例如：

```
foo.o : foo.c defs.h hack.h
        cc -c $(CFLAGS) $< -o $@
```

其中的“$<”就会被自动地替换成 foo.c，而 $@ 则会被替换为 foo.o。

为了让 make 能使用习惯用法来更新一个目标对象，你可以不指定命令，写一个不带命令的规则或者不写规则。此时 make 程序将会根据源程序文件的类型（程序的后缀）来判断要使用哪个隐式规则。

后缀规则是为 make 程序定义隐式规则的老式方法。（现在这种规则已经不用了，取而代之的是使用更通用更清晰的模式匹配规则）。下面例子就是一种双后缀规则。双后缀规则是用一对后缀定义的：源后缀和目标后缀。相应的隐式先决条件是通过使用文件名中的源后缀替换目标后缀后得到。因此，此时下面的“$<”值是 *.c 文件名。而这条 make 规则的含义是将 *.c 程序编译成 *.s 代码。

```
.c.s:
        $(CC) $(CFLAGS) \
        -nostdinc -Iinclude -S -o $*.s $<
```

通常命令是属于一个具有先决条件的规则，并在任何先决条件改变时用于生成一个目标（target）文件。然而，为目标而指定命令的规则并不一定要有先决条件。例如，与目标“clean”

相关的含有删除(delete)命令的规则并不需要有先决条件。此时,一个规则说明了如何以及何时来重新制作某些文件,而这些文件是特定规则的目标。make 根据先决条件来执行命令以创建或更新目标。一个规则也可以说明如何及何时执行一个操作。

Makefile 文件也可以含有除规则以外的其他文字,但一个简单的 Makefile 文件只需含有适当的规则。规则可能看上去要比上面给出的例子复杂得多,但基本结构类似。Makefile 文件最后生成的依赖关系用于让 make 确定是否需要重建一个目标对象。例如当某个头文件被改动后,make 就通过这些依赖关系,重新编译与该头文件有关的所有 *.c 文件。

2. as86,ld86 简介

as86 和 ld86 是由 Bruce Evans 编写的 Intel 8086 汇编编译程序和链接程序。as86 完全是一个 8086 的汇编编译器,但可以为 386 处理器编制 32 位的代码。Linus 使用它仅仅是为了创建 16 位的启动扇区代码和 setup 二进制执行代码。该编译器的语法与 GNU 的汇编编译器的语法是不兼容的,但近似于 Intel 的汇编语言语法(如操作数的次序相反等)。

Bruce Evans 是 MINIX 操作系统 32 位版本的主要编制者,他与 Linux 的创始人 Linus Torvalds 是很好的朋友。Linus 本人也从 Bruce Evans 那里学到了不少有关 UNIX 类操作系统的知识,MINIX 操作系统的不足之处也是两个好朋友深入探讨得出的结果,这激发了 Linus 在 Intel 386 体系结构上开发一个全新概念的操作系统,因此 Linux 操作系统的诞生与 Bruce Evans 也有着密切的关系。

有关这个编译器和链接器的源代码可以从 FTP 服务器 ftp. funet. fi 上或从本书的网站(www. oldlinux. org)上下载。这两个程序的使用方法和选项可参考相关手册。

3. system. map 文件

system. map 文件用于存放内核符号表信息。符号表是所有符号及其对应地址的一个列表。随着每次内核的编译,就会相应产生一个新的 system. map 文件。当内核运行出错时,通过 system. map 文件中的符号表解析,就可以查到一个地址值对应的变量名,或反之。

利用 system. map 符号表文件,在内核或相关程序出错时,就可以获得我们比较容易识别的信息。符号表的样例如下所示:

```
c03441a0 B dmi_broken
c03441a4 B is_sony_vaio_laptop
c03441c0 b dmi_ident
```

可以看出名称为 dmi_broken 的变量位于内核地址 c03441a0 处。

system. map 位于使用它的软件能够找到的地方。在系统启动时,如果没有以一个参数的形式为 klogd 给出 system. map 的位置,则 klogd 将在三个地方搜寻 system. map,它们依次为:/boot/system. map、/system. map 或/usr/src/linux/system. map。

尽管内核本身实际上不使用 system. map,但其他程序,像 klogd, lsof, ps 以及其他许多软件,像 dosemu,都需要有一个正确的 system. map 文件。利用该文件,这些程序就可以根据已知的内存地址查找出对应的内核变量名称,便于对内核的调试工作。

2.11 本章小结

本章概述了 Linux 早期操作系统的内核模式和体系结构。给出了 Linux 0.11 内核源代码的目录结构形式，并详细地介绍了各个子目录中代码文件的基本功能和层次关系。然后介绍了在 RedHat Linux 9 系统下编译 Linux 0.11 内核时，对代码需要进行修改的地方。最后从 Linux 内核主目录下的 Makefile 文件着手，开始对内核源代码进行注释。

2.12 习题

1. 分别说明逻辑（虚拟）地址、线性地址和实际物理地址的定义，并说明它们之间的主要区别和相互关系。

2. 本书所讨论的 Linux 内核定义了系统同时运行的最大任务数是 64 个。请问是如何定义出来的？根据内核对地址的使用方式，是否还可以增大同时运行的任务数？

3. 什么是引导启动映像（bootimage）盘？什么是根文件系统（rootimage）盘？它们的主要作用分别是什么？

4. 在计算机上安装 Bochs 或其他虚拟计算机软件系统，并在其中试运行 Linux 0.1x 操作系统（Linux 0.1x 操作系统可以从 www.oldlinux.org 网站上下载，最新的 Bochs 可从 http://bochs.sourceforge.net 下载）。

第3章　内核引导启动程序

本章主要描述 boot/目录中的三个汇编代码文件,见表 3-1。正如在第 2 章中提到的,这三个文件虽然都是汇编程序,但使用了两种语法格式。bootsect. s 和 setup. s 采用近似于 Intel 的汇编语言语法,需要使用 Intel 8086 汇编编译器和链接器 as86 和 ld86,而 head. s 则使用 GNU 的汇编程序格式,需要用 GNU 的 as 进行编译。这是一种 AT&T 语法的汇编语言程序。

表 3-1　linux/boot/目录

文件名	长　度	最后修改时间
bootsect. s	5052 B	1991-12-05 22:47:58
head. s	5938 B	1991-11-18 15:05:09
setup. s	5364 B	1991-12-05 22:48:10

阅读这些代码时除了需要知道一些一般 8086 汇编语言的知识,还要了解一些采用 Intel 80x86 微处理器时,PC 的体系结构以及 80386 32 位保护模式下的编程原理。所以在开始阅读源代码之前可以先大概浏览一下有关 PC 硬件接口控制编程和 80386 32 位保护模式的编程方法。

3.1　总体功能描述

这里先说明一下 Linux 操作系统启动部分的主要执行流程。当 PC 的电源打开后,80x86 结构的 CPU 将自动进入实模式,并从地址 0xFFFF0 开始自动执行程序代码,这个地址通常是 ROM BIOS 中的地址。PC 的 BIOS 将执行某些系统的检测,并在物理地址 0 处开始初始化中断向量。此后,它将可启动设备的第一个扇区(磁盘引导扇区,512 字节)读入内存绝对地址 0x7C00 处,并跳转到这个地方。启动设备通常是软驱或是硬盘。这里的叙述是非常简单的,但这已经足够理解内核初始化的工作过程了。

Linux 的最前面部分是用 8086 汇编语言编写的(boot/bootsect. s),它将由 BIOS 读入到内存绝对地址 0x7C00(31KB)处,当它被执行时就会把自己移到绝对地址 0x90000(576KB)处,并把启动设备中后 2KB 代码(boot/setup. s)读入到内存 0x90200 处,而内核的其他部分(system 模块)则被读入到从地址 0x10000 开始处,因为当时 system 模块的长度不会超过 0x80000 字节大小(即 512KB),所以它不会覆盖在 0x90000 处开始的 bootsect 和 setup 模块。后面 setup 程序将把 system 模块移动到内存起始处,这样 system 模块中代码的地址就等于实际的物理地址,便于对内核代码和数据的操作。图 3-1 清晰地显示出 Linux 系统启动时这几个程序或模块在内存中的动态位置。其中,每一竖条框代表某一时刻内存中各程序的映像位置图。在系统加载期间将显示信息“Loading...”。然后控制权将传递给 boot/setup. s 中的代码,这是另一个实模式汇编语言程序。

启动部分识别主机的某些特性以及 VGA 卡的类型。如果需要,它会要求用户为控制台选

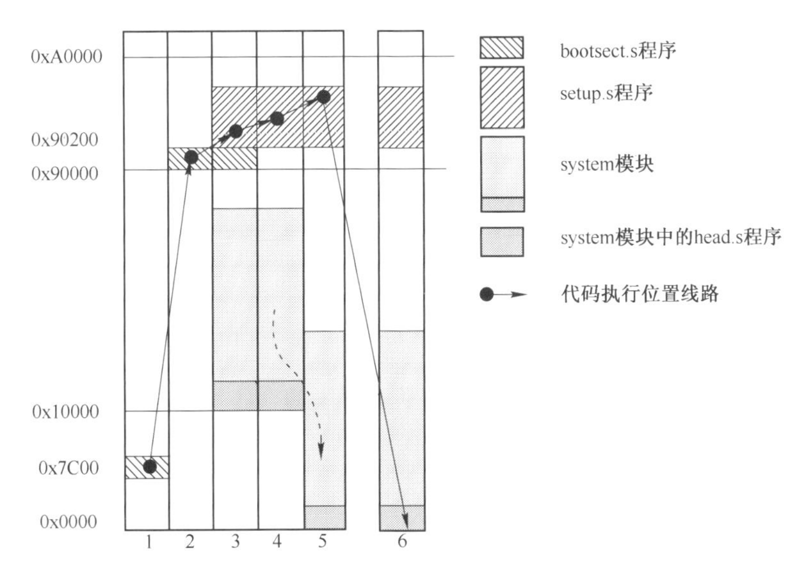

图 3-1 启动引导时内核在内存中的位置和移动后的位置情况

择显示模式。然后将整个系统从地址 0x10000 移至 0x00000 处,进入保护模式并跳转至系统的余下部分(在 0x0000 处)。此时所有 32 位运行方式的设置启动都完成:IDT、GDT 以及 LDT 被加载,处理器和协处理器也已确认,分页工作也设置好了。最终调用 init/main. c 中的 main()程序。上述操作的源代码是在 boot/head. s 中的,这可能是整个内核中最有诀窍的代码了。如果在前述任何一步出了错,计算机就会死锁。在操作系统还没有完全运转之前是处理不了出错的。对于最新开发的内核,相应程序改动也很小,基本保持了 0. 11 版的结构。

3. 2 程序分析

3. 2. 1 bootsect. s 程序

bootsect. s 代码是磁盘引导块程序,驻留在磁盘的第一个扇区中,即引导扇区,0 磁道(柱面),0 磁头,第 1 个扇区。在 PC 加电 ROM BIOS 自检后,引导扇区由 BIOS 加载到内存 0x7C00 处,然后将自己移动到内存 0x90000 处。该程序的主要作用是首先将 setup 模块(由 setup. s 编译成)从磁盘加载到内存,紧接着 bootsect 的后面位置(0x90200),然后利用 BIOS 中断 0x13 取磁盘参数表中当前启动引导盘的参数,接着在屏幕上显示“Loading system. . . ”字符串,再将 system 模块从磁盘上加载到内存 0x10000 开始的地方。随后确定根文件系统的设备号,若没有指定,则根据所保存的引导盘的每磁道扇区数判别出盘的类型和种类(是 1. 44MB 的 A:盘?)并保存其设备号于 root_dev(引导块的 508 地址处),最后长跳转到 setup 程序的开始处(0x90200)执行 setup 程序。bootsect. s 程序和注释见文件 3-1。

文件 3-1 linux/boot/bootsect. s

```
1 !
2 ! SYS_SIZE is the number of clicks (16 bytes) to be loaded.
3 ! 0x3000 is 0x30000 bytes = 196KB, more than enough for current
4 ! versions of linux
```

```
  ! SYS_SIZE 是要加载的节数(16 字节为 1 节)。0x3000 共为 0x30000 字节=196 KB
5 ! (若以 1024 字节为 1KB 计,则应该是 192KB),对于当前的版本空间已足够了。
6 SYSSIZE = 0x3000
7 ! 指编译链接后 system 模块的大小。参见文件 2-1 中第 92 行的说明。这里给出了一个最大默认值。
8 !       bootsect.s              (C) 1991 Linus Torvalds
9 !
10 ! bootsect.s is loaded at 0x7c00 by the bios-startup routines, and moves
11 ! iself out of the way to address 0x90000, and jumps there.
12 !
13 ! It then loads 'setup' directly after itself (0x90200), and the system
14 ! at 0x10000, using BIOS interrupts.
15 !
16 ! NOTE! currently system is at most 8*65536 bytes long. This should be no
17 ! problem, even in the future. I want to keep it simple. This 512 kB
18 ! kernel size should be enough, especially as this doesn't contain the
19 ! buffer cache as in minix
20 !
21 ! The loader has been made as simple as possible, and continuos
22 ! read errors will result in a unbreakable loop. Reboot by hand. It
23 ! loads pretty fast by getting whole sectors at a time whenever possible.
24 ! bootsect.s 被 bios-启动子程序加载至 0x7c00 (31KB)处,并将自己移到了地址 0x90000 (576KB)处,
  ! 并跳转至那里。它然后使用 BIOS 中断将'setup'直接加载到自己的后面(0x90200)(576.5KB),并将
  ! system 加载到地址 0x10000 处。
  ! 注意! 目前的内核系统最大长度限制为(8*65536)(512KB)字节,即使是在将来这也应该没有问题的。
  ! 我想让它保持简单明了。这样 512KB 最大内核长度应该足够了,尤其是这里没有像 MINIX 中一样包含
  ! 缓冲区高速缓冲。
  ! 加载程序已经做得够简单了,所以持续的读出错将导致死循环。只能手工重启。只要可能,通过一次
  ! 读取所有的扇区,加载过程可以做得很快。
25 .globl begtext, begdata, begbss, endtext, enddata, endbss  ! 定义了 6 个全局标识符;
26 .text                        ! 文本段;
27 begtext:
28 .data                        ! 数据段;
29 begdata:
30 .bss                         ! 未初始化数据段(Block Started by Symbol);
31 begbss:
32 .text                        ! 文本段;
33
34 SETUPLEN  = 4                ! nr of setup-sectors              ! setup 程序的扇区数值;
35 BOOTSEG   = 0x07c0           ! original address of boot-sector  ! bootsect 的原始段地址;
36 INITSEG    = 0x9000          ! we move boot here-out of the way  ! 移动 bootsect 到这里;
37 SETUPSEG  = 0x9020           ! setup starts here                ! setup 程序从这里开始;
38 SYSSEG     = 0x1000          ! system loaded at 0x10000(65536).! system 加载到 64 KB 处;
39 ENDSEG  = SYSSEG + SYSSIZE   ! where to stop loading            ! 停止加载的段地址;
40
41 ! ROOT_DEV:    0x000 -same type of floppy as boot.    ! 根文件系统设备使用引导软驱设备;
42 !              0x301 -first partition on first drive etc  ! 在第 1 个硬盘的第 1 个分区上等;
43 ROOT_DEV = 0x306            ! 指定根文件系统设备是第 2 个硬盘的第 1 个分区。参见后面说明。
44
45 entry start       ! 告知链接程序,程序从 start 标号开始执行。
46 start:      ! 47~56 行作用是将自身(bootsect)从目前段 0x07c0(31KB)移动到 0x9000(576KB)处,共
            ! 256 字(512 字节),然后跳转到移动后代码的 go 标号处,即本程序的下一语句处。
47        mov    ax,#BOOTSEG    ! 将 ds 段寄存器置为 0x7C0;
```

```
48          mov     ds,ax
49          mov     ax,#INITSEG    ! 将 es 段寄存器置为 0x9000;
50          mov     es,ax
51          mov     cx,#256        ! 移动计数值=256 字;
52          sub     si,si          ! 源地址   ds:si = 0x07C0:0x0000
53          sub     di,di          ! 目的地址 es:di = 0x9000:0x0000
54          rep                    ! 重复执行,直到 cx = 0
55          movw                   ! 移动 1 个字;
56          jmpi    go,INITSEG     ! 段间跳转。这里 INITSEG 指出跳转到的段地址。
  ! 从下面开始,CPU 执行已经移动到 0x9000 段处的代码。
57 go:      mov     ax,cs          ! 将 ds、es 和 ss 都置成移动后代码所在的段处(0x9000)。
58          mov     ds,ax          ! 由于程序中有堆栈操作,因此必须设置堆栈。
59          mov     es,ax
60 ! put stack at 0x9ff00.         ! 将堆栈指针 sp 指向 0x9ff00(即 0x9000:0xff00)处
61          mov     ss,ax
62          mov     sp,#0xFF00     ! arbitrary value >>512
63 ! 由于代码段移动过,所以要重新设置堆栈段的位置。sp 只要指向远大于 512 偏移(即地址 0x90200)
  ! 处都可以。因为从 0x90200 地址开始处还要放置 setup 程序,而此时 setup 程序大约为 4 个扇区,因
  ! 此 sp 要指向大于 0x200 + 0x200 * 4 + 堆栈大小处。
64 ! load the setup-sectors directly after the bootblock.
65 ! Note that 'es' is already set up.
66 ! 在 bootsect 程序块后紧根着加载 setup 模块的代码数据。
  ! 注意 es 已经设置好了(在移动代码时 es 已经指向目的段地址处 0x9000)。
67 load_setup:
  ! 68~77 行的用途是利用 BIOS 中断 INT 0x13 将 setup 模块从磁盘第 2 个扇区开始读到 0x90200 开始
  ! 处,共读 4 个扇区。如果读出错则复位驱动器,并重试,没有退路。该中断用法为:ah=0x02 -读磁盘扇
  ! 区到内存;al=需要读出的扇区数量;ch=磁道(柱面)号的低 8 位;cl=开始扇区(位 0~5),磁道号高 2
  ! 位(位 6~7);dh=磁头号;dl=驱动器号(若是硬盘则要置位 7);es:bx->指向数据缓冲区。若出错则
  ! CF标志置位。
68      mov     dx,#0x0000           ! drive 0, head 0     ! 驱动器 0,磁头 0;
69      mov     cx,#0x0002           ! sector 2, track 0   ! 扇区 2,磁道 0;
70      mov     bx,#0x0200           ! address = 512, in INITSEG  ! INITSEG 段 512 偏移处;
71      mov     ax,#0x0200+SETUPLEN  ! service 2, nr of sectors ! 服务号 2,后面是扇区数;
72      int     0x13                 ! read it
73      jnc     ok_load_setup        ! ok -continue        ! 若正常,则继续;
74      mov     dx,#0x0000
75      mov     ax,#0x0000           ! reset the diskette! 复位磁盘;
76      int     0x13
77      j       load_setup
78
79 ok_load_setup:
80
81 ! Get disk drive parameters, specifically nr of sectors/track
82 ! 取磁盘驱动器参数,特别是每道扇区数量。取磁盘驱动器参数 INT 0x13 调用格式和返回信息如下:
  ! ah=0x08;dl=驱动器号(若是硬盘则要置位 7 为 1)。返回:ah=0,al=0;bl=驱动器类型(AT/PS2);
  ! ch=最大磁道号的低 8 位,cl=每磁道最大扇区数(位 0~5),最大磁道号高 2 位(位 6~7);dh=最大磁
  ! 头数,dl=驱动器数量;es:di → 软驱磁盘参数表。若出错则 CF 置位,且 ah=状态码。
83      mov     dl,#0x00
84      mov     ax,#0x0800            ! AH=8 is get drive parameters
85      int     0x13
86      mov     ch,#0x00
87      seg cs  ! 表示下一条语句的操作数在 cs 段寄存器所指的段中。
```

```
88      mov     sectors,cx              ! 保存每磁道扇区数。
89      mov     ax,#INITSEG
90      mov     es,ax                   ! 因为上面取磁盘参数中断修改了 es,这里重新改回。
91
92 ! Print some inane message            ! 显示信息('Loading system ...'回车换行,共 24 个字符)。
93
94      mov     ah,#0x03                ! read cursor pos
95      xor     bh,bh                   ! 读光标位置。
96      int     0x10
97
98      mov     cx,#24                  ! 共 24 个字符。
99      mov     bx,#0x0007              ! page 0, attribute 7 (normal)
100     mov     bp,#msg1                ! 指向要显示的字符串。
101     mov     ax,#0x1301              ! write string, move cursor
102     int     0x10                    ! 写字符串并移动光标。
103
104 ! ok, we've written the message, now
105 ! we want to load the system (at 0x10000)   ! 现在开始将 system 模块加载到 64KB 处。
106
107     mov     ax,#SYSSEG
108     mov     es,ax                   ! segment of 0x010000 ! es =system 段地址。
109     call    read_it                 ! 读磁盘上 system 模块,es 为输入参数。
110     call    kill_motor              ! 关闭电动机,这样就可以知道驱动器的状态了。
111
112 ! After that we check which root-device to use. If the device is
113 ! defined (!= 0), nothing is done and the given device is used.
114 ! Otherwise, either /dev/PS0 (2,28) or /dev/at0 (2,8), depending
115 ! on the number of sectors that the BIOS reports currently.
116 ! 此后,检查要使用哪个根文件系统设备(简称根设备)。如果已指定了设备(!=0),就直接使用给定
    ! 的设备。否则就需要根据 BIOS 报告的每磁道扇区数来确定到底使用/dev/PS0 (2,28) 还是 /dev/
    ! at0 (2,8)。
    ! 上面行中两个设备文件的含义:在 Linux 中软驱的主设备号是 2(参见第 43 行的注释),次设备号 =
    ! type*4 + nr,其中 nr 为 0~3 分别对应软驱 A、B、C 或 D;type 是软驱的类型(2->1.2MB 或 7->1.44MB
    ! 等)。因为 7*4+0=28,所以/dev/PS0 (2,28)指的是 1.44MB 的 A:驱动器,其设备号是 0x021c;/dev/
    ! at0。(2,8)是 1.2MB 的 A:驱动器,其设备号是 0x0208。
117         seg cs
118         mov     ax,root_dev         ! 取 508,509 字节处的根设备号并判断是否已被定义
119         cmp     ax,#0
120         jne     root_defined
121         seg cs
122         mov     bx,sectors
    ! 取第 88 行保存的每磁道扇区数。若 sectors=15,则说明是 1.2MB 的驱动器;如果 sectors=18,则说
    ! 明是 1.44MB 软驱。因为是可引导的驱动器,所以肯定是 A:驱。
123         mov     ax,#0x0208          ! /dev/ps0 -1.2MB
124         cmp     bx,#15              ! 判断每磁道扇区数是否=15。
125         je      root_defined        ! 如果等于,则 ax 中就是引导驱动器的设备号。
126         mov     ax,#0x021c          ! /dev/PS0 -1.44MB
127         cmp     bx,#18
128         je      root_defined
129 undef_root:     ! 如果都不一样,则死循环(死机)。
130         jmp undef_root
131 root_defined:
```

```
132         seg cs
133         mov     root_dev,ax          ! 将检查过的设备号保存起来。
134
135 ! after that (everyting loaded), we jump to
136 ! the setup-routine loaded directly after
137 ! the bootblock:
138 ! 到此,所有程序都加载完毕,我们就跳转到被加载在 bootsect 后面的 setup 程序去。
139         jmpi    0,SETUPSEG     ! 跳转到 0x9020:0000(setup.s 程序的开始处)。程序到此结束。
140 ! 下面是两个子程序。
141 ! This routine loads the system at address 0x10000, making sure
142 ! no 64kB boundaries are crossed. We try to load it as fast as
143 ! possible, loading whole tracks whenever we can.
144 !
145 ! in:  es -starting address segment (normally 0x1000)
146 ! 该子程序将系统模块加载到内存地址 0x10000 处,并确定没有跨越 64KB 的内存边界。我们试图尽快
  ! 地进行加载,只要可能,就每次加载整条磁道的数据。输入:es-开始内存地址段值(通常是 0x1000)。
147 sread:  .word 1+SETUPLEN           ! sectors read of current track
                                       ! 磁道中已读扇区数。开始时已读入 1 扇区的引导扇区
                                       ! bootsect 和 setup 程序所占的扇区数 SETUPLEN。
148 head:   .word 0                    ! current head    ! 当前磁头号。
149 track:  .word 0                    ! current track   ! 当前磁道号。
150
151 read_it:
  ! 测试输入的段值。从盘上读入的数据必须存放在位于内存地址 64KB 的边界开始处,否则进入死循环。
  ! 清 bx 寄存器,用于表示当前段内存放数据的开始位置。
152         mov ax,es
153         test ax,#0x0fff
154 die:    jne die                ! es must be at 64kB boundary
        ! es 值必须位于 64KB 地址边界!
155         xor bx,bx              ! bx is starting address within segment
        ! bx 为段内偏移位置。
156 rp_read:
  ! 判断是否已经读入全部数据。比较当前所读段是否就是系统数据末端所处的段(#ENDSEG),如果不
  ! 是就跳转至下面 ok1_read 标号处继续读数据。否则退出子程序返回。
157         mov ax,es
158         cmp ax,#ENDSEG         ! have we loaded all yet? 是否已加载了全部数据?
159         jb ok1_read
160         ret
161 ok1_read:
  ! 计算和验证当前磁道需要读取的扇区数,放在 ax 寄存器中。根据当前磁道还未读取的扇区数以及段
  ! 内数据字节开始偏移位置,计算如果全部读取这些未读扇区,所读总字节数是否会超过 64KB 段长限
  ! 制。若超过,则根据此次最多能读入的字节数(64KB-段内偏移位置),反算出此次需要读取的扇区数。
162         seg cs
163         mov ax,sectors       ! 取每磁道扇区数。
164         sub ax,sread         ! 减去当前磁道已读扇区数。
165         mov cx,ax            ! cx = ax = 当前磁道未读扇区数。
166         shl cx,#9            ! cx = cx * 512 字节。
167         add cx,bx            ! cx = cx + 段内偏移值(bx),即此次读操作后段内读入字节数。
168         jnc ok2_read         ! 若没有超过 64KB 字节,则跳转至 ok2_read 处执行。
169         je ok2_read
170         xor ax,ax            ! 若加上此次将读磁道上所有未读扇区时会超过 64KB,
171         sub ax,bx            ! 则计算此时最多能读入的字节数(64KB-段内偏移
```

```
172         shr ax,#9              ! 位置),再转换成需要读取的扇区数。
173 ok2_read:
174         call read_track
175         mov cx,ax              ! cx = 该次操作已读取的扇区数。
176         add ax,sread           ! 当前磁道上已经读取的扇区数。
177         seg cs
178         cmp ax,sectors         ! 如果当前磁道上还有扇区未读,则跳转到 ok3_read 处。
179         jne ok3_read
180         mov ax,#1      ! 下面读磁道另一磁头(1 号磁头)上的数据。如果已经完成,则去读下一磁道。
181         sub ax,head            ! 判断当前磁头号。
182         jne ok4_read           ! 如果是 0 磁头,则再去读 1 磁头面上的扇区数据。
183         inc track              ! 否则去读下一磁道。
184 ok4_read:
185         mov head,ax            ! 保存当前磁头号。
186         xor ax,ax              ! 清当前磁道已读扇区数。
187 ok3_read:
188         mov sread,ax           ! 保存当前磁道已读扇区数。
189         shl cx,#9              ! 上次已读扇区数 * 512B。
190         add bx,cx              ! 调整当前段内数据开始位置。
191         jnc rp_read        ! 若小于 64KB 界则跳到 rp_read。否则调整当前段为读下一段数据做准备。
192         mov ax,es
193         add ax,#0x1000         ! 将段基址调整为指向下一个 64KB 内存开始处。
194         mov es,ax
195         xor bx,bx              ! 清段内数据开始偏移值。
196         jmp rp_read            ! 跳转至 rp_read(156 行)处,继续读数据。
197 ! 读当前磁道上指定开始扇区和需读扇区数的数据到 es:bx 开始处。参见第 67 行下对 BIOS 磁盘读中断
    ! int 0x13,ah=2 的说明。(al -需读扇区数;es:bx -缓冲区开始位置)
198 read_track:
199         push ax
200         push bx
201         push cx
202         push dx
203         mov dx,track           ! 取当前磁道号。
204         mov cx,sread           ! 取当前磁道上已读扇区数。
205         inc cx                 ! cl = 开始读扇区。
206         mov ch,dl              ! ch = 当前磁道号。
207         mov dx,head            ! 取当前磁头号。
208         mov dh,dl              ! dh = 磁头号。
209         mov dl,#0              ! dl = 驱动器号(为 0 表示当前驱动器)。
210         and dx,#0x0100         ! 磁头号不大于 1。
211         mov ah,#2              ! ah = 2,读磁盘扇区功能号。
212         int 0x13
213         jc bad_rt              ! 若出错,则跳转至 bad_rt。
214         pop dx
215         pop cx
216         pop bx
217         pop ax
218         ret
219 bad_rt: mov ax,#0              ! 执行驱动器复位操作(磁盘中断功能号 0),再跳到 read_track 处重试。
220         mov dx,#0
221         int 0x13
222         pop dx
```

```
223         pop cx
224         pop bx
225         pop ax
226         jmp read_track
227
228 /*
229  * This procedure turns off the floppy drive motor, so
230  * that we enter the kernel in a known state, and
231  * don't have to worry about it later.
232  */
   /* 该子程序用于关闭软驱电动机,这样在进入内核后它处于已知状态,以后也就无须担心它了。*/
233 kill_motor:
234         push dx
235         mov dx,#0x3f2         ! 软驱控制卡的驱动端口,只写。
236         mov al,#0             ! A 驱动器,关闭 FDC,禁止 DMA 和中断请求,关闭电动机。
237         outb                  ! 将 al 中的内容输出到 dx 指定的端口去。
238         pop dx
239         ret
240
241 sectors:
242         .word 0                          ! 存放当前启动软盘每磁道的扇区数。
243
244 msg1:
245         .byte 13,10                      ! 回车、换行的 ASCII 码。
246         .ascii "Loading system ..."
247         .byte 13,10,13,10                ! 共 24 个 ASCII 码字符。
248
249 .org 508  ! 表示后面语句从地址 508(0x1FC)开始,所以 root_dev 在启动扇区第 508 开始的 2B 中。
250 root_dev:
251         .word ROOT_DEV         ! 这里存放根文件系统所在的设备号(init/main.c 中会用)。
252 boot_flag:
253         .word 0xAA55                     ! 硬盘有效标识。
254
255 .text
256 endtext:
257 .data
258 enddata:
259 .bss
260 endbss:
```

程序中涉及的硬盘设备命名方式如下:硬盘的主设备号是 3。其他设备的主设备号分别为:1-内存, 2-磁盘, 3-硬盘, 4-ttyx, 5-tty, 6-并行口, 7-非命名管道。由于一个硬盘可以有 1~4 个分区,因此硬盘还依据分区的不同用次设备号进行指定分区。因此硬盘的逻辑设备号由以下方式构成:设备号 = 主设备号×256 + 次设备号。两个硬盘的所有逻辑设备号见表 3-2。

表 3-2　硬盘逻辑设备号

逻辑设备号	对应设备文件	说　明
0x300	/dev/hd0	代表整个第 1 个硬盘
0x301	/dev/hd1	表示第 1 个硬盘的第 1 个分区

（续）

逻辑设备号	对应设备文件	说　明
0x304	/dev/hd4	表示第 1 个硬盘的第 4 个分区
0x305	/dev/hd5	代表整个第 2 个硬盘
0x306	/dev/hd6	表示第 2 个硬盘的第 1 个分区
0x309	/dev/hd9	表示第 2 个硬盘的第 4 个分区

其中 0x300 和 0x305 并不与某个分区对应，而是代表整个硬盘。从 Linux 内核 0.95 版后已经不使用这种烦琐的命名方式，而是使用与现在相同的命名方法了。

3.2.2　setup.s 程序

setup 程序的主要作用是利用 ROM BIOS 中断读取机器系统数据，并将这些数据保存到 0x90000 开始的位置（覆盖了 bootsect 程序所在的地方），所取得的参数和保留的内存位置见表 3-3。这些参数将被内核中相关程序使用，例如字符设备驱动程序集中的 ttyio.c 程序等。

表 3-3　setup 程序读取并保留的参数

内存地址	长度（字节）	名　称	描　述
0x90000	2	光标位置	列号（0x00-最左端），行号（0x00-最顶端）
0x90002	2	扩展内存数	系统从 1MB 开始的扩展内存数值（KB）
0x90004	2	显示页面	当前显示页面
0x90006	1	显示模式	
0x90007	1	字符列数	
0x90008	2	未知	
0x9000A	1	显示内存	显示内存（0x00-64K，0x01-128K，0x02-192K，0x03＝256K）
0x9000B	1	显示状态	0x00-彩色，I/O＝0x3dX；0x11-单色，I/O＝0x3bX
0x9000C	2	特性参数	显示卡特性参数
0x90080	16	硬盘参数表	第 1 个硬盘的参数表
0x90090	16	硬盘参数表	第 2 个硬盘的参数表（如果没有，则清零）
0x901FC	2	根设备号	根文件系统所在的设备号（bootsect.s 中设置）

然后 setup 程序将 system 模块从 0x10000-0x8ffff（当时认为内核系统模块 system 的长度不会超过此值：512KB）整块向下移动到内存绝对地址 0x00000 处。接下来加载中断描述符表寄存器（idtr）和全局描述符表寄存器（gdtr），开启 A20 地址线，重新设置两个中断控制芯片 8259A，将硬件中断号重新设置为 0x20 - 0x2f。最后设置 CPU 的控制寄存器 CR0（也称机器状态字），从而进入 32 位保护模式运行，并跳转到位于 system 模块最前面部分的 head.s 程序继续运行。

为了能让 head.s 在 32 位保护模式下运行，在本程序中临时设置了中断描述符表（idt）和全局描述符表（gdt），并在 gdt 中设置了当前内核代码段的描述符和数据段的描述符。在下面的 head.s 程序中会根据内核的需要重新设置这些描述符表。

因此，在进入保护模式之前，必须首先设置好要用到的段描述符表，例如全局描述符表 gdt。然后使用指令 lgdt 把描述符表的基地址告知 CPU（gdt 表基地址存入 gdtr 寄存器）。再将机器状态字的保护模式标志置位即可进入 32 位保护运行模式。该程序注释如文件 3-2 所示。

文件 3-2 linux/boot/setup.s

```
1 !
2 !      setup.s       (C) 1991 Linus Torvalds
3 !
4 ! setup.s is responsible for getting the system data from the BIOS,
5 ! and putting them into the appropriate places in system memory.
6 ! both setup.s and system has been loaded by the bootb lock.
7 !
8 ! This code asks the bios for memory/disk/other parameters, and
9 ! puts them in a "safe" place: 0x90000-0x901FF, ie where the
10 ! boot block used to be. It is then up to the protected mode
11 ! system to read them from there before the area is overwritten
12 ! for buffer-blocks.
13 ! setup.s 负责从 BIOS 中获取系统数据,并将这些数据放到系统内存的适当地方。
   ! 此时 setup.s 和 system 已经由 bootsect 引导块加载到内存中。
   ! 这段代码询问 bios 有关内存/磁盘/其他参数,并将这些参数放到一个
   ! "安全的"地方:0x90000-0x901FF,即原来 bootsect 代码块曾经在
   ! 的地方,然后在被缓冲块覆盖之前由保护模式的 system 读取。
14
15 ! NOTE! These had better be the same as in bootsect.s!
16 ! 注意! 以下这些参数最好和 bootsect.s 中的相同!
17 INITSEG  = 0x9000   ! we move boot here -out of the way   ! 原来 bootsect 所处的段。
18 SYSSEG   = 0x1000   ! system loaded at 0x10000 (65536).   ! system 在 0x10000(64KB)处。
19 SETUPSEG = 0x9020   ! this is the current segment         ! 本程序所在的段地址。
20
21 .globl begtext, begdata, begbss, endtext, enddata, endbss
22 .text               ! 代码段;
23 begtext:
24 .data               ! 数据段;
25 begdata:
26 .bss                ! 未初始化数据段(Block Section Size);
27 begbss:
28 .text
29
30 entry start
31 start:
32
33 ! ok, the read went well so we get current cursor position and save it for
34 ! posterity.
35 ! 整个读磁盘过程都正常,现在将光标位置保存以备今后使用。
36        mov    ax,#INITSEG     ! this is done in bootsect already, but...
   ! 上句将 ds 置成 0x9000。已在 bootsect 设置过,但现在是 setup,Linus 觉得需要重新设置一下。
37        mov    ds,ax
38        mov    ah,#0x03        ! read cursor pos
   ! BIOS 中断 0x10 的读光标功能号 ah=0x03。输入:bh=页号;返回:ch=扫描开始线;cl=扫描结束线;
   ! dh=行号(0x00 是顶端);dl = 列号(0x00 是左边)。
39        xor    bh,bh
40        int    0x10            ! save it in known place, con_init fetches
41        mov    [0],dx          ! it from 0x90000.
42 ! 上两句是说将光标位置信息存放在 0x90000 处,控制台初始化时会来取。
43 ! Get memory size (extended mem, KB)   ! 下面 3 句取扩展内存的大小(KB)。
44 ! 是调用中断 0x15,功能号 ah=0x88。返回:ax=从 0x100000(1M)处开始的扩展内存大小(KB)。
```

```
45        mov     ah,#0x88
46        int     0x15
47        mov     [2],ax              ! 将扩展内存数值存在 0x90002 处(1 个字)。
48
49 ! Get video-card data:             ! 下面这段用于取显示卡当前显示模式。
50 ! 调用 BIOS 中断 0x10,功能号 ah=0x0f。返回:ah=字符列数;al=显示模式;bh=当前显示页。0x90004
   ! (1 字)存放当前页,0x90006 存放显示模式,0x90007 存放字符列数。
51        mov     ah,#0x0f
52        int     0x10
53        mov     [4],bx              ! bh = display page
54        mov     [6],ax              ! al = video mode, ah = window width
55
56 ! check for EGA/VGA and some config parameters    ! 检查显示方式(EGA/VGA)并取参数。
57 ! 调用 BIOS 中断 0x10 附加功能选择取方式信息,功能号:ah=0x12;bl=0x10。
   ! 返回:bh=显示状态(0x00-彩色模式,I/O 端口=0x3dX;0x01-单色模式,I/O 端口=0x3bX);bl=安装
   ! 的显示内存(0x00-64k,0x01-128k,0x02-192k,0x03=256k);cx=显示卡特性参数。
58        mov     ah,#0x12
59        mov     bl,#0x10
60        int     0x10
61        mov     [8],ax              ! 0x90008 = ??
62        mov     [10],bx           ! 0x9000A = 安装的显示内存,0x9000B = 显示状态(彩色/单色)
63        mov     [12],cx             ! 0x9000C = 显示卡特性参数。
64
65 ! Get hd0 data
66 ! 取第一个硬盘的信息(复制硬盘参数表)。第 1 个硬盘参数表的首地址竟然是中断向量 0x41 的向量
   ! 值!而第 2 个硬盘参数表紧接第 1 个表的后面,中断向量 0x46 的向量值也指向这第 2 个硬盘的参数表
   ! 首址。表的长度是 16 个字节(0x10)。下面两段程序分别复制 BIOS 有关两个硬盘的参数表,0x90080
   ! 处存放第 1 个硬盘的表,0x90090 处存放第 2 个硬盘的表。
67        mov     ax,#0x0000
68        mov     ds,ax
69        lds     si,[4*0x41]         ! 取中断向量 0x41 的值,即 hd0 参数表的地址→ds:si
70        mov     ax,#INITSEG
71        mov     es,ax
72        mov     di,#0x0080          ! 传输的目的地址: 0x9000:0x0080 → es:di
73        mov     cx,#0x10            ! 共传输 0x10 字节。
74        rep
75        movsb
76
77 ! Get hd1 data
78
79        mov     ax,#0x0000
80        mov     ds,ax
81        lds     si,[4*0x46]         ! 取中断向量 0x46 的值,也即 hd1 参数表的地址→ds:si
82        mov     ax,#INITSEG
83        mov     es,ax
84        mov     di,#0x0090          ! 传输的目的地址: 0x9000:0x0090 → es:di
85        mov     cx,#0x10
86        rep
87        movsb
88
89 ! Check that there IS a hd1 :-)
90 ! 检查系统是否存在第 2 个硬盘,如果不存在则第 2 个表清零。利用 BIOS 中断调用 0x13 的取盘类型功
```

```
  ! 能。功能号 ah=0x15;输入:dl=驱动器号(0x8X 是硬盘:0x80 指第 1 个硬盘,0x81 指第 2 个硬盘)。输
  ! 出:ah=类型码;00-没有这个盘,CF 置位;01-是软驱,没有 change-line 支持;02-是软驱(或其他可移动
  ! 设备),有 change-line 支持;03-是硬盘。
 91         mov     ax,#0x01500
 92         mov     dl,#0x81
 93         int     0x13
 94         jc      no_disk1
 95         cmp     ah,#3               ! 是硬盘吗(类型 = 3 ?)?
 96         je      is_disk1
 97 no_disk1:
 98         mov     ax,#INITSEG         ! 第 2 个硬盘不存在,则对第 2 个硬盘表清零。
 99         mov     es,ax
100         mov     di,#0x0090
101         mov     cx,#0x10
102         mov     ax,#0x00
103         rep
104         stosb
105 is_disk1:
106
107 ! now we want to move to protected mode ... ! 从这里开始我们要转到保护模式方面的工作了。
108
109         cli                         ! no interrupts allowed !    ! 此时不允许中断。
110
111 ! first we move the system to it's rightful place     ! 首先将 system 模块移到正确的位置。
112 ! bootsect 引导程序是将 system 模块读入到从 0x10000(64K)开始的位置。由于当时假设 system 模块
  ! 最大长度不会超过 0x80000(512KB),即其末端不会超过内存地址 0x90000,所以 bootsect 会将自己移
  ! 动到 0x90000 开始的地方,并把 setup 加载到它的后面。下面这段程序的用途是再把整个 system 模块
  ! 移动到 0x00000 位置,即把从 0x10000 到 0x8ffff 的内存数据块(512KB),整块地向内存低端移动了
  ! 0x10000(64KB)的位置。
113         mov     ax,#0x0000
114         cld     ! 'direction'=0, movs moves forward
115 do_move:
116         mov     es,ax               ! destination segment ! es:di→目的地址(初始为 0x0000:0x0)
117         add     ax,#0x1000
118         cmp     ax,#0x9000          ! 已经把从 0x8000 段开始的 64KB 代码移动完?
119         jz      end_move
120         mov     ds,ax               ! source segment   ! ds:si→源地址(初始为 0x1000:0x0)
121         sub     di,di
122         sub     si,si
123         mov     cx,#0x8000          ! 移动 0x8000 字(64KB)。
124         rep
125         movsw
126         jmp     do_move
127
128 ! then we load the segment descriptors            此后,我们加载段描述符。
129 ! 从这里开始会遇到 32 位保护模式的操作,因此需要 Intel 32 位保护模式编程方面的知识,有关这方
  ! 面的信息请查阅文件后的简单介绍。这里仅做概要说明。lidt 指令用于加载中断描述符表(idt)寄存
  ! 器,它的操作数是 6 个字节,0~1 字节是描述符表的长度值(字节);2~5B 是描述符表的 32 位线性基地
  ! 址(首地址),其形式参见下面 219~220 行和 223~224 行的说明。中断描述符表中的每一个表项(8 字
  ! 节)指出发生中断时需要调用的代码的信息,与中断向量有些相似,但要包含更多的信息。lgdt 指令用
  ! 于加载全局描述符表(gdt)寄存器,其操作数格式与 lidt 指令的相同。全局描述符表中的每个描述符
  ! 项(8B)描述了保护模式下数据和代码段(块)的信息。其中包括段的最大长度限制(16 位)、段的线性基
```

```
    ! 址(32 位)、段的特权级、段是否在内存、读写许可以及其他一些保护模式运行的标志。参见 205~216
    ! 行。
130 end_move:
131         mov     ax,#SETUPSEG ! right, forgot this at first. didn't work :-)
132         mov     ds,ax         ! ds 指向本程序(setup)段。
133         lidt    idt_48        ! load idt with 0,0   ! 加载中断描述符表寄存器,见 218 行。
134         lgdt    gdt_48        ! load gdt with whatever appropriate
135 ! 上句用于加载全局描述符表(gdt)寄存器,gdt_48 是 6B 操作数的位置(见 222 行)。
136 ! that was painless, now we enable A20
137 ! 以上的操作很简单,现在我们开启 A20 地址线。参见程序列表后有关 A20 信号线的说明。
138         call    empty_8042    ! 等待输入缓冲器空。只有当输入缓冲器为空时才可对其写命令。
139         mov     al,#0xD1      ! command write ! 0xD1 命令码-表示要写数据到
140         out     #0x64,al      ! 8042 P2 口。P2 口的位 1 用于 A20 线选通。数据要写到 0x60 口。
141         call    empty_8042    ! 等待输入缓冲器空,看命令是否被接受。
142         mov     al,#0xDF      ! A20 on   ! 选通 A20 地址线的参数。
143         out     #0x60,al
144         call    empty_8042    ! 输入缓冲器为空,则表示 A20 线已经选通。
145
146 ! well, that went ok, I hope. Now we have to reprogram the interrupts :-(
147 ! we put them right after the intel-reserved hardware interrupts, at
148 ! int 0x20-0x2F. There they won't mess up anything. Sadly IBM really
149 ! messed this up with the original PC, and they haven't been able to
150 ! rectify it afterwards. Thus the bios puts interrupts at 0x08-0x0f,
151 ! which is used for the internal hardware interrupts as well. We just
152 ! have to reprogram the 8259's, and it isn't fun.
153 ! 希望以上一切正常。现在我们必须重新对中断进行编程。我们将它们放在正好处于 Intel 保留的硬
    ! 件中断后面,在 int 0x20~0x2F。在那里它们不会引起冲突。不幸的是 IBM 在原 PC 中搞糟了,以后也
    ! 没有纠正过来。PC 的 BIOS 将中断放在了 0x08~0x0f,这些中断也被用于内部硬件中断。所以我们就
    ! 必须重新对 8259 中断控制器进行编程,这一点都没意思。
154         mov     al,#0x11            ! initialization sequence   ! 初始化序列。
   ! 0x11 表示初始化命令开始,是 ICW1 命令字,表示边沿触发、多片 8259 级联、最后要发 ICW4 命令字。
155         out     #0x20,al            ! send it to 8259A-1   ! 发送到 8259A 主芯片。
156         .word   0x00eb,0x00eb       ! jmp $+2,jmp $+2      ! $表示当前指令的地址,
            ! 两条跳转指令,跳到下一条指令,起延时作用。
157         out     #0xA0,al            ! and to 8259A-2       ! 再发送到 8259A 从芯片。
158         .word   0x00eb,0x00eb
159         mov     al,#0x20            ! start of hardware int's (0x20)
160         out     #0x21,al            ! 送主芯片 ICW2 命令字,起始中断号,要送奇地址。
161         .word   0x00eb,0x00eb
162         mov     al,#0x28            ! start of hardware int's 2 (0x28)
163         out     #0xA1,al            ! 送从芯片 ICW2 命令字,从芯片的起始中断号。
164         .word   0x00eb,0x00eb
165         mov     al,#0x04            ! 8259-1 is master
166         out     #0x21,al            ! 送主芯片 ICW3 命令字,主芯片的 IR2 连从芯片 INT。
167         .word   0x00eb,0x00eb       ! 参见代码列表后的说明。
168         mov     al,#0x02            ! 8259-2 is slave
169         out     #0xA1,al          ! 送从芯片 ICW3 命令字,表示从芯片 INT 连到主芯片 IR2 引脚上。
170         .word   0x00eb,0x00eb
171         mov     al,#0x01            ! 8086 mode for both
172         out     #0x21,al            ! 送主芯片 ICW4 命令字。8086 模式;普通 EOI 方式,
173         .word   0x00eb,0x00eb       ! 需发送指令来复位。初始化结束,芯片就绪。
174         out     #0xA1,al            ! 送从芯片 ICW4 命令字,内容同上。
```

```
175         .word   0x00eb,0x00eb
176         mov     al,#0xFF          ! mask off all interrupts for now
177         out     #0x21,al          ! 屏蔽主芯片所有中断请求。
178         .word   0x00eb,0x00eb
179         out     #0xA1,al          ! 屏蔽从芯片所有中断请求。
180
181 ! well, that certainly wasn't fun :-(. Hopefully it works, and we don't
182 ! need no steenking BIOS anyway (except for the initial loading :-).
183 ! The BIOS-routine wants lots of unnecessary data, and it's less
184 ! "interesting" anyway. This is how REAL programmers do it.
185 !
186 ! Well, now's the time to actually move into protected mode. To make
187 ! things as simple as possible, we do no register set-up or anything,
188 ! we let the gnu-compiled 32-bit programs do that. We just jump to
189 ! absolute address 0x00000, in 32-bit protected mode.
190 ! 希望这样能工作,而且我们也不再需要乏味的 BIOS 了。除了初始的加载。BIOS 子程序要求很多不必
    ! 要的数据,而且它一点都没趣。那是“真正”的程序员所做的事。这里设置进入 32 位保护模式运行。
    ! 首先加载机器状态字(lmsw -Load Machine Status Word),也称控制寄存器 CR0,其比特位 0 置 1
    ! 将导致 CPU 工作在保护模式。
191         mov     ax,#0x0001        ! protected mode (PE) bit ! 保护模式比特位(PE)。
192         lmsw    ax                ! This is it! ! 就这样加载机器状态字!
193         jmpi    0,8               ! jmp offset 0 of segment 8 (cs) ! 跳转至 cs 段 8,偏移 0 处。
194 ! 我们已经将 system 模块移动到 0x00000 开始的地方,所以这里的偏移地址是 0。这里的段值 8 已经
    ! 是保护模式下的段选择符了,用于选择描述符表和描述符表项以及所要求的特权级。段选择符长度为
    ! 16 位(2 字节);位 0~1 表示请求的特权级 0~3,Linux 操作系统只用到两级:0 级(系统级)和 3 级(用
    ! 户)级;位 2 用于选择全局描述符表(0)还是局部描述符表(1);位 3~15 是描述符表项的索引,指出选择
    ! 第几项描述符。所以段选择符 8(0b0000,0000,0000,1000)表示请求特权级 0、使用全局描述符表中的
    ! 第 1 项,该项指出代码的基地址是 0(参见 209 行),因此这里的跳转指令就会去执行 system 中的代码。
195 ! This routine checks that the keyboard command queue is empty
196 ! No timeout is used - if this hangs there is something wrong with
197 ! the machine, and we probably couldn't proceed anyway.
    ! 下面子程序检查键盘命令队列是否为空。这里不使用超时方法——如果这里死机,则说明 PC 有问
    ! 题,我们就没有办法再处理下去了。只有当输入缓冲器为空时(状态寄存器位 2 = 0)才可以对其进
    ! 行写命令。
198 empty_8042:
199         .word   0x00eb,0x00eb     ! 这是两个跳转指令机器码(跳转到下一句),作为延时空操作。
200         in      al,#0x64          ! 8042 status port   ! 读 AT 键盘控制器状态寄存器。
201         test    al,#2             ! is input buffer full?   ! 测试位 2,输入缓冲器满?
202         jnz     empty_8042        ! yes - loop
203         ret
204 ! 下面是全局描述符表开始处。描述符表由多个 8 字节长的描述符项组成。这里给出了 3 个描述符项。
    ! 第1 项无用(206 行),但应存在。第 2 项是系统代码段描述符(208~211 行),第 3 项是系统数据段描述
    ! 符(213~216 行)。每个描述符的具体含义参见代码后说明。
205 gdt:
206         .word   0,0,0,0           ! dummy    ! 第 1 个描述符,不用。
207     ! 这里在 gdt 表中的偏移量为 0x08,当加载代码段寄存器(段选择符)时,使用的是这个偏移值。
208         .word   0x07FF            ! 8Mb - limit=2047 (2048*4096=8MB)
209         .word   0x0000            ! base address=0
210         .word   0x9A00            ! code read/exec
211         .word   0x00C0            ! granularity=4096, 386
212     ! 这里在 gdt 表中的偏移量是 0x10,当加载数据段寄存器(如 ds 等)时,使用的是这个偏移值。
213         .word   0x07FF            ! 8MB - limit=2047 (2048*4096=8MB)
```

```
214         .word   0x0000          ! base address=0
215         .word   0x9200          ! data read/write
216         .word   0x00C0          ! granularity=4096, 386
217 ! 下面是 lidt 指令的操作数。6 字节。前 2 字节是 idt 表限长,后 4 字节是 idt 表所处的基地址。
218 idt_48:
219         .word   0               ! idt limit=0
220         .word   0,0             ! idt base=0L
221 下面是 lgdt 指令的操作数。
222 gdt_48:
223         .word   0x800           ! gdt limit=2048, 256 GDT entries
   ! 全局表长度为 2KB,因为每 8B 组成一个段描述符项,所以表中共可有 256 项。
224         .word   512+gdt,0x9     ! gdt base = 0X9xxxx
225 ! 4 字节构成的线性地址:0x0009<<16+0x0200+gdt,即 0x90200+gdt(在本程序中偏移地址,205 行)。
226 .text
227 endtext:
228 .data
229 enddata:
230 .bss
231 endbss:
```

为了获取机器的基本参数,这段程序多次调用了 BIOS 中的中断,并开始涉及一些对硬件端口的操作。下面简要地描述程序中使用到的 BIOS 中断调用,并对 A20 地址线问题的缘由进行解释,最后提及关于 Intel 32 位保护模式运行的问题。

1. 当前内存映像

在 setup. s 程序执行结束后,系统模块 system 被移动到物理地址 0x00000 开始处,而 0x90000 处则存放了内核将会使用的一些系统基本参数,示意图见图 3-2。

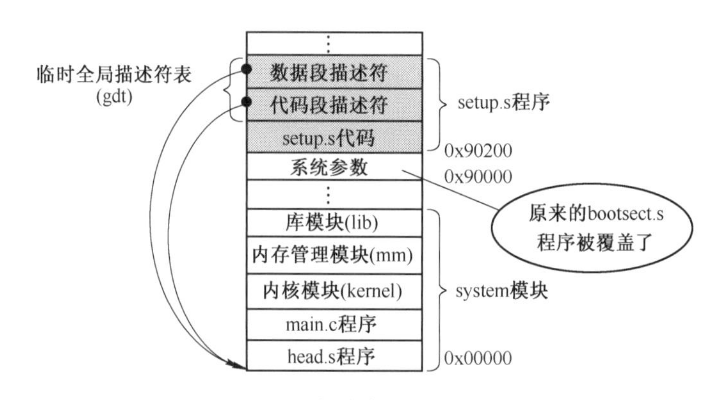

图 3-2　setup. s 程序结束后内存中程序示意图

此时临时全局表中有三个描述符,第一个是 NULL,不使用,另外两个分别是代码段描述符和数据段描述符。它们都指向系统模块的起始处,即物理地址 0x00000 处。这样当 setup. s 中执行最后一条指令'jmpi 0,8'(第 193 行)时,就会跳到 head. s 程序开始处继续执行下去。这条指令中的'8'是段选择符,用来指定所需使用的描述符项,此处是指 gdt 中的代码段描述符。'0'是描述符项指定的代码段中的偏移值。

2. 硬盘基本参数表（“INT 0x41”）

在 PC 的 BIOS 设定的中断向量表中，int 0x41 的中断向量位置（4×0x41 =0x0000:0x0104）存放的并不是中断程序的地址，而是第一个硬盘的基本参数表。对于完全兼容的 BIOS 来说，这里存放着硬盘参数表阵列的首地址 0xf000:0xe401。第二个硬盘的基本参数表入口地址存于 int 0x46 中断向量位置处。

3. A20 地址线问题

IBM 公司最初推出的个人计算机 IBM PC 使用的 CPU 是 Intel 8088。在该微机中地址线只有 20 根（A0~A19）。在当时内存只有几百 KB 或不到 1MB 时，20 根地址线已足够用来寻址这些内存。其所能寻址的最高地址是 0xffff:0xffff。对于超出 0x100000（1MB）的寻址地址将默认地环绕到 0x0ffef。当 1985 年引入 AT 机时，使用的 Intel 80286 CPU 具有 24 根地址线，最高可寻址 16MB，并且有一个与 8088 完全兼容的实模式运行方式。然而，在寻址值超过 1MB 时它却不能像 8088 那样实现地址寻址的环绕。但是当时已经有一些程序是利用这种地址环绕机制进行工作的。为了实现完全的兼容性，IBM 公司使用一个开关来开启或禁止 0x100000 地址比特位。由于在当时的 8042 键盘控制器上恰好有空闲的端口引脚（输出端口 P2，引脚 P21），于是便使用了该引脚来作为与门控制这个地址比特位。该信号即被称为 A20。如果它为零，则比特 20 及以上地址都被清除，从而实现了兼容性。

由于在机器启动时，默认条件下，A20 地址线是禁止的，所以操作系统必须使用适当的方法来开启它。对 A20 信号线进行控制的常用方法是通过设置键盘控制器的端口值。这里的 setup. s 程序（138~144 行）即使用了这种典型的控制方式。对于其他一些兼容微机还可以使用其他方式来做到对 A20 线的控制。有些操作系统将 A20 的开启和禁止作为实模式与保护运行模式之间进行转换的标准过程中的一部分。由于键盘的控制器速度很慢，因此就不能使用键盘控制器对 A20 线来进行操作。为此引进了一个 A20 快速门选项（Fast Gate A20），它使用 I/O 端口 0x92 来处理 A20 信号线，避免了使用慢速的键盘控制器操作方式。对于不含键盘控制器的系统就只能使用 0x92 端口来控制，但是该端口也有可能被其他兼容微机上的设备（如显示芯片）所使用，从而造成系统错误的操作。还有一种方式是通过读 0xee 端口来开启 A20 信号线，写该端口则会禁止 A20 信号线。

4. 8259 中断控制器芯片

8259A 是一种可编程的中断控制芯片，每片可以管理 8 个中断源。通过多片的级联方式，能构成最多管理 64 个中断向量的系统。在 PC/AT 系列兼容机中，使用了两片 8259A 芯片，共可管理 15 级中断向量。其中从芯片的 INT 引脚连接到主芯片的 IR2 引脚上。主 8259A 芯片的端口基地址是 0x20，从芯片是 0xA0。参见图 2-5。

在总线控制器的控制下，芯片可以处于编程状态和操作状态。编程状态是 CPU 使用 IN 或 OUT 指令对 8259A 芯片进行初始化编程的状态。一旦完成了初始化编程，芯片即进入操作状态，此时芯片即可随时响应外部设备提出的中断请求（IRQ0~IRQ15）。通过中断判优选择，芯片将选中当前最高优先级的中断请求作为中断服务对象，并通过 CPU 引脚 INT 通知 CPU 外中断请求的到来，CPU 响应后，芯片从数据总线 D7~D0 将编程设定的当前服务对象的中断号送出，CPU 由此获取对应的中断向量值，并执行中断服务程序。在 Linux 内核中，这些硬件中断信号对应的中断号是从 int 32（0x20）开始的（int 0~int 31 被用于 CPU 的陷阱中断），即中断号范围是 int 32~int 47。

5. Intel CPU 32 位保护运行模式

Intel CPU 一般可以在两种模式下运行，即实地址模式和保护模式。早期的 Intel CPU（8088/8086）只能工作在实模式下，某一时刻只能运行单个任务。对于 Intel 80386 以上的芯片则还可以运行在 32 位保护模式下。在保护模式下运行可以支持多任务；支持 4GB 的物理内存；支持虚拟内存；支持内存的页式管理和段式管理；支持特权级。

虽然保护模式下的运行机制是理解 Linux 内核的重要基础，但由于篇幅所限，不能详细讲解。建议初学者使用书后列出的相关书籍，做一番仔细研究。为了真正理解 setup. s 程序和下面 head. s 程序的作用，起码要先明白段选择符、段描述符和 80x86 的页表寻址机制。

3.2.3　head. s 程序

head. s 程序在被编译后，会被链接成 system 模块的最前面开始部分，这也就是为什么称其为头部（head）程序的原因。从这里开始，内核完全都是在保护模式下运行了。heads. s 汇编程序与前面的语法格式不同，它采用的是 AT&T 的汇编语言格式，并且需要使用 GNU 的 gas 和 gld[⊖]进行编译链接。因此要注意代码中赋值的方向是从左到右。

这段程序实际上处于内存绝对地址 0 处开始的地方。这个程序的功能比较单一。首先是加载各个数据段寄存器，重新设置中断描述符表 idt，共 256 项，并使各个表项均指向一个只报错误的哑中断程序。然后重新设置全局描述符表 gdt。接着使用物理地址 0 与 1MB 开始处的内容相比较的方法，检测 A20 地址线是否已真的开启（如果没有开启，则在访问高于 1MB 物理内存地址时 CPU 实际只会访问 IP MOD 1MB 地址处的内容），如果检测下来发现没有开启，则进入死循环。然后程序测试 PC 是否含有数学协处理器芯片（80287、80387 或其兼容芯片），并在控制寄存器 CR0 中设置相应的标志位。接着设置管理内存的分页处理机制，将页目录表放在绝对物理地址 0 开始处（也是本程序所处的物理内存位置，因此这段程序将被覆盖），紧随后面放置共可寻址 16MB 内存的 4 个页表，并分别设置它们的表项。最后利用返回指令将预先放置在堆栈中的/init/ main. c 程序的入口地址弹出，运行 main( )程序。head. s 程序的代码注释如文件 3-3 所示。

文件 3-3　linux/boot/head. s

```
 7 /*
 8  *   head.s contains the 32-bit startup code.
 9  *
10  * NOTE!!! Startup happens at absolute address 0x00000000, which is also where
11  * the page directory will exist. The startup code will be overwritten by
12  * the page directory.
13  */
   /* head.s 含有 32 位启动代码。注意!!! 32 位启动代码是从绝对地址 0x00000000 开始的,这里也
    * 同样是页目录将存在的地方,因此这里的启动代码将被页目录覆盖。 */
14 .text
15 .globl _idt,_gdt,_pg_dir,_tmp_floppy_area
16 _pg_dir:   # 页目录将会存放在这里。
17 startup_32:                   # 18~22 行设置各个数据段寄存器。
18          movl $0x10,%eax      # 对于 GNU 汇编来说,每个直接数要以'$'开始,否则是表示地址。
```

⊖ 在当前的 Linux 操作系统中，gas 和 gld 已经分别更名为 as 和 ld。

```
                                    # 每个寄存器名都要以'%'开头,eax 表示是 32 位的 ax 寄存器。
   # 再次注意!!! 这里已经处于 32 位运行模式,因此这里的 $0x10 并不是把地址 0x10 装入各个段寄存
   # 器,它现在其实是全局段描述符表中的偏移值,或者更准确地说是一个描述符表项的选择符。有关选
   # 择符的说明请参见 setup.s 中 193 行下的说明。这里 $0x10 的含义是请求特权级 0(位 0~1=0)、选
   # 择全局描述符表(位 2=0)、选择表中第 2 项(位 3~15=2)。它正好指向表中的数据段描述符项。(描
   # 述符的具体数值参见前面 setup.s 中 212,213 行)下面代码的含义是:置 ds,es,fs,gs 中的选择符为
   # setup.s中构造的数据段(全局段描述符表的第 2 项)= 0x10,并将堆栈放置在_stack_start 所指向的
   # user_stack数组内,然后使用新的中断描述符表和全局段描述表。新的全局段描述表中初始内容与
   # setup.s中的基本一样。变量 stack_start 定义在 kernel/sched.c 中,69 行。
19          mov %ax,%ds
20          mov %ax,%es
21          mov %ax,%fs
22          mov %ax,%gs
23          lss _stack_start,%esp        # 表示_stack_start→ss:esp,设置系统堆栈。
24          call setup_idt              # 调用设置中断描述符表子程序。
25          call setup_gdt              # 调用设置全局描述符表子程序。
26          movl $0x10,%eax             # reload all the segment registers
27          mov %ax,%ds                 # after changing gdt. CS was already
28          mov %ax,%es                 # reloaded in 'setup_gdt'
29          mov %ax,%fs                 # 因为修改了 gdt,所以需要重新装载所有的段寄存器。
30          mov %ax,%gs                 # CS 代码段寄存器已经在 setup_gdt 中重新加载过了。
31          lss _stack_start,%esp
   # 32~36 行用于测试 A20 地址线是否已经开启。采用的方法是向内存地址 0x000000 处写入任意一个数
   # 值,然后看内存地址 0x100000(1M)处是否也是这个数值。如果一直相同的话,就一直比较下去,即
   # 死循环、死机,表示地址 A20 线没有选通,结果内核就不能使用 1MB 以上内存。
32          xorl %eax,%eax
33 1:       incl %eax                   # check that A20 really IS enabled
34          movl %eax,0x000000          # loop forever if it isn't
35          cmpl %eax,0x100000
36          je 1b                       # '1b'表示向后(backward)跳转到标号 1 去(33 行)。
                                        # 若是'5f'则表示向前(forward)跳转到标号 5 去。
37 /*
38  * NOTE! 486 should set bit 16, to check for write-protect in supervisor
39  * mode. Then it would be unnecessary with the "verify_area()"-calls.
40  * 486 users probably want to set the NE (#5) bit also, so as to use
41  * int 16 for math errors.
42  */
   /* 注意! 在下面这段程序中,486 应该将位 16 置位,以检查在超级用户模式下的写保护,
    * 此后"verify_area()"调用中就不需要了。486 的用户通常也会想将 NE(#5)置位,以便
    * 对数学协处理器的出错使用 int 16。*/
    # 下面这段程序(43~65)用于检查数学协处理器芯片是否存在。方法是修改控制寄存器 CR0,在假设
    # 存在协处理器的情况下执行一个协处理器指令,如果出错的话则说明协处理器芯片不存在,需要设
    # 置 CR0 中的协处理器仿真位 EM(位 2),并复位协处理器存在标志 MP(位 1)。
43          movl %cr0,%eax            # check math chip
44          andl $0x80000011,%eax     # Save PG,PE,ET
45 /* "orl $0x10020,%eax" here for 486 might be good */
46          orl $2,%eax               # set MP
47          movl %eax,%cr0
48          call check_x87
49          jmp after_page_tables     # 跳转到 135 行。
50
51 /*
52  * We depend on ET to be correct. This checks for 287/387.
53  */
```

```
 /* 我们依赖于 ET 标志的正确性来检测 287/387 存在与否。*/
54 check_x87:
55         fninit
56         fstsw %ax
57         cmpb $0,%al
58         je 1f                  /* no coprocessor: have to set bits */
59         movl %cr0,%eax         # 如果存在则向前跳转到标号 1 处,否则改写 cr0。
60         xorl $6,%eax           /* reset MP, set EM */
61         movl %eax,%cr0
62         ret
63 .align 2   # 这里".align 2"的含义是指存储边界对齐调整。"2"表示调整到地址最后 2 位为零,即按
           # 4 字节方式对齐内存地址。对齐的主要作用是提高 CPU 寻址运行效率。
64 1:      .byte 0xDB,0xE4        /* fsetpm for 287, ignored by 387 */  # 287 协处理器码。
65         ret
66
67 /*
68  *  setup_idt
69  *
70  *  sets up a idt with 256 entries pointing to
71  *  ignore_int, interrupt gates. It then loads
72  *  idt. Everything that wants to install itself
73  *  in the idt-table may do so themselves. Interrupts
74  *  are enabled elsewhere, when we can be relatively
75  *  sure everything is ok. This routine will be over-
76  *  written by the page tables.
77  */
 /* 下面这段是设置中断描述符表子程序 setup_idt,
  * 将中断描述符表 idt 设置成具有 256 个项,并都指向 ignore_int 中断门。然后加载中断描述符
  * 表寄存器(用 lidt 指令)。真正实用的中断门以后再安装。当我们在其他地方认为一切都正常
  * 时再开启中断。该子程序将会被页表覆盖。*/
 # 中断描述符表中的项虽然也是 8B 组成,但其格式与全局表中的不同,被称为门描述符(Gate
 # Descriptor)。它的 0~1,6~7 字节是偏移量,2~3B 是选择符,4~5B 是一些标志。
78 setup_idt:
79         lea ignore_int,%edx      # 将 ignore_int 的有效地址(偏移值)值→edx 寄存器
80         movl $0x00080000,%eax    # 将选择符 0x0008 置入 eax 的高 16 位中。
81         movw %dx,%ax             /* selector = 0x0008 = cs */
 # 偏移值的低 16 位置入 eax 的低 16 位中。此时 eax 含有门描述符低 4B 的值。
82         movw $0x8E00,%dx         /* interrupt gate - dpl=0, present */
83                                  # 此时 edx 含有门描述符高 4B 的值。
84         lea  _idt,%edi           # _idt 是中断描述符表的地址。
85         mov $256,%ecx
86 rp_sidt:
87         movl %eax,(%edi)         # 将哑中断门描述符存入表中。
88         movl %edx,4(%edi)
89         addl $8,%edi             # edi 指向表中下一项。
90         dec %ecx
91         jne rp_sidt
92         lidt idt_descr           # 加载中断描述符表寄存器值。
93         ret
94
95 /*
96  *  setup_gdt
97  *
98  *  This routines sets up a new gdt and loads it.
```

```
 99  *  Only two entries are currently built, the same
100  *  ones that were built in init.s. The routine
101  *  is VERY complicated at two whole lines, so this
102  *  rather long comment is certainly needed :-).
103  *  This routine will beoverwritten by the page tables.
104  */
    /* 设置全局描述符表项 setup_gdt
     * 这个子程序设置一个新的全局描述符表 gdt,并加载。此时仅创建了两个表项,与前
     * 面的一样。该子程序只有两行,“非常”复杂,所以需要这么长的注释 */
105 setup_gdt:
106         lgdt gdt_descr      # 加载全局描述符表寄存器(内容已设置好,见 232~238 行)。
107         ret
108
109 /*
110  * I put the kernel page tables right after the page directory,
111  * using 4 of them to span 16 MB of physical memory. People with
112  * more than 16MB will have to expand this.
113  */
    /* Linus 将内核的内存页表直接放在页目录之后,使用了 4 个表来寻址 16 MB 的物理内存。
     * 如果你有多于 16 MB 的内存,就需要在这里进行扩充修改。  */
    # 每个页表长为 4 KB 字节,而每个页表项需要 4 个字节,因此一个页表共可以存放 1024 个表项,如果
    # 一个表项寻址 4 KB 的地址空间,则一个页表就可以寻址 4 MB 的物理内存。页表项的格式为:项的
    # 前0~11 位存放一些标志,如是否在内存中(P 位 0)、读写许可(R/W 位 1)、普通用户还是超级用户使
    # 用(U/S 位 2)、是否修改过(是否脏了)(D 位 6)等;表项的位 12~31 是页框地址,用于指出一页内存的
    # 物理起始地址。
114 .org 0x1000          # 从偏移 0x1000 处开始是第 1 个页表(偏移 0 开始处将存放页表目录)。
115 pg0:
116
117 .org 0x2000
118 pg1:
119
120 .org 0x3000
121 pg2:
122
123 .org 0x4000
124 pg3:
125
126 .org 0x5000            # 定义下面的内存数据块从偏移 0x5000 处开始。
127 /*
128  * tmp_floppy_area is used by the floppy-driver when DMA cannot
129  * reach to a buffer-block. It needs to be aligned, so that it isn't
130  * on a 64kB border.
131  */
    /* 当 DMA(直接存储器访问)不能访问缓冲块时,下面的 tmp_floppy_area 内存块就可供软盘驱动程序
    /* 使用。其地址需要对齐调整,这样就不会跨越 64KB 边界。*/
132 _tmp_floppy_area:
133         .fill 1024,1,0          # 共保留 1024 项,每项 1 字节,填充数值 0。
134 # 下面这几个入栈操作(pushl)用于为调用/init/main.c 程序和返回做准备。139 行的入栈操作是模
    # 拟调用 main.c 程序时首先将返回地址入栈的操作,所以如果 main.c 程序真的退出时,就会返回到这
    # 里的标号 L6 处继续执行下去,即死循环。140 行将 main.c 的地址压入堆栈,这样,在设置分页处理
    # (setup_paging)结束后执行'ret'返回指令时就会将 main.c 程序的地址弹出堆栈,并去执行 main.c
    # 程序。
135 after_page_tables:
136         pushl $0                # These are the parameters to main :-)
```

```
137         pushl  $0                 # 这些是调用 main 函数的参数(指 init/main.c)。
138         pushl  $0
139         pushl  $L6                # return address for main, if it decides to.
140         pushl  $_main             # '_main'是编译程序对 main 的内部表示方法。
141         jmp setup_paging          # 跳转至第 198 行。
142 L6:
143         jmp L6                    # main should never return here, but
144                                   # just in case, we know what happens.
145
146 /* This is the default interrupt "handler" :-) */   /* 下面是默认的中断“向量句柄” */
147 int_msg:
148         .asciz "Unknown interrupt\n\r"      # 定义字符串“未知中断(回车换行)”。
149 .align 2                          # 按 4 字节方式对齐内存地址。
150 ignore_int:
151         pushl %eax
152         pushl %ecx
153         pushl %edx
154         push %ds                  # 这里请注意!! ds,es,fs,gs 等虽然是 16 位的寄存器,但入栈后
155         push %es                  # 仍然会以 32 位的形式入栈,即需要占用 4 个字节的堆栈空间。
156         push %fs
157         movl  $0x10,%eax          # 置段选择符(使 ds,es,fs 指向 gdt 表中的数据段)。
158         mov %ax,%ds
159         mov %ax,%es
160         mov %ax,%fs
161         pushl  $int_msg           # 把调用 printk 函数的参数指针(地址)入栈。
162         call _printk              # '_printk'是 printk 编译后模块中的内部表示法。
163         popl %eax
164         pop %fs
165         pop %es
166         pop %ds
167         popl %edx
168         popl %ecx
169         popl %eax
170         iret            # 中断返回。把中断调用时压入栈的 CPU 标志寄存器(32 位)值也弹出。
171
172
173 /*
174  * Setup_paging
175  *
176  * This routine sets up paging by setting the page bit
177  * in cr0. The page tables are set up, identity-mapping
178  * the first 16MB. The pager assumes that no illegal
179  * addresses are produced (ie >4Mb on a 4Mb machine).
180  *
181  * NOTE! Although all physical memory should be identity
182  * mapped by this routine, only the kernel page functions
183  * use the >1Mb addresses directly. All "normal" functions
184  * use just the lower 1Mb, or the local data space, which
185  * will be mapped to some other place -mm keeps track of
186  * that.
187  *
188  * For those with more memory than 16 Mb -tough luck. I've
189  * not got it, why should you :-) The source is here. Change
190  * it. (Seriously -it shouldn't be too difficult. Mostly
```

```
191  * change some constants etc. I left it at 16Mb, as my machine
192  * even cannot be extended past that (ok, but it was cheap :-)
193  * I've tried to show which constants to change by having
194  * some kind of marker at them (search for "16Mb"), but I
195  * won't guarantee that's all :-( )
196  */
   /* 这个子程序通过设置控制寄存器 cr0 的标志(PG 位 31)来启动对内存的分页处理功能,并设置各
    * 个页表项的内容,以恒等映射前 16 MB 的物理内存。分页器假定不会产生非法的地址映射(即在只有
    * 4MB的机器上设置出大于 4MB 的内存地址)。注意! 尽管所有的物理地址都应该由这个子程序进行
    * 恒等映射,但只有内核页面管理函数能直接使用大于 1MB 的地址。所有"一般"函数仅使用低于 1MB
    * 的地址空间,或者是使用局部数据空间,地址空间将被映射到其他一些地方去——mm(内存管理程
    * 序)会管理这些事的。对于那些有多于 16MB 内存的机器,代码就在这里,可对它进行修改。实际上,
    * 这并不太困难的。通常只需修改一些常数等。我把它设置为 16MB,因为我的机器再怎么扩充都不能
    * 超过这个界限(当然,我的机器很便宜的)。我已经通过设置某类标志来给出需要改动的地方(搜索
    * "16MB"),但我不能保证做这些改动就行了。*/
197 .align 2          # 按 4 字节方式对齐内存地址边界。
198 setup_paging:  # 首先对 5 页内存(1 页目录 + 4 页页表)清零。
199         movl $1024*5,%ecx           /* 5 pages -pg_dir+4 page tables */
200         xorl %eax,%eax
201         xorl %edi,%edi              /* pg_dir is at 0x000 */# 页目录从 0x000 地址开始。
202         cld;rep;stosl
    # 下面 4 句设置页目录中的项,我们共有 4 个页表,所以只需设置 4 项。页目录项的结构与页表中项的
    # 结构一样,4 个字节为 1 项。参见上面 113 行下的说明。"$pg0+7"表示:0x00001007,是页目录表中的
    # 第1 项。则第 1 个页表所在的地址 = 0x00001007 & 0xfffff000 = 0x1000;第 1 个页表的属性标志
    # = 0x00001007 & 0x00000fff = 0x07,表示该页存在、用户可读写。
203         movl $pg0+7,_pg_dir         /* set present bit/user r/w */
204         movl $pg1+7,_pg_dir+4       /*  ------"" ------ */
205         movl $pg2+7,_pg_dir+8       /*  ------"" ------ */
206         movl $pg3+7,_pg_dir+12      /*  ------"" ------ */
    # 下面 6 行填写 4 个页表中所有项的内容,共有:4(页表)*1024(项/页表)=4096 项(0 -0xfff),即
    # 能映射物理内存 4096*4KB = 16MB。每项的内容是:当前项所映射的物理内存地址 + 该页的标志
    # (这里均为 7)。使用的方法是从最后一个页表的最后一项开始按倒退顺序填写。一个页表的最后一
    # 项在页表中的位置是 1023*4 = 4092。因此最后一页的最后一项的位置就是 $pg3+4092。
207         movl $pg3+4092,%edi         # edi→最后一页的最后一项。
208         movl $0xfff007,%eax         /*  16Mb -4096 + 7 (r/w user,p) */
    # 最后 1 项对应物理内存页面的地址是 0xfff000,加上属性标志 7,即为 0xfff007.
209         std                         # 方向位置位,edi 值递减(4B)。
210 1:      stosl                       /* fill pages backwards -more efficient :-) */
211         subl $0x1000,%eax           # 每填写好一项,物理地址值减 0x1000。
212         jge 1b                      # 如果小于 0 则说明全填写好了。
    # 下面设置页目录基址寄存器 cr3 的值,指向页目录表。
213         xorl %eax,%eax              /* pg_dir is at 0x0000 */  # 页目录表在 0x0000 处。
214         movl %eax,%cr3              /* cr3 -page directory start */
215         movl %cr0,%eax              # 设置启动使用分页处理(cr0 的 PG 标志,位 31)
216         orl $0x80000000,%eax        # 添上 PG 标志。
217         movl %eax,%cr0              /* set paging (PG) bit */
218         ret                         /* this also flushes prefetch-queue */
219 # 在改变分页处理标志后,要求使用转移指令刷新预取指令队列,这里用的是返回指令 ret。该返回指
    # 令的另一个作用是将堆栈中的 main 程序的地址弹出,并开始运行/init/main.c 程序。本程序到此真
    # 正结束了。
220 .align 2                        # 按 4 字节方式对齐内存地址边界。
221 .word 0
222 idt_descr:                      #下面两行是 lidt 指令的 6B 操作数:长度,基址。
223         .word 256*8-1               # idt contains 256 entries
```

```
224         .long_idt
225 .align 2
226 .word 0
227 gdt_descr:                          # 下面两行是 lgdt 指令的 6B 操作数:长度,基址。
228         .word 256 * 8-1             # so does gdt (not that that's any
229         .long_gdt                   # magic number, but it works for me :^)
230
231         .align 3                    # 按 8 字节方式对齐内存地址边界。
232 _idt:   .fill 256,8,0               # idt is uninitialized  # 256 项,每项 8 字节,填 0。
233 # 全局表。前 4 项分别是空项(不用)、代码段描述符、数据段描述符、系统段描述符,其中系统段描述符
    # Linux 没有使用。后面还预留了 252 项的空间,用于放置所创建任务的局部描述符(LDT)和对应
    # 的任务状态段(TSS)的描述符。(0-nul, 1-cs, 2-ds, 3-sys, 4-TSS0, 5-LDT0, 6-TSS1, 7-LDT1,
    # 8-TSS2 # etc...)
234 _gdt:   .quad 0x0000000000000000    /* NULL descriptor */
235         .quad 0x00c09a0000000fff    /* 16Mb */  # 代码段最大长度 16MB。
236         .quad 0x00c0920000000fff    /* 16Mb */  # 数据段最大长度 16MB。
237         .quad 0x0000000000000000    /* TEMPORARY - don't use */
238         .fill 252,8,0               /* space for LDT's and TSS's etc */
```

1. 程序执行结束后的内存映像

head.s 程序执行结束后,已经正式完成了内存页目录和页表的设置,并重新设置了内核实际使用的中断描述符表 idt 和全局描述符表 gdt。另外还为软盘驱动程序开辟了 1KB 字节的缓冲区。此时 system 模块在内存中的详细映像见图 3-3。

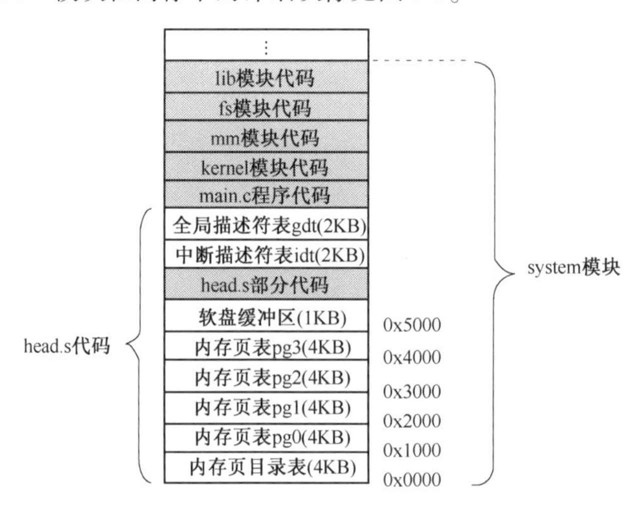

图 3-3　system 模块在内存中的映像示意图

2. Intel 32 位保护运行机制

理解这段程序的关键是真正了解 Intel 386 32 位保护模式的运行机制,也是继续阅读其余程序所必需的。为了与 8086 CPU 兼容,80x86 的保护模式被处理得较为复杂。当 CPU 运行在保护模式下时,它就将实模式下的段地址当作保护模式下段描述符的指针使用,此时段寄存器中存放的是一个描述符在描述符表中的偏移地址值。而当前描述符表的基地址则保存在描述符表寄存器中,如全局描述符表寄存器 gdtr、中断门描述符表寄存器 idtr,加载这些表寄存器应使用专用指令 lgdt 或 lidt。

CPU 在实模式运行方式时,段寄存器用来放置一个内存段地址(例如 0x9000),而此时在该段内可以寻址 64KB 的内存。但当进入保护模式运行方式时,此时段寄存器中放置的并不是内存中的某个地址值,而是指定描述符表中某个描述符项相对于该描述符表基址的一个偏移量。在这个 8B 的描述符中含有该段线性地址的"段"基址和段的长度,以及其他一些描述该段特征的比特位。因此此时所寻址的内存位置是这个段基址加上当前执行代码指针 eip 的值。当然,此时所寻址的实际物理内存地址,还需要经过内存页面处理管理机制进行变换后才能得到。简而言之,32 位保护模式下的内存寻址需要拐个弯,经过描述符表中的描述符和内存页管理来确定。

针对不同的使用方面,描述符表分为三种:全局描述符表(GDT)、中断描述符表(IDT)和局部描述符表(LDT)。当 CPU 运行在保护模式下,某一时刻 GDT 和 IDT 分别只能有一个,分别由寄存器 gdtr 和 idtr 指定它们的表基址。局部表可以有 0~8191 个,其基址由当前 ldtr 寄存器的内容指定,是使用 GDT 中某个描述符来加载的,也即 LDT 也是由 GDT 中的描述符来指定。但是在某一时刻同样也只有其中的一个被认为是活动的。一般对于每个任务(进程)使用一个 LDT。在运行时,程序可以使用 GDT 中的描述符以及当前任务的 LDT 中的描述符。

中断描述符表 IDT 的结构与 GDT 类似,在 Linux 内核中它正好位于 GDT 表的后面。共含有 256 项 8B 的描述符。但每个描述符项的格式与 GDT 的不同,其中存放着相应中断过程的偏移值(0~1,6~7B)、所处段的选择符值(2~3B)和一些标志(4~5B)。

Linux 内核所使用的描述符表在内存中的示意图见图 3-4。其中每个任务在 GDT 中占有两个描述符项。GDT 表中的 LDT0 描述符项是第一个任务(进程)的局部描述符表的描述符,TSS0 是第一个任务的任务状态段(TSS)的描述符。每个 LDT 中含有三个描述符,其中第一个不用,第二个是任务代码段的描述符,第三个是任务数据段和堆栈段的描述符。当 DS 段寄存器中是第一个任务的数据段选择符时,DS:ESI 即指向该任务数据段中的某个数据。

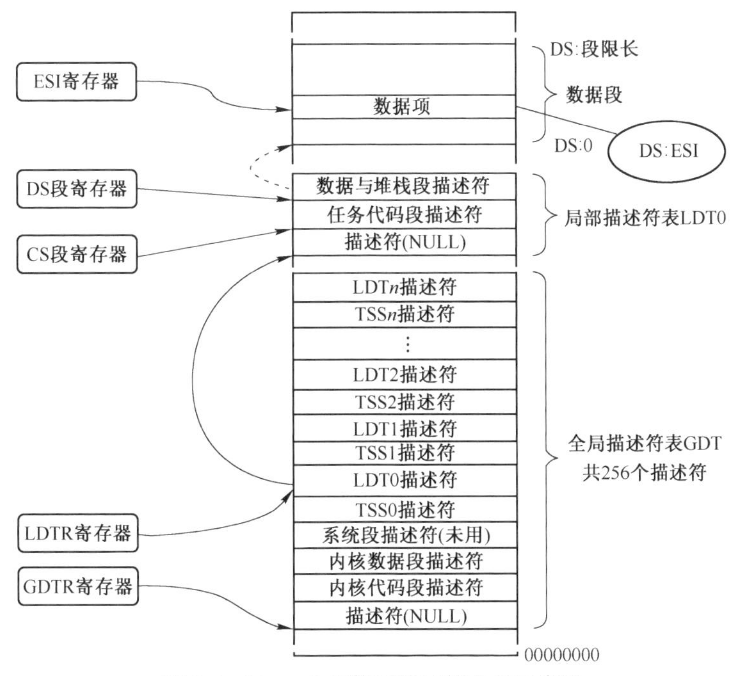

图 3-4 Linux 内核使用描述符表的示意图

3.3 本章小结

引导加载程序 bootsect. s 主要将 setup. s 代码和 system 模块加载到内存中，其中 system 模块的首部包含 head. s 代码，在把自己移动到物理地址 0x90000 处并将 setup. s 代码放到 0x90200 处后，就将执行权交给了 setup 程序。

setup 程序的主要作用是利用 ROM BIOS 的中断程序获取机器的一些基本参数，并保存在 0x90000 开始的内存块中，供后面程序使用。同时把 system 模块向下移动到物理地址 0x00000 开始处，这样，system 中的 head. s 代码就处在 0x00000 开始处了。然后加载描述符表基地址到描述符表寄存器中，为 32 位保护模式下的程序运行做好准备。接下来对中断控制硬件进行重新设置，最后通过设置机器控制寄存器 CR0 并跳转到 system 模块的 head. s 代码开始处，使 CPU 进入 32 位保护模式下运行。

head. s 代码的主要作用是初步初始化中断描述符表中的 256 项门描述符，检查 A20 地址线是否已经打开，测试系统是否含有数学协处理器。然后初始化内存页目录表，为内存的分页管理做好准备工作。最后跳转到 system 模块中的初始化程序 init. c 中继续执行。

下一章的主要内容就是详细描述 init/main. c 程序的功能和作用。

3.4 习题

1. 请说明 Linux 内核引导启动的完整过程。系统是在什么时候开始进入 386 保护运行模式的？

2. 在本章所描述的内核启动程序中，为什么不直接将 system 模块搬到 0x00000 处而是先搬到 0x10000 处，再搬到 0x00000 处呢？

3. setup. s 和 head. s 中都分别设置了一次全局描述符表 GDT 和中断描述符表 IDT，这是为什么？能否只在 head. s 中设置一次？

4. 若不使用 as86 汇编器，而用 gas 来编译 bootsect. s 可以么？为什么 Linus 当时要使用 as86 汇编器？

第4章　内核初始化过程

在内核源代码的 init/目录中只有一个 main. c 文件。系统在执行完 boot/目录中的 head. s 程序后就会将执行权交给 main. c。该程序虽然不长，但包括了内核初始化的所有工作。因此在阅读该程序的代码时需要参照其他程序中的初始化部分。如果能完全理解这里调用的所有程序，那么看完这章内容后你应该对 Linux 内核有了大致的了解。

在注释 C 语言程序时，为了与程序中原有的注释相区别，我们使用'//'作为注释语句的开始。有关原有注释的翻译则采用与其一样的注释标志。对于程序中包含的头文件（ *.h），仅做大概的解释，具体注释内容将在注释相应头文件的章节中给出。

4.1　main. c 程序分析

main. c 程序首先利用 setup. s 程序取得的系统参数设置系统的根文件设备号以及一些内存全局变量。这些内存变量指明了主内存的开始地址、系统所拥有的内存容量和作为高速缓冲区内存的末端地址。如果还定义了虚拟盘（ram disk），则主内存将适当减少。整个内存的映像示意见图 2-9。

在图中，高速缓冲区还要扣除被显存和 ROM BIOS 占用的部分。高速缓冲区是用于磁盘等块设备临时存放数据的地方，以 1K（1024）字节为一个数据块单位。主内存区的内存是由内存管理模块 mm 通过分页机制进行管理分配，以 4K 字节为一个内存页单位。内核程序可以自由访问高速缓冲区中的数据，但需要通过 mm 才能使用分配到的内存页面。

然后，内核进行所有方面的硬件初始化工作。包括陷阱门、块设备、字符设备和 tty，包括人工创建第一个任务（task 0）。待所有初始化工作完成就设置中断允许标志，开启中断。在阅读这些初始化子程序时，最好是跟着被调用的程序深入进去看，如果实在看不下去，就暂时放一放，继续看下一个初始化调用。在有些理解之后再继续研究没有看完的地方。

在整个内核完成初始化后，内核将执行权切换到了用户模式，即 CPU 从 0 特权级切换到了第 3 特权级。然后系统第一次调用创建进程函数 fork（），创建出一个用于运行 init（）的子进程。在该进程（任务）中系统将运行控制台程序。如果控制台环境建立成功，则再生成一个子进程，用于运行 shell 程序/bin/sh。若该子进程退出，父进程返回，则父进程进入一个死循环内，继续生成子进程，并在此子进程中再次执行 shell 程序/bin/sh，而父进程则继续等待，如图 4-1 所示。

由于创建新进程的过程是通过完全复制父进程代码段和数据段的方式实现的，因此在首次使用 fork（）创建新进程 init 时，为了确保新进程用户态堆栈没有进程 0 的多余信息，要求进程 0 在创建第一个新进程之前不要使用用户态堆栈，即要求任务 0 不要调用函数。因此在 main. c 主程序移动到任务 0 执行后，任务 0 中的代码 fork（）不能以函数形式进行调用。程序中实现的方法是采用 gcc 函数内嵌的形式来执行这个系统调用。

另外，任务 0 中的 pause（）也需要使用函数内嵌形式来定义。如果调度程序首先执行新

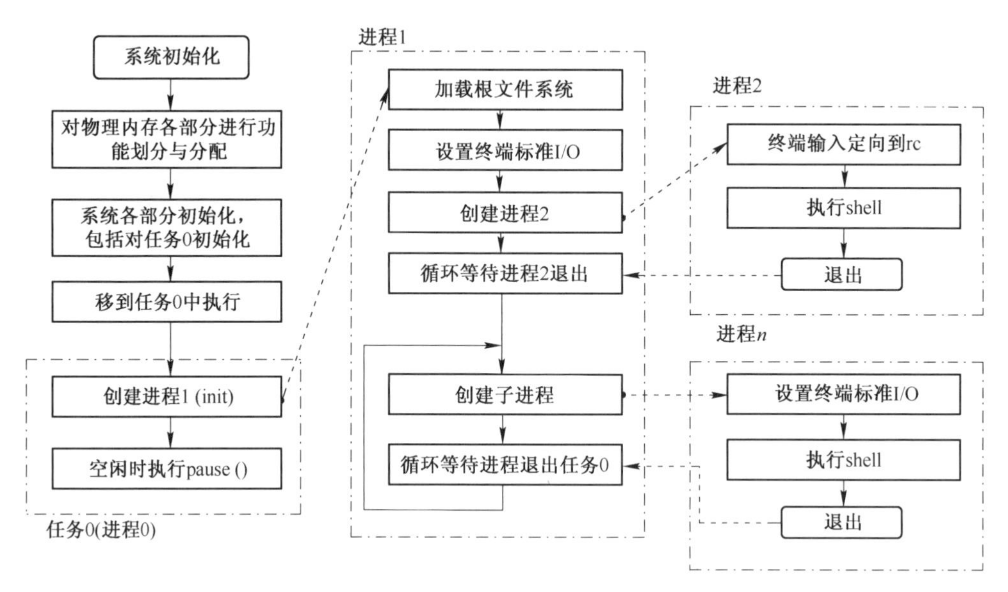

图 4-1　内核初始化程序流程示意图

创建的子进程 init，那么 pause( )采用函数调用形式不会有什么问题。但是内核调度程序执行父进程(进程 0)和子进程 init 的次序是随机的，在创建了 init 后有可能首先会调度进程 0 执行。因此 pause( )也必须采用宏定义来实现。对于 Linux 来说，所有任务都是在用户模式运行的，包括很多系统应用程序，如 shell 程序、网络子系统程序等。该程序代码注释见文件 4-1。

文件 4-1　linux/init/main. c

```
  6
  7 #define  _LIBRARY_  //定义该变量是为了包括定义在 unistd.h 中的内嵌汇编代码等信息。
  8 #include <unistd.h>
   // *.h 头文件所在的默认目录是 include/，则在代码中就不用明确指明位置。如果不是 UNIX 的标准头
   //文件，则需要指明所在的目录，并用双引号括住。标准符号常数与类型文件：该文件中定义了各种符
   //号常数和类型，并声明了各种函数。如果定义了__LIBRARY__，则还包括系统调用号和内嵌汇编
   //_syscall0()等。
  9 #include <time.h>      //时间类型头文件。其中最主要定义了 tm 结构和一些有关时间的函数原型。
 10
 11 /*
 12  * we need this inline -forking from kernel space will result
 13  * in NO COPY ON WRITE (!!!), until an execve is executed. This
 14  * is no problem, but for the stack. This is handled by not letting
 15  * main() use the stack at all after fork(). Thus, no function
 16  * calls -which means inline code for fork too, as otherwise we
 17  * would use the stack upon exit from 'fork()'.
 18  *
 19  * Actually only pause and fork are needed inline, so that there
 20  * won't be any messing with the stack from main(), but we define
 21  * some others too.
 22  */
   /* 我们需要下面这些内嵌语句——从内核空间创建进程将导致没有写时复制(COPY ON WRITE !!!)，直
    * 到执行一个 execve 调用。这对堆栈可能带来问题。处理方法是在 fork()调用之后不让 main()使用
    * 堆栈。因此就不能有函数调用——这意味着 fork 也要使用内嵌代码，否则在从 fork()退出时就要使
```

```
 * 用堆栈了。实际上只有 pause 和 fork 需要使用内嵌方式,以保证从 main()中不会弄乱堆栈,但是我
 * 们同时还定义了其他一些内嵌宏函数。*/
23 static inline _syscall0(int,fork)
  //是 unistd.h 中的内嵌宏。以嵌入汇编的形式调用 Linux 的系统调用中断 0x80。该中断是所有系统调
  //用的入口。该条语句实际上是 int fork()创建进程系统调用。syscall0 名称中最后的 0 表示无参数,
  //1 表示 1 个参数。参见 include/unistd.h,133 行。
24 static inline _syscall0(int,pause)    //pause()系统调用:暂停进程的执行,直到收到一个信号。
25 static inline _syscall1(int,setup,void *,BIOS)  //int setup(void * BIOS)系统调用。
26 static inline _syscall0(int,sync)          //int sync()系统调用:更新文件系统。
27
28 #include <linux/tty.h>  //tty 头文件,定义了有关 tty_io,串行通信方面的参数、常数。
29 #include <linux/sched.h>//调度程序头文件,定义了任务结构 task_struct、第 1 个初始任务的
  //数据。还有一些以宏的形式定义的有关描述符参数设置和获取的嵌入式汇编函数程序。
30 #include <linux/head.h> //head 头文件,定义了段描述符的简单结构,和几个选择符常量。
31 #include <asm/system.h> //系统头文件。以宏的形式定义了许多有关设置或修改
                          //描述符/中断门等的嵌入式汇编子程序。
32 #include <asm/io.h>      //io 头文件。以宏的嵌入汇编程序形式定义对 io 端口操作的函数。
33
34 #include <stddef.h>      //标准定义头文件。定义了 NULL, offsetof(TYPE, MEMBER)。
35 #include <stdarg.h>      //标准参数头文件。以宏的形式定义变量参数列表。主要说明了一个类
  //型(va_list)和三个宏(va_start, va_arg 和 va_end),vsprintf、vprintf、vfprintf。
36 #include <unistd.h>
37 #include <fcntl.h>       //文件控制头文件。用于文件及其描述符的操作控制常数符号的定义。
38 #include <sys/types.h>   //类型头文件。定义了基本的系统数据类型。
39
40 #include <linux/fs.h>    //文件系统头文件。定义文件表结构(file,buffer_head,m_inode 等)。
41
42 static char printbuf[1024];      //静态字符串数组,用作内核显示信息的缓存。
43
44 extern int vsprintf();           //送格式化输出到一字符串中(在 kernel/vsprintf.c,92 行)
45 extern void init(void);                //函数原型初始化(在 168 行)。
46 extern void blk_dev_init(void);        //块设备初始化子程序(blk_drv/ll_rw_blk.c,157 行)
47 extern void chr_dev_init(void);        //字符设备初始化(chr_drv/tty_io.c, 347 行)
48 extern void hd_init(void);             //硬盘初始化程序(blk_drv/hd.c, 343 行)
49 extern void floppy_init(void);         //软驱初始化程序(blk_drv/floppy.c, 457 行)
50 extern void mem_init(long start, long end);     //内存管理初始化(mm/memory.c, 399 行)
51 extern long rd_init(long mem_start, int length); //虚拟盘初始化(blk_drv/ramdisk.c,52 行)
52 extern long kernel_mktime(struct tm * tm);      //建立内核时间(秒)。
53 extern long startup_time;                       //内核启动时间(开机时间)(秒)。
54
55 /*
56  * This is set up by the setup-routine at boot-time
57  */
  /* 以下这些数据是由 setup.s 程序在引导时设置的(参见第 3 章的文件 3-2)。*/
58 #define EXT_MEM_K (*(unsigned short *)0x90002)        //1MB 以后的扩展内存大小(KB)。
59 #define DRIVE_INFO (*(struct drive_info *)0x90080)  //硬盘参数表基址。
60 #define ORIG_ROOT_DEV (*(unsigned short *)0x901FC)  //根文件系统所在设备号。
61
62 /*
63  * Yeah, yeah, it's ugly, but I cannot find how to do this correctly
64  * and this seems to work. If anybody has more info on the real-time
65  * clock I'd be interested. Most of this was trial and error, and some
```

```
66  * bios-listing reading. Urghh.
67  */
68 /* 下面这段程序很差劲,但我不知道如何正确实现,而且好像它还能运行。如果有关于实
   * 时时钟更多的资料,那我很感兴趣。这些都是试探出来的,另外还看了一些 BIOS 程序。*/
69 #define CMOS_READ(addr) ({ \     //这段宏读取 CMOS 实时时钟信息。
70 outb_p(0x80|addr,0x70); \       //0x70 是写端口号,0x80|addr 是要读取的 CMOS 内存地址。
71 inb_p(0x71); \                  //0x71 是读端口号。
72 })
73 
74 #define BCD_TO_BIN(val) ((val)=((val)&15) + ((val)>>4)*10)  //将 BCD 码转换成数字。
75 
76 static void time_init(void)   //该子程序取 CMOS 时钟,并设置开机时间→startup_time(秒)。
77 {
78         struct tm time;
79 //以下循环操作用于控制时间误差在 1s 之内。
80         do {
81                 time.tm_sec = CMOS_READ(0);      //参见后面 CMOS 内存列表。
82                 time.tm_min = CMOS_READ(2);
83                 time.tm_hour = CMOS_READ(4);
84                 time.tm_mday = CMOS_READ(7);
85                 time.tm_mon = CMOS_READ(8);
86                 time.tm_year = CMOS_READ(9);
87         } while (time.tm_sec != CMOS_READ(0));
88         BCD_TO_BIN(time.tm_sec);
89         BCD_TO_BIN(time.tm_min);
90         BCD_TO_BIN(time.tm_hour);
91         BCD_TO_BIN(time.tm_mday);
92         BCD_TO_BIN(time.tm_mon);
93         BCD_TO_BIN(time.tm_year);
94         time.tm_mon--;        //tm_mon 中月份范围是 0~11。
95         startup_time = kernel_mktime(&time);
96 }
97 
98 static long memory_end = 0;           //机器具有的内存(字节数)。
99 static long buffer_memory_end = 0; //高速缓冲区末端地址。
100 static long main_memory_start = 0; //主内存(将用于分页)开始的位置。
101 
102 struct drive_info { char dummy[32]; } drive_info;  //用于存放硬盘参数表信息。
103 
104 void main(void)        /* This really IS void, no error here. */
105 {                      /* The startup routine assumes (well, ...) this */
                          /* 这里确实是 void,没错。在 startup 程序(head.s)中就是这样假设的 */
                          //参见 head.s 程序第 136 行开始的几行代码。
106 /*
107  * Interrupts are still disabled. Do necessary setups, then
108  * enable them
109  */
   /* 此时中断仍被禁止着,做完必要的设置后就将其开启。*/
   //这段代码用于保存:根设备号  →ROOT_DEV;     高速缓存末端地址→buffer_memory_end;
   //                 机器内存数→memory_end;  主内存开始地址  →main_memory_start;
110         ROOT_DEV = ORIG_ROOT_DEV;                 //ROOT_DEV 定义在 super.c,29 行。
111         drive_info = DRIVE_INFO;
```

```
112         memory_end = (1<<20) + (EXT_MEM_K<<10);     //内存大小=1MB+扩展内存(KB)*1024。
113         memory_end &= 0xfffff000;                   //忽略不到 4KB(1 页)的内存数。
114         if (memory_end > 16*1024*1024)              //如果内存超过 16MB,则按 16MB 计。
115                 memory_end = 16*1024*1024;
116         if (memory_end > 12*1024*1024)  //如果内存>12MB,则设置缓冲区末端=4MB
117                 buffer_memory_end = 4*1024*1024;
118         else if (memory_end > 6*1024*1024)  //否则如果内存>6MB,则设置缓冲区末端=2MB
119                 buffer_memory_end = 2*1024*1024;
120         else
121                 buffer_memory_end = 1*1024*1024;  //否则设置缓冲区末端=1MB
122         main_memory_start = buffer_memory_end; //主内存起始位置=缓冲区末端;
123 #ifdef RAMDISK     //如果定义了虚拟盘,则初始化虚拟盘。此时主内存将减少。
124         main_memory_start += rd_init(main_memory_start, RAMDISK*1024);
125 #endif
  //以下是内核进行所有初始化工作。阅读时最好跟着调用的程序深入进去看,若实在看不下去了,就先
  //放一放,继续看下一个初始化调用——这是经验之谈。
126         mem_init(main_memory_start,memory_end);
127         trap_init();                //陷阱门(中断向量)初始化。(kernel/traps.c,181 行)
128         blk_dev_init();             //块设备初始化。(kernel/blk_drv/ll_rw_blk.c,157 行)
129         chr_dev_init();             //字符设备初始化。(kernel/chr_drv/tty_io.c,347 行)
130         tty_init();                 //tty 初始化。(kernel/chr_drv/tty_io.c,105 行)
131         time_init();                //设置开机启动时间→startup_time(见 76 行)。
132         sched_init();    //调度程序初始化(加载了任务 0 的 tr, ldtr) (kernel/sched.c,385)
133         buffer_init(buffer_memory_end); //缓冲管理初始化,建内存链表等(fs/buffer.c,348)
134         hd_init();                  //硬盘初始化。(kernel/blk_drv/hd.c,343 行)
135         floppy_init();              //软驱初始化。(kernel/blk_drv/floppy.c,457 行)
136         sti();                      //所有初始化工作都做完了,开启中断。
  //下面过程通过在堆栈中设置的参数,利用中断返回指令启动第一个任务(task0)。
137         move_to_user_mode();        //移到用户模式下运行。(include/asm/system.h,第 1 行)
138         if (!fork()) {              /* we count on this going ok *//* 我们全靠它了 */
139                 init();             //在新建的子进程(任务 1)中执行。
140         }                           //下面的代码开始以任务 0 的身份运行。
141 /*
142  *   NOTE!!   For any other task 'pause()' would mean we have to get a
143  * signal to awaken, but task0 is the sole exception (see 'schedule()')
144  * as task 0 gets activated at every idle moment (when no other tasks
145  * can run). For task0 'pause()' just means we go check if some other
146  * task can run, and if not we return here.
147  */
  /* 注意!! 对于任何其他的任务,'pause()'将意味着我们必须等待收到一个信号才会返回就绪运行
   * 态,但任务 0(task0)是唯一的例外情况(参见'schedule()'),因为任务 0 在任何空闲时间里都会被激
   * 活(当没有其他任务在运行时),因此对于任务 0'pause()'仅意味着我们返回来查看是否有其他任务
   * 可以运行,如果没有的话我们就回到这里,一直循环执行'pause()'。   */
148         for(;;) pause();
149 }
150 //下面函数产生格式化信息并输出到标准输出设备 stdout(1),这里是指在屏幕上显示。参数'*fmt'
  //指定输出将采用的格式,参见各种标准 C 语言书籍。该子程序正好是 vsprintf 如何使用的一个例子。
  //该程序使用 vsprintf()将格式化的字符串放入 printbuf 缓冲区,然后用 write()将缓冲区的内容输
  //出到标准设备。参见程序 kernel/vspvintf.c。
151 static int printf(const char *fmt, ...)
152 {
153         va_list args;
```

```
154         int i;
155 
156         va_start(args, fmt);
157         write(1,printbuf,i=vsprintf(printbuf, fmt, args));
158         va_end(args);
159         return i;
160 }
161 
162 static char * argv_rc[] = { "/bin/sh", NULL };     //调用执行程序时参数的字符串数组。
163 static char * envp_rc[] = { "HOME=/", NULL };      //调用执行程序时的环境字符串数组。
164 
165 static char * argv[] = { "-/bin/sh",NULL };      //同上。
166 static char * envp[] = { "HOME=/usr/root", NULL };
167 
    //init()函数运行在任务 0 创建的子进程(任务 1)中。它首先对第一个要执行的程序(shell)的环
    //境进行初始化,然后加载该程序并执行之。
168 void init(void)
169 {
170         int pid,i;
171 //读取硬盘参数包括分区表信息并建立虚拟盘和安装根文件系统设备。该函数是在 25 行上的宏定义
    //的,对应函数是 sys_setup(),在 kernel/blk_drv/hd.c,71 行。
172         setup((void *) &drive_info);
173         (void) open("/dev/tty0",O_RDWR,0);  //用读写访问方式打开设备"/dev/tty0",这里对
    //应终端控制台。返回的句柄 0 号——stdin 标准输入设备。
174         (void) dup(0);      //复制句柄,产生句柄 1 号——stdout 标准输出设备。
175         (void) dup(0);      //复制句柄,产生句柄 2 号——stderr 标准出错输出设备。
176         printf("%d buffers = %d bytes buffer space\n\r",NR_BUFFERS,
177                 NR_BUFFERS*BLOCK_SIZE); //打印缓冲区块数和总字节数,每块 1024 字节。
178         printf("Free mem: %d bytes\n\r",memory_end-main_memory_start);  //空闲内存字节数。
    //下面 fork()用于创建一个子进程(子任务)。对于被创建的子进程,fork()将返回 0 值,对于原(父进
    //程)将返回子进程的进程号。所以 180~184 句是子进程执行的内容。该子进程关闭了句柄 0(stdin),
    //以只读方式打开/etc/rc 文件,并执行/bin/sh 程序,所带参数和环境变量分别由 argv_rc 和 envp_rc
    //数组给出。参见后面的描述。
179         if (!(pid=fork())) {
180                 close(0);
181                 if (open("/etc/rc",O_RDONLY,0))
182                         _exit(1);    //如果打开文件失败,则退出(/lib/_exit.c,10)。
183                 execve("/bin/sh",argv_rc,envp_rc);  //装入/bin/sh 程序并执行。
184                 _exit(2);  //若 execve()执行失败则退出(出错号 2,"文件或目录不存在")。
185         }
    //下面是父进程执行的语句。wait()是等待子进程停止或终止,其返回值应是子进程的进程号(pid)。
    //这三句的作用是父进程等待子进程的结束。&i 是存放返回状态信息的位置。如果 wait()返回值不
    //等于子进程号,则继续等待。
186         if (pid>0)
187                 while (pid != wait(&i))
188                         /* nothing */;
    //如果执行到这里,说明刚创建的子进程的执行已停止或终止了。下面循环中首先再创建一个子进
    //程,如果出错,则显示"初始化程序创建子进程失败"的信息并继续执行。对于所创建的子进程关闭所
    //有以前还遗留的句柄(stdin, stdout, stderr),新创建一个会话并设置进程组号,然后重新打开/dev/
    //tty0作为 stdin,并复制成 stdout 和 stderr。再次执行系统解释程序/bin/sh。但这次执行所选用的
    //参数和环境数组另选了一套(见上面 165~167 行)。然后父进程再次运行 wait()等待。如果子进程
    //又停止了执行,则在标准输出上显示出错信息"子进程 pid 停止了运行,返回码是 i",然后继续重试下
```

```
//去 ...,形成“大”死循环。
189         while (1) {
190                 if ((pid=fork())<0) {
191                         printf("Fork failed in init \r\n");
192                         continue;
193                 }
194                 if (! pid) {
195                         close(0);close(1);close(2);
196                         setsid();
197                         (void) open("/dev/tty0",O_RDWR,0);
198                         (void) dup(0);
199                         (void) dup(0);
200                         _exit(execve("/bin/sh",argv,envp));
201                 }
202                 while (1)
203                         if (pid == wait(&i))
204                                 break;
205                 printf("\n\rchild %d died with code %04x\n\r",pid,i);
206                 sync();
207         }
208         _exit(0);       /* NOTE!_exit, not exit() */
209 }
```

1. CMOS 信息

PC 的 CMOS(complementary metal oxide semiconductor,互补金属氧化物半导体)内存实际上是由电池供电的 64B 或 128B 的 RAM 内存块,是系统时钟芯片的一部分。有些机器还有更大的内存容量。该 64B 的 CMOS 首先在 IBM PC-XT 机器上用于保存时钟和日期信息。由于这些信息仅用去 14B,剩余的字节就用来存放一些系统配置数据了。

CMOS 的地址空间是在基本地址空间之外的。因此其中不包括可执行的代码。它需要在端口 70h,71h 使用 IN 和 OUT 指令来访问。为了读取指定偏移位置的字节,首先需要使用 OUT 向端口 70h 发送指定字节的偏移值,然后使用 IN 指令从 71h 端口读取指定的字节信息。

这段程序中(70 行)将欲读取的字节地址与 80h 进行或操作是没有必要的。因为那时的 CMOS 内存容量还没有超过 128B,因此与 80h 进行或操作是没有任何作用的。之所以会有这样的操作是因为当时 Linus 手头缺乏有关 CMOS 方面的资料,CMOS 中时钟和日期的偏移地址都是他逐步实验出来的,也许在他实验中将偏移地址与 80h 进行或操作(并且还修改了其他地方)后正好取得了所有正确的结果,因此他的代码中也就有了这步不必要的操作。不过从 1.0 版本之后,该操作就被去除了(可参见 1.0 版内核程序 drivers/block/hd.c 第 42 行起的代码)。

表 4-1 是 CMOS 内存信息的一张简表。

2. 调用 fork()创建新进程

fork 是一个系统调用函数。该系统调用复制当前进程,并在进程表中创建一个与原进程(被称为父进程)几乎完全一样的新表项,并执行同样的代码,但该新进程(这里被称为子进程)拥有自己的数据空间和环境参数。

表 4-1　CMOS 64 字节信息简表

地址偏移值	内 容 说 明	地址偏移值	内 容 说 明
0x00	当前秒值（实时钟）	0x11	保留
0x01	报警秒值	0x12	硬盘驱动器类型
0x02	当前分钟（实时钟）	0x13	保留
0x03	报警分钟值	0x14	设备字节
0x04	当前小时值（实时钟）	0x15	基本内存（低字节）
0x05	报警小时值	0x16	基本内存（高字节）
0x06	一周中的当前天（实时钟）	0x17	扩展内存（低字节）
0x07	一月中的当日日期（实时钟）	0x18	扩展内存（高字节）
0x08	当前月份（实时钟）	0x19-0x2d	保留
0x09	当前年份（实时钟）	0x2e	校验和（低字节）
0x0a	RTC 状态寄存器 A	0x2f	校验和（高字节）
0x0b	RTC 状态寄存器 B	0x30	1MB 以上的扩展内存（低字节）
0x0c	RTC 状态寄存器 C	0x31	1MB 以上的扩展内存（高字节）
0x0d	RTC 状态寄存器 D	0x32	当前所处世纪值
0x0e	POST 诊断状态字节	0x33	信息标志
0x0f	停机状态字节	0x34-0x3f	保留
0x10	磁盘驱动器类型		

在父进程中，调用 fork( ) 返回的是子进程的进程标识号 PID，而在子进程中 fork( ) 返回的将是 0 值，这样，虽然此时还是在同一程序中执行，但已开始叉开，各自执行自己的那段代码。如果 fork( ) 调用失败，则会返回小于 0 的值，见图 4-2。

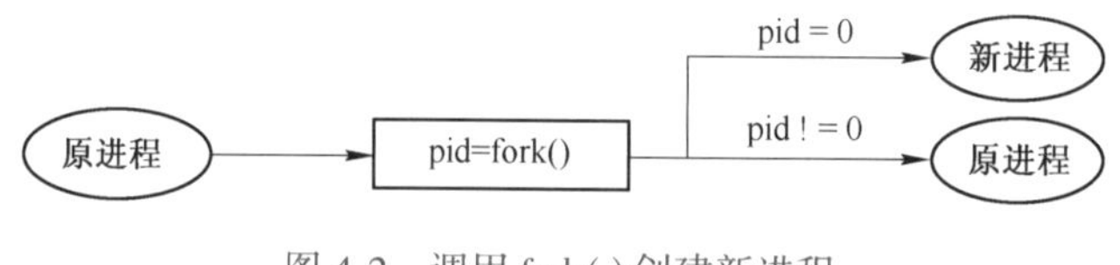

图 4-2　调用 fork( ) 创建新进程

init 程序就是用 fork( ) 调用的返回值来区分和执行不同的代码段的。上面代码中第 179 和 194 行是子进程的判断并开始子进程代码块的执行，利用 execve( ) 系统调用执行其他程序，这里执行的是 sh，第 186 和 202 行是父进程执行的代码块。

4.2　本章小结

对于 0.11 版内核，通过上面代码分析可知，只要根文件系统是一个 MINIX 文件系统，并且其中只要包含文件/etc/rc、/bin/sh、/dev/ * 以及一些目录/etc/、/dev/、/bin/、/home/、/home/root/就可以构成一个最简单的根文件系统，让 Linux 运行起来。

从这里开始，对于后续章节的阅读，可以将 init.c 程序作为一条主线进行，并不需要按章节顺序阅读。若读者对内存分页管理机制不了解，则可以首先阅读第 10 章内存管理的内容。

为了能比较顺利地理解以下各章内容，作者希望读者此时能再次复习 32 位保护模式运行的机制，详细阅读 Intel 80x86 的有关书籍，把保护模式下的运行机制彻底弄清楚，然后再继续阅读。

如果读者按章节顺序顺利地阅读到这里,那么对 Linux 系统内核的初始化过程应该已经有了大致的了解。但读者可能还会提出这样的问题:“在生成了一系列进程之后,系统是如何分时运行这些进程或者说如何调度这些进程运行的呢?即‘轮子’是怎样转起来的呢?”答案并不复杂:内核是通过执行 sched.c 程序中的调度函数 schedule()和 system_call.s 中的定时时钟中断过程 _timer_interrupt 来操作的。内核设定每 10ms 发出一次时钟中断,并在该中断过程中,通过调用 do_timer()函数检查所有进程的当前执行情况来确定进程的下一步状态。

对于进程在执行过程中由于想用的资源暂时缺乏而临时需要等待一会儿时,它就会在系统调用中通过 sleep_on()类函数间接地调用 schedule()函数,将 CPU 的使用权自愿地移交给别的进程使用。至于系统接下来会运行哪个进程,则完全由 schedule()根据所有进程的当前状态和优先权决定。对于一直在可运行状态的进程,当时钟中断过程判断出它运行的时间片已被用完时,就会在 do_timer()中执行进程切换操作,该进程的 CPU 使用权就会被不情愿地剥夺,让给别的进程使用。

调度函数 schedule()和时钟中断过程是下一章中的主题之一。

4.3 习题

1. 在 setup.s 代码执行完之后,head.s 及 system 被移到了 0x00000~0x800000 处,那么 PC 开机时 0x0000~0x0400 处及之后的一些参数不是也被覆盖了吗?内核以后是怎么设置的?

2. 简述 Linux 内核的整个初始化过程,画出流程图。

3. 详细说明_syscall0(int,fork)嵌入函数的使用方法。在程序中调用该函数的实际语句是怎样的?请具体写出来。

第 5 章　进程调度与系统调用

linux/kernel/目录下共包括 10 个 C 语言文件和 2 个汇编语言文件以及一个 kernel 下编译文件的管理配置文件 Makefile，见表 5-1。对其中 3 个子目录中代码的注释将在后续章节中进行。本章主要对这 13 个代码文件进行注释。首先我们对所有程序的基本功能进行概括性的总体介绍，以便一开始就对这 12 个文件所实现的功能和它们之间的相互调用关系有个大致的了解，然后逐一对代码进行详细注释。

表 5-1　linux/kernel/目录

文件名	大小	最后修改时间	文件名	大小	最后修改时间
blk_drv/		1991-12-08 14:09:29	panic. c	448 B	1991-10-17 14:22:02
chr_drv/		1991-12-08 18:36:09	printk. c	734 B	1991-10-02 14:16:29
math/		1991-12-08 14:09:58	sched. c	8242 B	1991-12-04 19:55:28
Makefile	3309 B	1991-12-02 03:21:37	signal. c	2651 B	1991-12-07 15:47:55
asm. s	2335 B	1991-11-18 00:30:28	sys. c	3706 B	1991-11-25 19:31:13
exit. c	4175 B	1991-12-07 15:47:55	system_call. s	5265 B	1991-12-04 13:56:34
fork. c	3693 B	1991-11-25 15:11:09	traps. c	4951 B	1991-10-30 20:20:40
mktime. c	1461 B	1991-10-02 14:16:29	vsprintf. c	4800 B	1991-10-02 14:16:29

5.1　总体功能描述

该目录下的代码文件从功能上可以分为三类，一类是硬件（异常）中断处理程序文件，一类是系统调用服务处理程序文件，另一类是进程调度等通用功能文件，参见 2.7.5 节中的图 2-17。现在根据这个分类方式，从实现的功能上进行更详细的说明。

5.1.1　中断处理程序

主要包括两个代码文件：asm. s 和 traps. c 文件。asm. s 用于实现大部分硬件异常所引起的中断的汇编语言处理过程。而 traps. c 程序则实现了 asm. s 的中断处理过程中调用的 C 函数。另外几个硬件中断处理程序在文件 system_call. s 和 mm/page. s 中实现。

中断信号通常可以分为两类：硬件中断和软件中断（异常）。每个中断由 0~255 之间的一个数字来标识。对于中断 int0~int31（0x00~0x1f），每个中断的功能是由 Intel 固定设定或保留用的，属于软件中断，但 Intel 称之为异常，因为这些中断是在 CPU 执行指令时探测到异常情况而引起的。通常还可分为故障（fault）和陷阱（trap）两类。中断 int32~int255（0x20~0xff）可以由用户自己设定。在 Linux 系统中，则将 int32~int47（0x20~0x2f）对应于 8259A 中断控制芯片发出的硬件中断请求信号 IRQ0~IRQ15；并把程序编程发出的系统调用（system_call）中断设置为 int128（0x80）。

在进程将控制权交给中断处理程序之前,CPU 会首先将至少 12 字节的信息压入中断处理程序的堆栈中。这种情况与一个长调用(段间子程序调用)比较相像。CPU 会将代码段选择符和返回地址的偏移值压入堆栈。另一个与段间调用比较相像的地方是 80386 将信息压入到了目的代码的堆栈上,而不是被中断代码的堆栈。另外,CPU 还总是将标志寄存器 EFLAGS 的内容压入堆栈。如果优先级别发生了变化,例如从用户级改变到内核系统级,CPU 还会将原代码的堆栈段值和堆栈指针压入中断程序的堆栈中。对于具有优先级改变时堆栈的内容示意图见图 5-1。

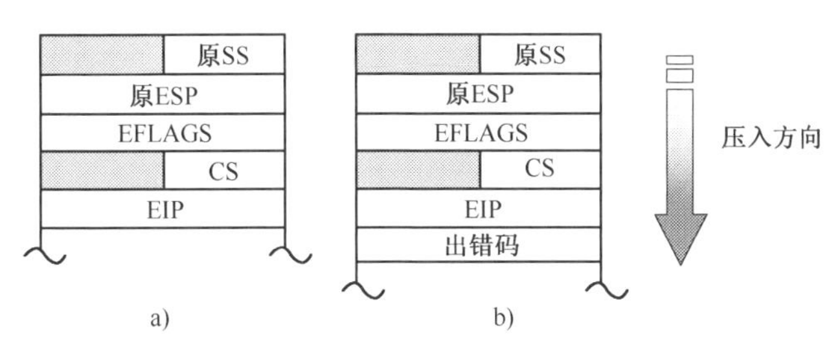

图 5-1　发生中断时堆栈中的内容

a) 不带出错号　b)带出错号

asm. s 代码文件主要涉及对 Intel 保留中断 int0 ~ int16 的处理,其余保留的中断 int17 ~ int31 由 Intel 公司留作今后扩充使用。对应于中断控制器芯片各 IRQ 发出的 int32 ~ int47 的 16 个处理程序将分别在各种硬件(如时钟、键盘、软盘、数学协处理器、硬盘等)初始化程序中处理。Linux 系统调用中断 int128(0x80)的处理则将在 kernel/system_call. s 中给出。

由于有些异常引起中断时,CPU 内部会产生一个出错代码压入堆栈(异常中断 int 8 和 int10 ~ int 14),见图 5-1b,而其他的中断却并不带有这个出错代码(例如被零除出错和边界检查出错等),因此,asm. s 程序中把对所有中断的处理根据是否携带出错号而分别处理,但处理流程还是一样的。对一个硬件异常所引起的中断的处理过程见图 5-2。

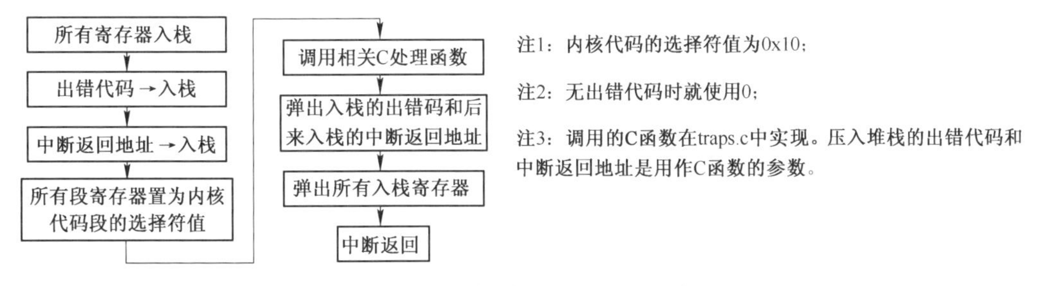

图 5-2　硬件异常(故障、陷阱)所引起的中断处理流程

5.1.2　系统调用处理相关程序

Linux 中应用程序调用内核的功能是通过中断调用 int 0x80 进行的,寄存器 eax 中放调用号。因此该中断调用被称为系统调用。实现系统调用的相关文件包括 system_call. s、fork. c、signal. c、sys. c 和 exit. c 文件。

system_call. s 程序的作用类似于硬件中断处理中的 asm. s 程序的作用，另外还对时钟中断和硬盘、软盘中断进行处理。而 fork. c 和 signal. c 中的一个函数则类似于 traps. c 程序的作用，为系统中断调用提供 C 处理函数。fork. c 程序提供两个 C 处理函数：find_empty_process()和 copy_process()。signal. c 程序还提供一个处理有关进程信号的函数 do_signal()，在系统调用中断处理过程中被调用。另外还包括 4 个系统调用函数。

sys. c 和 exit. c 程序实现了其他一些 sys_xxx()系统调用函数。这些 sys_xxx()函数都是相应系统调用需要调用的处理函数，有些是使用汇编语言实现的，如 sys_execve()；而另外一些则用 C 语言实现(例如 signal. c 中的 4 个系统调用函数)。

我们可以根据这些函数的简单命名规则这样来理解：通常以“do_”开头的中断处理过程中调用的 C 函数，要么是系统调用处理过程中通用的函数，要么是某个系统调用专用的；而以“sys_”开头的系统调用函数则是指定系统调用专用的函数。例如，do_signal()函数基本上是所有系统调用都要执行的函数，而 do_hd()、do_execve()则是某个系统调用专用的 C 函数。

还有一些其他通用类程序，这些程序包括 sched. c、mktime. c、panic. c、printk. c 和 vsprintf. c。sched. c 程序包括内核调用最频繁的 schedule()、sleep_on()和 wakeup()函数，是内核的核心调度程序，用于对进程的执行进行切换或改变进程的执行状态。另外还包括有关系统时钟中断和软盘驱动器定时函数。mktime. c 程序中仅包含一个内核使用的时间函数 mktime()，仅在 init/main. c 中被调用一次。panic. c 中包含一个 panic()函数，用于在内核运行出现错误时显示出错信息并停机。printk. c 和 vsprintf. c 是内核显示信息的支持程序，实现了内核专用显示函数 printk()和字符串格式化输出函数 vsprintf()。

5.2 程序分析

5.2.1 asm. s 程序

asm. s 汇编程序中包括大部分 CPU 探测到的异常故障处理的底层代码，也包括数学协处理器(FPU)的异常处理。该程序与 kernel/traps. c 程序有着密切的关系。该程序的主要处理方式是在中断处理程序中调用相应的 C 函数程序，显示出错位置和出错号，然后退出中断。在阅读这段代码时，参照图 5-3 中的堆栈变化示意图是很有帮助的。

在开始执行程序之前，堆栈指针 esp 指在中断返回地址一栏(图中 esp0 处)。当把将要调用的 C 函数 do_divide_error()或其他 C 函数地址入栈后，指针位置是 esp1 处，此时通过交换指令，该函数的地址被放入 eax 寄存器中，而原来 eax 的值被保存到堆栈上。在把一些寄存器入栈后，堆栈指针位置在 esp2 处。当正式调用 do_divide_error()之前，程序将开始执行时的 esp0 堆栈指针值压入堆栈，放到了 esp3 处，并在中断返回弹出入栈的寄存器之前指针通过加上 8 又回到 esp2 处。

正式调用 do_divide_error()之前把出错代码以及 esp0 入栈的原因是为了把出错代码和 esp0 作为调用 C 函数 do_divide_error()的参数。在 traps. c 中该函数的原型为：

void do_divide_error(long esp, long error_code)。

因此在这个 C 函数中就可以打印出出错的位置和错误号。程序中其余异常出错的处理过程与这里描述的过程基本类似。

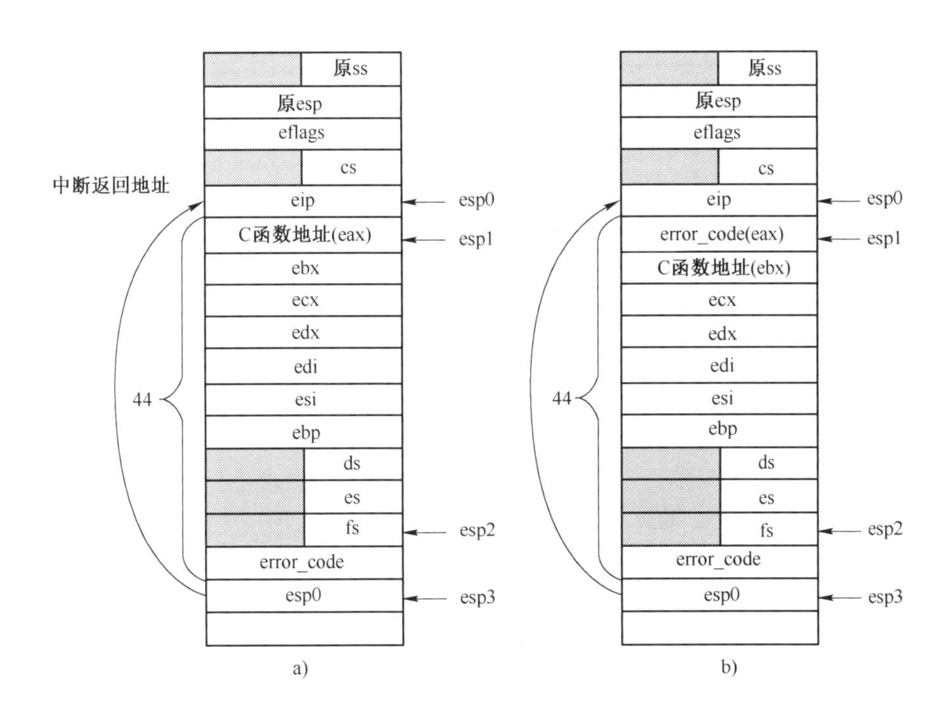

图 5-3 出错处理堆栈变化示意图

a）中断调用没有出错号的情况 b）中断调用将出错号压入栈的情况

asm. s 程序的代码注释如文件 5-1 所示。

文件 5-1 linux/kernel/asm. s

```
 7 /*
 8  * asm.s contains the low-level code for most hardware faults.
 9  * page_exception is handled by the mm, so that isn't here. This
10  * file also handles (hopefully) fpu-exceptions due to TS-bit, as
11  * the fpu must be properly saved/resored. This hasn't been tested.
12  */
  /* asm.s 程序中包括大部分的硬件故障(或出错)处理的底层代码。页异常是由内存管理程序
   * mm 处理的,所以不在这里。此程序还处理(希望是这样)由于 TS-位而造成的 fpu 异常,因为 fpu
   * 必须正确地进行保存/恢复处理,这些还没有测试过。*/
13 # 本代码文件主要涉及对 Intel 保留的中断 int0~int16 的处理(int17~int31 留作今后使用)。
  # 以下是一些全局函数名的声明,其原型在 traps.c 中说明。
14 .globl _divide_error,_debug,_nmi,_int3,_overflow,_bounds,_invalid_op
15 .globl _double_fault,_coprocessor_segment_overrun
16 .globl _invalid_TSS,_segment_not_present,_stack_segment
17 .globl _general_protection,_coprocessor_error,_irq13,_reserved
18 # int0 --(下面这段代码的含义参见图 5-3a)。
  # 下面是被零除出错(divide_error)处理代码。标号'_divide_error'实际上是 C 语言函数
  # divide_error()编译后所生成模块中对应的名称。'_do_divide_error'函数在 traps.c 中。
19 _divide_error:
20         pushl $_do_divide_error # 首先把将要调用的函数地址入栈。这段程序的出错号为 0。
21 no_error_code:                  # 这里是无出错号处理的入口处,见下面第 55 行等。
22         xchgl %eax,(%esp)       # _do_divide_error 的地址 → eax,eax 被交换入栈。
23         pushl %ebx
24         pushl %ecx
```

```
25          pushl %edx
26          pushl %edi
27          pushl %esi
28          pushl %ebp
29          push %ds                   # !! 16 位的段寄存器入栈后也要占用 4 个字节。
30          push %es
31          push %fs
32          pushl $0                   # "error code" # 将出错号入栈。
33          lea 44(%esp),%edx          # 取原调用返回地址处堆栈指针位置,并压入堆栈。
34          pushl %edx
35          movl $0x10,%edx            # 内核代码数据段选择符。
36          mov %dx,%ds
37          mov %dx,%es
38          mov %dx,%fs
39          call *%eax                 # 间接调用,例如调用 C 函数 do_divide_error()等。
40          addl $8,%esp               # 让堆栈指针重新指向寄存器 fs 入栈处。
41          pop %fs
42          pop %es
43          pop %ds
44          popl %ebp
45          popl %esi
46          popl %edi
47          popl %edx
48          popl %ecx
49          popl %ebx
50          popl %eax                  # 弹出原来 eax 中的内容。
51          iret
52
53 _debug:     # int1 --debug 调试中断入口点。处理过程同上。
54          pushl $_do_int3            # _do_debug C 函数指针入栈。以下同。
55          jmp no_error_code
56
57 _nmi:     # int2 --非屏蔽中断调用入口点。
58          pushl $_do_nmi
59          jmp no_error_code
60
61 _int3:     # int3 --断点指令引起中断的入口点,处理过程同_debug。
62          pushl $_do_int3
63          jmp no_error_code
64
65 _overflow:     # int4 --溢出出错处理中断入口点。
66          pushl $_do_overflow
67          jmp no_error_code
68
69 _bounds:     # int5 --边界检查出错中断入口点。
70          pushl $_do_bounds
71          jmp no_error_code
72
73 _invalid_op:     # int6 --无效操作指令出错中断入口点。
74          pushl $_do_invalid_op
75          jmp no_error_code
76
```

```
77 _coprocessor_segment_overrun:      # int9 --协处理器段超出出错中断入口点。
78         pushl $_do_coprocessor_segment_overrun
79         jmp no_error_code
80
81 _reserved:      # int15 -保留。
82         pushl $_do_reserved
83         jmp no_error_code
84 # 下面用于当协处理器执行完一个操作时就会发出 IRQ13 中断信号,以通知 CPU 操作完成。
85 _irq13:      # int45 --( = 0x20 + 13 ) 数学协处理器(Coprocessor)发出的中断。
86         pushl %eax
87         xorb %al,%al # 80387 在执行计算时,CPU 会等待其操作的完成。
88         outb %al, $0xF0
  # 上句通过写 0xF0 端口,本中断消除 CPU 的 BUSY 延续信号,并重新激活 387 的处理器扩展请求引脚
  # PEREQ。该操作主要是为了确保在继续执行 387 的任何指令之前,响应本中断。
89         movb $0x20,%al
90         outb %al, $0x20            # 向 8259 主中断控制芯片发送 EOI(中断结束)信号。
91         jmp 1f                     # 这两个跳转指令起延时作用。
92 1:      jmp 1f
93 1:      outb %al, $0xA0            # 再向 8259 从中断控制芯片发送 EOI(中断结束)信号。
94         popl %eax
95         jmp_coprocessor_error #_coprocessor_error 原来在本文件中,现在已经放到
96                                    # (kernel/system_call.s, 131)
  # 以下中断在调用时会在中断返回地址之后将出错号压入堆栈,因此返回时也需要将出错号弹出。
  # int8 --双出错故障。(下面这段代码的含义参见图 5-3b)。
97 _double_fault:
98         pushl $_do_double_fault # C 函数地址入栈。
99 error_code:
100        xchgl %eax,4(%esp)         # error code <-> %eax,eax 原来的值被保存在堆栈上。
101        xchgl %ebx,(%esp)          # &function <-> %ebx,ebx 原来的值被保存在堆栈上。
102        pushl %ecx
103        pushl %edx
104        pushl %edi
105        pushl %esi
106        pushl %ebp
107        push %ds
108        push %es
109        push %fs
110        pushl %eax                 # error code    # 出错号入栈。
111        lea 44(%esp),%eax          # offset       # 程序返回地址处堆栈指针位置值入栈。
112        pushl %eax
113        movl $0x10,%eax            # 置内核数据段选择符。
114        mov %ax,%ds
115        mov %ax,%es
116        mov %ax,%fs
117        call *%ebx                 # 调用相应的 C 函数,其参数已入栈。
118        addl $8,%esp               # 堆栈指针重新指向栈中放置 fs 内容的位置。
119        pop %fs
120        pop %es
121        pop %ds
122        popl %ebp
123        popl %esi
124        popl %edi
```

```
125         popl %edx
126         popl %ecx
127         popl %ebx
128         popl %eax
129         iret
130
131_invalid_TSS:                  # int10 ——无效的任务状态段(TSS)。
132         pushl $_do_invalid_TSS
133         jmp error_code
134
135_segment_not_present:          # int11——段不存在。
136         pushl $_do_segment_not_present
137         jmp error_code
138
139_stack_segment:                # int12 ——堆栈段错误。
140         pushl $_do_stack_segment
141         jmp error_code
142
143_general_protection:          # int13 ——一般保护性出错。
144         pushl $_do_general_protection
145         jmp error_code
146 # int7 --设备不存在(_device_not_available),在 kernel/system_call.s,148 行。
    # int14 --页错误(_page_fault),在 mm/page.s,14 行。
    # int16 --协处理器错误(_coprocessor_error),在 system_call.s,131 行。
    # 时钟中断 int 0x20(_timer_interrupt)和系统调用 int 0x80(_system_call)在 system_call.s。
```

表 5-2 给出了 Intel 保留中断向量具体含义的说明。

表 5-2 Intel 保留的中断向量含义

中断号	名称	类型	信号	说明
0	Devide error	故障	SIGFPE	当进行除以零的操作时产生
1	Debug	陷阱 故障	SIGTRAP	当进行程序单步跟踪调试时,设置了标志寄存器 eflags 的 T 标志时产生这个中断
2	nmi	硬件		由不可屏蔽中断 NMI 产生
3	Breakpoint	陷阱	SIGTRAP	由断点指令 int3 产生,与 debug 处理相同
4	Overflow	陷阱	SIGSEGV	eflags 的溢出标志 OF 引起
5	Bounds check	故障	SIGSEGV	寻址到有效地址以外时引起
6	Invalid opcode	故障	SIGILL	CPU 执行时发现一个无效的指令操作码
7	Device not available	故障	SIGSEGV	设备不存在,指协处理器。在两种情况下会产生该中断:(a)CPU 遇到一个转移指令并且 EM 置位时。在这种情况下处理程序应该模拟导致异常的指令。(b)MP 和 TS 都在置位状态时,CPU 遇到 WAIT 或一个转意指令。在这种情况下,处理程序在必要时应该更新协处理器的状态
8	Double fault	中止	SIGSEGV	双故障出错
9	Coprocessor segment overrun	中止	SIGFPE	协处理器段超出
10	Invalid TSS	故障	SIGSEGV	CPU 切换时发觉 TSS 无效
11	Segment not present	故障	SIGBUS	描述符所指的段不存在
12	Stack segment	故障	SIGBUS	堆栈段不存在或寻址越出堆栈段

(续)

中断号	名称	类型	信号	说明
13	General protection	故障	SIGSEGV	没有符合 80386 保护机制(特权级)的操作引起
14	Page fault	故障	SIGSEGV	页不在内存
15	Reserved			
16	Coprocessor error	故障	SIGFPE	数学协处理器发出的出错信号引起

5.2.2 traps.c 程序

traps.c 程序主要包括一些在处理异常故障(硬件中断)的底层代码 asm.s 中调用的相应 C 函数。用于显示出错位置和出错号等调试信息。其中的 die()通用函数用于在中断处理中显示详细的出错信息,而代码最后的初始化函数 trap_init()是在前面 init/main.c 中被调用,用于硬件异常处理中断向量(陷阱门)的初始化,并设置允许中断请求信号的到来。在阅读本程序时需要参考 asm.s 程序。traps.c 程序的注释见文件 5-2。

文件 5-2 linux/kernel/traps.c

```
 7 /*
 8  * 'Traps.c' handles hardware traps and faults after we have saved some
 9  * state in 'asm.s'. Currently mostly a debugging-aid, will be extended
10  * to mainly kill the offending process (probably by giving it a signal,
11  * but possibly by killing it outright if necessary).
12  */
   /* 在程序 asm.s 中保存了一些状态后,本程序用来处理硬件陷阱和故障。目前主要用于调试目的,
    * 以后将扩展用来杀死遭损坏的进程(主要是通过发送一个信号,但如有必要也会直接杀死)。*/
13 #include <string.h>          //字符串头文件。主要定义了一些有关字符串操作的嵌入函数。
14 
15 #include <linux/head.h>      //head 头文件,定义了段描述符的简单结构,和几个选择符常量。
16 #include <linux/sched.h>     //调度程序头文件,定义了任务结构 task_struct、初始任务 0 的数据。
17 #include <linux/kernel.h>    //内核头文件。含有一些内核常用函数的原型定义。
18 #include <asm/system.h>      //系统头文件。定义了设置或修改描述符/中断门等的嵌入式汇编宏。
19 #include <asm/segment.h>     //段操作头文件。定义了有关段寄存器操作的嵌入式汇编函数。
20 #include <asm/io.h>          //输入/输出头文件。定义硬件端口输入/输出宏汇编语句。
21 //以下语句定义了三个嵌入式汇编宏语句函数。取段 seg 中地址 addr 处的一个字节。
   //用圆括号括住的组合语句(花括号中的语句)可以作为表达式使用,其中最后的__res 是其输出值。
22 #define get_seg_byte(seg,addr) ({ \
23 register char __res; \
24 __asm__("push %%fs;mov %%ax,%%fs;movb %%fs:%2,%%al;pop %%fs" \
25         :"=a" (__res):"" (seg),"m" (*(addr))); \
26 __res;})
27 //取段 seg 中地址 addr 处的一个长字(4 字节)。
28 #define get_seg_long(seg,addr) ({ \
29 register unsigned long __res; \
30 __asm__("push %%fs;mov %%ax,%%fs;movl %%fs:%2,%%eax;pop %%fs" \
31         :"=a" (__res):"" (seg),"m" (*(addr))); \
32 __res;})
33 //取 fs 段寄存器的值(选择符)。
34 #define _fs() ({ \
35 register unsigned short __res; \
```

```
36 __asm__("mov %%fs,%%ax":"=a" (__res):); \
37 __res;})
38 //以下定义了一些函数原型。
39 int do_exit(long code);                       //程序退出处理。(kernel/exit.c,102)
40
41 void page_exception(void);                    //页异常,实际是page_fault。(mm/pape.s,14)
42 //以下定义了一些中断处理程序原型,代码在(kernel/asm.s 或 system_call.s)中。
43 void divide_error(void);                      //int0 (kernel/asm.s,19)。
44 void debug(void);                             //int1 (kernel/asm.s,53)。
45 void nmi(void);                               //int2 (kernel/asm.s,57)。
46 void int3(void);                              //int3 (kernel/asm.s,61)。
47 void overflow(void);                          //int4 (kernel/asm.s,65)。
48 void bounds(void);                            //int5 (kernel/asm.s,69)。
49 void invalid_op(void);                        //int6 (kernel/asm.s,73)。
50 void device_not_available(void);              //int7 (kernel/system_call.s,148)。
51 void double_fault(void);                      //int8 (kernel/asm.s,97)。
52 void coprocessor_segment_overrun(void);       //int9 (kernel/asm.s,77)。
53 void invalid_TSS(void);                       //int10 (kernel/asm.s,131)。
54 void segment_not_present(void);               //int11 (kernel/asm.s,135)。
55 void stack_segment(void);                     //int12 (kernel/asm.s,139)。
56 void general_protection(void);                //int13 (kernel/asm.s,143)。
57 void page_fault(void);                        //int14 (mm/page.s,14)。
58 void coprocessor_error(void);                 //int16 (kernel/system_call.s,131)。
59 void reserved(void);                          //int15 (kernel/asm.s,81)。
60 void parallel_interrupt(void);                //int39 (kernel/system_call.s,280)。
61 void irq13(void);                             //int45 协处理器中断处理(kernel/asm.s,85)。
62 //该子程序用来打印出错中断的名称、出错号、调用程序的 EIP、EFLAGS、ESP、fs 段寄存器值、段的基址、
   //段的长度、进程号 pid、任务号、10 字节指令码。如果堆栈在用户段,则还打印 16 字节的堆栈内容。
63 static void die(char * str,long esp_ptr,long nr)
64 {
65     long * esp = (long *) esp_ptr;
66     int i;
67
68     printk("%s: %04x\n\r",str,nr&0xffff);
69     printk("EIP:\t%04x:%p\nEFLAGS:\t%p\nESP:\t%04x:%p\n",
70            esp[1],esp[0],esp[2],esp[4],esp[3]);
71     printk("fs: %04x\n",_fs());
72     printk("base: %p, limit: %p\n",get_base(current->ldt[1]),get_limit(0x17));
73     if (esp[4] == 0x17) {
74            printk("Stack: ");
75            for (i=0;i<4;i++)
76                   printk("%p ",get_seg_long(0x17,i+(long *)esp[3]));
77            printk("\n");
78     }
79     str(i);                       //取当前运行任务的任务号(include/linux/sched.h,159)。
80     printk("Pid: %d, process nr: %d\n\r",current->pid,0xffff & i);
81     for(i=0;i<10;i++)
82            printk("%02x ",0xff & get_seg_byte(esp[1],(i+(char *)esp[0])));
83     printk("\n\r");
84       do_exit(11);                /* play segment exception */
85 }
86 //以下这些以 do_开头的函数是对应名称中断处理程序调用的 C 函数。
```

```
87 void do_double_fault(long esp, long error_code)
88 {
89      die("double fault",esp,error_code);
90 }
91
92 void do_general_protection(long esp, long error_code)
93 {
94      die("general protection",esp,error_code);
95 }
96
97 void do_divide_error(long esp, long error_code)
98 {
99      die("divide error",esp,error_code);
100 }
101
102 void do_int3(long * esp, long error_code,
103                 long fs,long es,long ds,
104                 long ebp,long esi,long edi,
105                 long edx,long ecx,long ebx,long eax)
106 {
107      int tr;
108
109      __asm__("str %%ax":"=a" (tr):"" (0));              //取任务寄存器值→tr。
110      printk("eax\t\tebx\t\tecx\t\tedx\n\r%8x\t%8x\t%8x\t%8x\n\r",
111              eax,ebx,ecx,edx);
112      printk("esi\t\tedi\t\tebp\t\tesp\n\r%8x\t%8x\t%8x\t%8x\n\r",
113             esi,edi,ebp,(long) esp);
114      printk("\n\rds\tes\tfs\ttr\n\r%4x\t%4x\t%4x\t%4x\n\r",
115             ds,es,fs,tr);
116      printk("EIP: %8x   CS: %4x  EFLAGS: %8x\n\r",esp[0],esp[1],esp[2]);
117 }
118
119 void do_nmi(long esp, long error_code)
120 {
121      die("nmi",esp,error_code);
122 }
123
124 void do_debug(long esp, long error_code)
125 {
126      die("debug",esp,error_code);
127 }
128
129 void do_overflow(long esp, long error_code)
130 {
131      die("overflow",esp,error_code);
132 }
133
134 void do_bounds(long esp, long error_code)
135 {
136      die("bounds",esp,error_code);
137 }
138
```

```
139 void do_invalid_op(long esp, long error_code)
140 {
141     die("invalid operand",esp,error_code);
142 }
143
144 void do_device_not_available(long esp, long error_code)
145 {
146     die("device not available",esp,error_code);
147 }
148
149 void do_coprocessor_segment_overrun(long esp, long error_code)
150 {
151     die("coprocessor segment overrun",esp,error_code);
152 }
153
154 void do_invalid_TSS(long esp,long error_code)
155 {
156     die("invalid TSS",esp,error_code);
157 }
158
159 void do_segment_not_present(long esp,long error_code)
160 {
161     die("segment not present",esp,error_code);
162 }
163
164 void do_stack_segment(long esp,long error_code)
165 {
166     die("stack segment",esp,error_code);
167 }
168
169 void do_coprocessor_rror(long esp, long error_code)
170 {
171     if (last_task_used_math != current)
172             return;
173     die("coprocessor error",esp,error_code);
174 }
175
176 void do_reserved(long esp, long error_code)
177 {
178     die("reserved (15,17-47) error",esp,error_code);
179 }
180 //下面是异常(陷阱)中断程序初始化子程序。设置中断调用门(中断向量)。set_trap_gate()与
    //set_system_gate()主要区别在于前者设置的特权级为0,后者为3。因此断点int3、溢出overflow
    //和边界出错中断bounds可由任何程序产生。这两个函数均是嵌入式汇编宏(include/asm/system.h,
    //第36、39行)。
181 void trap_init(void)
182 {
183     int i;
184
185     set_trap_gate(0,&divide_error);   //设置除操作出错的中断向量值。下同。
186     set_trap_gate(1,&debug);
187     set_trap_gate(2,&nmi);
```

```
188     set_system_gate(3,&int3);    /* int3-5 can be called from all */
189     set_system_gate(4,&overflow);
190     set_system_gate(5,&bounds);
191     set_trap_gate(6,&invalid_op);
192     set_trap_gate(7,&device_not_available);
193     set_trap_gate(8,&double_fault);
194     set_trap_gate(9,&coprocessor_segment_overrun);
195     set_trap_gate(10,&invalid_TSS);
196     set_trap_gate(11,&segment_not_present);
197     set_trap_gate(12,&stack_segment);
198     set_trap_gate(13,&general_protection);
199     set_trap_gate(14,&page_fault);
200     set_trap_gate(15,&reserved);
201     set_trap_gate(16,&coprocessor_error);
202     for (i=17;i<48;i++)                   //将 int17~48 的陷阱门先均设置为 reserved,
203             set_trap_gate(i,&reserved);   //以后各硬件初始化时会重新设置自己的陷阱门。
204     set_trap_gate(45,&irq13);             //设置协处理器的陷阱门。
205     outb_p(inb_p(0x21)&0xfb,0x21);        //允许主 8259A 芯片的 IRQ2 中断请求。
206     outb(inb_p(0xA1)&0xdf,0xA1);          //允许从 8259A 芯片的 IRQ13 中断请求。
207     set_trap_gate(39,&parallel_interrupt);//设置并行口的陷阱门。
208 }
```

本节是第一次在内核源程序中接触到 C 语言中的嵌入式汇编代码。由于我们在通常的 C 语言程序的编制过程中一般是不会使用嵌入式汇编程序的,因此这里有必要对其基本格式进行简单的描述,详细的说明可参见 GNU gcc 手册。嵌入式汇编的基本格式为:

```
asm("汇编语句"
     : 输出寄存器
     : 输入寄存器
     : 会被修改的寄存器 );
```

其中"汇编语句"是程序员写汇编指令的地方;"输出寄存器"表示当这段嵌入汇编执行之后,哪些寄存器用于存放输出数据。这些寄存器会分别对应一个 C 语言表达式或一个内存地址;"输入寄存器"表示在开始执行汇编代码时,这里指定的一些寄存器中应存放的输入值,它们也分别对应着一个 C 变量或常数值。下面用例子来说明嵌入汇编语句的使用方法。

我们在下面列出了前面代码中第 22 行开始的一段代码作为例子来详细解说,为了能看清楚我们将这段代码进行了重新编排和编号。

```
01 #define get_seg_byte(seg,addr) \
02 ({ \
03 register char __res; \
04 __asm__("push %%fs; \
05         mov %%ax,%%fs; \
06         movb %%fs:%2,%%al; \
07         pop %%fs" \
08         :"=a" (__res) \
09         :"" (seg),"m" (*(addr))); \
```

```
10  __res;})
```

这段 10 行代码定义了一个嵌入汇编语言宏函数。通常使用汇编语句最方便的方式是把它们放在一个宏内。用圆括号括住的组合语句(花括号中的语句)可以作为表达式使用,其中最后的变量__res(第 10 行)是该表达式的输出值。

因为是宏语句,需要在一行上定义,因此这里使用反斜杠'\'将这些语句连成一行。这条宏定义将被替换到宏名称在程序中被引用的地方。第 1 行定义了宏的名称,也就是宏函数名称 get_seg_byte(seg,addr)。第 3 行定义了一个寄存器变量__res。第 4 行上的__asm__表示嵌入汇编语句的开始。从第 4 行到第 7 行是 4 条 AT&T 格式的汇编语句。

第 8 行是输出寄存器,这句的含义是在这段代码运行结束后将 eax 所代表的寄存器的值放入__res 变量中,作为本函数的输出值,"=a"中的"a"称为加载代码,"="表示这是输出寄存器。第 9 行表示在这段代码开始运行时将 seg 放到 eax 寄存器中,""表示使用与上面同个位置的输出相同的寄存器。而(*(addr))表示一个内存偏移地址值。为了在上面汇编语句中使用该地址值,嵌入汇编程序规定把输出和输入寄存器统一按顺序编号,顺序是从输出寄存器序列从左到右从上到下以"%0"开始,分别记为%0、%1、...%9。因此,输出寄存器的编号是%0(这里只有一个输出寄存器),输入寄存器前一部分(""(seg))的编号是%1,而后部分的编号是%2。上面第 6 行上的%2 即代表(*(addr))这个内存偏移量。

现在我们来研究 4~7 行上的代码的作用。第一句将 fs 段寄存器的内容入栈;第二句将 eax 中的段值赋给 fs 段寄存器;第三句是把 fs:(*(addr))所指定的字节放入 al 寄存器中。当执行完汇编语句后,输出寄存器 eax 的值将被放入__res,作为该宏函数的返回值。

通过上面分析,我们知道,宏名称中的 seg 代表一指定的内存段值,而 addr 表示一内存偏移地址量。到现在为止,我们应该很清楚这段程序的功能了吧!该宏函数的功能是从指定段和偏移值的内存地址处取一个字节。再看下一个例子。

```
01  asm("cld\n\t"
02       "rep\n\t"
03       "stol"
04       : /* 没有输出寄存器 */
05       : "c"(count-1), "a"(fill_value), "D"(dest)
06       : "%ecx", "%edi");
```

1~3 行这三句是通常的汇编语句,用以清方向位,重复保存值。第 4 行说明这段嵌入汇编程序没有用到输出寄存器。第 5 行的含义是:将 count-1 的值加载到 ecx 寄存器中(加载代码是"c"),fill_value 加载到 eax 中,dest 放到 edi 中。为什么要让 gcc 编译程序去做这样的寄存器值的加载,而不让我们自己做呢?因为 gcc 在它进行寄存器分配时可以进行某些优化工作。例如 fill_value 值可能已经在 eax 中。如果是在一个循环语句中的话,gcc 就可能在整个循环操作中保留 eax,这样就可以在每次循环中少用一个 movl 语句。

最后一行的作用是告诉 gcc 这些寄存器中的值已经改变了。这显得很古怪,不过在 gcc 知道程序员拿这些寄存器做些什么后,这确实能够对 gcc 的优化操作有所帮助。表 5-3 中是一些可能会用到的寄存器加载代码及其具体的含义。

表 5-3　常用寄存器加载代码说明

代　码	说　明	代　码	说　明
a	使用寄存器 eax	m	使用内存地址
b	使用寄存器 ebx	o	使用内存地址并可以加偏移值
c	使用寄存器 ecx	I	使用常数 0~31
d	使用寄存器 edx	J	使用常数 0~63
S	使用 esi	K	使用常数 0~255
D	使用 edi	L	使用常数 0~65535
q	使用动态分配字节可寻址寄存器(eax、ebx、ecx 或 edx)	M	使用常数 0~3
r	使用任意动态分配的寄存器	N	使用 1 字节常数(0~255)
g	使用通用有效的地址即可(eax、ebx、ecx、edx 或内存变量)	O	使用常数 0~31
A	使用 eax 与 edx 联合(64 位)		

下面的例子不是让程序员自己指定哪个变量使用哪个寄存器,而是让 gcc 为程序员选择。

```
01 asm("leal (%1, %1, 4), %0"
02        : "=r"(y)
03        : "0"(x));
```

第一句汇编语句 leal (r1, r2,4), r3 语句表示 r1+r2×4 → r3。这个例子可以非常快地将 x 乘 5。其中"%0","%1"是指 gcc 自动分配的寄存器。这里"%1"代表输入值 x 要放入的寄存器,"%0"表示输出值寄存器。输出寄存器代码前一定要加等于号。如果输入寄存器的代码是 0 或为空时,则说明使用与相应输出一样的寄存器。所以,如果 gcc 将 r 指定为 eax 的话,那么上面汇编语句的含义即为:"leal (eax,eax,4), eax"。

注意:在执行代码时,如果不希望汇编语句被 gcc 优化而改变位置,就需要在 asm 符号后面添加 volatile 关键词:asm volatile (...);

或者更详细地说明为:__asm__　__volatile__(...);

5.2.3　system_call.s 程序

本程序主要实现系统调用(system_call)中断 int 0x80 的入口处理过程以及信号检测处理(从代码第 80 行开始),同时给出了两个系统功能的底层接口,分别是 sys_execve 和 sys_fork。还列出了处理过程类似的协处理器出错(int 16)、设备不存在(int7)、时钟中断(int32)、硬盘中断(int46)、软盘中断(int38)的中断处理程序。

对于软中断(system_call、coprocessor_error、device_not_available),处理过程基本上是首先为调用相应 C 函数处理程序作准备,将一些参数压入堆栈,然后调用 C 函数进行相应功能的处理,处理返回后再去检测当前任务的信号位图,对值最小的一个信号进行处理并复位信号位图中的该信号。系统调用的 C 语言处理函数分布在整个 Linux 内核代码中,由 include/linux/sys.h 头文件中的系统函数指针数组表来匹配。

对于硬件中断请求信号 IRQ 发来的中断,其处理过程首先是向中断控制芯片 8259A 发送结束硬件中断控制字指令 EOI,然后调用相应的 C 函数处理程序。对于时钟中断也要对当前任务的信号位图进行检测处理。系统中断调用处理的整个流程如图 5-4 所示。system_call.s 程序的注释见文件 5-3。

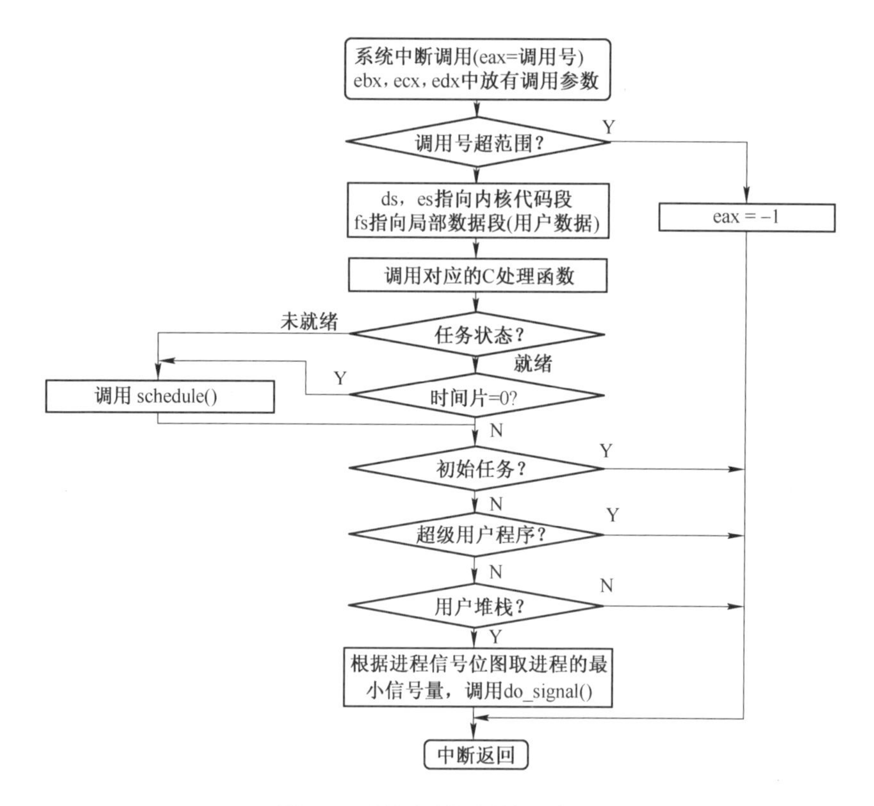

图 5-4　系统中断调用处理流程

文件 5-3　linux/kernel/system_call. s

```
 7 /*
 8  *  system_call.s contains the system-call low-level handling routines.
 9  * This also contains the timer-interrupt handler, as some of the code is
10  * the same. The hd-and flopppy-interrupts are also here.
11  *
12  * NOTE: This code handles signal-recognition, which happens every time
13  * after a timer-interrupt and after each system call. Ordinary interrupts
14  * don't handle signal-recognition, as that would clutter them up totally
15  * unnecessarily.
16  *
17  * Stack layout in 'ret_from_system_call':
18  *
19  *       0(%esp) - %eax
20  *       4(%esp) - %ebx
21  *       8(%esp) - %ecx
22  *       C(%esp) - %edx
23  *      10(%esp) - %fs
24  *      14(%esp) - %es
25  *      18(%esp) - %ds
26  *      1C(%esp) - %eip
27  *      20(%esp) - %cs
28  *      24(%esp) - %eflags
```

```
29  *       28(%esp) - %oldesp
30  *       2C(%esp) - %oldss
31  */
32 /* system_call.s 文件包含系统调用(system-call)底层处理子程序。由于有些代码比较类似,所以
    * 同时也包括时钟中断处理(timer-interrupt)句柄。硬盘和软盘的中断处理程序也在这里。
    * 注意:这段代码处理信号(signal)识别,在每次时钟中断和系统调用之后都会进行识别。一般
    * 中断过程并不处理信号识别,因为会给系统造成混乱。
    * 从系统调用返回('ret_from_system_call')时堆栈的内容见上面 19~30 行。*/
33 SIG_CHLD        = 17          # 定义 SIG_CHLD 信号(子进程停止或结束)。
34
35 EAX             = 0x00        # 堆栈中各个寄存器的偏移位置。
36 EBX             = 0x04
37 ECX             = 0x08
38 EDX             = 0x0C
39 FS              = 0x10
40 ES              = 0x14
41 DS              = 0x18
42 EIP             = 0x1C
43 CS              = 0x20
44 EFLAGS          = 0x24
45 OLDESP          = 0x28        # 当有特权级变化时。
46 OLDSS           = 0x2C
47 # 以下这些是任务结构(task_struct)中变量的偏移值,参见 include/linux/sched.h,77 行
   # 开始。
48 state    = 0          # these are offsets into the task-struct.  # 进程状态码
49 counter = 4           # 任务运行时间计数(递减)(滴答数),运行时间片。
50 priority = 8          # 运行优先数。任务开始运行时 counter=priority,越大则运行时间越长。
51 signal   = 12         # 是信号位图,每个比特位代表一种信号,信号值=位偏移值+1。
52 sigaction = 16        # MUST be 16 (=len of sigaction) # sigaction 结构长度必须是 16 字节。
                         # 信号执行属性结构数组的偏移值,对应信号将要执行的操作和标志信息。
53 blocked = (33*16)     # 受阻塞信号位图的偏移量。
54 # 以下定义在 sigaction 结构中的偏移量,参见 include/signal.h,第 48 行开始。
55 # offsets within sigaction
56 sa_handler = 0          # 信号处理过程的句柄(描述符)。
57 sa_mask = 4             # 信号量屏蔽码
58 sa_flags = 8            # 信号集。
59 sa_restorer = 12        # 恢复函数指针,参见 linux/signal.c 程序。
60
61 nr_system_calls = 72    # Linux 0.11 版内核中的系统调用总数。
62
63 /*
64  * Ok, I get parallel printer interrupts while using the floppy for some
65  * strange reason. Urgel. Now I just ignore them.
66  */    /* 在使用软驱时收到了并行打印机中断,但现在可以不管它。*/
67 .globl _system_call,_sys_fork,_timer_interrupt,_sys_execve
68 .globl _hd_interrupt,_floppy_interrupt,_parallel_interrupt
69 .globl _device_not_available,_coprocessor_error
70
71 .align 2       # 内存 4 字节对齐。
72 bad_sys_call:                         # 错误的系统调用号从这里返回。
73        movl $-1,%eax                  # eax 中置-1,退出中断。
74        iret
```

```
75 .align 2
76 reschedule:      # 重新执行调度程序入口。调度程序 schedule 在(kernel/sched.c,104 行)。
77         pushl $ret_from_sys_call   # 将 ret_from_sys_call 的地址入栈(101 行)。
78         jmp_schedule
79 .align 2
80 _system_call:    # int 0x80 --Linux 系统调用入口点(调用中断 int 0x80,eax 中是调用号)。
81          cmpl $nr_system_calls-1,%eax     # 调用号如果超出范围的话就在 eax 中置-1 并退出。
82          ja bad_sys_call
83          push %ds                  # 保存原段寄存器值。
84          push %es
85          push %fs
86          pushl %edx                # ebx,ecx,edx 中放着系统调用相应的 C 语言函数的调用参数。
87          pushl %ecx                # push %ebx,%ecx,%edx as parameters
88          pushl %ebx                # to the system call
89          movl $0x10,%edx           # set up ds,es to kernel space
90          mov %dx,%ds               # ds,es 指向内核数据段(全局描述符表中数据段描述符)。
91          mov %dx,%es
92          movl $0x17,%edx           # fs points to local data space
93          mov %dx,%fs               # fs 指向局部数据段(局部描述符表中数据段描述符)。
   # 下面操作数的含义是:调用地址=_sys_call_table + %eax * 4。见文件后的说明。对应 C 程序中的
   #  sys_call_table 在 include/linux/sys.h 中,其中定义了一个包括 72 个系统调用 C 处理函数的地
   # 址数组表。
94          call _sys_call_table(,%eax,4)
95          pushl %eax                # 把系统调用返回值入栈。
96          movl _current,%eax        # 取当前任务(进程)数据结构地址→eax。
   # 下面 97~100 行查看当前任务的运行状态。如果不在就绪状态(state 不等于 0)就去执行调度程序。
   # 如果该任务在就绪状态但时间片已经用完(counter 值等于 0),则也去执行调度程序。
97          cmpl $0,state(%eax)       # state
98          jne reschedule
99          cmpl $0,counter(%eax)     # counter
100         je reschedule
101 ret_from_sys_call:        # 以下这段代码执行从系统调用 C 函数返回后,对信号量进行识别处理。
   # 首先判别当前任务是否是初始任务 task0,如果是则不必对其进行信号量方面的处理,直接返回。
   # 103 行上的_task 对应 C 程序中的 task[]数组,直接引用 task 相当于引用 task[0]。
102         movl _current,%eax        # task[0] cannot have signals
103         cmpl _task,%eax
104         je 3f                     # 向前(forward)跳转到标号 3。
   # 通过对原调用程序代码选择符的检查来判断调用程序是否是内核中的任务(例如任务 0)。如果是就直接
   # 退出中断,否则需进行信号量的处理。这里比较选择符是否为普通用户代码段的选择符 0x000f(RPL=
   # 3,局部表,第 1 个段(代码段)),如果不是则跳转退出中断程序。
105         cmpw $0x0f,CS(%esp)       # was old code segment supervisor ?
106         jne 3f
   # 如果原堆栈段选择符不为 0x17(即原堆栈不在用户数据段中),则也退出。
107         cmpw $0x17,OLDSS(%esp)   # was stack segment = 0x17 ?
108         jne 3f
   # 下面这段代码(109~120 行)的用途是首先取当前任务结构中的信号位图(32 位,每位代表 1 种信号),然
   # 后用任务结构中的信号阻塞 (屏蔽) 码,阻塞不允许的信号位,取得数值最小的信号值,再把原信号位
   # 图中该信号对应的位复位(置 0),最后将该信号值作为参数之一调用 do_signal()。do_signal()在
   # (kernel/signal.c,82 行)中,其参数包括 13 个入栈的信息。
109         movl signal(%eax),%ebx    # 取信号位图→ebx,每 1 位代表 1 种信号,共 32 个信号。
110         movl blocked(%eax),%ecx   # 取阻塞(屏蔽)信号位图→ecx。
111         notl %ecx                 # 每位取反。
```

```
112         andl %ebx,%ecx                 # 获得许可的信号位图。
113         bsfl %ecx,%ecx                 # 从低位(位 0)开始扫描位图,看是否有 1 的位,
                                           # 若有,则 ecx 保留该位的偏移值(即第几位 0-31)。
114         je 3f                          # 如果没有信号则向前跳转退出。
115         btrl %ecx,%ebx                 # 复位该信号(ebx 含有原 signal 位图)。
116         movl %ebx,signal(%eax)         # 重新保存 signal 位图信息→current->signal。
117         incl %ecx                      # 将信号调整为从 1 开始的数(1-32)。
118         pushl %ecx                     # 信号值入栈作为调用 do_signal 的参数之一。
119         call _do_signal                # 调用 C 函数信号处理程序(kernel/signal.c,82 行)
120         popl %eax                      # 弹出信号值。
121 3:      popl %eax
122         popl %ebx
123         popl %ecx
124         popl %edx
125         pop %fs
126         pop %es
127         pop %ds
128         iret
129 # int16 --下面这段代码处理协处理器发出的出错信号。跳转执行 C 函数 math_error()
    # (kernel/math/math_emulate.c,82),返回后将跳转到 ret_from_sys_call 处继续执行。
130 .align 2
131 _coprocessor_error:
132         push %ds
133         push %es
134         push %fs
135         pushl %edx
136         pushl %ecx
137         pushl %ebx
138         pushl %eax
139         movl $0x10,%eax                # ds,es 置为指向内核数据段。
140         mov %ax,%ds
141         mov %ax,%es
142         movl $0x17,%eax                # fs 置为指向局部数据段(出错程序的数据段)。
143         mov %ax,%fs
144         pushl $ret_from_sys_call       # 把下面调用返回的地址入栈。
145         jmp _math_error                # 执行 C 函数 math_error()(kernel/math/math_emulate.c,37 行)
146 # int7 --设备不存在或协处理器不存在(Coprocessor not available)。
    # 若控制寄存器 CR0 的 EM 标志置位,则当 CPU 执行一个转移指令时就会引发该中断,这样就可以有机
    # 会让这个中断处理程序模拟转移指令(169 行)。CR0 的 TS 标志是在 CPU 执行任务转换时设置的。TS
    # 可以用来确定什么时候协处理器中的内容与 CPU 正在执行的任务不匹配了。当 CPU 在运行一个转移
    # 指令时发现 TS 置位了,就会引发该中断。此时就应该恢复新任务的协处理器执行状态(165 行)。参
    # 见(kernel/sched.c,77 行)中的说明。该中断最后将转移到标号 ret_from_sys_call 处执行(检测并
    # 处理信号)。
147 .align 2
148 _device_not_available:
149         push %ds
150         push %es
151         push %fs
152         pushl %edx
153         pushl %ecx
154         pushl %ebx
155         pushl %eax
```

```
156        movl $0x10,%eax            # ds,es 置为指向内核数据段。
157        mov %ax,%ds
158        mov %ax,%es
159        movl $0x17,%eax            # fs 置为指向局部数据段(出错程序的数据段)。
160        mov %ax,%fs
161        pushl $ret_from_sys_call # 把下面跳转或调用的返回地址入栈。
162        clts                       # clear TS so that we can use math
163        movl %cr0,%eax
164        testl $0x4,%eax            # EM (math emulation bit)
165        je math_state_restore      # 如果不是 EM 引起的中断,则恢复新任务协处理器状态,
166        pushl %ebp                 # 执行 C 函数 math_state_restore()(kernel/sched.c,77)。
167        pushl %esi
168        pushl %edi
169        call math_emulate         # 调用 C 函数 math_emulate(kernel/math/math_emulate.c,18)。
170        popl %edi
171        popl %esi
172        popl %ebp
173        ret                        # 这里的 ret 将跳转到 ret_from_sys_call(101 行)。
174 # int32 --(int 0x20) 时钟中断处理程序。中断频率被设置为 100Hz(include/linux/sched.h,5),
  # 定时芯片 8253/8254 是在(kernel/sched.c,406)处初始化的。因此这里 jiffies 每 10 毫秒加 1。这
  # 段代码将 jiffies 增 1,发送结束中断指令给 8259 控制器,然后用当前特权级作为参数调用 C 函数
  # do_timer(long CPL)。当调用返回时转去检测并处理信号。
175 .align 2
176 _timer_interrupt:
177        push %ds                   # save ds,es and put kernel data space
178        push %es                   # into them. %fs is used by _system_call
179        push %fs
180        pushl %edx                 # we save %eax,%ecx,%edx as gcc doesn't
181        pushl %ecx                 # save those across function calls. %ebx
182        pushl %ebx                 # is saved as we use that in ret_sys_call
183        pushl %eax
184        movl $0x10,%eax            # ds,es 置为指向内核数据段。
185        mov %ax,%ds
186        mov %ax,%es
187        movl $0x17,%eax            # fs 置为指向局部数据段(出错程序的数据段)。
188        mov %ax,%fs
189        incl _jiffies
  # 由于初始化中断控制芯片时没有采用自动 EOI,所以这里需要发指令结束该硬件中断。
190        movb $0x20,%al             # EOI to interrupt controller #1
191        outb %al,$0x20             # 操作命令字 OCW2 送 0x20 端口。
  # 下面 3 句从选择符中取出当前特权级别(0 或 3)并压入堆栈,作为 do_timer 的参数。
192        movl CS(%esp),%eax
193        andl $3,%eax               # %eax is CPL (0 or 3, 0=supervisor)
194        pushl %eax
  # do_timer(CPL)执行任务切换、计时等工作,在 kernel/shched.c,305 行实现。
195        call _do_timer             # 'do_timer(long CPL)' does everything from
196        addl $4,%esp               # task switching to accounting ...
197        jmp ret_from_sys_call
198 # 这是 sys_execve()系统调用。取中断调用程序的代码指针作为参数调用 C 函数 do_execve()。
  # do_execve()在(fs/exec.c,182 行)。
199 .align 2
```

```
200 _sys_execve:
201         lea EIP(%esp),%eax
202         pushl %eax
203         call  _do_execve
204         addl  $4,%esp                # 丢弃调用时压入栈的 EIP 值。
205         ret
206 # sys_fork()调用,用于创建子进程,是 system_call 功能 2。原型在 include/linux/sys.h 中。
    # 首先调用 C 函数 find_empty_process(),取得一个进程号 pid。若返回负数则说明目前任务数组已
    # 满。然后调用 copy_process()复制进程。
207 .align 2
208 _sys_fork:
209         call _find_empty_process  # 调用 find_empty_process()(kernel/fork.c,135)。
210         testl %eax,%eax
211         js 1f
212         push %gs
213         pushl %esi
214         pushl %edi
215         pushl %ebp
216         pushl %eax
217         call  _copy_process          # 调用 C 函数 copy_process()(kernel/fork.c,68)。
218         addl  $20,%esp               # 丢弃这里的所有压栈内容。
219 1:      ret
220 #### int 46 --(int 0x2E) 硬盘中断处理程序,响应硬件中断请求 IRQ14。
    # 当硬盘操作完成或出错就会发出此中断信号。(参见 kernel/blk_drv/hd.c)。首先向 8259A 中断控制
    # 从芯片发送结束硬件中断指令(EOI),然后取变量 do_hd 中的函数指针放入 edx 寄存器中,并置 do_hd
    # 为 NULL,接着判断 edx 函数指针是否为空。如果为空,则给 edx 赋值指向 unexpected_hd_interrupt(),
    # 用于显示出错信息。随后向 8259A 主芯片送 EOI 指令,并调用 edx 中指针指向的函数: read_intr()、
    # write_intr()或 unexpected_hd_interrupt()。
221 _hd_interrupt:
222         pushl %eax
223         pushl %ecx
224         pushl %edx
225         push %ds
226         push %es
227         push %fs
228         movl  $0x10,%eax             # ds,es 置为内核数据段。
229         mov %ax,%ds
230         mov %ax,%es
231         movl  $0x17,%eax             # fs 置为调用程序的局部数据段。
232         mov %ax,%fs
    # 由于初始化中断控制芯片时没有采用自动 EOI,所以这里需要发指令结束该硬件中断。
233         movb  $0x20,%al
234         outb %al, $0xA0              # EOI to interrupt controller #1   # 送从 8259A。
235         jmp 1f                       # give port chance to breathe
236 1:      jmp 1f                       # 延时作用。
237 1:      xorl %edx,%edx
238         xchgl  _do_hd,%edx           # do_hd 是函数指针,将被赋值 read_intr()或 write_intr()
                                         # 函数地址(blk_drv/hd.c),放到 edx 后就将 do_hd 置为 NULL。
239         testl %edx,%edx              # 测试函数指针是否为 NULL。
240         jne 1f                       # 若空,则使指针指向 C 函数 unexpected_hd_interrupt()。
241         movl  $_unexpected_hd _ interrupt,%edx   #(kernel/blk_drv/hdc,237 行)。
```

```
242 1:      outb %al, $0x20             # 送主 8259A 中断控制器 EOI 指令(结束硬件中断)。
243         call *%edx                  # "interesting" way of handling intr.
244         pop %fs                     # 上句调用 do_hd 指向的 C 函数。
245         pop %es
246         pop %ds
247         popl %edx
248         popl %ecx
249         popl %eax
250         iret
251 # int38 --(int 0x26) 软盘驱动器中断处理程序,响应硬件中断请求 IRQ6。
    # 其处理过程与上面对硬盘的处理基本一样(kernel/blk_drv/floppy.c)。首先向 8259A 中断控制器主
    # 芯片发送 EOI 指令,然后取变量 do_floppy 中函数指针放入 eax 寄存器中,并置 do_floppy 为 NULL,
    # 接着判断 eax 函数指针是否为空。如为空,则给 eax 赋值指向 unexpected_floppy_interrupt (),
    # 用于显示出错信息。随后调用 eax 指向的函数: rw_interrupt、seek_interrupt、recal_interrupt、
    # reset_interrupt 或 unexpected_floppy_interrupt。
252 _floppy_interrupt:
253         pushl %eax
254         pushl %ecx
255         pushl %edx
256         push %ds
257         push %es
258         push %fs
259         movl $0x10,%eax             # ds,es 置为内核数据段。
260         mov %ax,%ds
261         mov %ax,%es
262         movl $0x17,%eax             # fs 置为调用程序的局部数据段。
263         mov %ax,%fs
264         movb $0x20,%al              # 送主 8259A 中断控制器 EOI 指令(结束硬件中断)。
265         outb %al, $0x20             # EOI to interrupt controller #1
266         xorl %eax,%eax              # 下句 do_floppy 为一函数指针,将被赋值实际处理 C 函数程序,
267         xchgl _do_floppy,%eax       # 放到 eax 寄存器后就将 do_floppy 指针变量置空。
268         testl %eax,%eax             # 测试函数指针是否=NULL?
269         jne 1f                      # 若空,则使指针指向 C 函数 unexpected_floppy_interrupt()。
270         movl $_unexpected_floppy_interrupt,%eax
271 1:      call *%eax                  # "interesting" way of handling intr.
272         pop %fs                     # 上句调用 do_floppy 指向的函数。
273         pop %es
274         pop %ds
275         popl %edx
276         popl %ecx
277         popl %eax
278         iret
279 # int 39 --(int 0x27) 并行口中断处理程序,对应硬件中断请求信号 IRQ7。
280 _parallel_interrupt:                # 本版本内核还未实现。这里只是发送 EOI 指令。
281         pushl %eax
282         movb $0x20,%al
283         outb %al, $0x20
284         popl %eax
285         iret
```

GNU 汇编语言的 32 位寻址方式采用的是 AT&T 的汇编语言语法。32 位寻址的正规格式为：

AT&T：immed32(basepointer, indexpointer, indexscale)

Intel：[basepointer + indexpointer * indexscal + immed32]

该格式寻址位置的计算方式为：immed32 + basepointer + indexpointer × indexscale

在应用时，并不需要写出所有这些字段，但 immed32 和 basepointer 中必须有一个存在。

5.2.4 mktime.c 程序

该该程序只有一个函数 mktime()，仅供内核使用。计算从 1970 年 1 月 1 日 0 时起到开机当日经过的时间(秒)，作为开机时间。该程序代码注释见文件 5-4。

文件 5-4 linux/kernel/mktime.c

```
 7 #include <time.h>            //时间头文件,定义了标准时间数据结构 tm 和一些处理时间函数原型。
 8
 9 /*
10  * This isn't the library routine, it is only used in the kernel.
11  * as such, we don't care about years<1970 etc, but assume everything
12  * is ok. Similarly, TZ etc is happily ignored. We just do everything
13  * as easily as possible. Let's find something public for the library
14  * routines (although I think minix times is public).
15  */
16 /*
17  * PS. I hate whoever though up the year 1970 - couldn't they have gotten
18  * a leap-year instead? I also hate Gregorius, pope or no. I'm grumpy.
19  */
   /* 这不是库函数,它仅供内核使用。因此我们不关心小于 1970 年的年份等,但假定一切均很正常。
    * 同样,时间区域 TZ 问题也先忽略。我们只是尽可能简单地处理问题。最好能找到一些公开的库函数
    * (尽管我认为 MINIX 的时间函数是公开的)。
    * 另外,我恨那个设置 1970 年开始的人 - 难道他们就不能选择从一个闰年开始? 我恨格里高利历、
    * 罗马教皇、主教,我什么都不在乎。我是个脾气暴躁的人。*/
20 #define MINUTE 60                  //1 分钟的秒数。
21 #define HOUR (60*MINUTE)           //1 小时的秒数。
22 #define DAY (24*HOUR)              //1 天的秒数。
23 #define YEAR (365*DAY)             //1 年的秒数。
24 /* 有趣的是我们考虑进了闰年 */
25 /* interestingly, we assume leap-years */
26 static int month[12] = {         //下面以年为界限,定义了每个月开始时的秒数时间数组。
27         0,
28         DAY*(31),
29         DAY*(31+29),
30         DAY*(31+29+31),
31         DAY*(31+29+31+30),
32         DAY*(31+29+31+30+31),
33         DAY*(31+29+31+30+31+30),
34         DAY*(31+29+31+30+31+30+31),
35         DAY*(31+29+31+30+31+30+31+31),
36         DAY*(31+29+31+30+31+30+31+31+30),
37         DAY*(31+29+31+30+31+30+31+31+30+31),
38         DAY*(31+29+31+30+31+30+31+31+30+31+30)
```

```
39 };
40 //该函数计算从 1970 年 1 月 1 日 0 时起到开机当日经过的秒数,作为开机时间。
41 long kernel_mktime(struct tm * tm)
42 {
43        long res;
44        int year;
45
46        year = tm->tm_year -70;      //从 1970 年到现在经过的年数(2 位表示),会有千年虫问题。
47 /* magic offsets (y+1) needed to get leapyears right. * /
   /* 为了获得正确的闰年数,这里需要这样一个魔幻值(y+1) * /
48        res = YEAR * year + DAY * ((year+1)/4);  //这些年经过的秒数时间 + 每个闰年时多 1 天
49        res += month[tm->tm_mon];              //的秒数时间,再加上当年到当月时的秒数。
50 /* and (y+2) here. If it wasn't a leap-year, we have to adjust * /
   /* 以及(y+2)。如果(y+2)不是闰年,那么我们就必须进行调整(减去一天的秒数时间)。 * /
51         if (tm->tm_mon>1 && ((year+2)%4))
52               res -= DAY;
53         res += DAY * (tm->tm_mday-1);       //再加上本月过去的天数的秒数时间。
54         res += HOUR * tm->tm_hour;          //再加上当天过去的小时数的秒数时间。
55         res += MINUTE * tm->tm_min;         //再加上 1 小时内过去的分钟数的秒数时间。
56         res += tm->tm_sec;                  //再加上 1 分钟内已过的秒数。
57         return res;                         //即等于从 1970 年以来经过的秒数时间。
58 }      //闰年计算方法:如果 y 能被 4 整除且不能被 100 整除,或者能被 400 整除,则 y 是闰年。
```

5.2.5 sched.c 程序

sched.c(见文件 5-5)是内核中有关任务调度函数的程序,其中包括有关调度的基本函数(sleep_on、wakeup、schedule 等)以及一些简单的系统调用函数(比如 getpid())。另外 Linus 为了编程的方便,考虑到软盘驱动器程序定时的需要,也将操作软盘的几个函数放到了这里。

这几个基本函数的代码虽然不长,但有些抽象,比较难以理解。好在市面上有很多教科书对此解释得都很清楚,因此可以参考其他书籍对这些函数的讨论。这些也就是教科书上的重点讲述对象。这里仅对调度函数 schedule()做一些说明。

schedule()函数首先对所有任务(进程)进行检测,唤醒任何一个已经得到信号的任务。具体方法是针对任务数组中的每个任务,检查其报警定时值 alarm。如果任务的 alarm 时间已经过期(alarm<jiffies),则在它的信号位图中设置 SIGALRM 信号,然后清 alarm 值。jiffies 是系统从开机开始算起的滴答数(10ms/滴答)。在 sched.h 中定义。如果进程的信号位图中除去被阻塞的信号外还有其他信号,并且任务处于可中断睡眠状态(TASK_INTERRUPTIBLE),则置任务为就绪状态(TASK_RUNNING)。

随后是调度函数的核心处理部分。这部分代码根据进程的时间片和优先权调度机制,来选择随后要执行的任务。它首先循环检查任务数组中的所有任务,根据每个就绪态任务剩余执行时间的值 counter,选取该值最大的一个任务,并利用 switch_to()函数切换到该任务。若所有就绪态任务的该值都等于零,表示此刻所有任务的时间片都已经运行完,于是就根据任务的优先权值 priority,重置每个任务的运行时间片值 counter,再重新执行循环检查所有任务的执行时间片值。

另一个值得一提的函数是 sleep_on(),该函数虽然很短,却要比 schedule()函数难理解。这里用图示的方法加以解释。简单地说,sleep_on()函数的主要功能是当一个进程(或任务)所请求的资源正忙或不在内存中时暂时切换出去,放在等待队列中等待一段时间。当切换回来后再继续运行。放入等待队列的方式是利用了函数中的 tmp 指针作为各个正在等待任务的联系。函数中共牵涉到对三个任务指针操作：* p、tmp 和 current。* p 是等待队列头指针，如文件系统内存 i 节点的 i_wait 指针、内存缓冲操作中的 buffer_wait 指针等；tmp 是临时指针；current 是当前任务指针。这些指针在内存中的变化情况如图 5-5 所示。图中的长条表示内存字节序列。

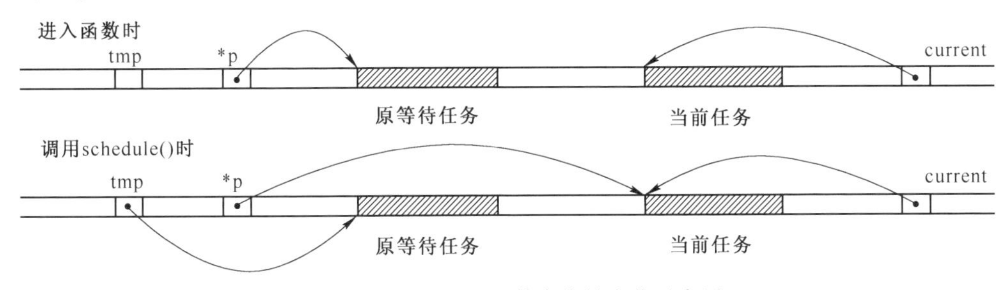

图 5-5　sleep_on( ) 函数中指针变化示意图

当刚进入该函数时，队列头指针 * p 指向已经在等待队列中等待的任务结构（进程描述符）。当然，在系统刚开始执行时，等待队列上无等待任务。因此上图中的原等待任务在刚开始时是不存在的，此时 * p 指向 NULL。通过指针操作，在调用调度程序之前，队列头指针指向了当前任务结构，而函数中的临时指针 tmp 指向了原等待任务。从而通过该临时指针的作用，在几个进程为等待同一资源而多次调用该函数时，程序就隐式地构筑出一个等待队列。从图 5-6中，我们可以更容易地理解 sleep_on( ) 函数的等待队列形成过程。图中给出了当向队列头部插入第三个任务时的情况。

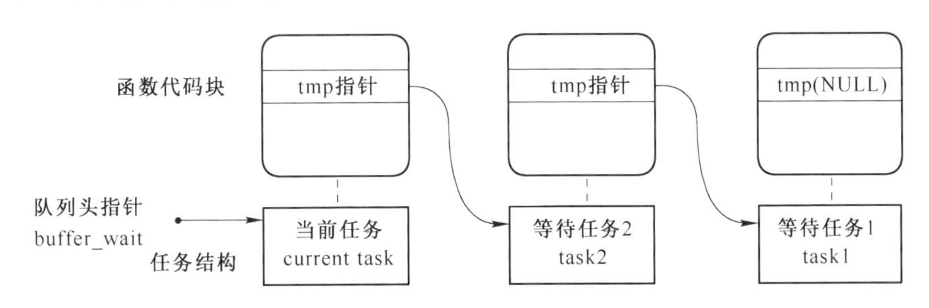

图 5-6　sleep_on( ) 函数的隐式任务等待队列

在插入等待队列后，sleep_on( ) 函数就会调用 schedule( ) 函数去执行别的进程。当进程被唤醒而重新执行时就会执行后续的语句，把比它早进入等待队列的一个进程唤醒。

唤醒操作函数 wake_up( ) 把正在等待可用资源的指定任务置为就绪状态。该函数是一个通用唤醒函数。在有些情况下，例如读取磁盘上的数据块，由于等待队列中的任何一个任务都可能被先唤醒，因此还需要把被唤醒任务结构的指针置空。这样，在其后进入睡眠的进程被唤醒而又重新执行 sleep_on( ) 时，就无需唤醒该进程了。

还有一个函数 interruptible_sleep_on( )，它的结构与 sleep_on( ) 基本类似，只是在进行调度之前是把当前任务置成了可中断等待状态，并在本任务被唤醒后还需要判断队列上是否有后来的等待任务，若有，则调度它们先运行。从内核 0.12 开始，这两个函数被合二为一，仅用任务的状态作为参数来区分这两种情况。在阅读本文件的代码时，最好同时参考 include/kernel/ sched. h 头文件中的注释，以便更清晰地了解内核的调度机理。

文件 5-5 linux/kernel/sched. c

```
 7 /*
 8  * 'sched.c' is the main kernel file. It contains scheduling primitives
 9  * (sleep_on, wakeup, schedule etc) as well as a number of simple system
10  * call functions (type getpid(), which just extracts a field from
11  * current-task
12  */
   /* 'sched.c'是主要的内核文件。其中包括有关调度的基本函数(sleep_on、wakeup、schedule 等)
    * 以及一些简单的系统调用函数(比如 getpid(),仅从当前任务中获取一个字段)。 */
13 #include <linux/sched.h>   //调度程序头文件。定义了任务结构 task_struct 等进程数据和函数。
14 #include <linux/kernel.h>  //内核头文件。含有一些内核常用函数的原型定义。
15 #include <linux/sys.h>     //系统调用头文件。含有 72 个系统调用 C 函数处理程序,以'sys_'开头。
16 #include <linux/fdreg.h>   //软驱头文件。含有软盘控制器参数的一些定义。
17 #include <asm/system.h>    //系统头文件。定义了设置或修改描述符/中断门等的嵌入式汇编宏。
18 #include <asm/io.h>        //io 头文件。定义硬件端口输入/输出宏汇编语句。
19 #include <asm/segment.h>   //段操作头文件。定义了有关段寄存器操作的嵌入式汇编函数。
20
21 #include <signal.h>        //信号头文件。定义信号符号常量,sigaction 结构,操作函数原型。
22 //下面取信号 nr 在信号位图中对应位的二进制数值。信号编号 1~32。
23 #define _S(nr) (1<<((nr)-1))      //比如信号 5 的位图数值 = 1<<(5-1) = 16 = 00010000b。
24 #define _BLOCKABLE (~(_S(SIGKILL) |_S(SIGSTOP))) //除了 SIGKILL 和 SIGSTOP 信号外其他都是
                                                 //可阻塞的(...10111111111011111111b)。
25 //显示任务号 nr 的进程号、进程状态和内核堆栈空闲字节数(大约)。
26 void show_task(int nr,struct task_struct * p)
27 {
28         int i,j = 4096-sizeof(struct task_struct);
29
30         printk("%d: pid=%d, state=%d, ",nr,p->pid,p->state);
31         i=0;
32         while (i<j && !((char *)(p+1))[i])  //检测指定任务数据结构以后等于 0 的字节数。
33                 i++;
34         printk("%d (of %d) chars free in kernel stack\n\r",i,j);
35 }
36 //显示所有任务的任务号、进程号、进程状态和内核堆栈空闲字节数(大约)。
37 void show_stat(void)
38 {
39         int i;
40
41         for (i=0;i<NR_TASKS;i++)    //NR_TASKS 是系统能容纳的最大进程(任务)数量(64 个),
42                 if (task[i])        //定义在 include/kernel/sched.h 第 4 行。
43                         show_task(i,task[i]);
44 }
45 //设置定时芯片 8253 的计数初值,参见 407 行。
46 #define LATCH (1193180/HZ)
47
48 extern void mem_use(void);          //没有任何地方定义和引用该函数。
49
50 extern int timer_interrupt(void);//时钟中断处理程序(kernel/system_call.s,176)。
51 extern int system_call(void);       //系统调用中断处理程序(kernel/system_call.s,80)。
52
```

```
53 union task_union {                        //定义任务联合(任务结构成员和 stack 字符数组程序成员)。
54         struct task_struct task;          //因为一个任务数据结构与其堆栈放在同一内存页中,所以
55         char stack[PAGE_SIZE];            //从堆栈段寄存器 ss 可以获得其数据段选择符。
56 };
57
58 static union task_union init_task = {INIT_TASK,};   //定义初始任务的数据(sched.h 中)。
59 //下面的限定符 volatile,英文解释是易变、不稳定的意思。这里是要求 gcc 不要对该变量进行优化
   //处理,也不要挪动位置,因为也许别的程序会来修改它的值。
60 long volatile jiffies=0;                  //从开机开始算起的滴答数时间值(10ms/滴答)。
61 long startup_time=0;                                //开机时间。从 1970:0:0:0 开始计时的秒数。
62 struct task_struct *current = &(init_task.task);  //当前任务指针(初始化为初始任务)。
63 struct task_struct *last_task_used_math =NULL;      //使用过协处理器任务的指针。
64
65 struct task_struct *task[NR_TASKS] = {&(init_task.task), };   //定义任务指针数组。
66
67 long user_stack [ PAGE_SIZE>>2 ] ;   //定义堆栈任务 0 的用户态,4K。
68 //该结构用于设置堆栈 ss:esp(数据段选择符,指针),见 head.s,第 23 行。指针指在最后一项。
69 struct {
70         long * a;
71         short b;
72         } stack_start = { & user_stack [PAGE_SIZE>>2] , 0x10 };
73 /*
74  *  'math_state_restore()' saves the current math information in the
75  * old math state array, and gets the new ones from the current task
76  */
  /* 将当前协处理器内容保存到老协处理器状态数组中,并将当前任务的协处理器
   * 内容加载进协处理器。 */
  //当任务被调度交换过以后,该函数用以保存原任务的协处理器状态(上下文)并恢复新调度进来
  //的当前任务的协处理器执行状态。
77 void math_state_restore()
78 {
79         if (last_task_used_math == current) //如果任务没变则返回(上一个任务是当前任务)。
80                 return;                     //这里所指的"上个任务"是刚被交换出去的任务。
81         __asm__("fwait");                   //在发送协处理器命令之前要先发 WAIT 指令。
82         if (last_task_used_math) {          //如果上个任务使用了协处理器,则保存其状态。
83                 __asm__("fnsave %0"::"m" (last_task_used_math->tss.i387));
84         }                                   //现在,last_task_used_math 指向当前任务,
85         last_task_used_math=current;        //以备当前任务被交换出去时使用。
86         if (current->used_math) {           //如果当前任务用过协处理器,则恢复其状态。
87                 __asm__("frstor %0"::"m" (current->tss.i387));
88         } else {                            //否则说明是第一次使用,
89                 __asm__("fninit"::);        //于是就向协处理器发初始化命令,
90                 current->used_math=1;       //并设置使用了协处理器标志。
91         }
92 }
93
94 /*
95  *  'schedule()' is the scheduler function. This is GOOD CODE! There
96  * probably won't be any reason to change this, as it should work well
97  * in all circumstances (ie gives IO-bound processes good response etc).
98  * The one thing you might take a look at is the signal-handler code here.
99  *
```

```
100  *   NOTE!!  Task 0 is the 'idle' task, which gets called when no other
101  * tasks can run. It can not be killed, and it cannot sleep. The 'state'
102  * information in task[0] is never used.
103  */
   /* 'schedule()'是调度函数。这是个很好的代码！没有任何理由对它进行修改,因为它可以在所有的
    * 环境下工作(例如能够对 IO-边界处理很好的响应等)。只有一件事值得留意,那就是这里的信号
    * 处理代码。  注意!! 任务 0 是个闲置('idle')任务,只有当没有其他任务可以运行时才调用它。
    * 它不能被杀死,也不能睡眠。任务 0 中的状态信息'state'是从来不用的。   */
104 void schedule(void)
105 {
106         int i,next,c;
107         struct task_struct ** p;            //任务结构指针的指针。
108 /* 检测 alarm(进程的报警定时值),唤醒任何已得到信号的可中断任务 */
109 /* check alarm, wake up any interruptible tasks that have got a signal */
110 //从任务数组中最后一个任务开始检测 alarm。
111         for(p = &LAST_TASK ; p > &FIRST_TASK; --p)
112                 if (*p) {
   //如果设置过任务的 alarm 并且任务的 alarm 时间已经过期(alarm<jiffies),则在信号位图中置 SIGALRM
   //信号,然后清 alarm。jiffies 是系统从开机开始算起的滴答数(10ms/滴答)。定义在 sched.h 第 139 行。
113                         if ((*p)->alarm && (*p)->alarm < jiffies) {
114                                         (*p)->signal |= (1<<(SIGALRM-1));
115                                         (*p)->alarm = 0;
116                                 }
   //如果信号位图中除被阻塞的信号外还有其他信号,并且任务处于可中断状态,则置任务为就绪状态。
   //其中'~(_BLOCKABLE & (*p)->blocked)'用于忽略被阻塞的信号,但 SIGKILL 和 SIGSTOP 不能被阻塞。
117                         if (((*p)->signal & ~(_BLOCKABLE & (*p)->blocked)) &&
118                         (*p)->state==TASK_INTERRUPTIBLE)
119                                 (*p)->state=TASK_RUNNING;      //置为就绪(可执行)状态。
120                 }
121
122 /* this is the scheduler proper: */
123 /* 这里是调度程序的主要部分 */
124         while (1) {
125                 c = -1;
126                 next = 0;
127                 i = NR_TASKS;
128                 p = &task[NR_TASKS];
   //这段代码也是从任务数组最后任务开始循环处理,并跳过不含任务的槽。比较每个就绪状态任务的
   //counter(任务运行时间的递减计数)值,哪个值大,运行时间还不长,next 就指向哪个的任务号。
129                 while (--i) {
130                         if (!*--p)
131                                 continue;
132                         if ((*p)->state == TASK_RUNNING && (*p)->counter > c)
133                                 c = (*p)->counter, next = i;
134                 }
   //如果比较得出有 counter 值大于 0 的结果,则退出 124 行开始的循环,执行任务切换(141 行)。
135                 if (c) break;
   //否则就根据每个任务的优先权值,更新每一个任务的 counter 值,然后回到 125 行重新比较。
   //counter 值的计算方式为 counter = counter /2 + priority。这里不考虑进程的状态。
136                 for(p = &LAST_TASK ; p > &FIRST_TASK ; --p)
137                         if (*p)
138                                 (*p)->counter = ((*p)->counter >> 1) +
```

```
139                                         (*p)->priority;
140         }
141         switch_to(next);     //切换到任务号为 next 的任务,并运行之。若无其他任务则运行任务 0。
142 }
143 //pause()系统调用。转换当前任务的状态为可中断的等待状态,并重新调度。
    //该系统调用将导致进程进入睡眠状态,直到收到一个信号。该信号用于终止进程或者使进程调用一
    //个信号捕获函数。只有当捕获了一个信号,并且信号捕获处理函数返回,pause()才会返回。此时
    //pause()返回值应该是-1,并且 errno 被置为 EINTR。这里还没有完全实现(直到 0.95 版)。
144 int sys_pause(void)
145 {
146         current->state = TASK_INTERRUPTIBLE;
147         schedule();
148         return 0;
149 }
150 //把任务置为不可中断的等待状态,并让睡眠队列头的指针指向当前任务。只有明确地唤醒时才会返
    //回。该函数提供了进程与中断处理程序之间的同步机制。函数参数*p 是放置等待任务的队列头指针。
151 void sleep_on(struct task_struct **p)
152 {
153         struct task_struct *tmp;
154 //若指针无效,则退出。(指针所指的对象可以是 NULL,但指针本身不会为 0)。
155         if (!p)
156                 return;
157         if (current == &(init_task.task)) //如果当前任务是任务 0,则死机(不可能)。
158                 panic("task[0] trying to sleep");
159         tmp = *p;                      //让 tmp 指向已经在等待队列上的任务(如果有的话)。
160         *p = current;                  //将睡眠队列头的等待指针指向当前任务。
161         current->state = TASK_UNINTERRUPTIBLE; //将当前任务置为不可中断的等待状态。
162         schedule();                    //重新调度。
    //只有当这个等待任务被唤醒时,调度程序才又返回到这里,则表示进程已被明确地唤醒。既然大家
    //都在等待同样的资源,那么在资源可用时,就有必要唤醒所有等待该资源的进程。该函数嵌套调用,
    //也会嵌套唤醒所有等待该资源的进程。
163         if (tmp)                      //若还存在等待的任务,则也将其置为就绪状态(唤醒)。
164                 tmp->state=0;
165 }
166 //将当前任务置为可中断的等待状态,并放入*p 指定的等待队列中。
167 void interruptible_sleep_on(struct task_struct **p)
168 {
169         struct task_struct *tmp;
170
171         if (!p)
172                 return;
173         if (current == &(init_task.task))
174                 panic("task[0] trying to sleep");
175         tmp=*p;
176         *p=current;
177 repeat: current->state = TASK_INTERRUPTIBLE;
178         schedule();
    //如果等待队列中还有等待任务,并且队列头指针所指向的任务不是当前任务时,则将该等待任务置
    //为就绪状态,并重新执行调度程序。当指针*p 所指向的不是当前任务时,表示在当前任务被放入队
    //列后,又有新的任务被插入等待队列中,因此,就应该将所有其他等待任务也置为可运行态。
179         if (*p && *p != current) {
180                 (**p).state=0;
```

```
181                 goto repeat;
182         }
    //下面一句代码有误,应该是 * p = tmp,让队列头指针指向其余等待任务,否则在当前任务之前插入
    //等待队列的任务均被抹掉了。当然,同时也需要删除 192 行上的语句。
183         * p=NULL;
184         if (tmp)
185                 tmp->state=0;
186 }
187 //唤醒指定任务 * p。通常 * p 是任务等待队列头指针。
188 void wake_up(struct task_struct * * p)
189 {
190         if (p && * p) {
191                 ( * * p).state=0;    //置为就绪(可运行)状态。
192                 * p=NULL;
193         }
194 }
195
196 /*
197  * OK, here are some floppy things that shouldn't be in the kernel
198  * proper. They are here because the floppy needs a timer, and this
199  * was the easiest way of doing it.
200  */
    /* 好了,从这里开始是一些有关软盘的子程序,本不应该放在内核的主要部分中的。将它们放在这里
     * 是因为软驱需要定时操作,而放在这里是最方便的办法。*/
201 static struct task_struct * wait_motor[4] = {NULL,NULL,NULL,NULL};//等待电动机加速进程的指
                                                                     //针数组。
202 static int  mon_timer[4]={0,0,0,0}; //存放软驱启动加速所需时间值(滴答数)。
203 static int moff_timer[4]={0,0,0,0}; //存放软驱电动机停转之前需维持L时间,默认为10000滴答。
204 unsigned char current_DOR = 0x0C;   //数字输出寄存器(初值:允许 DMA 和请求中断、启动 FDC)。
205 //指定软盘到正常运转状态所需延迟滴答数(时间)。nr --软驱号(0-3),返回值为滴答数。
206 int ticks_to_floppy_on(unsigned int nr)
207 {
208         extern unsigned char selected;         //当前选中的软盘号(blk_drv/floppy.c,122)。
209         unsigned char mask = 0x10 << nr;       //所选软驱对应数字输出寄存器中启动马达比特位。
210
211         if (nr>3)
212                 panic("floppy_on: nr>3"); //最多 4 个软驱。
213         moff_timer[nr]=10000;              /* 100 s = very big :-) */
214         cli();                             /* use floppy_off to turn it off */
215         mask |= current_DOR;
216         if (!selected) {    //若非当前软驱,则先复位其他软驱选择位,然后置对应软驱选择位。
217                 mask &= 0xFC;
218                 mask |= nr;
219         }
    //如果数字输出寄存器的当前值与要求的值不同,则向 FDC 数字输出端口输出新值(mask)。并且如果
    //要求启动的电动机还没有启动,则置相应软驱的电动机启动定时器值(HZ/2 = 0.5 秒或 50 个滴答)。
    //此后更新当前数字输出寄存器值 current_DOR。
220         if (mask != current_DOR) {
221                 outb(mask,FD_DOR);
222                 if ((mask ^current_DOR) & 0xf0)
223                         mon_timer[nr] = HZ/2;
```

```
224                 else if (mon_timer[nr] < 2)
225                         mon_timer[nr] = 2;
226                 current_DOR = mask;
227         }
228         sti();
229         return mon_timer[nr];
230 }
231 //等待指定软驱电动机启动所需时间。
232 void floppy_on(unsigned int nr)
233 {
234         cli();                                  //关中断。
235         while (ticks_to_floppy_on(nr))          //如果电动机启动定时还没到,就一直把当前进程置为
236                 sleep_on(nr+wait_motor);        //不可中断睡眠状态并放入等待电动机运行的队
                                                //列中。
237         sti();                                  //开中断。
238 }
239 //置关闭相应软驱电动机停转定时器(3 秒)。
240 void floppy_off(unsigned int nr)
241 {
242         moff_timer[nr]=3 * HZ;
243 }
244 //软盘定时处理子程序。更新电动机启动定时值和电动机关闭停转计时值。该子程序是在时钟定时中
    //断中被调用,因此每一个滴答(10ms)被调用一次,更新电动机开启或停转定时器的值。如果某一个电
    //动机停转定时到,则将数字输出寄存器电动机启动位复位。
245 void do_floppy_timer(void)
246 {
247         int i;
248         unsigned char mask = 0x10;
249 
250         for (i=0 ; i<4 ; i++,mask <<= 1) {
251                 if (!(mask & current_DOR))              //如果不是 DOR 指定的电动机则跳过。
252                         continue;
253                 if (mon_timer[i]) {
254                         if (!--mon_timer[i])
255                                 wake_up(i+wait_motor); //如果电动机启动定时到则唤醒进程。
256                 } else if (!moff_timer[i]) {            //如果电动机停转定时到则
257                         current_DOR &= ~mask;           //复位相应电动机启动位,并
258                         outb(current_DOR,FD_DOR);       //更新数字输出寄存器。
259                 } else
260                         moff_timer[i]--;                //电动机停转计时递减。
261         }
262 }
263 
264 #define TIME_REQUESTS 64                //最多可有 64 个定时器。
265 //定时器链表结构和定时器数组。
266 static struct timer_list {
267     long jiffies;                       //定时滴答数。
268     void ( * fn)();                     //定时处理程序。
269     struct timer_list * next;           //下一个定时器。
270 } timer_list[TIME_REQUESTS], * next_timer = NULL;
271 //添加定时器。输入参数为指定的定时值(滴答数)和相应的处理程序指针。
```

```
    //jiffies -以 10 毫秒计的滴答数; * fn()-定时时间到时执行的函数。
272 void add_timer(long jiffies, void ( * fn)(void))
273 {
274         struct timer_list * p;
275 //如果定时处理程序指针为空,则退出。
276         if (!fn)
277                 return;
278         cli();
279         if (jiffies <= 0)   //若定时值<=0,则立刻调用其处理程序。且该定时器不加入链表中。
280                 (fn)();
281         else {                  //从定时器数组中,找一个空闲项。
282                 for (p = timer_list ; p < timer_list + TIME_REQUESTS ; p++)
283                         if (!p->fn)
284                                 break;
285                 if (p >= timer_list + TIME_REQUESTS)   //若已用完定时器数组则系统崩溃。
286                         panic("No more time requests free");
287                 p->fn = fn;                 //向定时器数据结构填入相应信息。并链入链表头。
288                 p->jiffies = jiffies;
289                 p->next = next_timer;
290                 next_timer = p;
    //链表项按定时值从小到大排序。在排序时减去排在前面需要的滴答数,这样在处理定时器时只要查
    //看链表头的第一项的定时是否到期即可。(这段程序好像没有考虑周全。如果新插入的定时器值小于
    //原来头一个定时器值时,也应该将其后面的定时值减去新的第 1 个的定时值。)
291                 while (p->next && p->next->jiffies < p->jiffies) {
292                         p->jiffies -= p->next->jiffies;
293                         fn = p->fn;
294                         p->fn = p->next->fn;
295                         p->next->fn = fn;
296                         jiffies = p->jiffies;
297                         p->jiffies = p->next->jiffies;
298                         p->next->jiffies = jiffies;
299                         p = p->next;
300                 }
301         }
302         sti();
303 }
304 //时钟中断 C 函数处理程序,在 kernel/system_call.s 中的_timer_interrupt(176 行)被调用。
    //参数 cpl 是当前特权级 0 或 3,0 表示内核代码在执行。
    //对于一个进程由于执行时间片用完时,则进行任务切换。并执行一个计时更新工作。
305 void do_timer(long cpl)
306 {
307         extern int beepcount;        //扬声器发声时间滴答数(kernel/chr_drv/console.c,697)
308         extern void sysbeepstop(void);          //关闭扬声器(kernel/chr_drv/console.c,691)
309
310         if (beepcount)                          //如果发声计数次数到,则关闭发声。
311                 if (!--beepcount)               //向 0x61 口发送命令,复位位 0 和 1。
312                         sysbeepstop();          //位 0 控制 8253 计数器 2 的工作,位 1 控制扬声器。
313 //如果当前特权级(cpl)为 0(最高,表示是内核程序在工作),则将内核程序运行时间 stime 递增;
    //如果 cpl > 0,则表示是一般用户程序在工作,增加 utime。
314         if (cpl)
315                 current->utime++;
```

```
316         else
317                 current->stime++;
318 //如果有软驱操作定时器存在,则将链表第 1 个定时器的值减 1。如果已等于 0,则调用相应的处理程序,
    //并将该处理程序指针置为空。然后去掉该项定时器。
319         if (next_timer) {                    //next_timer 是定时器链表的头指针(见 270 行)。
320                 next_timer->jiffies--;
321                 while (next_timer && next_timer->jiffies <= 0) {
322                         void ( * fn)(void);    //这里插入了一个函数指针定义!!!
323
324                         fn = next_timer->fn;
325                         next_timer->fn = NULL;
326                         next_timer = next_timer->next;
327                         (fn)();              //调用处理函数。
328                 }
329         }
    //如果当前软盘控制器 FDC 的数字输出寄存器中电动机启动位有置位的,则执行软盘定时程序(245 行)。
330         if (current_DOR & 0xf0)
331                 do_floppy_timer();
332         if ((--current->counter)>0) return;   //如果进程运行时间还没完,则退出。
333         current->counter=0;
334         if (!cpl) return;   //对于内核程序,不依赖 counter 值进行调度。
335         schedule();
336 }
337 //系统调用功能 -设置报警定时时间值(秒)。若已设置过 alarm 值,则返回旧值,否则返回 0。
338 int sys_alarm(long seconds)
339 {
340         int old = current->alarm;
341
342         if (old)
343                 old = (old -jiffies) /HZ;
344         current->alarm = (seconds>0)? (jiffies+HZ * seconds):0;
345         return (old);
346 }
347 //取当前进程号 pid。
348 int sys_getpid(void)
349 {
350         return current->pid;
351 }
352 //取父进程号 ppid。
353 int sys_getppid(void)
354 {
355         return current->father;
356 }
357 //取用户号 uid。
358 int sys_getuid(void)
359 {
360         return current->uid;
361 }
362 //取有效用户号 euid。
363 int sys_geteuid(void)
364 {
```

```
365         return current->euid;
366 }
367 //取组号 gid。
368 int sys_getgid(void)
369 {
370         return current->gid;
371 }
372 //取有效组号 egid。
373 int sys_getegid(void)
374 {
375         return current->egid;
376 }
377 //系统调用功能 --降低对 CPU 的使用优先权。应该限制 increment>0,否则可使优先权增大!!
378 int sys_nice(long increment)
379 {
380         if (current->priority-increment>0)
381                 current->priority -= increment;
382         return 0;
383 }
384 //调度程序的初始化子程序。
385 void sched_init(void)
386 {
387         int i;
388         struct desc_struct * p;  //描述符表结构指针。
389 
390         if (sizeof(struct sigaction) != 16)  //sigaction 是存放有关信号状态的结构。
391                 panic("Struct sigaction MUST be 16 bytes");
    //设置初始任务(任务 0)的任务状态段描述符和局部数据表描述符(include/asm/system.h,65)。
392         set_tss_desc(gdt+FIRST_TSS_ENTRY,&(init_task.task.tss));
393         set_ldt_desc(gdt+FIRST_LDT_ENTRY,&(init_task.task.ldt));
    //清任务数组和描述符表项(注意 i=1 开始,所以初始任务的描述符还在)。
394         p = gdt+2+FIRST_TSS_ENTRY;
395         for(i=1;i<NR_TASKS;i++) {
396                 task[i] = NULL;
397                 p->a=p->b=0;
398                 p++;
399                 p->a=p->b=0;
400                 p++;
401         }
402 /* Clear NT, so that we won't have troubles with that later on */
    /* 清除标志寄存器中的位 NT,这样以后就不会有麻烦 */
    //NT 标志用于控制程序的递归调用(Nested Task)。当 NT 置位时,那么当前中断任务执行 iret 指令
    //时就会引起任务切换。NT 指出 TSS 中的 back_link 字段是否有效。
403         __asm__("pushfl ; andl $0xffffbfff,(%esp) ; popfl");  //复位 NT 标志。
404         ltr(0);                               //将任务 0 的 TSS 加载到任务寄存器 tr。
405         lldt(0);                              //将局部描述符表加载到局部描述符表寄存器。
    //注意!! 是将 GDT 中相应 LDT 描述符的选择符加载到 ldtr。只明确加载这一次,以后新任务 LDT 的
    //加载,是 CPU 根据 TSS 中的 LDT 项自动加载。     //下面代码用于初始化 8253 定时器。
406         outb_p(0x36,0x43);              /* binary, mode 3, LSB/MSB, ch 0 */
407         outb_p(LATCH & 0xff , 0x40);    /* LSB */  //定时值低字节。
408         outb(LATCH >> 8 , 0x40);        /* MSB */  //定时值高字节。
```

```
409        set_intr_gate(0x20,&timer_interrupt);  //设置时钟中断处理句柄(设置时钟中断门)。
410        outb(inb_p(0x21)& ~0x01,0x21);         //修改中断控制器屏蔽码,允许时钟中断。
411        set_system_gate(0x80,&system_call);    //设置系统调用中断门。
412 }
```

程序中所用到的有关软盘控制器的编程说明如下。在编程时需要访问 4 个端口,分别对应一个或多个寄存器。对于 1.2MB 的软盘控制器有以下一些端口(见表 5-4)。

表 5-4 软盘控制器端口

I/O 端口	读 写 性	寄存器名称
0x3f2	只写	数字输出寄存器(数字控制寄存器)
0x3f4	只读	FDC 主状态寄存器
0x3f5	读/写	FDC 数据寄存器
0x3f7	只读	数字输入寄存器
0x3f7	只写	磁盘控制寄存器(传输率控制)

数字输出端口(数字控制端口)是一个 8 位寄存器,它控制驱动器电动机开启、驱动器选择、启动/复位 FDC 以及允许/禁止 DMA 及中断请求。

FDC 的主状态寄存器也是一个 8 位寄存器,用于反映软盘控制器 FDC 和软盘驱动器 FDD 的基本状态。通常,在 CPU 向 FDC 发送命令之前或从 FDC 获取操作结果之前,都要读取主状态寄存器的状态位,以判别当前 FDC 数据寄存器是否就绪,以及确定数据传送的方向。

FDC 的数据端口对应多个寄存器(只写型命令寄存器和参数寄存器、只读型结果寄存器),但任一时刻只能有一个寄存器出现在数据端口 0x3f5。在访问只写型寄存器时,主状态控制的 DIO 方向位必须为 0(CPU -> FDC),访问只读型寄存器时则反之。在读取结果时只有在 FDC 不忙之后才算读完结果,通常结果数据最多有 7 个字节。

软盘控制器共可以接受 15 条命令。每个命令均经历三个阶段:命令阶段、执行阶段和结果阶段。

命令阶段是 CPU 向 FDC 发送命令字节和参数字节。每条命令的第一个字节总是命令字节(命令码)。其后跟着 0~8 字节的参数。

执行阶段是 FDC 执行命令规定的操作。在执行阶段 CPU 是不加干预的,一般是通过 FDC 发出中断请求获知命令执行的结束。如果 CPU 发出的 FDC 命令是传送数据,则 FDC 可以以中断方式或 DMA 方式进行。中断方式每次传送 1 字节。DMA 方式是在 DMA 控制器管理下,FDC 与内存进行数据的传输直至全部数据传送完。此时 DMA 控制器会将传输字节计数终止信号通知 FDC,最后由 FDC 发出中断请求信号告知 CPU 执行阶段结束。

结果阶段是由 CPU 读取 FDC 数据寄存器返回值,从而获得 FDC 命令执行的结果。返回结果数据的长度为 0~7 字节。对于没有返回结果数据的命令,则应向 FDC 发送检测中断状态命令获得操作的状态。

5.2.6 signal.c 程序

本程序(见文件 5-6)给出了设置和获取进程信号阻塞码(屏蔽码)系统调用函数 sys_ssetmask()和 sys_sgetmask()、信号处理系统调用 sys_singal()、修改进程在收到特定信号时所采取的行动的系统调用 sys_sigaction( ) 以及在系统调用中断处理程序中处理信号的函数 do_signal( )。有关信号操作的发送信号函数 send_sig( ) 和通知父进程函数 tell_father( ) 被包含在另一个程序 exit.c 中。程序中名称前缀 sig 均是信号 signal 的简称。

signal( ) 和 sigaction( ) 的功能比较类似，都是改变信号原处理句柄（handler，或称为处理程序）。但 signal( ) 会返回原信号处理句柄，并且在新句柄被调用一次后句柄就会恢复到默认值。而 sigaction( ) 则可以进行更自由的设置。

do_signal( ) 函数是内核系统调用（int 0x80）中断处理程序中信号的预处理程序。该函数的主要作用是将信号的处理句柄插入到用户程序堆栈中。这样，在当前系统调用结束返回后就会立刻执行信号句柄程序，然后再继续执行用户的程序，见图 5-7。

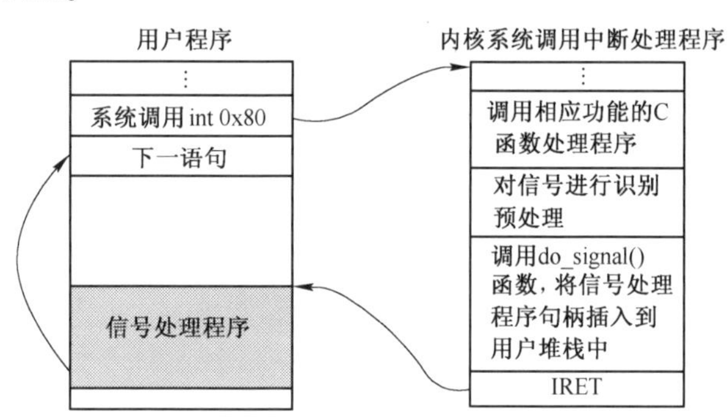

图 5-7　信号处理程序的调用方式

sys_signal( ) 函数的参数 restorer 是一函数指针。该函数由函数库提供，用于恢复系统调用后的返回值和一些寄存器。在编译链接程序时由 Libc 函数库提供，用于在信号处理程序结束后清理用户态堆栈，并恢复系统调用存放在 eax 中的返回值。

文件 5-6　linux/kernel/signal.c

```
 7 #include <linux/sched.h>   //调度程序头文件,定义任务结构 task_struct、初始任务 0 的数据。
 8 #include <linux/kernel.h>  //内核头文件。含有一些内核常用函数的原型定义。
 9 #include <asm/segment.h>   //段操作头文件。定义了有关段寄存器操作的嵌入式汇编函数。
10
11 #include <signal.h>        //信号头文件。定义信号符号常量,信号结构以及信号操作函数原型。
12
13 volatile void  do_exit(int error_code);  //前面的限定符 volatile 要求编译器不要对其进行优化。
14 //获取当前任务信号屏蔽位图(屏蔽码)。
15 int  sys_sgetmask()
16 {
17         return current->blocked;
18 }
19 //设置新的信号屏蔽位图。SIGKILL 不能被屏蔽。返回值是原信号屏蔽位图。
20 int sys_ssetmask(int newmask)
21 {
22         int old=current->blocked;
23
24         current->blocked = newmask & ~(1<<(SIGKILL-1));
25         return old;
26 }
27 //复制 sigaction 数据到 fs 段 to 处。
28 static inline void save_old(char * from,char * to)
29 {
30         int i;
31
32         verify_area(to, sizeof(struct sigaction));  //验证 to 处的内存是否足够。
```

```
33         for (i=0 ; i< sizeof(struct sigaction) ; i++) {
34                 put_fs_byte( * from,to);                //复制到 fs 段。一般是用户数据段。
35                 from++;                          //put_fs_byte()在 include/asm/segment.h 中。
36                 to++;
37         }
38 }
39 //把 sigaction 数据从 fs 段 from 位置复制到 to 处。
40 static inline void get_new(char * from,char * to)
41 {
42         int i;
43
44         for (i=0 ; i< sizeof(struct sigaction) ; i++)
45                 *(to++) = get_fs_byte(from++);
46 }
47 //signal()系统调用。类似 sigaction()。为指定的信号安装新的信号句柄(信号处理程序)。信号句
   //柄可以是用户指定的函数,也可以是 SIG_DFL(默认句柄)或 SIG_IGN(忽略)。参数 signum -指
   //定的信号;handler -指定的句柄;restorer -恢复函数指针,该函数由 Libc 库提供。
48 int sys_signal(int signum, long handler, long restorer)
49 {
50     struct sigaction tmp;
51
52     if (signum<1 || signum>32 || signum==SIGKILL) //信号值要在(1-32)范围内,
53         return -1;                                 //并且不得是 SIGKILL。
54     tmp.sa_handler = (void (*)(int)) handler;      //指定的信号处理句柄。
55     tmp.sa_mask = 0;                               //执行时的信号屏蔽码。
56     tmp.sa_flags = SA_ONESHOT | SA_NOMASK;         //该句柄只使用 1 次后就恢复到默认值,
                                                       //并允许信号在自己的处理句柄中收到。
57     tmp.sa_restorer = (void (*)(void)) restorer; //保存恢复处理函数指针。
58     handler = (long) current->sigaction[signum-1].sa_handler;
59     current->sigaction[signum-1] = tmp;
60     return handler;
61 }
62 //sigaction()系统调用。改变进程在收到一个信号时的操作。signum 是除了 SIGKILL 以外的任何信
   //号。如果新操作(action)不为空则新操作被安装。如果 oldaction 指针不为空,则原操作被保留
   //到 oldaction。成功则返回 0,否则为-1。
63 int sys_sigaction(int signum, const struct sigaction * action,
64         struct sigaction * oldaction)
65 {
66         struct sigaction tmp;
67 //信号值要在(1-32)范围内,并且信号 SIGKILL 的处理句柄不能被改变。
68         if (signum<1 || signum>32 || signum==SIGKILL)
69                 return -1;
70         tmp = current->sigaction[signum-1];  //在信号 sigaction 结构中设置新操作(动作)。
71         get_new((char *) action,
72                 (char *) (signum-1+current->sigaction));
73         if (oldaction)    //若 oldaction 指针不空,则将原操作指针存到 oldaction 所指位置。
74                 save_old((char *) &tmp,(char *) oldaction);
   //如果允许信号在自己的信号句柄中收到,则令屏蔽码为 0,否则设置屏蔽本信号。
75         if (current->sigaction[signum-1].sa_flags & SA_NOMASK)
76                 current->sigaction[signum-1].sa_mask = 0;
77         else
78                 current->sigaction[signum-1].sa_mask |= (1<<(signum-1));
```

```
79         return 0;
80 }
81 //系统调用中断处理程序中真正的信号处理程序(在 kernel/system_call.s,119 行)。
   //该段代码的主要作用是将信号的处理句柄插入到用户程序堆栈中,并在本系统调用结束返回后立刻
   //执行信号句柄程序,然后继续执行用户的程序。
82 void do_signal(long signr,long eax, long ebx, long ecx, long edx,
83         long fs, long es, long ds,
84         long eip, long cs, long eflags,
85         unsigned long * esp, long ss)
86 {
87         unsigned long sa_handler;
88         long old_eip=eip;
89         struct sigaction * sa = current->sigaction + signr - 1; //current->sigaction[signu-1]
90         int longs;
91         unsigned long * tmp_esp;
92 
93         sa_handler = (unsigned long) sa->sa_handler;
   //如果信号句柄为 SIG_IGN(忽略),则返回;如果句柄为 SIG_DFL(默认处理),则:如果信号是 SIGCHLD
   //则返回,否则终止进程的执行。
94         if (sa_handler==1)
95                 return;
96         if (!sa_handler) {
97                 if (signr==SIGCHLD)
98                         return;
99                 else
100                        do_exit(1<<(signr-1)); //这里应该是 do_exit(1<<(signr))。
101        }
   //如果该信号句柄只需使用一次,则将该句柄置空(该信号句柄已经保存在 sa_handler 指针中)。
102        if (sa->sa_flags & SA_ONESHOT)
103                sa->sa_handler = NULL;
   //下面这段代码用信号句柄替换内核堆栈中原用户程序 eip,同时也将 sa_restorer,signr,进程屏蔽码
   //(如果 SA_NOMASK 没置位),eax,ecx,edx 作为参数以及原调用系统调用的程序返回指针及标志寄存器
   //值压入堆栈。因此在本次调用中断(0x80)返回用户程序时会首先执行用户的信号句柄程序,然后再继
   //续执行用户程序。下面一句是将用户调用系统调用的代码指针 eip 指向该信号处理句柄。
104        *(&eip) = sa_handler;
   //如果允许信号自己的处理句柄收到信号自己,则也需要将进程的阻塞码压入堆栈。
   //注意,这里 longs 的结果应该选择(7*4):(8*4),因为堆栈是以 4 字节为单位操作的。
105        longs = (sa->sa_flags & SA_NOMASK)? 7:8;
   //将原调用程序的用户的堆栈指针向下扩展 7(或 8)个长字(用来存放调用信号句柄的参数等),并
   //检查内存使用情况(例如如果内存超界则分配新页等)。
106        *(&esp) -= longs;
107        verify_area(esp,longs*4);
   //在用户堆栈中从下到上存放 sa_restorer、信号 signr、屏蔽码 blocked(如果 SA_NOMASK 置位)、eax、
   //ecx、edx、eflags 和用户程序原代码指针。
108        tmp_esp=esp;
109        put_fs_long((long) sa->sa_restorer,tmp_esp++);
110        put_fs_long(signr,tmp_esp++);
111        if (! (sa->sa_flags & SA_NOMASK))
112                put_fs_long(current->blocked,tmp_esp++);
113        put_fs_long(eax,tmp_esp++);
114        put_fs_long(ecx,tmp_esp++);
```

```
115         put_fs_long(edx,tmp_esp++);
116         put_fs_long(eflags,tmp_esp++);
117         put_fs_long(old_eip,tmp_esp++);
118         current->blocked |= sa->sa_mask;  //进程阻塞码(屏蔽码)添上 sa_mask 中的码位。
119 }
```

进程中的信号是用于进程之间通信的一种简单消息,通常是下表中的一个标号数值,并且不携带任何其他的信息。例如当一个子进程终止或结束时,就会产生一个标号为 17 的 SIGCHLD 信号发送给父进程,以通知父进程有关子进程的当前状态。

关于一个进程如何处理收到的信号,一般有两种做法:一是程序的进程不去处理,此时该信号会由系统相应的默认信号处理程序进行处理;第二种做法是进程使用自己的信号处理程序来处理信号。Linux 系统所支持的信号见表 5-5。

表 5-5　进程信号

标　号	名　　称	说　　明	默 认 操 作
1	SIGHUP	(Hangup) 当你不再控制终端时,或者当你关闭 Xterm 或断开 modem 内核会产生该信号。由于后台程序没有控制的终端,因而它们常用 SIGHUP来发出需要重新读取其配置文件的信号	(Abort) 挂断控制终端或进程
2	SIGINT	(Interrupt) 来自键盘的终端。通常终端驱动程序会将其与^C 绑定	(Abort) 程序被终止
3	SIGQUIT	(Quit) 来自键盘的终端。通常终端驱动程序会将其与^\绑定	(Dump) 程序被终止并产生 dump core 文件
4	SIGILL	(Illegal Instruction) 程序出错或者执行了一个非法的操作指令	(Dump) 程序被终止并产生 dump core 文件
5	SIGTRAP	(Breakpoint/Trace Trap) 调试用,跟踪断点	
6	SIGABRT	(Abort) 放弃执行,异常结束	(Dump) 程序被终止并产生 dump core 文件
6	SIGIOT	(IO Trap) 同 SIGABRT	(Dump) 程序被终止并产生 dump core 文件
7	SIGUNUSED	(Unused) 没有使用	
8	SIGFPE	(Floating Point Exception) 浮点异常	(Dump) 程序被终止并产生 dump core 文件
9	SIGKILL	(Kill) 程序被终止。该信号不能被捕获或者被忽略。想立刻终止一个进程,就发送信号 9。注意程序将没有任何机会做清理工作	(Abort) 程序被终止
10	SIGUSR1	(User Defined Signal 1) 用户定义的信号	(Abort) 进程被终止
11	SIGSEGV	(Segmentation Violation) 当程序引用无效的内存时会产生此信号。比如:寻址没有映射的内存;寻址未许可的内存	(Dump) 程序被终止并产生 dump core 文件
12	SIGUSR2	(User Defined Signal 2) 保留给用户程序用于 IPC 或其他目的	(Abort) 进程被终止
13	SIGPIPE	(Pipe) 当程序向一个套接字或管道写时由于没有读者而产生该信号	(Abort) 进程被终止
14	SIGALRM	(Alarm) 该信号会在用户调用 alarm 系统调用所设置的延迟秒数到后产生。该信号常用于判别系统调用超时	(Abort) 进程被终止
15	SIGTERM	(Terminate) 用于和善地要求一个程序终止。它是 kill 的默认信号。与 SIGKILL 不同,该信号能被捕获,这样就能在退出运行前做清理工作	(Abort) 进程被终止
16	SIGSTKFLT	(Stack Fault on Coprocessor) 协处理器堆栈错误	(Abort) 进程被终止

（续）

标　号	名　称	说　明	默认操作
17	SIGCHLD	（Child）父进程发出。停止或终止子进程。可改变其含义挪作他用	（Ignore）子进程停止或结束
18	SIGCONT	（Continue）该信号致使被 SIGSTOP 停止的进程恢复运行。可以被捕获	（Continue）恢复进程的执行
19	SIGSTOP	（Stop）停止进程的运行。该信号不可被捕获或忽略	（Stop）停止进程运行
20	SIGTSTP	（Terminal Stop）向终端发送停止键序列。该信号可以被捕获或忽略	（Stop）停止进程运行
21	SIGTTIN	（TTY Input on Background）后台进程试图从一个不再被控制的终端上读取数据，此时该进程将被停止，直到收到 SIGCONT 信号。该信号可以被捕获或忽略	（Stop）停止进程运行
22	SIGTTOU	（TTY Output on Background）后台进程试图向一个不再被控制的终端上输出数据，此时该进程将被停止，直到收到 SIGCONT 信号。该信号可被捕获或忽略	（Stop）停止进程运行

5.2.7　exit.c 程序

该程序（见文件 5-7）主要描述了进程（任务）终止和退出的处理事宜。主要包含进程释放、会话终止和程序退出处理函数以及杀死进程、终止进程、挂起进程等系统调用函数。还包括进程信号发送函数 send_sig() 和通知父进程子进程终止的函数 tell_father()。

释放进程的函数 release() 主要根据指定的任务数据结构（任务描述符）指针，在任务数组中删除指定的进程指针、释放相关内存页并立刻让内核重新调度任务的运行。进程组终止函数 kill_session() 通过向会话号与当前进程相同的进程发送挂断进程的信号。系统调用 sys_kill() 用于向进程发送任何指定的信号。根据参数 pid（进程标识号）的数值的不同，该系统调用会向不同的进程或进程组发送信号。程序注释中已经列出了各种不同情况的处理方式。程序退出处理函数 do_exit() 是在系统调用的中断处理程序中被调用的。它首先会释放当前进程的代码段和数据段所占的内存页面，然后向父进程发送子进程终止信号 SIGCHLD。接着关闭当前进程打开的所有文件、释放使用的终端设备、协处理器设备，若当前进程是进程组的领头进程，则还需要终止所有相关进程。随后把当前进程置为僵死状态，设置退出码，并向其父进程发送子进程终止信号。最后让内核重新调度任务的运行。

系统调用 waitpid() 用于挂起当前进程，直到 pid 指定的子进程退出（终止）或者收到要求终止该进程的信号，或者是需要调用一个信号句柄（信号处理程序）。如果 pid 所指的子进程早已退出（已成所谓的僵死进程），则本调用将立刻返回。子进程使用的所有资源将释放。该函数的具体操作也要根据其参数进行不同的处理。详见代码中的相关注释。

文件 5-7　linux/kernel/exit.c

```
 7 #include <errno.h>          //错误号头文件。包含系统中各种出错号。(Linus 从 MINIX 中引进)
 8 #include <signal.h>         //信号头文件。定义信号符号常量，信号结构以及信号操作函数原型。
 9 #include <sys/wait.h>       //等待调用头文件。定义系统调用 wait()和 waitpid()及相关常数符号。
10
11 #include <linux/sched.h>//调度程序头文件，定义任务结构 task_struct、初始任务 0 的数据。
12 #include <linux/kernel.h>//内核头文件。含有一些内核常用函数的原型定义。
13 #include <linux/tty.h>   //tty 头文件，定义了有关 tty_io，串行通信方面的参数、常数。
14 #include <asm/segment.h>//段操作头文件。定义了有关段寄存器操作的嵌入式汇编函数。
15
```

```
16 int sys_pause(void);
17 int sys_close(int fd);
18 //释放指定进程(任务)。释放任务槽及任务数据结构所占用的内存。
19 void release(struct task_struct *p)
20 {
21         int i;
22 
23         if (!p)
24                 return;
25         for (i=1 ; i<NR_TASKS ; i++)          //扫描任务数组,寻找指定任务。
26                 if (task[i]==p) {
27                         task[i]=NULL;         //置空该任务项并释放相关内存页。
28                         free_page((long)p);
29                         schedule();           //重新调度。
30                         return;
31                 }
32         panic("trying to release non-existent task");  //若指定任务不存在则死机。
33 }
34 //向指定任务(*p)发送信号(sig),权限为priv。
35 static inline int send_sig(long sig,struct task_struct * p,int priv)
36 {
37         if (!p || sig<1 || sig>32)          //若信号不正确或任务指针为空则出错退出。
38                 return -EINVAL;
   //若有权或进程有效用户标识符(euid)就是指定进程的 euid 或者是超级用户,则在进程位图中添加该
   //信号,否则出错退出。其中 suser()定义为(current->euid==0),用于判断是否为超级用户。
39         if (priv || (current->euid==p->euid) || suser())
40              p->signal |= (1<<(sig-1));
41         else
42                 return -EPERM;
43         return 0;
44 }
45 //终止会话(session)。
46 static void kill_session(void)
47 {
48         struct task_struct **p = NR_TASKS + task;  //指针*p首先指向任务数组最末端。
49 //对于所有的任务(除任务 0 以外),如果其会话等于当前进程的会话就向它发送挂断进程信号。
50         while (--p > &FIRST_TASK) {
51               if (*p && (*p)->session == current->session)
52                       (*p)->signal |= 1<<(SIGHUP-1);   //发送挂断进程信号。
53         }
54 }
55 
56 /*
57  * XXX need to check permissions needed to send signals to process
58  * groups, etc. etc.  kill() permissions semantics are tricky!
59  */  /* 为了向进程组等发送信号,XXX 需要检查许可。kill()的许可机制非常巧妙!   */
   //kill()系统调用可用于向任何进程或进程组发送任何信号。
   //若 pid 值>0,则信号被发送给 pid;若 pid=0,那么信号就会被发送给当前进程组中的所有进程;若
   //pid=-1,则信号 sig 就会发送给除第一个进程外的所有进程;若 pid<-1,则信号 sig 将发送给进程
   //组-pid 的所有进程;若信号 sig 为 0,则不发送信号,但仍会进行错误检查。若成功则返回 0。
60 int sys_kill(int pid,int sig)
```

```
61 {
62         struct task_struct * *p = NR_TASKS + task;
63         int err, retval = 0;
64 
65         if (!pid) while (--p > &FIRST_TASK) {
66                 if ( *p && ( *p)->pgrp == current->pid)
67                         if (err=send_sig(sig, *p,1))    //强制发送信号。
68                                 retval = err;
69         } else if (pid>0) while (--p > &FIRST_TASK) {
70                 if ( *p && ( *p)->pid == pid)
71                         if (err=send_sig(sig, *p,0))
72                                 retval = err;
73         } else if (pid == -1) while (--p > &FIRST_TASK)
74                 if (err = send_sig(sig, *p,0))
75                         retval = err;
76         else while (--p > &FIRST_TASK)
77                 if ( *p && ( *p)->pgrp == -pid)
78                         if (err = send_sig(sig, *p,0))
79                                 retval = err;
80         return retval;
81 }
82 //通知父进程 - 向进程发送信号 SIGCHLD:子进程将停止或终止。若未找到父进程,则自己释放。
83 static void tell_father(int pid)
84 {
85         int i;
86 
87         if (pid)
88                 for (i=0;i<NR_TASKS;i++) {
89                         if (!task[i])
90                                 continue;
91                         if (task[i]->pid != pid)
92                                 continue;
93                         task[i]->signal |= (1<<(SIGCHLD-1));
94                         return;
95                 }
96 /* if we don't find any fathers, we just release ourselves */
97 /* This is not really OK. Must change it to make father 1 */
   /* 如果没有找到任何父进程,就只需自己释放。这其实并不妥帖,应该使其父进程为 1 */
98         printk("BAD BAD - no father found\n\r");
99         release(current);  //如果没有找到父进程,则自己释放。
100 }
101 //程序退出处理程序。在系统调用的中断处理程序中被调用。
102 int do_exit(long code)     //code 是错误码。
103 {
104         int i;
105 //释放当前进程代码段和数据段所占的内存页(free_page_tables()在 mm/memory.c,105 行)。
106         free_page_tables(get_base(current->ldt[1]),get_limit(0x0f));
107         free_page_tables(get_base(current->ldt[2]),get_limit(0x17));
    //如果当前进程有子进程,就将子进程的 father 置为 1(其父进程改为进程 1)。如果该子进程已经处
    //于僵死(ZOMBIE)状态,则向进程 1 发送子进程终止信号 SIGCHLD。
108         for (i=0 ; i<NR_TASKS ; i++)
```

```
109             if (task[i] && task[i]->father == current->pid) {
110                     task[i]->father = 1;
111                     if (task [i]->state == TASK_ZOMBIE)
112                             /* assumption task[1] is always init */
113                             (void) send_sig(SIGCHLD, task[1], 1);
114             }
115         for (i=0 ; i<NR_OPEN ; i++)        //关闭当前进程打开着的所有文件。
116             if (current->filp[i])
117                     sys_close(i);
118         iput(current->pwd);              //这段对当前进程工作目录 pwd、根目录 root 以及
119         current->pwd=NULL;               //运行程序的 i 节点进行同步操作,并分别置空。
120         iput(current->root);
121         current->root=NULL;
122         iput(current->executable);
123         current->executable=NULL;
124         if (current->leader && current->tty >= 0)  //如果当前进程是领头(leader)进程
125             tty_table[current->tty].pgrp = 0;      //并且其有控制的终端,则释放该终端。
126         if (last_task_used_math == current)        //如果当前进程上次使用过协处理器,
127             last_task_used_math = NULL;            //则将 last_task_used_math 置空。
128         if (current->leader)                       //如果当前进程是 leader 进程,
129             kill_session();                    //则终止所有相关进程。
130         current->state = TASK_ZOMBIE;          //把当前进程置为僵死状态,并设置退出码。
131         current->exit_code = code;
132         tell_father(current->father);     //即向父进程发信号 SIGCHLD -子进程将停止或终止。
133         schedule();                       //重新调度进程的运行。
134         return (-1);                      /* just to suppress warnings */
135 }
136 //系统调用 exit()。终止进程。
137 int sys_exit(int error_code)
138 {
139         return do_exit((error_code&0xff)<<8);
140 }
141 //系统调用 waitpid()。挂起当前进程,直到 pid 指定的子进程退出(终止)或者收到要求终止该进
    //程的信号,或者是需要调用一个信号句柄(信号处理程序)。如果 pid 所指的子进程早已退出(已变
    //成所谓的僵死进程),则本调用将立刻返回。子进程使用的所有资源将释放。
    //若 pid>0,表示等待进程号等于 pid 的子进程;若 pid=0,表示等待进程组号等于当前进程的任何子进
    //程;若 pid<-1,表示等待进程组号等于 pid 绝对值的任何子进程;[若 pid=-1,表示等待任何子进程];
    //若 options=WUNTRACED,表示如果子进程是停止的,也马上返回;若 options=WNOHANG,表示如果没有子
    //进程退出或终止就马上返回;若 stat_addr 不为空,则就将状态信息保存到那里。
142 int sys_waitpid(pid_t pid,unsigned long * stat_addr, int options)
143 {
144         int flag, code;
145         struct task_struct ** p;
146 
147         verify_area(stat_addr,4);
148 repeat:
149         flag=0;
150         for(p = &LAST_TASK ; p > &FIRST_TASK ; --p) {   //从任务数组末端开始扫描所有任务。
151                 if (!*p || *p == current)              //跳过空项和本进程项。
152                         continue;
153                 if ((*p)->father != current->pid)   //如果不是当前进程的子进程则跳过。
```

```
154                 continue;
155         if (pid>0) {                    //如果指定的 pid>0,但扫描的进程 pid
156             if (( *p)->pid != pid)      //与之不等,则跳过。
157                 continue;
158         } else if (!pid) {              //如果指定的 pid=0,但扫描的进程组号
159             if (( *p)->pgrp != current->pgrp) //与当前进程的组号不等,则跳过。
160                 continue;
161         } else if (pid != -1) {         //如果指定的 pid<-1,但扫描的进程组号
162             if (( *p)->pgrp != -pid)    //与其绝对值不等,则跳过。
163                 continue;
164         }
165         switch (( *p)->state) {
166             case TASK_STOPPED:
167                 if (!(options & WUNTRACED))
168                     continue;
169                 put_fs_long(0x7f,stat_addr); //置状态信息为 0x7f。
170                 return ( *p)->pid;          //退出,返回子进程的进程号。
171             case TASK_ZOMBIE:
172                 current->cutime += ( *p)->utime; //更新当前进程子进程用户
173                 current->cstime += ( *p)->stime;//态和内核态运行时间。
174                   flag = ( *p)->pid;
175                   code = ( *p)->exit_code;    //取子进程的退出码。
176                   release( *p);               //释放该子进程。
177                   put_fs_long(code,stat_addr); //置状态信息为退出码值。
178                 return flag;                  //退出,返回子进程的 pid.
179             default:
180                 flag=1;       //如果子进程不在停止或僵死状态,则 flag=1。
181                 continue;
182         }
183     }
184     if (flag) {                              //如果子进程没有处于退出或僵死状态,
185         if (options & WNOHANG)             //并且 options = WNOHANG,则立刻返回。
186             return 0;
187         current->state=TASK_INTERRUPTIBLE;  //置当前进程为可中断等待状态。
188         schedule();                        //重新调度。
189         if (!(current->signal &= ~(1<<(SIGCHLD -1)))) //又开始执行本进程时,
190             goto repeat;   //如果进程没有收到除 SIGCHLD 的信号,则还是重复处理。
191         else
192             return  -EINTR;     //退出,返回出错号。
193     }
194     return  -ECHILD;
195 }
```

5.2.8 fork.c 程序

fork.c(见文件 5-8)中的 fork()系统调用用于创建子进程。Linux 中所有进程都是进程 0(任务 0)的子进程。该程序是 sys_fork()(在 kernel/system_call.s 中)系统调用的辅助处理函数集,给出了 sys_fork()系统调用中使用的两个 C 语言函数:find_empty_process()和 copy_ process()。还包括进程内存区域验证与内存分配函数 verify_area()。

copy_process()用于创建并复制进程的代码段和数据段以及环境。在进程复制过程中，主要牵涉到进程数据结构中信息的设置。

文件 5-8 linux/kernel/fork.c

```
 7 /*
 8 *  'fork.c' contains the help-routines for the 'fork' system call
 9 * (see also system_call.s), and some misc functions ('verify_area').
10 * Fork is rather simple, once you get the hang of it.
11 * See 'mm/mm.c': 'copy_page_tables()'
12 */  /* 'fork.c'中含有系统调用'fork'的辅助子程序(参见 system_call.s),以及一些其他函数
       * ('verify_area')。一旦你了解了 fork,就会发现它是非常简单的,但内存管理却有些难度。
       * 参见'mm/mm.c'中的'copy_page_tables()'。*/
13 #include <errno.h>         //错误号头文件。包含系统中各种出错号(Linus 从 MINIX 中引进的)。
14 
15 #include <linux/sched.h>// 调度程序头文件,定义任务结构 task_struct、初始任务 0 的数据。
16 #include <linux/kernel.h>// 内核头文件。含有一些内核常用函数的原型定义。
17 #include <asm/segment.h>// 段操作头文件。定义了有关段寄存器操作的嵌入式汇编函数。
18 #include <asm/system.h> // 系统头文件。定义了设置或修改描述符/中断门等的嵌入式汇编宏。
19 
20 extern void write_verify(unsigned long address);
21 
22 long last_pid=0;
23 //进程空间区域写前验证函数。对当前进程的地址 addr 到 addr+size 这一段进程空间以页为单位执
  //行写操作前的检测操作。若页面是只读的,则执行共享检验和复制页面操作(写时复制)。
24 void verify_area(void * addr,int size)
25 {
26         unsigned long start;
27 
28         start = (unsigned long) addr;      //将起始地址 start 调整为其所在页的左边界开始
29         size += start & 0xfff;             //位置,同时相应地调整验证区域大小。
30         start &= 0xfffff000;               //此时 start 是当前进程空间中的线性地址。
31         start += get_base(current->ldt[2]); //此时 start 变成系统整个线性空间中的地址位置。
32         while (size>0) {
33                 size -= 4096;
34                 write_verify(start);       //写页面验证。若页面不可写,则复制页面。
35                 start += 4096;
36         }
37 }
38 //设置新任务代码和数据段基址、限长并复制页表。nr 为新任务号;p 是新任务数据结构的指针。
39 int copy_mem(int nr,struct task_struct * p)
40 {
41         unsigned long old_data_base,new_data_base,data_limit;
42         unsigned long old_code_base,new_code_base,code_limit;
43 
44         code_limit=get_limit(0x0f);  //取局部描述符表中代码段描述符项中段限长。
45         data_limit=get_limit(0x17);  //取局部描述符表中数据段描述符项中段限长。
46         old_code_base = get_base(current->ldt[1]);  //取原代码段基址。
47         old_data_base = get_base(current->ldt[2]);  //取原数据段基址。
48         if (old_data_base != old_code_base)     //0.11 版不支持代码和数据段分立的情况。
49                 panic("We don't support separate I&D");
```

```
50        if (data_limit < code_limit)           //如果数据段长度 < 代码段长度也不对。
51              panic("Bad data_limit");
52        new_data_base = new_code_base = nr * 0x4000000; //新基址=任务号*64MB(任务大小)。
53        p->start_code = new_code_base;
54        set_base(p->ldt[1],new_code_base);      //设置代码段描述符中基址域。
55        set_base(p->ldt[2],new_data_base);      //设置数据段描述符中基址域。
  //设置新进程的页目录表项和页表项。即把新进程的线性地址内存页对应到实际物理地址内存页面上。
  //由于 Linux 采用了写时复制(Copy on Write)技术,因此这里仅为新进程设置了自己的页目录表项和页
  //表项,而没有实际为新进程分配物理内存页面。此时新进程与其父进程共享所有物理页面。若出错则
  //释放申请的页表项。
56        if (copy_page_tables(old_data_base,new_data_base,data_limit)){
57              free_page_tables(new_data_base,data_limit);
58              return  -ENOMEM;
59        }
60        return 0;
61 }
62 //复制进程。其中参数 none 是 system_call.s 中调用 sys_call_table 时压入堆栈的返回地址。
63 /*
64  *  Ok, this is the main fork-routine. It copies the system process
65  * information (task[nr]) and sets up the necessary registers. It
66  * also copies the data segment in it's entirety.
67  */  /* 下面是主要的 fork 子程序。它复制系统进程信息(task[nr])并且设置必要的寄存器。
        * 它还整个地复制数据段。*/
68 int copy_process (int nr,long ebp,long edi,long esi,long gs,long none,
69                  long ebx,long ecx,long edx,
70                  long fs,long es,long ds,
71                  long eip,long cs,long eflags,long esp,long ss)
72 {
73        struct task_struct *p;
74        int i;
75        struct file *f;
76
77        p = (struct task_struct *) get_free_page();   //为新任务数据结构分配内存。
78        if (!p)                          //如果内存分配出错,则返回出错号并退出。
79              return  -EAGAIN;
80        task[nr] = p;                    //将新任务指针放入数组中,其中 nr 为任务号。
81        *p = *current;  /* NOTE! this doesn't copy the supervisor stack */
                          /* 注意! 这样做不会复制超级用户的堆栈 */(只复制当前进程内容)。
82        p->state = TASK_UNINTERRUPTIBLE; //将新进程的状态先置为不可中断等待状态。
83        p->pid = last_pid;               //新进程号。由前面调用 find_empty_process()得到。
84        p->father = current->pid;        //设置父进程号。
85        p->counter = p->priority;
86        p->signal = 0;                   //信号位图置 0。
87        p->alarm = 0;                    /* 进程的领导权是不能继承的 */
88        p->leader = 0;                   /* process leadership doesn't inherit */
89        p->utime = p->stime = 0;         //初始化用户态时间和内核态时间。
90        p->cutime = p->cstime = 0;       //初始化子进程用户态和内核态时间。
91        p->start_time = jiffies;         //当前滴答数时间。
92        p->tss.back_link = 0;        //以下设置任务状态段 TSS 所需的数据(参见列表后说明)。
93        p->tss.esp0 = PAGE_SIZE + (long) p;   //堆栈指针。由于是给任务结构 p 分配了 1 页
  //新内存,所以此时 esp0 正好指向该页顶端。ss0:esp0 用于作为程序在内核态执行时的堆栈。
94        p->tss.ss0 = 0x10;               //堆栈段选择符(内核数据段)。
```

```
95          p->tss.eip = eip;               //指令代码指针。
96          p->tss.eflags = eflags;         //标志寄存器。
97          p->tss.eax = 0;                 //这是当 fork()返回时,新进程会返回 0 的原因所在。
98          p->tss.ecx = ecx;
99          p->tss.edx = edx;
100         p->tss.ebx = ebx;
101         p->tss.esp = esp;               //新进程完全复制了父进程的堆栈内容,因此要求 task0
102         p->tss.ebp = ebp;               //的堆栈比较"干净"。
103         p->tss.esi = esi;
104         p->tss.edi = edi;
105         p->tss.es = es & 0xffff;        //段寄存器仅 16 位有效。
106         p->tss.cs = cs & 0xffff;
107         p->tss.ss = ss & 0xffff;
108         p->tss.ds = ds & 0xffff;
109         p->tss.fs = fs & 0xffff;
110         p->tss.gs = gs & 0xffff;
111         p->tss.ldt = _LDT(nr);  //该新任务 nr 的局部描述符表选择符(LDT 的描述符在 GDT 中)。
112         p->tss.trace_bitmap = 0x80000000; (高 16 位有效)。
113         if (last_task_used_math == current)  //若当前任务使用了协处理器,就保存其上下文。
114                 __asm__("clts ; fnsave %0"::"m" (p->tss.i387));
    //设置新任务的代码和数据段基址、限长并复制页表。如果出错(返回值不是 0),则复位任务数组
    //中相应项并释放为该新任务分配的内存页。
115         if (copy_mem(nr,p)) {           //返回不为 0 表示出错。
116                 task[nr] = NULL;
117                 free_page((long) p);
118                 return  -EAGAIN;
119         }
120         for (i=0; i<NR_OPEN;i++)  //若父进程中有文件是打开的,则将对应文件打开次数增 1。
121                 if (f=p->filp[i])
122                         f->f_count++;
123         if (current->pwd)               //将当前进程的 pwd, root 和 executable 引用次数均增 1。
124                 current->pwd->i_count++;
125         if (current->root)
126                 current->root->i_count++;
127         if (current->executable)
128                 current->executable->i_count++;
    //在 GDT 中设置新任务的 TSS 和 LDT 描述符项,参见 include/asm/system.h,52~56 行。
    //在任务切换时,任务寄存器 tr 由 CPU 自动加载。
129         set_tss_desc(gdt+(nr<<1)+FIRST_TSS_ENTRY,&(p->tss));
130         set_ldt_desc(gdt+(nr<<1)+FIRST_LDT_ENTRY,&(p->ldt));
131         p->state = TASK_RUNNING;        /* do this last, just in case */
                                            /* 最后再将新任务设置成可运行状态,以防万一 */
132         return last_pid;                //返回新进程号(与任务号是不同的)。
133 }
134 //为新进程取得不重复的进程号 last_pid,并返回在任务数组中的任务号(数组 index)。
135 int find_empty_process(void)
136 {
137         int i;
138
139         repeat:
140                 if ((++last_pid)<0) last_pid=1;
141                 for(i=0 ; i<NR_TASKS ; i++)
```

```
142                 if (task[i] && task[i]->pid == last_pid) goto repeat;
143     for(i=1 ; i<NR_TASKS ; i++)    //任务 0 排除在外。
144             if (!task[i])
145                 return i;
146     return  -EAGAIN;
147 }
```

任务状态段TSS(Task State Segment)的内容见图5-8。

31 ～ 16	15 ～ 0	
I/O映射图基地址(MAP BASE)	0000000000000000	64
0000000000000000	局部描述符表(LDT)的选择符	60
0000000000000000	GS	5C
0000000000000000	FS	58
0000000000000000	DS	54
0000000000000000	SS	50
0000000000000000	CS	4C
0000000000000000	ES	48
EDI		44
ESI		40
EBP		3C
ESP		38
EBX		34
EDX		30
ECX		2C
EAX		28
EFLAGS		24
指令指针(EIP)		20
页目录基地址寄存器CR3(PDBR)		1C
0000000000000000	SS2	18
ESP2		14
0000000000000000	SS1	10
ESP1		0C
0000000000000000	SS0	08
ESP0		04
0000000000000000	前一执行任务TSS的选择符	00

图5-8 任务状态段TSS中的信息

CPU管理任务需要的所有信息被存储于一个特殊类型的段中:任务状态段(task state segment,TSS)。图中显示出执行80386任务的TSS格式。

TSS中的字段可以分为两类:

(1) CPU在进行任务切换时更新的动态信息集。这些字段有:通用寄存器(EAX,ECX,EDX,EBX,ESP,EBP,ESI,EDI);段寄存器(ES,CS,SS,DS,FS,GS);标志寄存器(EFLAGS);指令指针(EIP);前一个执行任务的TSS的选择符(仅当返回时才更新)。

(2) CPU读取但不会更改的静态信息集。这些字段有:任务的LDT的选择符;含有任务页目录基地址的寄存器(PDBR);特权级0~2的堆栈指针;当任务进行切换时导致CPU产生一个调试(debug)异常的T-比特位(调试跟踪位);I/O比特位图基地址(其长度上限就是TSS的长度上限,在TSS描述符中说明)。

任务状态段可以存放在线性空间的任何地方。与其他各类段相似,任务状态段也是由描述符来定义的。当前正在执行任务的TSS是由任务寄存器(TR)来指示的。指令LTR和STR用来修改和读取任务寄存器中的选择符(任务寄存器的可见部分)。

I/O 比特位图中的每 1 比特对应 1 个 I/O 端口。比如端口 41 的比特位就是 I/O 位图基地址+5,位偏移 1 处。在保护模式中,当遇到 1 个 I/O 指令时(IN, INS, OUT, OUTS),CPU 首先就会检查当前特权级是否小于标志寄存器的 IOPL,如果这个条件满足,就执行该 I/O 操作。如果不满足,那么 CPU 就会检查 TSS 中的 I/O 比特位图。如果相应比特位是置位的,就会产生一般保护性异常,否则就会执行该 I/O 操作。

5.2.9 sys.c 程序

sys.c 程序(见文件 5-9)主要包含很多系统调用功能的实现函数。其中,若返回值为-ENOSYS,则表示本版的 Linux 还没有实现该功能,可以参考目前的代码来了解它们的实现方法。所有系统调用的功能说明可参见头文件 include/linux/sys.h。

文件 5-9 linux/kernel/sys.c

```
 7 #include <errno.h>         //错误号头文件。包含系统中各种出错号(Linus 从 MINIX 中引进的)。
 8
 9 #include <linux/sched.h> //调度程序头文件,定义任务结构 task_struct、初始任务 0 的数据。
10 #include <linux/tty.h>   //tty 头文件,定义了有关 tty_io,串行通信方面的参数、常数。
11 #include <linux/kernel.h> //内核头文件。含有一些内核常用函数的原型定义。
12 #include <asm/segment.h>  //段操作头文件。定义了有关段寄存器操作的嵌入式汇编函数。
13 #include <sys/times.h>    //定义了进程中运行时间的结构 tms 以及 times()函数原型。
14 #include <sys/utsname.h> //系统名称结构头文件。
15
16 int sys_ftime()            //返回日期和时间。
17 {
18         return  -ENOSYS;
19 }
20
21 int sys_break()
22 {
23         return  -ENOSYS;
24 }
25
26 int sys_ptrace()     //用于当前进程对子进程进行调试(debugging)。
27 {
28         return  -ENOSYS;
29 }
30
31 int sys_stty()        //改变并打印终端行设置。
32 {
33         return  -ENOSYS;
34 }
35
36 int sys_gtty()        //取终端行设置信息。
37 {
38         return  -ENOSYS;
39 }
40
41 int sys_rename()        //修改文件名。
42 {
43         return  -ENOSYS;
```

```
44 }
45
46 int sys_prof()
47 {
48         return  -ENOSYS;
49 }
50 //设置当前任务的实际以及/或者有效组 ID(gid)。如果任务没有超级用户特权,那么只能互换其实际组
   //ID 和有效组 ID。如果任务具有超级用户特权,就能任意设置有效的和实际的组 ID。保留的 gid(saved
   //gid)被设置成与有效 gid 同值。
51 int sys_setregid(int rgid, int egid)
52 {
53         if (rgid>0) {
54                 if ((current->gid == rgid) ||
55                     suser())
56                         current->gid = rgid;
57                 else
58                         return(-EPERM);
59         }
60         if (egid>0) {
61                 if ((current->gid == egid) ||
62                     (current->egid == egid) ||
63                     (current->sgid == egid) ||
64                     suser())
65                         current->egid = egid;
66                 else
67                         return(-EPERM);
68         }
69         return 0;
70 }
71 //设置进程组号(gid)。如果任务没有超级用户特权,它可以使用 setgid()将其有效 gid(effective
   //gid)设置为其保留 gid(saved gid)或其实际 gid(real gid)。如果任务有超级用户特权,则实际
   //gid、有效 gid 和保留 gid 都被设置成参数指定的 gid。
72 int sys_setgid(int gid)
73 {
74         return(sys_setregid(gid, gid));
75 }
76
77 int sys_acct()        //打开或关闭进程计账功能。
78 {
79         return -ENOSYS;
80 }
81
82 int sys_phys()        //映射任意物理内存到进程的虚拟地址空间。
83 {
84         return  -ENOSYS;
85 }
86
87 int sys_lock()
88 {
89         return  -ENOSYS;
90 }
91
```

```
92 int sys_mpx()
93 {
94         return  -ENOSYS;
95 }
96
97 int sys_ulimit()
98 {
99         return  -ENOSYS;
100 }
101 //返回从 1970 年 1 月 1 日 00:00:00 格林尼治时间开始的时间(秒)。若 tloc 不为 null,则时间值
    //也存储在那里。
102 int sys_time(long * tloc)
103 {
104         int i;
105
106         i = CURRENT_TIME;
107         if (tloc) {
108                 verify_area(tloc,4);     //验证内存容量是否够(这里是 4 字节)。
109                 put_fs_long(i,(unsigned long *)tloc);   //也放入用户数据段 tloc 处。
110         }
111         return i;
112 }
113
114 /*
115  * Unprivileged users may change the real user id to the effective uid
116  * or vice versa.
117  */   /* 无特权用户可将实际用户标识符改成有效用户标识符(effective uid),反之亦然。*/
    //设置任务的实际以及/或者有效用户 ID(uid)。如果任务没有超级用户特权,那么只能互换其实际用
    //户 ID 和有效用户 ID。如果任务具有超级用户特权,就能任意设置有效的和实际的用户 ID。保留的
    //uid(saved uid)被设置成与有效 uid 同值。
118 int sys_setreuid(int ruid, int euid)
119 {
120         int old_ruid = current->uid;
121
122         if (ruid>0) {
123                 if ((current->euid==ruid) ||
124                     (old_ruid == ruid) ||
125                     suser())
126                         current->uid = ruid;
127                 else
128                         return(-EPERM);
129         }
130         if (euid>0) {
131                 if ((old_ruid == euid) ||
132                     (current->euid == euid) ||
133                     suser())
134                         current->euid = euid;
135                 else {
136                         current->uid = old_ruid;
137                         return(-EPERM);
138                 }
139         }
140         return 0;
```

```
141 }
142 //设置任务用户号(uid)。如果任务没有超级用户特权,它可以使用 setuid()将其有效 uid(effective
    //uid)设置成其保留 uid(saved uid)或其实际 uid(real uid)。如果任务有超级用户特权,则实际 uid、有
    //效 uid 和保留 uid 都被设置成参数指定的 uid。
143 int sys_setuid(int uid)
144 {
145         return(sys_setreuid(uid, uid));
146 }
147 //设置系统时间和日期。参数 tptr 是从 1970 年 1 月 1 日 00:00:00 (格林尼治时间)开始计时的时间值(秒)。
148 int sys_stime(long * tptr)
149 {                                       //调用进程必须具有超级用户权限。
150         if (!suser())                   //如果不是超级用户则出错返回(许可)。
151                 return  -EPERM;
152         startup_time = get_fs_long((unsigned long *)tptr) -jiffies/HZ;
153         return 0;
154 }
155 //获取当前任务时间。tms 结构中包括用户时间、系统时间、子进程用户时间、子进程系统时间。
156 int sys_times(struct tms * tbuf)
157 {
158         if (tbuf) {
159                 verify_area(tbuf,sizeof *tbuf);
160                 put_fs_long(current->utime,(unsigned long *)&tbuf->tms_utime);
161                 put_fs_long(current->stime,(unsigned long *)&tbuf->tms_stime);
162                 put_fs_long(current->cutime,(unsigned long *)&tbuf->tms_cutime);
163                 put_fs_long(current->cstime,(unsigned long *)&tbuf->tms_cstime);
164         }
165         return jiffies;
166 }
167 //当参数 end_data_seg 数值合理,并且系统确实有足够的内存,而且进程没有超越其最大数据段大小时,
    //该函数设置数据段末尾为 end_data_seg 指定的值。该值必须大于代码结尾并且要小于堆栈结尾 16KB。
    //返回值是数据段的新结尾值(如果返回值与要求值不同,则表明有错误发生)。该函数并不被用户直
    //接调用,而由 libc 库函数进行包装,并且返回值也不一样。
168 int sys_brk(unsigned long end_data_seg)
169 {
170         if (end_data_seg >= current->end_code &&          //如果参数>代码结尾,并且
171             end_data_seg < current->start_stack -16384)   //小于堆栈-16KB,
172                 current->brk = end_data_seg;              //则设置新数据段结尾值。
173         return current->brk;                    //返回进程当前的数据段结尾值。
174 }
175 
176 /*
177  * This needs some heave checking ...
178  * I just haven't get the stomach for it. I also don't fully
179  * understand sessions/pgrp etc. Let somebody who does explain it.
180  *//* 下面代码需要某些严格的检查 ...
        * 我只是没有胃口做这些。我也不完全明白 sessions/pgrp 等。还是让了解它们的人来做
        吧。*/
   //将参数 pid 指定进程的进程组 ID 设置成 pgid。如果参数 pid=0,则使用当前进程号。如果 pgid 为
   //0,则使用参数 pid 指定的进程的组 ID 作为 pgid。如果该函数用于将进程从一个进程组移到另一个
   //进程组,则这两个进程组必须属于同一个会话(session)。在这种情况下,参数 pgid 指定了要加入的
   //现有进程组 ID,此时该组的会话 ID 必须与将要加入进程的相同(193 行)。
```

```
181 int sys_setpgid(int pid, int pgid)
182 {
183         int i;
184 
185         if (!pid)                            //如果参数 pid=0,则使用当前进程号。
186                 pid = current->pid;
187         if (!pgid)                           //如果 pgid 为 0,则使用当前进程 pid 作为 pgid。
188                 pgid = current->pid;         //[这里与 POSIX 的描述有出入]
189         for (i=0 ; i<NR_TASKS ; i++)         //扫描任务数组,查找指定进程号的任务。
190                 if (task[i] && task[i]->pid==pid) {
191                         if (task[i]->leader)           //如果该任务已经是首领,则出错返回。
192                                 return  -EPERM;
193                         if (task[i]->session != current->session) //如果该任务的会话 ID
194                                 return -EPERM;         //与当前进程的不同,则出错返回。
195                         task[i]->pgrp = pgid;          //设置该任务的 pgrp。
196                         return 0;
197                 }
198         return  -ESRCH;
199 }
200 
201 int sys_getpgrp(void)         //返回当前进程的组号。与 getpgid(0)等同。
202 {
203         return current->pgrp;
204 }
205 //创建一个会话(session)(即设置其 leader=1),并且设置其会话=其组号=其进程号。
206 int sys_setsid(void)
207 {
208         if (current->leader && !suser())    //如果当前进程已是会话首领并且不是超级用户
209                 return -EPERM;              //则出错返回。
210         current->leader = 1;                //设置当前进程为新会话首领。
211         current->session = current->pgrp = current->pid; //设置本进程 session = pid。
212         current->tty = -1;                  //表示当前进程没有控制终端。
213         return current->pgrp;               //返回会话 ID。
214 }
215 //获取系统信息。其中 utsname 结构包含 5 个字段,分别是:本版本操作系统的名称、网络节点名称、
    //当前发行级别、版本级别和硬件类型名称。
216 int sys_uname(struct utsname * name)
217 {
218         static struct utsname thisname = {  //这里给出了结构中的信息,这种编码肯定会改变。
219                 "linux .0","nodename","release ","version ","machine "
220         };
221         int i;
222 
223         if (!name) return  -ERROR;          //如果存放信息的缓冲区指针为空则出错返回。
224         verify_area(name,sizeof *name);     //验证缓冲区大小是否超限(超出已分配的内存等)。
225         for(i=0;i<sizeof *name;i++)         //将 utsname 中的信息逐字节复制到用户缓冲区中。
226                 put_fs_byte(((char *) &thisname)[i],i+(char *) name);
227         return 0;
228 }
229 //设置当前进程创建文件属性屏蔽码为 mask & 0777。并返回原屏蔽码。
230 int sys_umask(int mask)
```

```
231 {
232         int old = current->umask;
233
234         current->umask = mask & 0777;
235         return (old);
236 }
```

5.2.10 vsprintf.c 程序

该程序(见文件 5-10)主要包括 vsprintf()函数,用于对参数产生格式化输出。由于该函数是 C 函数库中的标准函数,基本没有涉及内核工作原理,因此可以跳过,直接阅读代码后对该函数的使用说明。

文件 5-10 linux/kernel/vsprintf.c

```
 7 /* vsprintf.c -- Lars Wirzenius & Linus Torvalds. */
 8 /*
 9  * Wirzenius wrote this portably
10  */  /* Wirzenius 将该程序编写得有可移植性,Torvalds 稍加修改 */
11 // Lars Wirzenius 是 Linus 的好友,在 Helsinki 大学时曾同处一间办公室。在 1991 年夏季开发 Linux
   // 时,Linus 对 C 语言还不是很熟悉,还不会使用可变参数列表函数功能。因此 Lars Wirzenius
   // 就为他编写了这段用于内核显示信息的代码。他的主页是 http://liw.iki.fi/liw/。
12 #include <stdarg.h>         // 标准参数头文件。以宏的形式定义变量参数列表。
13 #include <string.h>         // 字符串头文件。主要定义了一些有关字符串操作的嵌入函数。
14 /* 我们使用下面的定义,这样我们就可以不使用 ctype 库了 */
15 /* we use this so that we can do without the ctype library */
16 #define is_digit(c)     ((c) >= '0' && (c) <= '9')        // 判断字符是否数字字符。
17 // 该函数将字符数字串转换成整数。输入是数字串指针的指针,返回是结果数值。另外指针将前移。
18 static int skip_atoi(const char **s)
19 {
20         int i=0;
21
22         while (is_digit(**s))
23                 i = i*10 + *((*s)++) - '0';
24         return i;
25 }
26 // 这里定义转换类型的各种符号常数。
27 #define ZEROPAD  1          /* pad with zero */                 /* 填充零 */
28 #define SIGN     2          /* unsigned/signed long */          /* 无符号/符号长整数 */
29 #define PLUS     4          /* show plus */                     /* 显示加 */
30 #define SPACE    8          /* space if plus */                 /* 如是加,则置空格 */
31 #define LEFT     16         /* left justified */                /* 左调整 */
32 #define SPECIAL  32         /* 0x */                            /* 0x */
33 #define SMALL    64         /* use 'abcdef' instead of 'ABCDEF'/* 使用小写字母 */
34 // 除操作。n 被除数;base 除数。结果 n 为商,函数返回值为余数。见 5.2.2 节有关嵌入汇编信息。
35 #define do_div(n,base) ({ \
36 int __res; \
37 __asm__("divl %4":"=a" (n),"=d" (__res):"" (n),"1" (0),"r" (base)); \
38 __res; })
39 // 将整数转换为指定进制的字符串。输入:num-整数;base-进制;size-字符串长度;precision-数
   // 字长度(精度);type-类型选项。输出:str 字符串指针。
```

```
40 static char * number(char * str, int num, int base, int size, int precision,
41         int type)
42 {
43         char c,sign,tmp[36];
44         const char *digits="0123456789ABCDEFGHIJKLMNOPQRSTUVWXYZ";
45         int i;
46 //若类型 type 指出用小写字母,则定义小写字母集。若类型指出要左调整(靠左边界),则屏蔽填
   //零标志。若进制基数小于 2 或大于 36,则退出处理,也即本程序只能处理基数在 2-32 之间的数。
47         if (type&SMALL) digits="0123456789abcdefghijklmnopqrstuvwxyz";
48         if (type& LEFT) type &= ~ZEROPAD;
49         if (base<2 || base>36)
50                 return 0;
   //若类型指出要填零,则置字符变量 c='0'(即''),否则 c 等于空格字符。若类型指出是带符号数并
   //且数值 num 小于 0,则置符号变量 sign=负号,并使 num 取绝对值。否则如果类型指出是加号,则
   //置 sign=加号,否则若类型带空格标志则 sign=空格,否则置 0。
51         c = (type & ZEROPAD) ? '0' : ' ';
52         if (type&SIGN && num<0) {
53                 sign='-';
54                 num = -num;
55         } else
56                 sign=(type&PLUS) ? '+' : ((type&SPACE) ? ' ' : 0);
   //若带符号,则宽度值减 1。若类型指出是特殊转换,则对于十六进制宽度再减少 2 位(用于 0x),对
   //于八进制宽度减 1(用于八进制转换结果前放一个零)。
57         if (sign) size--;
58         if (type&SPECIAL)
59                 if (base==16) size -= 2;
60                 else if (base==8) size--;
   //如果数值 num 为 0,则临时字符串='0';否则根据给定的基数将数值 num 转换成字符形式。
61         i=0;
62         if (num==0)
63                 tmp[i++]='0';
64         else while (num!=0)
65                 tmp[i++]=digits[do_div(num,base)];
   //若数值字符个数大于精度值,则精度值扩展为数字个数值。宽度值减去用于存放数值字符的个数。
66         if (i>precision) precision=i;
67         size -= precision;
   //从这里真正开始形成所需要的转换结果,并暂时放在字符串 str 中。若类型中没有填零(ZEROPAD)
   //和左调整标志,则在 str 中首先填入剩余宽度值指出的空格数。若需带符号位,则存入符号。
68         if (!(type&(ZEROPAD+LEFT)))
69                 while(size-->0)
70                         *str++ = ' ';
71         if (sign)
72                 *str++ = sign;
   //若类型指出是特殊转换,则对于八进制转换结果头一位放置一个'0';而对于十六进制则存放'0x'。
73         if (type&SPECIAL)
74                 if (base==8)
75                         *str++ = '0';
76                 else if (base==16) {
77                         *str++ = '0';
78                         *str++ = digits[33];    //'X'或'x'
79                 }
   //若类型中没有左调整(左靠齐)标志,则在剩余宽度中存放 c 字符('0'或空格),见 51 行。
```

```
80          if (!(type&LEFT))
81                  while(size-->0)
82                          *str++ = c;
//此时 i 存有数值 num 的数字个数。若数字个数小于精度值,则 str 中放入(精度值-i)个'0'。
83          while(i<precision--)
84                  *str++ = '0';
85          while(i-->0)          //将转数值换好的数字字符填入 str 中。共 i 个。
86                  *str++ = tmp[i];
//若宽度值仍大于零,则表示类型标志中有左靠齐标志。则在剩余宽度中放入空格。
87          while(size-->0)
88                  *str++ = ' ';
89          return str;            //返回转换好的字符串。
90 }
91 //下面函数是送格式化输出到字符串中。为了能在内核中使用格式化的输出,Linus 在内核实现了该
   //C 标准函数。其中参数 fmt 是格式字符串;args 是个数变化的值;buf 是输出字符串缓冲区。请参见
   //本代码列表后的有关格式转换字符的介绍。
92 int vsprintf(char *buf, const char *fmt, va_list args)
93 {
94          int len;
95          int i;
96          char * str;             //用于存放转换过程中的字符串。
97          char *s;
98          int *ip;
99
100         int flags;              /* flags to number() */
101                                 /* number()函数使用的标志 */
102         int field_width;        /* width of output field *//* 输出字段宽度 */
103         int precision;          /* min. # of digits for integers; max
104                                    number of chars for from string */
                                    /* min. 整数数字个数;max. 字符串中字符个数 */
105         int qualifier;          /* 'h', 'l', or 'L' for integer fields */
106                                 /* 'h', 'l',或'L'用于整数字段 */
//首先将字符指针指向 buf,然后扫描格式字符串,对各个格式转换指示进行相应的处理。
107         for (str=buf ; *fmt ; ++fmt) {
//格式转换指示字符串均以'%'开始,这里从 fmt 格式字符串中扫描'%',寻找格式转换字符串的开始。
//不是格式指示的一般字符均被依次存入 str。
108                 if (*fmt != '%') {
109                         *str++ = *fmt;
110                         continue;
111                 }
112 //下面取得格式指示字符串中的标志域,并将标志常量放入 flags 变量中。
113                 /* process flags */
114                 flags = 0;
115                 repeat:
116                         ++fmt;          /* this also skips first '%' */
117                         switch (*fmt) {
118                                 case '-': flags |= LEFT; goto repeat;      //左靠齐调整。
119                                 case '+': flags |= PLUS; goto repeat;      //放加号。
120                                 case ' ': flags |= SPACE; goto repeat;     //放空格。
121                                 case '#': flags |= SPECIAL; goto repeat; //是特殊转换。
122                                 case '0': flags |= ZEROPAD; goto repeat;       //要填零(即'0')。
123                                 }
```

```
124 //取参数字段宽度域值放入 field_width 变量中。若宽度域中是数值则直接取其为宽度值。若宽度域
    //是字符'*',表示下一参数指定宽度,调用 va_arg 取宽度值。若此时宽度值<0,则该负数表示其带
    //有标志域'-'标志(左靠齐),因此需在标志变量中添入该标志,并将字段宽度值取为其绝对值。
125             /* get field width */
126             field_width = -1;
127             if (is_digit(*fmt))
128                     field_width = skip_atoi(&fmt);
129             else if (*fmt == '*') {
130                     /* it's the next argument */       //这里应该插入 ++fmt;
131                     field_width = va_arg(args, int);
132                     if (field_width < 0) {
133                             field_width = -field_width;
134                             flags |= LEFT;
135                     }
136             }
137 //下面代码取格式转换串精度域,并放入 precision 变量中。精度域的开始标志是'.'。其处理过程与上
    //面宽度域类似。若精度域中是数值则直接取其为精度值。若精度域中是字符'*',表示下一个参数指
    //定精度。因此调用 va_arg 取精度值。若此时宽度值小于 0,则将字段精度值取为 0。
138             /* get the precision */
139             precision = -1;
140             if (*fmt == '.') {
141                     ++fmt;
142                     if (is_digit(*fmt))
143                             precision = skip_atoi(&fmt);
144                     else if (*fmt == '*') {
145                             /* it's the next argument */
146                             precision = va_arg(args, int);
147                     }
148                     if (precision < 0)
149                             precision = 0;
150             }
151 //下面这段代码分析长度修饰符,并将其存入 qualifer 变量(h,l,L 的含义参见列表后的说明)。
152             /* get the conversion qualifier */
153             qualifier = -1;
154             if (*fmt == 'h' || *fmt == 'l' || *fmt == 'L') {
155                     qualifier = *fmt;
156                     ++fmt;
157             }
158 //下面分析转换指示符。如果转换指示符是'c',则表示对应参数应是字符。此时如果标志域表明不
    //是左对齐,则该字段前面放入宽度域值-1 个空格字符,然后再放入参数字符。如果宽度域还大于 0,
    //则表示为左对齐,则在参数字符后面添加宽度值-1 个空格字符。
159             switch (*fmt) {
160             case 'c':
161                     if (!(flags & LEFT))
162                             while (--field_width > 0)
163                                     *str++ = ' ';
164                     *str++ = (unsigned char) va_arg(args, int);
165                     while (--field_width > 0)
166                             *str++ = ' ';
167                     break;
168 //如果转换指示符是's',则表示对应参数是字符串。首先取参数字符串的长度,若其超过了精度域值,
    //则扩展精度域=字符串长度。此时如果标志域表明不是左靠齐,则该字段前放入(宽度值-字符串长
```

```
//度)个空格字符。然后再放入参数字符串。如果宽度域还大于 0,则表示为左靠齐,则在参数字符串
//后面添加(宽度值-字符串长度)个空格字符。
169                 case 's':
170                         s = va_arg(args, char *);
171                         len = strlen(s);
172                         if (precision < 0)
173                             precision = len;
174                         else if (len > precision)
175                             len = precision;
176 
177                         if (!(flags & LEFT))
178                             while (len < field_width--)
179                                   *str++ = ' ';
180                         for (i = 0; i < len; ++i)
181                             *str++ = *s++;
182                         while (len < field_width--)
183                             *str++ = ' ';
184                         break;
185 //如果格式转换符是'o',表示需将对应的参数转换成八进制数的字符串。调用 number()函数处理。
186                 case 'o':
187                         str = number(str, va_arg(args, unsigned long), 8,
188                                 field_width, precision, flags);
189                         break;
190 //如果格式转换符是'p',表示对应参数的一个指针类型。此时若该参数没有设置宽度域,则默认宽度
//为 8,并且需要添零。然后调用 number()函数进行处理。
191                 case 'p':
192                         if (field_width == -1) {
193                                 field_width = 8;
194                                 flags |= ZEROPAD;
195                         }
196                         str=number(str,
197                                 (unsigned long) va_arg(args, void *), 16,
198                                 field_width, precision, flags);
199                         break;
200 //若格式转换指示是'x'或'X',则表示对应参数需打印成十六进制数输出。'x'表示用小写字母表示。
201                 case 'x':
202                         flags |= SMALL;
203                 case 'X':
204                         str = number(str, va_arg(args, unsigned long), 16,
205                             field_width, precision, flags);
206                         break;
207 //如果格式转换字符是'd','i'或'u',则表示对应参数是整数。'd'、'i'代表符号整数,因此需要加
//上带符号标志。'u'代表无符号整数。
208                 case 'd':
209                 case 'i':
210                         flags |= SIGN;
211                 case 'u':
212                         str = number(str, va_arg(args, unsigned long), 10,
213                             field_width, precision, flags);
214                         break;
215 //若格式转换指示符是'n',则表示要把到目前为止转换输出的字符数保存到对应参数指针指定的位置
//中。首先利用 va_arg()取得该参数指针,然后将已经转换好的字符数存入该指针所指的位置。
```

```
216             case 'n':
217                     ip = va_arg(args, int *);
218                     *ip = (str -buf);
219                     break;
220 //若格式转换符不是'%',则表示格式字符串有错,直接将一个'%'写入输出串中。如果格式转换符的
    //位置处还有字符,则也直接将该字符写入输出串中,并返回到 107 行继续处理格式字符串。否则表
    //示已经处理到格式字符串的结尾处,则退出循环。
221             default:
222                     if (*fmt != '%')
223                         *str++ = '%';
224                     if (*fmt)
225                         *str++ = *fmt;
226                     else
227                         --fmt;
228                     break;
229             }
230         }
231         *str = '\0';            //最后在转换好的字符串结尾处添上 null。
232         return str-buf;         //返回转换好的字符串长度值。
233 }
```

程序中的 vsprintf()格式字符串形式如下:

int vsprintf(char *buf, const char *fmt, va_list args)

它是标准的 printf()系列函数之一。这些函数都产生格式化的输出:接受确定输出格式的格式字符串 fmt,用格式字符串对个数变化的参数进行格式化,产生格式化的输出。

printf 直接把输出送到标准输出句柄 stdout。cprintf 把输出送到控制台。fprintf 把输出送到文件句柄。printf 前带'v'字符的(例如 vfprintf)表示参数是从 va_arg 数组的 va_list args 中接受。printf 前面带's'字符则表示把输出送到以 null 结尾的字符串 buf 中(此时用户应确保 buf 有足够的空间存放字符串)。有关详细说明参见 C 语言手册。由于该文件也属于库函数,所以从 1.2 版内核开始就直接使用库中的函数了,即删除了该文件。

5.2.11 printk.c 程序

printk()是内核中使用的显示函数,功能与 C 标准函数库中的 printf()相同。重新编写这样一个函数的原因是在内核中不能使用专用于用户模式的 fs 段寄存器,需要首先保存它。printk()函数首先使用 vsprintf()对参数进行格式化处理,然后在保存了 fs 段寄存器的情况下调用 tty_write()进行信息的打印显示。该程序见文件 5-11。

文件 5-11 linux/kernel/printk.c

```
 7 /*
 8  * When in kernel-mode, we cannot use printf, as fs is liable to
 9  * point to 'interesting' things. Make a printf with fs-saving, and
10  * all is well.
11  */   /* 当处于内核模式时,我们不能使用 printf,因为寄存器 fs 指向其他无关的地方。
          * 自己编制一个 printf 并在使用前保存 fs,一切就解决了。*/
12 #include <stdarg.h>          //标准参数头文件。以宏的形式定义变量参数列表。
13 #include <stddef.h>          //标准定义头文件。定义了 NULL, offsetof(TYPE, MEMBER)。
```

```
14
15 #include <linux/kernel.h>  //内核头文件。含有一些内核常用函数的原型定义。
16
17 static char buf[1024];
18 //下面该函数 vsprintf()在 linux/kernel/vsprintf.c 中 92 行开始。
19 extern int vsprintf(char * buf, const char * fmt, va_list args);
20 //内核使用的显示函数。
21 int printk(const char * fmt, ...)
22 {
23         va_list args;                    //va_list 实际上是一个字符指针类型。
24         int i;
25
26         va_start(args, fmt);             //参数处理开始函数。在(include/stdarg.h,13)
27         i=vsprintf(buf,fmt,args);        //使用格式串 fmt 将参数列表 args 输出到 buf 中。
                                            //返回值 i 等于输出字符串的长度。
28         va_end(args);                    //参数处理结束函数。
29         __asm__("push %%fs \n\t"         //保存 fs。
30                 "push %%ds \n\t"
31                 "pop %%fs \n\t"          //令 fs = ds。
32                 "pushl %0 \n\t"          //将字符串长度压入堆栈(这三个入栈是调用参数)。
33                 "pushl  $_buf \n\t"      //将 buf 的地址压入堆栈。
34                 "pushl  $0 \n\t"         //将数值 0 压入堆栈。是通道号 channel。
35                 "call_tty_write \n\t"    //调用 tty_write 函数(chr_drv/tty_io.c,290)。
36                 "addl  $8,%%esp \n\t"    //跳过(丢弃)两个入栈参数(buf,channel)。
37                 "popl %0 \n\t"           //弹出字符串长度值,作为返回值。
38                 "pop %%fs"               //恢复原 fs 寄存器。
39                 ::"r" (i):"ax","cx","dx");  //通知编译器,寄存器 ax,cx,dx 值可能已经改变。
40         return i;                        //返回字符串长度。
41 }
```

5.2.12 panic.c 程序

当内核程序出错时,则调用函数 panic(),显示错误信息并使系统进入死循环。在内核程序的许多地方,若出现严重出错时就要调用到该函数。在很多情况下,调用 panic()函数是一种简明的处理方法。这样做很好地遵循了 UNIX"尽量简明"的原则。

panic 是"惊慌,恐慌"的意思。在 Douglas Adams 的小说《The Hitchhikers Guide to the Galaxy》(《银河徒步旅行者指南》)中,最有名的一句话就是"Don't Panic!"。该系列小说是 Linux 黑客最常阅读的一类书籍。panic.c 程序如文件 5-12 所示。

文件 5-12 linux/kernel/panic.c

```
 7 /*
 8  * This function is used through-out the kernel (include in h mm and fs)
 9  * to indicate a major problem.
10  */    /* 该函数在整个内核中使用(包括在头文件 *.h、内存管理 mm 和文件系统 fs 中),
          * 用以指出主要的出错问题。 */
11 #include <linux/kernel.h> //内核头文件。含有一些内核常用函数的原型定义。
12 #include <linux/sched.h>  //调度程序头文件,定义了任务结构 task_struct、初始任务 0 的数据,
```

```
13                                          //还有一些有关描述符参数设置和获取的嵌入式汇编函数宏语句。
14 void sys_sync(void);     /* it's really int * //* 实际上是整型 int (fs/buffer.c,44) */
15 //该函数用来显示内核中出现的重大错误信息,并运行文件系统同步函数,然后进入死循环——死机。
   //如果当前进程是任务 0 的话,还说明是交换任务出错,并且还没有运行文件系统同步函数。
16 volatile void panic(const char * s)
17 {
18       printk("Kernel panic: %s\n\r",s);
19       if (current == task[0])
20               printk("In swapper task -not syncing\n\r");
21       else
22               sys_sync();
23       for(;;);
24 }
```

5.3 本章小结

linux/kernel 目录下的 12 个代码文件给出了内核中最为重要的一些机制的实现,主要包括系统调用、进程调度、进程复制以及进程的终止处理四部分。

5.4 习题

1. 硬盘中断是怎么产生的? 系统调用 read、write 等都是产生请求,并将请求插入请求队列,在中断时由中断处理函数遍历请求队列完成读写,那么最初的硬盘中断是由谁、如何激发的呢?

2. copy_ process 的参数有 17 个,其中的 none 对应的是堆栈中的什么内容? 简单说明原因。

3. 在 do_signal( ) 函数中的 104 行语句是: * (&eip) = sa_handler;这条语句不就是等价于 eip = sa_handler;吗? Linus 为什么会这样表达?

4. 在 head. s 中执行 lss _ stack _ start,%esp,此时 ss 是何内容? 提示:参考 sched. c,第 69 行。

5. 在中断程序里,段描述符寄存器的值被改掉了,请问是在什么时候改的呢?

6. 在创建新进程时,fork( ) 函数在父进程中会返回新进程的 pid,而在子进程中则返回 0。这是为什么?

7. waitpid( ) 函数中,若进程被阻塞,请问是如何被唤醒的?

第 6 章　输入输出系统——块设备驱动程序

本章描述内核的块设备驱动程序。在 Linux 0. 11 内核中主要支持硬盘和软盘驱动器两种块设备。由于块设备主要与文件系统和高速缓冲有关,因此最好先快速浏览一下文件系统一章的内容。这部分涉及的源代码文件见表 6-1。

表 6-1　linux/kernel/blk_drv 目录

文　件　名	大　　小	最后修改时间
Makefile	1951 B	1991-12-05 19:59:42
blk. h	3464 B	1991-12-05 19:58:01
floppy. c	11429 B	1991-12-07 00:00:38
hd. c	7807 B	1991-12-05 19:58:17
ll_rw_blk. c	3539 B	1991-12-04 13:41:42
ramdisk. c	2740 B	1991-12-06 03:08:06

6. 1　总体功能描述

对硬盘和软盘块设备上数据的读写操作是通过中断处理程序进行的。每次读写的数据量以一个逻辑块(1024B)为单位。在处理过程中,使用了读写请求等待队列来顺序缓冲一次读写多个逻辑块的操作。

当程序读取硬盘上的一个逻辑块时,就会向缓冲管理程序提出申请,而程序进程则进入睡眠等待状态。缓冲管理程序首先在缓冲区中寻找以前是否已经读取过这块数据。如果缓冲区中已经有了,就直接将对应的缓冲区块头指针返回给程序并唤醒该程序进程。若缓冲区中不存在所要求的数据块,则缓冲管理程序就会调用本章中的低级块读写函数 ll_wr_block( ),发出一个读块数据的操作请求。该函数就会为此请求创建一个请求结构项,并插入请求队列中。若此时请求的块设备不忙,就会立刻向指定块设备的驱动程序发出读数据命令。当块设备将数据读入到指定的缓冲块中后,会发出中断请求信号,并调用结束请求过程,对相应块设备进行关闭操作和设置该缓冲块数据已经更新标志,最后唤醒等待该块数据的进程。

6. 1. 1　块设备请求项和请求队列

根据上面描述,我们知道低级块读写函数 ll_rw_block( )是通过请求项来与各种块设备建立联系并发出读写请求的。对于各种块设备,内核使用了一张块设备表 blk_dev[ ]来进行管理。每种块设备都在块设备表中占有一项。块设备表中每个块设备项的结构为(摘自 6. 2. 1 节中的 blk. h):

```
struct blk_dev_struct {
        void ( * request_fn)(void);                    //请求项操作的函数指针。
```

```
	struct request * current_request;		//当前请求项指针。
};
extern struct blk_dev_struct blk_dev[NR_BLK_DEV]; //块设备表(数组)(NR_BLK_DEV = 7)。
```

其中,第一个字段是一个函数指针,用于操作相应块设备的请求项。例如,对于硬盘驱动程序,它是 do_hd_request(),而对于软盘设备,它就是 do_floppy_request()。第二个字段是当前请求项结构指针,用于指明本块设备目前正在处理的请求项,初始化时都被置成 NULL。

块设备表将在内核初始化时,在 init/ main. c 程序调用各设备的初始化函数时被设置。为了便于扩展,Linus 把块设备表建成了一个以主设备号为索引的数组。在 Linux 0. 11 中,主设备号有 7 种,如表 6-2 所示。其中,主设备号 1、2 和 3 分别对应块设备:虚拟盘、软盘和硬盘。在块设备数组中其他各项都被默认地置成 NULL。

表 6-2　Linux 0. 11 内核中的主设备号

主设备号	类　型	说　明	请求项操作函数
0	无	无	NULL
1	块/字符	ram,内存设备(虚拟盘等)	do_rd_request()
2	块	fd,软盘设备	do_fd_request()
3	块	hd,硬盘设备	do_hd_request()
4	字符	ttyx 设备	NULL
5	字符	tty 设备	NULL
6	字符	lp 打印机设备	NULL

当内核发出一个块设备读写或其他操作请求时,ll_rw_block()函数即会根据其参数中指明的操作命令和数据缓冲块头中的设备号,利用对应的请求项操作函数 do_XX_request()建立一个块设备请求项,并利用电梯算法插入到请求项队列中。请求项队列由请求项数组中的项构成,共有 32 项,每个请求项的数据结构如下所示:

```
struct request {
	int dev;				//使用的设备号(若为-1,表示该项空闲)。
	int cmd;				//命令(READ 或 WRITE)。
	int errors;				//操作时产生的错误次数。
	unsigned long sector;			//起始扇区(1 块=2 扇区)。
	unsigned long nr_sectors;		//读/写扇区数。
	char * buffer;				//数据缓冲区。
	struct task_struct * waiting;		//任务等待操作执行完成的地方。
	struct buffer_head * bh;		//缓冲区头指针(include/linux/fs.h,68 行)。
	struct request * next;			//指向下一请求项。
};
extern struct request request[NR_REQUEST]; //请求队列数组(NR_REQUEST = 32)。
```

每个块设备的当前请求指针与请求项数组中该设备的请求项链表共同构成了该设备的请求队列。项与项之间利用字段 next 指针形成链表。因此块设备项和相关的请求队列形成如图 6-1 所示结构。请求项采用数组加链表结构的主要原因是为了满足两个目的:一是利用请求项的数组结构在搜索空闲请求块时可以进行循环操作，因此程序可以编制得很简洁；二是为满足电梯算法插入请求项操作，因此也需要采用链表结构。图 6-1 表明硬盘设备当前具有 4 个请求项，软盘设备具有 1 个请求项，而虚拟盘设备目前暂时没有读写请求项。

对于一个当前空闲的块设备，当 ll_rw_block() 函数为其建立第一个请求项时，会让该设备的当前请求项指针 current_request 直接指向刚建立的请求项，并且立刻调用对应设备的请求项操作函数开始执行块设备读写操作。当一个块设备已经有几个请求项组成的链表存在，ll_rw_block() 就会利用电梯算法，根据磁头移动距离最小原则，把新建的请求项插入到链表适当的位置处。

另外，为满足读操作的优先权，在为建立新的请求项而搜索请求项数组时，把建立写操作时的空闲项搜索范围限制在整个请求项数组的前 2/3 范围内，而剩下的 1/3 请求项专门给读操作建立请求项使用。

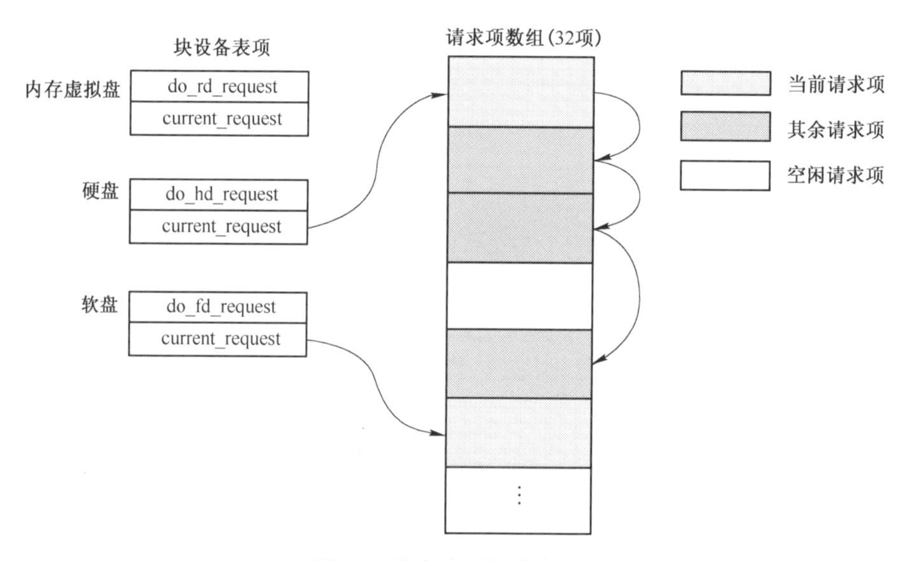

图 6-1　设备表项与请求项

6.1.2　块设备操作方式

在系统（内核）与硬盘进行 I/O 操作时，需要考虑三个对象之间的交互作用。它们是系统、设备控制器和驱动器（例如硬盘或软盘驱动器），如图 6-2 所示。系统可以直接向控制器发送命令或等待控制器发出中断请求；控制器在接收到命令后就会控制驱动器的操作，读/写数据或者进行其他操作。因此我们可以把这里控制器发出的中断信号看作是这三者之间的同步操作信号，所经历的操作步骤为：

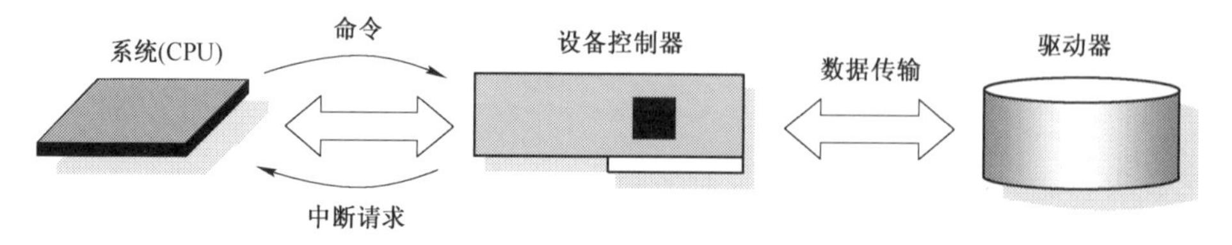

图 6-2　系统、块设备控制器和驱动器

首先系统指明控制器在执行命令结束而引发的中断过程中应该调用的 C 函数，然后向块设备控制器发送读、写、复位或其他操作命令。

当控制器完成了指定的命令，会发出中断请求信号，引发系统执行块设备的中断处理过程，并在其中调用指定的 C 函数对读/写或其他命令进行命令结束后的处理工作。

对于写盘操作，系统需要在发出了写命令后（使用 hd_out()）等待控制器给予允许向控制器写数据的响应，即需要查询等待控制器状态寄存器的数据请求服务标志 DRQ 置位。一旦 DRQ 置位，系统就可以向控制器缓冲区发送一个扇区的数据，同样也使用 hd_out() 函数。

当控制器把数据全部写入驱动器（后发生错误）以后，还会产生中断请求信号，从而在中断处理过程中执行前面预设置的 C 函数（write_intr()）。这个函数会查询是否还有数据要写。如果有，系统就再把一个扇区的数据传到控制器缓冲区中，然后再次等待控制器把数据写入驱动器后引发的中断，一直这样重复执行。如果此时所有数据都已经写入驱动器，则该 C 函数就执行本次写盘结束后的处理工作：唤醒等待该请求项有关数据的相关进程、唤醒等待请求项的进程、释放当前请求项并从链表中删除该请求项以及释放锁定的相关缓冲区。最后再调用请求项操作函数去执行下一个读/写盘请求项（若还有的话）。

对于读盘操作，系统在向控制器发送出包括需要读的扇区开始位置、扇区数量等信息的命令后，就等待控制器产生中断信号。当控制器按照读命令的要求，把指定的一扇区数据从驱动器传到了自己的缓冲区之后就会发出中断请求。从而会执行到前面为读盘操作预设置的 C 函数（read_intr()）。该函数首先把控制器缓冲区中一个扇区的数据放到系统的缓冲区中，调整系统缓冲区中当前写入位置，然后递减需读的扇区数量。若还有数据要读（递减结果值不为 0），则继续等待控制器发出下一个中断信号。若此时所有要求的扇区都已经读到系统缓冲区中，就执行与上面写盘操作一样的结束处理工作。

对于虚拟盘设备，由于它的读写操作不牵涉到与外部设备之间的同步操作，因此没有上述的中断处理过程。当前请求项对虚拟设备的读写操作完全在 do_rd_request() 中实现。

6.2 程序分析

6.2.1 blk.h 文件

这是有关硬盘块设备参数的头文件，因为只用于块设备，所以与块设备代码放在同一个地方。代码注释见文件 6-1。其中主要定义了请求等待队列中项的数据结构 request，用宏语句定义了电梯搜索算法，并对内核目前支持的虚拟盘、硬盘和软盘三种块设备，根据它们各自的主设备号分别设定了常数值。

文件 6-1 linux/kernel/blk_drv/blk.h

```
1 #ifndef _BLK_H
2 #define _BLK_H
3
4 #define NR_BLK_DEV      7        //块设备的数量。
5 /*
6  * NR_REQUEST is the number of entries in the request-queue.
7  * NOTE that writes may use only the low 2/3 of these: reads
```

```
8  * take precedence.
9  *
10 * 32 seems to be a reasonable number: enough to get some benefit
11 * from the elevator-mechanism, but not so much as to lock a lot of
12 * buffers when they are in the queue. 64 seems to be too many (easily
13 * long pauses in reading when heavy writing/syncing is going on)
14 */
 /* 下面定义的 NR_REQUEST 是请求队列中所包含的项数。注意,写操作仅使用这些项低端的 2/3;
  * 读操作优先处理。
  * 32 项好像是一个合理的数字:已经足够从电梯算法中获得好处,但当缓冲区在队列中锁住时又不显
  * 得是个很大的数。64 项就看上去太大了(当大量写/同步操作运行时很容易引起长时间的暂停) */
15 #define NR_REQUEST      32
16
17 /*
18  * Ok, this is an expanded form so that we can use the same
19  * request for paging requests when that is implemented. In
20  * paging, 'bh' is NULL, and 'waiting' is used to wait for
21  * read/write completion.
22  */
 /* 下面是 request 结构的一个扩展形式,因而当实现以后,我们就可以在分页请求中
  * 使用同样的 request 结构。在分页处理中,'bh'是 NULL,而'waiting'则用于等待读/写的完成 */
 //下面是请求队列中项的结构。其中如果 dev=-1,则表示该项没有被使用。
23 struct request {
24         int dev;                    /* -1 if no request */    //使用的设备号。
25         int cmd;                    /* READ or WRITE */       //命令(READ 或 WRITE)。
26         int errors;                                   //操作时产生的错误次数。
27         unsigned long sector;                         //起始扇区(1 块=2 扇区)。
28         unsigned long nr_sectors;                     //读/写扇区数。
29         char * buffer;                                //数据缓冲区。
30         struct task_struct * waiting;                 //任务等待操作执行完成的地方。
31         struct buffer_head * bh;                      //缓冲区头指针(include/linux/fs.h,68 行)。
32         struct request * next;                        //指向下一请求项。
33 };
34
35 /*
36  * This is used in the elevator algorithm: Note that
37  * reads always go before writes. This is natural: reads
38  * are much more time-critical than writes.
39  */    /* 下面的定义用于电梯算法:注意读操作总是在写操作之前进行。
          * 这是很自然的:读操作对时间的要求要比写严格得多。*/
40 #define IN_ORDER(s1,s2) \
41 ((s1)->cmd<(s2)->cmd || (s1)->cmd==(s2)->cmd && \
42 ((s1)->dev < (s2)->dev || ((s1)->dev == (s2)->dev && \
43 (s1)->sector < (s2)->sector)))
44 //块设备结构。
45 struct blk_dev_struct {
46         void (*request_fn)(void);                 //请求操作的函数指针。
47         struct request * current_request;         //请求信息结构。
48 };
49
50 extern struct blk_dev_struct blk_dev[NR_BLK_DEV];    //块设备数组,每种块设备占用一项。
51 extern struct request request[NR_REQUEST];           //请求队列数组。
```

```
52 extern struct task_struct * wait_for_request;       //等待请求的任务结构。
53
54 #ifdef MAJOR_NR            //主设备号。
55
56 /*
57  * Add entries as needed. Currently the only block devices
58  * supported are hard-disks and floppies.
59  * /
60 /* 需要时加入条目。目前块设备仅支持硬盘和软盘(还有虚拟盘)。* /
61 #if (MAJOR_NR == 1)  //RAM 盘的主设备号是 1。根据这里的定义可以推理内存块主设备号也为 1。
62 /* ram disk * /       /* RAM 盘(内存虚拟盘) * /
63 #define DEVICE_NAME "ramdisk"                    //设备名称 ramdisk。
64 #define DEVICE_REQUEST do_rd_request             //设备请求函数 do_rd_request()。
65 #define DEVICE_NR(device) ((device) & 7)//设备号(0~7)。
66 #define DEVICE_ON(device)                        //开启设备。虚拟盘无须开启和关闭。
67 #define DEVICE_OFF(device)                       //关闭设备。
68
69 #elif (MAJOR_NR == 2)     //软驱的主设备号是 2。
70 /* floppy * /
71 #define DEVICE_NAME "floppy"                     //设备名称 floppy。
72 #define DEVICE_INTR do_floppy                    //设备中断处理程序 do_floppy()。
73 #define DEVICE_REQUEST do_fd_request             //设备请求函数 do_fd_request()。
74 #define DEVICE_NR(device) ((device) & 3)//设备号(0~3)。
75 #define DEVICE_ON(device) floppy_on(DEVICE_NR(device))   //开启设备函数 floppyon()。
76 #define DEVICE_OFF(device) floppy_off(DEVICE_NR(device)) //关闭设备函数 floppyoff()。
77
78 #elif (MAJOR_NR == 3)     //硬盘主设备号是 3。
79 /* harddisk * /
80 #define DEVICE_NAME "harddisk"                      //硬盘名称 harddisk。
81 #define DEVICE_INTR do_hd                           //设备中断处理程序 do_hd()。
82 #define DEVICE_REQUEST do_hd_request                //设备请求函数 do_hd_request()。
83 #define DEVICE_NR(device) (MINOR(device)/5) //设备号(0~1)。每个硬盘可以有 4 个分区。
84 #define DEVICE_ON(device)                           //硬盘一直在工作,无须开启和关闭。
85 #define DEVICE_OFF(device)
86
87 #elif
88 /* unknown blk device * /  /* 未知块设备 * /
89 #error "unknown blk device"
90
91 #endif
92
93 #define CURRENT (blk_dev[MAJOR_NR].current_request) //CURRENT 为指定主设备号的当前请求结构。
94 #define CURRENT_DEV DEVICE_NR(CURRENT->dev)      //CURRENT_DEV 为 CURRENT 的设备号。
95
96 #ifdef DEVICE_INTR
97 void ( * DEVICE_INTR)(void) = NULL;
98 #endif
99 static void (DEVICE_REQUEST)(void);
100 //释放锁定的缓冲区。
101 extern inline void unlock_buffer(struct buffer_head * bh)
102 {
103       if (!bh->b_lock)                  //如果指定的缓冲区 bh 并没有被上锁,则显示警告信息。
```

```
104              printk(DEVICE_NAME ": free buffer being unlocked\n");
105      bh->b_lock=0;                   //否则将该缓冲区解锁。
106      wake_up(&bh->b_wait);           //唤醒等待该缓冲区的进程。
107 }
108 //结束请求。
109 extern inline void end_request(int uptodate)
110 {
111      DEVICE_OFF(CURRENT->dev);            //关闭设备。
112      if (CURRENT->bh) {                   //CURRENT 为指定主设备号的当前请求结构。
113              CURRENT->bh->b_uptodate = uptodate;//置更新标志。
114              unlock_buffer(CURRENT->bh);         //解锁缓冲区。
115      }
116      if (!uptodate) {                                    //如果更新标志为 0 则显示设备错误信息。
117              printk(DEVICE_NAME " I/O error\n\r");
118              printk("dev %04x, block %d\n\r",CURRENT->dev,
119                      CURRENT->bh->b_blocknr);
120      }
121      wake_up(&CURRENT->waiting);                        //唤醒等待该请求项的进程。
122      wake_up(&wait_for_request);                        //唤醒等待请求的进程。
123      CURRENT->dev = -1;                                 //释放该请求项。
124      CURRENT = CURRENT->next;                           //从请求链表中删除该请求项。
125 }
126 //定义初始化请求宏。
127 #define INIT_REQUEST \
128 repeat: \
129      if (!CURRENT) \                                    //如果当前请求结构指针为 NULL 则返回。
130              return; \
131      if (MAJOR(CURRENT->dev) != MAJOR_NR) \     //如果当前设备的主设备号不对则死机。
132              panic(DEVICE_NAME ": request list destroyed"); \
133      if (CURRENT->bh) { \
134              if (!CURRENT->bh->b_lock) \   //如果在进行请求操作时缓冲区没锁定则死机。
135                      panic(DEVICE_NAME ": block not locked"); \
136      }
137
138 #endif
139
140 #endif
```

6.2.2 hd.c 程序

hd.c 程序是硬盘控制器驱动程序,提供对硬盘控制器块设备的读写驱动和硬盘初始化处理。程序中所有函数按照功能不同可分为 5 类:

- 初始化硬盘和设置硬盘所用数据结构信息的函数,如 sys_setup()和 hd_init()。
- 向硬盘控制器发送命令的函数 hd_out()。
- 处理硬盘当前请求项的函数 do_hd_request()。
- 硬盘中断处理过程中调用的 C 函数,如 read_intr()、write_intr()、bad_rw_intr()和 recal_intr()。do_hd_request()函数也将在 read_intr()和 write_intr()中被调用。
- 硬盘控制器操作辅助函数,如 controler_ready()、drive_busy()、win_result()、hd_out()和 reset_controller()等。

sys_setup()函数利用 boot/setup.s 程序提供的信息对系统中所含硬盘驱动器的参数进行了设置。然后读取硬盘分区表,并尝试把启动引导盘上的虚拟盘根文件系统的映像文件复制到内存虚拟盘中,若成功则加载虚拟盘中的根文件系统,否则就继续执行普通根文件系统加载操作。

hd_init()函数用于在内核初始化时设置硬盘控制器中断描述符,并复位硬盘控制器中断屏蔽码,以允许硬盘控制器发送中断请求信号。

hd_out()是硬盘控制器操作命令发送函数。该函数带有一个中断过程中调用的 C 函数指针参数,在向控制器发送命令之前,它首先使用这个参数预置好中断过程中会调用的函数指针(do_hd),然后它按照规定的方式依次向硬盘控制器 0x1f0 至 0x1f7 发送命令参数块。除控制器诊断(WIN_DIAGNOSE)和建立驱动器参数(WIN_SPECIFY)两个命令以外,硬盘控制器在接收到任何其他命令并执行了命令以后,都会向 CPU 发出中断请求信号,从而引发系统去执行硬盘中断处理过程(在 system_call.s 中的 221 行)。

do_hd_request()是硬盘请求项的操作函数。其操作流程如下:

- 首先判断当前请求项是否存在,若当前请求项指针为空,则说明目前硬盘块设备已经没有待处理的请求项,因此立刻退出程序。这是在宏 INIT_REQUEST 中执行的语句。否则就继续处理当前请求项。
- 对当前请求项中指明的设备号和请求的盘起始扇区号的合理性进行验证。
- 根据当前请求项提供的信息计算请求数据的磁盘磁道号、磁头号和柱面号。
- 如果复位标志(reset)已被设置,则也设置硬盘重新校正标志(recalibrate),并对硬盘执行复位操作,向控制器重新发送"建立驱动器参数"命令(WIN_SPECIFY)。该命令不会引发硬盘中断。
- 如果重新校正标志被置位的话,就向控制器发送硬盘重新校正命令(WIN_RESTORE),并在发送之前预先设置好该命令引发的中断中需要执行的 C 函数(recal_intr()),并退出。recal_intr()函数的主要作用是:当控制器执行该命令结束并引发中断时,能重新(继续)执行本函数。
- 如果当前请求项指定是写操作,则首先设置硬盘控制器调用的 C 函数为 write_intr(),向控制器发送写操作的命令参数块,并循环查询控制器的状态寄存器,以判断请求服务标志(DRQ)是否置位。若该标志置位,则表示控制器已"同意"接收数据,于是接着就把请求项所指缓冲区中的数据写入控制器的数据缓冲区中。若循环查询超时后该标志仍然没有置位,则说明此次操作失败。于是调用 bad_rw_intr()函数,根据处理当前请求项发生的出错次数来确定是放弃继续处理当前请求项还是需要设置复位标志,以继续重新处理当前请求项。
- 如果当前请求项是读操作,则设置硬盘控制器调用的 C 函数为 read_intr(),并向控制器发送读盘操作命令。

write_intr()是在当前请求项是写操作时被设置成中断过程调用的 C 函数。控制器完成写盘命令后会立刻向 CPU 发送中断请求信号,于是在控制器写操作完成后就会立刻调用该函数。

该函数首先调用 win_result()函数,读取控制器的状态寄存器,以判断是否有错误发生。若在写盘操作时发生了错误,则调用 bad_rw_intr(),根据处理当前请求项发生的出错次数来确定是放弃继续处理当前请求项还是需要设置复位标志,以继续重新处理当前请求项。若没有发生错误,则根据当前请求项中指明的需写扇区总数,判断是否已经把此请求项要求的所有数据写盘了。若还有数据需要写盘,则再把一个扇区的数据复制到控制器缓冲区中。若数据已经全部写盘,则处理当前请求项的结束事宜:唤醒等待本请求项完成的进程、唤醒等待空闲请求项的进程(若有的话)、设置当前请求项所指缓冲区数据已更新标志、释放当前请求项(从块设备链表中删除该项)。最后继续调用 do_hd_request()函数,以继续处理硬盘设备的其他请求项。

read_intr()则是在当前请求项是读操作时被设置成中断过程中调用的 C 函数。控制器在把指定的扇区数据从硬盘驱动器读入自己的缓冲区后,就会立刻发送中断请求信号。而该函数的主要作用就是把控制器中的数据复制到当前请求项指定的缓冲区中。

与 write_intr()开始的处理方式相同,该函数首先也调用 win_result()函数,读取控制器的状态寄存器,以判断是否有错误发生。若在读盘时发生了错误,则执行与 write_intr()同样的处理过程。若没有发生任何错误,则从控制器缓冲区把一个扇区的数据复制到请求项指定的缓冲区中。然后根据当前请求项中指明的欲读扇区总数,判断是否已经读取了所有的数据。若还有数据要读,则退出,以等待下一个中断的到来。若数据已经全部获得,则处理当前请求项的结束事宜:唤醒等待当前请求项完成的进程、唤醒等待空闲请求项的进程(若有的话)、设置当前请求项所指缓冲区数据已更新标志、释放当前请求项(从块设备链表中删除该项)。最后继续调用 do_hd_request()函数,以继续处理硬盘设备的其他请求项。

为了能更清晰地看清楚硬盘读写操作的处理过程,我们可以把这些函数、中断处理过程以及硬盘控制器三者之间的执行时序关系用图 6-3 表示出来。

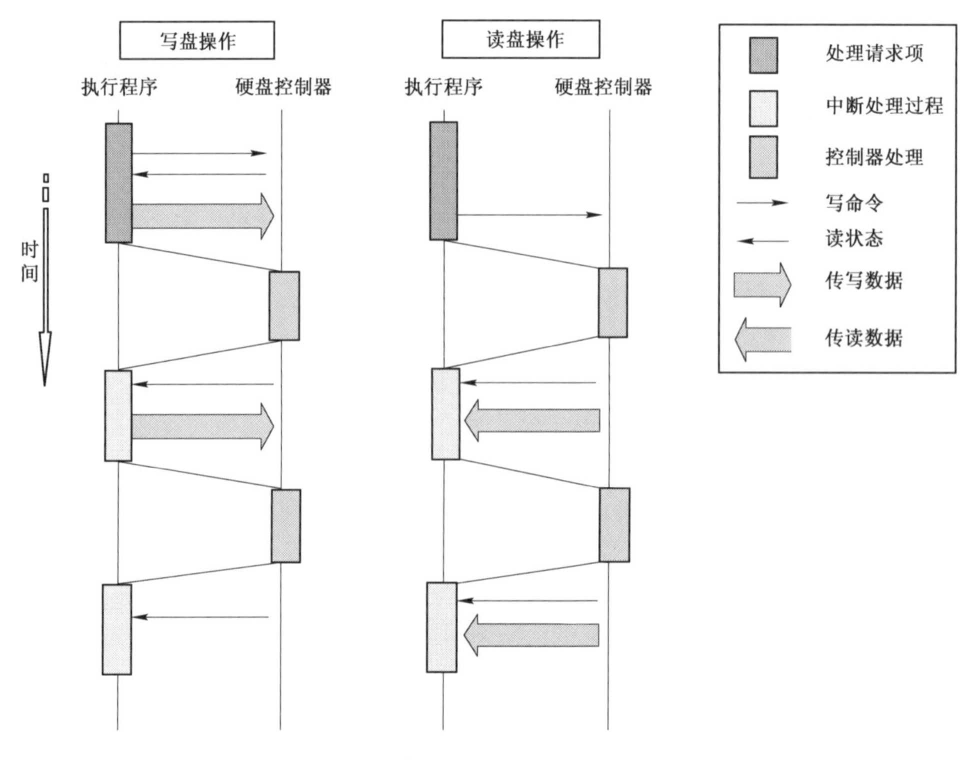

图 6-3　读/写硬盘数据的时序关系

由以上分析可以看出，本程序中最重要的 4 个函数是 hd_out()、do_hd_request()、read_intr() 和 write_intr()。理解了这 4 个函数的作用也就理解了硬盘驱动程序的操作过程。

hd.c 程序对硬盘块设备主要的读写驱动函数见文件 6-2。

文件 6-2 linux/kernel/blk_drv/hd.c

```
 7 /*
 8  * This is the low-level hd interrupt support. It traverses the
 9  * request-list, using interrupts to jump between functions. As
10  * all the functions are called within interrupts, we may not
11  * sleep. Special care is recommended.
12  *
13  *  modified by Drew Eckhardt to check nr of hd's from the CMOS.
14  */
15 /* 本程序是底层硬盘中断辅助程序。主要用于扫描请求列表,使用中断在函数之间跳转。
    * 由于所有的函数都是在中断里调用的,所以这些函数不可以睡眠。请特别注意。
    * 由 Drew Eckhardt 修改,利用 CMOS 信息检测硬盘数。*/
16 #include <linux/config.h> //内核配置头文件。定义键盘语言和硬盘类型(HD_TYPE)可选项。
17 #include <linux/sched.h>  //调度程序头文件,定义任务结构 task_struct、初始任务 0 的数据。
18 #include <linux/fs.h>     //文件系统头文件。定义文件表结构(file,buffer_head,m_inode 等)。
19 #include <linux/kernel.h> //内核头文件。含有一些内核常用函数的原型定义。
20 #include <linux/hdreg.h>  //硬盘参数头文件。定义访问硬盘寄存器端口,状态码,分区表等信息。
21 #include <asm/system.h>   //系统头文件。定义了设置或修改描述符/中断门等的嵌入式汇编宏。
22 #include <asm/io.h>       //io 头文件。定义硬件端口输入/输出宏汇编语句。
23 #include <asm/segment.h>  //段操作头文件。定义了有关段寄存器操作的嵌入式汇编函数。
24
25 #define MAJOR_NR 3        //硬盘主设备号是 3,必须在包含进 blk.h 文件之前定义。
26 #include "blk.h"          //块设备头文件。定义请求数据结构、块设备数据结构和宏函数等信息。
27
28 #define CMOS_READ(addr) ({ \  //读 CMOS 参数宏函数。
29 outb_p(0x80|addr,0x70); \
30 inb_p(0x71); \
31 })
32
33 /* Max read/write errors/sector */
34 #define MAX_ERRORS    7    //读/写一个扇区时允许的最多出错次数。
35 #define MAX_HD        2    //系统支持的最多硬盘数。
36
37 static void recal_intr(void);//硬盘中断程序在复位操作时会调用的重新校正函数(287 行)。
38
39 static int recalibrate = 1;  //重新校正标志。将磁头移动到 0 柱面。
40 static int reset = 1;        //复位标志。
41
42 /*
43  *  This struct defines the HD's and their types.
44  */   /* 下面结构定义了硬盘参数及类型 */
  //各字段分别是磁头数、每磁道扇区数、柱面数、写前预补偿柱面号、磁头着陆区柱面号、控制字节。
45 struct hd_i_struct {
46         int head,sect,cyl,wpcom,lzone,ctl;
47         };
48 #ifdef HD_TYPE    //如果已经在 include/linux/config.h 中定义了 HD_TYPE……
```

```
49 struct hd_i_struct hd_info[] = { HD_TYPE };    //取定义好的参数作为 hd_info[]的数据。
50 #define NR_HD ((sizeof (hd_info))/(sizeof (struct hd_i_struct)))   //计算硬盘数。
51 #else                   //否则,都设为 0 值。
52 struct hd_i_struct hd_info[] = { {0,0,0,0,0,0},{0,0,0,0,0,0} };
53 static int NR_HD = 0;
54 #endif
55 //定义硬盘分区结构。给出每个分区的物理起始扇区号、分区扇区总数。
   //其中 5 的倍数处的项(例如 hd[0]和 hd[5]等)代表整个硬盘中的参数。
56 static struct hd_struct {
57         long start_sect;
58         long nr_sects;
59 } hd[5*MAX_HD]={{0,0},};
60 //读端口 port,共读 nr 字,保存在 buf 中。
61 #define port_read(port,buf,nr) \
62 __asm__("cld;rep;insw"::"d" (port),"D" (buf),"c" (nr):"cx","di")
63 //写端口 port,共写 nr 字,从 buf 中取数据。
64 #define port_write(port,buf,nr) \
65 __asm__("cld;rep;outsw"::"d" (port),"S" (buf),"c" (nr):"cx","si")
66
67 extern void hd_interrupt(void);
68 extern void rd_load(void);
69 /* 下面该函数只在初始化时被调用一次。用静态变量 callable 作为可调用标志。*/
70 /* This may be used only once, enforced by 'static int callable' */
   //该函数参数由初始化程序 init/main.c 的 init()设置为指向 0x90080 处,此处存放着 setup.s 程序
   //从 BIOS 取得的 2 个硬盘的基本参数表(32B)。参数表信息参见程序后的说明。本函数主要功能是
   //读取 CMOS 和硬盘参数表信息,用于设置硬盘分区结构 hd,并加载 RAM 虚拟盘和根文件系统。
71 int sys_setup(void * BIOS)
72 {
73     static int callable = 1;
74     int i,drive;
75     unsigned char cmos_disks;
76     struct partition *p;
77     struct buffer_head * bh;
78 //初始化时 callable=1,当运行该函数时将其设置为 0,使本函数只能执行一次。
79     if (!callable)
80             return -1;
81     callable = 0;
82 #ifndef HD_TYPE                   //如果没有在 config.h 中定义硬盘参数,就从 0x90080 处读入。
83     for (drive=0 ; drive<2 ; drive++) {
84             hd_info[drive].cyl = *(unsigned short *) BIOS;         //柱面数。
85             hd_info[drive].head = *(unsigned char *) (2+BIOS);    //磁头数。
86             hd_info[drive].wpcom = *(unsigned short *) (5+BIOS);         //写前预补偿柱面号。
87             hd_info[drive].ctl = *(unsigned char *) (8+BIOS);     //控制字节。
88             hd_info[drive].lzone = *(unsigned short *) (12+BIOS);  //磁头着陆区柱面号。
89             hd_info[drive].sect = *(unsigned char *) (14+BIOS);   //每磁道扇区数。
90             BIOS += 16;        //每个硬盘的参数表长 16B,这里 BIOS 指向下一个表。
91     }
   //setup.s 程序在取 BIOS 中的硬盘参数表信息时,如果只有 1 个硬盘,就会将对应第 2 个硬盘的
   //16 B 全部清零。因此这里只要判断第 2 个硬盘柱面数是否为 0 就可以知道有没有第 2 个硬盘了。
92         if (hd_info[1].cyl)
93                 NR_HD=2;          //硬盘数置为 2。
```

```
94          else
95                  NR_HD=1;
96 #endif
   //设置每个硬盘的起始扇区号和扇区总数。其中编号 i*5 含义参见本程序后的有关说明。
97          for (i=0 ; i<NR_HD ; i++) {
98                  hd[i*5].start_sect = 0;                          //硬盘起始扇区号。
99                  hd[i*5].nr_sects = hd_info[i].head*
100                                 hd_info[i].sect*hd_info[i].cyl;//硬盘总扇区数。
101         }
102
103         /*
104                 We querry CMOS about hard disks : it could be that
105                 we have a SCSI/ESDI/etc controller that is BIOS
106                 compatable with ST-506, and thus showing up in our
107                 BIOS table, but not register compatable, and therefore
108                 not present in CMOS.
109
110                 Furthurmore, we will assume that our ST-506 drives
111                 <if any> are the primary drives in the system, and
112                 the ones reflected as drive 1 or 2.
113
114                 The first drive is stored in the high nibble of CMOS
115                 byte 0x12, the second in the low nibble.  This will be
116                 either a 4 bit drive type or 0xf indicating use byte 0x19
117                 for an 8 bit type, drive 1, 0x1a for drive 2 in CMOS.
118
119                 Needless to say, a non-zero value means we have
120                 an AT controller hard disk for that drive.
121
122
123          */
   /* 我们对 CMOS 有关硬盘的信息有些怀疑:可能会出现这样的情况,我们有一块 SCSI/ESDI 等的
    * 控制器,它是以 ST-506 方式与 BIOS 兼容的,因而会出现在我们的 BIOS 参数表中,但又不是寄
    * 存器兼容的,因此这些参数在 CMOS 中不存在。
    * 另外,我们假设 ST-506 驱动器(如果有的话)是系统中的基本驱动器,即以驱动器 1 或 2 出现
    * 的驱动器。
    * 第 1 个驱动器参数存放在 CMOS 字节 0x12 的高半字节中,第 2 个存放在低半字节中。该 4 位
    * 字节信息可以是驱动器类型,也可能仅是 0xf。0xf 表示使用 CMOS 中 0x19 字节作为驱动器 1
    * 的 8 位类型字节,使用 CMOS 中 0x1A 字节作为驱动器 2 的类型字节。
    * 总之,一个非零值意味着我们有一个 AT 控制器硬盘兼容的驱动器。 */
124 //这里根据上述原理来检测硬盘到底是不是 AT 控制器兼容的。有关 CMOS 信息可参见 4.1 节。
125         if ((cmos_disks = CMOS_READ(0x12)) & 0xf0)
126                 if (cmos_disks & 0x0f)
127                         NR_HD = 2;
128                 else
129                         NR_HD = 1;
130         else
131                 NR_HD = 0;
   //若 NR_HD=0,则两硬盘都不是 AT 兼容的,硬盘数据结构清零。若 NR_HD=1,则将第 2 个硬盘参数清零。
132         for (i = NR_HD ; i < 2 ; i++) {
133                 hd[i*5].start_sect = 0;
```

```
134                 hd[i*5].nr_sects = 0;
135         }
    //读取每一个硬盘上第1块数据(第1个扇区有用),获取其中的分区表信息。首先利用函数bread()读
    //硬盘第1块数据(fs/buffer.c,267),参数中的0x300是硬盘的主设备号(参见程序后的说明)。然后
    //根据硬盘头1个扇区位置0x1fe处的两个字节是否为'55AA'来判断该扇区中位于0x1BE开始的分区
    //表是否有效。最后将分区表信息放入硬盘分区数据结构hd中。
136         for (drive=0 ; drive<NR_HD ; drive++) {
137                 if (!(bh = bread(0x300 + drive*5,0))) {  //0x300, 0x305 逻辑设备号。
138                         printk("Unable to read partition table of drive %d\n\r",
139                                 drive);
140                         panic("");
141                 }
142                 if (bh->b_data[510] != 0x55 || (unsigned char)
143                     bh->b_data[511] != 0xAA) {      //判断硬盘信息有效标志'55AA'。
144                         printk("Bad partition table on drive %d\n\r",drive);
145                         panic("");
146                 }
147                 p = 0x1BE + (void *)bh->b_data;     //分区表位于硬盘第1扇区的0x1BE处。
148                 for (i=1;i<5;i++,p++) {
149                         hd[i+5*drive].start_sect = p->start_sect;
150                         hd[i+5*drive].nr_sects = p->nr_sects;
151                 }
152                 brelse(bh);      //释放为存放硬盘块而申请的内存缓冲区页。
153         }
154         if (NR_HD)               //如果有硬盘存在并且已读入分区表,则打印分区表正常信息。
155                 printk("Partition table%s ok.\n\r",(NR_HD>1)?"s":"");
156         rd_load();               //加载(创建)RAMDISK(kernel/blk_drv/ramdisk.c,71)。
157         mount_root();            //安装根文件系统(fs/super.c,242)。
158         return (0);
159 }
160 //判断并循环等待驱动器就绪。
    //读硬盘控制器状态寄存器端口HD_STATUS(0x1f7),并循环检测驱动器就绪比特位和控制器忙位。
161 static int controller_ready(void)
162 {
163         int retries=10000;
164 
165         while (--retries && (inb_p(HD_STATUS)&0xc0)!=0x40);
166         return (retries);        //返回等待循环的次数。
167 }
168 //检测硬盘执行命令后的状态(win_表示温切斯特硬盘的缩写)。
    //读取状态寄存器中的命令执行结果状态。返回0表示正常,1出错。如果执行命令错,则再读错误
    //寄存器HD_ERROR(0x1f1)。
169 static int win_result(void)
170 {
171         int i=inb_p(HD_STATUS);  //取状态信息。
172 
173         if ((i&(BUSY_STAT | READY_STAT | WRERR_STAT | SEEK_STAT | ERR_STAT))
174             == (READY_STAT | SEEK_STAT))
175             return(0); /* ok */
176         if (i&1) i=inb(HD_ERROR);    //若ERR_STAT置位,则读取错误寄存器。
177         return (1);
```

```
178 }
179 //向硬盘控制器发送命令块。
    //调用参数:drive-硬盘号(0~1);nsect-读写扇区数;sect-起始扇区;head-磁头号;cyl-柱面号;
    //        cmd-命令码; * intr_addr()-硬盘中断处理程序中将调用的 C 处理函数。
180 static void hd_out(unsigned int drive,unsigned int nsect,unsigned int sect,
181                 unsigned int head,unsigned int cyl,unsigned int cmd,
182                 void ( * intr_addr)(void))
183 {
184         register int port asm("dx");      //port 变量对应寄存器 dx。
185
186         if (drive>1 || head>15)           //如果驱动器号(0,1)>1 或磁头号>15,则程序不支持。
187                 panic("Trying to write bad sector");
188         if (!controller_ready())          //如果等待一段时间后仍未就绪则出错,死机。
189                 panic("HD controller not ready");
190         do_hd = intr_addr;                //do_hd 函数指针将在硬盘中断程序中被调用。
191         outb_p(hd_info[drive].ctl,HD_CMD);          //向控制寄存器(0x3f6)输出控制字节。
192         port=HD_DATA;                               //置 dx 为数据寄存器端口(0x1f0)。
193         outb_p(hd_info[drive].wpcom>>2,++port);     //参数:写预补偿柱面号(需除以 4)。
194         outb_p(nsect,++port);                       //参数:读/写扇区总数。
195         outb_p(sect,++port);                        //参数:起始扇区。
196         outb_p(cyl,++port);                         //参数:柱面号低 8 位。
197         outb_p(cyl>>8,++port);                      //参数:柱面号高 8 位。
198         outb_p(0xA0|(drive<<4)|head,++port);     //参数:驱动器号+磁头号。
199         outb(cmd,++port);                     //命令:硬盘控制命令。
200 }
201 //等待硬盘就绪。即循环等待主状态控制器忙标志位复位。若仅有就绪或寻道结束标志置位,则成
    //功,返回 0。若经过一段时间仍为忙,则返回 1。
202 static int drive_busy(void)
203 {
204         unsigned int i;
205
206         for (i =0; i < 10000; i++)                          //循环等待就绪标志位置位。
207                 if (READY_STAT == (inb_p(HD_STATUS) & (BUSY_STAT|READY_STAT)))
208                         break;
209         i = inb(HD_STATUS);                                 //再取主控制器状态字节。
210         i &= BUSY_STAT | READY_STAT | SEEK_STAT;            //检测忙位、就绪位和寻道结束位。
211         if (i == READY_STAT | SEEK_STAT)          //若仅有就绪或寻道结束标志,则返回 0。
212                 return(0);
213         printk("HD controller times out\n\r");      //否则等待超时,显示信息。并返回 1。
214         return(1);
215 }
216 //诊断复位(重新校正)硬盘控制器。
217 static void reset_controller(void)
218 {
219         int     i;
220
221         outb(4,HD_CMD);                       //向控制寄存器端口发送控制字节(4-复位)。
222         for(i = 0; i < 100; i++) nop();       //等待一段时间(循环空操作)。
223         outb(hd_info[0].ctl & 0x0f ,HD_CMD);//再发送正常的控制字节(不禁止重试、重读)。
224         if (drive_busy())                     //若等待硬盘就绪超时,则显示出错信息。
225                 printk("HD-controller still busy\n\r");
```

```
226         if ((i = inb(HD_ERROR)) != 1)          //取错误寄存器,若不等于1(无错误)则出错。
227                 printk("HD-controller reset failed: %02x\n\r",i);
228 }
229 //复位硬盘nr。首先复位(重新校正)硬盘控制器。然后发送硬盘控制器命令"建立驱动器参数",
    //其中recal_intr()是在硬盘中断处理程序中调用的重新校正处理函数。
230 static void reset_hd(int nr)
231 {
232         reset_controller();
233         hd_out(nr,hd_info[nr].sect,hd_info[nr].sect,hd_info[nr].head-1,
234                 hd_info[nr].cyl,WIN_SPECIFY,&recal_intr);
235 }
236 //意外硬盘中断调用函数。
    //发生意外硬盘中断时,硬盘中断处理程序中调用的默认C处理函数。在被调用函数指针为空时调用
    //该函数(参见kernel/system_call.s,241行)。
237 void unexpected_hd_interrupt(void)
238 {
239         printk("Unexpected HD interrupt\n\r");
240 }
241 //读写硬盘失败处理调用函数。
242 static void bad_rw_intr(void)
243 {
244         if (++CURRENT->errors >= MAX_ERRORS)      //如果读扇区时的出错次数大于或等于7次时,
245                 end_request(0);                   //则结束请求并唤醒等待该请求的进程,而且
                                                      //对应缓冲区更新标志复位(没有更新)。
246         if (CURRENT->errors > MAX_ERRORS/2)       //如果读一扇区时的出错次数已经大于3次,
247                 reset = 1;                        //则要求执行复位硬盘控制器操作。
248 }
249 //读操作中断调用函数。将在执行硬盘中断处理程序中被调用。
250 static void read_intr(void)
251 {
252         if (win_result()) {                       //若控制器忙、读写错或命令执行错,
253                 bad_rw_intr();                    //则进行读写硬盘失败处理,
254                 do_hd_request();                  //然后再次请求硬盘做相应(复位)处理。
255                 return;
256         }
257         port_read(HD_DATA,CURRENT->buffer,256);   //将数据从数据寄存器口读到请求结构缓冲。
258         CURRENT->errors = 0;                      //清出错次数。
259         CURRENT->buffer += 512;                   //调整缓冲区指针,指向新的空区。
260         CURRENT->sector++;                        //起始扇区号加1,
261         if (--CURRENT->nr_sectors) {              //如果所需读出的扇区数还没有读完,则
262                 do_hd = &read_intr;               //再次置硬盘调用C函数指针为read_intr()。
263                 return;                           //因为硬盘中断处理程序每次调用do_hd时
264         }                                         //都会将该函数指针置空。参见system_call.s。
265         end_request(1);                   //若全部扇区数据已经读完,则处理请求结束事宜,
266         do_hd_request();                  //执行其他硬盘请求操作。
267 }
268 //写扇区中断调用函数。在硬盘中断处理程序中被调用。
    //在写命令执行后,会产生硬盘中断信号,执行硬盘中断处理程序,此时在硬盘中断处理程序中调用
    //的C函数指针do_hd()已经指向write_intr(),因此会在写操作完成(或出错)后,执行该函数。
269 static void write_intr(void)
270 {
```

```
271         if (win_result()) {                     //如果硬盘控制器返回错误信息,
272               bad_rw_intr();                    //则首先进行硬盘读写失败处理,
273               do_hd_request();                  //然后再次请求硬盘做相应(复位)处理,
274               return;                           //然后返回(也退出了此次硬盘中断)。
275         }
276         if (--CURRENT->nr_sectors) {            //否则将欲写扇区数减1,若还有扇区要写,则
277               CURRENT->sector++;                //当前请求起始扇区号+1,
278               CURRENT->buffer += 512;           //调整请求缓冲区指针,
279               do_hd = &write_intr;              //置硬盘中断程序调用函数指针为write_intr(),
280               port_write(HD_DATA,CURRENT->buffer,256); //再向数据寄存器端口写256字。
281               return;                     //返回等待硬盘再次完成写操作后的中断处理。
282         }
283         end_request(1);                   //若全部扇区数据已经写完,则处理请求结束事宜,
284         do_hd_request();                  //执行其他硬盘请求操作。
285 }
286 //硬盘重新校正(复位)中断调用函数。在硬盘中断处理程序中被调用。
    //如果硬盘控制器返回错误信息,则首先进行硬盘读写失败处理,然后请求硬盘做相应(复位)处理。
287 static void recal_intr(void)
288 {
289         if (win_result())
290                 bad_rw_intr();
291         do_hd_request();
292 }
293 //执行硬盘读写请求操作。
294 void do_hd_request(void)
295 {
296         int i,r;
297         unsigned int block,dev;
298         unsigned int sec,head,cyl;
299         unsigned int nsect;
300
301         INIT_REQUEST;                //检测请求项的合法性(参见kernel/blk_drv/blk.h,127)。
    //取设备号中的子设备号(见程序后对硬盘设备号的说明)。子设备号就是硬盘上的分区号。
302         dev = MINOR(CURRENT->dev);  //CURRENT定义为(blk_dev[MAJOR_NR].current_request)。
303         block = CURRENT->sector;  //请求的起始扇区。
    //如果子设备号不存在或者起始扇区大于该分区扇区数-2,则结束该请求,并跳转到标号repeat处(定
    //义在INIT_REQUEST开始处)。因为一次要求读写2个扇区(512*2B),所以请求的扇区号不能
    //大于分区中倒数第二个扇区号。
304         if (dev >= 5*NR_HD || block+2 > hd[dev].nr_sects) {
305               end_request(0);
306               goto repeat;                //该标号在blk.h最后面。
307         }
308         block += hd[dev].start_sect;  //将所需读的块对应到整个硬盘上的绝对扇区号。
309         dev /= 5;                         //此时dev代表硬盘号(0或1)。
    //下面嵌入汇编代码用来从硬盘信息结构中根据起始扇区号和每磁道扇区数计算在磁道中的扇区号
    //(sec)、所在柱面号(cyl)和磁头号(head)。
310         __asm__("divl %4":"=a"(block),"=d"(sec):"0"(block),"1"(0),
311                 "r"(hd_info[dev].sect));
312         __asm__("divl %4":"=a"(cyl),"=d"(head):"0"(block),"1"(0),
313                 "r"(hd_info[dev].head));
314         sec++;
```

```
315         nsect = CURRENT->nr_sectors;   //欲读、写的扇区数。
316         if (reset) {                   //如果 reset 置 1,则执行复位操作。
317              reset = 0;                //复位硬盘和控制器,并置需要重新校正标志,返回。
318              recalibrate = 1;
319              reset_hd(CURRENT_DEV);
320              return;
321         }
322         if (recalibrate) {          //如果重新校正标志(recalibrate)置位,则首先复位该标志,
323              recalibrate = 0;       //然后向硬盘控制器发送重新校正命令。
324              hd_out(dev,hd_info[CURRENT_DEV].sect,0,0,0,
325                      WIN_RESTORE,&recal_intr);
326              return;
327         }
    //如果当前请求是写扇区操作,则发送写命令,循环读取状态寄存器信息并判断请求服务标志 DRQ_STAT
    //是否置位。DRQ_STAT 是硬盘状态寄存器的请求服务位(include/linux/hdreg.h,27 行)。
328         if (CURRENT->cmd == WRITE) {
329                hd_out(dev,nsect,sec,head,cyl,WIN_WRITE,&write_intr);
330                for(i=0 ; i<3000 && !(r=inb_p(HD_STATUS)&DRQ_STAT) ; i++)
331                        /* nothing */;
    //如果请求服务置位则退出循环。若等到循环结束也没有置位,则此次写硬盘操作失败,去处理下
    //一个硬盘请求。否则向硬盘控制器数据寄存器端口 HD_DATA 写入 1 个扇区的数据。
332                if (!r) {
333                        bad_rw_intr();
334                        goto repeat;    //该标号在 blk.h 最后面,即跳到 301 行。
335                }
336                port_write(HD_DATA,CURRENT->buffer,256);
    //如果当前请求是读硬盘扇区,则向硬盘控制器发送读扇区命令。
337         } else if (CURRENT->cmd == READ) {
338                hd_out(dev,nsect,sec,head,cyl,WIN_READ,&read_intr);
339         } else
340                panic("unknown hd-command");
341 }
342 //硬盘系统初始化。
343 void hd_init(void)
344 {
345         blk_dev[MAJOR_NR].request_fn = DEVICE_REQUEST;   //do_hd_request()。
346         set_intr_gate(0x2E,&hd_interrupt); //设置硬盘中断门向量 int 0x2E(46)。
347         outb_p(inb_p(0x21)&0xfb,0x21);      //复位主 8259A int2 屏蔽位,允许从片发中断信号。
348         outb(inb_p(0xA1)&0xbf,0xA1);        //复位硬盘的中断请求屏蔽位(在从片上),允许
349 }                                           //硬盘控制器发送中断请求信号。
```

1. AT 硬盘接口寄存器

AT 硬盘控制器的编程寄存器端口见表 6-3。

(1) 数据寄存器(HD_DATA,0x1f0)。这是一对 16 位高速 PIO 数据传输器,用于扇区读、写和磁道格式化操作。CPU 通过该数据寄存器向硬盘写入或从硬盘读出 1 个扇区的数据,也即要使用命令“rep outsw”或“rep insw”重复读/写 cx=256 字。

表 6-3　AT 硬盘控制器的编程寄存器端口及作用

I/O 端口	读　操　作	写　操　作
0x1f0	数据寄存器　　　——扇区数据(读、写、格式化)	
0x1f1	错误寄存器(错误状态)	写前预补偿寄存器
0x1f2	扇区数寄存器　　　——扇区数(读、写、检验、格式化)	
0x1f3	扇区号寄存器　　　——起始扇区(读、写、检验)	
0x1f4	柱面号寄存器　　　——柱面号低字节(读、写、检验、格式化)	
0x1f5	柱面号寄存器　　　——柱面号高字节(读、写、检验、格式化)	
0x1f6	驱动器/磁头寄存器——驱动器号/磁头号(101dhhhh, d=驱动器号,hhhh=磁头号)	
0x1f7	主状态寄存器	命令寄存器
0x3f6	—	硬盘控制寄存器
0x3f7	数字输入寄存器(与 1.2MB 软盘合用)	—

(2) 错误寄存器(读)/写前预补偿寄存器(写)(HD_ERROR,0x1f1)。在读时,该寄存器存放有 8 位的错误状态。但只有当主状态寄存器(HD_STATUS,0x1f7)的位 0=1 时该寄存器中的数据才有效。执行控制器诊断命令时的含义与其他命令时的不同。见表 6-4。

表 6-4　硬盘控制器错误寄存器

值	诊断命令时	其他命令时
0x01	无错误	数据标志丢失
0x02	控制器出错	磁道 0 错
0x03	扇区缓冲区错	
0x04	ECC 部件错	命令放弃
0x05	控制处理器错	
0x10		ID 未找到
0x40		ECC 错误
0x80		坏扇区

在写操作时,该寄存器即作为写前预补偿寄存器。它记录写预补偿起始柱面号。对应硬盘基本参数表位移 0x05 处的一个字,需除以 4 后输出。

(3) 扇区数寄存器(HD_NSECTOR,0x1f2)。该寄存器存放读、写、检验和格式化命令指定的扇区数。当用于多扇区操作时,每完成 1 扇区的操作该寄存器就自动减 1,直到为 0。若初值为 0,则表示传输最大扇区数 256。

(4) 扇区号寄存器(HD_SECTOR,0x1f3)。该寄存器存放读、写、检验操作命令指定的扇区号。在多扇区操作时,保存的是起始扇区号,而每完成 1 扇区的操作就自动增 1。

(5) 柱面号寄存器(HD_LCYL,HD_HCYL,0x1f4,0x1f5)。这两个柱面号寄存器分别存放有柱面号的低 8 位和高 2 位。

(6) 驱动器/磁头寄存器(HD_CURRENT,0x1f6)。该寄存器存放有读、写、检验、寻道和格式化命令指定的驱动器和磁头号。其位格式为 101dhhhh。其中 101 表示采用 ECC 校验码和每扇区为 512B;d 表示选择的驱动器(0 或 1);hhhh 表示选择的磁头。

(7) 主状态寄存器(读)/命令寄存器(写)(HD_STATUS/HD_COMMAND,0x1f7)。在读时,对应一个 8 位主状态寄存器。反映硬盘控制器在执行命令前后的操作状态。各位的含义见表 6-5。

表 6-5 硬盘控制器主状态含义

名称	数值	说明
ERR_STAT	0x01	命令执行错误
INDEX_STAT	0x02	收到索引
ECC_STAT	0x04	ECC 校验错
DRQ_STAT	0x08	请求服务，表示可传输数据
SEEK_STAT	0x10	寻道结束
WRERR_STAT	0x20	驱动器故障
READY_STAT	0x40	驱动器准备好（就绪）
BUSY_STAT	0x80	控制器忙碌

当写时，该端口对应命令寄存器，接受 CPU 发出的控制命令，共有 9 种命令，见表 6-6。

表 6-6 AT 硬盘控制器命令列表

命令名称	命令码字节					命令执行结束形式
	高 4 位	D3	D2	D1	D0	
驱动器重新校正（复位）	0x1	R	R	R	R	中断
读扇区	0x2	0	0	L	T	中断
写扇区	0x3	0	0	L	T	中断
扇区检验	0x4	0	0	0	T	中断
格式化磁道	0x5	0	0	0	0	中断
控制器初始化	0x6	0	0	0	0	中断
寻道	0x7	R	R	R	R	中断
控制器诊断	0x9	0	0	0	0	空闲/中断
建立驱动器参数	0x9	0	0	0	1	中断

表中命令码字节的低 4 位是附加参数，其含义为：

R 是步进速率。R=0，则步进速率为 35μs；R=1 为 0.5ms，以此量递增。

L 是数据模式。L=0 表示读/写扇区为 512B；L=1 表示读/写扇区为 512B 加 4B 的 ECC 码。

T 是重试模式。T=0 表示允许重试；T=1 则禁止重试。

（8）硬盘控制寄存器（写）（HD_CMD，0x3f6）。该寄存器是只写的。用于存放硬盘控制字节并控制复位操作。

2. AT 硬盘控制器编程

在对硬盘控制器进行操作控制时，需要同时发送参数和命令。其命令格式见表 6-7。首先发送 6B 的参数，最后发出 1B 的命令码。不管什么命令均需要完整输出这 7B 的命令块，依次写入端口 0x1f1～0x1f7。

表 6-7 命令格式

端口	说明
0x1f1	写预补偿起始柱面号
0x1f2	扇区数
0x1f3	起始扇区号
0x1f4	柱面号低字节
0x1f5	柱面号高字节
0x1f6	驱动器号/磁头号
0x1f7	命令码

首先 CPU 向控制寄存器端口(HD_CMD)0x3f6 输出控制字节,建立相应的硬盘控制方式。方式建立后即可按上面顺序发送参数和命令。步骤为:

1) 检测控制器空闲状态:CPU 通过读主状态寄存器,若位 7 为 0,表示控制器空闲。若在规定时间内控制器一直处于忙状态,则判为超时出错。

2) 检测驱动器就绪:CPU 判断主状态寄存器位 6 是否为 1 来看驱动器是否就绪。为 1 则可输出参数和命令。

3) 输出命令块:按顺序输出分别向对应端口输出参数和命令。

4) CPU 等待中断产生:命令执行后,由硬盘控制器产生中断请求信号(IRQ14——对应中断 int46)或置控制器状态为空闲,表明操作结束或表示请求扇区传输(多扇区读/写)。

5) 检测操作结果:CPU 再次读主状态寄存器,若位 0 等于 0 则表示命令执行成功,否则失败。若失败则可进一步查询错误寄存器(HD_ERROR)取错误码。

3. 硬盘分区表

为了实现多个操作系统共享硬盘资源,硬盘可以在逻辑上分为 1~4 个分区。每个分区之间的扇区号是邻接的。分区表由 4 个表项组成,每个表项由 16B 组成,对应一个分区的信息,存放有分区的大小和起止的柱面号、磁道号和扇区号,见表 6-8。分区表存放在硬盘的 0 柱面 0 头第 1 个扇区的 0x1be~0x1fd 处。

表 6-8 硬盘分区表结构

位　置	名　称	大　小	说　明
0x00	boot_ind	字节	引导标志。4 个分区中同时只能有一个分区是可引导的。 0x00-不从该分区引导操作系统;0x80-从该分区引导操作系统
0x01	head	字节	分区起始磁头号
0x02	sector	字节	分区起始扇区号(位 0~5)和起始柱面号高 2 位(位 6~7)
0x03	cyl	字节	分区起始柱面号低 8 位
0x04	sys_ind	字节	分区类型字节。0x0b-DOS; 0x80-Old MINIX; 0x83-Linux ...
0x05	end_head	字节	分区的结束磁头号
0x06	end_sector	字节	结束扇区号(位 0~5)和结束柱面号高 2 位(位 6~7)
0x07	end_cyl	字节	结束柱面号低 8 位
0x08~0x0b	start_sect	长字	分区起始物理扇区号
0x0c~0x0f	nr_sects	长字	分区占用的扇区数

6.2.3 ll_rw_blk.c 程序

该程序主要用于执行底层块设备读/写操作,是本章所有块设备与系统其他部分的接口程序。其他程序通过调用该程序的低级块读写函数 ll_rw_block()来读写块设备中的数据。该函数的主要功能是为块设备创建块设备读写请求项,并插入到指定块设备请求队列中。实际的读写操作则是由设备的请求项处理函数 request_fn()完成。对于硬盘操作,该函数是 do_hd_request();对于软盘操作,该函数是 do_fd_request();对于虚拟盘则是 do_rd_request()。若 ll_rw_block()为一个块设备建立起一个请求项,并通过测试块设备的当前请求项指针为空而确定设备空闲时,就会设置该新建的请求项为当前请求项,并直接调用 request_fn()对该请求项进行操作。否则就会使用电梯算法将新建的请求项插入到该设备的请求项链表中等待处理。而当 request_fn()结束对一个请求项的处理,就会把该请求项从链表中删除。

由于 request_fn()在每个请求项处理结束时,都会通过中断回调 C 函数(主要是 read_intr()

和 write_intr())再次调用 request_fn()自身去处理链表中其余的请求项,因此,只要设备的请求项链表(或者称为队列)中有未处理的请求项存在,都会陆续地被处理,直到设备的请求项链表是空为止。当请求项链表空时,request_fn()将不再向驱动器控制器发送命令,而是立刻退出。因此,对 request_fn()函数的循环调用就此结束。如图 6-4 所示。

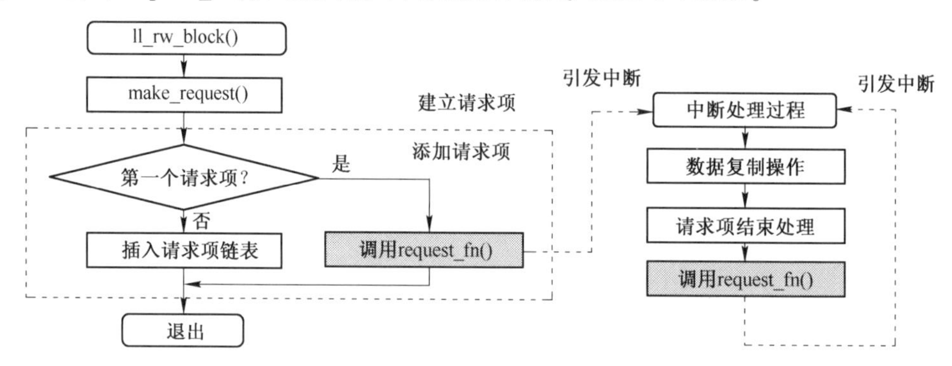

图 6-4 ll_rw_block 调用序列

对于虚拟盘设备,由于它的读写操作不牵涉到上述与外部硬件设备同步操作,因此没有上述的中断处理过程。当前请求项对虚拟设备的读写操作完全在 do_rd_request()中实现。

代码注释见文件 6-3。

文件 6-3 linux/kernel/blk_drv/ll_rw_blk. c

```
 7 /*
 8  * This handles all read/write requests to block devices
 9  */    /* 该程序处理块设备的所有读/写操作。 */
10 #include <errno.h>          //错误号头文件。包含系统中各种出错号(Linus 从 MINIX 中引进的)。
11 #include <linux/sched.h>//调度程序头文件,定义任务结构 task_struct、初始任务 0 的数据。
12 #include <linux/kernel.h>//内核头文件。含有一些内核常用函数的原型定义。
13 #include <asm/system.h> //系统头文件。定义了设置或修改描述符/中断门等的嵌入式汇编宏。
14
15 #include "blk.h"            //块设备头文件。定义请求数据结构、块设备数据结构和宏函数等信息。
16
17 /*
18  * The request-struct contains all necessary data
19  * to load a nr of sectors into memory
20  */    /* 请求结构中含有加载 nr 扇区数据到内存的所有必须的信息。   */
21 struct request request[NR_REQUEST];
22
23 /*
24  * used to wait on when there are no free requests
25  */    /* 是用于请求数组没有空闲项时的临时等待处 */
26 struct task_struct * wait_for_request = NULL;
27
28 /* blk_dev_struct is:
29  *      do_request-address
30  *      next-request
31  */
   /* blk_dev_struct 块设备结构是:(kernel/blk_drv/blk.h,23 行)
    *      do_request-address     对应主设备号的请求处理程序指针。
```

```
 *      next-request       该设备的下一个请求。   * /
 //该数组使用主设备号作为索引(下标)。
32 struct blk_dev_struct blk_dev[NR_BLK_DEV] = {
33         { NULL, NULL },         /* no_dev */    //0 -无设备。
34         { NULL, NULL },         /* dev mem */   //1 -内存。
35         { NULL, NULL },         /* dev fd */    //2 -软驱设备。
36         { NULL, NULL },         /* dev hd */    //3 -硬盘设备。
37         { NULL, NULL },         /* dev ttyx */  //4 -ttyx 设备。
38         { NULL, NULL },         /* dev tty */   //5 -tty 设备。
39         { NULL, NULL }          /* dev lp */    //6 -lp 打印机设备。
40 };
41 //锁定指定的缓冲区 bh。如果指定的缓冲区已经被其他任务锁定,则使自己睡眠(不可中断地等待),
     //直到被执行解锁缓冲区的任务明确地唤醒。
42 static inline void lock_buffer(struct buffer_head * bh)
43 {
44         cli();                          //清中断许可。
45         while (bh->b_lock)              //如果缓冲区已被锁定,则睡眠,直到缓冲区解锁。
46                 sleep_on(&bh->b_wait);
47         bh->b_lock=1;                   //立刻锁定该缓冲区。
48         sti();                          //开中断。
49 }
50 //释放(解锁)锁定的缓冲区。
51 static inline void unlock_buffer(struct buffer_head * bh)
52 {
53         if (!bh->b_lock)                //如果该缓冲区并没有被锁定,则打印出错信息。
54                 printk("ll_rw_block.c: buffer not locked\n\r");
55         bh->b_lock = 0;                 //清锁定标志。
56         wake_up(&bh->b_wait);           //唤醒等待该缓冲区的任务。
57 }
58
59 /*
60  * add-request adds a request to the linked list.
61  * It disables interrupts so that it can muck with the
62  * request-lists in peace.
63  *//* add-request()向链表中加入一项请求。它关闭中断,这样就能安全地处理请求链表了 */
 //向链表中加入请求项。参数 dev 指定块设备,req 是请求的结构信息。
64 static void add_request(struct blk_dev_struct * dev, struct request * req)
65 {
66         struct request * tmp;
67
68         req->next = NULL;
69         cli();                                      //关中断。
70         if (req->bh)
71                 req->bh->b_dirt = 0;                //清缓冲区"脏"标志。
 //如果 dev 的当前请求(current_request)子段为空,则表示目前该设备没有请求项,本次是第 1 个请
 //求项,因此可将块设备当前请求指针直接指向请求项,并立刻执行相应设备的请求函数。
72         if (!(tmp = dev->current_request)) {
73                 dev->current_request = req;
74                 sti();                  //开中断。
75                 (dev->request_fn)();   //执行设备请求函数,对于硬盘(3)是 do_hd_request()。
76                 return;
77         }
```

```
//若该设备已有请求项在等待,则首先利用电梯算法搜索最佳位置,然后将当前请求插入请求链表中。
78          for ( ; tmp->next ; tmp=tmp->next)
79                  if ((IN_ORDER(tmp,req) ||
80                      !IN_ORDER(tmp,tmp->next)) &&
81                      IN_ORDER(req,tmp->next))
82                          break;
83          req->next=tmp->next;
84          tmp->next=req;
85          sti();
86 }
87 //创建请求项并插入请求队列。参数是:主设备号 major,命令 rw,存放数据的缓冲区头指针 bh。
88 static void make_request(int major,int rw, struct buffer_head * bh)
89 {
90          struct request * req;
91          int rw_ahead;
92
93 /* WRITEA/READA is special case - it is not really needed, so if the */
94 /* buffer is locked, we just forget about it, else it's a normal read */
   /* WRITEA/READA 是特殊的情况 - 它们并不是必要的,所以如果缓冲区已经上锁, */
   /* 我们就不管它而退出,否则的话就执行一般的读/写操作。 */
   //这里'READ'和'WRITE'后面的'A'字符代表英文单词 Ahead,表示提前预读/写数据块的意思。当指定
   //的缓冲区正在使用,已被上锁时,就放弃预读/写请求。
95          if (rw_ahead = (rw == READA || rw == WRITEA)) {
96                  if (bh->b_lock)
97                          return;
98                  if (rw == READA)
99                          rw = READ;
100                 else
101                         rw = WRITE;
102         }
   //如果命令不是 READ 或 WRITE 则表示内核程序有错,显示出错信息并死机。
103         if (rw!=READ && rw!=WRITE)
104                 panic("Bad block dev command, must be R/W/RA/WA");
   //锁定缓冲区,如果缓冲区已经上锁,则当前任务(进程)就会睡眠,直到被明确地唤醒。
105         lock_buffer(bh);
   //如果命令是写并且缓冲区数据不脏,或者命令是读并且缓冲区数据是更新过的,则不用添加这个请
   //求。将缓冲区解锁并退出。
106         if ((rw == WRITE && !bh->b_dirt) || (rw == READ && bh->b_uptodate)) {
107                 unlock_buffer(bh);
108                 return;
109         }
110 repeat:
111 /* we don't allow the write-requests to fill up the queue completely:
112  * we want some room for reads: they take precedence. The last third
113  * of the requests are only for reads.
114  */
   /* 我们不能让队列中全都是写请求项:我们需要为读请求保留一些空间:读操作
    * 是优先的。请求队列的后三分之一空间是为读准备的。 */
   //请求项是从请求数组末尾开始搜索空项填入的。根据上述要求,对于读命令请求,可以直接从队列
   //末尾开始操作,而写请求则只能从队列的三分之二处向头上搜索空项填入。
115         if (rw == READ)
116                 req = request+NR_REQUEST;          //对于读请求,将队列指针指向队列尾部。
```

```
117         else
118                 req = request+((NR_REQUEST * 2)/3); //对于写请求,队列指针指向队列 2/3 处。
119 /* find an empty request */    /* 搜索一个空请求项 */
//从后向前搜索,当请求结构 request 的 dev 字段值=-1 时,表示该项未被占用。
120         while (--req >= request)
121                 if (req->dev<0)
122                         break;
123 /* if none found, sleep on new requests: check for rw_ahead */
/* 如果没有找到空闲项,则让该次新请求睡眠:需检查是否提前读/写 */
//如果没有一项是空闲的(此时 request 数组指针已经搜索越过头部),则查看此次请求是不是提前
//读/写(READA 或 WRITEA),如果是则放弃此次请求。否则让本次请求睡眠(等待请求队列腾出空项),
//过一会儿再来搜索请求队列。
124         if (req < request) {                    //如果请求队列中没有空项,则
125                 if (rw_ahead) {                 //如果是提前读/写请求,则解锁缓冲区,退出。
126                         unlock_buffer(bh);
127                         return;
128                 }
129                 sleep_on(&wait_for_request); //否则让本次请求睡眠,过会再查看请求队列。
130                 goto repeat;
131         }
132 /* fill up the request-info, and add it to the queue */
/* 向空闲请求项中填写请求信息,并将其加入队列中 */
//请求结构参见(kernel/blk_drv/blk.h,23 行)。
133         req->dev = bh->b_dev;               //设备号。
134         req->cmd = rw;                      //命令(READ/WRITE)。
135         req->errors=0;                      //操作时产生的错误次数。
136         req->sector = bh->b_blocknr<<1;     //起始扇区(1 块=2 扇区)。
137         req->nr_sectors = 2;                //读写扇区数。
138         req->buffer = bh->b_data;           //数据缓冲区。
139         req->waiting = NULL;                //任务等待操作执行完成的地方。
140         req->bh = bh;                       //缓冲区头指针。
141         req->next = NULL;                   //指向下一请求项。
142         add_request(major+blk_dev,req);     //将请求项加入队列中(blk_dev[major],req)。
143 }
144 //底层读写数据块函数。
//该函数主要是在 fs/buffer.c 中被调用。实际的读写操作是由设备的 request_fn()函数完成。
//对于硬盘操作,该函数是 do_hd_request()(kernel/blk_drv/hd.c,294 行)。
145 void ll_rw_block(int rw, struct buffer_head * bh)
146 {
147         unsigned int major;         //主设备号(对于硬盘是 3)。
148 //如果设备的主设备号不存在或者该设备的读写操作函数不存在,则显示出错信息,并返回。
149         if ((major=MAJOR(bh->b_dev)) >= NR_BLK_DEV ||
150         !(blk_dev[major].request_fn)) {
151                 printk("Trying to read nonexistent block-device\n\r");
152                 return;
153         }
154         make_request(major,rw,bh);  // 创建请求项并插入请求队列。
155 }
156 //块设备初始化函数,由初始化程序 main.c 调用(init/main.c,128 行)。
//初始化请求数组,将所有请求项置为空闲项(dev = -1)。有 32 项(NR_REQUEST = 32)。
157 void blk_dev_init(void)
158 {
```

```
159         int i;
160
161         for (i=0 ; i<NR_REQUEST ; i++) {
162                 request[i].dev = -1;
163                 request[i].next = NULL;
164         }
165 }
```

6.2.4 ramdisk.c 程序

内存虚拟盘驱动程序,由 Theodore Ts'o 编制。其代码注释见文件 6-4。

若在 linux/Makefile 文件中指定了 RAMDISK,则表示在引导启动盘上从第 256 磁盘块开始处会存放着根文件系统映像文件。在初始化时系统会在内存中划出一部分供虚拟盘操作使用,其大小由 RAMDISK 指定(千字节)。在进行正常的根文件系统加载之前,系统会执行 rd_load()函数,试图从磁盘的第 257 块中读取根文件系统超级块。若成功,就把该根文件映像文件读到内存虚拟盘中,并把根文件系统设备标志 ROOT_DEV 设置为虚拟盘设备(0x0101),否则退出 rd_load(),系统继续从别的设备上执行根文件加载操作。

文件 6-4 linux/kernel/blk_drv/ramdisk.c

```
 1 /*
 2  *   linux/kernel/blk_drv/ramdisk.c
 3  *
 4  *   Written by Theodore Ts'o, 12/2/91
 5  */    /* 由 Theodore Ts'o 编制,12/2/91    */
 6 //Theodore Ts'o 是 Linux 社区中的著名人物。Linux 在世界范围内的流行也有他很大的功劳,早在 Linux 系
   //统刚问世时,他就怀着极大的热情为 Linux 的发展提供了邮件列表服务,并在北美洲地区最早设立了 Linux
   //的 ftp 站点(tsx-11.mit.edu),而且至今仍在为用户提供服务。他对 Linux 做出的最大贡献之一是提出
   //并实现了 ext2 文件系统。该文件系统现已成为 Linux 中事实上的标准文件系统。最近他又推出了 ext3
   //文件系统,大大提高了文件系统的稳定性和访问效率。为了表示对他的推崇,Linuxjournal 期刊第 97
   //期将他作为了封面人物,并对他进行了采访。目前,他为 IBM Linux 技术中心工作,并从事有关 LSB (Linux
   //Standard Base)等方面的工作。(主页 http://thunk.org/tytso/)
 7 #include <string.h>         //字符串头文件。主要定义了一些有关字符串操作的嵌入函数。
 8
 9 #include <linux/config.h>//内核配置头文件。定义键盘语言和硬盘类型(HD_TYPE)可选项。
10 #include <linux/sched.h> //调度程序头文件,定义任务结构 task_struct、初始任务 0 的数据。
11 #include <linux/fs.h>     //文件系统文件。定义文件表结构(file,buffer_head,m_inode 等)。
12 #include <linux/kernel.h>//内核头文件。含有一些内核常用函数的原型定义。
13 #include <asm/system.h>  //系统头文件。定义了设置或修改描述符/中断门等的嵌入式汇编宏。
14 #include <asm/segment.h> //段操作头文件。定义了有关段寄存器操作的嵌入式汇编函数。
15 #include <asm/memory.h>  //内存拷贝头文件。含有 memcpy()嵌入式汇编宏函数。
16
17 #define MAJOR_NR 1          //内存主设备号是 1。
18 #include "blk.h"
19
20 char     *rd_start;         //虚拟盘在内存的起始位置。在 52 行初始化函数 rd_init()中确定。
21 int      rd_length = 0;     //虚拟盘所占内存大小(字节)。
22 //执行虚拟盘(ramdisk)读写操作。程序结构与 do_hd_request()类似(blk_drv/hd.c,294 行)。
23 void do_rd_request(void)
24 {
```

```
25         int     len;
26         char     *addr;
27 //检测请求的合法性(参见 kernel/blk_drv/blk.h,127 行)。
28         INIT_REQUEST;
  //下面语句取得 ramdisk 的起始扇区对应的内存起始位置和内存长度。
  //其中 sector << 9 表示 sector * 512,CURRENT 定义为(blk_dev[MAJOR_NR].current_request)。
29         addr = rd_start + (CURRENT->sector << 9);
30         len = CURRENT->nr_sectors << 9;
  //如果子设备号不为 1 或者对应内存起始位置>虚拟盘末尾,则结束该请求,并跳转到 repeat 处
  //(定义在 28 行的 INIT_REQUEST 内开始处)。
31         if ((MINOR(CURRENT->dev) != 1) || (addr+len > rd_start+rd_length)) {
32                 end_request(0);
33                 goto repeat;
34         }
35         if (CURRENT-> cmd == WRITE) {     //若是写命令(WRITE),则将请求项中缓冲区
36                 (void ) memcpy(addr,      //的内容复制到 addr 处,长度为 len 字节。
37                                CURRENT->buffer,
38                                len);
39         } else if (CURRENT->cmd == READ) {      //若是读命令(READ),则将 addr 开始的内容
40                 (void) memcpy(CURRENT->buffer, //复制到请求项中缓冲中,长度为 len 字节。
41                                addr,
42                                len);
43         } else                                  //否则显示命令不存在,死机。
44                 panic("unknown ramdisk-command");
45         end_request(1);   //请求项成功后处理,置更新标志。并继续处理本设备的下一请求项。
46         goto repeat;
47 }
48
49 /*
50  * Returns amount of memory which needs to be reserved.
51  */    /* 返回内存虚拟盘 ram disk 所需的内存量 */
  //虚拟盘初始化函数。确定虚拟盘在内存中的起始地址、长度。并对整个虚拟盘区清零。
52 long rd_init(long mem_start, int length)
53 {
54         int     i;
55         char     *cp;
56
57         blk_dev[MAJOR_NR].request_fn = DEVICE_REQUEST;  //do_rd_request()。
58         rd_start = (char *) mem_start;
59         rd_length = length;
60         cp = rd_start;
61         for (i=0; i < length; i++)
62                 *cp++ ='\0';
63         return(length);
64 }
65
66 /*
67  * If the root device is the ram disk, try to load it.
68  * In order to do this, the root device is originally set to the
69  * floppy, and we later change it to be ram disk.
70 */
  /* 如果根文件系统设备(root device)是 ram disk 的话,则尝试加载它。root device 原先是指向
```

```
 * 软盘的,我们将它改成指向 ramdisk。*/
//加载根文件系统到 ramdisk。
71 void rd_load(void)
72 {
73         struct buffer_head *bh;          //高速缓冲块头指针。
74         struct super_block      s;       //超级块数据结构。
75         int             block = 256;    /* Start at block 256 */
76         int             i = 1;   /* 表示根文件系统映像文件在 boot 盘第 256 磁盘块开始处 */
77         int             nblocks;
78         char             *cp;            /* Move pointer */
79 
80         if (!rd_length)                  //如果 ramdisk 的长度为零,则退出。
81                 return;
82         printk("Ram disk: %d bytes, starting at 0x%x\n", rd_length,
83                 (int) rd_start);     //显示 ramdisk 的大小以及内存起始位置。
84         if (MAJOR(ROOT_DEV) != 2)   //如果此时根文件设备不是软盘,则退出。
85                 return;
//读软盘块 256+1,256,256+2。breada()用于读取指定的数据块,并标出还需要读的块,然后返回含
//有数据块的缓冲区指针。如果返回 NULL,则表示数据块不可读(fs/buffer.c,322 行)。这里 block+1
//是指磁盘上的超级块。
86         bh = breada(ROOT_DEV,block+1,block,block+2,-1);
87         if (!bh) {
88                 printk("Disk error while looking for ramdisk! \n");
89                 return;
90         }
//s 复制缓冲区中的磁盘超级块(d_super_block 磁盘中超级块结构)。
91         *((struct d_super_block *) &s) = *((struct d_super_block *) bh->b_data);
92         brelse(bh);
93         if (s.s_magic != SUPER_MAGIC)     //如果超级块中魔数不对,则说明不是 MINIX 文件系统。
94                             /* No ram disk image present, assume normal floppy boot */
95                 return;     /* 磁盘中没有 ram disk 映像文件,退出执行通常的软盘引导 */
//块数 = 逻辑块数(区段数) * 2^(每区段块数的幂)。如果数据块数大于内存中虚拟盘所能容纳的
//块数,则不能加载,显示出错信息并返回。否则显示加载数据块信息。
96         nblocks = s.s_nzones << s.s_log_zone_size;
97         if (nblocks > (rd_length >> BLOCK_SIZE_BITS)) {
98                 printk("Ram disk image too big!  (%d blocks, %d avail)\n",
99                         nblocks, rd_length >> BLOCK_SIZE_BITS);
100                return;
101        }
102        printk("Loading %d bytes into ram disk... 0000k",
103                nblocks << BLOCK_SIZE_BITS);
104        cp = rd_start;     //cp 指向虚拟盘起始处,然后将磁盘上根系统映像文件复制到虚拟盘上。
105        while (nblocks) {
106                if (nblocks > 2)   //如果需读取的块数多于 3 块则采用超前预读方式读数据块。
107                        bh = breada(ROOT_DEV, block, block+1, block+2, -1);
108                else                  //否则就单块读取。
109                        bh = bread(ROOT_DEV, block);
110                if (!bh) {
111                        printk("I/O error on block %d, aborting load\n",
112                                block);
113                        return;
```

```
114             }
115             (void) memcpy(cp, bh->b_data, BLOCK_SIZE); //将缓冲区中的数据复制到 cp 处。
116             brelse(bh);                                //释放缓冲区。
117             printk("\010\010\010\010\010%4dk",i);     //打印加载块计数值。
118             cp += BLOCK_SIZE;                          //虚拟盘指针前移。
119             block++;
120             nblocks--;
121             i++;
122     }
123     printk("\010\010\010\010\010done \n");
124     ROOT_DEV=0x0101;                       //修改 ROOT_DEV 使其指向虚拟盘 ramdisk。
125 }
```

6.2.5 floppy.c 程序

本程序(见文件 6-5)是软盘控制器驱动程序。与其他块设备驱动程序一样,该程序也以请求项操作函数 do_fd_request()为主,执行对软盘上数据的读写操作。

考虑到软盘驱动器在不工作时电动机通常不转,所以在实际能对驱动器中的软盘进行读写操作之前,我们需要等待电动机起动并达到正常的运行速度。与计算机的运行速度相比,这段时间较长,通常需要 0.5s 左右。

另外,当对一个磁盘的读写操作完毕,我们也需要让驱动器停止转动,以减少对磁盘表面的摩擦。但我们也不能在对磁盘操作完后就立刻让它停止转动。因为,可能马上又需要对其进行读写操作。因此,在一个驱动器没有操作后还是需要让驱动器空转一段时间,以等待可能到来的读写操作。若驱动器在一个较长时间内都没有操作,则程序让它停止转动。这段维持旋转的时间可设定在大约 3s 左右。

当一个磁盘的读写操作发生错误,或某些其他情况导致一个驱动器的电动机没有被关闭。此时我们也需要让系统在一定时间之后自动将其关闭。Linus 在程序中把这个延时值设定在 100s。

由此可见,在对软盘驱动器进行操作时会用到很多延时(定时)操作。因此在该驱动程序中涉及较多的定时处理函数。还有几个与定时处理关系比较密切的函数被放在了 kernel/sched.c 中(201~262 行)。这是软盘驱动程序与硬盘驱动程序之间的最大区别,也是软盘驱动程序比硬盘驱动程序复杂的原因。

虽然本程序比较复杂,但对软盘读写操作的工作原理却与其他块设备是一样的。本程序也是使用请求项和请求项链表结构来处理所有对软盘的读写操作。因此请求项操作函数 do_fd_request()仍然是本程序中的重要函数之一。在阅读时应该以该函数为主线展开。另外,软盘控制器的使用比较复杂,其中涉及很多控制器的执行状态和标志。因此在阅读时,还需要频繁地参考程序后的有关说明以及本程序的头文件 include/linux/fdreg.h。该文件定义了所有软盘控制器参数常量,并说明了这些常量的含义。

floppy.c 是软盘控制器驱动程序,见文件 6-5。其工作原理可参见硬盘的驱动程序 hd.c。

```
 7 /*
 8  * 02.12.91 -Changed to static variables to indicate need for reset
 9  * and recalibrate. This makes some things easier (output_byte reset
10  * checking etc), and means less interrupt jumping in case of errors,
11  * so the code is hopefully easier to understand.
12  */
13 /* 02.12.91 -修改成静态变量,以适应复位和重新校正操作。这使得某些事情做起来较为方便
   * (output_byte 复位检查等),并且意味着在出错时中断跳转要少些,所以希望代码能更容易被理
   解。*/
14 /*
15  * This file is certainly a mess. I've tried my best to get it working,
16  * but I don't like programming floppies, and I have only one anyway.
17  * Urgel. I should check for more errors, and do more graceful error
18  * recovery. Seems there are problems with several drives. I've tried to
19  * correct them. No promises.
20  */
21 /* 这个文件当然比较混乱。我已经尽我所能使其能够工作,但我不喜欢软驱编程,而且我也只有一
   * 个软驱。另外,我应该做更多的查错工作,以及改正更多的错误。对于某些软盘驱动器好像还存
   * 在一些问题。我已经尝试着进行纠正了,但不能保证问题已消失。*/
22 /*
23  * As with hd.c, all routines within this file can (and will) be called
24  * by interrupts, so extreme caution is needed. A hardware interrupt
25  * handler may not sleep, or a kernel panic will happen. Thus I cannot
26  * call "floppy-on" directly, but have to set a special timer interrupt
27  * etc.
28  *
29  * Also, I'm not certain this works on more than 1 floppy. Bugs may
30  * abund.
31  */
32 /* 如同 hd.c 文件一样,该文件中的所有子程序都能够被中断调用,所以需要特别地小心。硬件
   * 中断处理程序是不能睡眠的,否则内核就会傻掉(死机)。因此不能直接调用"floppy-on",而
   * 只能设置一个特殊的时间中断等。
   * 另外,我不能保证该程序能在多于 1 个软驱的系统上工作,有可能存在错误。*/
33 #include <linux/sched.h>   //调度程序头文件,定义任务结构 task_struct、初始任务 0 的数据。
34 #include <linux/fs.h>      //文件头文件。定义文件表结构(file,buffer_head,m_inode 等)。
35 #include <linux/kernel.h>  //内核头文件。含有一些内核常用函数的原型定义。
36 #include <linux/fdreg.h>   //软驱头文件。含有软盘控制器参数的一些定义。
37 #include <asm/system.h>    //系统头文件。定义了设置或修改描述符/中断门等的嵌入式汇编宏。
38 #include <asm/io.h>        //io 头文件。定义硬件端口输入/输出宏汇编语句。
39 #include <asm/segment.h>   //段操作头文件。定义了有关段寄存器操作的嵌入式汇编函数。
40
41 #define MAJOR_NR 2         //软驱的主设备号是 2。
42 #include "blk.h"           //块设备头文件。定义请求数据结构、块设备结构和宏函数等信息。
43
44 static int recalibrate = 0;        //标志:需要重新校正。
45 static int reset = 0;              //标志:需要进行复位操作。
46 static int seek = 0;               //寻道。
47
48 extern unsigned char current_DOR;  //当前数字输出寄存器(Digital Output Register)。
49
50 #define immoutb_p(val,port) \      //字节直接输出(嵌入汇编语言宏)。
```

```
51 __asm__("outb %0,%1\n\tjmp 1f\n1:\tjmp 1f\n1:"::"a"((char)(val)),"i"(port))
52 //这两个定义用于计算软驱的设备号。次设备号 = TYPE*4 + DRIVE。计算方法参见程序后。
53 #define TYPE(x) ((x)>>2)            //软驱类型(2——1.2MB,7——1.44MB)。
54 #define DRIVE(x) ((x)&0x03)         //软驱序号(0~3 对应 A~D)。
55 /*
56  * Note that MAX_ERRORS=8 doesn't imply that we retry every bad read
57  * max 8 times - some types of errors increase the errorcount by 2,
58  * so we might actually retry only 5-6 times before giving up.
59  */
  /* 注意,下面定义 MAX_ERRORS=8 并不表示对每次读错误尝试最多 8 次,有些类型
   * 的错误将把出错计数值乘 2,所以我们实际上在放弃操作之前只需尝试 5~6 遍即可。   */
60 #define MAX_ERRORS 8
61
62 /*
63  * globals used by 'result()'
64  */   /* 下面是函数'result()'使用的全局变量 */
  //这些状态字节中各比特位的含义请参见 include/linux/fdreg.h 头文件。
65 #define MAX_REPLIES 7                           //FDC 最多返回 7B 的结果信息。
66 static unsigned char reply_buffer[MAX_REPLIES]; //存放 FDC 返回的结果信息。
67 #define ST0 (reply_buffer[0])                   //返回结果状态字节 0。
68 #define ST1 (reply_buffer[1])                   //返回结果状态字节 1。
69 #define ST2 (reply_buffer[2])                   //返回结果状态字节 2。
70 #define ST3 (reply_buffer[3])                   //返回结果状态字节 3。
71
72 /*
73  * This struct defines the different floppy types. Unlike minix
74  * linux doesn't have a "search for right type"-type, as the code
75  * for that is convoluted and weird. I've got enough problems with
76  * this driver as it is.
77  *
78  * The 'stretch' tells if the tracks need to be boubled for some
79  * types (ie 360kB diskette in 1.2MB drive etc). Others should
80  * be self-explanatory.
81  */
  /* 下面的软盘结构定义了不同的软盘类型。与 MINIX 不同的是,Linux 没有"搜索正确的类型"类型,
   * 因为对其处理的代码令人费解。本程序已经让我遇到了许多问题了。
   * 对某些类型的软盘(例如在 1.2MB 驱动器中的 360KB 软盘等),'stretch'用于检测磁道是否需要特
   * 殊处理。其他参数应该是很容易理解的。 */
  //软盘参数有:size-大小(扇区数);sect-每磁道扇区数;head-磁头数;track-磁道数;stretch-对磁
  //道是否要特殊处理;gap-扇区间隙长度(字节数);rate-数据传输速率;spec1-参数(高 4 位步进
  //速率,低四位磁头卸载时间)。
82 static struct floppy_struct {
83         unsigned int size, sect, head, track, stretch;
84         unsigned char gap,rate,spec1;
85 } floppy_type[] = {
86         {    0, 0,0, 0,0,0x00,0x00,0x00 },     /* no testing */
87         {  720, 9,2,40,0,0x2A,0x02,0xDF },     /* 360KB PC diskettes */
88         { 2400,15,2,80,0,0x1B,0x00,0xDF },     /* 1.2 MB AT-diskettes */
89         {  720, 9,2,40,1,0x2A,0x02,0xDF },     /* 360KB in 720KB drive */
90         { 1440, 9,2,80,0,0x2A,0x02,0xDF },     /* 3.5" 720KB diskette */
91         {  720, 9,2,40,1,0x23,0x01,0xDF },     /* 360KB in 1.2MB drive */
92         { 1440, 9,2,80,0,0x23,0x01,0xDF },     /* 720KB in 1.2MB drive */
```

```
93         { 2880,18,2,80,0,0x1B,0x00,0xCF },     /* 1.44MB diskette */
94 };
95 /*
96  * Rate is 0 for 500kb/s, 1 for 300kbps, 2 for 250kbps
97  * Spec1 is 0xSH, where S is stepping rate (F=1ms, E=2ms, D=3ms etc),
98  * H is head unload time (1=16ms, 2=32ms, etc)
99  *
100  * Spec2 is (HLD<<1 | ND), where HLD is head load time (1=2ms, 2=4 ms etc)
101  * and ND is set means no DMA. Hardcoded to 6 (HLD=6ms, use DMA).
102  */
   /* 上面速率 rate:0 表示 500KB/s,1 表示 300KB/s,2 表示 250KB/s。参数 spec1 是 0xSH,
    * 其中 S 是步进速率(F=1ms,E=2ms,D=3ms 等),H 是磁头卸载时间(1=16ms,2=32ms 等)
    * spec2 是(HLD<<1 | ND),其中 HLD 是磁头加载时间(1=2ms,2=4ms 等)
    * ND 置位表示不使用 DMA(No DMA),在程序中硬编码成 6(HLD=6ms,使用 DMA)。  */
103
104 extern void floppy_interrupt(void);      //system_call.s 文件中软驱中断过程标号。
105 extern char tmp_floppy_area[1024];       //bot/head.s 文件第 132 行处定义的软盘缓冲区。
106
107 /*
108  * These are global variables, as that's the easiest way to give
109  * information to interrupts. They are the data used for the current
110  * request.
111  */ /* 下面是全局变量,因为这是将信息传给中断程序最简单的方式。它们用于当前请求的数据。*/
112 static int cur_spec1 = -1;
113 static int cur_rate = -1;
114 static struct floppy_struct * floppy = floppy_type;
115 static unsigned char current_drive = 0;
116 static unsigned char sector = 0;
117 static unsigned char head = 0;
118 static unsigned char track = 0;
119 static unsigned char seek_track = 0;
120 static unsigned char current_track = 255;
121 static unsigned char command = 0;
122 unsigned char selected = 0;
123 struct task_struct * wait_on_floppy_select = NULL;
124 //释放(取消选定的)软驱。数字输出寄存器(DOR)的低 2 位用于指定选择的软驱(0~3 对应 A~D)。
125 void floppy_deselect(unsigned int nr)
126 {
127         if (nr != (current_DOR & 3))
128                 printk("floppy_deselect: drive not selected\n\r");
129         selected = 0;
130         wake_up(&wait_on_floppy_select);
131 }
132
133 /*
134  * floppy-change is never called from an interrupt, so we can relax a bit
135  * here, sleep etc. Note that floppy-on tries to set current_DOR to point
136  * to the desired drive, but it will probably not survive the sleep if
137  * several floppies are used at the same time: thus the loop.
138  */
   /* floppy-change()不是从中断程序中调用的,所以这里我们可以轻松一下,例如睡觉。
    * 注意 floppy-on()会尝试设置 current_DOR 指向所需的驱动器,但当同时使用几个
```

```
   * 软盘时不能睡眠:因此此时只能使用循环方式。* /
  //检测指定软驱中软盘更换情况。如果软盘更换了则返回 1,否则返回 0。
139 int floppy_change(unsigned int nr)
140 {
141 repeat:
142         floppy_on(nr);              //开启指定软驱 nr(kernel/sched.c,251 行)。
  //若当前选择的软驱不是指定软驱 nr,且已经选择了其他软驱,则让当前任务进入可中断等待状态。
143         while ((current_DOR & 3) != nr && selected)
144                 interruptible_sleep_on(&wait_on_floppy_select);
  //若当前没有选择其他软驱或者当前任务被唤醒时,当前软驱仍然不是指定的软驱 nr,则循环等待。
145         if ((current_DOR & 3) != nr)
146                 goto repeat;
  //取数字输入寄存器值,如果最高位(位 7)置位,则表示软盘已更换,此时关闭电动机并退出返回 1。
  //否则关闭电动机退出返回 0。
147         if (inb(FD_DIR) & 0x80) {
148               floppy_off(nr);
149               return 1;
150         }
151         floppy_off(nr);
152         return 0;
153 }
154 //复制内存缓冲块。
155 #define copy_buffer(from,to) \
156 __asm__("cld ; rep ; movsl" \
157         ::"c" (BLOCK_SIZE/4),"S" ((long)(from)),"D" ((long)(to)) \
158         :"cx","di","si")
159 //设置(初始化)软盘 DMA 通道。
160 static void setup_DMA(void)
161 {
162         long addr = (long) CURRENT->buffer;  //当前请求项缓冲区所处内存中位置(地址)。
163
164         cli();
  //如果缓冲区处于内存 1MB 以上的地方,则将 DMA 缓冲区设在临时缓冲区域(tmp_floppy_area 数组),
  //因为 8237A 芯片只能在 1MB 地址范围内寻址。如果是写盘命令,则还需将数据复制到该临时区域。
165         if (addr >= 0x100000) {
166                 addr = (long) tmp_floppy_area;
167                 if (command == FD_WRITE)
168                         copy_buffer(CURRENT->buffer,tmp_floppy_area);
169         }
170 /* mask DMA 2 * /   /* 屏蔽 DMA 通道 2 * /
  //单通道屏蔽寄存器端口为 0x10。位 0-1 指定 DMA 通道(0~3),位 2:1 表示屏蔽,0 表示允许请求。
171         immoutb_p(4|2,10);
172 /* output command byte. I don't know why, but everyone (minix, * /
173 /* sanches & canton) output this twice, first to 12 then to 11 输出 * /
  /* 命令字节。我是不知道为什么,但是每个人(minix,sanches 和 canton) * /
  /* 都输出两次,首先是 12 口,然后是 11 口 * /
  //下面嵌入汇编代码向 DMA 控制器端口 12 和 11 写方式字(读盘 0x46,写盘 0x4A)。
174         __asm__("outb %%al, $12 \n \tjmp 1f \n1: \tjmp 1f \n1: \t"
175         "outb %%al, $11 \n \tjmp 1f \n1: \tjmp 1f \n1:"::
176         "a" ((char) ((command == FD_READ)? DMA_READ:DMA_WRITE)));
177 /* 8 low bits of addr * /       /* 地址低 0~7 位 * /
178         immoutb_p(addr,4);     //向 DMA 通道 2 写入基/当前地址寄存器(端口 4)。
```

```
179         addr >>= 8;
180 /* bits 8-15 of addr */        /* 地址高 8~15 位 */
181         immoutb_p(addr,4);
182         addr >>= 8;
183 /* bits 16-19 of addr */       /* 地址 16~19 位 */
    //DMA 只可以在 1MB 内存空间内寻址,其高 16~19 位地址需放入页面寄存器(端口 0x81)。
184         immoutb_p(addr,0x81);
185 /* low 8 bits of count-1 (1024-1=0x3ff) */   /* 计数器低 8 位(1024-1=0x3ff) */
186         immoutb_p(0xff,5);      //向 DMA 通道 2 写入基/当前字节计数器值(端口 5)。
187 /* high 8 bits of count-1 */   /* 计数器高 8 位 */
188         immoutb_p(3,5);         //一次共传输 1024B(两个扇区)。
189 /* activate DMA 2 */           /* 开启 DMA 通道 2 的请求 */
190         immoutb_p(0|2,10);      //复位对 DMA 通道 2 的屏蔽,开放 DMA2 请求 DREQ 信号。
191         sti();
192 }
193 //向软盘控制器输出一个字节数据(命令或参数)。
194 static void output_byte(char byte)
195 {
196         int counter;
197         unsigned char status;
198 
199         if (reset)
200                 return;
    //循环读取主状态控制器 FD_STATUS(0x3f4)的状态。如果状态是 STATUS_READY 并且 STATUS_DIR=0
    //(CPU→FDC),则向数据端口输出指定字节。
201         for(counter = 0 ; counter < 10000 ; counter++) {
202                 status = inb_p(FD_STATUS) & (STATUS_READY | STATUS_DIR);
203                 if (status == STATUS_READY) {
204                         outb(byte,FD_DATA);
205                         return;
206                 }
207         }
208         reset = 1;     //如果到循环 1 万次结束还不能发送,则置复位标志,并打印出错信息。
209         printk("Unable to send byte to FDC\n\r");
210 }
211 //读取 FDC 执行的结果信息。
    //结果信息最多 7B,存放在 reply_buffer[]中。返回读入的结果字节数,若返回值=-1 表示出错。
212 static int result(void)
213 {
214         int i = 0, counter, status;
215 
216         if (reset)
217                 return -1;
218         for (counter = 0 ; counter < 10000 ; counter++) {
219                 status = inb_p(FD_STATUS)&(STATUS_DIR|STATUS_READY|STATUS_BUSY);
220                 if (status == STATUS_READY)
221                         return i;
222                 if (status == (STATUS_DIR|STATUS_READY|STATUS_BUSY)) {
223                         if (i >= MAX_REPLIES)
224                                 break;
225                         reply_buffer[i++] = inb_p(FD_DATA);
226                 }
```

```
227         }
228         reset = 1;
229         printk("Getstatus times out\n\r");
230         return -1;
231 }
232 //软盘操作出错中断调用函数。由软驱中断处理程序调用。
233 static void bad_flp_intr(void)
234 {
235         CURRENT->errors++;          //当前请求项出错次数增 1。
    //如果当前请求项出错次数大于最大允许出错次数,则取消选定当前软驱,并结束该请求项(不更新)。
236         if (CURRENT->errors > MAX_ERRORS) {
237                 floppy_deselect(current_drive);
238                 end_request(0);
239         }
    //如果当前请求项出错次数大于最大允许出错次数的一半,则置复位标志,需对软驱进行复位操作,
    //然后再试。否则软驱需重新校正一下再试。
240         if (CURRENT->errors > MAX_ERRORS/2)
241                 reset = 1;
242         else
243                 recalibrate = 1;
244 }
245
246 /*
247  * Ok, this interrupt is called after a DMA read/write has succeeded,
248  * so we check the results, and copy any buffers.
249  */
    /* 下面该中断处理函数是在 DMA 读/写成功后调用的,这样我们就可以检查执行结果,
     * 并复制缓冲区中的数据。*/
    //软盘读写操作成功中断调用函数。
250 static void rw_interrupt(void)
251 {
    //如果返回结果字节数不等于 7,或者状态字节 0、1 或 2 中存在出错标志,若是写保护就显示出错
    //信息,释放当前驱动器,并结束当前请求项。否则执行出错计数处理。然后继续执行软盘请求操作。
    //( 0xf8 = ST0_INTR | ST0_SE | ST0_ECE | ST0_NR )
    //( 0xbf = ST1_EOC | ST1_CRC | ST1_OR | ST1_ND | ST1_WP | ST1_MAM,应该是 0xb7)
    //( 0x73 = ST2_CM | ST2_CRC | ST2_WC | ST2_BC | ST2_MAM )
252         if (result() != 7 || (ST0 & 0xf8) || (ST1 & 0xbf) || (ST2 & 0x73)) {
253                 if (ST1 & 0x02) {           //0x02 = ST1_WP - Write Protected。
254                         printk("Drive %d is write protected\n\r",current_drive);
255                         floppy_deselect(current_drive);
256                         end_request(0);
257                 } else
258                         bad_flp_intr();
259                 do_fd_request();
260                 return;
261         }
    //如果当前请求项的缓冲区位于 1MB 地址以上,则说明此次软盘读操作的内容还放在临时缓冲区内,需
    //要复制到请求项的缓冲区中(因为 DMA 只能在 1MB 地址范围寻址)。
262         if (command == FD_READ && (unsigned long)(CURRENT->buffer) >= 0x100000)
263                 copy_buffer(tmp_floppy_area,CURRENT->buffer);
    //释放当前软盘,结束当前请求项(置更新标志),再继续执行其他软盘请求项。
264         floppy_deselect(current_drive);
```

```
265         end_request(1);
266         do_fd_request();
267 }
268 //设置 DMA 并输出软盘操作命令和参数(输出 1 字节命令+ 0~7 字节参数)。
269 inline void setup_rw_floppy(void)
270 {
271         setup_DMA();                //初始化软盘 DMA 通道。
272         do_floppy = rw_interrupt; //置软盘中断调用函数指针。
273         output_byte(command);      //发送命令字节。
274         output_byte(head<<2 | current_drive);   //发送参数(磁头号+驱动器号)。
275         output_byte(track);        //发送参数(磁道号)。
276         output_byte(head);         //发送参数(磁头号)。
277         output_byte(sector);       //发送参数(起始扇区号)。
278         output_byte(2);       /* sector size = 512 */   //发送参数(字节数(N=2)512B)。
279         output_byte(floppy->sect);   //发送参数(每磁道扇区数)。
280         output_byte(floppy->gap);    //发送参数(扇区间隔长度)。
281         output_byte(0xFF);       /* sector size (0xff when n!=0 ?) */
                                    //发送参数(当 N=0 时,扇区定义的字节长度),这里无用。
282         if (reset)           //若在发送命令和参数时发生错误,则继续执行下一软盘操作请求。
283              do_fd_request();
284 }
285
286 /*
287  * This is the routine called after every seek (or recalibrate) interrupt
288  * from the floppy controller. Note that the "unexpected interrupt" routine
289  * also does a recalibrate, but doesn't come here.
290  */
 /* 该子程序是在每次软盘控制器寻道(或重新校正)中断后被调用的。注意
  * "unexpected interrupt"(意外中断)子程序也会执行重新校正操作,但不在此地。*/
 //寻道处理中断调用函数。首先发送检测中断状态命令,获得状态信息 ST0 和磁头所在磁道信息。若
 //出错则执行错误计数检测处理或取消本次软盘操作请求项。否则根据状态信息设置当前磁道变量,
 //然后调用函数 setup_rw_floppy()设置 DMA 并输出软盘读写命令和参数。
291 static void seek_interrupt(void)
292 {
293 /* sense drive status */    /* 检测中断状态 */
 //发送检测中断状态命令,该命令不带参数。返回结果信息两个字节:ST0 和磁头当前磁道号。
294         output_byte(FD_SENSEI);
 //如果返回结果字节数不等于 2,或者 ST0 不为寻道结束,或者磁头所在磁道(ST1)不等于设定磁道,
 //则说明发生了错误,于是执行检测错误计数处理,然后继续执行软盘请求项,并退出。
295         if (result() != 2 || (ST0 & 0xF8) != 0x20 || ST1 != seek_track) {
296              bad_flp_intr();
297              do_fd_request();
298              return;
299         }
300         current_track = ST1;   //设置当前磁道。
301         setup_rw_floppy();     //设置 DMA 并输出软盘操作命令和参数。
302 }
303
304 /*
305  * This routine is called when everything should be correctly set up
306  * for the transfer (ie floppy motor is on and the correct floppy is
307  * selected).
```

```
308  */
   /* 该函数是在传输操作的所有信息都正确设置好后被调用的,即软驱电动机已开启并且已选择了
    * 正确的软盘(软驱)。*/
   //读写数据传输函数。
309 static void transfer(void)
310 {
   //首先看当前驱动器参数是否就是指定驱动器的参数,若不是就发送设置驱动器参数命令及相应参数
   //(参数1:高4位步进速率,低四位磁头卸载时间;参数2:磁头加载时间)。
311         if (cur_spec1 != floppy->spec1) {
312                 cur_spec1 = floppy->spec1;
313                 output_byte(FD_SPECIFY);          //发送设置磁盘参数命令。
314                 output_byte(cur_spec1);           /* hut etc */  //发送参数。
315                 output_byte(6);                   /* Head load time =6ms, DMA */
316         }
   //判断当前数据传输速率是否与指定驱动器的一致,若不是就发送指定软驱的速率值到数据传输速率
   //控制寄存器(FD_DCR)。
317         if (cur_rate != floppy->rate)
318                 outb_p(cur_rate = floppy->rate,FD_DCR);
319         if (reset) {           //若返回结果信息表明出错,则再调用软盘请求函数,并返回。
320                 do_fd_request();
321                 return;
322         }
   //若寻道标志为零(不需要寻道),则设置 DMA 并发送相应读写操作命令和参数,然后返回。
323         if (!seek) {
324                 setup_rw_floppy();
325                 return;
326         }
   //否则执行寻道处理。置软盘中断处理调用函数为寻道中断函数。
327         do_floppy = seek_interrupt;
328         if (seek_track) {              //如果起始磁道号不等于零则发送磁头寻道命令和参数。
329                 output_byte(FD_SEEK);     //发送磁头寻道命令。
330                 output_byte(head<<2 | current_drive);  //发送参数:磁头号+当前软驱号。
331                 output_byte(seek_track);              //发送参数:磁道号。
332         } else {
333                 output_byte(FD_RECALIBRATE);         //发送重新校正命令。
334                 output_byte(head<<2 | current_drive);  //发送参数:磁头号+当前软驱号。
335         }
336         if (reset)                     //如果复位标志已置位,则继续执行软盘请求项。
337                 do_fd_request();
338 }
339
340 /*
341  * Special case -used after a unexpected interrupt (or reset)
342  */    /* 特殊情况 -用于意外中断(或复位)处理后。*/
   //软驱重新校正中断调用函数。首先发送检测中断状态命令(无参数),如果返回结果表明出错,则
   //置复位标志,否则复位重新校正标志。然后再次执行软盘请求。
343 static void recal_interrupt(void)
344 {
345       output_byte(FD_SENSEI);                       //发送检测中断状态命令。
346       if (result()!=2 || (ST0 & 0xE0) == 0x60)  //如果返回结果字节数不等于2或命令
347               reset = 1;                            //异常结束,则置复位标志。
348       else                                          //否则复位重新校正标志。
```

```
349                 recalibrate = 0;
350         do_fd_request();                           //执行软盘请求项。
351 }
352 //意外软盘中断请求中断调用函数。
    //首先发送检测中断状态命令,如果返回结果表明出错,则置复位标志,否则置重新校正标志。
353 void unexpected_floppy_interrupt(void)
354 {
355         output_byte(FD_SENSEI);                    //发送检测中断状态命令。
356         if (result()!=2 ||(ST0 & 0xE0) == 0x60) //如果返回结果字节数不等于 2 或命令
357                 reset = 1;                         //异常结束,则置复位标志。
358         else                                       //否则置重新校正标志。
359                 recalibrate = 1;
360 }
361 //软盘重新校正处理函数。
    //向软盘控制器 FDC 发送重新校正命令和参数,并复位重新校正标志。
362 static void recalibrate_floppy(void)
363 {
364         recalibrate = 0;                      //复位重新校正标志。
365         current_track = 0;                    //当前磁道号归零。
366         do_floppy = recal_interrupt;          //置软盘中断调用函数指针指向重新校正调用函数。
367         output_byte(FD_RECALIBRATE);          //发送命令:重新校正。
368         output_byte(head<<2 | current_drive); //发送参数:(磁头号加)当前驱动器号。
369         if (reset)                            //如果出错(复位标志被置位)则继续执行软盘请求。
370                 do_fd_request();
371 }
372 //软盘控制器 FDC 复位中断调用函数。在软盘中断处理程序中调用。
    //首先发送检测中断状态命令(无参数),然后读出返回的结果字节。接着发送设定软驱参数命令和
    //相关参数,最后再次调用执行软盘请求。
373 static void reset_interrupt(void)
374 {
375         output_byte(FD_SENSEI);                    //发送检测中断状态命令。
376         (void) result();                           //读取命令执行结果字节。
377         output_byte(FD_SPECIFY);                   //发送设定软驱参数命令。
378         output_byte(cur_spec1);         /* hut etc */ //发送参数。
379         output_byte(6);                 /* Head load time =6ms, DMA */
380         do_fd_request();                           //调用执行软盘请求。
381 }
382 
383 /*
384  * reset is done by pulling bit 2 of DOR low for a while.
385  */    /* FDC 复位是通过将数字输出寄存器(DOR)位 2 置 0 一定时间实现的 */
  //复位软盘控制器。
386 static void reset_floppy(void)
387 {
388         int i;
389 
390         reset = 0;                                 //复位标志置 0。
391         cur_spec1 = -1;
392         cur_rate = -1;
393         recalibrate = 1;                           //重新校正标志置位。
394         printk("Reset-floppy called\n\r");         //显示执行软盘复位操作信息。
395         cli();                                     //关中断。
```

```
396     do_floppy = reset_interrupt;              //设置在软盘中断处理程序中调用的函数。
397     outb_p(current_DOR & ~0x04,FD_DOR);       /对软盘控制器 FDC 执行复位操作。
398     for (i=0 ; i<100 ; i++)                   //空操作,延迟。
399             __asm__("nop");
400     outb(current_DOR,FD_DOR);                 //再启动软盘控制器。
401     sti();                                    //开中断。
402 }
403 //软驱启动定时中断调用函数。首先检查数字输出寄存器(DOR),使其选择当前指定的驱动器。然后
    //调用执行软盘读写传输函数 transfer()。
404 static void floppy_on_interrupt(void)
405 {
406 /* We cannot do a floppy-select, as that might sleep. We just force it */
    /* 我们不能任意设置选择的软驱,因为这样做可能会引起进程睡眠。我们只是迫使它自己选择 */
407         selected = 1;   //置已选择当前驱动器标志。
    //如果当前驱动器号与数字输出寄存器 DOR 中的不同,则重新设置 DOR 为当前驱动器 current_drive。
    //定时延迟 2 个滴答时间,然后调用软盘读写传输函数 transfer()。否则直接调用软盘读写传输函数。
408         if (current_drive != (current_DOR & 3)) {
409                 current_DOR &= 0xFC;
410                 current_DOR |= current_drive;
411                 outb(current_DOR,FD_DOR);           //向数字输出寄存器输出当前 DOR。
412                 add_timer(2,&transfer);             //添加定时器并执行传输函数。
413         } else
414                 transfer();                         //执行软盘读写传输函数。
415 }
416 //软盘读写请求项处理函数。
417 void do_fd_request(void)
418 {
419         unsigned int block;
420 
421         seek = 0;
422         if (reset) {                    //如果复位标志已置位,则执行软盘复位操作,并返回。
423                 reset_floppy();
424                 return;
425         }
426         if (recalibrate) {      //如果重新校正标志已置位,则执行软盘重新校正操作,并返回。
427                 recalibrate_floppy();
428                 return;
429         }
430         INIT_REQUEST;           //检测请求项的合法性(参见 kernel/blk_drv/blk.h,127)。
    //将请求项结构中软盘设备号中的软盘类型(MINOR(CURRENT->dev)>>2)作为索引取得软盘参数块。
431         floppy = (MINOR(CURRENT->dev)>>2) + floppy_type;
    //如果当前驱动器不是请求项中指定的驱动器,则置标志 seek,表示需要进行寻道操作。然后置请求
    //项设备为当前驱动器。
432         if (current_drive != CURRENT_DEV)
433                 seek = 1;
434         current_drive = CURRENT_DEV;
    //设置读写起始扇区。因为每次读写是以块为单位(1 块 2 个扇区),所以起始扇区需要起码比磁盘
    //总扇区数小 2 个扇区。否则结束该次软盘请求项,执行下一个请求项。
435         block = CURRENT->sector;            //取当前软盘请求项中起始扇区号-->block。
436         if (block+2 > floppy->size) {       //如果 block+2 大于磁盘扇区总数,则
437                 end_request(0);             //结束本次软盘请求项。
438                 goto repeat;
439         }
```

```
    //求对应在磁道上的扇区号,磁头号,磁道号,搜寻磁道号(对于软驱读不同格式的盘)。
440         sector = block %floppy->sect;    //起始扇区对每磁道扇区数取模,得磁道上扇区号。
441         block /= floppy->sect;           //起始扇区对每磁道扇区数取整,得起始磁道数。
442         head = block %floppy->head;      //起始磁道数对磁头数取模,得操作的磁头号。
443         track = block /floppy->head;     //起始磁道数对磁头数取整,得操作的磁道号。
444         seek_track = track << floppy->stretch; //相应于驱动器中盘类型进行调整,得寻道号。
    //如果寻道号与当前磁头所在磁道不同,则置需要寻道标志 seek。
445         if (seek_track != current_track)
446                 seek = 1;
447         sector++;                        //磁盘上实际扇区计数是从 1 算起。
448         if (CURRENT->cmd == READ)        //如果请求项中是读操作,则置软盘读命令码。
449                 command = FD_READ;
450         else if (CURRENT->cmd == WRITE) //如果请求项中是写操作,则置软盘写命令码。
451                 command = FD_WRITE;
452         else
453                 panic("do_fd_request: unknown command");
    //添加定时器,用于指定驱动器到能正常运行所需延迟的时间(滴答数),当定时时间到时就调用函
    //数 floppy_on_interrupt()。
454         add_timer(ticks_to_floppy_on(current_drive),&floppy_on_interrupt);
455 }
456 //软盘系统初始化。
    //设置软盘块设备的请求处理函数(do_fd_request()),并设置软盘中断门(int 0x26,对应硬件中断
    //请求信号 IRQ6),然后取消对该中断信号的屏蔽,允许软盘控制器 FDC 发送中断请求信号。
457 void floppy_init(void)
458 {
459         blk_dev[MAJOR_NR].request_fn = DEVICE_REQUEST;  // = do_fd_request()。
460         set_trap_gate(0x26,&floppy_interrupt);  //设置软盘中断门 int 0x26(38)。
461         outb(inb_p(0x21)&~0x40,0x21);          //复位软盘的中断请求屏蔽位,允许
                                                //软盘控制器发送中断请求信号。
462 }
```

1. 软盘驱动器的设备号

在 Linux 中,软驱的主设备号是 2,次设备号 = TYPE * 4 + DRIVE,其中 DRIVE 为 0~3,分别对应软驱 A:、B:、C:或 D:;TYPE 是软驱的类型,2 表示 1.2MB 软驱,7 表示 1.44MB 软驱,即 floppy.c 中 85 行定义的软盘类型(floppy_type[ ])数组的索引值,见表 6-9。

表 6-9　各种类型的软盘驱动器说明

类　　型	软驱规格说明
0	不用
1	360 KB PC 软驱
2	1.2 MB AT 软驱
3	360 KB 在 720 KB 驱动器中使用
4	3.5 in 720KB 软盘
5	360 KB 软盘在 1.2 MB 驱动器中使用
6	720 KB 软盘在 1.2 MB 驱动器中使用
7	1.44 MB 软驱

例如,因为 7 * 4 + 0 = 28,所以/dev/PS0 (2,28)指的是 1.44MB 的 A:驱动器,其设备号是 0x021c。同理/dev/at0 (2,8)指的是 1.2MB 的 A:驱动器,其设备号是 0x0208。

2. 软盘控制器编程方法

对软盘控制器的编程比较烦琐。在编程时需要访问 4 个端口,分别对应一个或多个寄存

器。对于1.2MB的软盘控制器有表6-10中所示的一些端口。

表6-10　软盘控制器端口

I/O端口	读 写 性	寄存器名称
0x3f2	只写	数字输出寄存器(DOR)(数字控制寄存器)
0x3f4	只读	FDC主状态寄存器(STATUS)
0x3f5	读/写	FDC数据寄存器(DATA)
0x3f7	只读	数字输入寄存器(DIR)
0x3f7	只写	磁盘控制寄存器(DCR)(传输率控制)

数字输出端口DOR(数字控制端口)是一个8位寄存器,它控制驱动器电动机起动、驱动器选择、启动/复位FDC以及允许/禁止DMA及中断请求。该寄存器的定义见表6-11。

表6-11　数字输出寄存器定义

D7	D6	D5	D4	D3	D2	D1　　D0
起动 电动机D	起动 电动机C	起动 电动机B	起动 电动机A	允许 请求	起动 FDC	软驱选择

D7D6D5D4　　分别控制驱动器D-A的电动机,1起动电动机;0关闭电动机;

D3　　1允许DMA和中断请求;0禁止DMA和中断请求;

D2　　1起动软驱;0复位软驱;

D1D0　　00-11用于选择软盘驱动器A-D。

FDC的主状态寄存器也是一个8位寄存器,用于反映软盘控制器FDC和软盘驱动器FDD的基本状态。通常,在CPU向FDC发送命令之前或从FDC获取操作结果之前,都要读取主状态寄存器的状态位,以判别当前FDC数据寄存器是否就绪,以及确定数据传送的方向。主状态寄存器的定义见表6-12。

表6-12　FDC主状态寄存器定义

D7	D6	D5	D4	D3	D2	D1	D0
数据口就绪	传送方向	非DMA方式	FDC忙	软驱D忙	软驱C忙	软驱B忙	软驱A忙
RQM	DIO	NDM	CB	DDB	DCB	DBB	DAB

D7　　1表示FDC数据寄存器已准备就绪;

D6　　1表示数据从FDC到CPU;0表示数据从CPU到FDC;

D5　　1表示FDC工作在非DMA方式;

D4　　1表示FDC正处于命令执行忙碌状态;

D3D2D1D0　　分别代表驱动器D-A忙碌状态。

FDC的数据端口对应多个寄存器(只写型命令寄存器和参数寄存器、只读型结果寄存器),但任一时刻只能有一个寄存器出现在数据端口0x3f5。在访问只写型命令寄存器时,主状态控制的DIO方向位必须为0(CPU→FDC),访问只读型结果寄存器时则相反。在读取结果时只有在FDC不忙之后才算读完结果,通常结果数据最多有7B。

数据输入寄存器(DIR)只有位7(D7)对软盘有效,用来表示盘片更换状态。其余7位用于硬盘控制器接口。

磁盘控制寄存器(DCR)用于选择盘片在不同类型驱动器上使用的数据传输率。仅使用低2位(D1D0),00代表500Kbit/s,01代表300Kbit/s,10代表250Kbit/s。

软盘控制器共可以接受 15 条命令。每个命令均经历三个阶段:命令阶段、执行阶段和结果阶段。

在命令阶段,CPU 向 FDC 发送命令字节和参数字节。每条命令的第一个字节总是命令字节(命令码)。其后跟着 0~8B 的参数。在执行阶段,FDC 执行命令规定的操作。在执行阶段 CPU 是不加干预的,一般是通过 FDC 发出中断请求获知命令执行的结束。如果 CPU 发出的 FDC 命令是传送数据,则 FDC 可以以中断方式或 DMA 方式进行。中断方式每次传送 1B。DMA 方式是在 DMA 控制器管理下,FDC 与内存进行数据的传输直至全部数据传送完。此时 DMA 控制器会将传输字节计数终止信号通知 FDC,最后由 FDC 发出中断请求信号告知 CPU 执行阶段结束。在结果阶段 CPU 读取 FDC 数据寄存器返回值,从而获得 FDC 命令执行的结果。返回结果数据的长度为 0~7B。对于没有返回结果数据的命令,则应向 FDC 发送检测中断状态命令获得操作的状态。

6.3 本章小结

本章描述了块设备驱动程序的工作原理。块设备主要是通过高速缓冲区与文件系统打交道。当一个程序发出读块设备上的数据块的请求时,该请求就会被插入请求队列中,并在请求队列处理程序中向硬件发出读数据请求中断。若还有所需读取的数据,则在硬件中断程序中也会调用请求队列处理函数,继续准备下一次的读操作。

6.4 习题

1. 块设备与字符设备的主要区别是什么？访问块设备一定要通过高速缓冲吗？
2. 块设备的主设备号是什么？硬盘 hd1 设备的次设备号是什么？
3. 在内核中调用 ll_rw_block( )时会触发对块设备的读写操作。在一次读盘操作中,在哪个程序的哪个函数中进行了首次块读写操作？

第 7 章　输入输出系统——字符设备驱动程序

在 Linux 0.11 内核中,字符设备主要包括控制终端设备和串行终端设备。本章的代码就是用于对这些设备的输入输出进行操作。有关终端驱动程序的工作原理可参考 M. J. Bach 著的《UNIX 操作系统设计》第 10 章第 3 节的内容。本章说明的程序见表 7-1。

表 7-1　linux/kernel/chr_drv 目录

文　件　名	大　　小	最后修改时间
Makefile	2443 B	1991-12-02 03:21:41
console. c	14568 B	1991-11-23 18:41:21
keyboard. S	12780 B	1991-12-04 15:07:58
rs_io. s	2718 B	1991-10-02 14:16:30
serial. c	1406 B	1991-11-17 21:49:05
tty_io. c	7634 B	1991-12-08 18:09:15
tty_ioctl. c	4979 B	1991-11-25 19:59:38

7.1　总体功能描述

本章的程序可分为三部分。第一部分与 RS-232 串行线路驱动程序有关,包括程序 rs_io. s 和 serial. c;第二部分是控制台驱动程序,这包括键盘中断驱动程序 keyboard. S 和控制台显示驱动程序 console. c;第三部分是终端驱动程序与上层接口部分,包括终端输入输出程序 tty_io. c 和终端控制程序 tty_ioctl. c。下面我们首先概述终端控制驱动程序实现的基本原理,然后分别说明它们的基本功能。

7.1.1　终端驱动程序基本原理

终端驱动程序用于控制终端设备,在终端设备和进程之间传输数据,并对所传输的数据进行一定的处理。用户在键盘上键入的原始数据(raw data),在通过终端程序处理后,被传送给一个接收进程;而进程向终端发送的数据,在终端程序处理后,被显示在终端屏幕上或者通过串行线路被发送到远程终端。根据终端程序对待输入或输出数据的方式,可以把终端工作模式分成两种。一种是规范模式(canonical),此时经过终端程序的数据将被进行变换处理,然后再送出。例如把 TAB 字符扩展为 8 个空格字符,用键入的删除字符(backspace)控制删除前面键入的字符等。使用的处理函数一般称为行规则(line discipline)模块。另一种是非规范模式或称原始(raw)模式。在这种模式下,行规则程序仅在终端与进程之间传送数据,而不对数据进行规范模式的变换处理。

在终端驱动程序中,根据它们与设备的关系,以及在执行流程中的位置,可以分为字符设备的直接驱动程序和与上层直接联系的接口程序。我们可以用图 7-1 来表示这种控制关系。

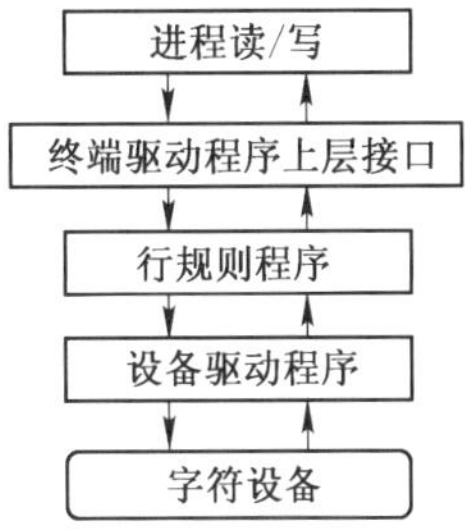

进程读/写
终端驱动程序上层接口
行规则程序
设备驱动程序
字符设备

图 7-1　终端驱动程序控制流程

7.1.2 终端基本数据结构

每个终端设备都对应有一个 tty_struct 数据结构，主要用来保存终端设备当前参数设置、所属的前台进程组 ID 和字符 I/O 缓冲队列等信息。该结构定义在 include/linux/tty.h 文件中，其结构如下所示：

```
struct tty_struct {
        struct termios termios;                         //终端 io 属性和控制字符数据结构。
        int pgrp;                                       //所属进程组。
        int stopped;                                    //停止标志。
        void ( * write)(struct tty_struct * tty);      //tty 写函数指针。
        struct tty_queue read_q;                        //tty 读队列。
        struct tty_queue write_q;                       //tty 写队列。
        struct tty_queue secondary;                     //tty 辅助队列(存放规范模式字符序列)。
};                                                      //可称为规范(熟)模式队列。
extern struct tty_struct tty_table[];                   //tty 结构数组。
```

Linux 内核使用了数组 tty_table[ ]来保存系统中每个终端设备的信息。每个数组项是一个数据结构 tty_struct，对应系统中一个终端设备。Linux 0.11 内核共支持三个终端设备。一个是控制台设备，另外两个是使用系统上两个串行端口的串行终端设备。

termios 结构用于存放对应终端设备的 io 属性。有关该结构的详细描述见下面说明。pgrp 是进程组标识，它指明一个会话中处于前台的进程组，即当前拥有该终端设备的进程组。pgrp 主要用于进程的作业控制操作。stopped 是一个标志，表示对应终端设备是否已经停止使用。函数指针 * write( )是该终端设备的输出处理函数，对于控制台终端，它负责驱动显示硬件，在屏幕上显示字符等信息。对于通过系统串行端口连接的串行终端，它负责把输出字符发送到串行端口。

终端所处理的数据被保存在 3 个 tty_queue 结构的字符缓冲队列中(或称为字符表)，如下所示：

```
struct tty_queue {
        unsigned long data;                      //等待队列缓冲区中当前数据统计值。
                                                 //对于串口终端，则存放串口端口地址。
        unsigned long head;                      //缓冲区中数据头指针。
        unsigned long tail;                      //缓冲区中数据尾指针。
        struct task_struct * proc_list;          //等待本缓冲队列的进程列表。
        char buf[1024];                          //队列的缓冲区。
};
```

每个字符缓冲队列的长度是 1KB。其中读缓冲队列 read_q 用于临时存放从键盘或串行终端输入的原始(raw)字符序列；写缓冲队列 write_q 用于存放写到控制台显示屏或串行终端去的数据；根据 ICANON 标志，辅助队列 secondary 用于存放从 read_q 中取出的经过行规则程序处理(过滤)过的数据，或称为熟(cooked)模式数据。这是在行规则程序把原始数据中的特殊字符如删除(backspace)字符变换后的规范输入数据,以字符行为单位供应用程序读取使用。上层终端读函数 tty_read()即用于读取 secondary 队列中的字符。

在读入用户键入的数据时,中断处理汇编程序只负责把原始字符数据放入输入缓冲队列中,而由中断处理过程中调用的 C 函数(copy_to_cooked())来处理字符的变换工作。例如当进程向一个终端写数据时,终端驱动程序就会调用行规则函数 copy_to_cooked(),把用户缓冲区中的所有数据复制到写缓冲队列中,并将数据发送到终端上显示。在终端上按下一个键时,所引发的键盘中断处理过程会把按键扫描码对应的字符放入读队列 read_q 中,并调用规范模式处理程序把 read_q 中的字符经过处理再放入辅助队列 secondary 中。与此同时,如果终端设备设置了回显标志(L_ECHO),则也把该字符放入写队列 write_q 中,并调用终端写函数把该字符显示在屏幕上。通常除了像键入密码或其他特殊要求以外,回显标志都是置位的。我们可以通过修改终端的 termios 结构中的信息来改变这些标志值。

在上述 tty_struct 结构中还包括一个 termios 结构,该结构定义在 include/termios.h 头文件中,其字段内容如下所示:

```
struct termios {
        unsigned long c_iflag;          /* input mode flags */          //输入模式标志。
        unsigned long c_oflag;          /* output mode flags */         //输出模式标志。
        unsigned long c_cflag;          /* control mode flags */        //控制模式标志。
        unsigned long c_lflag;          /* local mode flags */          //本地模式标志。
        unsigned char c_line;           /* line discipline */           //线路规程(速率)。
        unsigned char c_cc[NCCS];       /* control characters */        //控制字符数组。
};
```

其中,c_iflag 是输入模式标志集。Linux 0.11 内核实现了 POSIX.1 定义的所有 11 个输入标志,参见 termios.h 头文件中的说明。终端设备驱动程序用这些标志来控制如何对终端输入的字符进行变换(过滤)处理。例如是否需要把输入的换行符(NL)转换成回车符(CR)、是否需要把输入的大写字符转换成小写字符(因为以前有些终端设备只能输入大写字符)等。在 Linux 0.11 内核中,相关的处理函数是 tty_io.c 文件中的 copy_to_cooked()。

c_oflag 是输出模式标志集。终端设备驱动程序使用这些标志控制如何把字符输出到终端上。c_cflag 是控制模式标志集。主要用于定义串行终端传输特性,包括波特率、字符比特位数以及停止位数等。c_lflag 是本地模式标志集。主要用于控制驱动程序与用户的交互。例如是否需要回显(Echo)字符、是否需要把擦除字符直接显示在屏幕上、是否需要让终端上键入的控制字符产生信号。这些操作也同样在 copy_to_cooked()函数中实现。

上述 4 种标志集的类型都是 unsigned long,每个比特位可表示一种标志,因此每个标志集最多可有 32 个输入标志。所有这些标志及其含义可参见 termios.h 头文件。

c_cc[]数组包含了所有可以修改的特殊字符。例如你可以通过修改其中的中断字符(^C)由其他按键产生。其中 NCCS 是数组的长度值。

因此,利用系统调用 ioctl 或使用相关函数(tcsetattr()),我们可以通过修改 termios 结构中的信息来改变终端的设置参数。行规则函数即是根据这些设置参数进行操作。例如,控制终端是否要对键入的字符进行回显、设置串行终端传输的波特率、清空读缓冲队列和写缓冲队列。

当用户修改终端参数,将规范模式标志复位,就会把终端设置为工作在原始模式,此时行规则程序会把用户键入的数据原封不动地传送给用户,而回车符也被当作普通字符处理。因此,在用户使用系统调用 read 时,就应该使用某种方法以判断系统调用 read 什么时候算完成,并返回调用程序。这将由终端 termios 结构中的 VTIME 和 VMIN 控制字符决定。这两个是读操作的超时定时值。VMIN 表示为了满足读操作,需要读取的最少字符数;VTIME 则是一个读操作等待定时值。我们可以使用命令 stty 来查看当前终端设备 termios 结构中标志的设置情况。

终端程序所使用的上述主要数据结构和它们之间的关系如图 7-2 所示。

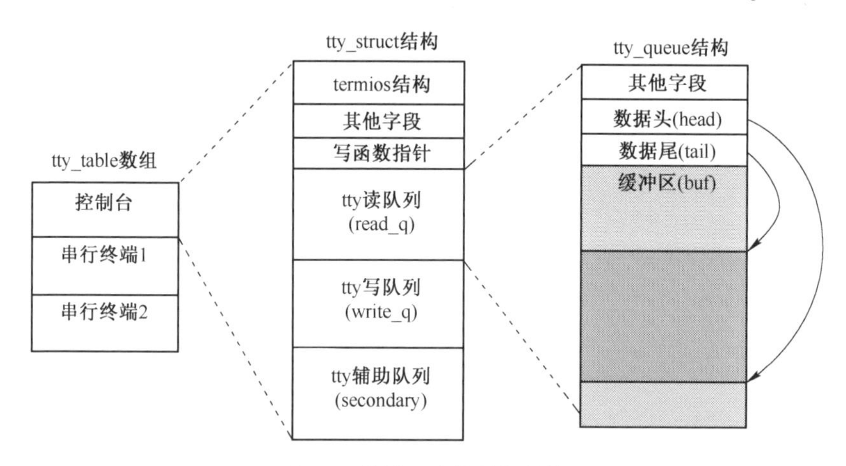

图 7-2　终端程序的数据结构

7.1.3　规范模式和非规范模式

1. 规范模式

当 c_lflag 中的 ICANON 标志置位时,则按照规范模式对终端输入数据进行处理。此时输入字符被装配成行,进程以字符行的形式读取。当一行字符输入后,终端驱动程序会立刻返回。行的定界符有 NL、EOL、EOL2 和 EOF。其中除最后一个 EOF(文件结束)将被处理程序删除外,其余四个字符将被作为一行的最后一个字符返回给调用程序。

在规范模式下,终端输入的以下字符将被处理:ERASE、KILL、EOF、EOL、REPRINT、WERASE 和 EOL2。

ERASE 是删除字符(Backspace)。在规范模式下,当 copy_to_cooked()函数遇到该输入字符时会删除缓冲队列中最后输入的一个字符。若队列中最后一个字符是上一行的字符(例如是 NL),则不做任何处理。此后该字符被忽略,不放到缓冲队列中。

KILL 是删行字符。它删除队列中最后一行字符。此后该字符被忽略掉。

EOF 是文件结束符。在 copy_to_cooked()函数中该字符以及行结束字符 EOL 和 EOL2 都将被当作回车符来处理。在读操作函数中遇到该字符将立即返回。EOF 字符不会放入队列中而是被忽略。

REPRINT 和 WERASE 是扩展规范模式下识别的字符。REPRINT 会让所有未读的输入被输出。而 WERASE 用于擦除单词(跳过空白字符)。在 Linux 0.11 中,程序忽略了对这两个字符的识别和处理。

2. 非规范模式

如果 ICANON 处于复位状态，则终端程序工作在非规范模式下。此时终端程序不对上述字符进行处理，而是将它们当作普通字符处理。输入数据也没有行的概念。终端程序何时返回读进程是由 MIN 和 TIME 的值确定。这两个变量是 c_cc[ ]数组中的变量。通过修改它们即可改变在非规范模式下进程读字符的处理方式。

MIN 指明读操作最少需要读取的字符数；TIME 指定等待读取字符的超时值（计量单位是 0.1s）。根据它们的值可分四种情况来说明。

（1）MIN>0，TIME>0。此时 TIME 是一个字符间隔超时定时值，在接收到第一个字符后才起作用。在超时之前，若先接收到了 MIN 个字符，则读操作立刻返回。若在收到 MIN 个字符之前超时了，则读操作返回已经接收到的字符数。此时起码能返回一个字符。因此在接收到一个字符之前若 secondary 空，则读进程将被阻塞（睡眠）。

（2）MIN>0，TIME=0。此时只有在收到 MIN 个字符时读操作才返回。否则就无限期等待（阻塞）。

（3）MIN=0，TIME>0。此时 TIME 是一个读操作超时定时值。当收到一个字符或者已超时，则读操作就立刻返回。如果是超时返回，则读操作返回 0 个字符。

（4）MIN=0，TIME=0。在这种设置下，如果队列中有数据可以读取，则读操作读取需要的字符数。否则立刻返回 0 个字符数。

在以上四种情况中，MIN 仅表明最少读到的字符数。如果进程要求读取比 MIN 要多的字符，那么只要队列中有就可能满足进程的当前需求。有关对终端设备的读操作处理，可参见程序 tty_io.c 中的 tty_read( )函数。

7.1.4 控制台驱动程序

在 Linux 0.11 内核中，终端控制台驱动程序涉及 keyboard.S 和 console.c 程序。keyboard.S 用于处理用户键入的字符，把它们放入读缓冲队列 read_q 中，并调用 copy_to_cooked( )函数读取 read_q 中的字符，经转换后放入辅助缓冲队列 secondary。console.c 程序实现控制台终端的输出处理。

例如，当用户在键盘上键入了一个字符时，会引起键盘中断响应（中断请求信号 IRQ1，对应中断号 INT 33），此时键盘中断处理程序就会从键盘控制器读入对应的键盘扫描码，然后根据使用的键盘扫描码映射表译成相应字符，放入 tty 读队列 read_q 中。然后调用中断处理程序的 C 函数 do_tty_interrupt( )，它又直接调用行规则函数 copy_to_cooked( )对该字符进行过滤处理，并放入 tty 辅助队列 secondary 中，同时把该字符放入 tty 写队列 write_q 中，并调用写控制台函数 con_write( )。此时如果该终端的回显（echo）属性是设置的，则该字符会显示到屏幕上。do_tty_interrupt( )和 copy_to_cooked( )函数在 tty_io.c 中实现。整个操作过程如图 7-3 所示。

对于进程执行 tty 写操作，终端驱动程序是一个字符一个字符进行处理的。在写缓冲队列 write_q 没有满时，就从用户缓冲区取一个字符，经过处理放入 write_q 中。当把用户数据全部放入 write_q 队列或者此时 write_q 已满，就调用终端结构 tty_struct 中指定的写函数，把 write_q 缓冲队列中的数据输出到控制台。对于控制台终端，其写函数是 con_write( )，在 console.c 程序中实现。

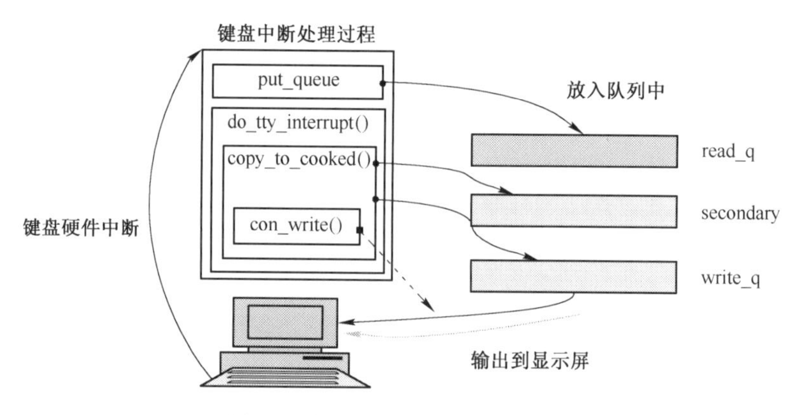

图 7-3　控制台键盘中断处理过程

有关控制台终端操作的驱动程序，主要涉及两个程序。一个是键盘中断处理程序 keyboard. S，主要用于把用户键入的字符放入 read_q 缓冲队列中；另一个是屏幕显示处理程序 console. c，用于从 write_q 队列中取出字符并显示在屏幕上。所有这三个字符缓冲队列与上述函数或文件的关系都可以用图 7-4 清晰地表示出来。

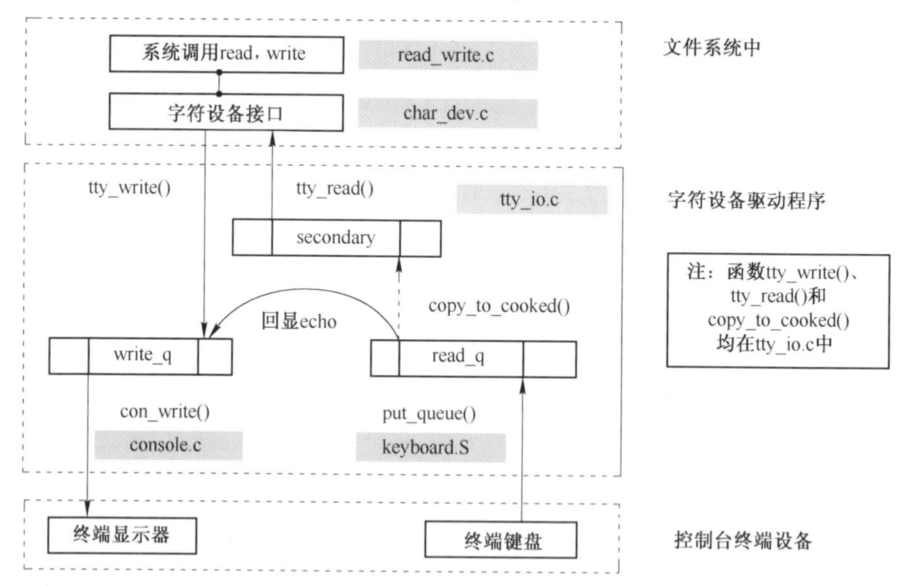

图 7-4　控制台终端字符缓冲队列以及函数和程序之间的关系

7.1.5　串行终端驱动程序

处理串行终端操作的程序有 serial. c 和 rs_io. s。serial. c 程序负责对串行端口进行初始化操作。另外，通过取消对发送保持寄存器空中断允许的屏蔽来开启串行中断发送字符操作。rs_io. s 程序是串行中断处理过程。主要根据引发中断的 4 种原因分别进行处理。

引起系统发生串行中断的情况有：①由于 modem 状态发生了变化；②由于线路状态发生了变化；③由于接收到字符；④由于在中断允许标志寄存器中设置了发送保持寄存器中断允许标志，需要发送字符。对引起中断的前两种情况的处理过程是通过读取对应状态寄存器值，从而使其复位。对于接收到字符的情况,程序首先把该字符放入读缓冲队列 read_q 中,然后调用 copy_to_cooked()函数转换成以字符行为单位的规范模式字符放入辅助队列 secondary 中。对于需要发送字符的情况,则程序首先从写缓冲队列 write_q 尾指针处中取出一个字符发送出去,再判断写缓冲队列是否已空,若还有字符则循环执行发送操作。

对于通过系统串行端口接入的终端,除了需要与控制台类似的处理外,还需要进行串行通信的输入/输出处理操作。数据的读入是由串行中断处理程序放入读队列 read_q 中,随后执行与控制台终端一样的操作。

例如,对于一个接在串行端口 1 上的终端,键入的字符将首先通过串行线路传送到主机,引起主机串行口 1 中断请求。此时串行口中断处理程序就会将字符放入串行终端 1 的 tty 读队列 read_q 中,然后调用中断处理程序的 C 函数 do_tty_interrupt(),它又直接调用行规则函数 copy_to_cooked() 对该字符进行过滤处理,并放入 tty 辅助队列 secondary 中,同时把该字符放入 tty 写队列 write_q 中,并调用写串行终端 1 的函数 rs_write()。该函数又会把字符回送给串行终端,此时如果该终端的回显(echo)属性是设置的,则该字符会显示在串行终端的屏幕上。

当进程需要写数据到一个串行终端上时,操作过程与写终端类似,只是此时终端的 tty_struct 数据结构中的写函数是串行终端写函数 rs_write()。该函数取消对发送保持寄存器空允许中断的屏蔽,从而在发送保持寄存器为空时就会引起串行中断发生。而该串行中断过程则根据此次引起中断的原因,从 write_q 写缓冲队列中取出一个字符并放入发送保持寄存器中进行字符发送操作。该操作过程也是一次中断发送一个字符,到最后 write_q 为空时就会再次屏蔽发送保持寄存器空允许中断位,从而禁止此类中断发生。

串行终端的写函数 rs_write()在 serial.c 程序中实现。串行中断程序在 rs_io.s 中实现。串行终端三个字符缓冲队列与函数、程序的关系与图 7-4 类似。串行终端与控制台处理过程之间的主要区别是串行终端利用程序 rs_io.s 取代了控制台操作显示器和键盘的程序 console.c 和 keyboard.S,其余部分的处理过程完全一样。

7.1.6 终端驱动程序接口

通常,用户是通过文件系统与设备打交道的,每个设备都有一个文件名称,相应地也在文件系统中占用一个索引节点(i 节点),但该 i 节点中的文件类型是设备类型,以便与其他正规文件相区别。用户就可以直接使用文件系统调用来访问设备。终端驱动程序也同样为此目的向文件系统提供了调用接口函数。终端驱动程序与系统其他程序的接口是使用 tty_io.c 文件中的通用函数实现的。其中实现了读终端函数 tty_read()和写终端函数 tty_write(),以及输入行规则函数 copy_to_cooked()。另外,在 tty_ioctl.c 程序中,实现了修改终端参数的输入输出控制函数(或系统调用)tty_ioctl()。终端的设置参数是放在终端数据结构 termios 中,其中的参数比较多,也比较复杂,可参考 include/termios.h 文件中的说明。

对于不同终端设备,可以有不同的行规则程序与之匹配。但在 Linux 0.11 中仅有一个行规则函数,因此 termios 结构中的行规则字段 c_line 不起作用,都被设置为 0。

7.2 程序分析

7.2.1 keyboard.S 程序

该键盘驱动程序(见文件 7-1)主要包括键盘中断处理程序。在英文惯用法中,make 表示键被按下;break 表示键被松开。

对于 AT 键盘的扫描码,当键按下时,则对应键的扫描码被送出,但当键松开时,将会发送两个字节,第一个是 0xf0,第 2 个还是按下时的扫描码。为了向下的兼容性,设计人员将 AT 键盘发出的扫描码转换成了老式 PC/XT 标准键盘的扫描码。因此这里仅对 PC/XT 的扫描码进行处理即可。

文件 7-1　linux/kernel/chr_drv/keyboard.S

```
 7 /*
 8  *      Thanks to Alfred Leung for US keyboard patches
 9  *              Wolfgang Thiel for German keyboard patches
10  *              Marc Corsini for the French keyboard
11  */
12 /* 感谢 Alfred Leung 添加了美国英语键盘补丁程序;
 *      Wolfgang Thiel 添加了德语键盘补丁程序;
 *      Marc Corsini 添加了法文键盘补丁程序。*/
13 #include <linux/config.h> # 内核配置头文件。定义键盘语言和硬盘类型(HD_TYPE)可选项。
14
15 .text
16 .globl_keyboard_interrupt
17
18 /*
19  * these are for the keyboard read functions
20  */
  /* 以下这些用于键盘读操作。*/  # size 是键盘缓冲区的长度(字节数)。
21 size     = 1024                /* must be a power of two ! And MUST be the same
22                                as in tty_io.c !!!! */
                                /* 数值必须是 2 的幂! 并且与 tty_io.c 中的值匹配!!!! */
  # 以下这些是缓冲队列结构中的偏移量
23 head=4                         # 缓冲区中头指针字段偏移。
24 tail=8                         # 缓冲区中尾指针字段偏移。
25 proc_list = 12                 # 等待该缓冲队列的进程字段偏移。
26 buf = 16                       # 缓冲区字段偏移。
27 # mode 是键盘特殊键的按下状态标志。
  # 表示大小写转换键(caps)、交换键(alt)、控制键(ctrl)和换档键(shift)的状态。
  # 位 7 caps 键按下; 位 6 caps 键的状态(应与 leds 中的对应标志位一样);
  # 位 5 右 alt 键按下; 位 4 左 alt 键按下; 位 3 右 ctrl 键按下;
  # 位 2 左 ctrl 键按下; 位 1 右 shift 键按下; 位 0 左 shift 键按下。
28 mode:    .byte 0               /* caps, alt, ctrl and shift mode */
   # 数字锁定键(num-lock)、大小写转换键(caps-lock)和滚动锁定键(scroll-lock)的 LED 发光管状态。
   # 位 7-3 全 0 不用; 位 2 caps-lock;
   # 位 1 num-lock(初始置 1,也即设置数字锁定键(num-lock)发光管为亮);位 0 scroll-lock。
29 leds:    .byte 2              /* num-lock, caps-lock, scroll-lock mode (nom-lock on) */
  # 当扫描码是 0xe0 或 0xe1 时,置该标志。表示其后还跟随着 1 个或 2 个字符扫描码,见列表后说明。
  # 位 1 =1 收到 0xe1 标志; 位 0 =1 收到 0xe0 标志。
30 e0:      .byte 0
31
32 /*
33  * con_int is the real interrupt routine that reads the
34  * keyboard scan-code and converts it into the appropriate
35  * ascii character(s).
```

```
36 * / /* con_int 是实际的中断处理子程序,用于读键盘扫描码并将其转换成相应的 ascii 字符。* /
37_keyboard_interrupt:            # 键盘中断处理程序入口点。
38          pushl %eax
39          pushl %ebx
40          pushl %ecx
41          pushl %edx
42          push %ds
43          push %es
44          movl $0x10,%eax       # 将 ds、es 段寄存器置为内核数据段。
45          mov %ax,%ds
46          mov %ax,%es
47          xorl %al,%al          /* %eax is scan code * / /* eax 中是扫描码 * /
48          inb $0x60,%al         # 读取扫描码→al。
49          cmpb $0xe0,%al        # 该扫描码是 0xe0 吗? 如果是则跳转到设置 e0 标志代码处。
50          je set_e0
51          cmpb $0xe1,%al        # 扫描码是 0xe1 吗? 如果是则跳转到设置 e1 标志代码处。
52          je set_e1
53          call key_table(,%eax,4) # 调用键处理程序 ker_table + eax * 4(参见下面 502 行)。
54          movb $0,e0            # 复位 e0 标志。
# 下面这段代码(55~65 行)是针对使用 8255A 的 PC 键盘电路进行复位处理。端口 0x61 是 8255A
# 输出口 B 的地址,该输出端口的第 7 位(PB7)用于禁止和允许对键盘数据的处理。这段程序用于
# 对收到的扫描码做出应答。方法是首先禁止键盘,然后立刻重新允许键盘工作。
55 e0_e1:   inb $0x61,%al         # 取 PPI 端口 B 状态,其位 7 用于允许/禁止(0/1)键盘。
56          jmp 1f                    # 延迟一会。
57 1:       jmp 1f
58 1:       orb $0x80,%al             # al 位 7 置位(禁止键盘工作)。
59          jmp 1f                    # 再延迟一会。
60 1:       jmp 1f
61 1:       outb %al, $0x61           # 使 PPI PB7 位置位。
62          jmp 1f                    # 延迟一会。
63 1:       jmp 1f
64 1:       andb $0x7F,%al            # al 位 7 复位。
65          outb %al, $0x61           # 使 PPI PB7 位复位(允许键盘工作)。
66          movb $0x20,%al            # 向 8259A 中断芯片发送 EOI(中断结束)信号。
67          outb %al, $0x20
68          pushl $0                  # 控制台 tty 号=0,作为参数入栈。
69          call _do_tty_interrupt    # 将收到的数据复制成规范数据并存放在规范字符缓冲队列中。
70          addl $4,%esp              # 丢弃入栈的参数,弹出保留的寄存器,并中断返回。
71          pop %es
72          pop %ds
73          popl %edx
74          popl %ecx
75          popl %ebx
76          popl %eax
77          iret
78 set_e0: movb $1,e0                 # 收到扫描前导码 0xe0 时,设置 e0 标志(位 0)。
79          jmp e0_e1
80 set_e1: movb $2,e0                 # 收到扫描前导码 0xe1 时,设置 e1 标志(位 1)。
81          jmp e0_e1
82
83 /*
84  * This routine fills the buffer with max 8 bytes, taken from
```

```
85 * %ebx:%eax. (%edx is high). The bytes are written in the
86 * order %al,%ah,%eal,%eah,%bl,%bh ... until %eax is zero.
87 */
   /* 下面该子程序把 ebx:eax 中的最多 8 个字符添入缓冲队列中。(edx 是
   * 所写入字符的顺序是 al,ah,eal,eah,bl,bh... 直到 eax 等于 0。*/
88 put_queue:
89          pushl %ecx                  # 保存 ecx,edx 内容。
90          pushl %edx                  # 取控制台 tty 结构中读缓冲队列指针。
91          movl_table_list,%edx        # read-queue for console
92          movl head(%edx),%ecx        # 取缓冲队列中头指针→ecx。
93 1:       movb %al,buf(%edx,%ecx)     # 将 al 中的字符放入缓冲队列头指针位置处。
94          incl %ecx                   # 头指针前移 1 字节。
95          andl $size-1,%ecx           # 以缓冲区大小调整头指针(若超出则返回缓冲区开始指针)。
96          cmpl tail(%edx),%ecx        # buffer full -discard everything
                                        # 头指针==尾指针吗(缓冲队列满)?
97          je 3f                       # 如果已满,则后面未放入的字符全抛弃。
98          shrdl $8,%ebx,%eax          # 将 ebx 中 8 位比特位右移 8 位到 eax 中,但 ebx 不变。
99          je 2f                       # 还有字符吗? 若没有(等于 0)则跳转。
100         shrl $8,%ebx                # 将 ebx 中比特位右移 8 位,并跳转到标号 1 继续操作。
101         jmp 1b
102 2:      movl %ecx,head(%edx)        # 若已将所有字符都放入了队列,则保存头指针。
103         movl proc_list(%edx),%ecx   # 该队列的等待进程指针?
104         testl %ecx,%ecx             # 检测任务结构指针是否为空(有等待该队列的进程吗?)。
105         je 3f                       # 无,则跳转;
106         movl $0,(%ecx)              # 有,则置该进程为可运行就绪状态(唤醒该进程)。
107 3:      popl %edx                   # 弹出保留的寄存器并返回。
108         popl %ecx
109         ret
110 #下面这段代码根据 ctrl 或 alt 的扫描码,分别设置模式标志中的相应位。如果该扫描码之前收到过
    # 0xe0 扫描码(e0 标志置位),则说明按下的是键盘右边的 ctrl 或 alt 键,则对应设置 ctrl 或 alt 在
    # 模式标志 mode 中的比特位。
111 ctrl:   movb $0x04,%al              # 0x04 是模式标志 mode 中左 ctrl 键对应的比特位(位 2)。
112         jmp 1f
113 alt:    movb $0x10,%al              # 0x10 是模式标志 mode 中左 alt 键对应的比特位(位 4)。
114 1:      cmpb $0,e0                  # e0 标志置位了吗(按下的是右边的 ctrl 或 alt 键吗)?
115         je 2f                       # 不是则转。
116         addb %al,%al                # 是,则改成置相应右键的标志位(位 3 或位 5)。
117 2:      orb %al,mode                # 设置模式标志 mode 中对应的比特位。
118         ret
    # 这段代码处理 ctrl 或 alt 键松开的扫描码,对应复位模式标志 mode 中的比特位。在处理时要根据
    # e0 标志是否置位来判断是否是键盘右边的 ctrl 或 alt 键。
119 unctrl: movb $0x04,%al              # 模式标志 mode 中左 ctrl 键对应的比特位(位 2)。
120         jmp 1f
121 unalt:  movb $0x10,%al              # 0x10 是模式标志 mode 中左 alt 键对应的比特位(位 4)。
122 1:      cmpb $0,e0                  # e0 标志置位了吗(释放的是右边的 ctrl 或 alt 键吗)?
123         je 2f                       # 不是,则转。
124         addb %al,%al                # 是,则改成复位相应右键的标志位(位 3 或位 5)。
125 2:      notb %al                    # 复位模式标志 mode 中对应的比特位。
126         andb %al,mode
127         ret
128
129 lshift:
```

```
130         orb $0x01,mode              # 是左 shift 键按下,设置 mode 中对应的标志位(位 0)。
131         ret
132 unlshift:
133         andb $0xfe,mode             # 是左 shift 键松开,复位 mode 中对应的标志位(位 0)。
134         ret
135 rshift:
136         orb $0x02,mode              # 是右 shift 键按下,设置 mode 中对应的标志位(位 1)。
137         ret
138 unrshift:
139         andb $0xfd,mode             # 是右 shift 键松开,复位 mode 中对应的标志位(位 1)。
140         ret
141
142 caps:   testb $0x80,mode            # 测试模式标志 mode 中位 7 是否已经置位(按下状态)。
143         jne 1f                      # 如果已处于按下状态,则返回(ret)。
144         xorb $4,leds                # 翻转 leds 标志中 caps-lock 比特位(位 2)。
145         xorb $0x40,mode             # 翻转 mode 标志中 caps 键按下的比特位(位 6)。
146         orb $0x80,mode              # 设置 mode 标志中 caps 键已按下标志位(位 7)。
147 set_leds:              # 这段代码根据 leds 标志,开启或关闭 LED 指示器。
148         call kb_wait                # 等待键盘控制器输入缓冲空。
149         movb $0xed,%al              /* set leds command */  /* 设置 LED 的命令 */
150         outb %al, $0x60             # 发送键盘命令 0xed 到 0x60 端口。
151         call kb_wait                # 等待键盘控制器输入缓冲空。
152         movb leds,%al               # 取 leds 标志,作为参数。
153         outb %al, $0x60             # 发送该参数。
154         ret
155 uncaps: andb $0x7f,mode             # caps 键松开,则复位模式标志 mode 中的对应位(位 7)。
156         ret
157 scroll:
158         xorb $1,leds                # scroll 键按下,则翻转 leds 标志中的对应位(位 0)。
159         jmp set_leds                # 根据 leds 标志重新开启或关闭 LED 指示器。
160 num:    xorb $2,leds                # num 键按下,则翻转 leds 标志中的对应位(位 1)。
161         jmp set_leds                # 根据 leds 标志重新开启或关闭 LED 指示器。
162
163 /*
164  * curosr-key/numeric keypad cursor keys are handled here.
165  * checking for numeric keypad etc.
166  */  /* 这里处理方向键/数字小键盘方向键,检测数字小键盘等。*/
167 cursor:
168         subb $0x47,%al              # 扫描码是小数字键盘上的键(其扫描码>=0x47)发出的?
169         jb 1f                       # 如果小于则不处理,返回。
170         cmpb $12,%al                # 如果扫描码 > 0x53(0x53 - 0x47 = 12),则
171         ja 1f                       # 扫描码值超过 83(0x53),不处理,返回。
172         jne cur2                    /* check for ctrl-alt-del */ /* 检查是否ctrl-alt-del */
              # 如果等于 12,则说明 del 键已被按下,则继续判断 ctrl 和 alt 是否也同时按下。
173         testb $0x0c,mode            # 有 ctrl 键按下吗?
174         je cur2                     # 无,则跳转。
175         testb $0x30,mode            # 有 alt 键按下吗?
176         jne reboot                  # 有,则跳转到重启动处理。
177 cur2:   cmpb $0x01,e0               /* e0 forces cursor movement *//* e0 置位表示光标移动 */
                                        # e0 标志置位了吗?
178         je cur                      # 置位了,则跳转光标移动处理处 cur。
179         testb $0x02,leds            /* not num-lock forces cursor *//* num-lock 键则不许 */
```

```
                                                  # 测试 leds 中标志 num-lock 键标志是否置位。
180           je cur                              # 如果没有置位(num 的 LED 不亮),则也进行光标移动处理。
181           testb $0x03,mode                    /* shift forces cursor */ /* shift 键也使光标移动 */
                                                  # 测试模式标志 mode 中 shift 按下标志。
182           jne cur                             # 如果有 shift 键按下,则也进行光标移动处理。
183           xorl %ebx,%ebx                      # 否则查询数字表(199 行),取对应键的数字 ASCII 码。
184           movb num_table(%eax),%al        # 以 eax 作为索引值,取对应数字字符→al。
185           jmp put_queue                       # 将该字符放入缓冲队列中。
186 1:        ret
187 # 这段代码处理光标的移动。
188 cur:      movb cur_table(%eax),%al # 取光标字符表中相应键的代表字符→al。
189           cmpb $'9,%al                        # 若该字符<='9',说明是上一页、下一页、插入或删除键,
190           ja ok_cur                           # 则功能字符序列中要添入字符'~'。
191           movb $'~,%ah
192 ok_cur:   shll $16,%eax                       # 将 ax 中内容移到 eax 高字中。
193           movw $0x5b1b,%ax                    # 在 ax 中放入'esc ['字符,与 eax 高字中字符组成移动序列。
194           xorl %ebx,%ebx
195           jmp put_queue                       # 将该字符放入缓冲队列中。
196
197 #if defined(KBD_FR)
198 num_table:
199           .ascii "789 456 1230."              # 数字小键盘上键对应的数字 ASCII 码表。
200 #else
201 num_table:
202           .ascii "789 456 1230,"
203 #endif
204 cur_table:
205           .ascii "HA5 DGC YB623"              # 数字小键盘上方向键或插入删除键对应的移动表示字符表。
206
207 /*
208  * this routine handles function keys
209  */
210 func:     /* 下面子程序处理功能键。*/
211           pushl %eax
212           pushl %ecx
213           pushl %edx
214           call _show_stat                     # 调用显示各任务状态函数(kernel/sched.c, 37 行)。
215           popl %edx
216           popl %ecx
217           popl %eax
218           subb $0x3B,%al                  # 功能键'F1'的扫描码是 0x3B,因此此时 al 中是功能键索引号。
219           jb end_func                         # 如果扫描码小于 0x3b,则不处理,返回。
220           cmpb $9,%al                         # 功能键是 F1~F10?
221           jbe ok_func                         # 是,则跳转。
222           subb $18,%al                        # 是功能键 F11,F12 吗?
223           cmpb $10,%al                        # 是功能键 F11?
224           jb end_func                         # 不是,则不处理,返回。
225           cmpb $11,%al                        # 是功能键 F12?
226           ja end_func                         # 不是,则不处理,返回。
227 ok_func:
228           cmpl $4,%ecx                        /* check that there is enough room */ /* 检查是
                                                  否有足够空间 */
```

```
229         jl end_func                          # 需要放入4个字符序列,如果放不下,则返回。
230         movl func_table(,%eax,4),%eax        # 取功能键对应字符序列。
231         xorl %ebx,%ebx
232         jmp put_queue                   # 放入缓冲队列中。
233 end_func:
234         ret
235
236 /*
237  * function keys send F1:'esc [ [ A' F2:'esc [ [ B' etc.
238  */
    /* 功能键发送的扫描码,F1键为:'esc [ [ A', F2键为:'esc [ [ B'等。  */
239 func_table:
240         .long 0x415b5b1b,0x425b5b1b,0x435b5b1b,0x445b5b1b
241         .long 0x455b5b1b,0x465b5b1b,0x475b5b1b,0x485b5b1b
242         .long 0x495b5b1b,0x4a5b5b1b,0x4b5b5b1b,0x4c5b5b1b
243 # 扫描码-ASCII字符映射表。根据在config.h中定义的键盘类型(FINNISH,US,GERMEN,FRANCH),
    # 将相应键的扫描码映射到ASCII字符。
244 #if     defined(KBD_FINNISH)
245 key_map:                            # 以下是芬兰语键盘的扫描码映射表。
246         .byte 0,27                  # 扫描码0x00,0x01对应的ASCII码;
247         .ascii "1234567890+'"       # 扫描码0x02,...0x0c,0x0d对应的ASCII码,以下类似。
248         .byte 127,9
249         .ascii "qwertyuiop}"
250         .byte 0,13,0
251         .ascii "asdfghjkl|{"
252         .byte 0,0
253         .ascii "'zxcvbnm,.-"
254         .byte 0,'*,0,32             /* 36-39 */    /* 扫描码0x36~0x39对应的ASCII码 */
255         .fill 16,1,0                /* 3A-49 */    /* 扫描码0x3A~0x49对应的ASCII码 */
256         .byte '-,0,0,0,'+           /* 4A-4E */    /* 扫描码0x4A~0x4E对应的ASCII码 */
257         .byte 0,0,0,0,0,0,0         /* 4F-55 */    /* 扫描码0x4F~0x55对应的ASCII码 */
258         .byte '<
259         .fill 10,1,0
260
261 shift_map:                          # shift键同时按下时的映射表。
262         .byte 0,27
263         .ascii "!\"#$%&/()=?`"
264         .byte 127,9
265         .ascii "QWERTYUIOP]^"
266         .byte 13,0
267         .ascii "ASDFGHJKL\["
268         .byte 0,0
269         .ascii "*ZXCVBNM;:_"
270         .byte 0,'*,0,32           /* 36-39 */
271         .fill 16,1,0              /* 3A-49 */
272         .byte '-,0,0,0,'+         /* 4A-4E */
273         .byte 0,0,0,0,0,0,0       /* 4F-55 */
274         .byte '>
275         .fill 10,1,0
276
277 alt_map:                            # alt键同时按下时的映射表。
278         .byte 0,0
```

```
279         .ascii "\0@ \0 $\0\0{[]} \\\0"
280         .byte 0,0
281         .byte 0,0,0,0,0,0,0,0,0,0,0
282         .byte '~,13,0
283         .byte 0,0,0,0,0,0,0,0,0,0,0
284         .byte 0,0
285         .byte 0,0,0,0,0,0,0,0,0,0,0
286         .byte 0,0,0,0            /* 36-39 */
287         .fill 16,1,0             /* 3A-49 */
288         .byte 0,0,0,0,0          /* 4A-4E */
289         .byte 0,0,0,0,0,0,0      /* 4F-55 */
290         .byte '|
291         .fill 10,1,0
292
293 #elif defined(KBD_US)
294
295 key_map:                          # 以下是美式键盘的扫描码映射表。(296行~342行略)
343
344 #elif defined(KBD_GR)
345
346 key_map:                          # 以下是德语键盘的扫描码映射表。(347行~394行略)
395
396 #elif defined(KBD_FR)
397
398 key_map:                          # 以下是法语键盘的扫描码映射表。(399行~444行略)
445
446 #else
447 #error "KBD-type not defined"
448 #endif
449 /*
450  * do_self handles "normal" keys, ie keys that don't change meaning
451  * and which have just one character returns.
452  */
    /* do_self 用于处理“普通”键,也即含义没有变化并且只有一个字符返回的键。*/
453 do_self:  # 454~460 行用于根据模式标志 mode 选择 alt_map、shift_map 或 key_map 映射表之一。
454         lea alt_map,%ebx          # alt 键同时按下时的映射表基址 alt_map→ebx。
455         testb $0x20,mode          /* alt-gr */ /* 右 alt 键同时按下了? */
456         jne 1f                    # 是,则向前跳转到标号 1 处。
457         lea shift_map,%ebx        # shift 键同时按下时的映射表基址 shift_map→ebx。
458         testb $0x03,mode          # 有 shift 键同时按下了吗?
459         jne 1f                    # 有,则向前跳转到标号 1 处。
460         lea key_map,%ebx          # 否则使用普通映射表 key_map。
    # 取映射表中对应扫描码的 ASCII 字符,若没有对应字符,则返回(转 none)。
461 1:      movb (%ebx,%eax),%al      # 将扫描码作为索引值,取对应的 ASCII 码→al。
462         orb %al,%al               # 检测看是否有对应的 ASCII 码。
463         je none                   # 若没有(对应的 ASCII 码=0),则返回。
    # 若 ctrl 键已按下或 caps 键锁定,并且字符在'a'-'}'(0x61~0x7D)范围内,则将其转成大写字符
    # (0x41~0x5D)。
464         testb $0x4c,mode          /* ctrl or caps */ /* 控制键已按下或 caps 灯亮? */
465         je 2f                     # 没有,则向前跳转标号 2 处。
466         cmpb $'a,%al              # 将 al 中的字符与'a'比较。
467         jb 2f                     # 若 al 值<'a',则转标号 2 处。
```

```
468         cmpb $'},%al               # 将 al 中的字符与'}'比较。
469         ja 2f                      # 若 al 值>'}',则转标号 2 处。
470         subb $32,%al               # 将 al 转换为大写字符(减 0x20)。
  # 若 ctrl 键已按下,并且字符在'`'~'-'(0x40~0x5F)之间(是大写字符),则将其转换为控制字符
  # (0x00~0x1F)。
471 2:      testb $0x0c,mode           /* ctrl */  /* ctrl 键同时按下了吗? */
472         je 3f                      # 若没有则转标号 3。
473         cmpb $64,%al               # 将 al 与'@'(64)字符比较(即判断字符所属范围)。
474         jb 3f                      # 若值<'@',则转标号 3。
475         cmpb $64+32,%al            # 将 al 与'`'(96)字符比较(即判断字符所属范围)。
476         jae 3f                     # 若值>='`',则转标号 3。
477         subb $64,%al               # 否则 al 值减 0x40,即将字符转换为 0x00~0x1f 之间的控制字符。
  # 若左 alt 键同时按下,则将字符的位 7 置位。
478 3:      testb $0x10,mode           /* left alt */  /* 左 alt 键同时按下? */
479         je 4f                      # 没有,则转标号 4。
480         orb $0x80,%al              # 字符的位 7 置位。
  # 将 al 中的字符放入读缓冲队列中。
481 4:      andl $0xff,%eax            # 清 eax 的高字和 ah。
482         xorl %ebx,%ebx             # 清 ebx。
483         call put_queue             # 将字符放入缓冲队列中。
484 none:   ret
485
486 /*
487  * minus has a routine of it's own, as a 'E0h' before
488  * the scan code for minus means that the numeric keypad
489  * slash was pushed.
490  */
  /* 减号有它自己的处理程序,因为减号扫描码前的 0xe0 意味着按下了数字小键盘上的斜杠键。*/
491 minus:  cmpb $1,e0                 # e0 标志置位了吗?
492         jne do_self                # 没有,则调用 do_self 对减号符进行普通处理。
493         movl $'/,%eax              # 否则用'/'替换减号'-'→al。
494         xorl %ebx,%ebx
495         jmp put_queue              # 并将字符放入缓冲队列中。
496
497 /*
498  * This table decides which routine to call when a scan-code has been
499  * gotten. Most routines just call do_self, or none, depending if
500  * they are make or break.
501  */
  /* 下面是一张子程序地址跳转表。当取得扫描码后就根据此表调用相应的扫描码处理子程序。
   * 大多数调用的子程序是 do_self,或者是 none,这取决于是按键(make)还是释放键(break)。*/
502 key_table:
503         .long none,do_self,do_self,do_self         /* 00-03 s0 esc 1 2 */
504         .long do_self,do_self,do_self,do_self      /* 04-07 3 4 5 6 */
505         .long do_self,do_self,do_self,do_self      /* 08-0B 7 8 9 0 */
506         .long do_self,do_self,do_self,do_self      /* 0C-0F + ' bs tab */
507         .long do_self,do_self,do_self,do_self      /* 10-13 q w e r */
508         .long do_self,do_self,do_self,do_self      /* 14-17 t y u i */
509         .long do_self,do_self,do_self,do_self      /* 18-1B o p } ^ */
510         .long do_self,ctrl,do_self,do_self         /* 1C-1F enter ctrl a s */
511         .long do_self,do_self,do_self,do_self      /* 20-23 d f g h */
512         .long do_self,do_self,do_self,do_self      /* 24-27 j k l | */
```

```
513            .long do_self,do_self,lshift,do_self        /* 28-2B { para lshift , */
514            .long do_self,do_self,do_self,do_self       /* 2C-2F z x c v */
515            .long do_self,do_self,do_self,do_self       /* 30-33 b n m , */
516            .long do_self,minus,rshift,do_self          /* 34-37 . -rshift * */
517            .long alt,do_self,caps,func                 /* 38-3B alt sp caps f1 */
518            .long func,func,func,func                   /* 3C-3F f2 f3 f4 f5 */
519            .long func,func,func,func                   /* 40-43 f6 f7 f8 f9 */
520            .long func,num,scroll,cursor                /* 44-47 f10 num scr home */
521            .long cursor,cursor,do_self,cursor          /* 48-4B up pgup -left */
522            .long cursor,cursor,do_self,cursor          /* 4C-4F n5 right + end */
523            .long cursor,cursor,cursor,cursor           /* 50-53 dn pgdn ins del */
524            .long none,none,do_self,func                /* 54-57 sysreq ? < f11 */
525            .long func,none,none,none                   /* 58-5B f12 ? ? ? */
526            .long none,none,none,none                   /* 5C-5F ? ? ? ? */
527            .long none,none,none,none                   /* 60-63 ? ? ? ? */
528            .long none,none,none,none                   /* 64-67 ? ? ? ? */
529            .long none,none,none,none                   /* 68-6B ? ? ? ? */
530            .long none,none,none,none                   /* 6C-6F ? ? ? ? */
531            .long none,none,none,none                   /* 70-73 ? ? ? ? */
532            .long none,none,none,none                   /* 74-77 ? ? ? ? */
533            .long none,none,none,none                   /* 78-7B ? ? ? ? */
534            .long none,none,none,none                   /* 7C-7F ? ? ? ? */
535            .long none,none,none,none                   /* 80-83 ? br br br */
536            .long none,none,none,none                   /* 84-87 br br br br */
537            .long none,none,none,none                   /* 88-8B br br br br */
538            .long none,none,none,none                   /* 8C-8F br br br br */
539            .long none,none,none,none                   /* 90-93 br br br br */
540            .long none,none,none,none                   /* 94-97 br br br br */
541            .long none,none,none,none                   /* 98-9B br br br br */
542            .long none,unctrl,none,none                 /* 9C-9F br unctrl br br */
543            .long none,none,none,none                   /* A0-A3 br br br br */
544            .long none,none,none,none                   /* A4-A7 br br br br */
545            .long none,none,unlshift,none               /* A8-AB br br unlshift br */
546            .long none,none,none,none                   /* AC-AF br br br br */
547            .long none,none,none,none                   /* B0-B3 br br br br */
548            .long none,none,unrshift,none               /* B4-B7 br br unrshift br */
549            .long unalt,none,uncaps,none                /* B8-BB unalt br uncaps br */
550            .long none,none,none,none                   /* BC-BF br br br br */
551            .long none,none,none,none                   /* C0-C3 br br br br */
552            .long none,none,none,none                   /* C4-C7 br br br br */
553            .long none,none,none,none                   /* C8-CB br br br br */
554            .long none,none,none,none                   /* CC-CF br br br br */
555            .long none,none,none,none                   /* D0-D3 br br br br */
556            .long none,none,none,none                   /* D4-D7 br br br br */
557            .long none,none,none,none                   /* D8-DB br ? ? ? */
558            .long none,none,none,none                   /* DC-DF ? ? ? ? */
559            .long none,none,none,none                   /* E0-E3 e0 e1 ? ? */
560            .long none,none,none,none                   /* E4-E7 ? ? ? ? */
561            .long none,none,none,none                   /* E8-EB ? ? ? ? */
562            .long none,none,none,none                   /* EC-EF ? ? ? ? */
563            .long none,none,none,none                   /* F0-F3 ? ? ? ? */
564            .long none,none,none,none                   /* F4-F7 ? ? ? ? */
```

```
565         .long none,none,none,none                    /* F8-FB ? ? ? ? */
566         .long none,none,none,none                    /* FC-FF ? ? ? ? */
567
568/*
569  * kb_wait waits for the keyboard controller buffer to empty.
570  * there is no timeout - if the buffer doesn't empty, we hang.
571  */
  /* 子程序 kb_wait 用于等待键盘控制器缓冲空。不存在超时处理，如果
   * 缓冲永远不空的话，程序就会永远等待(死掉)。 */
572 kb_wait:
573         pushl %eax
574 1:      inb $0x64,%al                                # 读键盘控制器状态。
575         testb $0x02,%al                              # 测试输入缓冲器是否为空(等于0)。
576         jne 1b                                       # 若不空，则跳转循环等待。
577         popl %eax
578         ret
579/*
580  * This routine reboots the machine by asking the keyboard
581  * controller to pulse the reset-line low.
582  */
  /* 该子程序通过设置键盘控制器，向复位线输出负脉冲，使系统复位重启(reboot)。 */
583 reboot:
584         call kb_wait                                 # 首先等待键盘控制器输入缓冲器空。
585         movw $0x1234,0x472                           /* don't do memory check */
586         movb $0xfc,%al                               /* pulse reset and A20 low */
587         outb %al, $0x64                              # 向系统复位和 A20 线输出负脉冲。
588 die:    jmp die                                      # 死机。
```

1. AT 键盘接口编程

主机系统板上所采用的键盘控制器是 Intel 8042 芯片或其兼容芯片，其逻辑示意图见图 7-5。其中输出端口 P2 分别用于其他目的。位 0(P20 引脚)用于实现 CPU 的复位操作，位 1(P21 引脚)用于控制 A20 信号线的开启与否。当该输出端口位 0 为 1 时就开启(选通)了 A20 信号线，为 0 则禁止 A20 信号线。参见 3.2.2 节中对 A20 信号线的详细说明。

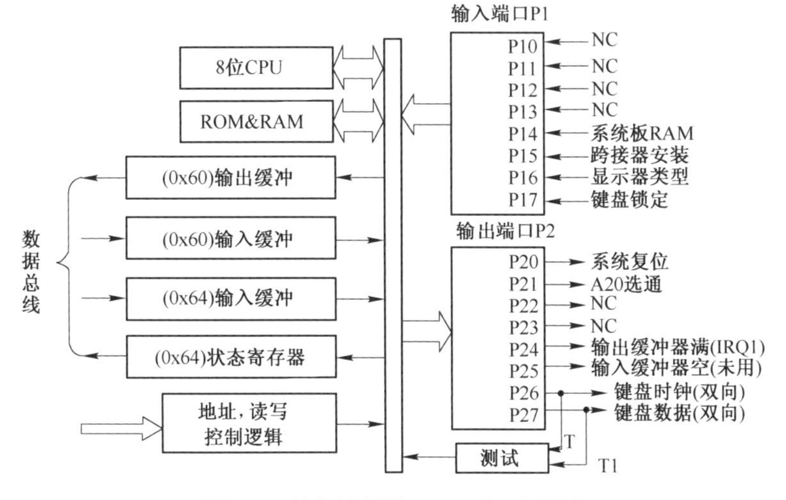

图 7-5　键盘控制器 804x 逻辑示意图

分配给键盘控制器的 I/O 端口范围是 0x60～0x6f（见表 7-2），但实际上 IBM CP/AT 使用的只有 0x60 和 0x64 两个口地址（0x61、0x62 和 0x63 用于与 XT 兼容目的），加上对端口的读和写操作含义不同，因此主要可有 4 种不同操作。对键盘控制器进行编程，将涉及芯片中的状态寄存器、输入缓冲器和输出缓冲器。

表 7-2　键盘控制器 804X 端口

端　口	读/写	名　称	用　途
0x60	读	数据端口或输出缓冲器	是一个 8 位只读寄存器。当键盘控制器收到来自键盘的扫描码或命令响应时，一方面置状态寄存器位 0 = 1，另一方面产生中断 IRQ1。通常应该仅在状态端口位 0 = 1 时才读
0x60	写	输入缓冲器	用于向键盘发送命令与/或随后的参数，或向键盘控制器写参数。键盘命令共有 10 多条，见表格后说明。通常都应该仅在状态端口位 1=0 时才写
0x61	读/写		该端口 0x61 是 8255A 输出口 B 的地址，是针对使用/兼容 8255A 的 PC 标准键盘电路进行硬件复位处理。该端口用于对收到的扫描码做出应答。方法是首先禁止键盘，然后立刻重新允许键盘。所操作的数据为： 位 7=1 禁止键盘；=0 允许键盘； 位 6=0 迫使键盘时钟为低位，因此键盘不能发送任何数据； 位 5～0 这些位与键盘无关，用于可编程并行接口（PPI）
0x64	读	状态寄存器	是一个 8 位只读寄存器，其位字段含义分别为： 位 7=1 来自键盘传输数据奇偶校验错； 位 6=1 接收超时（键盘传送未产生 IRQ1）； 位 5=1 发送超时（键盘无响应）； 位 4=1 键盘接口被键盘锁禁止（?? 是=0 时）； 位 3=1 写入输入缓冲器中的数据是命令（通过端口 0x64）； 　=0 写入输入缓冲器中的数据是参数（通过端口 0x60）； 位 2　系统标志状态：0 = 上电启动或复位；1 = 自检通过； 位 1=1 输入缓冲器满（0x60/64 口有给 8042 的数据）； 位 0=1 输出缓冲器满（数据端口 0x60 有给系统的数据）
0x64	写	输入缓冲器	向键盘控制器写命令。可带一参数，参数从端口 0x60 写入。键盘控制器命令有 12 条

2. 键盘命令

系统向端口 0x60 写入 1B，便是发送键盘命令。键盘在接收到命令后 20ms 内应予以响应，即回送一命令响应。有的命令还需要跟一个参数（也写到该端口）。命令列表见表 7-3。注意，如果没有另外指明，所有命令均被回送一个 0xfa 响应码（ACK）。

表 7-3　键盘命令

命 令 码	参　数	功　能
0xed	有	设置/复位模式指示器。置 1 开启，0 关闭。参数字节： 位 7～3 保留全为 0；　位 2 = caps-lock 键； 位 1 = num-lock 键；　位 0 = scroll-lock 键
0xee	无	诊断回应。键盘应回送 0xee
0xef		保留不用
0xf0	有	读取/设置扫描码集。参数字节等于： 0x00 - 选择当前扫描码集； 0x01 - 选择扫描码集 1（用于 PCs，PS/2 30 等）； 0x02 - 选择扫描码集 2（用于 AT，PS/2，是默认值）； 0x03 - 选择扫描码集 3
0xf1		保留不用。
0xf2	无	读取键盘标识号（读取 2 个字节）。AT 键盘返回响应码 0xfa
0xf3	有	设置扫描码连续发送时的速率和延迟时间。参数字节的含义为： 位 7 保留为 0；位 6～5 延时值：令 C=位 6～5，则有公式：延时值=（1+C）* 250ms； 位 4～0 扫描码连续发送的速率；令 B=位 4～3；A=位 2～0，则有公式： 速率=1/（（8+A）* 2^B * 0.00417）。参数缺省值为 0x2c

（续）

命令码	参数	功能
0xf4	无	开启键盘
0xf5	无	禁止键盘
0xf6	无	设置键盘默认参数
0xf7~0xfd		保留不用
0xfe	无	重发扫描码。当系统检测到键盘传输数据有错，则发此命令
0xff	无	执行键盘上电复位操作，称之为基本保证测试（BAT）。操作过程为： 1. 键盘收到该命令后立刻响应发送 0xfa； 2. 键盘控制器使键盘时钟和数据线置为高电平； 3. 键盘开始执行 BAT 操作； 4. 若正常完成，则键盘发送 0xaa；否则发送 0xfd 并停止扫描

3. 键盘控制器命令

系统向输入缓冲（端口 0x64）写入 1 B，即发送一键盘控制器命令。可带一个参数。参数是通过写 0x60 端口发送的。键盘控制器命令见表 7-4。

表 7-4　键盘控制器命令

命令码	参数	功能
0x20	无	读给键盘控制器的最后一个命令字节，放在端口 0x60 供系统读取
0x21~0x3f	无	读取由命令低 5 比特位指定的控制器内部 RAM 中的命令
0x60~0x7f	有	写键盘控制器命令字节。参数字节：（默认值为 0x5d） 位 7 保留为 0； 位 6 IBM PC 兼容模式（奇偶校验，转换为系统扫描码，单字节 PC 断开码）； 位 5 PC 模式（对扫描码不进行奇偶校验；不转换成系统扫描码）； 位 4 禁止键盘工作（使键盘时钟为低电平）； 位 3 禁止超越（override），对键盘锁定转换不起作用； 位 2 系统标志；1 表示控制器工作正确； 位 1 保留为 0； 位 0 允许输出寄存器满中断
0xaa	无	初始化键盘控制器自测试。成功返回 0x55；失败返回 0xfc。
0xab	无	初始化键盘接口测试。返回字节： 0x00 无错；　0x01 键盘时钟线为低（始终为低，低粘连）； 0x02 键盘时钟线为高；　0x03 键盘数据线为低； 0x04 键盘数据线为高
0xac	无	诊断转储。804x 的 16 字节 RAM、输出口、输入口状态依次输出给系统
0xad	无	禁止键盘工作（设置命令字节位 4=1）
0xae	无	允许键盘工作（复位命令字节位 4=0）
0xc0	无	读 804x 的输入端口 P1，并放在 0x60 供读取
0xd0	无	读 804x 的输出端口 P2，并放在 0x60 供读取
0xd1	有	写 804x 的输出端口 P2，原 IBM PC 使用输出端口的位 2 控制 A20 门。注意，位 0（系统复位）应该总是置位的
0xe0	无	读测试端 T0 和 T1 的输入送输出缓冲器供系统读取。 位 1 键盘数据；位 0 键盘时钟
0xed	有	控制 LED 的状态。置 1 开启，0 关闭。参数字节： 位 7~3 保留全为 0；　位 2 = caps-lock 键； 位 1 = num-lock 键；　位 0 = scroll-lock 键
0xf0~0xff	无	送脉冲到输出端口。该命令序列控制输出端口 P20~23 线，参见图 7-5。欲让哪一位输出负脉冲（6 μs），即置该位为 0。即该命令的低 4 位分别控制负脉冲的输出。例如，若要复位系统，则发出命令 0xfe（P20 低）即可

4. 键盘扫描码

PC 均采用非编码键盘。键盘上每个键都有一个位置编号，是从左到右从上到下。并且 PC/XT 机与 AT 机键盘的位置码差别很大。键盘内的微处理机向系统发送的是键对应的扫描码。当键按下时，键盘输出的扫描码称为接通（make）扫描码，而该键松开时发送的则称为断开（break）扫描码。

键盘上的每个键都有一个包含在字节低 7 位（位 6~0）中相应的扫描码。在高位（位 7）表示是按键还是松开按键。位 7=0 表示刚将键按下的扫描码，位 7=1 表示键松开的扫描码。例如，如果某人刚把 ESC 键按下，则传输给系统的扫描码将是 1（1 是 ESC 键的扫描码），当该键释放时将产生 1+0x80=129 扫描码。

对于 PC、PC/XT 的标准 83 键键盘，接通扫描码与键号（键的位置码）是一样的。并用 1 字节表示。例如“A”键，键位置号是 30，接通码是扫描码是 0x1e。而其断开码是接通扫描码加上 0x80，即 0x9e。对于 AT 机使用的 84/101/102 扩展键盘，则与 PC/XT 标准键盘区别较大。对于某些“扩展的”键，情况有些不同。当一个扩展键被按下时，将产生一个中断并且键盘端口将输出一个“扩展的”扫描码前缀 0xe0，而在下一个“中断”中将给出。例如，对于 PC/XT 标准键盘，左边的控制键 ctrl 的扫描码是 29，而右边的“扩展的”控制键 ctrl 则具有一个扩展的扫描码 29。这个规则同样适用于 alt 键和箭头键。

另外，还有两个键的处理非常特殊：PrtScn 键和 Pause/Break 键。按下 PrtScn 键将会向键盘中断程序发送两个扩展字符，42（0x2a）和 55（0x37），所以实际的字节序列将是 0xe0，0x2a，0xe0，0x37。但在键重复产生时将多发送扩展码 0xaa。当键松开时，又重新发送两个扩展的加上 0x80 的码（0xe0，0xb7，0xe0，0xaa）。当 Prtscn 键按下时，如果 shift 或 ctrl 键也按下了，则仅发送 0xe0，0x37，并且在松开时仅发送 0xe0，0xb7。

对于 Pause/Break 键。如果在按下该键同时也按下了控制键，则其行为如同扩展键 70 一样。而在其他情况下它将发送字符序列 0xe1，0x1d，0x45，0xe1，0x9d，0xc5。将键按下并不会产生重复的扫描码，而松开键也并不会产生任何扫描码。因此，可以这样来看待和处理：扫描码 0xe0 意味着还有一个字符跟随其后，而扫描码 0xe1 则表示后面跟随着 2 个字符。

AT 键盘的扫描码与 PC/XT 略有不同。当键按下时，则对应键的扫描码被送出，但当键松开时，将会发送两个字节，第一个是 0xf0，第二个还是相同的键扫描码。现在键盘设计者使用 8049 作为 AT 键盘的输入处理器，为了向下的兼容性将 AT 键盘发出的扫描码转换成了老式 PC/XT 标准键盘的扫描码。AT 键盘有三种独立的扫描码集：一种是上面说明的(83 键映射，而增加的键有多余的 0xe0 码)，一种几乎是顺序的，还有一种却只有 1 个字节。最后一种所带来的问题是只有左 shift，caps，左 ctrl 和左 alt 键的松开码被发送。键盘的默认扫描码集是扫描码集 2，可以利用命令更改。

对于扫描码集 1 和 2，有特殊码 0xe0 和 0xe1。它们用于具有相同功能的键。例如：左控制键 ctrl 位置是 0x1d（对于 PC/XT），则右边的控制键就是 0xe0，0x1d。这是为了与 PC/XT 程序兼容。注意：唯一使用 0xe1 的时候是当它表示临时控制键时，对此情况同时也有一个 0xe0 的版本。XT 键盘扫描码如图 7-6 所示。

F1	F2	`	1	2	3	4	5	6	7	8	9	0	-	=	\	BS	ESC	NUML	SCRL	SYSR
3B	3C	29	02	03	04	05	06	07	08	09	0A	0B	0C	0D	2B	0E	01	45	46	**
F3	F4	TAB	Q	W	E	R	T	Y	U	I	O	P	[	]			Home	↑	PgUp	PrtSc
3D	3E	0F	10	11	12	13	14	15	16	17	18	19	1A	1B			47	48	49	37
F5	F6	CNTL	A	S	D	F	G	H	J	K	L	;	'	ENTER			←	5	→	–
3F	40	1D	1E	1F	20	21	22	23	24	25	26	27	27	1C			4B	4C	4D	4A
F7	F8	LSHFT	Z	X	C	V	B	N	M	,	.	/	RSHFT				End	↓	PgDn	+
41	42	2A	2C	2D	2E	2F	30	31	32	33	34	35	36				4F	50	51	4E
F9	F0	ALT	Space	CAPLOCK													Ins		Del	
3F	40	1D	39	3A													52		53	

图 7-6　XT 键盘扫描码

7.2.2 console.c 程序

本程序实现了控制台终端显示屏的操作，见文件 7-2。

文件 7-2 linux/kernel/chr_drv/console.c

```
 7 /*
 8  *      console.c
 9  *
10  * This module implements the console io functions
11  *      'void con_init(void)'
12  *      'void con_write(struct tty_queue * queue)'
13  * Hopefully this will be a rather complete VT102 implementation.
14  *
15  * Beeping thanks to John T Kohl.
16  */
17 /* 该模块实现控制台输入输出功能
    *      'void con_init(void)'
    *      'void con_write(struct tty_queue * queue)'
    * 希望这是一个非常完整的 VT102 实现。感谢 John T Kohl 实现了蜂鸣指示。*/
18 /*
19  * NOTE!!! We sometimes disable and enable interrupts for a short while
20  * (to put a word in video IO), but this will work even for keyboard
21  * interrupts. We know interrupts aren't enabled when getting a keyboard
22  * interrupt, as we use trap-gates. Hopefully all is well.
23  */
24 /* 注意!!! 我们有时短暂地禁止和允许中断(在将一个字(word)放到视频 IO),但即使
    * 对于键盘中断这也是可以工作的。因为我们使用陷阱门,所以我们知道在获得一个
    * 键盘中断时中断是不允许的。希望一切均正常。*/
25 /*
26  * Code to check for different video-cards mostly by Galen Hunt,
27  * <g-hunt@ee.utah.edu>
28  */
29 /* 检测不同显示卡的代码大多数是 Galen Hunt 编写的,<g-hunt@ee.utah.edu> */
30 #include <linux/sched.h>   // 调度程序头文件,定义任务结构 task_struct、初始任务 0 的数据。
31 #include <linux/tty.h>     // tty 头文件,定义了有关 tty_io,串行通信方面的参数、常数。
32 #include <asm/io.h>        // io 头文件。定义硬件端口输入/输出宏汇编语句。
33 #include <asm/system.h>    // 系统头文件。定义了设置或修改描述符/中断门等的嵌入式汇编宏。
34
35 /*
36  * These are set up by the setup-routine at boot-time:
37  */
   /* 这些是设置子程序 setup 在引导启动系统时设置的参数: */
38 // 参见对 boot/setup.s 的注释,和 setup 程序读取并保留的参数表。
39 #define ORIG_X              (*(unsigned char *)0x90000)        // 光标列号。
40 #define ORIG_Y              (*(unsigned char *)0x90001)        // 光标行号。
41 #define ORIG_VIDEO_PAGE     (*(unsigned short *)0x90004)       // 显示页面。
42 #define ORIG_VIDEO_MODE     ((*(unsigned short *)0x90006) & 0xff)  // 显示模式。
43 #define ORIG_VIDEO_COLS     (((*(unsigned short *)0x90006)&0xff00)>>8)  // 字符列数。
44 #define ORIG_VIDEO_LINES    (25)                               // 显示行数。
45 #define ORIG_VIDEO_EGA_AX   (*(unsigned short *)0x90008)       // [??]
```

```
46 #define ORIG_VIDEO_EGA_BX    (*(unsigned short *)0x9000a)    //显示内存大小和色彩模式。
47 #define ORIG_VIDEO_EGA_CX    (*(unsigned short *)0x9000c)    //显示卡特性参数。
48 //定义显示器单色/彩色显示模式类型符号常数。
49 #define VIDEO_TYPE_MDA 0x10  /* Monochrome Text Display       *///* 单色文本      */
50 #define VIDEO_TYPE_CGA       0x11  /* CGA Display             *///* CGA 显示器    */
51 #define VIDEO_TYPE_EGAM      0x20  /* EGA/VGA in Monochrome Mode *///* EGA/VGA 单色*/
52 #define VIDEO_TYPE_EGAC      0x21  /* EGA/VGA in Color Mode    *///* EGA/VGA 彩色*/
53
54 #define NPAR 16
55
56 extern void keyboard_interrupt(void);            //键盘中断处理程序(keyboard.S)。
57
58 static unsigned char     video_type;          /* Type of display being used      */
                                                 /* 使用的显示类型 */
59 static unsigned long     video_num_columns;   /* Number of text columns          */
                                                 /* 屏幕文本列数                     */
60 static unsigned long     video_size_row;      /* Bytes per row                   */
                                                 /* 每行使用的字节数                 */
61 static unsigned long     video_num_lines;     /* Number of test lines            */
                                                 /* 屏幕文本行数                     */
62 static unsigned char     video_page;          /* Initial video page              */
                                                 /* 初始显示页面                     */
63 static unsigned long     video_mem_start;     /* Start of video RAM              */
                                                 /* 显示内存起始地址                 */
64 static unsigned long     video_mem_end;       /* End of video RAM (sort of)      */
                                                 /* 显示内存结束(末端)地址           */
65 static unsigned short    video_port_reg;      /* Video register select port      */
                                                 /* 显示控制索引寄存器端口           */
66 static unsigned short    video_port_val;      /* Video register value port       */
                                                 /* 显示控制数据寄存器端口           */
67 static unsigned short    video_erase_char;    /* Char+Attrib to erase with       */
                                                 /* 擦除字符属性与字符(0x0720)       */
68 //以下这些变量用于屏幕卷屏操作。
69 static unsigned long   origin;            /* Used for EGA/VGA fast scroll *///scr_start。
                                            /* 用于 EGA/VGA 快速滚屏 *///滚屏起始内存地址。
70 static unsigned long   scr_end;           /* Used for EGA/VGA fast scroll */
                                            /* 用于 EGA/VGA 快速滚屏 *///滚屏末端内存地址。
71 static unsigned long   pos;               //当前光标对应的显示内存位置。
72 static unsigned long   x,y;               //当前光标位置。
73 static unsigned long   top,bottom;        //滚动时顶行行号;底行行号。
   //state 用于标明处理 ESC 转义序列时的当前步骤。npar,par[]用于存放 ESC 序列的中间处理参数。
74 static unsigned long   state=0;           //ANSI 转义字符序列处理状态。
75 static unsigned long   npar,par[NPAR];    //ANSI 转义字符序列参数个数和参数数组。
76 static unsigned long   ques=0;
77 static unsigned char   attr=0x07;         //字符属性(黑底白字)。
78
79 static void sysbeep(void);                //系统蜂鸣函数。
80
81 /*
82  * this is what the terminal answers to a ESC-Z or csi0c
83  * query (= vt100 response).
84  */
```

```
  /* 下面是终端回应 ESC-Z 或 csi0c 请求的应答(=vt100 响应)。*/
  // csi - 控制序列引导码(Control Sequence Introducer)。
85 #define RESPONSE "\033[?1;2c"
86
87 /* NOTE! gotoxy thinks x==video_num_columns is ok */
  /* 注意! gotoxy 函数认为 x==video_num_columns,这是正确的 */
  // 跟踪光标当前位置。参数:new_x - 光标所在列号;new_y - 光标所在行号。
  // 更新当前光标位置变量 x,y,并修正 pos 指向光标在显示内存中的对应位置。
88 static inline void gotoxy(unsigned int new_x,unsigned int new_y)
89 {
  // 如果输入的光标行号超出显示器列数,或者光标行号超出显示的最大行数,则退出。
90         if (new_x > video_num_columns || new_y >= video_num_lines)
91                 return;
92         x=new_x;        // 更新当前光标变量;更新光标位置对应的在显示内存中位置变量 pos。
93         y=new_y;
94         pos=origin + y * video_size_row + (x<<1);
95 }
96 // 设置滚屏起始显示内存地址。
97 static inline void set_origin(void)
98 {
99         cli();
  // 首先选择显示控制数据寄存器 r12,然后写入卷屏起始地址高字节。向右移动 9 位,表示向右移动 8
  // 位,再除以 2(2 字节代表屏幕上 1 字符)。是相对于默认显示内存操作的。
100        outb_p(12, video_port_reg);
101        outb_p(0xff&((origin-video_mem_start)>>9), video_port_val);
  // 再选择显示控制数据寄存器 r13,然后写入卷屏起始地址底字节。向右移动 1 位表示除以 2。
102        outb_p(13, video_port_reg);
103        outb_p(0xff&((origin-video_mem_start)>>1), video_port_val);
104        sti();
105 }
106 // 向上卷动一行(屏幕窗口向下移动)。
  // 将屏幕窗口向下移动一行。参见程序列表后说明。
107 static void scrup(void)
108 {
  // 如果显示类型是 EGA,则执行以下操作。
109        if (video_type == VIDEO_TYPE_EGAC || video_type == VIDEO_TYPE_EGAM)
110        {
  // 如果移动起始行 top=0,移动最底行 bottom=video_num_lines=25,则表示整屏窗口向下移动。
111                if (! top && bottom == video_num_lines) {
  // 调整屏幕显示对应内存的起始位置指针 origin 为向下移一行屏幕字符对应的内存位置,同时也调整
  // 当前光标对应的内存位置以及屏幕末行末端字符指针 scr_end 的位置。
112                        origin += video_size_row;
113                        pos += video_size_row;
114                        scr_end += video_size_row;
  // 若屏幕末端最后一个显示字符所对应的显示内存指针 scr_end 超出了实际显示内存的末端,则将屏
  // 幕内容内存数据移动到显示内存的起始位置 video_mem_start 处,并在出现的新行上填入空格字符。
115                        if (scr_end > video_mem_end) {
  // %0 - eax(擦除字符+属性);%1 - ecx((显示器字符行数-1)所对应的字符数除以 2,是以长字移动);
  // %2 - edi(显示内存起始位置 video_mem_start);%3 - esi(屏幕内容对应的内存起始位置 origin)。
  // 移动方向:[edi]→[esi],移动 ecx 个长字。
116        __asm__("cld\n\t"                    // 清方向位。
117                "rep\n\t"                    // 重复操作,将当前屏幕内存数据
```

```
118                 "movsl\n\t"                  //移动到显示内存起始处。
119                 "movl_video_num_columns,%1\n\t" //ecx=1 行字符数。
120                 "rep\n\t"                    //在新行上填入空格字符。
121                 "stosw"
122                 ::"a"(video_erase_char),
123                 "c"((video_num_lines-1)*video_num_columns>>1),
124                 "D"(video_mem_start),
125                 "S"(origin)
126                 :"cx","di","si");
//根据屏幕内存数据移动后的情况,重新调整当前屏幕对应内存的起始指针、光标位置指针和屏幕末
//端对应内存指针 scr_end。
127                 scr_end -= origin-video_mem_start;
128                 pos -= origin-video_mem_startP;
129                 origin = video_mem_start;
130             } else {
//如果调整后的屏幕末端对应的内存指针 scr_end 没有超出显示内存的末端 video_mem_end,则只需
//在新行上填入擦除字符(空格字符)。
//%0 -eax(擦除字符+属性);%1 -ecx(显示器字符行数);%2 -edi(屏幕对应内存最后一行开始处);
131             __asm__("cld\n\t"         //清方向位。
132                 "rep\n\t"             //重复操作,在新出现行上
133                 "stosw"               //填入擦除字符(空格字符)。
134                 ::"a"(video_erase_char),
135                 "c"(video_num_columns),
136                 "D"(scr_end-video_size_row)
137                 :"cx","di");
138             }
139                 set_origin();  //向控制器写入新屏幕内容对应的内存起始位置值。
//否则表示不是整屏移动。也即表示从指定行 top 开始的所有行向上移动一行(删除一行)。此时直接
//将屏幕从指定行 top 到屏幕末端所有行对应的显示内存数据向上移动一行,并在新出现的行上填入
//擦除字符。
//%0-eax(擦除字符+属性);%1-ecx(top 行下一行开始到屏幕末行的行数所对应的内存长字数);
//%2-edi(top 行所处的内存位置);%3-esi(top+1 行所处的内存位置)。
140             } else {
141             __asm__("cld\n\t"         //清方向位。
142                 "rep\n\t"             //循环操作,将 top+1 到 bottom 行
143                 "movsl\n\t"           //所对应的内存块移到 top 行开始处。
144                 "movl_video_num_columns,%%ecx\n\t"  //ecx = 1 行字符数。
145                 "rep\n\t"             //在新行上填入擦除字符。
146                 "stosw"
147                 ::"a"(video_erase_char),
148                 "c"((bottom-top-1)*video_num_columns>>1),
149                 "D"(origin+video_size_row*top),
150                 "S"(origin+video_size_row*(top+1))
151                 :"cx","di","si");
152             }
153         }
//如果显示类型不是 EGA(是 MDA),则执行下面移动操作。因为 MDA 显示控制卡会自动调整超出显示范
//围的情况,也即会自动翻卷指针,所以这里不对屏幕内容对应内存超出显示内存的情况单独处理。
//处理方法与 EGA 非整屏移动情况完全一样。
154     else                /* Not EGA/VGA */
155     {
156         __asm__("cld\n\t"
```

```
157                         "rep\n\t"
158                         "movsl\n\t"
159                         "movl _video_num_columns,%%ecx\n\t"
160                         "rep\n\t"
161                         "stosw"
162                         ::"a" (video_erase_char),
163                         "c" ((bottom-top-1) * video_num_columns>>1),
164                         "D" (origin+video_size_row * top),
165                         "S" (origin+video_size_row * (top+1))
166                         :"cx","di","si");
167         }
168 }
169 //向下卷动一行(屏幕窗口向上移动)。
    //将屏幕窗口向上移动一行,屏幕显示的内容向下移动一行,在被移动开始行的上方出现一新行。
    //参见程序列表后说明。处理方法与 scrup()相似,只是为了在移动显示内存数据时不出现数据覆盖
    //错误情况,复制是以反方向进行的,即从屏幕倒数第 2 行的最后一个字符开始复制。
170 static void scrdown(void)
171 {
    //如果显示类型是 EGA,则执行下列操作。
172         if (video_type == VIDEO_TYPE_EGAC || video_type == VIDEO_TYPE_EGAM)
173         {
    //%0-eax(擦除字符+属性);%1-ecx(top 行开始到屏幕末行-1 行的行数所对应的内存长字数);
    //%2-edi(屏幕右下角最后一个长字位置);%3-esi(屏幕倒数第 2 行最后一个长字位置)。
    //移动方向:[esi]→[edi],移动 ecx 个长字。
174                 __asm__("std\n\t"          //置方向位。
175                         "rep\n\t"          //重复操作,向下移动从 top 行到 bottom-1 行
176                         "movsl\n\t"        //对应的内存数据。
177                         "addl $2,%%edi\n\t"   /* %edi has been decremented by 4 */
                                           /* %edi 已经减 4,因为也是反向填擦除字符 */
178                         "movl _video_num_columns,%%ecx\n\t"  //置 ecx=1 行字符数。
179                         "rep\n\t"          //将擦除字符填入上方新行中。
180                         "stosw"
181                         ::"a" (video_erase_char),
182                         "c" ((bottom-top-1) * video_num_columns>>1),
183                         "D" (origin+video_size_row * bottom-4),
184                         "S" (origin+video_size_row * (bottom-1)-4)
185                         :"ax","cx","di","si");
186         }               //如果不是 EGA 显示类型,则执行以下操作(目前与上面完全一样)。
187         else            /* Not EGA/VGA */
188         {
189                 __asm__("std\n\t"
190                         "rep\n\t"
191                         "movsl\n\t"
192                         "addl $2,%%edi\n\t"    /* %edi has been decremented by 4 */
193                         "movl _video_num_columns,%%ecx\n\t"
194                         "rep\n\t"
195                         "stosw"
196                         ::"a" (video_erase_char),
197                         "c" ((bottom-top-1) * video_num_columns>>1),
198                         "D" (origin+video_size_row * bottom-4),
199                         "S" (origin+video_size_row * (bottom-1)-4)
200                         :"ax","cx","di","si");
```

```
201         }
202 }
203 //光标位置下移一行(lf——line feed 换行)。
204 static void lf(void)
205 {
  //如果光标没有处在倒数第 2 行之后,则直接修改光标当前行变量 y++,并调整光标对应显示内存位
  //置 pos(加上屏幕一行字符所对应的内存长度)。
206         if (y+1<bottom) {
207               y++;
208               pos += video_size_row;
209               return;
210         }
211         scrup();                //否则需要将屏幕内容上移一行。
212 }
213 //光标上移一行(ri -reverse line feed 反向换行)。
214 static void ri(void)
215 {
  //如果光标不在第 1 行上,则直接修改光标当前行标量 y--,并调整光标对应显示内存位置 pos,减去
  //屏幕上一行字符所对应的内存长度字节数。
216         if (y>top) {
217               y--;
218               pos -= video_size_row;
219               return;
220         }
221         scrdown();              //否则需要将屏幕内容下移一行。
222 }
223 //光标回到第 1 列(0 列)左端(cr -carriage return 回车)。
224 static void cr(void)
225 {
226         pos -= x<<1;            //光标所在的列号 * 2 即 0 列到光标所在列对应的内存字节长度。
227         x=0;
228 }
229 //擦除光标前一字符(用空格替代)(del -delete 删除)。
230 static void del(void)
231 {
  //如果光标没有处在 0 列,则将光标对应内存位置指针 pos 后退 2 字节(对应屏幕上一个字符),然后
  //将当前光标变量列值减 1,并将光标所在位置字符擦除。
232         if (x) {
233               pos -= 2;
234               x--;
235               *(unsigned short *)pos = video_erase_char;
236         }
237 }
238 //删除屏幕上与光标位置相关的部分,以屏幕为单位。csi -控制序列引导码(Control Sequence
  //Introducer)。ANSI 转义序列:'ESC [sJ'(s = 0 删除光标到屏幕底端;1 删除屏幕开始到光标处;
  //2 整屏删除)。参数:par -对应上面 s。
239 static void csi_J(int par)
240 {
241         long count __asm__("cx");      //设为寄存器变量。
242         long start __asm__("di");
243 //首先根据三种情况分别设置需要删除的字符数和删除开始的显示内存位置。
244         switch (par) {
```

```
245                case 0: /* erase from cursor to end of display */  /* 擦除光标到屏幕底端 */
246                     count = (scr_end-pos)>>1;
247                     start = pos;
248                     break;
249                case 1: /* erase from start to cursor */  /* 删除从屏幕开始到光标处的字符 */
250                     count = (pos-origin)>>1;
251                     start = origin;
252                     break;
253                case 2: /* erase whole display */  /* 删除整个屏幕上的字符 */
254                     count = video_num_columns * video_num_lines;
255                     start = origin;
256                     break;
257                default:
258                     return;
259           }
  //然后使用擦除字符填写删除字符的地方。
  //%0 -ecx(要删除的字符数 count);%1 -edi(删除操作开始地址);%2 -eax(填入的擦除字符)。
260        __asm__("cld\n\t"
261                "rep\n\t"
262                "stosw\n\t"
263                ::"c" (count),
264                "D" (start),"a" (video_erase_char)
265                :"cx","di");
266 }
267 //删除行内与光标位置相关的部分,以一行为单位。
  //ANSI 转义字符序列:'ESC [ sK'(s = 0 删除到行尾;1 从开始删除;2 整行都删除)。
268 static void csi_K(int par)
269 {
270        long count __asm__("cx");                   //设置寄存器变量。
271        long start __asm__("di");
272 //首先根据三种情况分别设置需要删除的字符数和删除开始的显示内存位置。
273        switch (par) {
274                case 0: /* erase from cursor to end of line */  /* 删除光标到行尾字符 */
275                     if (x>=video_num_columns)
276                          return;
277                     count = video_num_columns-x;
278                     start = pos;
279                     break;
280                case 1: /* erase from start of line to cursor */  /* 删除从行开始到光标处 */
281                     start = pos - (x<<1);
282                     count = (x<video_num_columns)? x:video_num_columns;
283                     break;
284                case 2: /* erase whole line */  /* 将整行字符全删除 */
285                     start = pos - (x<<1);
286                     count = video_num_columns;
287                     break;
288                default:
289                     return;
290           }
  //然后使用擦除字符填写删除字符的地方。
  //%0 -ecx(要删除的字符数 count);%1 -edi(删除操作开始地址);%2 -eax(填入的擦除字符)。
```

```
291         __asm__("cld\n\t"
292               "rep\n\t"
293               "stosw\n\t"
294               ::"c" (count),
295               "D" (start),"a" (video_erase_char)
296               :"cx","di");
297 }
298 //允许翻译(重显)(允许重新设置字符显示方式,比如加粗、加下划线、闪烁、反显等)。
   //ANSI 转义字符序列:'ESC [nm'。n = 0 正常显示;1 加粗;4 加下划线;7 反显;27 正常显示。
299 void csi_m(void)
300 {
301         int i;
302 
303         for (i=0;i<=npar;i++)
304               switch (par[i]) {
305                     case 0:attr=0x07;break;
306                     case 1:attr=0x0f;break;
307                     case 4:attr=0x0f;break;
308                     case 7:attr=0x70;break;
309                     case 27:attr=0x07;break;
310               }
311 }
312 //根据设置显示光标。
   //根据显示内存光标对应位置 pos,设置显示控制器光标的显示位置。
313 static inline void set_cursor(void)
314 {
315         cli();
   //首先使用索引寄存器端口选择显示控制数据寄存器 r14(光标当前显示位置高字节),然后写入光标
   //当前位置高字节(向右移动 9 位表示高字节移到低字节再除以 2)。是相对于默认显示内存操作的。
316         outb_p(14, video_port_reg);
317         outb_p(0xff&((pos-video_mem_start)>>9), video_port_val);
   //再使用索引寄存器选择 r15,并将光标当前位置低字节写入其中。
318         outb_p(15, video_port_reg);
319         outb_p(0xff&((pos-video_mem_start)>>1), video_port_val);
320         sti();
321 }
322 //发送对终端 VT100 的响应序列。将响应序列放入读缓冲队列中。
323 static void respond(struct tty_struct * tty)
324 {
325         char *p = RESPONSE;
326 
327         cli();                          //关中断。
328         while (*p) {                    //将字符序列放入写队列。
329               PUTCH(*p,tty->read_q);
330               p++;
331         }
332         sti();                          //开中断。
333         copy_to_cooked(tty);      //转换成规范模式(放入辅助队列中)。
334 }
335 //在光标处插入一空格字符。
336 static void insert_char(void)
337 {
```

```
338         int i=x;
339         unsigned short tmp, old = video_erase_char;
340         unsigned short * p = (unsigned short * ) pos;
341 //光标开始的所有字符右移一格,并将擦除字符插入在光标所在处。
342         while (i++<video_num_columns) {
343               tmp= *p;
344               *p=old;
345               old=tmp;
346               p++;
347         }
348 }
349 //在光标处插入一行(则光标将处在新的空行上)。将屏幕从光标所在行到屏幕底向下卷动一行。
350 static void insert_line(void)
351 {
352         int oldtop,oldbottom;
353 
354         oldtop=top;                         //保存原 top、bottom 值。
355         oldbottom=bottom;
356         top=y;                              //设置屏幕卷动开始行。
357         bottom = video_num_lines;           //设置屏幕卷动最后行。
358         scrdown();                          //从光标开始处,屏幕内容向下滚动一行。
359         top=oldtop;                         //恢复原 top、bottom 值。
360         bottom=oldbottom;
361 }
362 //删除光标处的一个字符。
363 static void delete_char(void)
364 {
365         int i;
366         unsigned short * p = (unsigned short * ) pos;
367 
368         if (x>=video_num_columns)           //如果光标超出屏幕最右列,则返回。
369                 return;
370               i = x;                        //从光标右一个字符开始到行末所有字符左移一格。
371         while (++i <video_num_columns) {
372               *p = *(p+1);
373               p++;
374         }
375         *p = video_erase_char;              //最后一个字符处填入擦除字符(空格字符)。
376 }
377 //删除光标所在行。从光标所在行开始屏幕内容上卷一行。
378 static void delete_line(void)
379 {
380         int oldtop,oldbottom;
381 
382         oldtop=top;                         //保存原 top、bottom 值。
383         oldbottom=bottom;
384         top=y;                              //设置屏幕卷动开始行。
385         bottom = video_num_lines;           //设置屏幕卷动最后行。
386         scrup();                            //从光标开始处,屏幕内容向上滚动一行。
387         top=oldtop;                         //恢复原 top、bottom 值。
388         bottom=oldbottom;
```

```
389 }
390 //在光标处插入 nr 个字符。ANSI 转义字符序列:'ESC [n@ '。参数 nr = 上面 n。
391 static void csi_at(unsigned int nr)
392 {
    //如果插入的字符数大于一行字符数,则截为一行字符数;若插入字符数 nr 为 0,则插入 1 个字符。
393         if (nr > video_num_columns)
394               nr = video_num_columns;
395         else if (! nr)
396               nr = 1;
397         while (nr--)                          //循环插入指定的字符数。
398               insert_char();
399 }
400 //在光标位置处插入 nr 行。ANSI 转义字符序列'ESC [nL'。
401 static void csi_L(unsigned int nr)
402 {
    //如果插入的行数大于屏幕最多行数,则截为屏幕显示行数;若插入行数 nr 为 0,则插入 1 行。
403         if (nr > video_num_lines)
404               nr = video_num_lines;
405         else if (! nr)
406               nr = 1;
407         while (nr--)                          //循环插入指定行数 nr。
408               insert_line();
409 }
410 //删除光标处的 nr 个字符。ANSI 转义序列:'ESC [nP'。
411 static void csi_P(unsigned int nr)
412 {
    //如果删除的字符数大于一行字符数,则截为一行字符数;若删除字符数 nr 为 0,则删除 1 个字符。
413         if (nr > video_num_columns)
414               nr = video_num_columns;
415         else if (! nr)
416               nr = 1;
417         while (nr--)                          //循环删除指定字符数 nr。
418               delete_char();
419 }
420 //删除光标处的 nr 行。ANSI 转义序列:'ESC [nM'。
421 static void csi_M(unsigned int nr)
422 {
    //如果删除的行数大于屏幕最多行数,则截为屏幕显示行数;若删除的行数 nr 为 0,则删除 1 行。
423         if (nr > video_num_lines)
424               nr = video_num_lines;
425         else if (! nr)
426               nr=1;
427         while (nr--)                          //循环删除指定行数 nr。
428               delete_line();
429 }
430
431 static int saved_x=0;                         //保存的光标列号。
432 static int saved_y=0;                         //保存的光标行号。
433
434 static void save_cur(void)                    //保存当前光标位置。
435 {
436         saved_x=x;
```

```
437         saved_y=y;
438 }
439  //恢复保存的光标位置。
440 static void restore_cur(void)
441 {
442         gotoxy(saved_x, saved_y);
443 }
444 //控制台写函数。从终端对应的 tty 写缓冲队列中取字符,并显示在屏幕上。
445 void con_write(struct tty_struct * tty)
446 {
447         int nr;
448         char c;
449 //首先取得写缓冲队列中现有字符数 nr,然后针对每个字符进行处理。
450         nr = CHARS(tty->write_q);
451         while (nr--) {
    //从写队列中取一字符 c,根据前面所处理字符的状态 state 分别处理。状态之间的转换关系为:
    //state = 0:初始状态,或者原始状态 4,或者原始状态 1,但字符不是'[';
    //       1:原始状态 0,并且字符是转义字符 ESC(0x1b = 033 = 27);
    //       2:原始状态 1,并且字符是'[';
    //       3:原始状态 2;或者原始状态 3,并且字符是';'或数字。
    //       4:原始状态 3,并且字符不是';'或数字;
452                 GETCH(tty->write_q,c);
453                 switch(state) {
454                         case 0:
    //如果字符不是控制字符(c>31),并且也不是扩展字符(c<127),则
455                                 if (c>31 && c<127) {
    //若当前光标处在行末端或末端以外,则将光标移到下行头列。并调整光标位置对应的内存指针 pos。
456                                         if (x>=video_num_columns) {
457                                                 x-= video_num_columns;
458                                                 pos -= video_size_row;
459                                                 lf();
460                                         }
    //将字符 c 写到显示内存中 pos 处,并将光标右移 1 列,同时也将 pos 对应地移动 2 个字节。
461                                         __asm__("movb attr,%%ah\n\t"
462                                                 "movw %%ax,%1\n\t"
463                                                 ::"a" (c),"m" (*(short *)pos)
464                                                 :"ax");
465                                 pos += 2;
466                                 x++;
    //如果字符 c 是转义字符 ESC,则转换状态 state 到 1。
467                                                 } else if (c==27)
468                                                 state=1;
    //如果字符 c 是换行符(10),或是垂直制表符 VT(11),或者是换页符 FF(12),则移动光标到下一行。
469                                         else if (c==10 || c==11 || c==12)
470                                                 lf();
    //如果字符 c 是回车符 CR(13),则将光标移动到头列(0 列)。
471                                         else if (c==13)
472                                                 cr();
    //如果字符 c 是 DEL(127),则将光标右边一字符擦除(用空格字符替代),并将光标移到被擦除位置。
473                                         else if (c==ERASE_CHAR(tty))
474                                                 del();
    //如果字符 c 是 BS(backspace,8),则将光标左移 1 格,并相应调整光标对应内存位置指针 pos。
```

```
475                     else if (c==8) {
476                         if (x) {
477                             x--;
478                             pos -= 2;
479                         }
```
//如果字符 c 是水平制表符 TAB(9),则将光标移到 8 的倍数列上。若此时光标列数超出屏幕最大列数,
//则将光标移到下一行上。
```
480                     } else if (c==9) {
481                         c=8-(x&7);
482                         x += c;
483                         pos += c<<1;
484                         if (x>video_num_columns) {
485                             x -= video_num_columns;
486                             pos -= video_size_row;
487                             lf();
488                         }
489                         c=9;
```
//如果字符 c 是响铃符 BEL(7),则调用蜂鸣函数,是扬声器发声。
```
490                     } else if (c==7)
491                         sysbeep();
492                     break;
```
//如果原状态是 0,并且字符是转义字符 ESC(0x1b = 033 = 27),则转到状态 1 处理。
```
493                 case 1:
494                     state=0;
```
//如果字符 c 是'[',则将状态 state 转到 2。
```
495                     if (c=='[')
496                         state=2;
```
//如果字符 c 是'E',则光标移到下一行开始处(0 列)。
```
497                     else if (c=='E')
498                         gotoxy(0,y+1);
```
//如果字符 c 是'M',则光标上移一行。
```
499                     else if (c=='M')
500                         ri();
```
//如果字符 c 是'D',则光标下移一行。
```
501                     else if (c=='D')
502                         lf();
```
//如果字符 c 是'Z',则发送终端应答字符序列。
```
503                     else if (c=='Z')
504                         respond(tty);
```
//如果字符 c 是'7',则保存当前光标位置。注意这里代码写错!应该是(c=='7')。
```
505                     else if (x=='7')
506                         save_cur();
```
//如果字符 c 是'8',则恢复到原保存的光标位置。注意这里代码写错!应该是(c=='8')。
```
507                     else if (x=='8')
508                         restore_cur();
509                     break;
```
//如果原状态是 1,并且上一字符是'[',则转到状态 2 来处理。
```
510                 case 2:
```
//首先对 ESC 转义字符序列参数使用的处理数组 par[]清零,索引变量 npar 指向首项,并且设置状态
//为 3。若此时字符不是'?',则直接转到状态 3 去处理,否则去读一字符,再到状态 3 处理代码处。
```
511                     for(npar=0;npar<NPAR;npar++)
512                         par[npar]=0;
```

```
513                         npar=0;
514                         state=3;
515                         if (ques=(c=='?'))
516                             break;
//如果原来是状态 2;或者原来就是状态 3,但原字符是';'或数字,则在下面处理。
517                     case 3:
//如果字符 c 是分号';',并且数组 par 未满,则索引值加 1。
518                         if (c==';' && npar<NPAR-1) {
519                             npar++;
520                             break;
//如果字符 c 是数字字符'0'~'9',则将该字符转换成数值并与 npar 所索引的项组成 10 进制数。
521                         } else if (c>='' && c<='9') {
522                             par[npar]=10*par[npar]+c-'';
523                             break;
524                         } else state=4;         //否则转到状态 4。
//如果原状态是状态 3,并且字符不是';'或数字,则转到状态 4 处理。首先复位状态 state=0。
525                     case 4:
526                         state=0;
527                         switch(c) {
//如果字符 c 是'G'或'`',则 par[]中第一个参数代表列号。若列号不为零,则将光标右移一格。
528                             case 'G': case '`':
529                                 if (par[0]) par[0]--;
530                                 gotoxy(par[0],y);
531                                 break;
//如果字符 c 是'A',则第一个参数代表光标上移的行数。若参数为 0 则上移一行。
532                             case 'A':
533                                 if (! par[0]) par[0]++;
534                                 gotoxy(x,y-par[0]);
535                                 break;
//如果字符 c 是'B'或'e',则第一个参数代表光标下移的行数。若参数为 0 则下移一行。
536                             case 'B': case 'e':
537                                 if (! par[0]) par[0]++;
538                                 gotoxy(x,y+par[0]);
539                                 break;
//如果字符 c 是'C'或'a',则第一个参数代表光标右移的格数。若参数为 0 则右移一格。
540                             case 'C': case 'a':
541                                 if (! par[0]) par[0]++;
542                                 gotoxy(x+par[0],y);
543                                 break;
//如果字符 c 是'D',则第一个参数代表光标左移的格数。若参数为 0 则左移一格。
544                             case 'D':
545                                 if (! par[0]) par[0]++;
546                                 gotoxy(x-par[0],y);
547                                 break;
//如果字符 c 是'E',则第一个参数代表光标向下移动的行数,并回到 0 列。若参数为 0 则下移一行。
548                             case 'E':
549                                 if (! par[0]) par[0]++;
550                                 gotoxy(0,y+par[0]);
551                                 break;
//如果字符 c 是'F',则第一个参数代表光标向上移动的行数,并回到 0 列。若参数为 0 则上移一行。
552                             case 'F':
553                                 if (! par[0]) par[0]++;
```

```
554                         gotoxy(0,y-par[0]);
555                         break;
//如果字符 c 是'd',则第一个参数代表光标所需在的行号(从 0 计数)。
556                     case 'd':
557                         if (par[0]) par[0]--;
558                         gotoxy(x,par[0]);
559                         break;
//如果字符 c 是'H'或'f',则第一个参数代表光标移到的行号,第二个参数代表光标移到的列号。
560                     case 'H': case 'f':
561                         if (par[0]) par[0]--;
562                         if (par[1]) par[1]--;
563                         gotoxy(par[1],par[0]);
564                         break;
//如果字符 c 是'J',则第一个参数代表以光标所处位置清屏的方式:
//ANSI 转义序列:'ESC [ sJ'(s = 0 删除光标到屏幕底端;1 删除屏幕开始到光标处;2 整屏删除)。
565                     case 'J':
566                         csi_J(par[0]);
567                         break;
//如果字符 c 是'K',则第一个参数代表以光标所在位置对行中字符进行删除处理的方式。
//ANSI 转义字符序列:'ESC [ sK'(s = 0 删除到行尾;1 从开始删除;2 整行都删除)。
568                     case 'K':
569                         csi_K(par[0]);
570                         break;
//如果字符 c 是'L',表示在光标位置处插入 n 行(ANSI 转义字符序列'ESC [ nL')。
571                     case 'L':
572                         csi_L(par[0]);
573 break;
//如果字符 c 是'M',表示在光标位置处删除 n 行(ANSI 转义字符序列'ESC [ nM')。
574                     case 'M':
575                         csi_M(par[0]);
576                         break;
//如果字符 c 是'P',表示在光标位置处删除 n 个字符(ANSI 转义字符序列'ESC [ nP')。
577                     case 'P':
578                         csi_P(par[0]);
579                         break;
//如果字符 c 是'@ ',表示在光标位置处插入 n 个字符(ANSI 转义字符序列'ESC [ n@ ')。
580                     case '@ ':
581                         csi_at(par[0]);
582                         break;
//如果字符 c 是'm',表示改变光标处字符的显示属性,比如加粗、加下划线、闪烁、反显等。
//ANSI 转义字符序列:'ESC [ nm'。n = 0 正常显示;1 加粗;4 加下划线;7 反显;27 正常显示。
583                     case 'm':
584                         csi_m();
585                         break;
//如果字符 c 是'r',则表示用两个参数设置滚屏的起始行号和终止行号。
586                     case 'r':
587                         if (par[0]) par[0]--;
588                         if (! par[1]) par[1] = video_num_lines;
589                         if (par[0] < par[1] &&
590                             par[1] <= video_num_lines) {
591                                 top=par[0];
592                                 bottom=par[1];
```

```
593                                             }
594                                             break;
```
//如果字符 c 是's',则表示保存当前光标所在位置。
```
595                                     case 's':
596                                             save_cur();
597                                             break;
```
//如果字符 c 是'u',则表示恢复光标到原保存的位置处。
```
598                                     case 'u':
599                                             restore_cur();
600                                             break;
601                             }
602                     }
603         }
604         set_cursor();           //最后根据上面设置的光标位置,向显示控制器发送光标显示位置。
605 }
606
607 /*
608  * void con_init(void);
609  *
610  * This routine initalizes console interrupts, and does nothing
611  * else. If you want the screen to clear, call tty_write with
612  * the appropriate escape-sequece.
613  *
614  * Reads the information preserved by setup.s to determine the current display
615  * type and sets everything accordingly.
616  */
```
/* void con_init(void);
 * 这个子程序初始化控制台中断,其他什么都不做。如果你想让屏幕干净的话,就使用
 * 适当的转义字符序列调用 tty_write()函数。
 * 读取 setup.s 程序保存的信息,用以确定当前显示器类型,并且设置所有相关参数。*/
```
617 void con_init(void)
618 {
619         register unsigned char a;
620         char *display_desc = "????";
621         char *display_ptr;
622
623         video_num_columns = ORIG_VIDEO_COLS;     //显示器显示字符列数。
624         video_size_row = video_num_columns * 2; //每行需使用字节数。
625         video_num_lines = ORIG_VIDEO_LINES;      //显示器显示字符行数。
626         video_page = ORIG_VIDEO_PAGE;            //当前显示页面。
627         video_erase_char = 0x0720;               //擦除字符(0x20 显示字符, 0x07 是属性)。
628
```
//如果原始显示模式等于 7,则表示是单色显示器。
```
629         if (ORIG_VIDEO_MODE == 7)                /* Is this a monochrome display? */
630         {
631                 video_mem_start = 0xb0000;       //设置单显映像内存起始地址。
632                 video_port_reg = 0x3b4;          //设置单显索引寄存器端口。
633                 video_port_val = 0x3b5;          //设置单显数据寄存器端口。
```
//根据 BIOS 中断 int 0x10 功能 0x12 获得的显示模式信息,判断显示卡是单色还是彩色显示卡。
//如果使用上述中断功能所得到的 BX 寄存器返回值不等于 0x10,则说明是 EGA 卡。因此初始显示类
//型为 EGA 单色;所使用映象内存末端地址为 0xb8000;并置显示器描述字符串为'EGAm'。在系统初
//始化期间显示器描述字符串将显示在屏幕的右上角。

```
634             if ((ORIG_VIDEO_EGA_BX & 0xff) != 0x10)
635             {
636                 video_type = VIDEO_TYPE_EGAM;//设置显示类型(EGA 单色)。
637                 video_mem_end = 0xb8000;     //设置显示内存末端地址。
638                 display_desc = "EGAm";       //设置显示描述字符串。
639             }
    //如果 BX 寄存器的值等于 0x10,则说明是单色显示卡 MDA。则设置相应参数。
640             else
641             {
642                 video_type = VIDEO_TYPE_MDA; //设置显示类型(MDA 单色)。
643                 video_mem_end = 0xb2000;     //设置显示内存末端地址。
644                 display_desc = "*MDA";       //设置显示描述字符串。
645             }
646         }
    //如果显示模式不为 7,则为彩色模式。此时所用的显示内存起始地址为 0xb8000;显示控制索引寄存
    //器端口地址为 0x3d4;数据寄存器端口地址为 0x3d5。
647         else                                   /* If not, it is color. */
648         {
649             video_mem_start = 0xb8000;         //显示内存起始地址。
650             video_port_reg = 0x3d4;            //设置彩色显示索引寄存器端口。
651             video_port_val = 0x3d5;            //设置彩色显示数据寄存器端口。
    //再判断显示卡类别。如果 BX 不等于 0x10,则说明是 EGA 显示卡。
652             if ((ORIG_VIDEO_EGA_BX & 0xff) != 0x10)
653             {
654                 video_type = VIDEO_TYPE_EGAC;//设置显示类型(EGA 彩色)。
655                 video_mem_end = 0xbc000;     //设置显示内存末端地址。
656                   display_desc = "EGAc";     //设置显示描述字符串。
657             }
    //如果 BX 寄存器的值等于 0x10,则说明是 CGA 显示卡。则设置相应参数。
658             else
659             {
660                 video_type = VIDEO_TYPE_CGA; //设置显示类型(CGA)。
661                 video_mem_end = 0xba000;     //设置显示内存末端地址。
662                 display_desc = "*CGA";       //设置显示描述字符串。
663             }
664         }
665         /* 让用户知道我们正在使用哪一类显示驱动程序 */
666         /* Let the user known what kind of display driver we are using */
667 //在屏幕的右上角显示显示描述字符串。采用的方法是直接将字符串写到显示内存的相应位置处。首
    //先将显示指针 display_ptr 指到屏幕第一行右端差 4 个字符处(每个字符需 2 个字节,因此减 8)。
668         display_ptr = ((char *)video_mem_start) + video_size_row - 8;
669         while (*display_desc) //然后循环复制串中字符,且每复制一字符都空开一属性字节。
670         {
671             *display_ptr++ = *display_desc++;    //复制字符。
672                display_ptr++;                    //空开属性字节位置。
673         }
674         /* 初始化用于滚屏的变量(主要用于 EGA/VGA) */
675         /* Initialize the variables used for scrolling (mostly EGA/VGA) */
676
677         origin    = video_mem_start;             //滚屏起始显示内存地址。
678         scr_end = video_mem_start + video_num_lines * video_size_row;  //滚屏结束内存地址。
679         top       = 0;                           //最顶行号。
```

```
680        bottom = video_num_lines;                    //最底行号。
681
682        gotoxy(ORIG_X,ORIG_Y);                  //初始化光标位置 x,y 和对应的内存位置 pos。
683        set_trap_gate(0x21,&keyboard_interrupt);//设置键盘中断陷阱门。
684        outb_p(inb_p(0x21)&0xfd,0x21);          //取消 8259A 中对键盘中断的屏蔽,允许 IRQ1。
685        a=inb_p(0x61);                               //延迟读取键盘端口 0x61(8255A 端口 PB)。
686        outb_p(a|0x80,0x61);                         //设置禁止键盘工作(位 7 置位),
687        outb(a,0x61);                                //再允许键盘工作,用以复位键盘操作。
688 }
689 /* from bsd-net-2: */
690 //停止蜂鸣。复位 8255A PB 端口的位 1 和位 0。
691 void sysbeepstop(void)
692 {
693        /* disable counter 2 */  /* 禁止定时器 2 */
694        outb(inb_p(0x61)&0xFC, 0x61);
695 }
696
697 int beepcount = 0;
698 //开通蜂鸣。8255A 芯片 PB 端口的位 1 用作扬声器的开门信号;位 0 用作 8253 定时器 2 的门信号,
    //该定时器的输出脉冲送往扬声器,作为扬声器发声的频率。因此要使扬声器蜂鸣,需要两步:首先
    //开启 PB 端口位 1 和位 0(置位),然后设置定时器发送一定的定时频率。
699 static void sysbeep(void)
700 {
701        /* enable counter 2 */  /* 开启定时器 2 */
702        outb_p(inb_p(0x61)|3, 0x61);
703        /* set command for counter 2, 2 byte write *//* 送设置定时器 2 命令 */
704        outb_p(0xB6, 0x43);
705        /* send 0x637 for 750 HZ *//* 设置频率为 750HZ,因此送定时值 0x637 */
706        outb_p(0x37, 0x42);
707        outb(0x06, 0x42);
708        /* 1/8 second */  /* 蜂鸣时间为 1/8 s */
709        beepcount = HZ/8;
710 }
```

1. 显示控制卡编程

这里仅给出兼容显示卡端口的说明,描述了 MDA、CGA、EGA 和 VGA 显示控制卡的通用编程端口,这些端口都与 CGA 使用的 MC6845 芯片兼容,其名称和用途见表 7-5 和表 7-6,其中以 CGA/EGA/VGA 的端口(0x3d0~0x3df)为例进行说明,MDA 的端口是 0x3b0~0x3bf。

对显示控制卡进行编程的基本步骤是:首先写显示卡的索引寄存器,选择要进行设置的显示控制内部寄存器之一(r0~r17),然后将参数写到其数据寄存器端口。即显示卡的数据寄存器端口每次只能对显示卡中的一个内部寄存器进行操作。

表 7-5 CGA 端口寄存器名称及作用

端　口	读/写	名称和用途
0x3d4	写	CRT(6845)索引寄存器。用于选择通过端口 0x3b5 访问的各个数据寄存器(r0~r17)
0x3d5	写	CRT(6845)数据寄存器。其中数据寄存器 r12~r15 还可以读

（续）

端　口	读/写	名称和用途
0x3d8	读/写	模式控制寄存器。 位 7~6 未用；　位 5=1 允许闪烁； 位 4=1 640 * 200 图形模式；　位 3=1 允许视频； 位 2=1 单色显示；　位 1=1 图形模式；=0 文本模式； 位 0=1 80 * 25 文本模式；=0 40 * 25 文本模式
0x3d9	读/写	CGA 调色板寄存器。选择所采用的色彩。 位 7~6 未用； 位 5=1 激活色彩集：青(cyan)、紫(magenta)、白(white)； =0 激活色彩集：红(red)、绿(green)、蓝(blue)； 位 4=1 增强显示图形、文本背景色彩； 位 3=1 增强显示 40 * 25 的边框、320 * 200 的背景、640 * 200 的前景颜色； 位 2=1 显示红色：40 * 25 的边框、320 * 200 的背景、640 * 200 的前景； 位 1=1 显示绿色：40 * 25 的边框、320 * 200 的背景、640 * 200 的前景； 位 0=1 显示蓝色：40 * 25 的边框、320 * 200 的背景、640 * 200 的前景
0x3da	读	CGA 显示状态寄存器。 位 7~4 未用；　位 3=1 在垂直回扫阶段； 位 2=1 光笔开关关闭；=0 光笔开关接通；　位 1=1 光笔选通有效； 位 0=1 可以不干扰显示访问显示内存；位 0=0 此时不要使用显示内存
0x3db	写	清除光笔锁存(复位光笔寄存器)
0x3dc	读/写	预设置光笔锁存(强制光笔选通有效)

表 7-6　MC6845 内部数据寄存器及初始值

编　号	名　称	单　位	读/写	40 * 25 模式	80 * 25 模式	图 形 模 式
r0	水平字符总数	字符	写	0x38	0x71	0x38
r1	水平显示字符数	字符	写	0x28	0x50	0x28
r2	水平同步位置	字符	写	0x2d	0x5a	0x2d
r3	水平同步脉冲宽度	字符	写	0x0a	0x0a	0x0a
r4	垂直字符总数	字符行	写	0x1f	0x1f	0x7f
r5	垂直同步脉冲宽度	扫描行	写	0x06	0x06	0x06
r6	垂直显示字符数	字符行	写	0x19	0x19	0x64
r7	垂直同步位置	字符行	写	0x1c	0x1c	0x70
r8	隔行/逐行选择		写	0x02	0x02	0x02
r9	最大扫描行数	扫描行	写	0x07	0x07	0x01
r10	光标开始位置	扫描行	写	0x06	0x06	0x06
r11	光标结束位置	扫描行	写	0x07	0x07	0x07
r12	显示内存起始位置(高)		写	0x00	0x00	0x00
r13	显示内存末端位置(低)		写	0x00	0x00	0x00
r14	光标当前位置(高)		读/写	可变		
r15	光标当前位置(低)		读/写			
r16	光笔当前位置(高)		读	可变		
r17	光笔当前位置(低)		读			

2. 滚屏操作原理

滚屏操作是指将指定开始行和结束行的一块文本内容向上移动(向上滚屏，scroll up)或向下移动(向下滚屏，scroll down)，如果将屏幕看作是显示内存上对应屏幕内容的一个窗口的话，那么将屏幕内容向上移动就是将窗口沿显示内存向下移动；将屏幕内容向下移动就是将窗口向上移动。在程序中就是重新设置显示控制器中显示内存的起始位置 origin 以及调整程序中相应的变量。这两种操作各自都有两种情况。

对于向上滚屏，当屏幕对应的显示窗口在向下移动后仍然在显示内存范围内时，即对应当前屏幕的内存块位置始终在显示内存起始位置(video_mem_start)和末端位置(video_mem_end)

之间时，那么只需调整显示控制器中起始显示内存位置即可。但是当对应屏幕的内存块位置在向下移动时超出了实际显示内存末端（video_mem_end）的情况，就需要移动对应显示内存中的数据，以保证当前屏幕所有数据都落在显示内存范围内。对于第二种情况，程序中是将屏幕对应的内存数据移动到实际显示内存的开始位置处（video_mem_start），参见图 7-7。

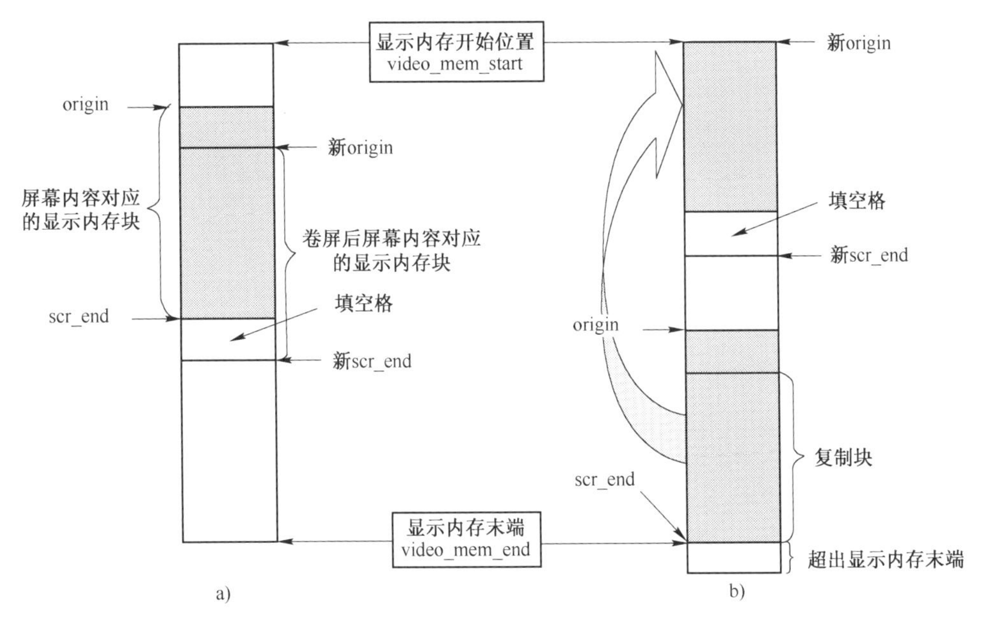

图 7-7　向上滚屏（scroll up）操作示意图

a）上卷一般情况　b）需移动内存数据的情况

程序中实际的处理过程分三步进行。首先调整屏幕显示起始位置 origin；然后判断对应屏幕内存数据是否超出显示内存下界（video_mem_end），如果超出就将屏幕对应的内存数据移动到实际显示内存的开始位置（video_mem_start）；最后对移动后屏幕上出现的新行用空格字符填满。其中图 7-7a 对应第一种简单情况，图 7-7b 对应需要移动内存数据时的情况。

向下滚屏的操作与向上滚屏相似，也会遇到这两种情况，只是由于屏幕窗口上移，因此会在屏幕上方出现一空行，并且在屏幕内容所对应的内存超出显示内存范围时需要将屏幕数据内存块往下移动到显示内存的末端位置。

3. ANSI 转义控制序列

终端通常有两个功能，分别是作为计算机信息的输入设备（键盘）和输出设置（显示器）。终端可有许多控制命令，使得终端执行一定的操作而不仅仅是在屏幕上显示一个字符。使用这种方式，计算机就可以命令终端执行移动光标、切换显示模式和响铃等操作。为了能理解程序的执行处理过程，下面对终端控制命令进行一些简单描述。首先说明控制字符和控制序列的含义。

控制字符是指 ASCII 码表开头的 32 个字符（0x00～0x1f 或 0～31）以及字符 DEL（0x7f 或 127）。通常一个指定类型的终端都会采用其中的一个子集作为控制字符，而其他的控制字符不起作用。例如，VT100 终端所采用的控制字符见表 7-7。

表 7-7　VT100 终端采用的控制字符

控制字符	八进制	十六进制	采取的行动
NUL	000	0x00	在输入时忽略(不保存在输入缓冲中)
ENQ	005	0x05	传送应答消息
BEL	007	0x07	从键盘发声响
BS	010	0x08	将光标移向左边一个字符位置处。若光标已经处在左边沿,则无动作
HT	011	0x09	将光标移到下一个制表位。若右侧已经没有制表位,则移到右边缘处
LF	012	0x0a	此代码导致一个回车或换行操作(见换行模式)
VT	013	0x0b	作用同 LF
FF	014	0x0c	作用同 LF
CR	015	0x0d	将光标移到当前行的左边缘处
SO	016	0x0e	使用由 SCS 控制序列设计的 G1 字符集
SI	017	0x0f	选择 G0 字符集。由 ESC 序列选择
XON	021	0x11	使终端重新进行传输
XOFF	023	0x13	使终端除发送 XOFF 和 XON 以外,停止发送其他所有代码
CAN	030	0x18	如果在控制序列期间发送,则序列不会执行而立刻终止。同时会显示出错字符
SUB	032	0x1a	作用同 CAN
ESC	033	0x1b	产生一个控制序列
DEL	177	0x7f	在输入时忽略(不保存在输入缓冲中)

控制序列已由 ANSI(美国国家标准局,American National Standards Institute)制定为标准:X3.64-1977。它是指由一些非控制字符构成的一个特殊字符序列,终端在收到这个序列时并不是将它们直接显示在屏幕上,而是采取一定的控制操作,例如,移动光标、删除字符、删除行、插入字符或插入行等操作。ANSI 控制序列由以下一些基本元素组成:

- 控制序列引入码(Control Sequence Introducer ,CSI):表示一个转移序列,提供辅助的控制并且本身是影响随后一系列连续字符含义解释的前缀。通常,一般 CSI 都使用'ESC ['。
- 参数(Parameter):零个或多个数字字符组成的一个数值。
- 数值参数(Numeric Parameter):表示一个数的参数,使用 n 表示。
- 选择参数(Selective Parameter):用于从一功能子集中选择一个子功能,一般用 s 表示。通常,具有多个选择参数的一个控制序列所产生的作用,如同分立的几个控制序列。例如:CSI sa;sb;sc F 的作用是与 CSI sa F CSI sb F CSI sc F 完全一样的。
- 参数字符串(Parameter String):用分号';'隔开的参数字符串。
- 默认值(Default):当没有明确指定一个值或者值是 0 的话,就会指定一个与功能相关的值。
- 最后字符(Final Character):用于结束一个转义或控制序列。

图 7-8 中是一个控制序列的例子:控制序列“ESC [0;4;7 m”取消所有字符的属性,然后开启下划线和反显属性。

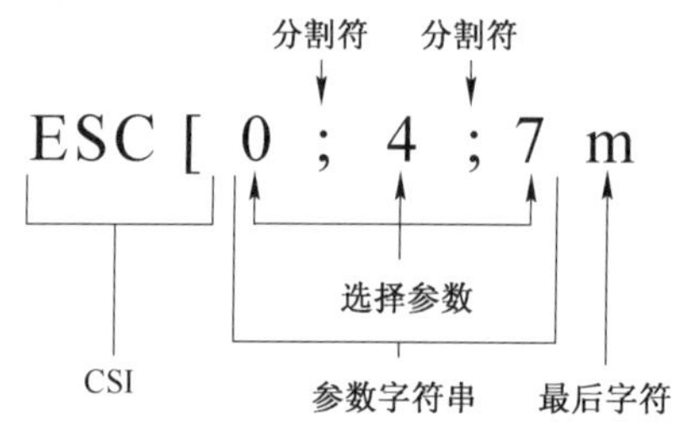

图 7-8　控制序列例子

7.2.3　serial.c 程序

serial.c 程序(见文件 7-3)对系统的串行端口进行初始化。设置默认的串行通信参数,同时也设置串行端口的中断陷阱门(中断向量)。

```
7 /*
8  *      serial.c
9  *
10  * This module implements the rs232 io functions
11  *      void rs_write(struct tty_struct * queue);
12  *      void rs_init(void);
13  * and all interrupts pertaining to serial IO.
14  */
  /* 该程序用于实现 rs232 的输入输出功能
   *     void rs_write(struct tty_struct *queue);
   *     void rs_init(void);
   * 以及与传输 I/O 有关系的所有中断处理程序。*/
15
16 #include <linux/tty.h>      //tty 头文件,定义了有关 tty_io,串行通信方面的参数、常数。
17 #include <linux/sched.h>    //调度程序头文件,定义任务结构 task_struct、初始任务 0 的数据。
18 #include <asm/system.h>     //段操作头文件。定义了有关段寄存器操作的嵌入式汇编函数。
19 #include <asm/io.h>         //io 头文件。定义硬件端口输入/输出宏汇编语句。
20
21 #define WAKEUP_CHARS  (TTY_BUF_SIZE/4) //当写队列中含有 WAKEUP_CHARS 个字符时,就开始发送。
22
23 extern void rs1_interrupt(void);             //串行口 1 的中断处理程序(rs_io.s, 34)。
24 extern void rs2_interrupt(void);             //串行口 2 的中断处理程序(rs_io.s, 38)。
25 //初始化串行端口。port: 串行口 1 - 0x3F8,串行口 2 - 0x2F8。
26 static void init(int port)
27 {
28         outb_p(0x80,port+3);     /* set DLAB of line control reg */
                                    /* 设置线路控制寄存器的 DLAB 位(位 7) */
29         outb_p(0x30,port);       /* LS of divisor (48 -> 2400 bps */
                                    /* 发送波特率因子低字节,0x30->2400bps */
30         outb_p(0x00,port+1);     /* MS of divisor */ /* 发送波特率因子高字节,0x00 */
31         outb_p(0x03,port+3);     /* reset DLAB */     /* 复位 DLAB 位,数据位为 8 位 */
32         outb_p(0x0b,port+4);     /* set DTR,RTS, OUT_2 */ /* 设置 DTR,RTS,辅助用户
                                    /* 输出 2 */
33         outb_p(0x0d,port+1);     /* enable all intrs but writes */
                                    /* 除了写(写保持空)以外,允许所有中断源中断 */
34         (void)inb(port);         /* read data port to reset things (?) */
                                    /* 读数据口,以进行复位操作(?) */
35 }
36 //初始化串行中断程序和串行接口。
37 void rs_init(void)
38 {
39         set_intr_gate(0x24,rs1_interrupt);  //设置串行口 1 的中断门向量(硬件 IRQ4 信号)。
40         set_intr_gate(0x23,rs2_interrupt);  //设置串行口 2 的中断门向量(硬件 IRQ3 信号)。
41         init(tty_table[1].read_q.data);     //初始化串行口 1(.data 是端口号)。
42         init(tty_table[2].read_q.data);     //初始化串行口 2。
43         outb(inb_p(0x21)&0xE7,0x21);        //允许主 8259A 芯片的 IRQ3,IRQ4 中断信号请求。
44 }
45
46 /*
47  * This routine gets called when tty_write has put something into
48  * the write_queue. It must check wheter the queue is empty, and
```

```
49   * set the interrupt register accordingly
50   *
51   *       void_rs_write(struct tty_struct * tty);
52   */
  /* 在 tty_write()已将数据放入输出(写)队列时会调用下面的子程序。必须首先
   * 检查写队列是否为空,并相应设置中断寄存器。*/
  //串行数据发送输出。
  //实际上只是开启串行发送保持寄存器已空中断标志,在 UART 将数据发送出去后允许发中断信号。
53 void rs_write(struct tty_struct * tty)
54 {
55         cli();                          //关中断。
  //如果写队列不空,则从 0x3f9(或 0x2f9) 首先读取中断允许寄存器内容,添上发送保持寄存器
  //中断允许标志(位 1)后,再写回该寄存器。
56         if (! EMPTY(tty->write_q))
57                 outb(inb_p(tty->write_q.data+1) |0x02,tty->write_q.data+1);
58         sti();                          //开中断。
59 }
```

PC 的串行通信使用的异步串行通信芯片是 INS 8250 或 NS16450 兼容芯片,统称为 UART(通用异步接收发送器)。对 UART 的编程实际上是对其内部寄存器执行读写操作。因此可将 UART 看作是一组寄存器集合,包含发送、接收和控制三部分。UART 内部有 10 个寄存器,CPU 通过 IN/OUT 指令对其进行访问。这些寄存器的端口和用途如表 7-8 所示。其中端口 0x3f8~0x3fe 用于微机上 COM1 串行口,0x2f8~0x2fe 对应 COM2 端口。条件 DLAB(Divisor Latch Access Bit)是除数锁存访问位,是指线路控制寄存器的位 7。

表 7-8　UART 内部寄存器对应端口及用途

端　口	读/写	条　件	用　途
0x3f8 (0x2f8)	写	DLAB=0	写发送保持寄存器。含有将发送的字符
	读	DLAB=0	读接收缓存寄存器。含有收到的字符
	读/写	DLAB=1	读/写波特率因子低字节(LSB)
0x3f9 (0x2f9)	读/写	DLAB=1	读/写波特率因子高字节(MSB)
	读/写	DLAB=0	读/写中断允许寄存器。 位 7~4 全 0 保留不用;　位 3=1 modem 状态中断允许; 位 2=1 接收器线路状态中断允许;　位 1=1 发送保持寄存器空中断允许; 位 0=1 已接收到数据中断允许
0x3fa (0x2fa)	读		读中断标识寄存器。中断处理程序用以判断此次中断是 4 种中的哪一种。 位 7~3 全 0(不用);位 2-1 确定中断的优先级; =11 接收状态有错中断,优先级最高; =10 已接收到数据中断,优先级 2; =01 发送保持寄存器空中断,优先级 3;=00 modem 状态改变中断,优先级 4。 位 0=0 有待处理中断;位 0=1 无中断
0x3fb (0x2fb)	写		写线路控制寄存器。 位 7=1 除数锁存访问位(DLAB)。0 接收器,发送保持或中断允许寄存器访问; 位 6=1 允许间断;　位 5=1 保持奇偶位; 位 4=1 偶校验;=0 奇校验;　位 3=1 允许奇偶校验;=0 无奇偶校验; 位 2=1 1 位停止位;=0 无停止位;　位 1~0 数据位长度: =00 5 位数据位; =01 6 位数据位; =10 7 位数据位; =11 8 位数据位

（续）

端　　口	读/写	条　　件	用　　途
0x3fc（0x2fc）	写		写 modem 控制寄存器。 位 7~5 全 0 保留；位 4=1 芯片处于循环反馈诊断操作模式； 位 3=1 辅助用户指定输出 2，允许 INTRPT 到系统； 位 2=1 辅助用户指定输出 1，PC 机未用； 位 1=1 使请求发送 RTS 有效；位 0=1 使数据终端就绪 DTR 有效
0y3fd（0x2fd）	读		读线路状态寄存器。 位 7=0 保留；　　　位 6=1 发送移位寄存器为空； 位 5=1 发送保持寄存器为空，可以取字符发送； 位 4=1 接收到满足间断条件的位序列； 位 3=1 帧格式错误；　位 2=1 奇偶校验错误； 位 1=1 超越覆盖错误；位 0=1 接收器数据准备好，系统可读取
0x3fe（0x2fe）	读		读 modem 状态寄存器。δ 表示信号发生变化。 位 7=1 载波检测（CD）有效；　　位 6=1 响铃指示（RI）有效； 位 5=1 数据设备就绪（DSR）有效；位 4=1 清除发送（CTS）有效； 位 3=1 检测到 δ 载波；　　　　位 2=1 检测到响铃信号边沿； 位 1=1 δ 数据设备就绪（DSR）；位 0=1 δ 清除发送（CTS）

7.2.4　rs_io.s 程序

该汇编程序实现 rs232 串行通信中断处理过程，见文件 7-4。

文件 7-4　linux/kernel/chr_drv/rs_io.s

```
 7 /*
 8  *       rs_io.s
 9  *
10  * This module implements the rs232 io interrupts.
11  */
12 /*  该程序模块实现 rs232 输入输出中断处理程序。*/
13 .text
14 .globl _rs1_interrupt,_rs2_interrupt
15 # size 是读写队列缓冲区的字节长度。
16 size    = 1024                 /* must be power of two       # 必须是 2 的乘方并且要与
17                                   and must match the value   # tty_io.c 中的值匹配!
18                                   in tty_io.c!!! */
19 /* 以下这些是读写缓冲结构中的偏移量 */
20 /* these are the offsets into the read/write buffer structures */
   # 对应定义在 include/linux/tty.h 文件中 tty_queue 结构中各变量的偏移量。
21 rs_addr = 0                   # 串行端口号字段偏移(端口号是 0x3f8 或 0x2f8)。
22 head = 4                      # 缓冲区中头指针字段偏移。
23 tail = 8                      # 缓冲区中尾指针字段偏移。
24 proc_list = 12                # 等待该缓冲的进程字段偏移。
25 buf = 16                      # 缓冲区字段偏移。
26                   /* 当写队列里还剩 256 个字符空间(WAKEUP_CHARS)时，我们就可以写 */
27 startup = 256       /* chars left in write queue when we restart it */
28
29 /*
30  * These are the actual interrupt routines. They look where
31  * the interrupt is coming from, and take appropriate action.
32  */
   /* 这些是实际的中断程序。程序首先检查中断的来源，然后执行相应的处理。*/
```

```
33 .align 2
34 _rs1_interrupt:                    # 串行端口 1 中断处理程序入口点。
35          pushl $_table_list+8    # tty 表中对应串行口 1 的读写缓冲指针的地址入栈(tty_io.c,99)。
36          jmp rs_int
37 .align 2
38 _rs2_interrupt:                    # 串行端口 2 中断处理程序入口点。
39          pushl $_table_list+16    # tty 表中对应串行口 2 的读写缓冲队列指针的地址入栈。
40 rs_int:
41          pushl %edx
42          pushl %ecx
43          pushl %ebx
44          pushl %eax
45          push %es
46          push %ds                  /* as this is an interrupt, we cannot */
47          pushl $0x10               /* know that ds is ok. Load it */
48          pop %ds                   /* 由于这是一个中断程序,我们不知道 ds 是否正确, */
49          pushl $0x10               /* 所以加载它们(让 ds、es 指向内核数据段) */
50          pop %es
51          movl 24(%esp),%edx        # 将缓冲队列指针地址存入 edx 寄存器,
                                      # 即 35 或 39 行上最先压入堆栈的地址。
52          movl (%edx),%edx          # 取读队列指针(地址)→edx。
53          movl rs_addr(%edx),%edx   # 取串行口 1 的端口号→edx。
54          addl $2,%edx              /* interrupt ident. reg */ /* edx 指向中断标识寄存器 */
55 rep_int:                         # 中断标识寄存器端口是 0x3fa(0x2fa),参见上节列表后信息。
56          xorl %eax,%eax            # eax 清零。
57          inb %dx,%al               # 取中断标识字节,用以判断中断来源(有 4 种中断情况)。
58          testb $1,%al              # 首先判断有无待处理的中断(位 0=1 无中断;=0 有中断)。
59          jne end                   # 若无待处理中断,则跳转至退出处理处 end。
60        cmpb $6,%al              /* this shouldn't happen, but ... */ /* 这不会发生,但是 ... */
61          ja end                    # al 值>6? 是则跳转至 end(没有这种状态)。
62          movl 24(%esp),%ecx        # 再取缓冲队列指针地址→ecx。
63          pushl %edx                # 将端口号 0x3fa(0x2fa)入栈。
64          subl $2,%edx              # 0x3f8(0x2f8)。
65          call jmp_table(,%eax,2) /* NOTE! not *4, bit0 is 0 already */ /* 不乘 4,位 0 已是 0 */
   # 上面语句是指,当有待处理中断时,al 中位 0=0,位 2-1 是中断类型,因此相当于已经将中断类型
   # 乘了 2,这里再乘 2,得到跳转表对应各中断类型地址,并跳转到那里去做相应处理。
66          popl %edx                 # 弹出中断标识寄存器端口号 0x3fa(或 0x2fa)。
67          jmp rep_int               # 跳转,继续判断有无待处理中断并继续处理。
68 end:     movb $0x20,%al            # 向中断控制器发送结束中断指令 EOI。
69          outb %al, $0x20           /* EOI */
70          pop %ds
71          pop %es
72          popl %eax
73          popl %ebx
74          popl %ecx
75          popl %edx
76          addl $4,%esp              # jump over_table_list entry # 丢弃缓冲队列指针地址。
77          iret
78 # 各中断类型处理程序地址跳转表,共有 4 种中断来源:
   # modem 状态变化中断,写字符中断,读字符中断,线路状态有问题中断。
79 jmp_table:
80          .long modem_status,write_char,read_char,line_status
```

```
81
82 .align 2
83 modem_status:
84         addl  $6,%edx              /* clear intr by reading modem status reg */
85         inb %dx,%al                /* 通过读 modem 状态寄存器进行复位(0x3fe) */
86         ret
87
88 .align 2
89 line_status:
90         addl  $5,%edx              /* clear intr by reading line status reg. */
91         inb %dx,%al                /* 通过读线路状态寄存器进行复位(0x3fd) */
92         ret
93
94 .align 2
95 read_char:
96         inb %dx,%al                # 读取字符→al。
97         movl %ecx,%edx             # 当前串口缓冲队列指针地址→edx。
98         subl $_table_list,%edx     # 缓冲队列指针表首址 - 当前串口队列指针地址→edx,
99         shrl  $3,%edx              # 差值/8。对于串口 1 是 1,对于串口 2 是 2。
100        movl (%ecx),%ecx           # read-queue # 取读缓冲队列结构地址→ecx。
101        movl head(%ecx),%ebx       # 取读队列中缓冲头指针→ebx。
102        movb %al,buf(%ecx,%ebx)    # 将字符放在缓冲区中头指针所指的位置。
103        incl %ebx                  # 将头指针前移一字节。
104        andl  $size-1,%ebx        # 用缓冲区大小对头指针进行模操作。指针不能超过缓冲区大小。
105        cmpl tail(%ecx),%ebx       # 缓冲区头指针与尾指针比较。
106        je 1f                      # 若相等,表示缓冲区满,跳转到标号 1 处。
107        movl %ebx,head(%ecx)       # 保存修改过的头指针。
108 1:     pushl %edx                 # 将串口号压入堆栈(1-串口 1,2 -串口 2),作为参数,
109        call _do_tty_interrupt     # 调用 tty 中断处理 C 函数。
110        addl  $4,%esp              # 丢弃入栈参数,并返回。
111        ret
112
113 .align 2
114 write_char:
115        movl 4(%ecx),%ecx          # write-queue # 取写缓冲队列结构地址→ecx。
116        movl head(%ecx),%ebx       # 取写队列头指针→ebx。
117        subl tail(%ecx),%ebx       # 头指针 - 尾指针 = 队列中字符数。
118        andl  $size-1,%ebx         # nr chars in queue   # 对指针取模运算。
119        je write_buffer_empty      # 如果头指针 = 尾指针,说明写队列无字符,跳转处理。
120        cmpl  $startup,%ebx        # 队列中字符数超过 256 个?
121        ja 1f                      # 超过,则跳转处理。
122        movl proc_list(%ecx),%ebx  # wake up sleeping process # 唤醒等待的进程。
                                      # 取等待该队列的进程的指针,并判断是否为空。
123        testl %ebx,%ebx            # is there any?   # 有等待的进程吗?
124        je 1f                      # 是空的,则向前跳转到标号 1 处。
125        movl  $0,(%ebx)            # 否则将进程置为可运行状态(唤醒进程)。
126 1:     movl tail(%ecx),%ebx       # 取尾指针。
127        movb buf(%ecx,%ebx),%al    # 从缓冲中尾指针处取一字符→al。
128        outb %al,%dx               # 向端口 0x3f8(0x2f8)送出到保持寄存器中。
129        incl %ebx                  # 尾指针前移。
130        andl  $size-1,%ebx         # 尾指针若到缓冲区末端,则折回。
131        movl %ebx,tail(%ecx)       # 保存已修改过的尾指针。
```

```
132         cmpl head(%ecx),%ebx    # 尾指针与头指针比较,
133         je write_buffer_empty   # 若相等,表示队列已空,则跳转。
134         ret
135 .align 2
136 write_buffer_empty:
137         movl proc_list(%ecx),%ebx # wake up sleeping process # 唤醒等待的进程。
                                    # 取等待该队列的进程的指针,并判断是否为空。
138         testl %ebx,%ebx         # is there any?   # 有等待的进程吗?
139         je 1f                   # 无,则向前跳转到标号 1 处。
140         movl $0,(%ebx)          # 否则将进程置为可运行状态(唤醒进程)。
141 1:      incl %edx               # 指向端口 0x3f9(0x2f9)。
142         inb %dx,%al             # 读取中断允许寄存器。
143         jmp 1f                  # 稍做延迟。
144 1:      jmp 1f                  /* 屏蔽发送保持寄存器空中断(位 1) */
145 1:      andb $0xd,%al           /* disable transmit interrupt */
146         outb %al,%dx            # 写入 0x3f9(0x2f9)。
147         ret
```

7.2.5 tty_io.c 程序

本程序(见文件 7-5)包括字符设备的上层接口函数。主要含有终端读/写函数 tty_read()和 tty_write()。读操作的行规则函数 copy_to_cooked()也在这里实现。

文件 7-5 linux/kernel/chr_drv/tty_io.c

```
 7 /*
 8  * 'tty_io.c' gives an orthogonal feeling to tty's, be they consoles
 9  * or rs-channels. It also implements echoing, cooked mode etc.
10  *
11  * Kill-line thanks to John T Kohl.
12  */
  /* 'tty_io.c'给 tty 一种非相关的感觉,是控制台或串行通道。该程序同样实现了回显、规范模式等。
   * Kill-line,谢谢 John T Kohl。 */
13 #include <ctype.h>          //字符类型头文件。定义了一些有关字符类型判断和转换的宏。
14 #include <errno.h>          //错误号头文件。包含系统中各种出错号(Linus 从 MINIX 中引进的)。
15 #include <signal.h>         //信号头文件。定义信号符号常量,信号结构以及信号操作函数原型。
16 //下面给出相应信号在信号位图中的对应比特位。
17 #define ALRMMASK (1<<(SIGALRM -1))     //警告(alarm)信号屏蔽位。
18 #define KILLMASK (1<<(SIGKILL -1))     //终止(kill)信号屏蔽位。
19 #define INTMASK (1<<(SIGINT -1))       //键盘中断(int)信号屏蔽位。
20 #define QUITMASK (1<<(SIGQUIT -1))     //键盘退出(quit)信号屏蔽位。
21 #define TSTPMASK (1<<(SIGTSTP -1))     //tty 发出的停止进程(tty stop)信号屏蔽位。
22
23 #include <linux/sched.h>   //调度程序头文件,定义了任务结构 task_struct、初始任务 0 的数据,
                           //还有一些有关描述符参数设置和获取的嵌入式汇编函数宏语句。
24 #include <linux/tty.h>     //tty 头文件,定义了有关 tty_io,串行通信方面的参数、常数。
25 #include <asm/segment.h>   //段操作头文件。定义了有关段寄存器操作的嵌入式汇编函数。
26 #include <asm/system.h>    //系统头文件。定义了设置或修改描述符/中断门等的嵌入式汇编宏。
27
28 #define L_FLAG(tty,f)  ((tty)->termios.c_lflag & f)  //取 termios 结构中的本地模式标志。
29 #define I_FLAG(tty,f)  ((tty)->termios.c_iflag & f)  //取 termios 结构中的输入模式标志。
30 #define O_FLAG(tty,f)  ((tty)->termios.c_oflag & f)  //取 termios 结构中的输出模式标志。
```

```
31 //取 termios 结构中本地模式标志集中的一个标志位。
32 #define L_CANON(tty)    _L_FLAG((tty),ICANON)   //取本地模式标志集中规范(熟)模式标志位。
33 #define L_ISIG(tty)     _L_FLAG((tty),ISIG)      //取信号标志位。
34 #define L_ECHO(tty)     _L_FLAG((tty),ECHO)      //取回显字符标志位。
35 #define L_ECHOE(tty)    _L_FLAG((tty),ECHOE)     //规范模式时,取回显擦除标志位。
36 #define L_ECHOK(tty)    _L_FLAG((tty),ECHOK)     //规范模式时,取 KILL 擦除当前行标志位。
37 #define L_ECHOCTL(tty)  _L_FLAG((tty),ECHOCTL)   //取回显控制字符标志位。
38 #define L_ECHOKE(tty)   _L_FLAG((tty),ECHOKE)   //规范模式时,取 KILL 擦除行并回显标志位。
39 //取 termios 结构中输入模式标志中的一个标志位。
40 #define I_UCLC(tty)     _I_FLAG((tty),IUCLC)     //取输入模式标志集中大写到小写转换标志位。
41 #define I_NLCR(tty)     _I_FLAG((tty),INLCR)     //取换行符 NL 转回车符 CR 标志位。
42 #define I_CRNL(tty)     _I_FLAG((tty),ICRNL)     //取回车符 CR 转换行符 NL 标志位。
43 #define I_NOCR(tty)     _I_FLAG((tty),IGNCR)     //取忽略回车符 CR 标志位。
44 //取 termios 结构中输出模式标志中的一个标志位。
45 #define O_POST(tty)     _O_FLAG((tty),OPOST)     //取输出模式标志集中执行输出处理标志。
46 #define O_NLCR(tty)     _O_FLAG((tty),ONLCR)     //取换行符 NL 转回车换行符 CR-NL 标志。
47 #define O_CRNL(tty)     _O_FLAG((tty),OCRNL)     //取回车符 CR 转换行符 NL 标志。
48 #define O_NLRET(tty)    _O_FLAG((tty),ONLRET)    //取换行符 NL 执行回车功能的标志。
49 #define O_LCUC(tty)     _O_FLAG((tty),OLCUC)     //取小写转大写字符标志。
50 //tty 数据结构的 tty_table 数组。其中包含三个初始化项数据,分别对应控制台、串口终端 1 和
   //串口终端 2 的初始化数据。
51 struct tty_struct tty_table[] = {
52      {
53           {ICRNL,          /* change incoming CR to NL */  /* 将输入的 CR 转换为 NL */
54           OPOST|ONLCR,     /* change outgoing NL to CRNL */ /* 将输出的 NL 转 CR-NL */
55           0,                                          //控制模式标志初始化为 0。
56           ISIG | ICANON | ECHO | ECHOCTL | ECHOKE,    //本地模式标志。
57           0,               /* console termio */       //控制台 termio。
58           INIT_C_CC},                                 //控制字符数组。
59           0,               /* initial pgrp */         //所属初始进程组。
60           0,               /* initial stopped */      //初始停止标志。
61           con_write,                                  //tty 写函数指针。
62           {0,0,0,0,""},    /* console read-queue */   //tty 控制台读队列。
63           {0,0,0,0,""},    /* console write-queue */  //tty 控制台写队列。
64           {0,0,0,0,""}     /* console secondary queue *///tty 控制台辅助(第二)队列。
65      },{
66           {0, /* no translation */     //输入模式标志。0,无须转换。
67           0,  /* no translation */     //输出模式标志。0,无须转换。
68           B2400 | CS8,                 //控制模式标志。波特率 2400bps,8 位数据位。
69           0,                           //本地模式标志 0。
70           0,                           //行规程 0。
71           INIT_C_CC},                  //控制字符数组。
72           0,                           //所属初始进程组。
73           0,                           //初始停止标志。
74           rs_write,                    //串口 1 tty 写函数指针。
75             {0x3f8,0,0,0,""},          /* rs 1 */  //串行终端 1 读缓冲队列。
76             {0x3f8,0,0,0,""},          //串行终端 1 写缓冲队列。
77             {0,0,0,0,""}               //串行终端 1 辅助缓冲队列。
78      },{
79             {0, /* no translation */   //输入模式标志。0,无须转换。
80             0,  /* no translation */   //输出模式标志。0,无须转换。
81             B2400 | CS8,               //控制模式标志。波特率 2400bps,8 位数据位。
```

```
82              0,                              //本地模式标志 0。
83              0,                              //行规程 0。
84              INIT_C_CC},                     //控制字符数组。
85              0,                              //所属初始进程组。
86              0,                              //初始停止标志。
87              rs_write,                       //串口 2 tty 写函数指针。
88              {0x2f8,0,0,0,""},                 /* rs 2 */  //串行终端 2 读缓冲队列。
89              {0x2f8,0,0,0,""},               //串行终端 2 写缓冲队列。
90              {0,0,0,0,""}                    //串行终端 2 辅助缓冲队列。
91          }
92 };
93
94 /*
95  * these are the tables used by the machine code handlers.
96  * you can implement pseudo-tty's or something by changing
97  * them. Currently not done.
98  */
   /* 下面是汇编程序使用的缓冲队列地址表。通过修改你可以实现
    * 伪 tty 终端或其他终端类型。目前还没有这样做。*/
    //tty 缓冲队列地址表。rs_io.s 汇编程序使用,用于取得读写缓冲队列地址。
99 struct tty_queue * table_list[]={
100         &tty_table[0].read_q, &tty_table[0].write_q,  //控制台终端读、写缓冲队列地址。
101         &tty_table[1].read_q, &tty_table[1].write_q,     //串行口 1 终端读、写缓冲队列地址。
102         &tty_table[2].read_q, &tty_table[2].write_q      //串行口 2 终端读、写缓冲队列地址。
103         };
104 //tty 终端初始化函数。初始化串口终端和控制台终端。
105 void tty_init(void)
106 {
107         rs_init();                  //初始化串行中断程序和串行接口 1 和 2。(serial.c, 37)
108         con_init();                 //初始化控制台终端。(console.c, 617)
109 }
110 //tty 键盘终端字符处理函数。参数:tty - 相应 tty 终端结构指针;mask - 信号屏蔽位。
111 void tty_intr(struct tty_struct * tty, int mask)
112 {
113         int i;
114
115         if (tty->pgrp <= 0)      //如果 tty 所属组号小于或等于 0,则退出。
116                 return;
117         for (i=0;i<NR_TASKS;i++) //扫描任务数组,向 tty 相应组的所有任务发送指定的信号。
   //如果该项任务指针不为空,并且其组号等于 tty 组号,则设置该任务指定的信号 mask。
118                 if (task[i] && task[i]->pgrp==tty->pgrp)
119                         task[i]->signal |= mask;
120 }
121 //如果队列缓冲区空则让进程进入可中断的睡眠状态。参数:queue - 指定队列的指针。
   //进程在取队列缓冲区中字符时调用此函数。
122 static void sleep_if_empty(struct tty_queue * queue)
123 {
124         cli();                     //关中断。
   //若当前进程没有信号要处理并且指定的队列缓冲区空,则让进程进入可中断睡眠状态,并让队列的
   //进程等待指针指向该进程。
125         while (! current->signal && EMPTY( * queue))
126                 interruptible_sleep_on(&queue->proc_list);
```

```
127         sti();                      //开中断。
128 }
129 //若队列缓冲区满则让进程进入可中断的睡眠状态。参数:queue - 指定队列的指针。
    //进程在往队列缓冲区中写入时调用此函数。
130 static void sleep_if_full(struct tty_queue * queue)
131 {
132         if (! FULL( * queue))          //若队列缓冲区不满,则返回退出。
133                 return;
134         cli();                         //关中断。
    //如果进程没有信号需要处理并且队列缓冲区中空闲剩余区长度<128,则让进程进入可中断睡眠状态,
    //并让该队列的进程等待指针指向该进程。
135         while (! current->signal && LEFT( * queue)<128)
136                 interruptible_sleep_on(&queue->proc_list);
137         sti();                      //开中断。
138 }
139 //等待按键。如果控制台的读队列缓冲区空则让进程进入可中断的睡眠状态。
140 void wait_for_keypress(void)
141 {
142         sleep_if_empty(&tty_table[0].secondary);
143 }
144 //复制成规范模式字符序列。参数:tty - 指定终端的 tty 结构。
    //将指定 tty 终端队列缓冲区中的字符复制成规范模式字符并存放在辅助队列(规范模式队列)中。
145 void copy_to_cooked(struct tty_struct * tty)
146 {
147         signed char c;
148 //如果 tty 的读队列缓冲区不空并且辅助队列缓冲区为空,则循环执行下列代码。
149         while (! EMPTY(tty->read_q) && ! FULL(tty->secondary)) {
150                 GETCH(tty->read_q,c);        //从队列尾处取一字符到 c,并前移尾指针。
    //下面对输入字符,利用输入模式标志集进行处理。
    //如果该字符是回车符 CR(13),则:若回车转换行标志 CRNL 置位则将该字符转换为换行符 NL(10);
    //否则若忽略回车标志 NOCR 置位,则忽略该字符,继续处理其他字符。
151                 if (c==13)
152                         if (I_CRNL(tty))
153                                 c=10;
154                         else if (I_NOCR(tty))
155                                 continue;
156                         else ;
    //如果该字符是换行符 NL(10)并且换行转回车标志 NLCR 置位,则将其转换为回车符 CR(13)。
157                 else if (c==10 && I_NLCR(tty))
158                         c=13;
    //如果大写转小写标志 UCLC 置位,则将该字符转换为小写字符。
159                 if (I_UCLC(tty))
160                         c=tolower(c);
    //如果本地模式标志集中规范(熟)模式标志 CANON 置位,则进行以下处理。
161                 if (L_CANON(tty)) {
    //如果该字符是键盘终止控制字符 KILL(^U),则进行删除输入行处理。
162                         if (c==KILL_CHAR(tty)) {
163                                 /* deal with killing the input line * //* 删除输入行处理 * /
    //如果 tty 辅助队列不空,并且辅助队列中最后一个字符是换行 NL(10),并且该字符是文件结束字符
    //(^D),则循环执行下列代码。
164                                 while(! (EMPTY(tty->secondary) ||
165                                         (c=LAST(tty->secondary))==10 ||
```

```
166                                         c==EOF_CHAR(tty))) {
   //如果本地回显标志ECHO置位,那么:若字符是控制字符(值<32),则向tty的写队列中放入擦除字
   //符ERASE。再放入一个擦除字符ERASE,并且调用该tty的写函数。
167                                         if (L_ECHO(tty)) {
168                                                 if (c<32)
169                                                         PUTCH(127,tty->write_q);
170                                                 PUTCH(127,tty->write_q);
171                                                 tty->write(tty);
172                                         }
   //将tty辅助队列头指针后退1字节。
173                                         DEC(tty->secondary.head);
174                                 }
175                                 continue;       //继续读取并处理其他字符。
176                         }
   //如果该字符是删除控制字符ERASE(^H),那么:
177                         if (c==ERASE_CHAR(tty)) {
   //若tty辅助队列为空,或其最后一字符是换行符NL(10),或是文件结束符,则继续处理其他字符。
178                                 if (EMPTY(tty->secondary) ||
179                                    (c=LAST(tty->secondary))==10 ||
180                                    c==EOF_CHAR(tty))
181                                         continue;
   //如果本地回显标志ECHO置位,那么:若字符是控制字符(值<32),则向tty的写队列中放入擦除字
   //符ERASE。再放入一个擦除字符ERASE,并且调用该tty的写函数。
182                                 if (L_ECHO(tty)) {
183                                         if (c<32)
184                                                 PUTCH(127,tty->write_q);
185                                         PUTCH(127,tty->write_q);
186                                         tty->write(tty);
187                                 }
   //将tty辅助队列头指针后退1字节,继续处理其他字符。
188                                 DEC(tty->secondary.head);
189                                 continue;
190                         }
   //如果该字符是停止字符(^S),则置tty停止标志,继续处理其他字符。
191                         if (c==STOP_CHAR(tty)) {
192                                 tty->stopped=1;
193                                 continue;
194                         }
   //如果该字符是停止字符(^Q),则复位tty停止标志,继续处理其他字符。
195                         if (c==START_CHAR(tty)) {
196                                 tty->stopped=0;
197                                 continue;
198                         }
199                 }
   //若输入模式标志集中ISIG标志置位,则在收到INTR、QUIT、SUSP或DSUSP字符时,需要为进程
   //产生相应的信号。
200                 if (L_ISIG(tty)) {
   //如果该字符是键盘中断符(^C),则向当前进程发送键盘中断信号,并继续处理下一字符。
201                         if (c==INTR_CHAR(tty)) {
202                                 tty_intr(tty,INTMASK);
203                                 continue;
204                         }
```

```
//如果该字符是退出符(^\,则向当前进程发送键盘退出信号,并继续处理下一字符。
205                         if (c==QUIT_CHAR(tty)) {
206                                 tty_intr(tty,QUITMASK);
207                                 continue;
208                         }
209                 }
//如果该字符是换行符 NL(10),或者是文件结束符 EOF(^D),辅助缓冲队列字符行数加 1。
210                 if (c==10 || c==EOF_CHAR(tty))
211                         tty->secondary.data++;
//如果本地模式标志集中回显标志 ECHO 置位,那么,如果字符是换行符 NL(10),则将换行符 NL(10)
//和回车符 CR(13)放入 tty 写队列缓冲区中;如果字符是控制字符(字符值<32)并且回显控制字符标
//志 ECHOCTL 置位,则将字符'^'和字符 c+64 放入 tty 写队列中(也即会显示^C、^H 等);否则将该字
//符直接放入 tty 写缓冲队列中。最后调用该 tty 的写操作函数。
212                 if (L_ECHO(tty)) {
213                         if (c==10) {
214                                 PUTCH(10,tty->write_q);
215                                 PUTCH(13,tty->write_q);
216                         } else if (c<32) {
217                                 if (L_ECHOCTL(tty)) {
218                                         PUTCH('^',tty->write_q);
219                                         PUTCH(c+64,tty->write_q);
220                                 }
221                         } else
222                                 PUTCH(c,tty->write_q);
223                         tty->write(tty);
224                 }
225                 PUTCH(c,tty->secondary);        //将该字符放入辅助队列中。
226         }
227         wake_up(&tty->secondary.proc_list);     //唤醒等待该辅助缓冲队列的进程(若有的话)。
228 }
229 //tty 读函数。参数:channel -子设备号;buf -缓冲区指针;nr -欲读字节数。
    //返回已读字节数。
230 int tty_read(unsigned channel, char * buf, int nr)
231 {
232         struct tty_struct * tty;
233         char c, * b=buf;
234         int minimum,time,flag=0;
235         long oldalarm;
236 //本版本 Linux 内核的终端只有 3 个子设备,分别是控制台(0)、串口终端 1(1)和串口终端 2(2)。
    //所以任何大于 2 的子设备号都是非法的。写的字节数当然也不能小于 0。
237         if (channel>2 || nr<0) return -1;
    //tty 指针指向子设备号对应 ttb_table 表中的 tty 结构。
238         tty = &tty_table[channel];
    //下面首先保存进程原定时值,然后根据控制字符 VTIME 和 VMIN 设置读字符操作的超时定时值。在非
    //规范模式下,这两个值是超时定时值。MIN 表示为了满足读操作,需要读取的最少字符数。TIME 是
    //一个以十分之一秒计数的计时值。首先取进程中的(报警)定时值(滴答数)。
239         oldalarm = current->alarm;
    //并设置读操作超时定时值 time 和需要最少读取的字符个数 minimum。
240         time = 10L * tty->termios.c_cc[VTIME];
241         minimum = tty->termios.c_cc[VMIN];
    //如果设置了读超时定时值 time 但没有设置最少读取个数 minimum,那么在读到至少一个字符或者定
    //时超时后读操作将立刻返回。所以这里置 minimum=1。
```

```
242         if (time && ! minimum) {
243                 minimum=1;
//如果进程原定时值是 0 或者 time+当前系统时间值小于进程原定时值的话,则重新设置进程定时
//值为 time+当前系统时间,并置 flag 标志。
244                 if (flag=(! oldalarm ||time+jiffies<oldalarm))
245                         current->alarm = time+jiffies;
246         }
//如果设置的最少读取字符数>欲读的字符数,则令其等于此次欲读取的字符数。
247         if (minimum>nr)
248                 minimum=nr;
249         while (nr>0) {                  //当欲读的字节数>0,则循环执行以下操作。
//如果 flag 不为 0(即进程原定时值是 0 或者 time+当前系统时间值小于进程原定时值)并且进程有定
//时信号 SIGALRM,则复位进程的定时信号并中断循环。
250                 if (flag && (current->signal & ALRMMASK)) {
251                         current->signal &= ~ALRMMASK;
252                         break;
253                 }
254                 if (current->signal)    //如果当前进程有信号要处理,则退出,返回 0。
255                         break;
//如果辅助缓冲队列(规范模式队列)为空,或者设置了规范模式标志并且辅助队列中字符数为 0 以及
//辅助模式缓冲队列空闲空间>20,则进入可中断睡眠状态,返回后继续处理。
256                 if (EMPTY(tty->secondary) ||(L_CANON(tty) &&
257                 ! tty->secondary.data && LEFT(tty->secondary)>20)) {
258                         sleep_if_empty(&tty->secondary);
259                         continue;
260                 }
261                 do {        //执行以下操作,直到 nr=0 或者辅助缓冲队列为空。
262                         GETCH(tty->secondary,c);      //取辅助缓冲队列字符 c。
//如果该字符是文件结束符(^D)或者是换行符 NL(10),则表示已取完一行字符,字符行数减 1。
263                         if (c==EOF_CHAR(tty) ||c==10)
264                                 tty->secondary.data--;
//如果该字符是文件结束符(^D)并且规范模式标志置位,则返回已读字符数,并退出。
265                         if (c==EOF_CHAR(tty) && L_CANON(tty))
266                                 return (b-buf);
//否则将该字符放入用户数据段缓冲区 buf 中,欲读字符数减 1,如果欲读字符数已为 0,则中断循环。
267                         else {
268                                 put_fs_byte(c,b++);
269                                 if (! --nr)
270                                         break;
271                         }
272                 } while (nr>0 && ! EMPTY(tty->secondary));
//如果超时定时值 time 不为 0 并且规范模式标志没有置位(非规范模式),那么:
273                 if (time && ! L_CANON(tty))
//如果进程原定时值是 0 或者 time+当前系统时间值小于进程原定时值的话,则重新设置进程定时值
//为 time+当前系统时间,并置 flag 标志。否则让进程的定时值等于进程原定时值。
274                         if (flag=(! oldalarm ||time+jiffies<oldalarm))
275                                 current->alarm = time+jiffies;
276                         else
277                                 current->alarm = oldalarm;
//如果规范模式标志置位,那么若读到起码 1 个字符则中断循环。否则若已读取数大于或等于最少要
//求读取的字符数,则也中断循环。
278                 if (L_CANON(tty)) {
```

```
279                     if (b -buf)
280                             break;
281             } else if (b -buf >= minimum)
282                     break;
283         }
284         current->alarm = oldalarm;          //让进程的定时值等于进程原定时值。
//如果进程有信号并且没有读取任何字符,则返回出错号(超时)。
285         if (current->signal && ! (b -buf))
286                 return -EINTR;
287         return (b -buf);                    //返回已读取的字符数。
288 }
289 //tty 写函数。参数:channel -子设备号;buf -缓冲区指针;nr -写字节数。
    //返回已写字节数。
290 int tty_write(unsigned channel, char * buf, int nr)
291 {
292         static cr_flag=0;
293         struct tty_struct * tty;
294         char c, *b=buf;
295 //本版本 Linux 内核的终端只有 3 个子设备,分别是控制台(0)、串口终端 1(1)和串口终端 2(2)。
    //所以任何大于 2 的子设备号都是非法的。写的字节数当然也不能小于 0。
296         if (channel>2 ||nr<0) return -1;
297         tty = channel + tty_table;     //tty 指针指向子设备号对应 ttb_table 表中的 tty 结构。
    //字符设备是一个一个字符进行处理的,所以这里对于 nr 大于 0 时对每个字符进行循环处理。
298         while (nr>0) {
    //如果此时 tty 的写队列已满,则当前进程进入可中断的睡眠状态。
299                 sleep_if_full(&tty->write_q);
    //如果当前进程有信号要处理,则退出,返回 0。
300                 if (current->signal)
301                         break;
    //当要写的字节数>0 并且 tty 的写队列不满时,循环执行以下操作。
302                 while (nr>0 && ! FULL(tty ->write_q)) {
303                         c=get_fs_byte(b);       //从用户数据段内存中取一字节 c。
    //如果终端输出模式标志集中的执行输出处理标志 OPOST 置位,则执行下列输出时处理过程。
304                         if (O_POST(tty)) {
    //如果该字符是回车符'\r'(CR,13)并且回车符转换行符标志 OCRNL 置位,则将该字符换成换行符
    //'\n'(NL,10);否则如果该字符是换行符'\n'(NL,10)并且换行转回车功能标志 ONLRET 置位的话,
    //则将该字符换成回车符'\r'(CR,13)。
305                                 if (c=='\r' && O_CRNL(tty))
306                                         c='\n';
307                                 else if (c=='\n' && O_NLRET(tty))
308                                         c='\r';
    //如果该字符是换行符'\n'并且回车标志 cr_flag 没有置位,换行转回车-换行标志 ONLCR 置位的话,
    //则将 cr_flag 置位,并将一回车符放入写队列中。然后继续处理下一个字符。
309                                 if (c=='\n' && ! cr_flag && O_NLCR(tty)) {
310                                         cr_flag = 1;
311                                         PUTCH(13,tty->write_q);
312                                         continue;
313                                 }
    //如果小写转大写标志 OLCUC 置位的话,就将该字符转成大写字符。
314                                 if (O_LCUC(tty))
315                                         c=toupper(c);
316                         }
```

```
//用户数据缓冲指针 b 前进 1 字节;欲写字节数减 1 字节;复位 cr_flag 标志,并将该字节放入 tty
//写队列中。
317                     b++; nr--;
318                     cr_flag = 0;
319                     PUTCH(c,tty->write_q);
320             }
//若字节全部写完,或者写队列已满,则程序执行到这里。调用对应 tty 的写函数,若还有字节要写,
//则等待写队列不满,所以调用调度程序,先去执行其他任务。
321             tty->write(tty);
322             if (nr>0)
323                     schedule();
324     }
325     return (b-buf);                 //返回写入的字节数。
326 }
327
328 /*
329  * Jeh, sometimes I really like the 386.
330  * This routine is called from an interrupt,
331  * and there should be absolutely no problem
332  * with sleeping even in an interrupt (I hope).
333  * Of course, if somebody proves me wrong, I'll
334  * hate intel for all time :-). We'll have to
335  * be careful and see to reinstating the interrupt
336  * chips before calling this, though.
337  *
338  * I don't think we sleep here under normal circumstances
339  * anyway, which is good, as the task sleeping might be
340  * totally innocent.
341  */
/* 呵,有时我是真的很喜欢 386。该子程序是从一个中断处理程序中调用的,即使在
 * 中断处理程序中睡眠也应该绝对没有问题(我希望如此)。当然,如果有人证明我是
 * 错的,那么我将憎恨 Intel 一辈子。但是我们必须小心,在调用该子程序之前需
 * 要恢复中断。
 * 我不认为在通常环境下会在这里睡眠,这样很好,因为任务睡眠是完全任意的。*/
//tty 中断处理调用函数 -执行 tty 中断处理。参数:tty -指定的 tty 终端号(0,1 或 2)。
//将指定 tty 终端队列缓冲区中的字符复制成规范模式字符并存放在辅助队列(规范模式队列)中。
//在串口读字符中断(rs_io.s, 109 行)和键盘中断(kerboard.S, 69 行)中调用。
342 void do_tty_interrupt(int tty)
343 {
344     copy_to_cooked(tty_table+tty);
345 }
346
347 void chr_dev_init(void)         //字符设备初始化函数。空,为以后扩展做准备。
348 {
349 }
```

关于控制字符 VTIME、VMIN,在非规范模式下,这两个值是超时定时值。MIN 表示为了满足读操作,需要读取的最少字符数。TIME 是一个十分之一秒计数的计时值。当这两个都设置的话,读操作将等待,直到至少读到一个字符,然后在以读取 MIN 个字符或者时间 TIME 在读取最后一个字符后超时。如果仅设置了 MIN,那么在读取 MIN 个字符之前读操作将不返回。如果仅设置 TIME,则在读到至少一个字符或定时超时后读操作将立刻返回。

若两个都没有设置，则读操作将立刻返回，仅给出目前已读的字节数。详细说明参见 termios. h 文件。

7.2.6 tty_ioctl. c 程序

本程序（见文件 7-6）用于字符设备的控制操作，实现了函数（系统调用）tty_ioctl（）。

文件 7-6 linux/kernel/chr_drv/tty_ioctl. c

```
 7 #include <errno.h>        //错误号头文件。包含系统中各种出错号(Linus 从 MINIX 中引进的)。
 8 #include <termios.h>      //终端输入输出函数头文件。主要定义控制异步通信口的终端接口。
 9
10 #include <linux/sched.h>//调度程序头文件,定义任务结构 task_struct、初始任务 0 的数据。
11 #include <linux/kernel.h> //内核头文件。含有一些内核常用函数的原型定义。
12 #include <linux/tty.h>  //tty 头文件,定义了有关 tty_io,串行通信方面的参数、常数。
13
14 #include <asm/io.h>       //io 头文件。定义硬件端口输入/输出宏汇编语句。
15 #include <asm/segment.h>//段操作头文件。定义了有关段寄存器操作的嵌入式汇编函数。
16 #include <asm/system.h> //系统头文件。定义了设置或修改描述符/中断门等的嵌入式汇编宏。
17 //这是波特率因子数组(或称为除数数组)。波特率与波特率因子的对应关系参见列表后的说明。
18 static unsigned short quotient[] = {
19         0, 2304, 1536, 1047, 857,
20         768, 576, 384, 192, 96,
21         64, 48, 24, 12, 6, 3
22 };
23 //修改传输速率。参数:tty -终端对应的 tty 数据结构。
   //在除数锁存标志 DLAB(线路控制寄存器位 7)置位情况下,通过端口 0x3f8 和 0x3f9 向 UART 分别写入
   //波特率因子低字节和高字节。
24 static void change_speed(struct tty_struct * tty)
25 {
26         unsigned short port,quot;
27 //对于串口终端,其 tty 结构的读缓冲队列 data 字段存放的是串行端口号(0x3f8 或 0x2f8)。
28         if (! (port = tty->read_q.data))
29                 return;
   //从 tty 的 termios 结构控制模式标志集中取得设置的波特率索引号,据此从波特率因子数组中取得
   //对应的波特率因子值。CBAUD 是控制模式标志集中波特率位屏蔽码。
30         quot = quotient[tty->termios.c_cflag & CBAUD];
31         cli();                          //关中断。
32         outb_p(0x80,port+3);            /* set DLAB */  //首先设置除数锁定标志 DLAB。
33         outb_p(quot & 0xff,port);       /* LS of divisor */  //输出因子低字节。
34         outb_p(quot >> 8,port+1);       /* MS of divisor */  //输出因子高字节。
35         outb(0x03,port+3);              /* reset DLAB */    //复位 DLAB。
36         sti();                          //开中断。
37 }
38 //刷新 tty 缓冲队列。参数:queue -指定的缓冲队列指针。
   //令缓冲队列的头指针等于尾指针,从而达到清空缓冲区(零字符)的目的。
39 static void flush(struct tty_queue * queue)
40 {
41         cli();
42         queue->head = queue->tail;
43         sti();
44 }
```

```
45 //等待字符发送出去。
46 static void wait_until_sent(struct tty_struct * tty)
47 {
48         /* do nothing -not implemented * /  /* 什么都没做 -还未实现 * /
49 }
50 //发送 BREAK 控制符。
51 static void send_break(struct tty_struct * tty)
52 {
53         /* do nothing -not implemented * /  /* 什么都没做 -还未实现 * /
54 }
55 //取终端 termios 结构信息。
   //参数:tty -指定终端的 tty 结构指针;termios -用户数据区 termios 结构缓冲区指针。
   //返回 0 。
56 static int get_termios(struct tty_struct * tty, struct termios * termios)
57 {
58         int i;
59 //首先验证一下用户的缓冲区指针所指内存区是否足够,如不够则分配内存。
60         verify_area(termios, sizeof ( * termios));
 //复制指定 tty 结构中的 termios 结构信息到用户 termios 结构缓冲区。
61         for (i=0 ; i< (sizeof ( * termios)) ; i++)
62                 put_fs_byte( ((char * )&tty->termios)[i] , i+(char * )termios );
63         return 0;
64 }
65 //设置终端 termios 结构信息。
   //参数:tty -指定终端的 tty 结构指针;termios -用户数据区 termios 结构指针。返回 0 。
66 static int set_termios(struct tty_struct * tty, struct termios * termios)
67 {
68         int i;
69 //首先复制用户数据区中 termios 结构信息到指定 tty 结构中。
70         for (i=0 ; i< (sizeof ( * termios)) ; i++)
71                 ((char * )&tty->termios)[i]=get_fs_byte(i+(char * )termios);
   //用户有可能已修改了 tty 的串行口传输波特率,所以根据 termios 结构中的控制模式标志 c_cflag
   //修改串行芯片 UART 的传输波特率。
72         change_speed(tty);
73         return 0;
74 }
75 //读取 termio 结构中的信息。
   //参数:tty -指定终端的 tty 结构指针;termio -用户数据区 termio 结构缓冲区指针。返回 0。
76 static int get_termio(struct tty_struct * tty, struct termio * termio)
77 {
78         int i;
79         struct termio tmp_termio;
80 //首先验证一下用户的缓冲区指针所指内存区是否足够,如不够则分配内存。
81         verify_area(termio, sizeof ( * termio));
   //将 termios 结构的信息复制到 termio 结构中。目的是为了对其中模式标志集的类型进行转换,即从
   //termios 的长整数类型转换为 termio 的短整数类型。
82         tmp_termio.c_iflag = tty ->termios.c_iflag;
83         tmp_termio.c_oflag = tty ->termios.c_oflag;
84         tmp_termio.c_cflag = tty ->termios.c_cflag;
85         tmp_termio.c_lflag = tty ->termios.c_lflag;
   //两种结构的 c_line 和 c_cc[]字段是完全相同的。
86         tmp_termio.c_line = tty->termios.c_line;
```

```
87        for(i=0 ; i < NCC ; i++)
88                tmp_termio.c_cc[i] = tty->termios.c_cc[i];
//最后复制指定 tty 结构中的 termio 结构信息到用户 termio 结构缓冲区。
89        for (i=0 ; i< (sizeof ( *termio)) ; i++)
90                put_fs_byte( ((char *)&tmp_termio)[i] , i+(char *)termio );
91        return 0;
92 }
93
94 /*
95  * This only works as the 386 is low-byt-first
96  */
/* 下面的 termio 设置函数仅在 386 低字节在前的方式下可用。*/
//设置终端 termio 结构信息。
//参数:tty -指定终端的 tty 结构指针;termio -用户数据区 termio 结构指针。
//将用户缓冲区 termio 的信息复制到终端的 termios 结构中。返回 0 。
97 static int set_termio(struct tty_struct * tty, struct termio * termio)
98 {
99        int i;
100       struct termio tmp_termio;
101 //首先把用户数据区中 termio 结构信息复制到临时 termio 结构中。
102       for (i=0 ; i< (sizeof ( *termio)) ; i++)
103               ((char *)&tmp_termio)[i]=get_fs_byte(i+(char *)termio);
//再将 termio 结构的信息复制到 tty 的 termios 结构中。目的是为了对其中模式标志集的类型进行转换,
//即从 termio 的短整数类型转换成 termios 的长整数类型。
104       *(unsigned short *)&tty->termios.c_iflag = tmp_termio.c_iflag;
105       *(unsigned short *)&tty->termios.c_oflag = tmp_termio.c_oflag;
106       *(unsigned short *)&tty->termios.c_cflag = tmp_termio.c_cflag;
107       *(unsigned short *)&tty->termios.c_lflag = tmp_termio.c_lflag;
//两种结构的 c_line 和 c_cc[]字段是完全相同的。
108       tty->termios.c_line = tmp_termio.c_line;
109       for(i=0 ; i < NCC ; i++)
110               tty->termios.c_cc[i] = tmp_termio.c_cc[i];
//用户可能已修改了 tty 的串行口传输波特率,所以根据 termios 结构中的控制模式标志集 c_cflag
//修改串行芯片 UART 的传输波特率。
111       change_speed(tty);
112       return 0;
113 }
114 //tty 终端设备的 ioctl 函数。参数:dev -设备号;cmd -ioctl 命令;arg -操作参数指针。
115 int tty_ioctl(int dev, int cmd, int arg)
116 {
117       struct tty_struct * tty;
//首先取 tty 的子设备号。如果主设备号是 5(tty 终端),则进程的 tty 字段即是子设备号;如果进程
//的 tty 子设备号是负数,表明该进程没有控制终端,即不能发出该 ioctl 调用,出错死机。
118       if (MAJOR(dev) == 5) {
119               dev=current->tty;
120               if (dev<0)
121                       panic("tty_ioctl: dev<0");
122       } else                          //否则直接从设备号中取出子设备号。
123               dev=MINOR(dev);
//子设备号可以是 0(控制台终端)、1(串口 1 终端)、2(串口 2 终端)。
//让 tty 指向对应子设备号的 tty 结构。
124       tty = dev + tty_table;
```

```
125         switch (cmd) {                    //根据 tty 的 ioctl 命令进行分别处理。
126                 case TCGETS:
  //取相应终端 termios 结构中的信息。
127                         return get_termios(tty,(struct termios *) arg);
128                 case TCSETSF:
  //在设置 termios 信息之前,需要先等待输出队列中所有数据处理完,并且刷新输入队列。
129                         flush(&tty->read_q); /* fallthrough */
130                 case TCSETSW:
  //在设置终端 termios 的信息之前,需要先等待输出队列中所有数据处理完(耗尽)。对于修改参数会
  //影响输出的情况,就需要使用这种形式。
131                         wait_until_sent(tty); /* fallthrough */
132                 case TCSETS:
  //设置相应终端 termios 结构中的信息。
133                         return set_termios(tty,(struct termios *) arg);
134                 case TCGETA:
  //取相应终端 termio 结构中的信息。
135                         return get_termio(tty,(struct termio *) arg);
136                 case TCSETAF:
  //在设置 termio 信息之前,需要先等待输出队列中所有数据处理完,并且清空输入队列。再设置。
137                         flush(&tty->read_q); /* fallthrough */
138                 case TCSETAW:
  //在设置终端 termio 的信息之前,需要先等待输出队列中所有数据处理完(耗尽)。对于修改参数会影
  //响输出的情况,就需要使用这种形式。
139                         wait_until_sent(tty); /* fallthrough *//* 继续执行 */
140                 case TCSETA:
  //设置相应终端 termio 结构中的信息。
141                         return set_termio(tty,(struct termio *) arg);
142                 case TCSBRK:
  //等待输出队列处理完毕(空),如果参数值是 0,则发送一个 break。
143                         if (! arg) {
144                                 wait_until_sent(tty);
145                                 send_break(tty);
146                         }
147                         return 0;
148                 case TCXONC:
  //开始/停止控制。如果参数值是 0,则挂起输出;如果是 1,则重新开启挂起的输出;如果是 2,则
  //挂起输入;如果是 3,则重新开启挂起的输入。
149                         return -EINVAL; /* not implemented */  /* 未实现 */
150                 case TCFLSH:
  //刷新已写输出但还没发送或已收但还没有读数据。如果参数是 0,则刷新(清空)输入队列;如果是 1,
  //则刷新输出队列;如果是 2,则刷新输入和输出队列。
151                         if (arg==0)
152                                 flush(&tty->read_q);
153                         else if (arg==1)
154                                 flush(&tty->write_q);
155                         else if (arg==2) {
156                                 flush(&tty->read_q);
157                                 flush(&tty->write_q);
158                         } else
159                                 return -EINVAL;
160                         return 0;
161                 case TIOCEXCL:
```

```
//设置终端串行线路专用模式。
162                         return -EINVAL; /* not implemented */  /* 未实现 */
163                 case TIOCNXCL:
//复位终端串行线路专用模式。
164                         return -EINVAL; /* not implemented */  /* 未实现 */
165                 case TIOCSCTTY:
//设置 tty 为控制终端。(TIOCNOTTY -禁止 tty 为控制终端)。
166                         return-EINVAL; /* set controlling term NI */  /* 设置控制终端NI */
167                 case TIOCGPGRP:                          //NI -Not Implemented。
//取指定终端设备进程的组 id。首先验证用户缓冲区长度,然后复制 tty 的 pgrp 字段到用户缓冲区。
168                         verify_area((void *) arg,4);
169                         put_fs_long(tty->pgrp,(unsigned long *) arg);
170                         return 0;
171                 case TIOCSPGRP:
//设置指定终端设备进程的组 id。
172                         tty->pgrp=get_fs_long((unsigned long *) arg);
173                         return 0;
174                 case TIOCOUTQ:
//返回输出队列中还未送出的字符数。首先验证用户缓冲区长度,然后复制队列中字符数给用户。
175                         verify_area((void *) arg,4);
176                         put_fs_long(CHARS(tty->write_q),(unsigned long *) arg);
177                         return 0;
178                 case TIOCINQ:
//返回输入队列中还未读取的字符数。首先验证用户缓冲区长度,然后复制队列中字符数给用户。
179                         verify_area((void *) arg,4);
180                         put_fs_long(CHARS(tty->secondary),
181                                 (unsigned long *) arg);
182                         return 0;
183                 case TIOCSTI:
//模拟终端输入。该命令以一个指向字符的指针作为参数,并假装该字符是在终端上键入的。用户必
//须在该控制终端上具有超级用户权限或具有读许可权限。
184                         return -EINVAL; /* not implemented */  /* 未实现 */
185                 case TIOCGWINSZ:
//读取终端设备窗口大小信息(参见 termios.h 中的 winsize 结构)。
186                         return -EINVAL; /* not implemented */  /* 未实现 */
187                 case TIOCSWINSZ:
//设置终端设备窗口大小信息(参见 winsize 结构)。
188                         return -EINVAL; /* not implemented */  /* 未实现 */
189                 case TIOCMGET:
//返回 modem 状态控制引线的当前状态比特位标志集(参见 termios.h 中 185~196 行)。
190                         return -EINVAL; /* not implemented */  /* 未实现 */
191                 case TIOCMBIS:
//设置单个 modem 状态控制引线的状态(true 或 false)。
192                         return -EINVAL; /* not implemented */  /* 未实现 */
193                 case TIOCMBIC:
//复位单个 modem 状态控制引线的状态。
194                         return -EINVAL; /* not implemented */  /* 未实现 */
195                 case TIOCMSET:
//设置 modem 状态引线的状态。如果某一比特位置位,则 modem 对应的状态引线将置为有效。
196                         return -EINVAL; /* not implemented */  /* 未实现 */
197                 case TIOCGSOFTCAR:
//读取软件载波检测标志(1 -开启;0 -关闭)。
```

```
198                    return -EINVAL; /* not implemented */  /* 未实现 */
199              case TIOCSSOFTCAR:
   //设置软件载波检测标志(1 -开启;0 -关闭)。
200                    return -EINVAL; /* not implemented */  /* 未实现 */
201              default:
202                    return -EINVAL;
203        }
204 }
```

波特率与波特率因子计算方式是:波特率 = 1.8432MHz /(16×波特率因子)。程序中波特率与波特率因子的对应关系见表 7-9。

表 7-9 波特率与波特率因子对应表

波特率	波特率因子		波特率	波特率因子	
	MSB,LSB	合并值		MSB,LSB	合并值
50	0x09,0x00	2304	1200	0x00,0x60	96
75	0x06,0x00	1536	1800	0x00,0x40	64
110	0x04,0x17	1047	2400	0x00,0x30	48
134.5	0x03,0x59	857	4800	0x00,0x18	24
150	0x03,0x00	768	9600	0x00,0x1c	12
200	0x02,0x40	576	19200	0x00,0x06	6
300	0x01,0x80	384	38400	0x00,0x03	3
600	0x00,0xc0	192			

7.3 本章小结

本章主要描述了字符终端设备的工作原理,着重说明了串行终端设备和控制台设备的实现。这些代码是 Linus 在其终端仿真驱动程序的基础上修改而成的,因此本章对使用 modem 进行串行通信的实现比较彻底。对于希望了解串行通信的工作原理和实现的读者,本章有很高的参考价值。

7.4 习题

1. 字符设备的主设备号是什么? 控制台(console)的次设备号是什么?

2. 在标准方式下,用户通过在键盘上键入“Ctrl-s”来暂停向终端输出,而键入“Ctrl-q”来继续输出。在标准行规则程序中是如何实现这个特性的?

3. 当用户试图在后台执行正文编辑程序时,输入“ed file &;”会发生什么情况? 为什么?

4. 实现 stty 命令。当不带参数时,它读取终端的预设置值,并显示给用户;否则用户可以交互地设置各种预置参数。

第 8 章　数学协处理器

内核目录 kernel/math 目录下包含数学协处理器仿真处理代码文件，但该程序目前还没有真正实现对数学协处理器的仿真，仅含有一个程序外壳，见表 8-1。

表 8-1　linux/kernel/math 目录

名　称	大　小	最后修改时间
Makefile	936 B	1991-11-18 00:21:45
math_emulate. c	1023 B	1991-11-23 15:36:34

8. 1　math_emulate. c 程序分析

数学协处理器仿真处理程序目前还没有实现对数学协处理器的仿真，仅实现了协处理器发生异常中断时调用的两个 C 函数。math_emulate( ) 仅在用户程序中包含协处理器指令时，对进程设置协处理器异常信号。代码见文件 8-1。

文件 8-1　linux/kernel/math/math_emulate. c

```
 1 /*
 2  * linux/kernel/math/math_emulate.c
 3  *
 4  * (C) 1991 Linus Torvalds
 5  */
 6
 7 /*
 8  * This directory should contain the math-emulation code.
 9  * Currently only results in a signal.
10  */
   /* 该目录里应该包含数学仿真代码。目前仅产生一个信号。*/
11
12 #include <signal.h>        //信号头文件。定义信号符号常量，信号结构以及信号操作函数原型。
13
14 #include <linux/sched.h> //调度程序头文件，定义了任务结构 task_struct、初始任务 0 的数据，
                            //还有一些有关描述符参数设置和获取的嵌入式汇编函数宏语句。
15 #include <linux/kernel.h>//内核头文件。含有一些内核常用函数的原型定义。
16 #include <asm/segment.h> //段操作头文件。定义了有关段寄存器操作的嵌入式汇编函数。
17 //协处理器仿真函数。中断处理程序调用的 C 函数，参见 kernel/math/system_call.s,169 行。
18 void math_emulate(long edi, long esi, long ebp, long sys_call_ret,
19         long eax,long ebx,long ecx,long edx,
20         unsigned short fs,unsigned short es,unsigned short ds,
21         unsigned long eip,unsigned short cs,unsigned long eflags,
22         unsigned short ss, unsigned long esp)
23 {
24         unsigned char first, second;
25
```

```
26 /* 0x0007 means user code space */    /* 0x0007 表示用户代码空间 */
   //选择符 0x000F 表示在局部描述符表中描述符索引值=1,即代码空间。如果段寄存器 cs 不等于
   //0x000F,则表示 cs 一定是内核代码选择符,是在内核代码空间,则出错,显示此时的 cs:eip 值,并显示信
   //息“内核中需要数学仿真”,然后进入死机状态。
27         if (cs != 0x000F) {
28                 printk("math_emulate: %04x:%08x\n\r",cs,eip);
29                 panic("Math emulation needed in kernel");
30         }
   //取进程 cs,eip 指向的 2 字节代码 first 和 second,显示这些数据,并给进程设置浮点异常信号 SIGFPE。
31         first = get_fs_byte((char *)((*&eip)++));
32         second = get_fs_byte((char *)((*&eip)++));
33         printk("%04x:%08x %02x %02x\n\r",cs,eip-2,first,second);
34         current->signal |= 1<<(SIGFPE-1);
35 }
36
   //协处理器出错处理函数。中断处理程序调用的 C 函数,参见 kernel/system_call.s,145 行。
37 void math_error(void)
38 {
   //协处理器指令。(以非等待形式)清除所有异常标志、忙标志和状态字位 7。
39         __asm__("fnclex");
   //如果上个任务使用过协处理器,则向上个任务发送协处理器异常信号。
40         if (last_task_used_math)
41                 last_task_used_math->signal |= 1<<(SIGFPE-1);
42 }
```

8.2 本章小结

本章程序实现了浮点运算协处理器仿真接口处理,但还没有实现完整的仿真处理。对于没有协处理器的计算机,当程序中执行了协处理器的指令时,就会引起协处理器异常中断处理程序的执行。

8.3 习题

1. 本章所描述的数学协处理器处理函数在什么情况下会被调用?

2. 对于不含数学协处理器硬件的计算机,用什么方法才能让使用协处理器的应用程序运行起来?

3. 参照 Linux 内核 0.12 版中有关数学协处理器的处理程序,说明浮点运算功能的仿真实现方法。源代码可从 http://www.kernel.org 或 http://oldlinux.org/Linux.old 获得。

第9章 文件系统

本章涉及 Linux 内核中文件系统的实现代码和用于块设备的高速缓冲区管理程序，见表9-1。在开发 Linux 0.11 内核的文件系统时，Linus 主要参照了 Andrew S. Tanenbaum 著的《操作系统：设计与实现》一书，使用了其中的 MINIX 文件系统 1.0 版。因此在阅读本章内容时，可以参考该书有关 MINIX 文件系统的相关章节。而高速缓冲区的工作原理可参见 M. J. Bach 的《UNIX 操作系统设计》第3章内容。

表 9-1 linux/fs 目录

名　　称	大　　小	最后修改时间	名　　称	大　　小	最后修改时间
Makefile	5053 B	1991-12-02 03:21:31	inode. c	6933 B	1991-12-06 20:16:35
bitmap. c	4042 B	1991-11-26 21:31:53	ioctl. c	977 B	1991-11-19 09:13:05
block_dev. c	1422 B	1991-10-31 17:19:55	namei. c	16562 B	1991-11-25 19:19:59
buffer. c	9072 B	1991-12-06 20:21:00	open. c	4340 B	1991-11-25 19:21:01
char_dev. c	2103 B	1991-11-19 09:10:22	pipe. c	2385 B	1991-10-18 19:02:33
exec. c	9134 B	1991-12-01 20:01:01	read_write. c	2802 B	1991-11-25 15:47:20
fcntl. c	1455 B	1991-10-02 14:16:29	stat. c	1175 B	1991-10-02 14:16:29
file_dev. c	1852 B	1991-12-01 19:02:43	super. c	5628 B	1991-12-06 20:10:12
file_table. c	122 B	1991-10-02 14:16:29	truncate. c	1148 B	1991-10-02 14:16:29

9.1 总体功能描述

本章所注释说明的程序量较大，但我们可以把它们从功能上分为四个部分。第一部分是有关高速缓冲区的管理程序，主要实现了对硬盘等块设备进行数据高速存取的函数。该部分内容集中在 buffer. c 程序中实现；第二部分代码描述了文件系统的底层通用函数。说明了文件索引节点的管理、磁盘数据块的分配和释放以及文件名与 i 节点的转换算法；第三部分程序是有关对文件中数据进行读写操作，包括对字符设备、管道、块读写文件中数据的访问；第四部分的程序与文件的系统调用接口的实现有关，主要涉及文件打开、关闭、创建以及有关文件目录操作等的系统调用。

下面首先介绍一下 MINIX 文件系统的基本结构，然后分别对这四部分加以说明。

9.1.1 MINIX 文件系统

目前 MINIX 的版本是 2.0，所使用的文件系统是 2.0 版，它与 MINIX 1.5 之前的版本不同，对其容量已经做了扩展。但由于本书注释的 Linux 内核使用的是 MINIX 文件系统 1.0 版本，所以这里仅对其 1.0 版文件系统做简单介绍。

MINIX 文件系统与标准 UNIX 的文件系统基本相同。它由 6 个部分组成。对于一个 360KB 的软盘，其各部分的分布如图 9-1 所示。

图中，引导块是计算机加电启动时可由 ROM BIOS 自动读入的执行代码和数据。但并非所有盘都用作引导设备，所以对于不用于引导的盘片，这一盘块中可以不含代码。但任何盘片必须含有引导块，以保持 MINIX 文件系统格式的统一。超级块用于存放盘设备上文件系统结构的信息，并说明各部分的大小。其结构如图 9-2 所示。

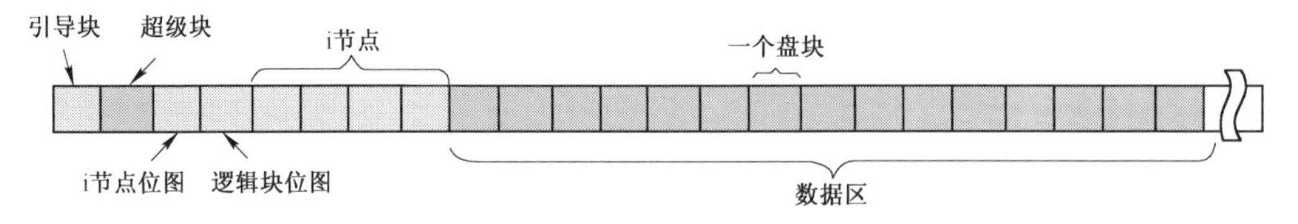

图 9-1　建有 MINIX 文件系统的一个 360KB 软盘中文件系统各部分的布局示意图

	字段名称	数据类型	说明
出现在盘上和内存中的字段	s_ninodes	short	i节点数
	s_nzones	short	逻辑块数(或称为区块数)
	s_imap_blocks	short	i节点位图所占块数
	s_zmap_blocks	short	逻辑块位图所占块数
	s_firstdatazone	short	第一个逻辑块号
	s_log_zone_size	short	$\log_2$(数据块数/逻辑块)
	s_max_size	long	最大文件长度
	s_magic	short	文件系统幻数
仅在内存中使用的字段	s_imap[8]	buffer_head*	i节点位图在高速缓冲块指针数组
	s_zmap[8]	buffer_head*	逻辑块位图在高速缓冲块指针数组
	s_dev	short	超级块所在设备号
	s_isup	m_inode*	被安装文件系统根目录i节点
	s_imount	m_inode*	该文件系统被安装到的i节点
	s_time	long	修改时间
	s_wait	task_struct*	等待本超级块的进程指针
	s_lock	char	锁定标志
	s_rd_only	char	只读标志
	s_dirt	char	已被修改(脏)标志

图 9-2　MINIX 的超级块结构

由图 9-2 可知，逻辑块位图最多使用 8 块缓冲块（s_zmap[8]），而每块缓冲块可代表 8192 个盘块，因此，MINIX 文件系统 1.0 所支持的最大块设备容量（长度）是 64MB。

i 节点位图用于说明 i 节点是否被使用，每个比特位代表一个 i 节点。对于 1KB 大小的盘块来讲，一个盘块就可表示 8191 个 i 节点的使用情况。

逻辑块位图用于描述盘上的每个数据盘块的使用情况，每个比特位代表盘上数据区中的一个数据盘块。因此，逻辑块位图的第一个比特位代表盘上数据区中第一个数据盘块。当一个数据盘块被占用时，逻辑块位图中相应比特位就被置位。

盘上的 i 节点部分存放着文件系统中文件（或目录）的索引节点，每个文件（或目录）都有一个 i 节点。每个 i 节点结构中存放着对应文件的相关信息，如文件宿主的 id（uid）、文件所属组 id（gid）、文件长度和访问修改时间等。整个结构共使用 32 个字节，如图 9-3 所示。

i_mode 字段用来保存文件的类型和访问权限属性。其比特位 15~12 用于保存文件类型，位 11~9 保存执行文件时设置的信息，位 8~0 表示文件的访问权限。具体信息参见文件 include/sys/stat. h 和 include/fcntl. h。

共32字节

字段名称	数据类型	说明
i_mode	short	文件的类型和属性(rwx位)
i_uid	short	文件宿主的用户id
i_size	long	文件长度(字节)
i_mtime	long	修改时间(从1970.1.1:0时算起，秒)
i_gid	char	文件宿主的组id
i_nlinks	char	链接数(有多少个文件目录项指向该i节点)
i_zone[9]	short	文件所占用的盘上逻辑块号数组。其中： zone[0]-zone[6]是直接块号； zone[7]是一次间接块号； zone[8]是二次(双重)间接块号。 注：zone是区的意思，可译成区块或逻辑块

图 9-3　MINIX 文件系统 1.0 版的 i 节点结构

文件中的数据是放在磁盘块的数据区中的,而一个文件名则通过对应的 i 节点与这些数据磁盘块相联系,这些盘块的号码就存放在 i 节点的逻辑块数组 i_zone[ ]中。其中,i_zone[ ]数组用于存放 i 节点对应文件的盘块号。i_zone[0]到 i_zone[6]用于存放文件开始的 7 个磁盘块号,称为直接块。若文件长度小于或等于 7KB,则根据其 i 节点可以很快就找到它所使用的盘块。若文件大一些时,就需要用到一次间接块了(i_zone[7]),这个盘块中存放着附加的盘块号。对于 MINIX 文件系统,它可以存放 512 个盘块号,因此可以寻址 512 个盘块。若文件还要大,则需要使用二次间接盘块(i_zone[8])。二次间接块的一级盘块的作用类似于一次间接块,因此使用二次间接盘块可以寻址 512×512 个盘块。参见图 9-4。

当所有 i 节点都被使用时,查找空闲 i 节点的函数会返回值 0,因此,i 节点位图最低比特位和 i 节点 0 都闲置不用,并在创建文件系统时将 i 节点 0 的比特位置位。

对于 PC 来讲,一般以一个扇区的长度(512B)作为块设备的数据块长度。而 MINIX 文件系统则将连续的 2 个扇区数据(1024B)作为一个数据块来处理,称之为一个磁盘块或盘块。其长度与高速缓冲区中的缓冲块长度相同,编号是从盘上第一个盘块开始算起,即引导块是 0 号盘块。而上述的逻辑块或区块,则是盘块的 2 的幂次。一个逻辑块长度可以等于 1、2、4 或 8 个盘块长度。对于本书所讨论的 Linux 内核,逻辑块的长度等于盘块长度。因此在代码注释中这两个术语含义相同。但是术语数据逻辑块(或数据盘块)则是指盘设备上数据部分中,从第一个数据盘块开始编号的盘块。

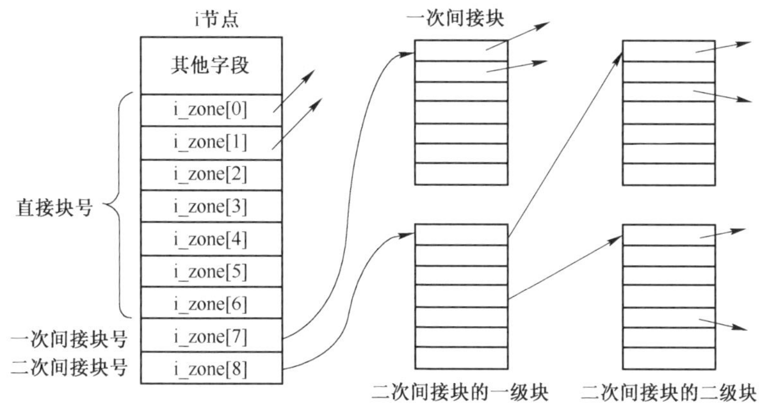

图 9-4　i 节点的逻辑块(区块)数组的功能

类 UNIX 操作系统中的文件通常可分为 6 类。如果在 shell 下执行“ls -l”命令，就可以从所列出的文件状态信息中知道文件的类型，见图 9-5。

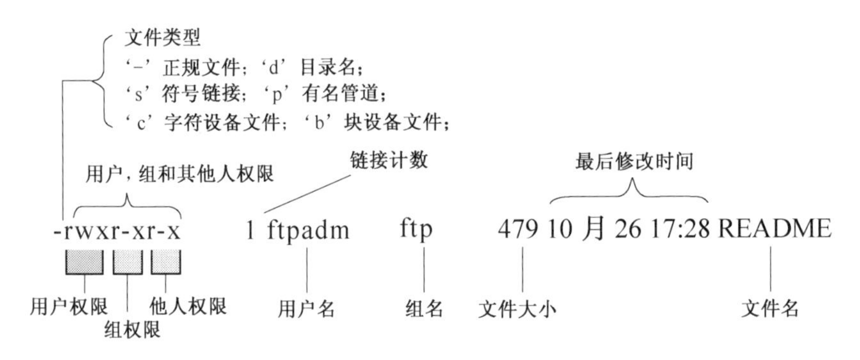

图 9-5 命令“ls -l”显示的文件信息

图中，命令显示的第一个字节表示所列文件的类型。‘-’表示该文件是一个正规(一般)文件。正规文件是一类文件系统对其不做解释的文件，包含任意长度的字节流。源程序文件、二进制执行文件、文档以及脚本文件都是正规文件。

目录(‘d’)在 UNIX 文件系统中也是一种文件，但文件系统管理会对其内容进行解释，以使人们可以看到有哪些文件包含在一个目录中，以及它们是如何组织在一起构成一个分层次的文件系统的。

符号链接(‘s’)用于使用一个不同的文件名来引用另一个文件。符号链接可以跨越文件系统，把一个文件名链接到另一个文件系统中的一个文件上。删除一个符号链接并不影响被链接的文件。另外有一种链接方式被称为“硬链接”，它产生的文件与符号链接中被链接的文件的地位相同，也被视作一般文件，但不能跨越文件系统进行链接，并且会递增文件的链接计数值。见下面对链接计数的说明。

有名管道(‘p’)文件是系统创建有名管道时建立的文件。可用于无关进程之间的通信。

字符设备(‘c’)文件用于访问字符设备，例如 tty 终端、内存设备以及网络设备。

块设备(‘b’)文件用于访问像硬盘、软盘等设备。在类 UNIX 操作系统中，块设备文件和字符设备文件一般均存放在系统的/dev 目录中。

在 Linux 内核中，文件的类型信息保存在对应 i 节点的 i_mode 字段中，使用高 4 位来表示，并使用了一些判断文件类型宏，例如 S_ISBLK、S_ISDIR 等，这些宏是在 include/sys/stat. h 中定义的。

在图中文件类型字符后面是每三个字符一组构成的三组文件权限属性。用于表示文件宿主、同组用户和其他用户对文件的访问权限。rwx 分别表示对文件可读、可写和可执行的许可权。对于目录文件，可执行表示可以进入目录。在对文件的权限进行操作时，一般使用八进制数来表示它们。例如 755 表示文件宿主对文件可以读/写/执行，同组用户和其他人可以读和执行文件。在 Linux 0. 11 源代码中，文件权限信息也保存在对应 i 节点的 i_mode 字段中，使用该字段的低 9 位表示三组权限，并且在程序中常使用变量 mode 来表示。有关文件权限的宏在 include/fcntl. h 中定义。

图中的“链接计数”位表示该文件被硬链接引用的次数。当计数减为零时，该文件即被删除。“用户名”表示该文件宿主的名称，“组名”是该用户所属组的名称。

9.1.2 高速缓冲区

高速缓冲区是文件系统访问块设备中数据的必经要道。为了访问文件系统等块设备上的数据,内核可以每次都访问块设备,进行读或写操作。但是每次 I/O 操作的速度与内存和 CPU 的处理速度相比是非常慢的。为了提高系统的性能,内核就在内存中开辟了一个高速数据缓冲区(池)(buffer cache),并将其划分成一个个与磁盘数据块大小相等的缓冲块来使用和管理,以期减少访问块设备的次数。在 Linux 内核中,高速缓冲区位于内核程序和主内存区之间,如图 2-9 所示。高速缓冲区存放着最近被使用过的各个块设备中的数据块。当需要从块设备中读取数据时,缓冲区管理程序首先会在高速缓冲区中寻找。如果相应数据已经在缓冲区中,就无需再从块设备上读。如果数据不在高速缓冲区中,就发出读块设备的命令,将数据读到高速缓冲区中。当需要把数据写到块设备中时,系统就会在高速缓冲区中申请一块空闲的缓冲块来临时存放这些数据。至于什么时候把数据真正地写到设备中去,则是通过设备数据同步实现的。

Linux 内核实现高速缓冲区的程序是 buffer. c。文件系统中其他程序通过指定需要访问的设备号和数据逻辑块号来调用它的块读写函数。这些接口函数有:块读取函数 bread()、块提前预读函数 breada()和页块读取函数 bread_page()。页块读取函数一次读取一页内存所能容纳的缓冲块数(4 块)。

9.1.3 文件系统底层函数

文件系统的底层处理函数包含在以下 4 个文件中:

- bitmap. c 程序包括对 i 节点位图和逻辑块位图进行释放和占用处理函数。操作 i 节点位图的函数是 free_inode()和 new_inode(),操作逻辑块位图的函数是 free_block()和 new_block()。
- inode. c 程序包括分配 i 节点函数 iget()和释放对内存 i 节点存取函数 iput()以及根据 i 节点信息取文件数据块在设备上对应的逻辑块号函数 bmap()。
- namei. c 程序主要包括函数 namei()。该函数使用 iget()、iput()和 bmap()将给定的文件路径名映射到其 i 节点。
- super. c 程序专门用于处理文件系统超级块,包括函数 get_super()、put_super()和 free_super()。还包括文件系统加载/卸载处理函数和系统调用,如 sys_mount()等。

这些文件中函数之间的层次关系如图 9-6 所示。

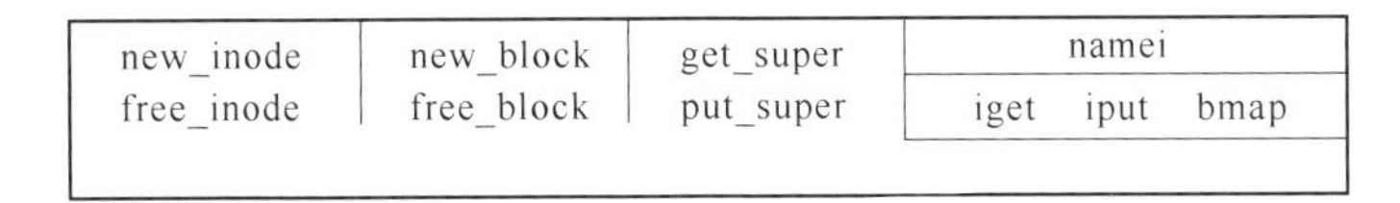

图 9-6 文件系统底层操作函数层次关系

9.1.4 文件中数据的访问操作

关于文件中数据的访问操作代码,主要涉及 5 个文件:block_dev. c、file_dev. c、char_dev. c、pipe. c 和 read_write. c。前 4 个文件中的代码共同实现了 read_write. c 中的 read()和 write()系统调用。根据文件的性质,这两个系统调用会分别调用这些文件中的相关处理函数进行操作,如图 9-7 所示。

read() write()			
block_read() block_write()	file_read() file_write()	read_pipe() write_pipe()	rw_char()

图 9-7　文件数据访问函数

block_dev. c 中的函数 block_read( ) 和 block_write( ) 用于读写块设备特殊文件中的数据。所使用的参数指定了要访问的设备号、读写的起始位置和长度。

file_dev. c 中的 file_read( ) 和 file_write( ) 函数用于访问一般的正规文件。通过指定文件对应的 i 节点和文件结构,从而可以知道文件所在的设备号和文件当前的读写指针。

pipe. c 文件中实现了管道读写函数 read_pipe( ) 和 write_pipe( )。另外还实现了创建无名管道的系统调用 pipe( )。管道主要用于在进程之间按照先进先出的方式传送数据,也可以用于使进程同步执行。有两种类型的管道:有名管道和无名管道。有名管道是使用文件系统的 open( ) 调用建立的,而无名管道则使用系统调用 pipe( ) 来创建。在使用管道时,则都用正规文件的 read( )、write( ) 和 close( ) 函数。只有发出 pipe( ) 调用的后代,才能共享对无名管道的存取,而所有进程只要权限许可,都可以访问有名管道。

对于管道的读写,可以看成是一个进程从管道的一端写入数据,而另一个进程从管道的另一端读出数据。内核存取管道中数据的方式与存取一般正规文件中数据的方式完全一样。为管道分配存储空间和为正规文件分配空间的不同之处是,管道只使用 i 节点的直接块。内核将 i 节点的直接块作为一个循环队列来管理,通过修改读写指针来保证先进先出的顺序。

对于字符设备文件,系统调用 read( ) 和 write( ) 会调用 char_dev. c 中的 rw_char( ) 函数来操作。字符设备包括控制台终端(tty)、串口终端(ttyx) 和内存字符设备。

另外,内核使用文件结构 file 和文件表 file_table[ ] 来管理对文件的操作访问。文件结构 file 如下所示。

```
struct file {
    unsigned short f_mode;        //文件操作模式(rw 位)
    unsigned short f_flags;       //文件打开和控制的标志。
    unsigned short f_count;       //对应文件句柄(文件描述符)数。
    struct m_inode * f_inode;     //指向对应 i 节点。
    off_t f_pos;                  //文件当前读写指针位置。
};
```

用于在文件句柄与 i 节点之间建立关系。文件表是文件结构数组,在 Linux 0. 11 内核中文件表最多可有 64 项,因此整个系统同时最多打开 64 个文件。而每个进程最多可同时打开 20 个文件。

有关文件系统调用的上层实现,基本上包括 5 个文件,如图 9-8 所示。

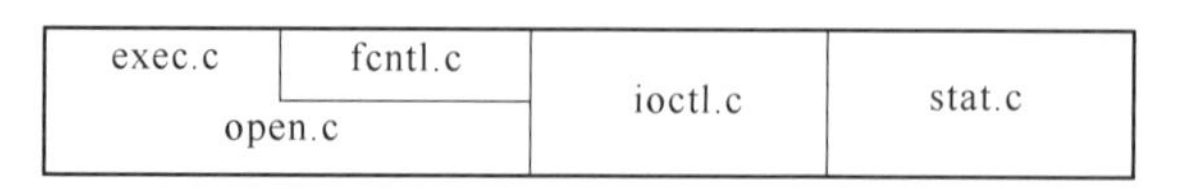

图 9-8　文件系统上层操作程序

open.c 文件用于实现与文件操作相关的系统调用。主要有文件的创建、打开和关闭，文件宿主和属性的修改、文件访问权限的修改、文件操作时间的修改和系统文件系统 root 的变动等。exec.c 程序实现对二进制可执行文件和 shell 脚本文件的加载与执行。其中主要的函数是函数 do_execve()，它是系统中断调用(int 0x80)功能号__NR__execve()调用的 C 处理函数，是 exec()函数簇的主要实现函数。

fcntl.c 实现了文件控制系统调用 fcntl()和两个文件句柄(描述符)复制系统调用 dup()和 dup2()。dup2()指定了新句柄的数值，而 dup()则返回当前值最小的未用句柄。句柄复制操作主要用在文件的标准输入/输出重定向和管道操作方面。ioctl.c 文件实现了输入/输出控制系统调用 ioctl()。主要调用 tty_ioctl()函数，对终端的 I/O 进行控制。

stat.c 文件用于实现取文件状态信息系统调用 stat()和 fstat()。stat()是利用文件名取信息，而 fstat()是使用文件句柄(描述符)来取信息。

9.2 程序分析

9.2.1 buffer.c 程序

buffer.c 程序用于对高速缓冲区(池)进行操作和管理。高速缓冲区位于内核代码和主内存区之间，如图 2-9 所示。整个高速缓冲区被划分成 1024B 大小的缓冲块，正好与块设备上的磁盘逻辑块大小一样。高速缓冲区采用 hash 表和空闲缓冲块队列进行操作管理。在缓冲区初始化过程中，从缓冲区的两端开始，同时分别设置缓冲块头结构和划分出对应的缓冲块。缓冲区的高端被划分成一个个 1024B 的缓冲块，低端则分别建立起对应各缓冲块的缓冲头结构 buffer_head(include/linux/fs.h，68 行)，用于描述对应缓冲块的属性和将所有缓冲头连接成链表。直到它们之间已经不能再划分出缓冲块为止，如图 9-9 所示。而各个 buffer_head 被链接成一个空闲缓冲块双向循环链表结构。详细结构如图 9-10 所示。

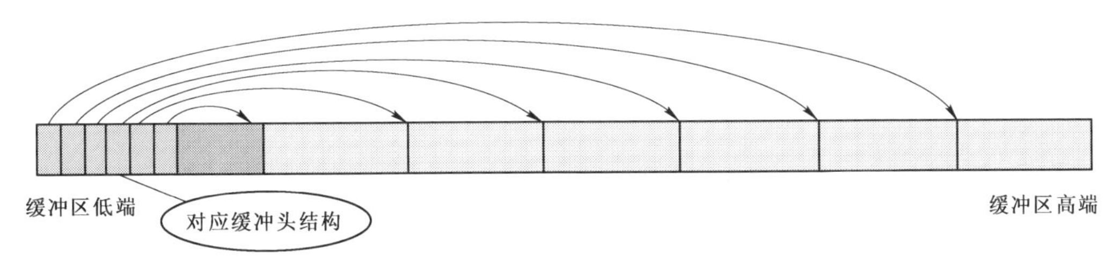

图 9-9 高速缓冲区的初始化

缓冲头结构中“其他字段”包括块设备号、缓冲数据的逻辑块号，这两个字段唯一确定了缓冲块中数据对应的块设备和数据块。另外还有几个状态标志：数据有效(更新)标志、修改标志、数据被使用的进程数和本缓冲块是否上锁标志。

内核程序在使用高速缓冲区中的缓冲块时，是指定设备号(dev)和所要访问设备数据的逻辑块号(block)，通过调用 bread()、bread_page()或 breada()函数进行操作的。这几个函数都使用了缓冲区搜索管理函数 getblk()，该函数将在下面重点说明。在系统释放缓冲块时，需要调用 brelse()函数。这些缓冲区数据存取和管理函数的调用层次关系可用图 9-11 描述。

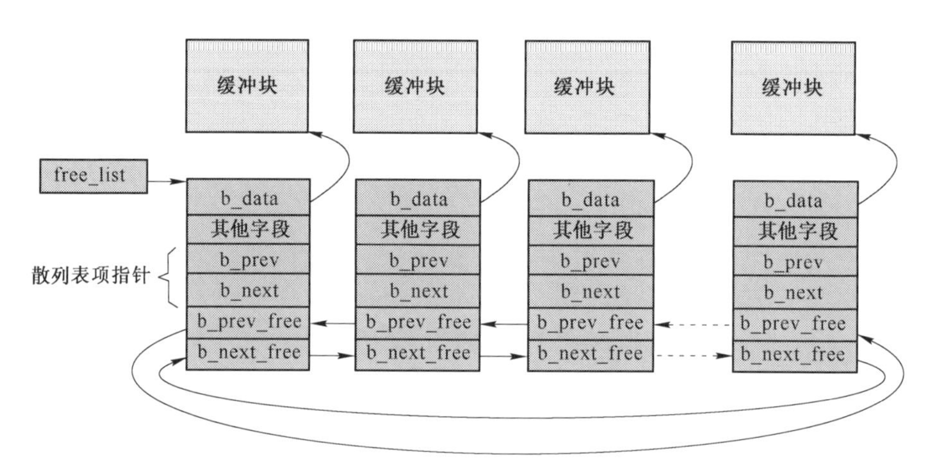

图 9-10　空闲缓冲块双向循环链表结构

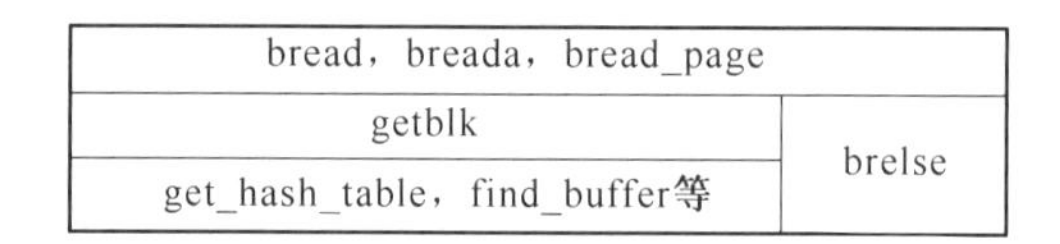

图 9-11　缓冲区管理函数之间的层次关系

为了能够快速地在缓冲区中寻找请求的数据块是否已经被读入到缓冲区中，buffer. c 程序使用了具有 307 个 buffer_head 指针项的散列表结构。上图中 buffer_head 结构的指针 b_prev、b_next 就是用于散列表中散列在同一项上多个缓冲块之间的双向链接。散列表所使用的散列函数由设备号和逻辑块号组合而成。程序中使用的具体函数是：(设备号^逻辑块号) Mod 307。对于动态变化的散列表结构某一时刻的状态可参见图 9-12。

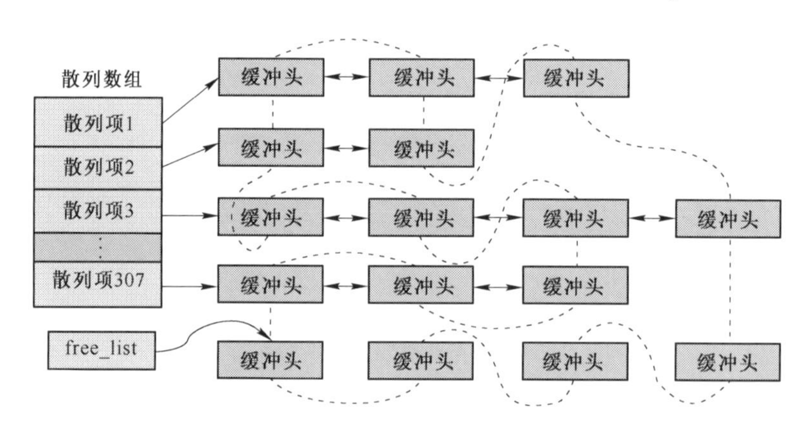

图 9-12　某一时刻内核中缓冲块散列队列示意图

其中，双箭头横线表示散列在同一散列表项中缓冲块头结构之间的双向链接指针。虚线表示当前连接在空闲缓冲块链表中空闲缓冲块之间的链接指针，free_list 是空闲链表的头指针。有关散列队列上缓冲块的操作方式，可参见参考文献[14]第 3 章中的详细描述。

上面提及的三个函数在执行时都调用了缓冲块搜索函数 getblk( )，以获取适合的缓冲块。

该函数首先调用 get_hash_table( ) 函数，在 hash 表队列中搜索指定设备号和逻辑块号的缓冲块是否已经存在。如果存在就立刻返回对应缓冲头结构的指针；如果不存在，则从空闲链表头开始，对空闲链表进行扫描，寻找一个空闲缓冲块。在寻找过程中还要对找到的空闲缓冲块做比较，根据赋予修改标志和锁定标志组合而成的权值，比较哪个空闲块最适合。若找到的空闲块既没有被修改也没有被锁定，就不用继续寻找了。若没有找到空闲块，则让当前进程进入睡眠状态，待继续执行时再次寻找。若该空闲块被锁定，则进程也需进入睡眠，等待其他进程解锁。若在睡眠等待的过程中，该缓冲块又被其他进程占用，那么只从头开始搜索缓冲块。否则判断该缓冲块是否已被修改过，若是，则将该块写盘，并等待该块解锁。此时如果该缓冲块又被别的进程占用，那么又一次前功尽弃，只好从头开始执行 getblk( )。在经历了以上操作后，此时有可能出现另外一个意外情况，也就是在当前进程睡眠时，可能其他进程已经将当前进程所需要的缓冲块加进了散列队列中，因此这里需要最后一次搜索一下散列队列。

如果真的在散列队列中找到了我们所需要的缓冲块，那么我们又得对找到的缓冲块进行以上判断处理，因此，又一次需要从头开始执行 getblk( )。最后，我们才算找到了一块没有被进程使用、没有被上锁，而且是干净(修改标志未置位)的空闲缓冲块。于是我们就将该块的引用次数置 1，并复位其他几个标志，然后从空闲表中移出该块的缓冲头结构。在设置了该缓冲块所属的设备号和相应的逻辑号后，将其插入散列表对应表项首部并链接到空闲队列的末尾。最终，返回该缓冲块头的指针。整个 getblk( ) 处理过程如图 9-13 所示。

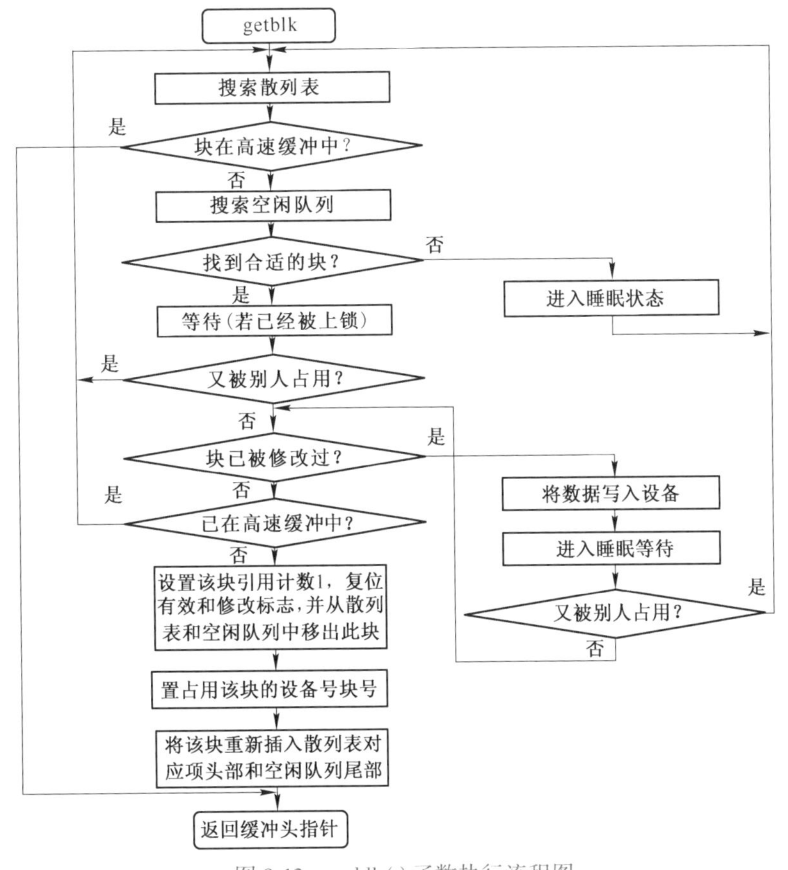

图 9-13　getblk( ) 函数执行流程图

由以上处理可以看到,getblk()返回的缓冲块可能是一个新的空闲块,也可能正好是含有我们需要数据的缓冲块,它已经存在于高速缓冲区中。因此对于读取数据块操作(bread()),此时就要判断该缓冲块的更新标志,看看所含数据是否有效,如果有效就可以直接将该数据块返回给申请的程序。否则就需要调用设备的底层块读写函数(ll_rw_block()),并同时让自己进入睡眠状态,等待数据被读入缓冲块。在醒来后再判断数据是否有效,如果有效,就可将此数据返给申请的程序,否则说明对设备的读操作失败了,没有取到数据。于是,释放该缓冲块,并返回 NULL 值。图 9-14 是 bread()函数的框图。breada()和 bread_page()函数与 bread()函数类似。

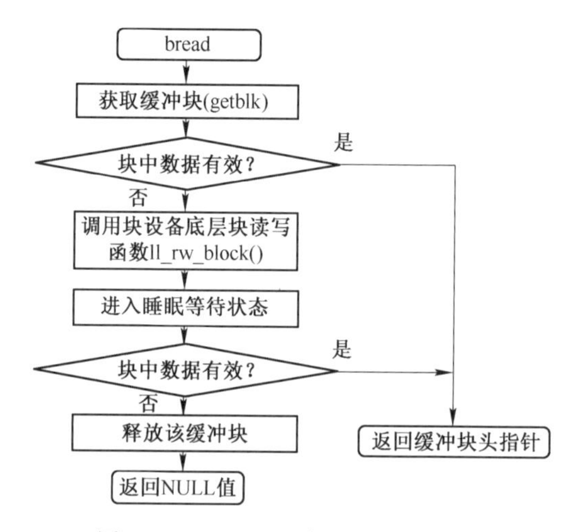

图 9-14 bread()函数执行流程框图

当程序不再需要使用一个缓冲块中的数据时,就调用 brelse()函数,释放该缓冲块并唤醒因等待该缓冲块而进入睡眠状态的进程。注意,空闲缓冲块链表中的缓冲块,并不都是空闲的。只有当被写盘刷新、解锁且没有其他进程引用时(引用计数=0),才能挪作他用。

buffer. c 程序的代码注释见文件 9-1。

文件 9-1 linux/fs/buffer. c

```
 7 /*
 8  *  'buffer.c' implements the buffer-cache functions. Race-conditions have
 9  * been avoided by NEVER letting a interrupt change a buffer (except for the
10  * data, of course), but instead letting the caller do it. NOTE! As interrupts
11  * can wake up a caller, some cli-sti sequences are needed to check for
12  * sleep-on-calls. These should be extremely quick, though (I hope).
13  */
   /* 'buffer.c'用于实现缓冲区高速缓存功能。通过不让中断过程改变缓冲区,而是让调用者
    * 来执行,避免了竞争条件(当然除改变数据以外)。注意!由于中断可以唤醒一个调用者,
14  * 因此就需要开关中断指令(cli-sti)序列来检测等待调用返回。但需要非常快(希望是这样)。*/
15 /*
16  * NOTE! There is one discordant note here: checking floppies for
17  * disk change. This is where it fits best, I think, as it should
18  * invalidate changed floppy-disk-caches.
19  */
   /* 注意!有一个程序应不属于这里:检测软盘是否更换。但我想这里是
```

```
20  * 放置该程序最好的地方了,因为它需要使已更换软盘缓冲失效。* /
21 #include <stdarg.h>          //标准参数头文件。以宏的形式定义变量参数列表。
22
23 #include <linux/config.h> //内核配置头文件。定义键盘语言和硬盘类型(HD_TYPE)可选项。
24 #include <linux/sched.h>  //调度程序头文件,定义任务结构 task_struct、初始任务 0 的数据。
25 #include <linux/kernel.h> //内核头文件。含有一些内核常用函数的原型定义。
26 #include <asm/system.h>   //系统头文件。定义了设置或修改描述符/中断门等的嵌入式汇编宏。
27 #include <asm/io.h>       //io 头文件。定义硬件端口输入/输出宏汇编语句。
28
29 extern int end;           //由链接程序 ld 生成的表明程序末端的变量。
30 struct buffer_head * start_buffer = (struct buffer_head * ) &end;
31 struct buffer_head * hash_table[NR_HASH];        //NR_HASH = 307 项。
32 static struct buffer_head * free_list;
33 static struct task_struct * buffer_wait = NULL;
34 int NR_BUFFERS = 0;
35 //等待指定缓冲区解锁。
36 static inline void wait_on_buffer(struct buffer_head * bh)
37 {
38         cli();                          //关中断。
39         while (bh->b_lock)              //如果已被上锁,则进程进入睡眠,等待其解锁。
40                 sleep_on(&bh->b_wait);
41         sti();                          //开中断。
42 }
43 //系统调用。同步设备和内存高速缓冲中数据。
44 int sys_sync(void)
45 {
46         int i;
47         struct buffer_head * bh;
48
49         sync_inodes();     /* write out inodes into buffers * / /* 将 i 节点写入高速缓冲 * /
   //扫描所有高速缓冲区,对于已被修改的缓冲块产生写盘请求,将缓冲中数据与设备中同步。
50         bh = start_buffer;
51         for (i=0 ; i<NR_BUFFERS ; i++,bh++) {
52                 wait_on_buffer(bh);             //等待缓冲区解锁(如果已上锁的话)。
53                 if (bh->b_dirt)
54                         ll_rw_block(WRITE,bh);  //产生写设备块请求。
55         }
56         return 0;
57 }
58 //对指定设备进行高速缓冲数据与设备上数据的同步操作。
59 int sync_dev(int dev)
60 {
61         int i;
62         struct buffer_head * bh;
63
64         bh = start_buffer;
65         for (i=0 ; i<NR_BUFFERS ; i++,bh++) {
66                 if (bh->b_dev!=dev)
67                         continue;
68                 wait_on_buffer(bh);
69                 if (bh->b_dev==dev && bh->b_dirt)
70                         ll_rw_block(WRITE,bh);
```

```
71          }
72          sync_inodes();                                   //将 i 节点数据写入高速缓冲。
73          bh = start_buffer;
74          for (i=0 ; i<NR_BUFFERS ; i++,bh++) {
75                  if (bh->b_dev!=dev)
76                          continue;
77                  wait_on_buffer(bh);
78                  if (bh->b_dev==dev && bh->b_dirt)
79                          ll_rw_block(WRITE,bh);
80          }
81          return 0;
82 }
83 //使指定设备在高速缓冲区中的数据无效。
  //扫描高速缓冲中的所有缓冲块,对于指定设备的缓冲区,复位其有效(更新)标志和已修改标志。
84 void inline invalidate_buffers(int dev)
85 {
86          int i;
87          struct buffer_head * bh;
88
89          bh = start_buffer;
90          for (i=0 ; i<NR_BUFFERS ; i++,bh++) {
91                  if (bh->b_dev!=dev)                      //如果不是指定设备的缓冲块,则
92                          continue;                        //继续扫描下一块。
93                  wait_on_buffer(bh);                      //等待该缓冲区解锁(如果已被上锁)。
  //由于进程执行过睡眠等待,所以需要再判断一下缓冲区是不是指定设备的。
94                  if (bh->b_dev==dev)
95                          bh->b_uptodate = bh->b_dirt = 0;
96          }
97 }
98
99 /*
100  * This routine checks whether a floppy has been changed, and
101  * invalidates all buffer-cache-entries in that case. This
102  * is a relatively slow routine, so we have to try to minimize using
103  * it. Thus it is called only upon a 'mount' or 'open'. This
104  * is the best way of combining speed and utility, I think.
105  * People changing diskettes in the middle of an operation deserve
106  * to loose :-)
107  *
108  * NOTE! Although currently this is only for floppies, the idea is
109  * that any additional removable block-device will use this routine,
110  * and that mount/open needn't know that floppies/whatever are
111  * special.
112  */
  /* 该子程序检查一个软盘是否已经被更换,如果已经更换就使高速缓冲中与该软驱
   * 对应的所有缓冲区无效。该子程序相对来说较慢,我们要尽量少使用它。
   * 所以仅在执行'mount'或'open'时才调用它。我想这是将速度和实用性相结合的
   * 最好方法。若在操作过程当中更换软盘,会导致数据的丢失,这是咎由自取。
   * 注意!尽管目前该子程序仅用于软盘,以后任何可移动介质的块设备都将使用该
   * 程序,mount/open操作不需要知道是否为软盘或其他什么特殊介质。*/
113 void check_disk_change(int dev)     //检查磁盘是否更换,若已更换就让对应高速缓冲区无效。
114 {
```

```
115         int i;
116 
117         if (MAJOR(dev)!=2)                 //是软盘设备吗? 如果不是则退出。
118                 return;
119         if (! floppy_change(dev & 0x03))//测试对应软盘是否已更换,如果没有则退出。
120                 return;
  //软盘已经更换,所以释放对应设备的 i 节点位图和逻辑块位图所占的高速缓冲区;并使该设备的 i
  //节点和数据块信息所占的高速缓冲区无效。
121         for (i=0 ; i<NR_SUPER ; i++)
122                 if (super_block[i].s_dev==dev)
123                         put_super(super_block[i].s_dev);
124         invalidate_inodes(dev);
125         invalidate_buffers(dev);
126 }
127 //散列函数和散列表项的计算宏定义。
128 #define _hashfn(dev,block) (((unsigned)(dev^block))%NR_HASH)
129 #define hash(dev,block) hash_table[_hashfn(dev,block)]
130 //从散列队列和空闲缓冲队列中移走指定的缓冲块。
131 static inline void remove_from_queues(struct buffer_head * bh)
132 {
133 /* remove from hash-queue */    /* 从散列队列中移除缓冲块 */
134         if (bh->b_next)
135                 bh->b_next->b_prev = bh->b_prev;
136         if (bh->b_prev)
137                 bh->b_prev->b_next = bh->b_next;
  //如果该缓冲区是该队列的头一个块,则让散列表的对应项指向本队列中的下一个缓冲区。
138         if (hash(bh->b_dev,bh->b_blocknr)==bh)
139                 hash(bh->b_dev,bh->b_blocknr) = bh->b_next;
140 /* remove from free list */    /* 从空闲缓冲区表中移除缓冲块 */
141         if (! (bh->b_prev_free) || ! (bh->b_next_free))
142                 panic("Free block list corrupted");
143         bh->b_prev_free->b_next_free = bh->b_next_free;
144         bh->b_next_free->b_prev_free = bh->b_prev_free;
145         if (free_list==bh)       //如果空闲链表头指向本缓冲区,则让其指向下一缓冲区。
146                 free_list = bh->b_next_free;
147 }
148 //将指定缓冲区插入空闲链表尾并放入散列队列中。
149 static inline void insert_into_queues(struct buffer_head * bh)
150 {
151 /* put at end of free list */    /* 放在空闲链表末尾处 */
152         bh->b_next_free = free_list;
153         bh->b_prev_free = free_list->b_prev_free;
154         free_list->b_prev_free->b_next_free = bh;
155         free_list->b_prev_free = bh;
156 /* put the buffer in new hash-queue if it has a device */
   /* 如果该缓冲块对应一个设备,则将其插入新散列队列中 */
157         bh->b_prev = NULL;
158         bh->b_next = NULL;
159         if (! bh->b_dev)
160                 return;
161         bh->b_next = hash(bh->b_dev,bh->b_blocknr);
162         hash(bh->b_dev,bh->b_blocknr) = bh;
```

```
163         bh->b_next->b_prev = bh;
164 }
165 //在高速缓冲中寻找给定设备和指定块的缓冲区块。若找到则返回缓冲区块指针,否则返回 NULL。
166 static struct buffer_head * find_buffer(int dev, int block)
167 {
168         struct buffer_head * tmp;
169 
170         for (tmp = hash(dev,block) ; tmp!=NULL ; tmp = tmp->b_next)
171                 if (tmp->b_dev==dev && tmp->b_blocknr==block)
172                         return tmp;
173         return NULL;
174 }
175 
176 /*
177  * Why like this, I hear you say... The reason is race-conditions.
178  * As we don't lock buffers (unless we are readint them, that is),
179  * something might happen to it while we sleep (ie a read-error
180  * will force it bad). This shouldn't really happen currently, but
181  * the code is ready.
182  */
   /* 代码为什么会是这样子的?我听见你问……原因是竞争条件。由于我们没有对
    * 缓冲区上锁(除非我们正在读取它们中的数据),那么当我们(进程)睡眠时
    * 缓冲区可能会发生一些问题(例如一个读错误将导致该缓冲区出错)。目前
    * 这种情况实际上是不会发生的,但处理的代码已经准备好了。*/
183 struct buffer_head * get_hash_table(int dev, int block)
184 {
185         struct buffer_head * bh;
186 
187         for (;;) {
  //在高速缓冲中寻找给定设备和指定块的缓冲区,如果没有找到则返回 NULL,退出。
188                 if (!(bh=find_buffer(dev,block)))
189                         return NULL;
  //对该缓冲区增加引用计数,并等待该缓冲区解锁(如果已被上锁)。
190                 bh->b_count++;
191                 wait_on_buffer(bh);
  //由于经过了睡眠状态,因此有必要再验证该缓冲区块的正确性,并返回缓冲区头指针。
192                 if (bh->b_dev==dev && bh->b_blocknr==block)
193                         return bh;
  //如果该缓冲区所属的设备号或块号在睡眠时发生了改变,则撤销对它的引用计数,重新寻找。
194                 bh->b_count--;
195         }
196 }
197 
198 /*
199  * Ok, this is getblk, and it isn't very clear, again to hinder
200  * race-conditions. Most of the code is seldom used, (ie repeating),
201  * so it should be much more efficient than it looks.
202  *
203  * The algoritm is changed: hopefully better, and an elusive bug removed.
204  */
  /* 下面是 getblk 函数,该函数的逻辑并不是很清晰,同样也是因为要考虑
   * 竞争条件问题。其中大部分代码很少用到(例如重复操作语句),因此它应该
```

```
 * 比看上去的样子有效得多。
 * 算法已经作了改变;希望能更好,而且一个难以捉摸的错误已经去除。 */
//下面宏定义用于同时判断缓冲区的修改标志和锁定标志,并且定义修改标志的权重要比锁定标志大。
205 #define BADNESS(bh) (((bh)->b_dirt<<1)+(bh)->b_lock)
//取高速缓冲中指定的缓冲区。检查所指定的缓冲区是否已经在高速缓冲中,如果不在,就需要在高
//速缓冲中建立一个对应的新项。返回相应缓冲区头指针。
206 struct buffer_head * getblk(int dev,int block)
207 {
208         struct buffer_head * tmp, * bh;
209 
210 repeat:
//搜索散列表,如果指定块已经在高速缓冲中,则返回对应缓冲区头指针,退出。
211         if (bh = get_hash_table(dev,block))
212                 return bh;
//扫描空闲数据块链表,寻找空闲缓冲区。首先让 tmp 指向空闲链表的第一个空闲缓冲区头。
213         tmp = free_list;
214         do {
//如果该缓冲区正被使用(引用计数不等于 0),则继续扫描下一项。
215                 if (tmp->b_count)
216                         continue;
//如果缓冲头指针 bh 为空,或者 tmp 所指缓冲头的标志(修改、锁定)权重小于 bh 头标志的权重,则
//让 bh 指向该 tmp 缓冲区头。如果该 tmp 缓冲区头表明缓冲区既没有修改也没有锁定标志置位,则说
//明已为指定设备上的块取得对应的高速缓冲区,则退出循环。
217                 if (! bh || BADNESS(tmp)<BADNESS(bh)) {
218                         bh = tmp;
219                         if (! BADNESS(tmp))
220                                 break;
221                 }
222 /* and repeat until we find something good */  /* 重复操作直到找到适合的缓冲区 */
223         } while ((tmp = tmp->b_next_free)!=free_list);
//如果所有缓冲区正被使用(所有缓冲区的头部引用计数都>0),则睡眠,等待有空闲的缓冲区可用。
224         if (! bh) {
225                 sleep_on(&buffer_wait);
226                 goto repeat;
227         }
228         wait_on_buffer(bh);      //等待该缓冲区解锁(如果已被上锁的话)。
229         if (bh->b_count)         //如果该缓冲区又被其他任务使用的话,只好重复上述过程。
230                 goto repeat;
//如果该缓冲区已被修改,则将数据写盘,并再次等待缓冲区解锁。如果该缓冲区又被其他任务使用
//的话,只好重复上述过程。
231         while (bh->b_dirt) {
232                 sync_dev(bh->b_dev);
233                 wait_on_buffer(bh);
234                 if (bh->b_count)
235                         goto repeat;
236         }
237 /* NOTE!! While we slept waiting for this block, somebody else might */
238 /* already have added "this" block to the cache. check it */
 /* 注意!! 当进程为了等待该缓冲块而睡眠时,其他进程可能已经将该缓冲块 */
 /* 加入高速缓冲中,所以要对此进行检查。 */
//在高速缓冲散列表中检查指定缓冲区是否已经被加入。如果是的话,就重复上述过程。
239         if (find_buffer(dev,block))
```

```
240                 goto repeat;
241 /* OK, FINALLY we know that this buffer is the only one of it's kind, */
242 /* and that it's unused (b_count=0), unlocked (b_lock=0), and clean */
    /* 最终我们知道该缓冲区是指定参数的唯一一块, */
    /* 而且还没有被使用(b_count=0),未被上锁(b_lock=0),并且是干净的(未被修改的) */
   //于是让我们占用此缓冲区。置引用计数为 1,复位修改标志和有效(更新)标志。
243         bh->b_count=1;
244         bh->b_dirt=0;
245         bh->b_uptodate=0;
   //从散列队列和空闲块链表中移出该缓冲区头,让该缓冲区用于指定设备和其上的指定块。
246         remove_from_queues(bh);
247         bh->b_dev=dev;
248         bh->b_blocknr=block;
   //然后根据此新的设备号和块号重新插入空闲链表和散列队列新位置处。并最终返回缓冲头指针。
249         insert_into_queues(bh);
250         return bh;
251 }
252 //释放指定的缓冲区。等待该缓冲区解锁。引用计数递减 1。唤醒等待空闲缓冲区的进程。
253 void brelse(struct buffer_head * buf)
254 {
255         if (! buf)                  //如果缓冲头指针无效则返回。
256                 return;
257         wait_on_buffer(buf);
258         if (! (buf->b_count--))
259                 panic("Trying to free free buffer");
260         wake_up(&buffer_wait);
261 }
262 
263 /*
264  * bread() reads a specified block and returns the buffer that contains
265  * it. It returns NULL if the block was unreadable.
266  */  /* 从设备上读取指定的数据块并返回含有数据的缓冲区。如果指定的块不存在则返回 NULL。*/
267 struct buffer_head * bread(int dev,int block)     //从指定设备上读取指定的数据块。
268 {
269         struct buffer_head * bh;
270 //在高速缓冲中申请一块缓冲区。如果返回值是 NULL 指针,表示内核出错,死机。
271         if (! (bh=getblk(dev,block)))
272                 panic("bread: getblk returned NULL\n");
273         if (bh->b_uptodate)     //若该缓冲区中数据是有效的(已更新)可以直接使用,则返回。
274                 return bh;
275         ll_rw_block(READ,bh);  //否则调用 ll_rw_block(),产生读设备块请求。并等待缓冲解锁。
276         wait_on_buffer(bh);
277         if (bh->b_uptodate)     //如果该缓冲区已更新,则返回缓冲区头指针,退出。
278                 return bh;
279         brelse(bh);            //否则表明读设备操作失败,释放该缓冲区,返回 NULL 指针,退出。
280         return NULL;
281 }
282 //复制内存块。从 from 地址复制一块数据到 to 位置。
283 #define COPYBLK(from,to) \
284 __asm__("cld\n\t"\
285         "rep\n\t"\
286         "movsl\n\t"\
```

```
287         ::"c" (BLOCK_SIZE/4),"S" (from),"D" (to) \
288         :"cx","di","si")
289
290 /*
291  * bread_page reads four buffers into memory at the desired address. It's
292  * a function of its own, as there is some speed to be got by reading them
293  * all at the same time, not waiting for one to be read, and then another
294  * etc.
295  */
    /* bread_page 一次读 4 个缓冲块内容读到内存指定的地址。它是一个完整的函数,
     * 因为同时读取 4 块可以获得速度上的好处,不用等着读一块,再读一块了。*/
    //读设备上一个页面(4 个缓冲块)的内容到内存指定的地址。
296 void bread_page(unsigned long address,int dev,int b[4])
297 {
298         struct buffer_head * bh[4];
299         int i;
300
301         for (i=0 ; i<4 ; i++)         //循环执行 4 次,读一页内容。
302                 if (b[i]) {
   //取高速缓冲中指定设备和块号的缓冲区,如果该缓冲区数据无效则产生读设备请求。
303                         if (bh[i] = getblk(dev,b[i]))
304                                 if (! bh[i]->b_uptodate)
305                                         ll_rw_block(READ,bh[i]);
306                 } else
307                         bh[i] = NULL;
   //将 4 块缓冲区上的内容顺序复制到指定地址处。
308         for (i=0 ; i<4 ; i++,address += BLOCK_SIZE)
309                 if (bh[i]) {
310                         wait_on_buffer(bh[i]);     //等待缓冲区解锁(如果已被上锁的话)。
311                         if (bh[i]->b_uptodate)     //如果该缓冲区中数据有效的话,则复制。
312                                 COPYBLK((unsigned long) bh[i]->b_data,address);
313                         brelse(bh[i]);             //释放该缓冲区。
314                 }
315 }
316
317 /*
318  * Ok, breada can be used as bread, but additionally to mark other
319  * blocks for reading as well. End the argument list with a negative
320  * number.
321  */
    /* breada 可以像 bread 一样使用,但会另外预读一些块。该函数参数列表
     * 需要使用一个负数来表明参数列表的结束。*/
    //从指定设备读取指定的一些块。成功时返回第 1 块的缓冲区头指针,否则返回 NULL。
322 struct buffer_head * breada(int dev,int first, ...)
323 {
324         va_list args;
325         struct buffer_head * bh, *tmp;
326
327         va_start(args,first);          //取可变参数表中第 1 个参数(块号)。
   //取高速缓冲中指定设备和块号的缓冲区。如果该缓冲区数据无效,则发出读设备数据块请求。
328         if (! (bh=getblk(dev,first)))
329                 panic("bread: getblk returned NULL\n");
```

```
330         if (! bh->b_uptodate)
331                 ll_rw_block(READ,bh);
    //然后顺序取可变参数表中其他预读块号,并作与上面同样处理,但不引用。注意,336 行上有一个
    //bug。其中的 bh 应该是 tmp。这个 bug 直到在 0.96 版的内核代码中才被纠正过来。
332         while ((first=va_arg(args,int))>=0) {
333                 tmp=getblk(dev,first);
334                 if (tmp) {
335                         if (! tmp->b_uptodate)
336                                 ll_rw_block(READA,bh);
337                         tmp->b_count--;
338                 }
339         }
    //可变参数表中所有参数处理完毕。等待第 1 个缓冲区解锁(如果已被上锁)。
340         va_end(args);
341         wait_on_buffer(bh);
    //如果缓冲区中数据有效,则返回缓冲区头指针,退出。否则释放该缓冲区,返回 NULL,退出。
342         if (bh->b_uptodate)
343                 return bh;
344         brelse(bh);
345         return (NULL);
346 }
347 //缓冲区初始化函数。参数 buffer_end 是指定的缓冲区内存的末端。若系统有 16MB 内存,则缓冲
    //区末端设置为 4MB。若系统有 8MB 内存,缓冲区末端设置为 2MB。
348 void buffer_init(long buffer_end)
349 {
350         struct buffer_head * h = start_buffer;
351         void * b;
352         int i;
353 //如果缓冲区高端等于 1MB,则由于从 640KB~1MB 被显示内存和 BIOS 占用,因此实际可用缓冲区内存
    //高端应该是 640KB。否则内存高端一定大于 1MB。
354         if (buffer_end==1<<20)
355                 b = (void *) (640*1024);
356         else
357                 b = (void *) buffer_end;
    //这段代码用于初始化缓冲区,建立空闲缓冲区环链表,并获取系统中缓冲块的数目。操作的过程是
    //从缓冲区高端开始划分 1KB 大小的缓冲块,与此同时在缓冲区低端建立描述该缓冲块的结构
    //buffer_head,并将这些 buffer_head 组成双向链表。h 是指向缓冲头结构的指针,而 h+1 是指向内
    //存地址连续的下一个缓冲头地址,也可以说是指向 h 缓冲头的末端外。为了保证有足够长度的内存
    //来存储一个缓冲头结构,需要 b 所指向的内存块地址 >= h 缓冲头的末端,即需要>=h+1。
358         while ( (b -= BLOCK_SIZE) >= ((void *) (h+1)) ) {
359                 h->b_dev = 0;                   //使用该缓冲区的设备号。
360                 h->b_dirt = 0;                  //脏标志,也即缓冲区修改标志。
361                 h->b_count = 0;                 //该缓冲区引用计数。
362                 h->b_lock = 0;                  //缓冲区锁定标志。
363                 h->b_uptodate = 0;              //缓冲区更新标志(或称数据有效标志)。
364                 h->b_wait = NULL;               //指向等待该缓冲区解锁的进程。
365                 h->b_next = NULL;               //指向具有相同 hash 值的下一个缓冲头。
366                 h->b_prev = NULL;               //指向具有相同 hash 值的前一个缓冲头。
367                 h->b_data = (char *) b;         //指向对应缓冲区数据块(1024 字节)。
368                 h->b_prev_free = h-1;           //指向链表中前一项。
369                 h->b_next_free = h+1;           //指向链表中下一项。
370                 h++;                            //h 指向下一新缓冲头位置。
```

```
371                NR_BUFFERS++;                //缓冲区块数累加。
372                if (b==(void *) 0x100000)//如果地址 b 递减到等于 1 MB,则跳过 384KB,
373                        b = (void *) 0xA0000; //让 b 指向地址 0xA0000(640KB)处。
374        }
375        h--;                                //让 h 指向最后一个有效缓冲头。
376        free_list = start_buffer;           //让空闲链表头指向头一个缓冲区头。
377        free_list->b_prev_free = h;         //链表头的 b_prev_free 指向前一项(即最后一项)。
378        h->b_next_free = free_list;         //h 的下一项指针指向第一项,形成一个环链。
379        for (i=0;i<NR_HASH;i++)             //初始化散列表,置表中所有的指针为 NULL。
380                hash_table[i]=NULL;
381 }
```

9.2.2 bitmap.c 程序

bitmap.c 程序(见文件 9-2)的功能和作用既简单又清晰,主要用于对 i 节点位图和逻辑块位图进行释放和占用处理。操作 i 节点位图的函数是 free_inode()和 new_inode(),操作逻辑块位图的函数是 free_block()和 new_block()。

函数 free_block()用于释放指定设备 dev 上数据区中的逻辑块 block。具体操作是复位指定逻辑块 block 对应逻辑块位图中的比特位。它首先取指定设备 dev 的超级块,并根据超级块上给出的设备数据逻辑块的范围,判断逻辑块号 block 的有效性。然后在高速缓冲区中进行查找,看看指定的逻辑块现在是否正在高速缓冲区中,若是,则将对应的缓冲块释放掉。接着计算 block 从数据区开始算起的数据逻辑块号(从 1 开始计数),并对逻辑块(区段)位图进行操作,复位对应的比特位。最后根据逻辑块号设置相应逻辑块位图在缓冲区中对应的缓冲块的已修改标志。

函数 new_block()用于向设备 dev 申请一个逻辑块,返回逻辑块号。并置位指定逻辑块 block 对应的逻辑块位图比特位。它首先取指定设备 dev 的超级块。然后对整个逻辑块位图进行搜索,寻找第一个是 0 的比特位。若没有找到,则说明盘设备空间已用完,返回 0。否则将该比特位置为 1,表示占用对应的数据逻辑块。并将该比特位所在缓冲块的已修改标志置位。接着计算出数据逻辑块的盘块号,并在高速缓冲区中申请相应的缓冲块,并把该缓冲块清零。然后设置该缓冲块的已更新和已修改标志。最后释放该缓冲块,以便其他程序使用,并返回盘块号(逻辑块号)。

函数 free_inode()用于释放指定的 i 节点,并复位对应的 i 节点位图比特位;new_inode()用于为设备 dev 建立一个新 i 节点。返回该新 i 节点的指针。主要操作过程是在内存 i 节点表中获取一个空闲 i 节点表项,并从 i 节点位图中找一个空闲 i 节点。这两个函数的处理过程与上述两个函数类似,因此这里就不再赘述。

文件 9-2 linux/fs/bitmap.c

```
 7 /* bitmap.c contains the code that handles the inode and block bitmaps */
   /* bitmap.c 程序含有处理 i 节点和磁盘块位图的代码 */
 8 #include <string.h>          //字符串头文件。主要定义了一些有关字符串操作的嵌入函数。
 9                              //主要使用了其中的 memset()函数。
10 #include <linux/sched.h>  //调度程序头文件,定义任务结构 task_struct、初始任务 0 的数据。
11 #include <linux/kernel.h> //内核头文件。含有一些内核常用函数的原型定义。
```

```
12 //将指定地址(addr)处的一块内存清零。嵌入汇编程序宏。
   //输入:eax = 0,ecx = 数据块大小 BLOCK_SIZE/4,edi = addr。
13 #define clear_block(addr) \
14 __asm__("cld\n\t"\              //清方向位。
15         "rep\n\t"\              //重复执行存储数据(0)。
16         "stosl"\
17         ::"a"(0),"c"(BLOCK_SIZE/4),"D"((long) (addr)):"cx","di")
18 //置位指定地址开始的第 nr 个位偏移处的比特位(nr 可以大于 32!)。返回原比特位(0 或 1)。
   //输入:%0 - eax(返回值),%1 - eax(0);%2 - nr,位偏移值;%3 - (addr),addr 的内容。
19 #define set_bit(nr,addr) ({\
20 register int res  __asm__("ax");\
21 __asm__ __volatile__("btsl %2,%3\n\tsetb %%al":\
22 "=a"(res):""(0),"r"(nr),"m"(*(addr)));\
23 res;})
24 //复位指定地址开始的第 nr 位偏移处的比特位。返回原比特位的反码(1 或 0)。
   //输入:%0 - eax(返回值),%1 - eax(0);%2 - nr,位偏移值;%3 - (addr),addr 的内容。
25 #define clear_bit(nr,addr) ({\
26 register int res __asm__("ax");\
27 __asm__ __volatile__("btrl %2,%3\n\tsetnb %%al":\
28 "=a"(res):""(0),"r"(nr),"m"(*(addr)));\
29 res;})
30 //从 addr 开始寻找第 1 个 0 值比特位。
   //输入:%0 - ecx(返回值);%1 - ecx(0);%2 - esi(addr)。
   //在 addr 指定地址开始的位图中寻找第 1 个是 0 的比特位,并将其距离 addr 的比特位偏移值返回。
31 #define find_first_zero(addr) ({\
32 int __res;\
33 __asm__("cld\n"\                     //清方向位。
34         "1:\tlodsl\n\t"\             //取[esi]→eax。
35         "notl %%eax\n\t"\            //eax 中每位取反。
36         "bsfl %%eax,%%edx\n\t"\      //从位 0 扫描 eax 中是 1 的第 1 个位,其偏移值→edx。
37         "je 2f\n\t"\                 //如果 eax 中全是 0,则向前跳转到标号 2 处(40 行)。
38         "addl %%edx,%%ecx\n\t"\      //偏移值加入 ecx(其中是位图中首个是 0 的比特位的偏移值)。
39         "jmp 3f\n"\                  //向前跳转到标号 3 处(结束)。
40         "2:\taddl $32,%%ecx\n\t"\    //没有找到 0 比特位,则将 ecx 加上 1 个长字的位偏移量 32。
41         "cmpl $8192,%%ecx\n\t"\      //已经扫描了 8192 位(1024 字节)了吗?
42         "jl 1b\n"\                   //若还没有扫描完 1 块数据,则向前跳转到标号 1 处,继续。
43         "3:"\                        //结束。此时 ecx 中是位偏移量。
44         :"=c"(__res):"c"(0),"S"(addr):"ax","dx","si");\
45 __res;})
46 //释放设备 dev 上数据区中的逻辑块 block。
   //复位指定逻辑块 block 的逻辑块位图比特位。参数:dev 是设备号,block 是逻辑块号(盘块号)。
47 void free_block(int dev, int block)
48 {
49         struct super_block *sb;
50         struct buffer_head *bh;
51 //取指定设备 dev 的超级块,如果指定设备不存在,则出错死机。
52         if (!(sb = get_super(dev)))
53                 panic("trying to free block on nonexistent device");
   //若逻辑块号小于第一个逻辑块号或者大于设备上总逻辑块数,则出错,死机。
54         if (block < sb->s_firstdatazone || block >= sb->s_nzones)
55                 panic("trying to free block not in datazone");
   //从 hash 表中寻找该块数据。若找到了则判断其有效性,并清已修改和更新标志,释放该数据块。
```

```
//该段代码的主要用途是:如果该逻辑块当前存在于高速缓冲中,就释放对应的缓冲块。
56          bh = get_hash_table(dev,block);
57          if (bh) {
58                  if (bh->b_count!=1) {
59                          printk("trying to free block (%04x:%d), count=%d\n",
60                                  dev,block,bh->b_count);
61                          return;
62                  }
63                  bh->b_dirt=0;               //复位脏(已修改)标志位。
64                  bh->b_uptodate=0;           //复位更新标志。
65                  brelse(bh);
66          }
//计算 block 在数据区开始算起的数据逻辑块号(从 1 开始计数)。然后对逻辑块(区块)位图进行操
//作,复位对应的比特位。若对应比特位原来即是 0,则出错,死机。
67          block -= sb->s_firstdatazone - 1 ;      //block = block - (-1) ;
68          if (clear_bit(block&8191,sb->s_zmap[block/8192]->b_data)) {
69                  printk("block (%04x:%d) ",dev,block+sb->s_firstdatazone-1);
70                  panic("free_block: bit already cleared");
71          }
72          sb->s_zmap[block/8192]->b_dirt = 1;     //置相应逻辑块位图所在缓冲区已修改标志。
73  }
74  //向设备 dev 申请一个逻辑块(盘块,区块)。返回逻辑块号(盘块号)。
    //置位指定逻辑块 block 的逻辑块位图比特位。
75  int new_block(int dev)
76  {
77          struct buffer_head * bh;
78          struct super_block * sb;
79          int i,j;
80  //从设备 dev 取超级块,如果指定设备不存在,则出错死机。
81          if (! (sb = get_super(dev)))
82                  panic("trying to get new block from nonexistant device");
  //扫描逻辑块位图,寻找第一个 0 比特位,寻找空闲逻辑块,获取放置该逻辑块的块号。
83          j = 8192;
84          for (i=0 ; i<8 ; i++)
85                  if (bh=sb->s_zmap[i])
86                          if ((j=find_first_zero(bh->b_data))<8192)
87                                  break;
  //如果全部扫描完还没找到(i>=8 或 j>=8192)或者位图所在的缓冲块无效(bh=NULL)则返回 0,退出
  //(没有空闲逻辑块)。
88          if (i>=8 ||! bh ||j>=8192)
89                  return 0;
  //设置新逻辑块对应逻辑块位图中的比特位,若对应比特位已经置位,则出错,死机。
90          if (set_bit(j,bh->b_data))
91                  panic("new_block: bit already set");
  //置对应缓冲区块的已修改标志。如果新逻辑块大于该设备上的总逻辑块数,则说明指定逻辑块在对
  //应设备上不存在。申请失败,返回 0,退出。
92          bh->b_dirt = 1;
93          j += i*8192 + sb->s_firstdatazone-1;
94          if (j >= sb->s_nzones)
95                  return 0;
  //读取设备上的该新逻辑块数据(验证)。如果失败则死机。
96          if (! (bh=getblk(dev,j)))
```

```
97                  panic("new_block: cannot get block");
98          if (bh->b_count!=1)       //新块的引用计数应为 1。否则死机。
99                  panic("new block: count is!=1");
//将该新逻辑块清零,并置位更新标志和已修改标志。然后释放对应缓冲区,返回逻辑块号。
100         clear_block(bh->b_data);
101         bh->b_uptodate = 1;
102         bh->b_dirt = 1;
103         brelse(bh);
104         return j;
105 }
106 //释放指定的 i 节点。复位对应 i 节点位图比特位。
107 void free_inode(struct m_inode * inode)
108 {
109         struct super_block * sb;
110         struct buffer_head * bh;
111 //如果 i 节点指针=NULL,则退出。
112         if (! inode)
113                 return;
//如果 i 节点上的设备号字段为 0,说明该节点无用,则用 0 清空对应 i 节点所占内存区,并返回。
114         if (! inode->i_dev) {
115                 memset(inode,0,sizeof( * inode));
116                 return;
117         }
//如果此 i 节点还有其他程序引用,则不能释放,说明内核有问题,死机。
118         if (inode->i_count>1) {
119                 printk("trying to free inode with count=%d\n",inode->i_count);
120                 panic("free_inode");
121         }
//如果文件目录项连接数不为 0,则表示还有其他文件目录项使用该节点,不应释放,而应该放回等。
122         if (inode->i_nlinks)
123                 panic("trying to free inode with links");
//取 i 节点所在设备的超级块,测试设备是否存在。
124         if (! (sb = get_super(inode->i_dev)))
125                 panic("trying to free inode on nonexistent device");
//如果 i 节点号=0 或大于该设备上 i 节点总数,则出错(0 号 i 节点保留没有使用)。
126         if (inode->i_num < 1 || inode->i_num > sb->s_ninodes)
127                 panic("trying to free inode 0 or nonexistant inode");
//如果该 i 节点对应的节点位图不存在,则出错。
128         if (! (bh=sb->s_imap[inode->i_num>>13]))
129                 panic("nonexistent imap in superblock");
//复位 i 节点对应的节点位图中的比特位,如果该比特位已经等于 0,则出错。
130         if (clear_bit(inode->i_num&8191,bh->b_data))
131                 printk("free_inode: bit already cleared.\n\r");
//置 i 节点位图所在缓冲区已修改标志,并清空该 i 节点结构所占内存区。
132         bh->b_dirt = 1;
133         memset(inode,0,sizeof( * inode));
134 }
135 //为设备 dev 建立一个新 i 节点。返回该新 i 节点的指针。
//在内存 i 节点表中获取一个空闲 i 节点表项,并从 i 节点位图中找一个空闲 i 节点。
136 struct m_inode * new_inode(int dev)
137 {
138         struct m_inode * inode;
```

```
139         struct super_block * sb;
140         struct buffer_head * bh;
141         int i,j;
142 //从内存 i 节点表(inode_table)中获取一个空闲 i 节点项(inode)。
143         if (! (inode=get_empty_inode()))
144                 return NULL;
145         if (! (sb = get_super(dev)))            //读取指定设备的超级块结构。
146                 panic("new_inode with unknown device");
//扫描 i 节点位图,寻找第一个 0 比特位,寻找空闲节点,获取放置该 i 节点的节点号。
147         j = 8192;
148         for (i=0 ; i<8 ; i++)
149                 if (bh=sb->s_imap[i])
150                         if ((j=find_first_zero(bh->b_data))<8192)
151                                 break;
//若全部扫描完还没找到,或者位图所在缓冲块无效(bh=NULL)则 返回 0,退出(没有空闲 i 节点)。
152         if (! bh || j >= 8192 || j+i * 8192 > sb->s_ninodes) {
153                 iput(inode);
154                 return NULL;
155         }
//置位对应新 i 节点的 i 节点位图相应比特位,如果已经置位,则出错。
156         if (set_bit(j,bh->b_data))
157                 panic("new_inode: bit already set");
158         bh->b_dirt = 1;                         //置 i 节点位图所在缓冲区已修改标志。
//初始化该 i 节点结构。
159         inode->i_count=1;                       //引用计数。
160         inode->i_nlinks=1;                      //文件目录项链接数。
161         inode->i_dev=dev;                       //i 节点所在的设备号。
162         inode->i_uid=current->euid;             //i 节点所属用户 id。
163         inode->i_gid=current->egid;             //组 id。
164         inode->i_dirt=1;                        //已修改标志置位。
165         inode->i_num = j + i * 8192;            //对应设备中的 i 节点号。
166         inode->i_mtime = inode->i_atime = inode->i_ctime = CURRENT_TIME;    //设置时间。
167         return inode;                           //返回该 i 节点指针。
168 }
```

9.2.3 inode.c 程序

该程序(见文件 9-3)主要包括处理 i 节点的函数 iget()、iput()和块映射函数 bmap(),以及其他一些辅助函数。iget()、iput()和 bmap()主要用于 namei.c 程序的路径名到 i 节点的映射函数 namei()。

iget()函数用于从设备 dev 上读取指定节点号 nr 的 i 节点。其操作流程如图 9-15 所示。该函数首先判断参数 dev 的有效性,并从 i 节点表中取一个空闲 i 节点。然后扫描 i 节点表,寻找指定节点号 nr 的 i 节点,并递增该 i 节点的引用次数。如果当前扫描的 i 节点的设备号不等于指定的设备号或者节点号不等于指定的节点号,则继续扫描。否则说明已经找到指定设备号和节点号的 i 节点,就等待该节点解锁(如果已上锁的话)。在等待该节点解锁的阶段,节点表可能会发生变化,此时如果该 i 节点的设备号不等于指定的设备号或者节点号不等于指定的节点号,则需要再次扫描整个 i 节点表。接下来判断该 i 节点是否为其他文件系统的安装点。

若该 i 节点是某个文件系统的安装点，则在超级块表中搜寻安装在此 i 节点的超级块。若没有找到相应的超级块，则显示出错信息，并释放函数开始获取的空闲节点，返回该 i 节点指针。若找到了相应的超级块，则将该 i 节点写盘。再从安装在此 i 节点文件系统的超级块上取设备号，并令 i 节点号为 1。然后再次扫描整个 i 节点表，来取该被安装文件系统的根节点。若该 i 节点不是其他文件系统的安装点，则说明已经找到了对应的 i 节点，因此此时可以放弃临时申请的空闲 i 节点，并返回找到的 i 节点。

如果在 i 节点表中没有找到指定的 i 节点，则利用前面申请的空闲 i 节点在 i 节点表中建立该节点。并从相应设备上读取该 i 节点信息。返回该 i 节点。

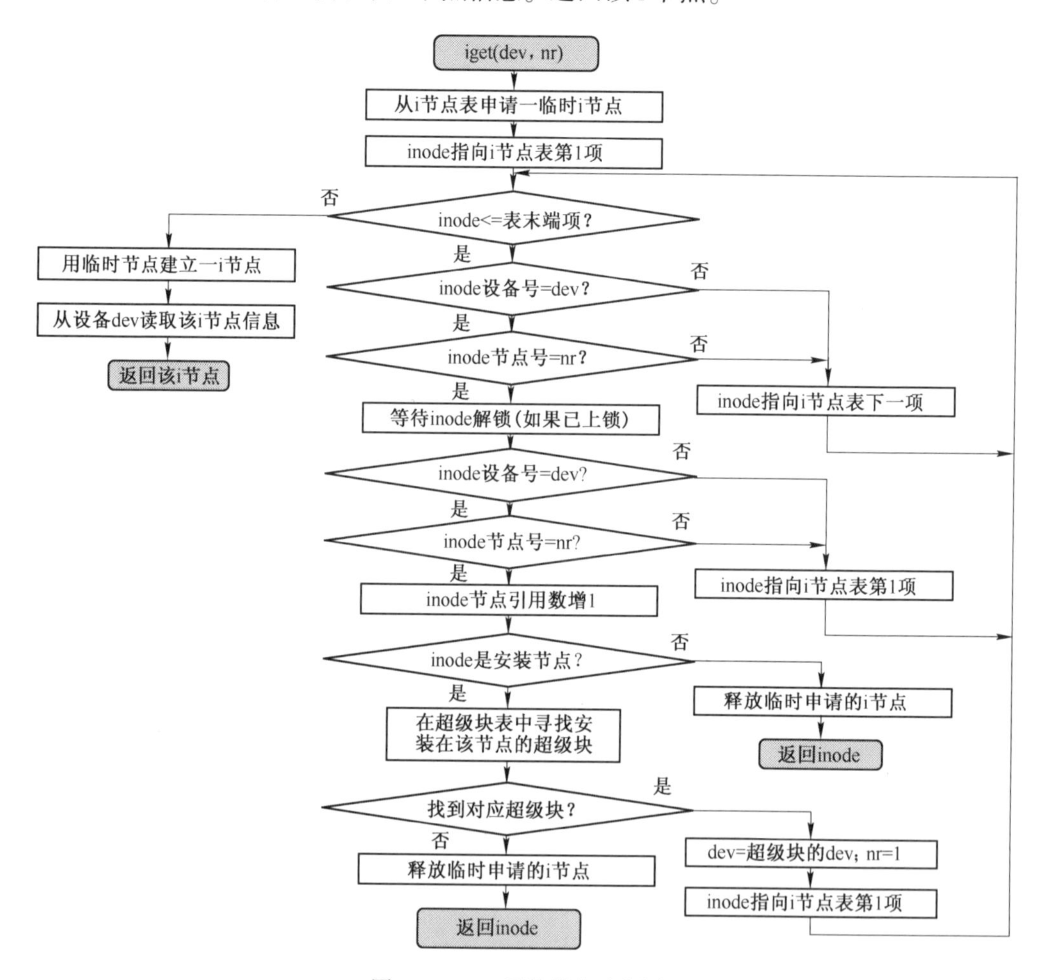

图 9-15　iget 函数操作流程图

iput( )函数所完成的功能正好与 iget( )相反，它用于释放一个指定的 i 节点（回写入设备）。所执行操作流程也与 iget( )类似。

_bmap( )函数用于文件数据块映射到盘块的处理操作。所带的参数 inode 是文件的 i 节点指针，block 是文件中的数据块号，create 是创建标志，表示在对应文件数据块不存在的情况下，是否需要在盘上建立对应的盘块。该函数的返回值是文件数据块对应在设备上的逻辑块号(盘块号)。当 create=0 时,该函数就是 bmap()函数。当 create=1 时,它就是 create_block()函数。

正规文件中的数据是放在磁盘块的数据区中的,而一个文件名则通过对应的 i 节点与这些数据磁盘块相联系,这些盘块的号码就存放在 i 节点的逻辑块数组中。_bmap()函数主要是对 i 节点的逻辑块(区块)数组 i_zone[]进行处理,并根据 i_zone[]中所设置的逻辑块号(盘块号)来设置逻辑块位图的占用情况。正如前面所述,i_zone[0]至 i_zone[6]用于存放对应文件的直接逻辑块号;i_zone[7]用于存放一次间接逻辑块号;而 i_zone[8]用于存放二次间接逻辑块号。当文件较小时(小于 7KB),就可以将文件所使用的盘块号直接存放在 i 节点的 7 个直接块项中;当文件稍大一些时(不超过 7KB+512KB),需要用到一次间接块项 i_zone[7];当文件更大时,就需要用到二次间接块项 i_zone[8]了。因此,文件比较小时,Linux 寻址盘块的速度就比较快。

文件 9-3　linux/fs/inode.c

```
 7 #include <string.h>          //字符串头文件。主要定义了一些有关字符串操作的嵌入函数。
 8 #include <sys/stat.h>        //文件状态头文件。含有文件或文件系统状态结构 stat{}和常量。
 9
10 #include <linux/sched.h>     //调度程序头文件,定义任务结构 task_struct、初始任务 0 的数据。
11 #include <linux/kernel.h>    //内核头文件。含有一些内核常用函数的原型定义。
12 #include <linux/mm.h>        //内存管理头文件。含有页面大小定义和一些页面释放函数原型。
13 #include <asm/system.h>      //系统头文件。定义了设置或修改描述符/中断门等的嵌入式汇编宏。
14
15 struct m_inode inode_table[NR_INODE]={{0,},};     //内存中 i 节点表(NR_INODE=32 项)。
16
17 static void read_inode(struct m_inode * inode);
18 static void write_inode(struct m_inode * inode);
19 //等待指定的 i 节点可用。
   //如果 i 节点已被锁定,则将当前任务置为不可中断的等待状态。直到该 i 节点解锁。
20 static inline void wait_on_inode(struct m_inode * inode)
21 {
22         cli();
23         while (inode->i_lock)
24                 sleep_on(&inode->i_wait);
25         sti();
26 }
27 //对指定的 i 节点上锁(锁定指定的 i 节点)。
   //如果 i 节点已被锁定,则将当前任务置为不可中断的等待状态。直到该 i 节点解锁,然后对其上锁。
28 static inline void lock_inode(struct m_inode * inode)
29 {
30         cli();
31         while (inode->i_lock)
32                 sleep_on(&inode->i_wait);
33         inode->i_lock=1;                          //置锁定标志。
34         sti();
35 }
36 //对指定的 i 节点解锁。复位 i 节点的锁定标志,并明确地唤醒等待此 i 节点的进程。
37 static inline void unlock_inode(struct m_inode * inode)
38 {
39         inode->i_lock=0;
```

```
40          wake_up(&inode->i_wait);
41 }
42 //释放内存中设备 dev 的所有 i 节点。扫描内存中 i 节点表,若是指定设备使用的 i 节点就释放之。
43 void invalidate_inodes(int dev)
44 {
45          int i;
46          struct m_inode * inode;
47
48          inode = 0+inode_table;                        //让指针首先指向 i 节点表指针数组首项。
49          for(i=0 ; i<NR_INODE ; i++,inode++) {         //扫描 i 节点表指针数组中的所有 i 节点。
50                  wait_on_inode(inode);                 //等待该 i 节点可用(解锁)。
51                  if (inode->i_dev==dev) {              //如果是指定设备的 i 节点,则
52                          if (inode->i_count)           //如果其引用数不为 0,则显示出错警告;
53                                  printk("inode in use on removed disk\n\r");
54                          inode->i_dev = inode->i_dirt = 0; //释放该 i 节点(置设备号为 0 等)。
55                  }
56          }
57 }
58 //同步所有 i 节点。同步内存与设备上的所有 i 节点信息。
59 void sync_inodes(void)
60 {
61          int i;
62          struct m_inode * inode;
63
64          inode = 0+inode_table;                        //让指针首先指向 i 节点表指针数组首项。
65          for(i=0 ; i<NR_INODE ; i++,inode++) {         //扫描 i 节点表指针数组。
66                  wait_on_inode(inode);                 //等待该 i 节点可用(解锁)。
67                  if (inode->i_dirt && ! inode->i_pipe) //如果该 i 节点已修改且不是管道节点,
68                          write_inode(inode);           //则写盘。
69          }
70 }
71 //文件数据块映射到盘块的处理操作。(block 位图处理函数,bmap-block map)
   //参数:inode - 文件的 i 节点;block - 文件中的数据块号;create - 创建标志。
   //如果创建标志置位,则在对应逻辑块不存在时就申请新磁盘块。返回设备上的逻辑块号(盘块号)。
72 static int _bmap(struct m_inode * inode,int block,int create)
73 {
74          struct buffer_head * bh;
75          int i;
76
77          if (block<0)             //如果块号小于 0,则死机。
78                  panic("_bmap: block<0");
   //如果块号大于直接块数 + 间接块数 + 二次间接块数,超出文件系统表示范围,则死机。
79          if (block >= 7+512+512 * 512)
80                  panic("_bmap: block>big");
81          if (block<7) {           //如果该块号小于 7,则使用直接块表示。
   //如果创建标志置位,并且 i 节点中对应该块的逻辑块(区段)字段为 0,则向相应设备申请一磁盘
   //块(逻辑块,区块),并将盘上逻辑块号(盘块号)填入逻辑块字段中。然后设置 i 节点修改时间,
   //置 i 节点已修改标志。最后返回逻辑块号。
82                  if (create && ! inode->i_zone[block])
83                          if (inode->i_zone[block]=new_block(inode->i_dev)) {
84                                  inode->i_ctime=CURRENT_TIME;
85                                  inode->i_dirt=1;
```

```
86                      }
87              return inode->i_zone[block];
88      }
//如果该块号>=7,并且小于7+512,则说明是一次间接块。下面对一次间接块进行处理。
89      block -= 7;
90      if (block<512) {
//若是创建,且该i节点中对应间接块字段为0,表明文件是首次使用间接块,则需申请一磁盘块用
//于存放间接块信息,并将此磁盘块号填入间接块字段中。然后设置i节点已修改标志和修改时间。
91              if (create && ! inode->i_zone[7])
92                      if (inode->i_zone[7]=new_block(inode->i_dev)) {
93                              inode->i_dirt=1;
94                              inode->i_ctime=CURRENT_TIME;
95                      }
//若此时i节点间接块字段中为0,表明申请磁盘块失败,返回0退出。
96              if (! inode->i_zone[7])
97                      return 0;
//读取设备上的一次间接块。
98              if (! (bh = bread(inode->i_dev,inode->i_zone[7])))
99                      return 0;
//取该间接块上第block项中的逻辑块号(盘块号)。
100             i = ((unsigned short *) (bh->b_data))[block];
//如果是创建并且间接块的第block项中的逻辑块号为0的话,则申请一磁盘块(逻辑块),并让间
//接块中的第block项等于该新逻辑块块号。然后置位间接块的已修改标志。
101             if (create && ! i)
102                     if (i=new_block(inode->i_dev)) {
103                             ((unsigned short *) (bh->b_data))[block]=i;
104                             bh->b_dirt=1;
105                     }
//最后释放该间接块,返回磁盘上新申请的对应block的逻辑块的块号。
106             brelse(bh);
107             return i;
108     }
//程序运行到此,表明数据块是二次间接块,处理过程与一次间接块类似。下面是对二次间接块的处
//理。将block再减去间接块所容纳的块数(512)。
109     block -= 512;
//如果是新创建并且i节点的二次间接块字段为0,则需申请一磁盘块用于存放二次间接块的一级块
//信息,并将此实际磁盘块号填入二次间接块字段中。之后,置i节点已修改编制和修改时间。
110     if (create && ! inode->i_zone[8])
111             if (inode->i_zone[8]=new_block(inode->i_dev)) {
112                     inode->i_dirt=1;
113                     inode->i_ctime=CURRENT_TIME;
114             }
//若此时i节点二次间接块字段为0,表明申请磁盘块失败,返回0退出。
115     if (! inode->i_zone[8])
116             return 0;
117     if (! (bh=bread(inode->i_dev,inode->i_zone[8])))      //读取该二次间接块的一级块。
118             return 0;
//取该二次间接块的一级块上第(block/512)项中的逻辑块号。
119     i = ((unsigned short *)bh->b_data)[block>>9];
//如果是创建并且二次间接块的一级块上第(block/512)项中的逻辑块号为0的话,则需申请一磁盘块
//(逻辑块)作为二次间接块的二级块,并让二次间接块的一级块中第(block/512)项等于该二级块的
//块号。然后置位二次间接块的一级块已修改标志。并释放二次间接块的一级块。
```

```
120         if (create && ! i)
121                 if (i=new_block(inode->i_dev)) {
122                         ((unsigned short *) (bh->b_data))[block>>9]=i;
123                         bh->b_dirt=1;
124                 }
125         brelse(bh);
126         if (! i)          //如果二次间接块的二级块块号为 0,表示申请磁盘块失败,返回 0 退出。
127                 return 0;
128         if (! (bh=bread(inode->i_dev,i)))        //读取二次间接块的二级块。
129                 return 0;
   //取该二级块上第 block 项中的逻辑块号。(与 511 进行与操作是为了限定 block 值不超过 511)
130         i = ((unsigned short *)bh->b_data)[block&511];
   //若是创建,且二级块的第block项中逻辑块号为0,则申请一磁盘块(逻辑块),作为最终存放数
   //据信息的块。并让二级块中的第 block 项等于该新逻辑块块号(i)。然后置位二级块的已修改标志。
131         if (create && ! i)
132                 if (i=new_block(inode->i_dev)) {
133                         ((unsigned short *) (bh->b_data))[block&511]=i;
134                         bh->b_dirt=1;
135                 }
   //最后释放该二次间接块的二级块,返回磁盘上新申请的对应 block 的逻辑块的块号。
136         brelse(bh);
137         return i;
138 }
139 //根据 i 节点信息取文件数据块 block 在设备上对应的逻辑块号。
140 int bmap(struct m_inode * inode,int block)
141 {
142         return _bmap(inode,block,0);
143 }
144 //创建文件数据块 block 在设备上对应的逻辑块,并返回设备上对应的逻辑块号。
145 int create_block(struct m_inode * inode, int block)
146 {
147         return _bmap(inode,block,1);
148 }
149 //释放一个 i 节点(回写入设备)。
150 void iput(struct m_inode * inode)
151 {
152         if (! inode)
153                 return;
154         wait_on_inode(inode);     //等待 inode 节点解锁(如果已上锁的话)。
155         if (! inode->i_count)
156                 panic("iput: trying to free free inode");
   //如果是管道 i 节点,则唤醒等待该管道的进程,引用次数减 1,如果还有引用则返回。否则释放管
   //道占用的内存页面,并复位该节点的引用计数值、已修改标志和管道标志,并返回。对于 pipe 节点,
   //inode->i_size 存放着物理内存页地址。参见 get_pipe_inode(),228,234 行。
157         if (inode->i_pipe) {
158                 wake_up(&inode->i_wait);
159                 if (--inode->i_count)
160                         return;
161                 free_page(inode->i_size);
162                 inode->i_count=0;
163                 inode->i_dirt=0;
164                 inode->i_pipe=0;
```

```
165                 return;
166         }
167         if (! inode->i_dev) {    //若 i 节点对应设备号 = 0,则将此节点引用计数递减 1,返回。
168                 inode->i_count--;
169                 return;
170         }
//如果是块设备文件的 i 节点,此时逻辑块字段 0 中是设备号,则刷新该设备。并等待 i 节点解锁。
171         if (S_ISBLK(inode->i_mode)) {
172                 sync_dev(inode->i_zone[0]);
173                 wait_on_inode(inode);
174         }
175 repeat:
176         if (inode->i_count>1) {              //如果 i 节点的引用计数大于 1,则递减 1。
177                 inode->i_count--;
178                 return;
179         }
//如果 i 节点的链接数为 0,则释放该 i 节点的所有逻辑块,并释放该 i 节点。
180         if (! inode->i_nlinks) {
181                 truncate(inode);
182                 free_inode(inode);
183                 return;
184         }
//如果该 i 节点已作过修改,则更新该 i 节点,并等待该 i 节点解锁。
185         if (inode->i_dirt) {
186                 write_inode(inode);      /* we can sleep-so do again * /
187                 wait_on_inode(inode);    /* 因为我们能睡眠 - 所以再执行一次等待 * /
188                 goto repeat;
189         }
190         inode->i_count--;                //i 节点引用计数递减 1。
191         return;
192 }
193 //从 i 节点表(inode_table)中获取一个空闲 i 节点项。
//寻找引用计数 count 为 0 的 i 节点,并将其写盘后清零,返回其指针。
194 struct m_inode * get_empty_inode(void)
195 {
196         struct m_inode * inode;
197         static struct m_inode * last_inode = inode_table; //last_inode 指向 i 节点表第一项。
198         int i;
199 
200         do {
201                 inode = NULL;          //顺序扫描 i 节点表。
202                 for (i = NR_INODE; i ; i--) {
//如果 last_inode 已经指向 i 节点表的最后一项之后,则让其重新指向 i 节点表开始处。
203                         if (++last_inode >= inode_table + NR_INODE)
204                                 last_inode = inode_table;
//如果 last_inode 所指向的 i 节点的计数值为 0,则说明可能找到空闲 i 节点项。让 inode 指向该 i
//节点。如果该 i 节点的已修改标志和锁定标志均为 0,则我们可以使用该 i 节点,于是退出循环。
205                         if (! last_inode->i_count) {
206                                 inode = last_inode;
207                                 if (! inode->i_dirt && ! inode->i_lock)
208                                         break;
209                         }
```

```
210                     }
//如果没有找到空闲 i 节点(inode=NULL),则将整个 i 节点表打印出来供调试使用,并死机。
211                     if (! inode) {
212                             for (i=0 ; i<NR_INODE ; i++)
213                                     printk("%04x: %6d\t",inode_table[i].i_dev,
214                                             inode_table[i].i_num);
215                             panic("No free inodes in mem");
216                     }
217                     wait_on_inode(inode);      //等待该 i 节点解锁(如果又被上锁的话)。
//如果该 i 节点已修改标志被置位的话,则将该 i 节点刷新,并等待该 i 节点解锁。
218                     while (inode->i_dirt) {
219                             write_inode(inode);
220                             wait_on_inode(inode);
221                     }
222             } while (inode->i_count);   //如果 i 节点又被其他进程占用的话,则重新寻找空闲 i 节点。
//已找到空闲 i 节点项。则将该 i 节点项内容清零,并置引用标志为 1,返回该 i 节点指针。
223             memset(inode,0,sizeof( * inode));
224             inode->i_count = 1;
225             return inode;
226 }
227 //获取管道节点。返回为 i 节点指针(如果是 NULL 则失败)。
//首先扫描 i 节点表,寻找一个空闲 i 节点项,然后取得一页空闲内存供管道使用。再将得到的 i 节
//点的引用计数置为 2(读者和写者),初始化管道头和尾,置 i 节点的管道类型表示。
228 struct m_inode * get_pipe_inode(void)
229 {
230             struct m_inode * inode;
231
232             if (! (inode = get_empty_inode()))            //如果找不到空闲 i 节点则返回 NULL。
233                     return NULL;
234             if (! (inode->i_size=get_free_page())) {      //节点的 i_size 字段指向缓冲区。
235                     inode->i_count = 0;                   //如果已没有空闲内存,则
236                     return NULL;                          //释放该 i 节点,并返回 NULL。
237             }
238             inode->i_count = 2;     /* sum of readers/writers */  /* 读/写两者总计 */
239             PIPE_HEAD( * inode) = PIPE_TAIL( * inode) = 0;  //复位管道头尾指针。
240             inode->i_pipe = 1;                            //置节点为管道使用的标志。
241             return inode;                                 //返回 i 节点指针。
242 }
243 //从设备上读取指定节点号的 i 节点。nr - i 节点号。
244 struct m_inode * iget(int dev,int nr)
245 {
246             struct m_inode * inode, * empty;
247
248             if (! dev)
249                     panic("iget with dev==0");
250             empty = get_empty_inode();          //从 i 节点表中取一个空闲 i 节点。
//扫描 i 节点表。寻找指定节点号的 i 节点。并递增该节点的引用次数。
251             inode = inode_table;
252             while (inode < NR_INODE+inode_table) {
//如果当前扫描的 i 节点的设备号不等于指定的设备号或者节点号不等于指定的节点号,则继续扫描。
253                     if (inode->i_dev!=dev || inode->i_num!=nr) {
254                             inode++;
```

```
255                     continue;
256               }
//找到指定设备号和节点号的 i 节点,等待该节点解锁(如果已上锁的话)。
257               wait_on_inode(inode);
//在等待该节点解锁的阶段,节点表可能会发生变化,所以再次判断,如果发生了变化,则再次重新
//扫描整个 i 节点表。
258               if (inode->i_dev!=dev || inode->i_num!=nr) {
259                     inode = inode_table;
260                     continue;
261               }
262               inode->i_count++;          //将该 i 节点引用计数增 1。
263               if (inode->i_mount) {
264                     int i;
265 //如果该 i 节点是其他文件系统的安装点,则在超级块表中搜寻安装在此 i 节点的超级块。如果没有
//找到,则显示出错信息,并释放函数开始获取的空闲节点,返回该 i 节点指针。
266                     for (i = 0 ; i<NR_SUPER ; i++)
267                           if (super_block[i].s_imount==inode)
268                                 break;
269                     if (i >= NR_SUPER) {
270                           printk("Mounted inode hasn't got sb\n");
271                           if (empty)
272                                 iput(empty);
273                           return inode;
274                     }
//将该 i 节点写盘。从安装在此 i 节点文件系统的超级块上取设备号,并令 i 节点号为 1。然后重新
//扫描整个 i 节点表,取该被安装文件系统的根节点。
275                     iput(inode);
276                     dev = super_block[i].s_dev;
277                     nr = ROOT_INO;
278                     inode = inode_table;
279                     continue;
280               }
//已经找到相应的 i 节点,因此放弃临时申请的空闲节点,返回该找到的 i 节点。
281               if (empty)
282                     iput(empty);
283               return inode;
284         }
//如果在 i 节点表中没有找到指定的 i 节点,则利用前面申请的空闲 i 节点在 i 节点表中建立该节点。
//并从相应设备上读取该 i 节点信息。返回该 i 节点。
285         if (! empty)
286               return (NULL);
287         inode=empty;
288         inode->i_dev = dev;
289         inode->i_num = nr;
290         read_inode(inode);
291         return inode;
292 }
293 //从设备上读取指定 i 节点的信息到内存中(缓冲区中)。
294 static void read_inode(struct m_inode * inode)
295 {
296         struct super_block * sb;
297         struct buffer_head * bh;
```

```
298         int block;
299
300         lock_inode(inode);          //首先锁定该 i 节点,取该节点所在设备的超级块。
301         if (! (sb=get_super(inode->i_dev)))
302                 panic("trying to read inode without dev");
//该 i 节点所在的逻辑块号 = (启动块+超级块) + i 节点位图占用的块数 + 逻辑块位图占用的块数
// +(i 节点号-1)/每块含有的 i 节点数。
303         block = 2 + sb->s_imap_blocks + sb->s_zmap_blocks +
304                 (inode->i_num-1)/INODES_PER_BLOCK;
//从设备上读取该 i 节点所在的逻辑块,并复制其中指定 i 节点的内容。
305         if (! (bh=bread(inode->i_dev,block)))
306                 panic("unable to read i-node block");
307         *(struct d_inode *)inode =
308                 ((struct d_inode *)bh->b_data)
309                         [(inode->i_num-1)%INODES_PER_BLOCK];
310         brelse(bh);                 //最后释放读入的缓冲区,并解锁该 i 节点。
311         unlock_inode(inode);
312 }
313 //将指定 i 节点信息写入设备(写入缓冲区相应的缓冲块中,待缓冲区刷新时会写入盘中)。
314 static void write_inode(struct m_inode * inode)
315 {
316         struct super_block * sb;
317         struct buffer_head * bh;
318         int block;
319 //首先锁定该 i 节点,若该 i 节点没有被修改过或该 i 节点设备号为零,则解锁该 i 节点,并退出。
320         lock_inode(inode);
321         if (! inode->i_dirt || ! inode->i_dev) {
322                 unlock_inode(inode);
323                 return;
324         }
325         if (! (sb=get_super(inode->i_dev)))         //获取该 i 节点的超级块。
326                 panic("trying to write inode without device");
//该 i 节点所在的逻辑块号 = (启动块+超级块) + i 节点位图占用的块数 + 逻辑块位图占用的块数
// +(i 节点号-1)/每块含有的 i 节点数。
327         block = 2 + sb->s_imap_blocks + sb->s_zmap_blocks +
328                 (inode->i_num-1)/INODES_PER_BLOCK;
329         if (! (bh=bread(inode->i_dev,block)))       //从设备上读取该 i 节点所在的逻辑块。
330                 panic("unable to read i-node block");
//将该 i 节点信息复制到逻辑块对应该 i 节点的项中。
331         ((struct d_inode *)bh->b_data)
332                 [(inode->i_num-1)%INODES_PER_BLOCK] =
333                         *(struct d_inode *)inode;
//置缓冲区已修改标志,而 i 节点修改标志置零。然后释放该含有 i 节点的缓冲区,并解锁该 i 节点。
334         bh->b_dirt=1;
335         inode->i_dirt=0;
336         brelse(bh);
337         unlock_inode(inode);
338 }
```

9.2.4 super.c 程序

该程序(见文件 9-4)描述了文件系统超级块操作函数,这些函数属于文件系统底层,供上层的文件名和目录操作函数使用。主要有 get_super()、put_super()和 read_super()。另外还有有关文件系统加载/卸载的系统调用函数 sys_umount()和 sys_mount(),以及根文件系统加载函数 mount_root()。其他一些辅助函数与 buffer.c 中的辅助函数的作用类似。

超级块中主要存放了有关整个文件系统的信息,其信息结构见图 9-2。

get_super()函数用于在指定设备的条件下,在内存超级块数组中搜索对应的超级块,并返回相应超级块的指针。因此,在调用该函数时,该相应的文件系统必须已经被加载(mount),或者起码该超级块已经占用了超级块数组中的一项,否则返回 NULL。

put_super()用于释放指定设备的超级块。它把该超级块对应的文件系统的 i 节点位图和逻辑块位图所占用的缓冲块都释放掉。在调用 umount()卸载一个文件系统或者更换磁盘时将会调用该函数。

read_super()用于把指定设备的文件系统的超级块读入到缓冲区中,并登记到超级块数组中,同时也把文件系统的 i 节点位图和逻辑块位图读入内存超级块结构的相应数组中。最后返回该超级块结构的指针。

sys_umount()系统调用用于卸载一个指定设备文件名的文件系统,而 sys_mount()则用于往一个目录名上加载一个文件系统。

程序中最后一个函数 mount_root()是用于安装系统的根文件系统,并将在系统初始化时被调用。其具体操作流程如图 9-16 所示。

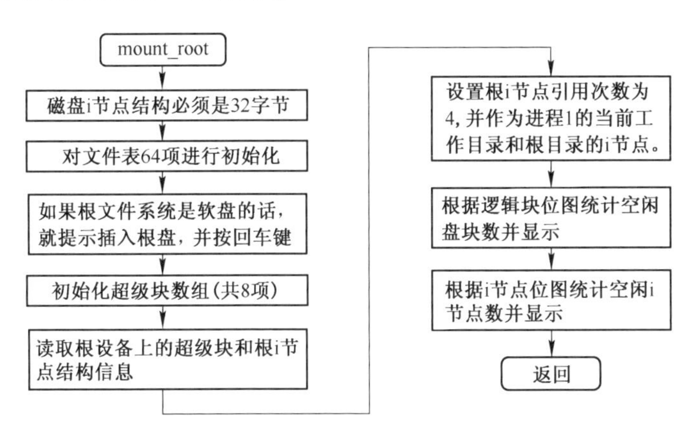

图 9-16 mount_root()函数的功能

该函数除了用于安装系统的根文件系统以外,还对内核使用文件系统起到初始化的作用。它对内存中超级块数组进行了初始化,还对文件描述符数组表 file_table[]进行了初始化,并对根文件系统中的空闲盘块数和空闲 i 节点数进行了统计并显示出来。

mount_root()函数是在系统执行初始化程序 main.c 中,在进程 0 创建了第一个子进程(进程 1)后被调用的,而且系统仅在这里调用它一次。具体的调用位置是在初始化函数 init()的 setup()函数中。setup()函数位于/kernel/blk_drv/hd.c 中,从第 71 行开始。

文件 9-4 linux/fs/super.c

```
7 /*
8  * super.c contains code to handle the super-block tables.
9  */
```

```
10 #include <linux/config.h>   //内核配置头文件。定义键盘语言和硬盘类型(HD_TYPE)可选项。
11 #include <linux/sched.h>    //调度程序头文件,定义任务结构 task_struct、初始任务 0 的数据。
12 #include <linux/kernel.h>   //内核头文件。含有一些内核常用函数的原型定义。
13 #include <asm/system.h>     //系统头文件。定义了设置或修改描述符/中断门等的嵌入式汇编宏。
14
15 #include <errno.h>          //错误号头文件。包含系统中各种出错号(Linus 从 MINIX 中引进的)。
16 #include <sys/stat.h>       //文件状态头文件。含有文件或文件系统状态结构 stat{}和常量。
17
18 int sync_dev(int dev);      //对指定设备执行高速缓冲与设备上数据的同步操作(fs/buffer.c,59 行)。
19 void wait_for_keypress(void); //等待击键(kernel/chr_drv/tty_io.c, 140 行)。
20 /* set_bit()使用了 setb 指令,因为汇编编译器 gas 不能识别指令 setc */
21 /* set_bit uses setb, as gas doesn't recognize setc */
   //测试指定位偏移处比特位的值(0 或 1),并返回该比特位值(取名为 test_bit()更妥帖)。
   //嵌入式汇编宏。参数 bitnr 是比特位偏移值,addr 是测试比特位操作的起始地址。
   //%0 - ax(__res),%1 - 0,%2 - bitnr,%3 - addr
22 #define set_bit(bitnr,addr) ({ \
23 register int __res __asm__("ax"); \
24 __asm__("bt %2,%3;setb %%al":"=a" (__res):"a" (0),"r" (bitnr),"m" (*(addr))); \
25 __res; })
26
27 struct super_block super_block[NR_SUPER];    //超级块结构数组(共 8 项)。
28 /* this is initialized in init/main.c */
   /* ROOT_DEV 已在 init/main.c 中被初始化 */
29 int ROOT_DEV = 0;
30 //锁定指定的超级块。
31 static void lock_super(struct super_block * sb)
32 {
33         cli();                        //关中断。
34         while (sb->s_lock)            //如果该超级块已经上锁,则睡眠等待。
35                 sleep_on(&(sb->s_wait));
36         sb->s_lock = 1;               //给该超级块加锁(置锁定标志)。
37         sti();                        //开中断。
38 }
39 //对指定超级块解锁(如果使用 ulock_super 这个名称则更妥帖)。
40 static void free_super(struct super_block * sb)
41 {
42         cli();                        //关中断。
43         sb->s_lock = 0;               //复位锁定标志。
44         wake_up(&(sb->s_wait));       //唤醒等待该超级块的进程。
45         sti();                        //开中断。
46 }
47 //睡眠等待超级块解锁。
48 static void wait_on_super(struct super_block * sb)
49 {
50         cli();                        //关中断。
51         while (sb->s_lock)            //如果超级块已经上锁,则睡眠等待。
52                 sleep_on(&(sb->s_wait));
53         sti();                        //开中断。
54 }
55 //取指定设备的超级块。返回该超级块结构指针。
56 struct super_block * get_super(int dev)
57 {
```

```
58         struct super_block * s;
59 //如果没有指定设备,则返回空指针。
60         if (! dev)
61                 return NULL;
   //s 指向超级块数组开始处。搜索整个超级块数组,寻找指定设备的超级块。
62         s = 0+super_block;
63         while (s < NR_SUPER+super_block)
   //如果当前搜索项是指定设备的超级块,则首先等待该超级块解锁(若已经被其他进程上锁的话)。
   //在等待期间,该超级块有可能被其他设备使用,因此此时需再判断一次是否为指定设备的超级块,
   //如果是则返回该超级块的指针。否则就重新对超级块数组搜索一遍,因此 s 重新指向超级块数组
   //开始处。
64                 if (s->s_dev==dev) {
65                         wait_on_super(s);
66                         if (s->s_dev==dev)
67                                 return s;
68                         s = 0+super_block;
   //如果当前搜索项不是,则检查下一项。如果没有找到指定的超级块,则返回空指针。
69                 } else
70                         s++;
71         return NULL;
72 }
73 //释放指定设备的超级块。
   //释放设备所使用的超级块数组项(置 s_dev=0),并释放该设备 i 节点位图和逻辑块位图所占用的
   //高速缓冲块。如果超级块对应的文件系统是根文件系统,或者其 i 节点上已经安装有其他的文件系
   //统,则不能释放该超级块。
74 void put_super(int dev)
75 {
76         struct super_block * sb;
77         struct m_inode * inode;
78         int i;
79 //如果指定设备是根文件系统设备,则显示警告信息"根系统盘改变了,准备生死决战吧",并返回。
80         if (dev==ROOT_DEV) {
81                 printk("root diskette changed: prepare for armageddon\n\r");
82                 return;
83         }
84         if (! (sb = get_super(dev)))       //如果找不到指定设备的超级块,则返回。
85                 return;
   //如果该超级块指明本文件系统 i 节点上安装有其他的文件系统,则显示警告信息,返回。
86         if (sb->s_imount) {
87                 printk("Mounted disk changed-tssk, tssk\n\r");
88                 return;
89         }
   //找到指定设备的超级块后,首先锁定该超级块,然后置该超级块对应的设备号字段为 0,即准备
   //放弃该超级块。
90         lock_super(sb);
91         sb->s_dev = 0;
   //然后释放该设备 i 节点位图和逻辑块位图在缓冲区中所占用的缓冲块。
92         for(i=0;i<I_MAP_SLOTS;i++)
93                 brelse(sb->s_imap[i]);
94         for(i=0;i<Z_MAP_SLOTS;i++)
95                 brelse(sb->s_zmap[i]);
96         free_super(sb);              //最后对该超级块解锁,并返回。
```

```
97          return;
98 }
99 //从设备上读取超级块到缓冲区中。
   //如果该设备的超级块已经在高速缓冲中并且有效,则直接返回该超级块的指针。
100 static struct super_block * read_super(int dev)
101 {
102         struct super_block * s;
103         struct buffer_head * bh;
104         int i,block;
105 //如果没有指明设备,则返回空指针。
106         if (! dev)
107                 return NULL;
   //首先检查该设备是否更换过盘片(也即是否是软盘设备),如果更换过盘,则高速缓冲区有关该设
   //备的所有缓冲块均失效,需要进行失效处理(释放原来加载的文件系统)。
108         check_disk_change(dev);
   //如果该设备的超级块已经在高速缓冲中,则直接返回该超级块的指针。
109         if (s = get_super(dev))
110                 return s;
   //否则,首先在超级块数组中找出一个空项(即其 s_dev=0 的项)。如果数组已经占满则返回空指针。
111         for (s = 0+super_block ;; s++) {
112                 if (s >= NR_SUPER+super_block)
113                         return NULL;
114                 if (! s->s_dev)
115                         break;
116         }
   //找到超级块空项后,就将该超级块用于指定设备,对该超级块的内存项进行部分初始化。
117         s->s_dev = dev;
118         s->s_isup = NULL;
119         s->s_imount = NULL;
120         s->s_time = 0;
121         s->s_rd_only = 0;
122         s->s_dirt = 0;
   //然后锁定该超级块,并从设备上读取超级块信息到 bh 指向的缓冲区中。如果读超级块操作失败,则
   //释放上面选定的超级块数组中的项,并解锁该项,返回空指针退出。
123         lock_super(s);
124         if (! (bh = bread(dev,1))) {
125                 s->s_dev=0;
126                 free_super(s);
127                 return NULL;
128         }
   //将设备上读取的超级块信息复制到超级块数组相应项结构中。并释放存放读取信息的高速缓冲块。
129         *((struct d_super_block *) s) =
130                 *((struct d_super_block *) bh->b_data);
131         brelse(bh);
   //如果读取的超级块的文件系统魔数字段内容不对,说明设备上不是正确的文件系统,因此同上面一
   //样,释放上面选定的超级块数组中的项,并解锁该项,返回空指针退出。对于该版Linux内核,只
   //支持 MINIX 文件系统版本 1.0,其魔数是 0x137f。
132         if (s->s_magic!=SUPER_MAGIC) {
133                 s->s_dev = 0;
134                 free_super(s);
135                 return NULL;
136         }
```

```
//下面开始读取设备上i节点位图和逻辑块位图数据。首先初始化内存超级块结构中位图空间。
137         for (i=0;i<I_MAP_SLOTS;i++)
138                 s->s_imap[i] = NULL;
139         for (i=0;i<Z_MAP_SLOTS;i++)
140                 s->s_zmap[i] = NULL;
//然后从设备上读取i节点位图和逻辑块位图信息,并存放在超级块对应字段中。
141         block=2;
142         for (i=0 ; i < s->s_imap_blocks ; i++)
143                 if (s->s_imap[i]=bread(dev,block))
144                         block++;
145                 else
146                         break;
147         for (i=0 ; i < s->s_zmap_blocks ; i++)
148                 if (s->s_zmap[i]=bread(dev,block))
149                         block++;
150                 else
151                         break;
//如果读出的位图逻辑块数不等于位图应该占有的逻辑块数,说明文件系统位图信息有问题,超级块
//初始化失败。因此只能释放前面申请的所有资源,返回空指针并退出。
152         if (block!=2+s->s_imap_blocks+s->s_zmap_blocks) {
//释放i节点位图和逻辑块位图占用的高速缓冲区。
153                 for(i=0;i<I_MAP_SLOTS;i++)
154                         brelse(s->s_imap[i]);
155                 for(i=0;i<Z_MAP_SLOTS;i++)
156                         brelse(s->s_zmap[i]);
//释放上面选定的超级块数组中的项,并解锁该超级块项,返回空指针并退出。
157                 s->s_dev=0;
158                 free_super(s);
159                 return NULL;
160         }
//否则一切成功。对于申请空闲i节点的函数来讲,如果设备上所有的i节点已经全被使用,则查找
//函数会返回0值。因此0号i节点是不能用的,所以这里将位图中的最低位设置为1,以防止文件
//系统分配0号i节点。同样的道理,也将逻辑块位图的最低位设置为1。
161         s->s_imap[0]->b_data[0] |= 1;
162         s->s_zmap[0]->b_data[0] |= 1;
163         free_super(s);              //解锁该超级块,并返回超级块指针。
164         return s;
165 }
166 //卸载文件系统的系统调用函数。参数dev_name是设备文件名。
167 int sys_umount(char * dev_name)
168 {
169         struct m_inode * inode;
170         struct super_block * sb;
171         int dev;
172 //首先根据设备文件名找到对应的i节点,并取其中的设备号。
173         if (! (inode=namei(dev_name)))
174                 return  -ENOENT;
175         dev = inode->i_zone[0];
//如果不是块设备文件,则释放刚申请的i节点dev_i,返回出错号。
176         if (! S_ISBLK(inode->i_mode)) {
177                 iput(inode);
178                 return  -ENOTBLK;
```

```
179         }
180         iput(inode);                    //释放设备文件名的 i 节点。
181         if (dev==ROOT_DEV)              //如果设备是根文件系统,则不能被卸载,返回出错号。
182                 return  -EBUSY;
    //如果取设备的超级块失败,或者该设备文件系统没有安装过,则返回出错号。
183         if (! (sb=get_super(dev)) ||! (sb->s_imount))
184                 return  -ENOENT;
    //如果超级块所指明的被安装到的 i 节点没有置位其安装标志,则显示警告信息。
185         if (! sb->s_imount->i_mount)
186                 printk("Mounted inode has i_mount=0\n");
    //查找 i 节点表,看是否有进程在使用该设备上的文件,如果有则返回忙出错号。
187         for (inode=inode_table+0 ; inode<inode_table+NR_INODE ; inode++)
188                 if (inode->i_dev==dev && inode->i_count)
189                                 return  -EBUSY;
190         sb->s_imount->i_mount=0;        //复位被安装到的 i 节点的安装标志,释放该 i 节点。
191         iput(sb->s_imount);
    //置超级块中被安装 i 节点字段为空,并释放设备文件系统的根 i 节点,置超级块中被安装系统根 i
    //节点指针为空。
192         sb->s_imount = NULL;
193         iput(sb->s_isup);
194         sb->s_isup = NULL;
    //释放该设备的超级块以及位图占用的缓冲块,并对该设备执行高速缓冲与设备上数据的同步操作。
195         put_super(dev);
196         sync_dev(dev);
197         return 0;
198 }
199 //安装文件系统调用函数。
    //参数 dev_name 是设备文件名,dir_name 是安装到的目录名,rw_flag 被安装文件的读写标志。
    //将被加载的地方必须是一个目录名,并且对应的 i 节点没有被其他程序占用。
200 int sys_mount(char * dev_name, char * dir_name, int rw_flag)
201 {
202         struct m_inode * dev_i, * dir_i;
203         struct super_block * sb;
204         int dev;
205 //首先根据设备文件名找到对应的 i 节点,并取其中的设备号。
    //对于块特殊设备文件,设备号在 i 节点的 i_zone[0]中。
206         if (! (dev_i=namei(dev_name)))
207                 return  -ENOENT;
208         dev = dev_i->i_zone[0];
    //如果不是块设备文件,则释放刚取得的 i 节点 dev_i,返回出错号。
209         if (! S_ISBLK(dev_i->i_mode)) {
210                 iput(dev_i);
211                 return  -EPERM;
212         }
213         iput(dev_i);                    //释放该设备文件的 i 节点 dev_i。
214         if (! (dir_i=namei(dir_name)))  //根据给定的目录文件名找到对应的 i 节点 dir_i。
215                 return  -ENOENT;
    //如果该 i 节点的引用计数不为 1(仅在这里引用),或者该 i 节点的节点号是根文件系统的节点号 1,
    //则释放该 i 节点,返回出错号。
216         if (dir_i->i_count!=1 ||dir_i->i_num==ROOT_INO) {
217                 iput(dir_i);
218                 return  -EBUSY;
```

```
219         }
//如果该节点不是一个目录文件节点,则也释放该 i 节点,返回出错号。
220         if (! S_ISDIR(dir_i->i_mode)) {
221                 iput(dir_i);
222                 return  -EPERM;
223         }
//读取将安装文件系统的超级块,如果失败则也释放该 i 节点,返回出错号。
224         if (! (sb=read_super(dev))) {
225                 iput(dir_i);
226                 return  -EBUSY;
227         }
//如果将要被安装的文件系统已经安装在其他地方,则释放该 i 节点,返回出错号。
228         if (sb->s_imount) {
229                 iput(dir_i);
230                 return  -EBUSY;
231         }
//如果将要安装到的 i 节点已经安装了文件系统(安装标志已经置位),则释放该 i 节点,返回出错号。
232         if (dir_i->i_mount) {
233                 iput(dir_i);
234                 return  -EPERM;
235         }
//被安装文件系统超级块的"被安装到 i 节点"字段指向安装到的目录名的 i 节点。
236         sb->s_imount=dir_i;
//设置安装位置 i 节点的安装标志和节点已修改标志。/* 注意! 这里没有 iput(dir_i) */
237         dir_i->i_mount=1;                  /* 这将在 umount 内操作 */
238         dir_i->i_dirt=1;               /* NOTE! we don't iput(dir_i) */
239         return 0;                   /* we do that in umount */
240 }
241 //安装根文件系统。
//该函数是在系统开机初始化设置时(sys_setup())调用的。( kernel/blk_drv/hd.c, 157 行 )
242 void mount_root(void)
243 {
244         int i,free;
245         struct super_block * p;
246         struct m_inode * mi;
247 //如果磁盘 i 节点结构不是 32 个字节,则出错,死机。该判断用于防止修改源代码时的不一致性。
248         if (32!=sizeof (struct d_inode))
249                 panic("bad i-node size");
//初始化文件表数组(共 64 项,即系统同时只能打开 64 个文件),将所有文件结构中的引用计数
//设置为 0。
250         for(i=0;i<NR_FILE;i++)
251                 file_table[i].f_count=0;
//如果根文件系统所在设备是软盘的话,就提示"插入根文件系统盘,并按回车键",并等待按键。
252         if (MAJOR(ROOT_DEV)==2) {
253                 printk("Insert root floppy and press ENTER");
254                 wait_for_keypress();
255         }
//初始化超级块数组(共 8 项)。
256         for(p = &super_block[0] ; p < &super_block[NR_SUPER] ; p++) {
257                 p->s_dev = 0;
258                 p->s_lock = 0;
259                 p->s_wait = NULL;
```

```
260         }
//如果读根设备上超级块失败,则显示信息,并死机。
261         if (! (p=read_super(ROOT_DEV)))
262                 panic("Unable to mount root");
//从设备上读取文件系统的根 i 节点(1),如果失败则显示出错信息,死机。
263         if (! (mi=iget(ROOT_DEV,ROOT_INO)))
264                 panic("Unable to read root i-node");
//该 i 节点引用次数递增 3 次。因为下面 266~268 行上也引用了该 i 节点。
265         mi->i_count += 3 ;        /* NOTE! it is logically used 4 times, not 1 */
                                      /* 注意!从逻辑上讲,它已被引用了 4 次,而不是 1 次 */
//置该超级块的被安装文件系统 i 节点和被安装到的 i 节点为该 i 节点。
266         p->s_isup = p->s_imount = mi;
//设置当前进程的当前工作目录和根目录 i 节点。此时当前进程是 1 号进程。
267         current->pwd = mi;
268         current->root = mi;
//统计该设备上空闲块数。首先令 i 等于超级块中表明的设备逻辑块总数。
269         free=0;
270         i=p->s_nzones;
//然后根据逻辑块位图中相应比特位的占用情况统计出空闲块数。这里宏函数 set_bit()只是在测试
//比特位,而非设置比特位。"i&8191"用于取得i节点号在当前块中的偏移值。"i>>13"是将i除以
//8192,即除以一个磁盘块包含的比特位数。
271         while (-- i >= 0)
272                 if (! set_bit(i&8191,p->s_zmap[i>>13]->b_data))
273                         free++;
//显示设备上空闲逻辑块数/逻辑块总数。
274         printk("%d/%d free blocks\n\r",free,p->s_nzones);
//统计设备上空闲 i 节点数。首先令 i 等于超级块中表明的设备上 i 节点总数+1。加 1 是将 0 节点也
//统计进去。
275         free=0;
276         i=p->s_ninodes+1;
//然后根据 i 节点位图中相应比特位的占用情况计算出空闲 i 节点数。
277         while (-- i >= 0)
278                 if (! set_bit(i&8191,p->s_imap[i>>13]->b_data))
279                         free++;
//显示设备上可用的空闲 i 节点数/i 节点总数。
280         printk("%d/%d free inodes\n\r",free,p->s_ninodes);
281 }
```

9.2.5 namei.c 程序

本程序(见文件 9-5)是 Linux 0.11 内核中最长的函数,不过也只有 700 多行。本程序主要实现了根据目录名或文件名寻找到对应 i 节点的函数,以及一些关于目录的建立和删除、目录项的建立和删除等操作函数和系统调用。由于程序中几个主要函数都有较详细的英文注释,而且各函数和系统调用的功能明了,所以不作过多讲解。

文件 9-5 linux/fs/namei.c

```
7 /*
8  * Some corrections by tytso.
9  */    /* tytso 作了一些纠正。*/
10
```

```
11 #include <linux/sched.h>  //调度程序头文件,定义任务结构 task_struct、初始任务 0 的数据。
12 #include <linux/kernel.h> //内核头文件。含有一些内核常用函数的原型定义。
13 #include <asm/segment.h>  //段操作头文件。定义了有关段寄存器操作的嵌入式汇编函数。
14
15 #include <string.h>       //字符串头文件。主要定义了一些有关字符串操作的嵌入函数。
16 #include <fcntl.h>        //文件控制头文件。用于文件及其描述符的操作控制常数符号的定义。
17 #include <errno.h>        //错误号头文件。包含系统中各种出错号(Linus 从 MINIX 中引进的)。
18 #include <const.h>        //常数符号头文件。目前仅定义了 i 节点中 i_mode 字段的各标志位。
19 #include <sys/stat.h>     //文件状态头文件。含有文件或文件系统状态结构 stat{}和常量。
20 //访问模式宏。x 是 include/fcntl.h 第 7 行开始定义的文件访问标志。
   //根据 x 值索引对应数值(数值表示 rwx 权限: r, w, rw, wxrwxrwx)(数值是八进制)。
21 #define ACC_MODE(x) ("\004\002\006\377"[(x)&O_ACCMODE])
22
23 /*
24  * comment out this line if you want names > NAME_LEN chars to be
25  * truncated. Else they will be disallowed.
26  */    /* 如果想让文件名长度>NAME_LEN 的字符被截掉,就将下面定义注释掉。*/
27 /* #define NO_TRUNCATE */
28
29 #define MAY_EXEC 1        //可执行(可进入)。
30 #define MAY_WRITE 2       //可写。
31 #define MAY_READ 4        //可读。
32
33 /*
34  *      permission()
35  *
36  * is used to check for read/write/execute permissions on a file.
37  * I don't know if we should look at just the euid or both euid and
38  * uid, but that should be easily changed.
39  */
   /*     permission()
    * 该函数用于检测一个文件的读/写/执行权限。我不知道是否只需检查 euid,还是
    * 需要检查 euid 和 uid 两者,不过这很容易修改。*/
   //检测文件访问许可权限。
   //参数:inode - 文件对应的 i 节点;mask - 访问属性屏蔽码。返回:访问许可返回 1,否则返回 0。
40 static int permission(struct m_inode * inode,int mask)
41 {
42         int mode = inode->i_mode;     //文件访问属性
43 /* 特殊情况:即使是超级用户(root)也不能读/写一个已被删除的文件 */
44 /* special case: not even root can read/write a deleted file */
   //如果 i 节点有对应的设备,但该 i 节点的连接数等于 0,则返回。
45         if (inode->i_dev && !inode->i_nlinks)
46                 return 0;
   //否则,如果进程的有效用户 id(euid)与 i 节点的用户 id 相同,则取文件宿主的用户访问权限。
47         else if (current->euid==inode->i_uid)
48                 mode >>= 6;
   //否则,如果进程的有效组 id(egid)与 i 节点的组 id 相同,则取组用户的访问权限。
49         else if (current->egid==inode->i_gid)
50                 mode >>= 3;
   //如果上面所取的的访问权限与屏蔽码相同,或者是超级用户,则返回 1,否则返回 0。
51         if (((mode & mask & 0007)==mask) || suser())
52                 return 1;
```

```
53          return 0;
54 }
55
56 /*
57  * ok, we cannot use strncmp, as the name is not in our data space.
58  * Thus we'll have to use match. No big problem. Match also makes
59  * some sanity tests.
60  *
61  * NOTE! unlike strncmp, match returns 1 for success, 0 for failure.
62  */
   /* 我们不能使用 strncmp 字符串比较函数,因为名称不在我们的数据空间(不在内核空间)。
    * 因而我们只能使用 match()。问题不大。match()同样也处理一些完整的测试。
    * 注意! 与 strncmp 不同的是 match()成功时返回 1,失败时返回 0。*/
   //指定长度字符串比较函数。参数:len 是比较的字符串长度;name 是文件名指针;de 是目录项结构。
   //返回:相同返回 1,不同返回 0。
63 static int match(int len,const char * name,struct dir_entry * de)
64 {
65          register int same __asm__("ax");
66 //如果目录项指针空,或者目录项 i 节点等于 0,或者要比较的字符串长度超过文件名长度,则返回 0。
67          if (! de || ! de->inode || len > NAME_LEN)
68                  return 0;
   //如果要比较的长度 len 小于 NAME_LEN,但是目录项中文件名长度超过 len,则返回 0。
69          if (len < NAME_LEN && de->name[len])
70                  return 0;
   //下面嵌入汇编语句,在用户数据空间(fs)执行字符串的比较操作。
   //%0-eax(比较结果 same);%1 - eax(eax 初值 0);%2 - esi(名字指针);%3 - edi(目录项名指针);
   //%4 - ecx(比较的字节长度值 len)。
71          __asm__("cld\n\t"                    //清方向位。
72                  "fs ; repe ; cmpsb\n\t"      //用户空间执行循环比较[esi++]和[edi++]操作,
73                  "setz %%al"                  //若比较结果一样(z=0)则设置 al=1(same=eax)。
74                  :"=a" (same)
75                  :"" (0),"S" ((long) name),"D" ((long) de->name),"c" (len)
76                  :"cx","di","si");
77          return same;                         //返回比较结果。
78 }
79
80 /*
81  *       find_entry()
82  *
83  * finds an entry in the specified directory with the wanted name. It
84  * returns the cache buffer in which the entry was found, and the entry
85  * itself (as a parameter-res_dir). It does NOT read the inode of the
86  * entry-you'll have to do that yourself if you want to.
87  *
88  * This also takes care of the few special cases due to '..'-traversal
89  * over a pseudo-root and a mount point.
90  */
   /*     find_entry()
    * 在指定的目录中寻找一个与名字匹配的目录项。返回一个含有找到目录项的高速
    * 缓冲区以及目录项本身(作为一个参数-res_dir)。并不读目录项的 i 节点,如
    * 果需要的话需自己操作。
    * '..'目录项,操作期间也会对几种特殊情况分别处理,例如横越一个伪根目录以
```

```
 * 及安装点。* /
//查找指定目录和文件名的目录项。
//参数:dir-指定目录 i 节点的指针;name-文件名;namelen-文件名长度;
//返回:高速缓冲区指针;res_dir-返回的目录项结构指针;
91 static struct buffer_head * find_entry(struct m_inode * * dir,
92         const char * name, int namelen, struct dir_entry * * res_dir)
93 {
94         int entries;
95         int block,i;
96         struct buffer_head * bh;
97         struct dir_entry * de;
98         struct super_block * sb;
99 //如果定义了 NO_TRUNCATE,则若文件名长度超过最大长度 NAME_LEN,则返回。
100 #ifdef NO_TRUNCATE
101         if (namelen > NAME_LEN)
102                 return NULL;
103 #else   //如果没有定义 NO_TRUNCATE,则若文件名长度超过最大长度 NAME_LEN,则截短之。
104         if (namelen > NAME_LEN)
105                 namelen = NAME_LEN;
106 #endif
   //计算本目录中目录项项数 entries。置空返回目录项结构指针。
107         entries = ( *dir)->i_size /(sizeof (struct dir_entry));
108         *res_dir = NULL;
109         if (! namelen)                  //如果文件名长度等于 0,则返回 NULL,退出。
110                 return NULL;
111 /* check for '..', as we might have to do some "magic" for it * /
   /* 检查目录项'..',因为可能需要对其特别处理 * /
112         if (namelen==2 && get_fs_byte(name)=='.' && get_fs_byte(name+1)=='.') {
113 /* '..' in a pseudo-root results in a faked '.' (just change namelen) * /
   /* 伪根中的'..'如同一个假'.'(只需改变名字长度) * /
   //如果当前进程的根节点指针即是指定的目录,则将文件名修改为'.',
114                 if (( *dir)==current->root)
115                         namelen=1;
   //否则若该目录 i 节点号等于 ROOT_INO(1)的话,说明是文件系统根节点。则取文件系统的超级块。
116                 else if (( *dir)->i_num==ROOT_INO) {
117 /* '..' over a mount-point results in 'dir' being exchanged for the mounted
118    directory-inode. NOTE! We set mounted, so that we can iput the new dir * /
   /* 在一个安装点上的'..'将导致目录交换到安装到文件系统的目录 i 节点。
     注意! 由于设置了 mounted 标志,因而我们能够取出该新目录 * /
119                         sb=get_super(( *dir)->i_dev);
   //如果被安装到的 i 节点存在,则先释放原 i 节点,然后对被安装到的 i 节点进行处理。
   //让 *dir 指向该被安装到的 i 节点;该 i 节点的引用数加 1。
120                         if (sb->s_imount) {
121                                 iput( *dir);
122                                 ( *dir)= sb->s_imount;
123                                 ( *dir)->i_count++;
124                         }
125                 }
126         }
   //如果该 i 节点所指向的第一个直接磁盘块号为 0,则返回 NULL,退出。
127         if (! (block = ( *dir)->i_zone[0]))
128                 return NULL;
```

```
    //从节点所在设备读取指定的目录项数据块,如果不成功,则返回 NULL,退出。
129         if (! (bh = bread(( * dir)->i_dev,block)))
130                 return NULL;
    //在目录项数据块中搜索匹配指定文件名的目录项,首先让 de 指向数据块,并在不超过目录中目录项
    //数的条件下,循环执行搜索。
131         i = 0;
132         de = (struct dir_entry * ) bh->b_data;
133         while (i < entries) {
    //如果当前目录项数据块已经搜索完,还没有找到匹配的目录项,则释放当前目录项数据块。
134                 if ((char * )de >= BLOCK_SIZE+bh->b_data) {
135                         brelse(bh);
136                         bh = NULL;
    //读入下一目录项数据块。若这块为空,则只要还没有搜索完目录中的所有目录项,就跳过该块,
    //继续读下一目录项数据块。若该块不空,就让 de 指向该目录项数据块,继续搜索。
137                         if (! (block = bmap( * dir,i/DIR_ENTRIES_PER_BLOCK)) ||
138                             ! (bh = bread(( * dir)->i_dev,block))) {
139                                 i += DIR_ENTRIES_PER_BLOCK;
140                                 continue;
141                         }
142                         de = (struct dir_entry * ) bh->b_data;
143                 }
    //如果找到匹配的目录项的话,则返回该目录项结构指针和该目录项数据块指针,退出。
144                 if (match(namelen,name,de)) {
145                         * res_dir = de;
146                         return bh;
147                 }
148                 de++;                   //否则继续在目录项数据块中比较下一个目录项。
149                 i++;
150         }
    //若指定目录中的所有目录项都搜索完还没有找到相应的目录项,则释放目录项数据块,返回 NULL。
151         brelse(bh);
152         return NULL;
153 }
154
155 /*
156  *      add_entry()
157  *
158  * adds a file entry to the specified directory, using the same
159  * semantics as find_entry(). It returns NULL if it failed.
160  *
161  * NOTE!! The inode part of 'de' is left at 0-which means you
162  * may not sleep between calling this and putting something into
163  * the entry, as someone else might have used it while you slept.
164  * /
    /*     add_entry()
     * 使用与 find_entry()同样的方法,往指定目录中添加一文件目录项。如果失败则返回 NULL。
     * 注意!!'de'(指定目录项结构指针)的 i 节点部分被设置为 0-这表示在调用该函数和往目录项中
     * 添加信息之间不能睡眠,因为若睡眠那么其他人(进程)可能会已经使用了该目录项。 * /
    //根据指定的目录和文件名添加目录项。
    //参数:dir-指定目录的 i 节点;name-文件名;namelen-文件名长度;
    //返回:高速缓冲区指针;res_dir-返回的目录项结构指针;
165 static struct buffer_head * add_entry(struct m_inode * dir,
```

```
166         const char * name, int namelen, struct dir_entry * * res_dir)
167 {
168         int block,i;
169         struct buffer_head * bh;
170         struct dir_entry * de;
171 
172         * res_dir = NULL;
  //如果定义了 NO_TRUNCATE,则若文件名长度超过最大长度 NAME_LEN,则返回。
173 #ifdef NO_TRUNCATE
174         if (namelen > NAME_LEN)
175                 return NULL;
176 #else   //如果没有定义 NO_TRUNCATE,则若文件名长度超过最大长度 NAME_LEN,则截短之。
177         if (namelen > NAME_LEN)
178                 namelen = NAME_LEN;
179 #endif
180         if (! namelen)                  //如果文件名长度等于 0,则返回 NULL,退出。
181                 return NULL;
  //如果该目录 i 节点所指向的第一个直接磁盘块号为 0,则返回 NULL 退出。
182         if (! (block = dir->i_zone[0]))
183                 return NULL;
184         if (! (bh = bread(dir->i_dev,block)))   //如果读取该磁盘块失败,则返回 NULL 并退出。
185                 return NULL;
  //在目录项数据块中循环查找最后未使用的目录项。首先让目录项结构指针 de 指向高速缓冲的数据块
  //开始处,即第一个目录项。
186         i = 0;
187         de = (struct dir_entry * ) bh->b_data;
188         while (1) {
  //如果当前判别的目录项已经超出当前数据块,则释放该数据块,重新申请一块磁盘块 block。如果
  //申请失败,则返回 NULL,退出。
189                 if ((char * )de >= BLOCK_SIZE+bh->b_data) {
190                         brelse(bh);
191                         bh = NULL;
192                         block = create_block(dir,i/DIR_ENTRIES_PER_BLOCK);
193                         if (! block)
194                                 return NULL;
  //如果读取磁盘块返回的指针为空,则跳过该块继续。
195                         if (! (bh = bread(dir->i_dev,block))) {
196                                 i += DIR_ENTRIES_PER_BLOCK;
197                                 continue;
198                         }
  //否则,让目录项结构指针 de 指向该块的高速缓冲数据块开始处。
199                         de = (struct dir_entry * ) bh->b_data;
200                 }
  //如果当前所操作的目录项序号 i * 目录结构大小已经超过了该目录所指出的大小 i_size,则说明该
  //第 i 个目录项还未使用,我们可以使用它。于是对该目录项进行设置(置该目录项的 i 节点指针为空)。
  //并更新该目录的长度值(加上一个目录项的长度),设置目录的 i 节点已修改标志,再更新该目录的改
  //变时间为当前时间。
201                 if (i * sizeof(struct dir_entry) >= dir->i_size) {
202                         de->inode=0;
203                         dir->i_size = (i+1) * sizeof(struct dir_entry);
204                         dir->i_dirt = 1;
205                         dir->i_ctime = CURRENT_TIME;
```

```
206                 }
    //若该目录项的 i 节点为空,则表示找到一个还未使用的目录项。于是更新目录的修改时间为当前时
    //间。并从用户数据区复制文件名到该目录项的文件名字段,置相应的高速缓冲块已修改标志。返回
    //该目录项的指针以及该高速缓冲区的指针,退出。
207                 if (! de->inode) {
208                         dir->i_mtime = CURRENT_TIME;
209                         for (i=0; i < NAME_LEN ; i++)
210                                 de->name[i]=(i<namelen)? get_fs_byte(name+i):0;
211                         bh->b_dirt = 1;
212                         *res_dir = de;
213                         return bh;
214                 }
215                 de++;           //如果该目录项已经被使用,则继续检测下一个目录项。
216                 i++;
217         }
    //执行不到这里。也许 Linus 在写这段代码时是先复制了上面 find_entry()的代码,而后修改的。
218         brelse(bh);
219         return NULL;
220 }
221
222 /*
223  *      get_dir()
224  *
225  * Getdir traverses the pathname until it hits the topmost directory.
226  * It returns NULL on failure.
227  */
    /*    get_dir()
     * 该函数根据给出的路径名进行搜索,直到达到最顶端的目录。如果失败则返回 NULL。*/
    //搜寻指定路径名的目录。参数:pathname-路径名。
    //返回:目录的 i 节点指针。失败时返回 NULL。
228 static struct m_inode * get_dir(const char * pathname)
229 {
230         char c;
231         const char * thisname;
232         struct m_inode * inode;
233         struct buffer_head * bh;
234         int namelen,inr,idev;
235         struct dir_entry * de;
236 //如果进程没有设定根 i 节点,或者该进程根 i 节点的引用为 0,则系统出错,死机。
237         if (! current->root || ! current->root->i_count)
238                 panic("No root inode");
    //如果进程当前工作目录指针为空,或该当前目录 i 节点的引用计数为 0,也是系统有问题,死机。
239         if (! current->pwd || ! current->pwd->i_count)
240                 panic("No cwd inode");
    //如果用户指定的路径名的第 1 个字符是'/',则说明路径名是绝对路径名。则从根 i 节点开始操作。
241         if ((c=get_fs_byte(pathname))=='/') {
242                 inode = current->root;
243                 pathname++;
    //否则若第一个字符是其他字符,则表示给定的是相对路径名。应从进程的当前工作目录开始操作。
    //则取进程当前工作目录的 i 节点。
244         } else if (c)
245                 inode = current->pwd;
```

```
246         else                            //否则表示路径名为空,出错。返回 NULL,退出。
247                 return NULL;            /* empty name is bad * //* 空的路径名是错误的 * /
248         inode->i_count++;               //将取得的 i 节点引用计数增 1。
249         while (1) {
  //若该 i 节点不是目录节点,或者没有可进入的访问许可,则释放该 i 节点,返回 NULL,退出。
250                 thisname = pathname;
251                 if (! S_ISDIR(inode->i_mode) || ! permission(inode,MAY_EXEC)) {
252                         iput(inode);
253                         return NULL;
254                 }
  //从路径名开始起搜索检测字符,直到字符已是结尾符(NULL)或者是'/',此时 namelen 正好是当前处
  //理目录名的长度。如果最后也是一个目录名,但其后没有加'/',则不会返回该最后目录的 i 节点!
  //比如:/var/log/httpd,将只返回 log/目录的 i 节点。
255                 for(namelen=0;(c=get_fs_byte(pathname++))&&(c! ='/');namelen++)
256                         /* nothing * /;
  //若字符是结尾符 NULL,则表明已经到达指定目录,则返回该 i 节点指针,退出。
257                 if (! c)
258                         return inode;
  //调用查找指定目录和文件名的目录项函数,在当前处理目录中寻找子目录项。如果没有找到,则释
  //放该 i 节点,并返回 NULL,退出。
259                 if (! (bh = find_entry(&inode,thisname,namelen,&de))) {
260                         iput(inode);
261                         return NULL;
262                 }
  //取该子目录项的 i 节点号 inr 和设备号 idev,释放包含该目录项的高速缓冲块和该 i 节点。
263                 inr = de->inode;
264                 idev = inode->i_dev;
265                 brelse(bh);
266                 iput(inode);
  //取节点号 inr 的 i 节点信息,若失败,则返回 NULL,退出。否则继续以该子目录的 i 节点进行操作。
267                 if (! (inode = iget(idev,inr)))
268                         return NULL;
269         }
270 }
271
272 /*
273  *      dir_namei()
274  *
275  * dir_namei() returns the inode of the directory of the
276  * specified name, and the name within that directory.
277  * /
   /*    dir_namei()
    * dir_namei()函数返回指定目录名的 i 节点指针,以及在最顶层目录的名称。* /
   //参数:pathname -目录路径名;namelen -路径名长度。
   //返回:指定目录名最顶层目录的 i 节点指针和最顶层目录名及其长度。
278 static struct m_inode * dir_namei(const char * pathname,
279         int * namelen, const char * * name)
280 {
281         char c;
282         const char * basename;
283         struct m_inode * dir;
284 //取指定路径名最顶层目录的 i 节点,若出错则返回 NULL,退出。
```

```
285         if (! (dir = get_dir(pathname)))
286                 return NULL;
//对路径名 pathname 进行搜索检测,查找最后一个'/'后面的名字字符串,计算其长度,并返回最顶
//层目录的 i 节点指针。
287         basename = pathname;
288         while (c=get_fs_byte(pathname++))
289                 if (c=='/')
290                         basename=pathname;
291         *namelen = pathname -basename -1;
292         *name = basename;
293         return dir;
294 }
295
296 /*
297  *      namei()
298  *
299  * is used by most simple commands to get the inode of a specified name.
300  * Open, link etc use their own routines, but this is enough for things
301  * like 'chmod' etc.
302  */
/*      namei()
 * 该函数被许多简单的命令用于取得指定路径名称的 i 节点。open、link 等则使用它们
 * 自己的相应函数,但对于像修改模式'chmod'等这样的命令,该函数已足够用了。*/
//取指定路径名的 i 节点。参数:pathname-路径名。返回:对应的 i 节点。
303 struct m_inode * namei(const char * pathname)
304 {
305         const char * basename;
306         int inr,dev,namelen;
307         struct m_inode * dir;
308         struct buffer_head * bh;
309         struct dir_entry * de;
310 //首先查找指定路径的最顶层目录的目录名及其 i 节点,若不存在,则返回 NULL,退出。
311         if (! (dir = dir_namei(pathname,&namelen,&basename)))
312                 return NULL;
//如果返回的最顶层名字的长度是 0,则表示该路径名以一个目录名为最后一项。
313         if (! namelen)                  /* special case: '/usr/' etc */
314                 return dir;             /* 对应于'/usr/'等情况 */
//在返回的顶层目录中寻找指定文件名的目录项的 i 节点。因为如果最后也是一个目录名,但其后没
//有加'/',则不会返回该最后目录的 i 节点! 比如:/var/log/httpd,将只返回 log/目录的 i 节点。
//因为 dir_namei()将不以'/'结束的最后一个名字当作一个文件名来看待。因此这里需要单独对这种
//情况使用寻找目录项 i 节点函数 find_entry()进行处理。
315         bh = find_entry(&dir,basename,namelen,&de);
316         if (! bh) {
317                 iput(dir);
318                 return NULL;
319         }
//取该目录项的 i 节点号和目录的设备号,并释放包含该目录项的高速缓冲区以及目录 i 节点。
320         inr = de->inode;
321         dev = dir->i_dev;
322         brelse(bh);
323         iput(dir);
//取对应节号的 i 节点,修改其被访问时间为当前时间,并置已修改标志。最后返回该 i 节点指针。
```

```
324         dir=iget(dev,inr);
325         if (dir) {
326                 dir->i_atime=CURRENT_TIME;
327                 dir->i_dirt=1;
328         }
329         return dir;
330 }
331
332 /*
333  *      open_namei()
334  *
335  * namei for open-this is in fact almost the whole open-routine.
336  */
    /*     open_namei()
     * open()所使用的 namei 函数-这其实几乎是完整的打开文件程序。*/
    //文件打开 namei 函数。
    //参数:pathname-文件路径名;flag-文件打开标志;mode-文件访问许可属性;
    //返回:成功返回 0,否则返回出错号;res_inode-返回的对应文件路径名的的 i 节点指针。
337 int open_namei(const char * pathname, int flag, int mode,
338         struct m_inode * * res_inode)
339 {
340         const char * basename;
341         int inr,dev,namelen;
342         struct m_inode * dir, *inode;
343         struct buffer_head * bh;
344         struct dir_entry * de;
345 //如果文件访问许可模式标志是只读(0),但文件截 0 标志 O_TRUNC 却置位了,则改为只写标志。
346         if ((flag & O_TRUNC) && ! (flag & O_ACCMODE))
347                 flag |= O_WRONLY;
    //使用进程的文件访问许可屏蔽码,屏蔽掉给定模式中的相应位,并添上普通文件标志。
348         mode &= 0777 & ~current->umask;
349         mode |= I_REGULAR;
    //根据路径名寻找到对应的 i 节点,以及最顶端文件名及其长度。
350         if (! (dir = dir_namei(pathname,&namelen,&basename)))
351                 return  -ENOENT;
    //如果最顶端文件名长度为 0(例如'/usr/'这种路径名的情况),那么若打开操作不是创建、截 0,则
    //表示打开一个目录名,直接返回该目录的 i 节点,并退出。
352         if (! namelen) {                  /* special case: '/usr/' etc */
353                 if (! (flag & (O_ACCMODE |O_CREAT |O_TRUNC))) {
354                         *res_inode=dir;
355                         return 0;
356                 }
357                 iput(dir);              //否则释放该 i 节点,返回出错号。
358                 return  -EISDIR;
359         }
    //在 dir 节点对应的目录中取文件名对应的目录项结构 de 和该目录项所在的高速缓冲区。
360         bh = find_entry(&dir,basename,namelen,&de);
    //如果该高速缓冲指针为 NULL,则表示没有找到对应文件名的目录项,因此只可能是创建文件操作。
361         if (! bh) {
    //如果不是创建文件,则释放该目录的 i 节点,返回出错号退出。
362                 if (! (flag & O_CREAT)) {
363                         iput(dir);
```

```
364                     return  -ENOENT;
365             }
//如果用户在该目录没有写的权力,则释放该目录的 i 节点,返回出错号退出。
366             if (! permission(dir,MAY_WRITE)) {
367                     iput(dir);
368                     return  -EACCES;
369             }
//在目录节点对应设备上申请一个新 i 节点,若失败,则释放目录的 i 节点,并返回没有空间出错号。
370             inode = new_inode(dir->i_dev);
371             if (! inode) {
372                     iput(dir);
373                     return  -ENOSPC;
374             }
//否则使用该新 i 节点,对其进行初始设置:置节点的用户 id;对应节点访问模式;置已修改标志。
375             inode->i_uid = current->euid;
376             inode->i_mode = mode;
377             inode->i_dirt = 1;
//然后在指定目录 dir 中添加一新目录项。
378             bh = add_entry(dir,basename,namelen,&de);
//如果返回的应该含有新目录项的高速缓冲区指针为 NULL,则表示添加目录项操作失败。于是将该新
//i 节点的引用连接计数减 1;并释放该 i 节点与目录的 i 节点,返回出错号,退出。
379             if (! bh) {
380                     inode->i_nlinks--;
381                     iput(inode);
382                     iput(dir);
383                     return  -ENOSPC;
384             }
//初始设置该新目录项:置 i 节点号为新申请到的 i 节点的号码;并置高速缓冲区已修改标志。然后
//释放该高速缓冲区,释放目录的 i 节点。返回新目录项的 i 节点指针,退出。
385             de->inode = inode->i_num;
386             bh->b_dirt = 1;
387             brelse(bh);
388             iput(dir);
389             *res_inode = inode;
390             return 0;
391     }
//若上面在目录中取文件名对应的目录项结构操作成功(即 bh 不为 NULL),取出该目录项的 i 节点
//号和其所在的设备号,并释放该高速缓冲区以及目录的 i 节点。
392     inr = de->inode;
393     dev = dir->i_dev;
394     brelse(bh);
395     iput(dir);
//如果独占使用标志 O_EXCL 置位,则返回文件已存在出错号,退出。
396     if (flag & O_EXCL)
397             return  -EEXIST;
//如果取该目录项对应 i 节点的操作失败,则返回访问出错号,退出。
398     if (! (inode=iget(dev,inr)))
399             return  -EACCES;
//若该 i 节点是一个目录的节点并且访问模式是只写或读写,或者没有访问的许可权限,则释放该 i
//节点,返回访问权限出错号,退出。
400     if ((S_ISDIR(inode->i_mode) && (flag & O_ACCMODE)) ||
401         ! permission(inode,ACC_MODE(flag))) {
```

```
402                 iput(inode);
403                 return  -EPERM;
404         }
405         inode->i_atime = CURRENT_TIME;       //更新该 i 节点的访问时间字段为当前时间。
406         if (flag & O_TRUNC)         //如果设立了截 0 标志,则将该 i 节点的文件长度截为 0。
407                 truncate(inode);
408         *res_inode = inode;          //最后返回该目录项 i 节点的指针,并返回 0(成功)。
409         return 0;
410 }
411 //系统调用函数-创建一个特殊文件或普通文件节点(node)。
    //创建名称为 filename,由 mode 和 dev 指定的文件系统节点(普通文件、设备特殊文件或命名管道)。
    //参数:filename-路径名;mode-指定使用许可以及所创建节点的类型;dev-设备号。
    //返回:成功则返回 0,否则返回出错号。
412 int sys_mknod(const char * filename, int mode, int dev)
413 {
414         const char * basename;
415         int namelen;
416         struct m_inode * dir, * inode;
417         struct buffer_head * bh;
418         struct dir_entry * de;
419 
420         if (! suser())                  //如果不是超级用户,则返回访问许可出错号。
421                 return  -EPERM;
    //如果找不到对应路径名目录的 i 节点,则返回出错号。
422         if (! (dir = dir_namei(filename,&namelen,&basename)))
423                 return  -ENOENT;
    //如果最顶端的文件名长度为 0,则说明给出的路径名最后没有指定文件名,释放该目录 i 节点,返
    //回出错号,退出。
424         if (! namelen) {
425                 iput(dir);
426                 return  -ENOENT;
427         }
    //如果在该目录中没有写的权限,则释放该目录的 i 节点,返回访问许可出错号,退出。
428         if (! permission(dir,MAY_WRITE)) {
429                 iput(dir);
430                 return  -EPERM;
431         }
    //如果对应路径名上最后的文件名的目录项已经存在,则释放包含该目录项的高速缓冲区,释放目录
    //的 i 节点,返回文件已经存在出错号,退出。
432         bh = find_entry(&dir,basename,namelen,&de);
433         if (bh) {
434                 brelse(bh);
435                 iput(dir);
436                 return  -EEXIST;
437         }
    //申请一个新的 i 节点,如果不成功,则释放目录的 i 节点,返回无空间出错号,退出。
438         inode = new_inode(dir->i_dev);
439         if (! inode) {
440                 iput(dir);
441                 return  -ENOSPC;
442         }
    //设置该 i 节点的属性模式。如果要创建的是块设备文件或者是字符设备文件,则令 i 节点的直接块
```

```
   //指针 0 等于设备号。
443         inode->i_mode = mode;
444         if (S_ISBLK(mode) || S_ISCHR(mode))
445                 inode->i_zone[0] = dev;
   //设置该 i 节点的修改时间、访问时间为当前时间。
446         inode->i_mtime = inode->i_atime = CURRENT_TIME;
447         inode->i_dirt = 1;
   //在目录中新添加一个目录项,如果失败(包含该目录项的高速缓冲区指针为 NULL),则释放目录的 i
   //节点;所申请的 i 节点引用连接计数复位,并释放该 i 节点。返回出错号,退出。
448         bh = add_entry(dir,basename,namelen,&de);
449         if (! bh) {
450                 iput(dir);
451                 inode->i_nlinks=0;
452                 iput(inode);
453                 return  -ENOSPC;
454         }
   //令该目录项的 i 节点字段等于新 i 节点号,置高速缓冲区已修改标志,释放目录和新的 i 节点,释
   //放高速缓冲区,最后返回 0(成功)。
455         de->inode = inode->i_num;
456         bh->b_dirt = 1;
457         iput(dir);
458         iput(inode);
459         brelse(bh);
460         return 0;
461 }
462 //系统调用函数-创建目录。参数:pathname-路径名;mode-目录使用的权限属性。
   //返回:成功则返回 0,否则返回出错号。
463 int sys_mkdir(const char * pathname, int mode)
464 {
465         const char * basename;
466         int namelen;
467         struct m_inode * dir, * inode;
468         struct buffer_head * bh, *dir_block;
469         struct dir_entry * de;
470
471         if (! suser())                  //如果不是超级用户,则返回访问许可出错号。
472                 return  -EPERM;
   //如果找不到对应路径名目录的 i 节点,则返回出错号。
473         if (! (dir = dir_namei(pathname,&namelen,&basename)))
474                 return  -ENOENT;
   //如果最顶端的文件名长度为 0,则说明给出的路径名最后没有指定文件名,释放该目录 i 节点,返
   //回出错号,退出。
475         if (! namelen) {
476                 iput(dir);
477                 return  -ENOENT;
478         }
   //如果在该目录中没有写的权限,则释放该目录的 i 节点,返回访问许可出错号,退出。
479         if (! permission(dir,MAY_WRITE)) {
480                 iput(dir);
481                 return  -EPERM;
482         }
   //如果对应路径名上最后的文件名的目录项已经存在,则释放包含该目录项的高速缓冲区,释放目录
```

```
//的 i 节点,返回文件已经存在出错号,退出。
483         bh = find_entry(&dir,basename,namelen,&de);
484         if (bh) {
485                 brelse(bh);
486                 iput(dir);
487                 return  -EEXIST;
488         }
//申请一个新的 i 节点,如果不成功,则释放目录的 i 节点,返回无空间出错号,退出。
489         inode = new_inode(dir->i_dev);
490         if (! inode) {
491                 iput(dir);
492                 return  -ENOSPC;
493         }
//置该新 i 节点对应的文件长度为 32(一个目录项的大小),置节点已修改标志,以及节点的修改时间
//和访问时间。
494         inode->i_size = 32;
495         inode->i_dirt = 1;
496         inode->i_mtime = inode->i_atime = CURRENT_TIME;
//为该 i 节点申请一磁盘块,并令节点第一个直接块指针等于该块号。如果申请失败,则释放对应目
//录的 i 节点;复位新申请的 i 节点连接计数;释放该新的 i 节点,返回没有空间出错号,退出。
497         if (! (inode->i_zone[0]=new_block(inode->i_dev))) {
498                 iput(dir);
499                 inode->i_nlinks--;
500                 iput(inode);
501                 return  -ENOSPC;
502         }
//置该新的 i 节点已修改标志。读新申请的磁盘块。若出错,则释放对应目录的 i 节点;释放申请的
//磁盘块;复位新申请的 i 节点连接计数;释放该新的 i 节点,返回没有空间出错号,退出。
503         inode->i_dirt = 1;
504         if (! (dir_block=bread(inode->i_dev,inode->i_zone[0]))) {
505                 iput(dir);
506                 free_block(inode->i_dev,inode->i_zone[0]);
507                 inode->i_nlinks--;
508                 iput(inode);
509                 return  -ERROR;
510         }
//令 de 指向目录项数据块,置该目录项的 i 节点号字段等于新申请的 i 节点号,名字字段等于"."。
511         de = (struct dir_entry * ) dir_block->b_data;
512         de->inode=inode->i_num;
513         strcpy(de->name,".");
//然后 de 指向下一个目录项结构,该结构用于存放上级目录的节点号和名字".."。
514         de++;
515         de->inode = dir->i_num;
516         strcpy(de->name,"..");
517         inode->i_nlinks = 2;
//然后设置该高速缓冲区已修改标志,并释放该缓冲区。
518         dir_block->b_dirt = 1;
519         brelse(dir_block);
//初始化设置新 i 节点的模式字段,并置该 i 节点已修改标志。
520         inode->i_mode = I_DIRECTORY |(mode & 0777 & ~current->umask);
521         inode->i_dirt = 1;
//在目录中新添加一个目录项,如果失败(包含该目录项的高速缓冲区指针为 NULL),则释放目录的 i
```

```
    //节点;所申请的 i 节点引用连接计数复位,并释放该 i 节点。返回出错号,退出。
522         bh = add_entry(dir,basename,namelen,&de);
523         if (! bh) {
524                 iput(dir);
525                 free_block(inode->i_dev,inode->i_zone[0]);
526                 inode->i_nlinks=0;
527                 iput(inode);
528                 return  -ENOSPC;
529         }
    //令该目录项的 i 节点字段等于新 i 节点号,置高速缓冲区已修改标志,释放目录和新的 i 节点,释
    //放高速缓冲区,最后返回 0(成功)。
530         de->inode = inode->i_num;
531         bh->b_dirt = 1;
532         dir->i_nlinks++;
533         dir->i_dirt = 1;
534         iput(dir);
535         iput(inode);
536         brelse(bh);
537         return 0;
538 }
539
540 /*
541  * routine to check that the specified directory is empty (for rmdir)
542  */    /* 用于检查指定的目录是否为空的子程序(用于 rmdir 系统调用函数)。   */
    //检查指定目录是不是空的。参数:inode-指定目录的 i 节点指针。返回:1-空的;0-不空。
543 static int empty_dir(struct m_inode * inode)
544 {
545         int nr,block;
546         int len;
547         struct buffer_head * bh;
548         struct dir_entry * de;
549 //计算指定目录中现有目录项的个数(应该起码有 2 个,即"."和".."两个文件目录项)。
550         len = inode->i_size / sizeof (struct dir_entry);
    //如果目录项个数少于 2 个或者该目录 i 节点的第 1 个直接块没有指向任何磁盘块号,或者相应磁盘
    //块读不出,则显示警告信息"设备 dev 上目录错",返回 0(失败)。
551         if (len<2 || ! inode->i_zone[0] ||
552             ! (bh=bread(inode->i_dev,inode->i_zone[0]))) {
553                 printk("warning-bad directory on dev %04x\n",inode->i_dev);
554                 return 0;
555         }
    //让 de 指向含有读出磁盘块数据的高速缓冲区中第 1 项目录项。
556         de = (struct dir_entry * ) bh->b_data;
    //如果第 1 个目录项的 i 节点号字段值不等于该目录的 i 节点号,或者第 2 个目录项的 i 节点号字段
    //为 0,或者两个目录项的名字字段不分别等于"."和"..",则显示警告信息"设备 dev 上目录错"并
    //返回 0。
557         if (de[0].inode!=inode->i_num || ! de[1].inode ||
558             strcmp(".",de[0].name) || strcmp("..",de[1].name)) {
559                 printk("warning-bad directory on dev %04x\n",inode->i_dev);
560                 return 0;
561         }
562         nr = 2;                     //令 nr 等于目录项序号;de 指向第三个目录项。
563         de += 2;
```

```
//循环检测该目录中所有的目录项(len-2个),看有没有目录项的i节点号字段不为0(被使用)。
564         while (nr<len) {
//如果该块磁盘块中的目录项已经检测完,则释放该磁盘块的高速缓冲区,读取下一块含有目录项的
//磁盘块。若相应块没有使用(或已经不用,如文件已经删除等),则继续读下一块,若读不出,则出
//错,返回0。否则让de指向读出块的第一个目录项。
565                 if ((void *) de >= (void *) (bh->b_data+BLOCK_SIZE)) {
566                         brelse(bh);
567                         block=bmap(inode,nr/DIR_ENTRIES_PER_BLOCK);
568                         if (! block) {
569                                 nr += DIR_ENTRIES_PER_BLOCK;
570                                 continue;
571                         }
572                         if (! (bh=bread(inode->i_dev,block)))
573                                 return 0;
574                         de = (struct dir_entry *) bh->b_data;
575                 }
//如果该目录项的i节点号字段不等于0,则表示该目录项目前正被使用,则释放该高速缓冲区,
//返回0,退出。
576                 if (de->inode) {
577                         brelse(bh);
578                         return 0;
579                 }
580                 de++;         //否则,若还没有查询完该目录中的所有目录项,则继续检测。
581                 nr++;
582         }
//到这里说明该目录中没有找到已用的目录项(当然除了头两个以外),则释放缓冲区,返回1。
583         brelse(bh);
584         return 1;
585 }
586 //系统调用函数-删除指定名称的目录。参数:name-目录名(路径名)。
//返回:返回0表示成功,否则返回出错号。
587 int sys_rmdir(const char * name)
588 {
589         const char * basename;
590         int namelen;
591         struct m_inode * dir, * inode;
592         struct buffer_head * bh;
593         struct dir_entry * de;
594 //如果不是超级用户,则返回访问许可出错号。
595         if (! suser())
596                 return  -EPERM;
//如果找不到对应路径名目录的i节点,则返回出错号。
597         if (! (dir = dir_namei(name,&namelen,&basename)))
598                 return  -ENOENT;
//如果最顶端的文件名长度为0,则说明给出的路径名最后没有指定文件名,释放该目录i节点,
//返回出错号,退出。
599         if (! namelen) {
600                 iput(dir);
601                 return  -ENOENT;
602         }
//如果在该目录中没有写的权限,则释放该目录的i节点,返回访问许可出错号,退出。
603         if (! permission(dir,MAY_WRITE)) {
```

```
604                 iput(dir);
605                 return  -EPERM;
606         }
//如果对应路径名上最后的文件名的目录项不存在,则释放包含该目录项的高速缓冲区,释放目录的
//i节点,返回文件已经存在出错号,退出。否则dir是包含要被删除目录名的目录i节点,de是要
//被删除目录的目录项结构。
607         bh = find_entry(&dir,basename,namelen,&de);
608         if (! bh) {
609                 iput(dir);
610                 return  -ENOENT;
611         }
//取该目录项指明的 i 节点。若出错则释放目录 i 节点,并释放含有目录项的高速缓冲,返回出错号。
612         if (! (inode = iget(dir->i_dev, de->inode))) {
613                 iput(dir);
614                 brelse(bh);
615                 return  -EPERM;
616         }
//若该目录设置了受限删除标志并且进程的有效用户 id 不等于该 i 节点用户 id,则表示没有权限删
//除该目录,则释放包含要删除目录名的目录 i 节点和该要删除目录的 i 节点,释放高速缓冲,返回
//出错号。
617         if ((dir->i_mode & S_ISVTX) && current->euid &&
618             inode->i_uid!=current->euid) {
619                 iput(dir);
620                 iput(inode);
621                 brelse(bh);
622                 return  -EPERM;
623         }
//如果要被删除的目录项的 i 节点的设备号不等于包含该目录项的目录的设备号,或者该被删除目录
//的引用连接计数大于 1(表示有符号连接等),则不能删除该目录,于是释放包含要删除目录名的目
//录 i 节点和该要删除目录的 i 节点,释放高速缓冲区,返回出错号。
624         if (inode->i_dev!=dir->i_dev || inode->i_count>1) {
625                 iput(dir);
626                 iput(inode);
627                 brelse(bh);
628                 return  -EPERM;
629         }
//若要被删除的目录项 i 节点号等于包含该需删除目录的 i 节点号,则表示试图删除"."目录。于是释
//放包含要删除目录名的目录 i 节点和该要删除目录的 i 节点,释放高速缓冲区,返回出错号。
630         if (inode==dir) {      /* we may not delete ".", but "../dir" is ok */
631                 iput(inode);      /* 我们不可以删除".",但可以删除"../dir" */
632                 iput(dir);
633                 brelse(bh);
634                 return  -EPERM;
635         }
//若要被删除的目录的 i 节点的属性表明这不是一个目录,则释放包含要删除目录名的目录 i 节点和
//该要删除目录的 i 节点,释放高速缓冲区,返回出错号。
636         if (! S_ISDIR(inode->i_mode)) {
637                 iput(inode);
638                 iput(dir);
639                 brelse(bh);
640                 return  -ENOTDIR;
641         }
```

```
//若该需被删除的目录不空,则释放包含要删除目录名的目录 i 节点和该要删除目录的 i 节点,释放
//高速缓冲区,返回出错号。
642        if (! empty_dir(inode)) {
643                iput(inode);
644                iput(dir);
645                brelse(bh);
646                return  -ENOTEMPTY;
647        }
//若该需被删除目录的 i 节点的链接数不等于 2,则显示警告信息。
648        if (inode->i_nlinks!=2)
649                printk("empty directory has nlink! =2 (%d)",inode->i_nlinks);
//置该需被删除目录的目录项的 i 节点号字段为 0,表示该目录项不再使用,并置含有该目录项的高
//速缓冲区已修改标志,并释放该缓冲区。
650        de->inode = 0;
651        bh->b_dirt = 1;
652        brelse(bh);
//置被删除目录的 i 节点的链接数为 0,并置 i 节点已修改标志。
653        inode->i_nlinks=0;
654        inode->i_dirt=1;
//将包含被删除目录名的目录的 i 节点引用计数减 1,修改其改变时间和修改时间为当前时间,并置
//该节点已修改标志。
655        dir->i_nlinks--;
656        dir->i_ctime = dir->i_mtime = CURRENT_TIME;
657        dir->i_dirt=1;
//最后释放包含要删除目录名的目录 i 节点和该要删除目录的 i 节点,返回 0(成功)。
658        iput(dir);
659        iput(inode);
660        return 0;
661 }
662 //系统调用函数——删除文件名以及可能也删除其相关的文件。
//从文件系统删除一个名字。如果是一个文件的最后一个链接,并且没有进程正打开该文件,则该文
//件也将被删除,并释放所占用的设备空间。
//参数:name-文件名。返回:成功则返回 0,否则返回出错号。
663 int sys_unlink(const char * name)
664 {
665        const char * basename;
666        int namelen;
667        struct m_inode * dir, * inode;
668        struct buffer_head * bh;
669        struct dir_entry * de;
670 //如果找不到对应路径名目录的 i 节点,则返回出错号。
671        if (! (dir = dir_namei(name,&namelen,&basename)))
672                return  -ENOENT;
//如果最顶端的文件名长度为 0,则说明给出的路径名最后没有指定文件名,释放该目录 i 节点,
//返回出错号,退出。
673        if (! namelen) {
674                iput(dir);
675                return  -ENOENT;
676        }
//如果在该目录中没有写的权限,则释放该目录的 i 节点,返回访问许可出错号,退出。
677        if (! permission(dir,MAY_WRITE)) {
678                iput(dir);
```

```
679                 return  -EPERM;
680         }
```
//如果对应路径名上最后的文件名的目录项不存在,则释放包含该目录项的高速缓冲区,释放目录
//的 i 节点,返回文件已经存在出错号,退出。否则 dir 是包含要被删除目录名的目录 i 节点,de
//是要被删除目录的目录项结构。
```
681         bh = find_entry(&dir,basename,namelen,&de);
682         if (! bh) {
683                 iput(dir);
684                 return  -ENOENT;
685         }
```
//取该目录项指明的 i 节点。若出错则释放目录 i 节点,并释放含有目录项的高速缓冲,返回出错号。
```
686         if (! (inode = iget(dir->i_dev, de->inode))) {
687                 iput(dir);
688                 brelse(bh);
689                 return  -ENOENT;
690         }
```
//若该目录设置了受限删除标志并且用户不是超级用户,并且进程的有效用户 id 不等于被删除文件名
//i 节点的用户id,并且进程的有效用户id也不等于目录i节点的用户id,则没有权限删除该文件
//名。则释放该目录i节点和该文件名目录项的i节点,释放包含该目录项的缓冲区,返回出错号。
```
691         if ((dir->i_mode & S_ISVTX) && ! suser() &&
692             current->euid!=inode->i_uid &&
693             current->euid!=dir->i_uid) {
694                 iput(dir);
695                 iput(inode);
696                 brelse(bh);
697                 return  -EPERM;
698         }
```
//如果该指定文件名是一个目录,则也不能删除,释放该目录 i 节点和该文件名目录项的 i 节点,
//释放包含该目录项的缓冲区,返回出错号。
```
699         if (S_ISDIR(inode->i_mode)) {
700                 iput(inode);
701                 iput(dir);
702                 brelse(bh);
703                 return  -EPERM;
704         }   //如果该 i 节点的链接数已经为 0,则显示警告信息,修正其为 1。
705         if (! inode->i_nlinks) {
706                 printk("Deleting nonexistent file (%04x:%d), %d\n",
707                         inode->i_dev,inode->i_num,inode->i_nlinks);
708                 inode->i_nlinks=1;
709         }
```
//将该文件名的目录项中的 i 节点号字段置为 0,表示释放该目录项,并设置包含该目录项的缓冲区
//已修改标志,释放该高速缓冲区。
```
710         de->inode = 0;
711         bh->b_dirt = 1;
712         brelse(bh);
```
//该 i 节点的连接数减 1,置已修改标志,更新改变时间为当前时间。最后释放该 i 节点和目录的
//i 节点,返回 0(成功)。
```
713         inode->i_nlinks--;
714         inode->i_dirt = 1;
715         inode->i_ctime = CURRENT_TIME;
716         iput(inode);
717         iput(dir);
```

```
718         return 0;
719 }
720 //系统调用函数-为文件建立一个文件名。为已存在文件建一个新连接(也称硬连接-hard link)。
    //参数:oldname-原路径名;newname-新的路径名。返回:若成功则返回 0,否则返回出错号。
721 int sys_link(const char * oldname, const char * newname)
722 {
723         struct dir_entry * de;
724         struct m_inode * oldinode, * dir;
725         struct buffer_head * bh;
726         const char * basename;
727         int namelen;
728 //取原文件路径名对应的 i 节点 oldinode。如果为 0,则表示出错,返回出错号。
729         oldinode=namei(oldname);
730         if (! oldinode)
731                 return -ENOENT;
    //如果原路径名对应的是一个目录名,则释放该 i 节点,返回出错号。
732         if (S_ISDIR(oldinode->i_mode)) {
733                 iput(oldinode);
734                 return  -EPERM;
735         }
    //查找新路径名的最顶层目录的 i 节点,并返回最后的文件名及其长度。如果目录的 i 节点没有找到,
    //则释放原路径名的 i 节点,返回出错号。
736         dir = dir_namei(newname,&namelen,&basename);
737         if (! dir) {
738                 iput(oldinode);
739                 return  -EACCES;
740         }
    //如果新路径名中不包括文件名,则释放原路径名 i 节点和新路径名目录的 i 节点,返回出错号。
741         if (! namelen) {
742                 iput(oldinode);
743                 iput(dir);
744                 return  -EPERM;
745         }
    //如果新路径名目录的设备号与原路径名的设备号不一样,则也不能建立连接,于是释放新路径名
    //目录的 i 节点和原路径名的 i 节点,返回出错号。
746         if (dir->i_dev!=oldinode->i_dev) {
747                 iput(dir);
748                 iput(oldinode);
749                 return  -EXDEV;
750         }
    //如果用户没有在新目录中写的权限,则也不能建立连接,于是释放新路径名目录的 i 节点和原路径
    //名的 i 节点,返回出错号。
751         if (! permission(dir,MAY_WRITE)) {
752                 iput(dir);
753                 iput(oldinode);
754                 return  -EACCES;
755         }
    //查询该新路径名是否已经存在,如果存在,则也不能建立连接,于是释放包含该已存在目录项的
    //高速缓冲区,释放新路径名目录的 i 节点和原路径名的 i 节点,返回出错号。
756         bh = find_entry(&dir,basename,namelen,&de);
757         if (bh) {
758                 brelse(bh);
```

```
759                iput(dir);
760                iput(oldinode);
761                return  -EEXIST;
762        }
//在新目录中添加一个目录项。若失败则释放该目录的 i 节点和原路径名的 i 节点,返回出错号。
763        bh = add_entry(dir,basename,namelen,&de);
764        if (! bh) {
765                iput(dir);
766                iput(oldinode);
767                return  -ENOSPC;
768        }
//否则初始设置该目录项的 i 节点号等于原路径名的 i 节点号,并置包含该新添目录项的高速缓冲区
//已修改标志,释放该缓冲区,释放目录的 i 节点。
769        de->inode = oldinode->i_num;
770        bh->b_dirt = 1;
771        brelse(bh);
772        iput(dir);
//将原节点的应用计数加 1,修改其改变时间为当前时间,并设置 i 节点已修改标志,最后释放原路
//径名的 i 节点,并返回 0(成功)。
773        oldinode->i_nlinks++;
774        oldinode->i_ctime = CURRENT_TIME;
775        oldinode->i_dirt = 1;
776        iput(oldinode);
777        return 0;
778 }
```

9.2.6 file_table.c 程序

该程序目前是空的,仅定义了一个文件表数组。代码注释见文件 9-6。

文件 9-6 linux/fs/file_table.c

```
 7 #include <linux/fs.h>      //文件系统头文件。定义文件表结构(file,buffer_head,m_inode 等)。
 8
 9 struct file file_table[NR_FILE];   //文件表数组(64 项)。
10
```

9.2.7 block_dev.c 程序

以下 4 个程序:block_dev.c、file_dev.c、pipe.c 和 char_dev.c 都是为后面的 read_write.c 程序提供服务,主要实现了系统调用 write()和 read()。

block_dev.c 程序属于块设备文件数据访问操作类程序。该文件包括 block_read()和 block_write()两个块设备读写函数。这两个函数是供系统调用函数 read()和 write()调用的,其他地方没有引用。

由于块设备每次对磁盘读写是以盘块为单位(与缓冲区中缓冲块长度相同),因此函数 block_write()首先把参数中文件指针 pos 位置映射成数据块号和块中偏移值,然后使用块读取函数 bread()或块预读函数 breada()将文件指针位置所在的数据块读入缓冲区的一个缓冲块中,然后根据本块中需要写的数据长度 chars,从用户数据缓冲区中将数据复制到当前缓冲

块的偏移位置处。如果还有需要写的数据，则再将下一块读入缓冲区的缓冲块中，并将用户数据复制到该缓冲块中，在第二次及以后写数据时，偏移量 offset 均为 0。参见图 9-17。

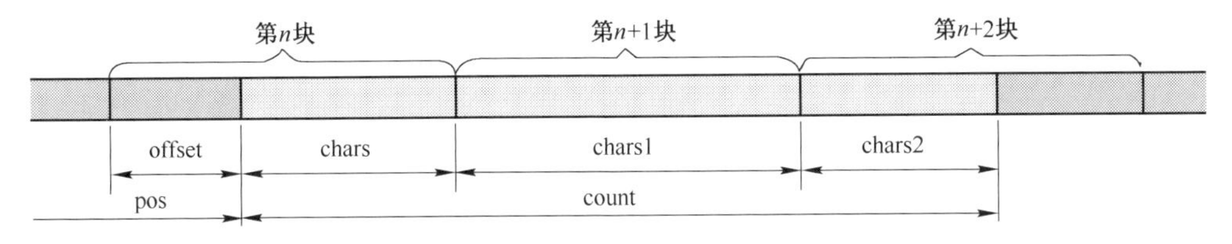

图 9-17　块数据读写操作指针位置示意图

用户的缓冲区是用户程序在开始执行时由系统分配的，或者是在执行过程中动态申请的。用户缓冲区使用的虚拟线性地址，在调用本函数之前，系统会将虚拟线性地址映射到主内存区中相应的内存页中。函数 block_read( ) 的操作方式与 block_write( ) 相同，只是把数据从缓冲区复制到用户指定的地方。block_dev. c 程序见文件 9-7。

文件 9-7　linux/fs/block_dev. c

```
 7 #include <errno.h>          //错误号头文件。包含系统中各种出错号(Linus 从 MINIX 中引进的)。
 8
 9 #include <linux/sched.h>    //调度程序头文件,定义任务结构 task_struct、初始任务 0 的数据。
10 #include <linux/kernel.h>   //内核头文件。含有一些内核常用函数的原型定义。
11 #include <asm/segment.h>    //段操作头文件。定义了有关段寄存器操作的嵌入式汇编函数。
12 #include <asm/system.h>     //系统头文件。定义了设置或修改描述符/中断门等的嵌入式汇编宏。
13 //数据块写函数-向指定设备从给定偏移处写入指定长度字节数据。
   //参数:dev-设备号;pos-设备文件中偏移量指针;buf-用户地址空间中缓冲区地址;
   //count-要传送的字节数。
   //对于内核来说,写操作是向高速缓冲区中写入数据,什么时候数据最终写入设备是由高速缓冲管理
   //程序决定并处理的。另外,因为设备是以块为单位进行读写的,因此对于写开始位置不处于块起始
   //处时,需要先将开始字节所在的整个块读出,然后将需要写的数据从写开始处填写满该块,再将完
   //整的一块数据写盘(即交由高速缓冲程序去处理)。
14 int block_write(int dev, long * pos, char * buf, int count)
15 {
   //由 pos 地址换算成开始读写块的块序号 block。并求出需读第 1 字节在该块中的偏移位置 offset。
16         int block = *pos >> BLOCK_SIZE_BITS;
17         int offset = *pos & (BLOCK_SIZE-1);
18         int chars;
19         int written = 0;
20         struct buffer_head * bh;
21         register char * p;
22 //针对要写入的字节数 count,循环执行以下操作,直到全部写入。
23         while (count>0) {
   //计算在该块中可写入的字节数。如果需要写入的字节数填不满一块,则只需写 count 字节。
24                 chars = BLOCK_SIZE - offset;
25                 if (chars > count)
26                         chars=count;
   //如果正好要写 1 块数据,则直接申请 1 块高速缓冲块,否则需要读入将被修改的数据块,并预读
   //下两块数据,然后将块号递增 1。
27                 if (chars==BLOCK_SIZE)
28                         bh = getblk(dev,block);
29                 else
```

```
30                      bh = breada(dev,block,block+1,block+2,-1);
31              block++;
  //如果缓冲块操作失败,则返回已写字节数,如果没有写入任何字节,则返回出错号(负数)。
32              if (! bh)
33                      return written? written:-EIO;
  //p指向读出数据块中开始写的位置。若最后写入的数据不足一块,则需从块开始填写(修改)所需
  //的字节,因此这里需置 offset 为零。
34              p = offset + bh->b_data;
35              offset = 0;
  //将文件中偏移指针前移已写字节数。累加已写字节数 chars。传送计数值减去此次已传送字节数。
36              *pos += chars;
37              written += chars;
38              count -= chars;
  //从用户缓冲区复制 chars 字节到 p 指向的高速缓冲区中开始写入的位置。
39              while (chars-->0)
40                      *(p++) = get_fs_byte(buf++);
  //置该缓冲区块已修改标志,并释放该缓冲区(也即该缓冲区引用计数递减 1)。
41              bh->b_dirt = 1;
42              brelse(bh);
43      }
44      return written;                         //返回已写入的字节数,正常退出。
45 }
46 //数据块读函数-从指定设备和位置读入指定字节数的数据到高速缓冲区中。
47 int block_read(int dev, unsigned long * pos, char * buf, int count)
48 {
  //由 pos 地址换算成开始读写块的块序号 block。并求出需读第 1 字节在该块中的偏移位置 offset。
49      int block = *pos >> BLOCK_SIZE_BITS;
50      int offset = *pos & (BLOCK_SIZE-1);
51      int chars;
52      int read = 0;
53      struct buffer_head * bh;
54      register char * p;
55 //针对要读入的字节数 count,循环执行以下操作,直到全部读入。
56      while (count>0) {
  //计算在该块中需读入的字节数。如果需要读入的字节数不满一块,则只需读 count 字节。
57              chars = BLOCK_SIZE-offset;
58              if (chars > count)
59                      chars = count;
  //读入需要的数据块,并预读下两块数据,如果读操作出错,则返回已读字节数,如果没有读入任何
  //字节,则返回出错号。然后将块号递增 1。
60              if (! (bh = breada(dev,block,block+1,block+2,-1)))
61                      return read? read:-EIO;
62              block++;
  //p指向从设备读出数据块中需要读取的开始位置。若最后需要读取的数据不足一块,则需从块开始
  //读取所需的字节,因此这里需将 offset 置零。
63              p = offset + bh->b_data;
64              offset = 0;
  //将文件中偏移指针前移已读出字节数 chars。累加已读字节数。传送计数值减去此次已传送字节数。
65              *pos += chars;
66              read += chars;
67              count -= chars;
  //从高速缓冲区中 p 指向的开始位置复制 chars 字节数据到用户缓冲区,并释放该高速缓冲区。
```

```
68              while (chars-->0)
69                      put_fs_byte( *(p++),buf++);
70              brelse(bh);
71      }
72      return read;                        //返回已读取的字节数,正常退出。
73 }
```

9.2.8 file_dev.c 程序

该文件(见文件 9-8)包括 file_read()和 file_write()两个函数,也是仅供系统调用函数 read()和 write()调用。与上一个文件 block_dev.c 类似,该文件也是用于访问文件数据。但是本程序中的函数是通过指定文件路径名方式进行操作。函数参数中给出的是文件 i 节点和文件结构信息,通过 i 节点中的信息来获取相应的设备号,由 file 结构,我们可以获得文件当前的读写指针位置。而上一个文件中的函数则是直接在参数中指定了设备号和文件中的读写位置,是专门用于对块设备文件进行操作的,例如/dev/fd0 设备文件。

文件 9-8 linux/fs/file_dev.c

```
 7 #include <errno.h>          //错误号头文件。包含系统中各种出错号(Linus 从 MINIX 中引进的)。
 8 #include <fcntl.h>          //文件控制头文件。用于文件及其描述符的操作控制常数符号的定义。
 9
10 #include <linux/sched.h>    //调度程序头文件,定义了任务结构 task_struct、初始任务 0 的数据。
11 #include <linux/kernel.h>   //内核头文件。含有一些内核常用函数的原型定义。
12 #include <asm/segment.h>    //段操作头文件。定义了有关段寄存器操作的嵌入式汇编函数。
13
14 #define MIN(a,b) (((a)<(b))? (a):(b))         //取 a,b 中的最小值。
15 #define MAX(a,b) (((a)>(b))? (a):(b))         //取 a,b 中的最大值。
16 //文件读函数-根据 i 节点和文件结构,读设备数据。
   //由 i 节点可以知道设备号,由 filp 结构可以知道文件中当前读写指针位置。buf 指定用户态中缓冲
   //区的位置,count 为需要读取的字节数。返回值是实际读取的字节数,或出错号(小于 0)。
17 int file_read(struct m_inode * inode, struct file * filp, char * buf, int count)
18 {
19      int left,chars,nr;
20      struct buffer_head * bh;
21 //若需要读取的字节计数值小于或等于零,则返回。
22      if ((left=count)<=0)
23              return 0;
   //若还需要读取的字节数不等于 0,就循环执行以下操作,直到全部读出。
24      while (left) {
   //根据 i 节点和文件表结构信息,取数据块文件当前读写位置在设备上对应的逻辑块号 nr。若 nr 不
   //为 0,则从 i 节点指定的设备上读取该逻辑块,如果读操作失败则退出循环。若 nr 为 0,表示指定
   //的数据块不存在,置缓冲块指针为 NULL。
25              if (nr = bmap(inode,(filp->f_pos)/BLOCK_SIZE)) {
26                      if (!(bh=bread(inode->i_dev,nr)))
27                              break;
28              } else
29                      bh = NULL;
   //计算文件读写指针在数据块中的偏移值 nr,则该块中可读字节数为(BLOCK_SIZE -nr),然后与还需
   //读取的字节数 left 作比较,其中小值即为本次需读的字节数 chars。若(BLOCK_SIZE -nr)大则说明
   //该块是需要读取的最后一块数据,反之还需要读取一块数据。
```

```
30                nr = filp->f_pos %BLOCK_SIZE;
31                chars = MIN( BLOCK_SIZE -nr , left );
 //调整读写文件指针。指针前移此次将读取的字节数 chars。剩余字节计数相应减去 chars。
32                filp->f_pos += chars;
33                left -= chars;
 //若从设备上读到了数据,则将 p 指向读出数据块缓冲区中开始读取的位置,并且复制 chars 字节到
 //用户缓冲区 buf 中。否则往用户缓冲区中填入 chars 个 0 值字节。
34                if (bh) {
35                       char * p = nr + bh->b_data;
36                       while (chars-->0)
37                              put_fs_byte( *(p++),buf++);
38                       brelse(bh);
39                } else {
40                       while (chars-->0)
41                              put_fs_byte(0,buf++);
42                }
43         }
 //修改该 i 节点的访问时间为当前时间。返回读取的字节数,若读取字节数为 0,则返回出错号。
44         inode->i_atime = CURRENT_TIME;
45         return (count-left)? (count-left):-ERROR;
46 }
47 //文件写函数-根据 i 节点和文件结构信息,将用户数据写入指定设备。
 //由 i 节点可以知道设备号,由 filp 结构可以知道文件中当前读写指针位置。buf 指定用户态中缓冲
 //区的位置,count 为需要写入的字节数。返回值是实际写入的字节数,或出错号(小于 0)。
48 int file_write(struct m_inode * inode, struct file * filp, char * buf, int count)
49 {
50         off_t pos;
51         int block,c;
52         struct buffer_head * bh;
53         char * p;
54         int i=0;
55
56 /*
57  * ok, append may not work when many processes are writing at the same time
58  * but so what. That way leads to madness anyway.
59  */
 /* 当许多进程同时写时,append 操作可能不行,但那又怎样。
  * 不管怎样,那样做会导致混乱一团。 */
 //如果是要向文件后添加数据,则将文件读写指针移到文件尾部。否则就将在文件读写指针处写入。
60         if (filp->f_flags & O_APPEND)
61                pos = inode->i_size;
62         else
63                pos = filp->f_pos;
 //若已写入字节数 i 小于需要写入的数 count,则循环执行以下操作。创建数据块号(pos/BLOCK_SIZE)
 //在设备上对应的逻辑块,并返回在设备上的逻辑块号。若逻辑块号=0,则表示创建失败,退出循环。
64         while (i<count) {
65                if (! (block = create_block(inode,pos/BLOCK_SIZE)))
66                       break;
 //根据该逻辑块号读取设备上的相应数据块,若出错则退出循环。
67                if (! (bh=bread(inode->i_dev,block)))
68                       break;
 //求出文件读写指针在数据块中的偏移值 c,将 p 指向读出数据块缓冲区中开始读取的位置。置该缓
```

```
//冲区已修改标志。
69              c = pos %BLOCK_SIZE;
70              p = c + bh->b_data;
71              bh->b_dirt = 1;
//从开始读写位置到块末共可写入 c=(BLOCK_SIZE -c)个字节。若 c 大于剩余还需写入的字节数
//(count-i),则此次只需再写入 c=(count-i)即可。
72              c = BLOCK_SIZE -c;
73              if (c > count-i) c = count-i;
//文件读写指针前移此次需写入的字节数。如果当前文件读写指针位置值超过了文件的大小,则修改
//i 节点中文件大小字段,并置 i 节点已修改标志。
74              pos += c;
75              if (pos > inode->i_size) {
76                      inode->i_size = pos;
77                      inode->i_dirt = 1;
78              }
//已写入字节计数累加此次写入的字节数 c。从用户缓冲区 buf 中复制 c 个字节到高速缓冲区中 p 指
//向开始的位置处。然后释放该缓冲区。
79              i += c;
80              while (c-->0)
81                      *(p++) = get_fs_byte(buf++);
82              brelse(bh);
83      }
84      inode->i_mtime = CURRENT_TIME;       //更改文件修改时间为当前时间。
//如果此次操作不是在文件尾添加数据,则把文件读写指针调整到当前读写位置,并更改 i 节点修改
//时间为当前时间。
85      if (! (filp->f_flags & O_APPEND)) {
86              filp->f_pos = pos;
87              inode->i_ctime = CURRENT_TIME;
88      }
89      return (i? i:-1);            //返回写入的字节数,若写入字节数为 0,则返回出错号-1。
90 }
```

9.2.9 pipe.c 程序

本程序(见文件 9-9)包括管道文件读写操作函数 read_pipe()和 write_pipe(),同时实现了管道系统调用 sys_pipe()。这两个函数也是系统调用 read()和 write()的底层实现函数,也仅在 read_write.c 中使用。

在初始化管道时,管道 i 节点的 i_size 字段中被设置为指向管道缓冲区的指针,管道数据头部指针存放在 i_zone[0]字段中,而管道数据尾部指针存放在 i_zone[1]字段中。对于读管道操作,数据是从管道尾读出,并使管道尾指针前移读取字节数个位置;对于往管道中的写入操作,数据是向管道头部写入,并使管道头指针前移写入字节数个位置。管道缓冲区操作示意图见图 9-18。

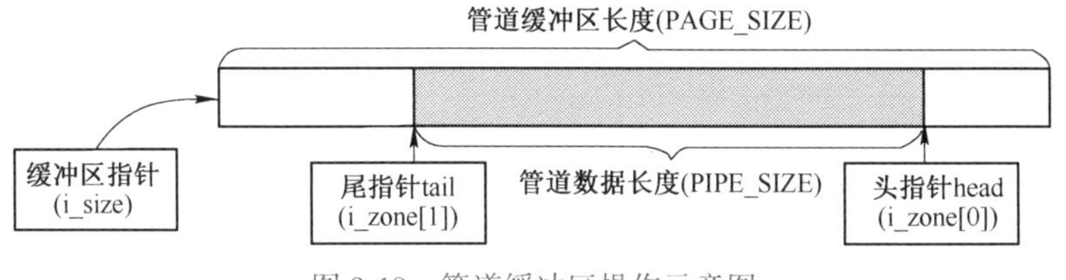

图 9-18　管道缓冲区操作示意图

read_pipe()用于读管道中的数据。若管道中没有数据,就唤醒写管道的进程,而自己则进入睡眠状态。若读到了数据,就相应地调整管道头指针,并把数据传到用户缓冲区中。当把管道中所有的数据都取走后,也要唤醒等待写管道的进程,并返回已读数据字节数。当管道写进程已退出管道操作时,函数就立刻退出,并返回已读的字节数。write_pipe()函数的操作与读管道函数类似。

系统调用 sys_pipe()用于创建无名管道。它首先在系统的文件表中取得两个表项,然后在当前进程的文件描述符表中也同样寻找两个未使用的描述符表项,用来保存相应的文件结构指针。接着在系统中申请一个空闲 i 节点,同时获得管道使用的一个缓冲块。然后对相应的文件结构进行初始化,将一个文件结构设置为只读模式,另一个设置为只写模式。最后将两个文件描述符传给用户。

文件 9-9 linux/fs/pipe.c

```
 7 #include <signal.h>        //信号头文件。定义信号符号常量、信号结构以及信号操作函数原型。
 8
 9 #include <linux/sched.h> //调度程序头文件,定义了任务结构 task_struct、初始任务 0 的数据。
10 #include <linux/mm.h>     /* for get_free_page */  /* 使用其中的 get_free_page */
                          //内存管理头文件。含有页面大小定义和一些页面释放函数原型。
11 #include <asm/segment.h> //段操作头文件。定义了有关段寄存器操作的嵌入式汇编函数。
12 //管道读操作函数。
   //参数 inode 是管道对应的 i 节点,buf 是数据缓冲区指针,count 是读取的字节数。
13 int read_pipe(struct m_inode * inode, char * buf, int count)
14 {
15         int chars, size, read = 0;
16 //若欲读字节数 count>0,则循环执行以下操作。若当前管道中没有数据(size=0),则唤醒等待该节
   //点的进程,如果已没有写管道者,则返回已读字节数,退出。否则在该 i 节点上睡眠,等待信息。
17         while (count>0) {
18                 while (!(size=PIPE_SIZE(*inode))) {
19                         wake_up(&inode->i_wait);
20                         if (inode->i_count!=2) /* are there any writers? */
21                                 return read;
22                         sleep_on(&inode->i_wait);
23                 }
   //取管道尾到缓冲区末端的字节数 chars。如果其大于还需要读取的字节数 count,则令其等于 count。
   //如果 chars 大于当前管道中含有数据的长度 size,则令其等于 size。
24                 chars = PAGE_SIZE-PIPE_TAIL(*inode);
25                 if (chars > count)
26                         chars = count;
27                 if (chars > size)
28                         chars = size;
   //读字节计数减去此次可读的字节数 chars,并累加已读字节数。
29                 count -= chars;
30                 read += chars;
   //令 size 指向管道尾部,调整当前管道尾指针(前移 chars 字节)。
31                 size = PIPE_TAIL(*inode);
32                 PIPE_TAIL(*inode) += chars;
33                 PIPE_TAIL(*inode) &= (PAGE_SIZE-1);
   //将管道中的数据复制到用户缓冲区中。对于管道 i 节点,其 i_size 字段中是管道缓冲块指针。
34                 while (chars-->0)
35                         put_fs_byte(((char *)inode->i_size)[size++],buf++);
```

```
36          }
37          wake_up(&inode->i_wait);     //唤醒等待该管道 i 节点的进程,并返回读取的字节数。
38          return read;
39 }
40 //管道写操作函数。
   //参数 inode 是管道对应的 i 节点,buf 是数据缓冲区指针,count 是将写入管道的字节数。
41 int write_pipe(struct m_inode * inode, char * buf, int count)
42 {
43          int chars, size, written = 0;
44 //若要写入的计数值 count 还大于 0,则循环执行以下操作。若当前管道中已满而没有空闲空间
   //(size=0),则唤醒等待该节点的进程,如果已没有读管道者,则向进程发送 SIGPIPE 信号,并返
   //回已写入的字节数并退出。若写入 0 字节,则返回-1。否则在该 i 节点上睡眠,等待管道腾出空间。
45          while (count>0) {
46                  while (! (size=(PAGE_SIZE-1)-PIPE_SIZE( * inode))) {
47                          wake_up(&inode->i_wait);
48                          if (inode->i_count!=2) { /* no readers * /
49                                  current->signal |= (1<<(SIGPIPE -1));
50                                  return written? written:-1;
51                          }
52                          sleep_on(&inode->i_wait);
53                  }
   //取管道头部到缓冲区末端空间字节数 chars。如果其大于还需要写入的字节数 count,则令其等于
   //count。如果 chars 大于当前管道中空闲空间长度 size,则令其等于 size。
54                  chars = PAGE_SIZE-PIPE_HEAD( * inode);
55                  if (chars > count)
56                          chars = count;
57                  if (chars > size)
58                          chars = size;
   //写入字节计数减去此次可写入的字节数 chars,并累加已写字节数到 written。
59                  count -= chars;
60                  written += chars;
   //令 size 指向管道数据头部,调整当前管道数据头部指针(前移 chars 字节)。
61                  size = PIPE_HEAD( * inode);
62                  PIPE_HEAD( * inode) += chars;
63                  PIPE_HEAD( * inode) &= (PAGE_SIZE-1);
   //从用户缓冲区复制 chars 个字节到管道中。对于管道 i 节点,其 i_size 字段中是管道缓冲块指针。
64                  while (chars-->0)
65                          ((char * )inode->i_size)[size++]=get_fs_byte(buf++);
66          }
67          wake_up(&inode->i_wait);     //唤醒等待该 i 节点的进程,返回已写入的字节数,退出。
68          return written;
69 }
70 //创建管道系统调用函数。
   //在 fildes 所指的数组中创建一对文件句柄(描述符)。这对文件句柄指向一管道 i 节点。fildes[0]
   //用于读管道中数据,fildes[1]用于向管道中写入数据。成功时返回 0,出错时返回-1。
71 int sys_pipe(unsigned long * fildes)
72 {
73          struct m_inode * inode;
74          struct file * f[2];
75          int fd[2];
76          int i,j;
77 //从系统文件表中取两个空闲项(引用计数字段为 0 的项),并分别设置引用计数为 1。
```

```
78        j=0;
79        for(i=0;j<2 && i<NR_FILE;i++)
80                if (! file_table[i].f_count)
81                        (f[j++]=i+file_table)->f_count++;
82        if (j==1)                        //如果只有一个空闲项,则释放该项(引用计数复位)。
83                f[0]->f_count=0;
84        if (j<2)                         //如果没有找到两个空闲项,则返回-1。
85                return -1;
  //针对上面取得的两个文件结构项,分别分配一文件句柄,并使进程的文件结构指针分别指向这两个
  //文件结构。
86        j=0;
87        for(i=0;j<2 && i<NR_OPEN;i++)
88                if (! current->filp[i]) {
89                        current->filp[ fd[j]=i ] = f[j];
90                        j++;
91                }
92        if (j==1)                        //如果只有一个空闲文件句柄,则释放该句柄。
93                current->filp[fd[0]]=NULL;
  //如果没有找到两个空闲句柄,则释放上面获取的两个文件结构项(复位引用计数值),并返回-1。
94        if (j<2) {
95                f[0]->f_count=f[1]->f_count=0;
96                return -1;
97        }
  //申请管道 i 节点,并为管道分配缓冲区(1 页内存)。如果不成功,则相应释放两个文件句柄和文
  //件结构项,并返回-1。
98        if (! (inode=get_pipe_inode())) {
99                current->filp[fd[0]] =
100                       current->filp[fd[1]] = NULL;
101               f[0]->f_count = f[1]->f_count = 0;
102               return  -1;
103       }
  //初始化两个文件结构,都指向同一个 i 节点,读写指针都置零。第 1 个文件结构的文件模式置为读,
  //两个文件结构的文件模式置为写。
104       f[0]->f_inode = f[1]->f_inode = inode;
105       f[0]->f_pos = f[1]->f_pos = 0;
106       f[0]->f_mode = 1;              /* read */
107       f[1]->f_mode = 2;              /* write */
108       put_fs_long(fd[0],0+fildes);   //将文件句柄数组复制到对应的用户数组中,并返回 0。
109       put_fs_long(fd[1],1+fildes);
110       return 0;
111 }
```

9.2.10 char_dev.c 程序

char_dev.c 程序(如文件 9-10 所示)包括字符设备文件访问函数。主要有 rw_ttyx()、rw_tty()、rw_memory()和 rw_char()。另外还有一个设备读写函数指针表。该表的项号代表主设备号。

rw_ttyx()是串口终端设备读写函数,其主设备号是 4。通过调用 tty 的驱动程序实现了对串口终端的读写操作。

rw_tty()是控制台终端读写函数,主设备号是 5。实现原理与 rw_ttyx()相同,只是对进程

能否进行控制台操作有所限制。

rw_memory()是内存设备文件读写函数,主设备号是 1。实现了对内存映像的字节操作。但 Linux 0.11 版内核对次设备号是 0、1、2 的操作还没有实现。直到 0.96 版才开始实现次设备号 1 和 2 的读写操作。

rw_char()是字符设备读写操作的接口函数。其他字符设备通过该函数对字符设备读写函数指针表进行相应字符设备的操作。文件系统的操作函数 open()、read()等都通过它对所有字符设备文件进行操作。

文件 9-10 linux/fs/char_dev.c

```
 7 #include <errno.h>          //错误号头文件。包含系统中各种出错号(Linus 从 MINIX 中引进的)。
 8 #include <sys/types.h>      //类型头文件。定义了基本的系统数据类型。
 9
10 #include <linux/sched.h>    //调度程序头文件,定义任务结构 task_struct、初始任务 0 的数据。
11 #include <linux/kernel.h>   //内核头文件。含有一些内核常用函数的原型定义。
12
13 #include <asm/segment.h>    //段操作头文件。定义了有关段寄存器操作的嵌入式汇编函数。
14 #include <asm/io.h>         //io 头文件。定义硬件端口输入/输出宏汇编语句。
15
16 extern int tty_read(unsigned minor,char * buf,int count);      //终端读。
17 extern int tty_write(unsigned minor,char * buf,int count);     //终端写。
18 //定义字符设备读写函数指针类型。
19 typedef (*crw_ptr)(int rw,unsigned minor,char * buf,int count,off_t * pos);
20 //串口终端读写操作函数。
   //参数:rw-读写命令;minor-终端子设备号;buf-缓冲区;cout-读写字节数;
   //pos-读写操作当前指针,对于终端操作,该指针无用。返回:实际读写的字节数。
21 static int rw_ttyx(int rw,unsigned minor,char * buf,int count,off_t * pos)
22 {
23         return ((rw==READ)? tty_read(minor,buf,count):
24                 tty_write(minor,buf,count));
25 }
26 //终端读写操作函数。同上 rw_ttyx(),只是增加了对进程是否有控制终端的检测。
27 static int rw_tty(int rw,unsigned minor,char * buf,int count, off_t * pos)
28 {
29         if (current->tty<0)            //若进程没有对应的控制终端,则返回出错号。
30                 return  -EPERM;
   //否则调用终端读写函数 rw_ttyx(),并返回实际读写字节数。
31         return rw_ttyx(rw,current->tty,buf,count,pos);
32 }
33 //内存数据读写。未实现。
34 static int rw_ram(int rw,char * buf, int count, off_t *pos)
35 {
36         return  -EIO;
37 }
38 //内存数据读写操作函数。未实现。
39 static int rw_mem(int rw,char * buf, int count, off_t * pos)
40 {
41         return  -EIO;
42 }
43 //内核数据区读写函数。未实现。
44 static int rw_kmem(int rw,char * buf, int count, off_t * pos)
```

```
45 {
46         return  -EIO;
47 }
48 //端口读写操作函数。
   //参数:rw-读写命令;buf-缓冲区;count-读写字节数;pos-端口地址。
   //返回:实际读写的字节数。
49 static int rw_port(int rw,char * buf, int count, off_t * pos)
50 {
51         int i = *pos;
52 //对于所要求读写的字节数,并且端口地址小于64k时,循环执行单个字节的读写操作。
53         while (count-->0 && i<65536) {
54                 if (rw==READ)     //若是读命令,则从端口i中读取一字节并放到用户缓冲区中。
55                         put_fs_byte(inb(i),buf++);
56                 else              //若是写命令,则从用户数据缓冲区中取一字节输出到端口i。
57                         outb(get_fs_byte(buf++),i);
58                 i++;                //前移一个端口。
59         }
60         i -= *pos;                  //计算读/写的字节数,并相应调整读写指针。
61         *pos += i;
62         return i;                   //返回读/写的字节数。
63 }
64 //内存读写操作函数。
65 static int rw_memory(int rw, unsigned minor, char * buf, int count, off_t * pos)
66 {
67         switch(minor) {             //根据内存设备子设备号,分别调用不同的内存读写函数。
68                 case 0:
69                         return rw_ram(rw,buf,count,pos);
70                 case 1:
71                         return rw_mem(rw,buf,count,pos);
72                 case 2:
73                         return rw_kmem(rw,buf,count,pos);
74                 case 3:
75                         return (rw==READ)? 0:count;      /* rw_null */
76                 case 4:
77                         return rw_port(rw,buf,count,pos);
78                 default:
79                         return  -EIO;
80         }
81 }
82 //定义系统中设备种数。
83 #define NRDEVS ((sizeof (crw_table))/(sizeof (crw_ptr)))
84 //字符设备读写函数指针表。
85 static crw_ptr crw_table[] = {
86         NULL,           /* nodev */            /* 无设备(空设备) */
87         rw_memory,      /* /dev/mem etc */     /* /dev/mem等 */
88         NULL,           /* /dev/fd */          /* /dev/fd软驱 */
89         NULL,           /* /dev/hd */          /* /dev/hd硬盘 */
90         rw_ttyx,        /* /dev/ttyx */        /* /dev/ttyx串口终端 */
91         rw_tty,         /* /dev/tty */         /* /dev/tty终端 */
92         NULL,           /* /dev/lp */          /* /dev/lp打印机 */
93         NULL};          /* unnamed pipes */    /* 未命名管道 */
94 //字符设备读写操作函数。参数:rw-读写命令;dev-设备号;buf-缓冲区;count-读写字节
```

```
   //数;pos-读写指针。返回:实际读/写字节数。
95 int rw_char(int rw,int dev, char * buf, int count, off_t * pos)
96 {
97         crw_ptr call_addr;
98
99         if (MAJOR(dev)>=NRDEVS)          //如果设备号超出系统设备数,则返回出错号。
100                return  -ENODEV;
   //若该设备没有对应的读/写函数,则返回出错号。
101        if (! (call_addr=crw_table[MAJOR(dev)]))
102                return  -ENODEV;
   //调用对应设备的读写操作函数,并返回实际读/写的字节数。
103        return call_addr(rw,MINOR(dev),buf,count,pos);
104 }
```

9.2.11 read_write.c 程序

该文件实现了文件操作系统调用 read()、write() 和 lseek()。read() 和 write() 将根据不同的文件类型,分别调用前面 4 个文件中实现的相应读写函数。因此本文件是前面 4 个文件中函数的上层接口实现。lseek() 用于设置文件读写指针。程序见文件 9-11。

read() 系统调用首先判断所给参数的有效性,然后根据文件的 i 节点信息判断文件的类型。若是管道文件则调用程序 pipe.c 中的读函数;若是字符设备文件,则调用 char_dev.c 中的 rw_char() 字符读函数;如果是块设备文件,则执行 block_dev.c 程序中的块设备读操作,并返回读取的字节数;如果是目录文件或一般正规文件,则调用 file_dev.c 中的文件读函数 file_read()。write() 系统调用的实现与 read() 类似。

lseek() 系统调用将对文件句柄对应文件结构中的当前读写指针进行修改。对于读写指针不能移动的文件和管道文件,将给出错误号,并立即返回。

文件 9-11 linux/fs/read_write.c

```
 7 #include <sys/stat.h>      //文件状态头文件。含有文件或文件系统状态结构 stat{}和常量。
 8 #include <errno.h>         //错误号头文件。包含系统中各种出错号(Linus 从 MINIX 中引进的)。
 9 #include <sys/types.h>     //类型头文件。定义了基本的系统数据类型。
10
11 #include <linux/kernel.h>//内核头文件。含有一些内核常用函数的原型定义。
12 #include <linux/sched.h>  //调度程序头文件,定义任务结构 task_struct、初始任务 0 的数据。
13 #include <asm/segment.h>  //段操作头文件。定义了有关段寄存器操作的嵌入式汇编函数。
14
15 extern int rw_char(int rw,int dev, char * buf, int count, off_t * pos);  //字符设备读写函数。
16 extern int read_pipe(struct m_inode * inode, char * buf, int count);     //读管道操作函数。
17 extern int write_pipe(struct m_inode * inode, char * buf, int count);    //写管道操作函数。
18 extern int block_read(int dev, off_t * pos, char * buf, int count);      //块设备读操作函数。
19 extern int block_write(int dev, off_t * pos, char * buf, int count);     //块设备写操作函数。
20 extern int file_read(struct m_inode * inode, struct file * filp,
21                 char * buf, int count);                                  //读文件操作函数。
22 extern int file_write(struct m_inode * inode, struct file * filp,
23                 char * buf, int count);                                  //写文件操作函数。
24 //重定位文件读写指针系统调用函数。
   //参数 fd 是文件句柄,offset 是新的文件读写指针偏移值,origin 是偏移的起始位置,是 SEEK_SET(0,
   //从文件开始处)、SEEK_CUR(1,从当前读写位置)、SEEK_END(2,从文件结尾处)三者之一。
```

```
25 int sys_lseek(unsigned int fd,off_t offset, int origin)
26 {
27        struct file * file;
28        int tmp;
29 //如果文件句柄值大于程序最多打开文件数 NR_OPEN(20),或者该句柄的文件结构指针为空,或者对
   //应文件结构的 i 节点字段为空,或者指定设备文件指针是不可定位的,则返回出错号并退出。
30        if (fd >= NR_OPEN || ! (file=current->filp[fd]) || ! (file->f_inode)
31           || ! IS_SEEKABLE(MAJOR(file->f_inode->i_dev)))
32               return  -EBADF;
   //如果文件对应的 i 节点是管道节点,则返回出错号,退出。管道头尾指针不可随意移动!
33        if (file->f_inode->i_pipe)
34               return  -ESPIPE;
35        switch (origin) {              //根据设置的定位标志,分别重新定位文件读写指针。
   //origin = SEEK_SET,要求以文件起始处作为原点设置文件读写指针。若偏移值小于 0,则出错返回
   //错误码。否则设置文件读写指针等于 offset。
36               case 0:
37                      if (offset<0) return  -EINVAL;
38                      file->f_pos=offset;
39                      break;
   //origin = SEEK_CUR,要求以文件当前读写指针处作为原点重定位读写指针。如果文件当前指针加上
   //偏移值小于 0,则返回出错号退出。否则在当前读写指针上加上偏移值。
40               case 1:
41                      if (file->f_pos+offset<0) return  -EINVAL;
42                      file->f_pos += offset;
43                      break;
   //origin = SEEK_END,要求以文件末尾作为原点重定位读写指针。此时若文件大小加上偏移值小于 0
   //则返回出错号退出。否则重定位读写指针为文件长度加上偏移值。
44               case 2:
45                      if ((tmp=file->f_inode->i_size+offset) < 0)
46                             return  -EINVAL;
47                      file->f_pos = tmp;
48                      break;
49               default:                //origin 设置出错,返回出错号退出。
50                      return  -EINVAL;
51        }
52        return file->f_pos;            //返回重定位后的文件读写指针值。
53 }
54 //读文件系统调用函数。参数 fd 是文件句柄,buf 是缓冲区,count 是欲读字节数。
55 int sys_read(unsigned int fd,char * buf,int count)
56 {
57        struct file * file;
58        struct m_inode * inode;
59 //如果文件句柄值大于程序最多打开文件数 NR_OPEN,或者需要读取的字节计数值小于 0,或者该句柄
   //的文件结构指针为空,则返回出错号并退出。
60        if (fd>=NR_OPEN || count<0 || ! (file=current->filp[fd]))
61               return  -EINVAL;
62        if (! count)                    //若需读取的字节数 count 等于 0,则返回 0,退出。
63               return 0;
64        verify_area(buf,count);         //验证存放数据的缓冲区内存限制。
   //取文件对应的 i 节点。若是管道文件,并且是读管道文件模式,则进行读管道操作,若成功则返回
   //读取的字节数,否则返回出错号,退出。
65        inode = file->f_inode;
```

```
66        if (inode->i_pipe)
67                return (file->f_mode&1)? read_pipe(inode,buf,count):-EIO;
//如果是字符型文件,则进行读字符设备操作,返回读取的字符数。
68        if (S_ISCHR(inode->i_mode))
69                return rw_char(READ,inode->i_zone[0],buf,count,&file->f_pos);
//如果是块设备文件,则执行块设备读操作,并返回读取的字节数。
70        if (S_ISBLK(inode->i_mode))
71                return block_read(inode->i_zone[0],&file->f_pos,buf,count);
//如果是目录文件或者是常规文件,则首先验证读取数 count 的有效性并进行调整(若读取字节数加
//上文件当前读写指针值大于文件大小,则重新设置读取字节数为文件长度-当前读写指针值,若读取
//数等于 0,则返回 0 退出),然后执行文件读操作,返回读取的字节数并退出。
72        if (S_ISDIR(inode->i_mode) || S_ISREG(inode->i_mode)) {
73                if (count+file->f_pos > inode->i_size)
74                        count = inode->i_size-file->f_pos;
75                if (count<=0)
76                        return 0;
77                return file_read(inode,file,buf,count);
78        }                       //否则打印节点文件属性,并返回出错号退出。
79        printk("(Read)inode->i_mode=%06o\n\r",inode->i_mode);
80        return  -EINVAL;
81 }
82 //文件系统调用的 C 函数。
83 int sys_write(unsigned int fd,char * buf,int count)
84 {
85        struct file * file;
86        struct m_inode * inode;
87 //如果文件句柄值大于程序最多打开文件数 NR_OPEN,或者需要写入的字节计数小于 0,或者该句柄的
   //文件结构指针为空,则返回出错号并退出。
88        if (fd>=NR_OPEN || count <0 || ! (file=current->filp[fd]))
89                return  -EINVAL;
90        if (! count)                    //若需读取的字节数 count 等于 0,则返回 0,退出。
91                return 0;
//取文件对应的 i 节点。若是管道文件,并且是写管道文件模式,则进行写管道操作,若成功则返回
//写入的字节数,否则返回出错号,退出。
92        inode=file->f_inode;
93        if (inode->i_pipe)
94                return (file->f_mode&2)? write_pipe(inode,buf,count):-EIO;
//如果是字符型文件,则进行写字符设备操作,返回写入的字符数,退出。
95        if (S_ISCHR(inode->i_mode))
96                return rw_char(WRITE,inode->i_zone[0],buf,count,&file->f_pos);
//如果是块设备文件,则进行块设备写操作,并返回写入的字节数,退出。
97        if (S_ISBLK(inode->i_mode))
98                return block_write(inode->i_zone[0],&file->f_pos,buf,count);
//若是常规文件,则执行文件写操作,并返回写入的字节数,退出。
99        if (S_ISREG(inode->i_mode))
100               return file_write(inode,file,buf,count);
//否则,显示对应节点的文件模式,返回出错号,退出。
101       printk("(Write)inode->i_mode=%06o\n\r",inode->i_mode);
102       return  -EINVAL;
103 }
```

9.2.12 truncate.c 程序

文件 9-12 中的程序用于释放指定 i 节点在设备上占用的所有逻辑块，包括直接块、一次间接块和二次间接块。从而将文件的节点对应的文件长度截为 0，并释放占用的设备空间。i 节点中直接块和间接块的示意图见图 9-4。

文件 9-12 linux/fs/truncate.c

```
 7 #include <linux/sched.h>  //调度程序头文件,定义了任务结构 task_struct、初始任务 0 的数据。
 8
 9 #include <sys/stat.h>     //文件状态头文件。含有文件或文件系统状态结构 stat{}和常量。
10 //释放一次间接块。
11 static void free_ind(int dev,int block)
12 {
13         struct buffer_head * bh;
14         unsigned short * p;
15         int i;
16
17         if (! block)               //如果逻辑块号为 0,则返回。
18                 return;
   //读取一次间接块,并释放其上表明使用的所有逻辑块,然后释放该一次间接块的缓冲区。
19         if (bh=bread(dev,block)) {
20                 p = (unsigned short *) bh->b_data;   //指向数据缓冲区。
21                 for (i=0;i<512;i++,p++)              //每个逻辑块上可有 512 个块号。
22                         if (*p)
23                                 free_block(dev,*p); //释放指定的逻辑块。
24                 brelse(bh);                         //释放缓冲区。
25         }
26         free_block(dev,block);        //释放设备上的一次间接块。
27 }
28 //释放二次间接块。
29 static void free_dind(int dev,int block)
30 {
31         struct buffer_head * bh;
32         unsigned short * p;
33         int i;
34 //如果逻辑块号为 0,则返回。
35         if (! block)
36                 return;
   //读取二次间接块的一级块,并释放其上表明使用的所有逻辑块,然后释放该一级块的缓冲区。
37         if (bh=bread(dev,block)) {
38                 p = (unsigned short *) bh->b_data;     //指向数据缓冲区。
39                 for (i=0;i<512;i++,p++)                //每个逻辑块上可连接 512 个二级块。
40                         if (*p)
41                                 free_ind(dev,*p);   //释放所有一次间接块。
42                 brelse(bh);                         //释放缓冲区。
43         }
44         free_block(dev,block);       //最后释放设备上的二次间接块。
45 }
46 //将节点对应的文件长度截为 0,并释放占用的设备空间。
47 void truncate(struct m_inode * inode)
```

```
48 {
49        int i;
50 //如果不是常规文件或者是目录文件,则返回。
51        if (! (S_ISREG(inode->i_mode) ||S_ISDIR(inode->i_mode)))
52               return;
   //释放 i 节点的 7 个直接逻辑块,并将这 7 个逻辑块项全置零。
53        for (i=0;i<7;i++)
54               if (inode->i_zone[i]) {                  //如果块号不为 0,则释放之。
55                      free_block(inode->i_dev,inode->i_zone[i]);
56                      inode->i_zone[i]=0;
57               }
58        free_ind(inode->i_dev,inode->i_zone[7]);          //释放一次间接块。
59        free_dind(inode->i_dev,inode->i_zone[8]);         //释放二次间接块。
60        inode->i_zone[7] = inode->i_zone[8] = 0;          //逻辑块项 7、8 置零。
61        inode->i_size = 0;                                //文件大小置零。
62        inode->i_dirt = 1;                                //置节点已修改标志。
63        inode->i_mtime = inode->i_ctime = CURRENT_TIME;//重置文件和节点修改时间为当前时间。
64 }
```

9.2.13 open.c 程序

文件 9-13 中的程序实现了许多与文件操作相关的系统调用。主要有文件创建、打开和关闭,文件宿主和属性的修改,文件访问权限的修改,文件操作时间的修改和系统文件根目录 root 的变动等。

文件 9-13 linux/fs/open.c

```
 7 #include <string.h>        //字符串头文件。主要定义了一些有关字符串操作的嵌入函数。
 8 #include <errno.h>         //错误号头文件。包含系统中各种出错号(Linus 从 MINIX 中引进的)。
 9 #include <fcntl.h>         //文件控制头文件。用于文件及其描述符的操作控制常数符号的定义。
10 #include <sys/types.h>     //类型头文件。定义了基本的系统数据类型。
11 #include <utime.h>         //用户时间头文件。定义了访问和修改时间结构以及 utime()原型。
12 #include <sys/stat.h>      //文件状态头文件。含有文件或文件系统状态结构 stat{}和常量。
13
14 #include <linux/sched.h>  //调度程序头文件,定义任务结构 task_struct、初始任务 0 的数据。
15 #include <linux/tty.h>    //tty 头文件,定义了有关 tty_io,串行通信方面的参数、常数。
16 #include <linux/kernel.h>// 内核头文件。含有一些内核常用函数的原型定义。
17 #include <asm/segment.h>  //段操作头文件。定义了有关段寄存器操作的嵌入式汇编函数。
18 //取文件系统信息系统调用函数。
19 int sys_ustat(int dev, struct ustat * ubuf)
20 {
21        return  -ENOSYS;
22 }
23 //设置文件访问和修改时间。参数 filename 是文件名,times 是访问和修改时间结构指针。
   //如果 times 指针不为 NULL,则取 utimbuf 结构中的时间信息来设置文件的访问和修改时间。如果
   //times 指针为 NULL,则取系统当前时间来设置指定文件的访问和修改时间。
24 int sys_utime(char * filename, struct utimbuf * times)
25 {
26        struct m_inode * inode;
27        long actime,modtime;
28 //根据文件名寻找对应的 i 节点,如果没有找到,则返回出错号。
29        if (! (inode=namei(filename)))
```

```
30                return  -ENOENT;
  //如果访问和修改时间数据结构指针不为 NULL,则从结构中读取用户设置的时间值。
31          if (times) {
32                actime = get_fs_long((unsigned long *) &times->actime);
33                modtime = get_fs_long((unsigned long *) &times->modtime);
34          } else                          //否则将访问和修改时间置为当前时间。
35                actime = modtime = CURRENT_TIME;
36          inode->i_atime = actime;        //修改 i 节点中的访问时间字段和修改时间字段。
37          inode->i_mtime = modtime;
38          inode->i_dirt = 1;              //置 i 节点已修改标志,释放该节点,并返回 0。
39          iput(inode);
40          return 0;
41 }
42
43 /*
44  * XXX should we use the real or effective uid?  BSD uses the real uid,
45  * so as to make this call useful to setuid programs.
46  */
  /* 文件属性 XXX,我们该用真实用户 id 还是有效用户 id? BSD 系统使用了真实用户 id,
   * 以使该调用可以供 setuid 程序使用。(注:POSIX 标准建议使用真实用户 id) */
  //检查对文件的访问权限。
  //参数 filename 是文件名,mode 是屏蔽码,由 R_OK(4)、W_OK(2)、X_OK(1)和 F_OK(0)组成。
  //如果请求访问允许的话,则返回 0,否则返回出错号。
47 int sys_access(const char * filename,int mode)
48 {
49          struct m_inode * inode;
50          int res, i_mode;
51
52          mode &= 0007;                        //屏蔽码由低 3 位组成,因此清除所有高比特位。
53          if (!(inode=namei(filename)))    //如果文件名对应的 i 节点不存在,则返回出错号。
54                return  -EACCES;
55          i_mode = res = inode->i_mode & 0777;      //取文件的属性码,并释放该 i 节点。
56          iput(inode);
57          if (current->uid==inode->i_uid) //如果当前进程是该文件的宿主,则取文件宿主属性。
58                res >>= 6;
  //否则如果当前进程是与该文件同属一组,则取文件组属性。
59          else if (current->gid==inode->i_gid)
60                res >>= 6;
  //如果文件属性具有查询的属性位,则访问许可,返回 0。
61          if ((res & 0007 & mode)==mode)
62                return 0;
63          /*
64           * XXX we are doing this test last because we really should be
65           * swapping the effective with the real user id (temporarily),
66           * and then calling suser() routine.  If we do call the
67           * suser() routine, it needs to be called last.
68           */
          /* 我们最后才对XXX作下面的测试,因为我们实际上需要交换有效用户id和
           * 真实用户 id(临时地),然后才调用 suser()函数。如果我们确实要调用 suser()
           * 函数,则需要最后才被调用。 */
  //如果当前用户 id 为 0(超级用户)并且屏蔽码执行位是 0 或文件可以被任何人访问,则返回 0。
69          if ((!current->uid) &&
```

```
70            (! (mode & 1) || (i_mode & 0111)))
71                return 0;
72        return  -EACCES;            //否则返回出错号。
73 }
74 //改变当前工作目录系统调用函数。参数 filename 是目录名。
   //操作成功则返回 0,否则返回出错号。
75 int sys_chdir(const char * filename)
76 {
77        struct m_inode * inode;
78 //如果文件名对应的 i 节点不存在,则返回出错号。
79        if (! (inode = namei(filename)))
80                return  -ENOENT;
   //如果该 i 节点不是目录的 i 节点,则释放该节点,返回出错号。
81        if (! S_ISDIR(inode->i_mode)) {
82                iput(inode);
83                return  -ENOTDIR;
84        }
   //释放当前进程原工作目录 i 节点,并指向该新置的工作目录 i 节点。返回 0。
85        iput(current->pwd);
86        current->pwd = inode;
87        return (0);
88 }
89 //改变根目录系统调用函数。将指定的路径名改为根目录'/'。
   //如果操作成功则返回 0,否则返回出错号。
90 int sys_chroot(const char * filename)
91 {
92        struct m_inode * inode;
93 //如果文件名对应的 i 节点不存在,则返回出错号。
94        if (! (inode=namei(filename)))
95                return  -ENOENT;
   //如果该 i 节点不是目录的 i 节点,则释放该节点,返回出错号。
96        if (! S_ISDIR(inode->i_mode)) {
97                iput(inode);
98                return  -ENOTDIR;
99        }
   //释放当前进程的根目录 i 节点,并重置为这里指定目录名的 i 节点,返回 0。
100       iput(current->root);
101       current->root = inode;
102       return (0);
103 }
104 //修改文件属性系统调用函数。参数 filename 是文件名,mode 是新的文件属性。
    //若操作成功则返回 0,否则返回出错号。
105 int sys_chmod(const char * filename,int mode)
106 {
107       struct m_inode * inode;
108 //如果文件名对应的 i 节点不存在,则返回出错号。
109       if (! (inode=namei(filename)))
110               return  -ENOENT;
    //如果当前进程的有效用户 id 不等于文件 i 节点的用户 id,并且当前进程不是超级用户,则释放该
    //文件 i 节点,返回出错号。
111       if ((current->euid!=inode->i_uid) && ! suser()) {
112               iput(inode);
```

```
113                 return  -EACCES;
114         }
//重新设置 i 节点的文件属性,并置该 i 节点已修改标志。释放该 i 节点,返回 0。
115         inode->i_mode = (mode & 07777) |(inode->i_mode & ~07777);
116         inode->i_dirt = 1;
117         iput(inode);
118         return 0;
119 }
120 //修改文件宿主系统调用函数。参数 filename 是文件名,uid 是用户标识符(用户 id),gid 是组 id。
//若操作成功则返回 0,否则返回出错号。
121 int sys_chown(const char * filename,int uid,int gid)
122 {
123         struct m_inode * inode;
124 //如果文件名对应的 i 节点不存在,则返回出错号。
125         if (! (inode=namei(filename)))
126                 return  -ENOENT;
127         if (! suser()) {            //若当前进程不是超级用户,则释放该 i 节点,返回出错号。
128                 iput(inode);
129                 return  -EACCES;
130         }
//设置文件对应 i 节点的用户 id 和组 id,并置 i 节点已经修改标志,释放该 i 节点,返回 0。
131         inode->i_uid=uid;
132         inode->i_gid=gid;
133         inode->i_dirt=1;
134         iput(inode);
135         return 0;
136 }
137 //打开(或创建)文件系统调用函数。
//参数filename是文件名,flag是打开文件标志:只读O_RDONLY、只写O_WRONLY或读写O_RDWR,
//以及O_CREAT、O_EXCL、O_APPEND等其他一些标志的组合,若本函数创建了一个新文件,则mode用
//于指定使用文件的许可属性,这些属性有S_IRWXU(文件宿主具有读、写和执行权限)、S_IRUSR(用
//户具有读文件权限)、S_IRWXG(组成员具有读、写和执行权限)等等。对于新创建的文件,这些属性
//只应用于将来对文件的访问,创建了只读文件的打开调用也将返回一个可读写的文件句柄。若操作
//成功则返回文件句柄(文件描述符),否则返回出错号。(参见 sys/stat.h, fcntl.h)
138 int sys_open(const char * filename,int flag,int mode)
139 {
140         struct m_inode * inode;
141         struct file * f;
142         int i,fd;
143 //将用户设置的模式与进程的模式屏蔽码相与,产生许可的文件模式。
144         mode &= 0777 & ~current->umask;
//搜索进程结构中文件结构指针数组,查找一个空闲项,若已经没有空闲项,则返回出错号。
145         for(fd=0 ; fd<NR_OPEN ; fd++)
146                 if (! current->filp[fd])
147                         break;
148         if (fd>=NR_OPEN)
149                 return  -EINVAL;
//设置执行时关闭文件句柄位图,复位对应比特位。
150         current->close_on_exec &= ~(1<<fd);
//令 f 指向文件表数组开始处。搜索空闲文件结构项(句柄引用计数为 0 的项),若已经没有空闲文件
//表结构项,则返回出错号。
151         f=0+file_table;
```

```
152         for (i=0 ; i<NR_FILE ; i++,f++)
153                 if (! f->f_count) break;
154         if (i>=NR_FILE)
155                 return  -EINVAL;
    //让进程的对应文件句柄的文件结构指针指向搜索到的文件结构,并令句柄引用计数递增 1。
156         (current->filp[fd]=f)->f_count++;
    //调用函数执行打开操作,若返回值小于 0,则说明出错,释放刚申请到的文件结构,返回出错号。
157         if ((i=open_namei(filename,flag,mode,&inode))<0) {
158                 current->filp[fd]=NULL;
159                 f->f_count=0;
160                 return i;
161         }
162 /* ttys are somewhat special (ttyxx major==4, tty major==5) */
    /* ttys 有些特殊(ttyxx 主号==4,tty 主号==5) */
    //如果是字符设备文件,那么如果设备号是 4 的话,则设置当前进程的 tty 号为该 i 节点的子设备号。
    //并设置当前进程 tty 对应的 tty 表项的父进程组号等于进程的父进程组号。
163         if (S_ISCHR(inode->i_mode))
164                 if (MAJOR(inode->i_zone[0])==4) {
165                         if (current->leader && current->tty<0) {
166                                 current->tty = MINOR(inode->i_zone[0]);
167                                 tty_table[current->tty].pgrp = current->pgrp;
168                         }
    //否则,如果该字符文件设备号是 5 的话,若当前进程没有 tty,则说明出错,释放 i 节点和申请到
    //的文件结构,返回出错号。
169                 } else if (MAJOR(inode->i_zone[0])==5)
170                         if (current->tty<0) {
171                                 iput(inode);
172                                 current->filp[fd]=NULL;
173                                 f->f_count=0;
174                                 return  -EPERM;
175                         }
176 /* Likewise with block-devices: check for floppy_change */
    /* 同样对于块设备文件:需要检查盘片是否被更换 */
    //若是块设备文件,则检查盘片是否更换,若更换则需要让高速缓冲中对应该设备的所有缓冲块失效。
177         if (S_ISBLK(inode->i_mode))
178                 check_disk_change(inode->i_zone[0]);
    //初始化文件结构。置文件结构属性和标志,置句柄引用计数为 1,设置 i 节点字段,文件读写指针
    //初始化为 0。返回文件句柄。
179         f->f_mode = inode->i_mode;
180         f->f_flags = flag;
181         f->f_count = 1;
182         f->f_inode = inode;
183         f->f_pos = 0;
184         return (fd);
185 }
186 //创建文件系统调用函数。参数 pathname 是路径名,mode 与上面的 sys_open()函数相同。
    //成功则返回文件句柄,否则返回出错号。
187 int sys_creat(const char * pathname, int mode)
188 {
189         return sys_open(pathname, O_CREAT | O_TRUNC, mode);
190 }
191 //关闭文件系统调用函数。参数 fd 是文件句柄。成功则返回 0,否则返回出错号。
```

```
192 int sys_close(unsigned int fd)
193 {
194         struct file * filp;
195 //若文件句柄值大于程序同时能打开的文件数,则返回出错号。
196         if (fd >= NR_OPEN)
197                 return  -EINVAL;
198         current->close_on_exec &= ~(1<<fd);  //复位进程的执行时关闭文件句柄位图对应位。
    //若该文件句柄对应的文件结构指针是 NULL,则返回出错号。
199         if (! (filp = current->filp[fd]))
200                 return  -EINVAL;
201         current->filp[fd] = NULL;       //置该文件句柄的文件结构指针为 NULL。
    //若在关闭文件之前,对应文件结构中的句柄引用计数已经为 0,则说明内核出错,死机。
202         if (filp->f_count == 0)
203                 panic("Close: file count is 0");
    //否则将对应文件结构的句柄引用计数减 1,如果还不为 0,则返回 0(成功)。若已等于 0,说明该
    //文件已经没有句柄引用,则释放该文件 i 节点,返回 0。
204         if (--filp->f_count)
205                 return (0);
206         iput(filp->f_inode);
207         return (0);
208 }
```

9.2.14 exec.c 程序

本程序(见文件 9-14)实现对二进制可执行文件和 shell 脚本文件的加载与执行。其中主要的函数是函数 do_execve(),它是系统中断调用(int 0x80)功能号__NR_execve()调用的 C 处理函数,是 exec()函数簇的主要实现函数。其主要功能为:

- 执行对参数和环境参数空间页面的初始化操作——设置初始空间起始指针;初始化空间页面指针数组为(NULL);根据执行文件名取执行对象的 i 节点;计算参数个数和环境变量个数;检查文件类型和执行权限;
- 根据执行文件开始部分的头数据结构,对其中信息进行处理——根据被执行文件 i 节点读取文件头部信息;若是 shell 脚本程序(第一行以#! 开始),则分析 shell 程序名及其参数,并以被执行文件作为参数执行该执行的 shell 程序;执行根据文件的幻数以及段长度等信息判断是否可执行;
- 对当前调用进程进行运行新文件前初始化操作——指向新执行文件的 i 节点;复位信号处理句柄;根据头结构信息设置局部描述符基址和段长;设置参数和环境参数页面指针;修改进程行各执行字段内容;
- 替换堆栈上原调用 execve()函数的返回地址为新执行程序地址,运行新加载的程序。

execve()函数有大量对参数和环境空间的处理操作,参数和环境空间共可有 MAX_ARG_PAGES 个页面,总长度可达 128KB。在该空间中存放数据的方式类似于堆栈操作,即是从假设的 128KB 空间末端处逆向开始存放参数或环境变量字符串的。在初始时,程序定义了一个指向该空间末端(128KB-4B)处空间内偏移值 p,该偏移值随着存放数据的增多而后退,从图 9-19 中可以看出,p 明确地指出了当前参数环境空间中还剩余多少可用空间。在分析 copy_string()函数时,可参照此图。

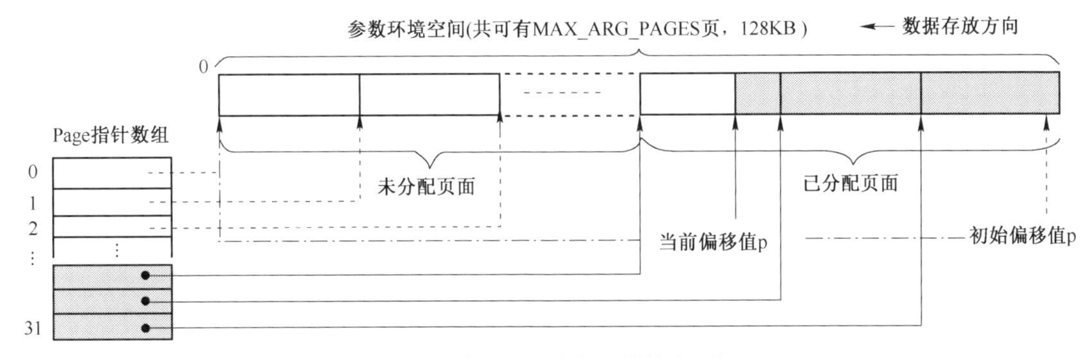

图 9-19　参数和环境变量字符串空间

create_tables()函数用于根据给定的当前堆栈指针值 p 以及参数变量个数值 argc 和环境变量个数 envc,在新的程序堆栈中创建环境和参数变量指针表,并返回此时的堆栈指针值 sp。创建后堆栈指针表的形式见图 9-20。

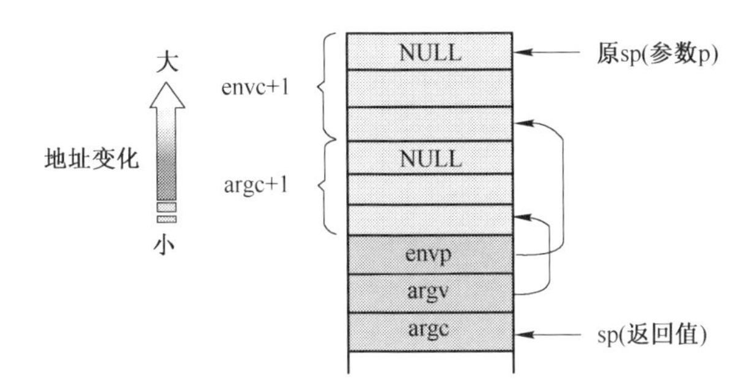

图 9-20　新程序堆栈中指针表示意图

文件 9-14　linux/fs/exec.c

```
 7 /*
 8  * #! -checking implemented by tytso.
 9  */
   /* 以#! 开始的检测代码部分是由 tytso 实现的。  */
10
11 /*
12  * Demand-loading implemented 01.12.91-no need to read anything but
13  * the header into memory. The inode of the executable is put into
14  * "current->executable", and page faults do the actual loading. Clean.
15  *
16  * Once more I can proudly say that linux stood up to being changed: it
17  * was less than 2 hours work to get demand-loading completely implemented.
18  */
   /* 需求时加载是于 1991 年 12 月 1 日实现的-只需将执行文件头部分读进内存而无须
    * 将整个执行文件都加载进内存。执行文件的 i 节点被放在当前进程的可执行字段中
    * ("current->executable"),而页异常会进行执行文件的实际加载操作以及清理工作。
    * 我可以再一次自豪地说,Linux经得起修改:只用了不到2小时的工作时间就完全
    * 实现了需求加载处理。*/
19
20 #include <errno.h>          //错误号头文件。包含系统中各种出错号(Linus 从 MINIX 中引进的)。
```

```
21 #include <string.h>      //字符串头文件。主要定义了一些有关字符串操作的嵌入函数。
22 #include <sys/stat.h>    //文件状态头文件。含有文件或文件系统状态结构 stat{}和常量。
23 #include <a.out.h>       //a.out 头文件。定义了 a.out 执行文件格式和一些宏。
24
25 #include <linux/fs.h>    //文件系统头文件。定义文件表结构(file,buffer_head,m_inode 等)。
26 #include <linux/sched.h> //调度程序头文件,定义任务结构 task_struct、初始任务 0 的数据。
27 #include <linux/kernel.h>//内核头文件。含有一些内核常用函数的原型定义。
28 #include <linux/mm.h>    //内存管理头文件。含有页面大小定义和一些页面释放函数原型。
29 #include <asm/segment.h> //段操作头文件。定义了有关段寄存器操作的嵌入式汇编函数。
30
31 extern int sys_exit(int exit_code);        //程序退出系统调用。
32 extern int sys_close(int fd);              //文件关闭系统调用。
33
34 /*
35  * MAX_ARG_PAGES defines the number of pages allocated for arguments
36  * and envelope for the new program. 32 should suffice, this gives
37  * a maximum env+arg of 128KB !
38  */
  /* MAX_ARG_PAGES 定义了新程序分配给参数和环境变量使用的内存最大页数。
   * 32 页内存应该足够了,这使得环境和参数(env+arg)空间的总和达到 128KB! */
39 #define MAX_ARG_PAGES 32
40
41 /*
42  * create_tables() parses the env-and arg-strings in new user
43  * memory and creates the pointer tables from them, and puts their
44  * addresses on the "stack", returning the new stack pointer value.
45  */
  /* create_tables()函数在新用户内存中解析环境变量和参数字符串,由此
   * 创建指针表,并将它们的地址放到"堆栈"上,然后返回新栈的指针值。 */
  //在新用户堆栈中创建环境和参数变量指针表。
  //参数:p-以数据段为起点的参数和环境信息偏移指针;argc-参数个数;envc-环境变量数。
  //返回:堆栈指针。
46 static unsigned long * create_tables(char * p,int argc,int envc)
47 {
48         unsigned long *argv, *envp;
49         unsigned long * sp;
50 //堆栈指针是以 4 字节(1 节)为边界寻址的,因此这里让 sp 为 4 的整数倍。
51         sp = (unsigned long *) (0xfffffffc & (unsigned long) p);
  //sp 向下移动,空出环境参数占用的空间个数,并让环境参数指针 envp 指向该处。
52         sp -= envc+1;
53         envp = sp;
  //sp 向下移动,空出命令行参数指针占用的空间个数,并让 argv 指针指向该处。
  //下面指针加 1,sp 将递增指针宽度字节值。
54         sp -= argc+1;
55         argv = sp;
  //将环境参数指针 envp 和命令行参数指针以及命令行参数个数压入堆栈。
56         put_fs_long((unsigned long)envp,--sp);
57         put_fs_long((unsigned long)argv,--sp);
58         put_fs_long((unsigned long)argc,--sp);
  //将命令行各参数指针放入前面空出来的相应地方,最后放置一个 NULL 指针。
59         while (argc-->0) {
60                 put_fs_long((unsigned long) p,argv++);
```

```
61              while (get_fs_byte(p++)) /* nothing */;   //p 指针指向下一个程序参数串。
62          }
63          put_fs_long(0,argv);
   //将环境变量各指针放入前面空出来的相应地方，最后放置一个 NULL 指针。
64          while (envc-->0) {
65                  put_fs_long((unsigned long) p,envp++);
66                  while (get_fs_byte(p++)) /* nothing */;   //p 指针指向下一个环境参数串。
67          }
68          put_fs_long(0,envp);
69          return sp;                      //返回构造的当前新堆栈指针。
70 }
71
72 /*
73  * count() counts the number of arguments/envelopes
74  */    /* count()函数计算命令行参数/环境变量的个数。*/
   //计算参数个数。参数:argv - 参数指针数组，最后一个指针项是 NULL。返回:参数个数。
75 static int count(char ** argv)
76 {
77          int i=0;
78          char ** tmp;
79
80          if (tmp = argv)
81                  while (get_fs_long((unsigned long *) (tmp++)))
82                          i++;
83
84          return i;
85 }
86
87 /*
88  * 'copy_string()' copies argument/envelope strings from user
89  * memory to free pages in kernel mem. These are in a format ready
90  * to be put directly into the top of new user memory.
91  *
92  * Modified by TYT, 11/24/91 to add the from_kmem argument, which specifies
93  * whether the string and the string array are from user or kernel segments:
94  *
95  * from_kmem     argv *        argv **
96  *    0          user space    user space
97  *    1          kernel space  user space
98  *    2          kernel space  kernel space
99  *
100  * We do this by playing games with the fs segment register.  Since
101  * it is expensive to load a segment register, we try to avoid calling
102  * set_fs() unless we absolutely have to.
103  */
   /* 'copy_string()'函数从用户内存空间复制参数和环境字符串到内核空闲页面内存中。
    * 这些已具有直接放到新用户内存中的格式。
    * 由 TYT(Tytso)于 1991 年 12 月 24 日修改，增加了 from_kmem 参数，该参数指明了字符串或
    * 字符串数组是来自用户段还是内核段。
    * from_kmem     argv *        argv **
    *    0          用户空间      用户空间
    *    1          内核空间      用户空间
```

```
 *      2             内核空间       内核空间
 * 我们是通过巧妙处理 fs 段寄存器来操作的。由于加载一个段寄存器代价太大,所以
 * 我们尽量避免调用 set_fs(),除非实在必要。*/
//复制指定个数的参数字符串到参数和环境空间。返回:参数和环境空间当前头部指针。
//参数:argc-欲添加的参数个数;argv-参数指针数组;page-参数和环境空间页面指针数组;
//p-在参数表空间中的偏移指针,始终指向已复制串的头部;from_kmem-字符串来源标志。
//在 do_execve()函数中,p 初始化为指向参数表(128KB)空间的最后一个长字处,参数字符串是以堆
//栈操作方式逆向往其中复制存放的,因此 p 指针会始终指向参数字符串的头部。
104 static unsigned long copy_strings(int argc,char ** argv,unsigned long *page,
105                 unsigned long p, int from_kmem)
106 {
107         char *tmp, *pag;
108         int len, offset = 0;
109         unsigned long old_fs, new_fs;
110 
111         if (!p)
112                 return 0;       /* bullet-proofing */  /* 偏移指针验证 */
//取 ds 寄存器值到 new_fs,并保存原 fs 寄存器值到 old_fs。
113         new_fs = get_ds();
114         old_fs = get_fs();
//如果字符串和字符串数组来自内核空间,则设置 fs 段寄存器指向内核数据段(ds)。
115         if (from_kmem==2)
116                 set_fs(new_fs);
//循环处理各个参数,从最后一个参数逆向开始复制,复制到指定偏移地址处。
117         while (argc-- > 0) {
//如果字符串在用户空间而字符串数组在内核空间,则设置 fs 段寄存器指向内核数据段(ds)。
118                 if (from_kmem==1)
119                         set_fs(new_fs);
//从最后一个参数开始逆向操作,取 fs 段中最后一参数指针到 tmp,如果为空,则出错死机。
120                 if (!(tmp = (char *)get_fs_long(((unsigned long *)argv)+argc)))
121                         panic("argc is wrong");
//如果字符串在用户空间而字符串数组在内核空间,则恢复 fs 段寄存器原值。
122                 if (from_kmem==1)
123                         set_fs(old_fs);
//计算该参数字符串长度 len,并使 tmp 指向该参数字符串末端。
124                 len=0;          /* remember zero-padding */
125                 do {            /* 我们知道串是以 NULL 字节结尾的 */
126                         len++;
127                 } while (get_fs_byte(tmp++));
//如果该字符串长度超过此时参数和环境空间中还剩余的空闲长度,则恢复 fs 段寄存器并返回 0。
128                 if (p-len < 0) {        /* this shouldn't happen-128KB */
129                         set_fs(old_fs); /* 不会发生-因为有 128KB 的空间 */
130                         return 0;
131                 }
//复制 fs 段中当前指定的参数字符串,是从该字符串尾逆向开始复制。
132                 while (len) {
133                         --p; --tmp; --len;
//函数刚开始执行时,偏移变量 offset 被初始化为 0,因此若 offset-1<0,说明是首次复制字符串,
//则令其等于 p 指针在页面内的偏移值,并申请空闲页面。
134                         if (--offset < 0) {
135                                 offset = p % PAGE_SIZE;
//如果字符串和字符串数组在内核空间,则恢复 fs 段寄存器原值。
```

```
136                             if (from_kmem==2)
137                                     set_fs(old_fs);
   //如果当前偏移值 p 所在的串空间页面指针数组项 page[p/PAGE_SIZE]==0,表示相应页面还不存在,
   //则需申请新的内存空闲页面,将该页面指针填入指针数组,并且也使pag指向该新页面,若申请不
   //到空闲页面则返回 0。
138                             if (! (pag = (char *) page[p/PAGE_SIZE]) &&
139                                 ! (pag = (char *) page[p/PAGE_SIZE] =
140                                   (unsigned long *) get_free_page()))
141                                     return 0;
   //如果字符串和字符串数组来自内核空间,则设置 fs 段寄存器指向内核数据段(ds)。
142                             if (from_kmem==2)
143                                     set_fs(new_fs);
144
145                     }
   //从 fs 段中复制参数字符串中一字节到 pag+offset 处。
146                     *(pag + offset) = get_fs_byte(tmp);
147             }
148     }
   //如果字符串和字符串数组在内核空间,则恢复 fs 段寄存器原值。
149     if (from_kmem==2)
150             set_fs(old_fs);
   //最后,返回参数和环境空间中已复制参数信息的头部偏移值。
151     return p;
152 }
153 //修改局部描述符表中的描述符基址和段限长,并将参数和环境空间页面放置在数据段末端。
   //参数:text_size-执行文件头部中 a_text 字段给出的代码段长度值;page-参数和环境空间页
   //面指针数组。返回:数据段限长值(64 MB)。
154 static unsigned long change_ldt(unsigned long text_size,unsigned long * page)
155 {
156     unsigned long code_limit,data_limit,code_base,data_base;
157     int i;
158
   //根据执行文件头部 a_text 值,计算以页面长度为边界的代码段限长。并设置数据段长度为 64 MB。
159     code_limit = text_size+PAGE_SIZE -1;
160     code_limit &= 0xFFFFF000;
161     data_limit = 0x4000000;
   //取当前进程中局部描述符表代码段描述符中代码段基址,代码段基址与数据段基址相同。
162     code_base = get_base(current->ldt[1]);
163     data_base = code_base;
   //重新设置局部表中代码段和数据段描述符的基址和段限长。
164     set_base(current->ldt[1],code_base);
165     set_limit(current->ldt[1],code_limit);
166     set_base(current->ldt[2],data_base);
167     set_limit(current->ldt[2],data_limit);
168 /* make sure fs points to the NEW data segment */
   /* 要确信 fs 段寄存器已指向新的数据段 */
   //fs 段寄存器中放入局部表数据段描述符的选择符(0x17)。
169     __asm__("pushl $0x17\n\tpop %%fs"::);
   //将参数和环境空间已存放数据的页面(共可有 MAX_ARG_PAGES 页,128KB)放到数据段线性地址的末
   //端。是调用函数 put_page()进行操作的(mm/memory.c, 197 行)。
170     data_base += data_limit;
171     for (i=MAX_ARG_PAGES -1 ; i>=0 ; i--) {
```

```
172                 data_base -= PAGE_SIZE;
173                 if (page[i])                          //如果该页面存在,
174                         put_page(page[i],data_base);//就放置该页面。
175         }
176         return data_limit;                            //最后返回数据段限长(64 MB)。
177 }
178
179 /*
180  * 'do_execve()' executes a new program.
181  */    /* 'do_execve()'函数执行一个新程序。*/
   //execve()系统中断调用函数。加载并执行子进程(其他程序)。
   //该函数系统中断调用(int 0x80)功能号__NR_execve调用的函数。
   //参数:eip-指向堆栈中调用系统中断的程序代码指针 eip 处,参见 kernel/system_call.s 程序开
   //始部分的说明;tmp-系统中断在调用sys_execve(见system_call.s第200行)时的返
   //回地址,无用;filename-被执行程序文件名;argv-命令行参数指针数组;envp-环境变量指针数
   //组。返回:如果调用成功,则不返回;否则设置出错号,并返回-1。
182 int do_execve(unsigned long * eip,long tmp,char * filename,
183         char * * argv, char * * envp)
184 {
185         struct m_inode * inode;                     //内存中 i 节点指针结构变量。
186         struct buffer_head * bh;                    //高速缓存块头指针。
187         struct exec ex;                             //执行文件头部数据结构变量。
188         unsigned long page[MAX_ARG_PAGES];          //参数和环境字符串空间的页面指针数组。
189         int i,argc,envc;
190         int e_uid, e_gid;                           //有效用户 id 和有效组 id。
191         int retval;                                 //返回值。
192         int sh_bang = 0;                            //控制是否需要执行脚本处理代码。
   //参数和环境字符串空间中的偏移指针,初始化为指向该空间的最后一个长字处。
193         unsigned long p=PAGE_SIZE*MAX_ARG_PAGES-4;
194 //eip[1]中是原代码段寄存器 cs,其中的选择符不可以是内核段选择符,即内核不能调用本函数。
195         if ((0xffff & eip[1])!=0x000f)
196                 panic("execve called from supervisor mode");
   //初始化参数和环境串空间的页面指针数组(表)。
197         for (i=0 ; i<MAX_ARG_PAGES ; i++)         /* clear page-table */
198                 page[i]=0;                        /* 清页表 */
   //取可执行文件的对应 i 节点号。
199         if (!(inode=namei(filename)))             /* get executables inode */
200                 return  -ENOENT;                  /* 取可执行 i 节点 */
201         argc = count(argv);                       //计算参数个数和环境变量个数。
202         envc = count(envp);
203 //执行文件必须是常规文件。若不是常规文件则置出错返回码,跳转到 exec_error2(第 347 行)。
204 restart_interp:
205         if (!S_ISREG(inode->i_mode)) {  /* must be regular file */
206                 retval =-EACCES;
207                 goto exec_error2;
208         }
   //检查被执行文件的执行权限。根据其属性(对应 i 节点的 uid 和 gid),看本进程是否有权执行它。
209         i = inode->i_mode;
210         e_uid = (i & S_ISUID) ? inode->i_uid : current->euid;
211         e_gid = (i & S_ISGID) ? inode->i_gid : current->egid;
212         if (current->euid==inode->i_uid)
213                 i >>= 6;
```

```
214         else if (current->egid==inode->i_gid)
215                 i >>= 3;
216         if (! (i & 1) &&
217             ! ((inode->i_mode & 0111) && suser())) {
218                 retval =-ENOEXEC;
219                 goto exec_error2;
220         }
//读取执行文件的第一块数据到高速缓冲区,若出错则置出错号,跳转到 exec_error2 处去处理。
221         if (! (bh = bread(inode->i_dev,inode->i_zone[0]))) {
222                 retval =-EACCES;
223                 goto exec_error2;
224         }
//下面对执行文件的头结构数据进行处理,首先让 ex 指向执行头部分的数据结构。
225         ex = *((struct exec *) bh->b_data);      /* read exec-header */
                                                 /* 读取执行头部分 */
//如果执行文件开始的两个字节为'#!',并且 sh_bang 标志没有置位,则处理脚本文件的执行。
226         if ((bh->b_data[0]=='#') && (bh->b_data[1]=='!') && (! sh_bang)) {
227                 /*
228                  * This section does the #! interpretation.
229                  * Sorta complicated, but hopefully it will work.  -TYT
230                  */
                /* 这部分处理对'#!'的解释,有些复杂,但希望能工作。-TYT   */
231
232                 char buf[1023], *cp, *interp, *i_name, *i_arg;
233                 unsigned long old_fs;
234 //复制执行程序头一行字符'#!'后面的字符串到 buf 中,其中含有脚本处理程序名。
235                 strncpy(buf, bh->b_data+2, 1022);
236                 brelse(bh);                      //释放高速缓冲块和该执行文件 i 节点。
237                 iput(inode);
238                 buf[1022] = '\0';                //取第一行内容,并删除开始的空格、制表符。
239                 if (cp = strchr(buf, '\n')) {
240                         *cp = '\0';
241                         for (cp = buf; (*cp==' ') ||(*cp=='\t'); cp++);
242                 }
//若该行没有其他内容,则出错。置出错号,跳转到 exec_error1 处。
243                 if (! cp || *cp=='\0') {
244                         retval =-ENOEXEC; /* No interpreter name found */
245                         goto exec_error1;
246                 }
//否则就得到了开头是脚本解释执行程序名称的一行内容。
247                 interp = i_name = cp;
//下面分析该行。首先取第一个字符串,其应该是脚本解释程序名,iname 指向该名称。
248                 i_arg = 0;
249                 for ( ; *cp && (*cp!=' ') && (*cp!='\t'); cp++) {
250                         if (*cp=='/')
251                                 i_name = cp+1;
252                 }
//若文件名后还有字符,则应该是参数串,令 i_arg 指向该串。
253                 if (*cp) {
254                         *cp++ = '\0';
255                         i_arg = cp;
256                 }
```

```
257                 /*
258                  * OK, we've parsed out the interpreter name and
259                  * (optional) argument.
260                  */
                /* 我们已经解析出解释程序的文件名以及(可选的)参数。*/
    //若 sh_bang 标志没有设置,则设置它,并复制指定个数的环境变量串和参数串到参数和环境空间中。
261                 if (sh_bang++==0) {
262                         p = copy_strings(envc, envp, page, p, 0);
263                         p = copy_strings(--argc, argv+1, page, p, 0);
264                 }
265                 /*
266                  * Splice in (1) the interpreter's name for argv[0]
267                  *           (2) (optional) argument to interpreter
268                  *           (3) filename of shell script
269                  *
270                  * This is done in reverse order, because of how the
271                  * user environment and arguments are stored.
272                  */
                /* 拼接 (1) argv[0]中放解释程序的名称
                 *      (2) (可选的)解释程序的参数
                 *      (3) 脚本程序的名称
                 * 这是以逆序进行处理的,是由用户环境和参数的存放方式造成的。*/
    //复制脚本程序文件名到参数和环境空间中。
273                 p = copy_strings(1, &filename, page, p, 1);
274                 argc++;                  //复制解释程序的参数到参数和环境空间中。
275                 if (i_arg) {
276                         p = copy_strings(1, &i_arg, page, p, 2);
277                         argc++;
278                 }
    //复制解释程序文件名到参数和环境空间中。若出错,则置出错号,跳转到 exec_error1。
279                 p = copy_strings(1, &i_name, page, p, 2);
280                 argc++;
281                 if (!p) {
282                         retval =-ENOMEM;
283                         goto exec_error1;
284                 }
285                 /*
286                  * OK, now restart the process with the interpreter's inode.
287                  */
                /* 现在使用解释程序的 i 节点重启进程。 */
    //保留原 fs 段寄存器(原指向用户数据段),现置其指向内核数据段。
288                 old_fs = get_fs();
289                 set_fs(get_ds());
    //取解释程序的 i 节点,并跳转到 restart_interp 处重新处理。
290                 if (!(inode=namei(interp))) { /* get executables inode */
291                         set_fs(old_fs);
292                         retval =-ENOENT;
293                         goto exec_error1;
294                 }
295                 set_fs(old_fs);
296                 goto restart_interp;
297         }
```

```
298         brelse(bh);        //释放该缓冲区。
 //下面对执行头信息进行处理。对于下列情况,将不执行程序:如果执行文件不是需求页可执行文件
 //(ZMAGIC)、或者代码重定位部分长度 a_trsize 不等于 0、或者数据重定位信息长度不等于 0、或者
 //代码段+数据段+堆段长度超过 50 MB、或者 i 节点表明的该执行文件长度小于代码段+数据段+符号表
 //长度+执行头部分长度的总和。
299         if (N_MAGIC(ex)!=ZMAGIC || ex.a_trsize || ex.a_drsize ||
300                 ex.a_text+ex.a_data+ex.a_bss>0x3000000 ||
301                 inode->i_size < ex.a_text+ex.a_data+ex.a_syms+N_TXTOFF(ex)) {
302                 retval = -ENOEXEC;
303                 goto exec_error2;
304         }
 //如果执行文件执行头部分长度不等于一个内存块大小(1024B),也不能执行。转 exec_error2。
305         if (N_TXTOFF(ex)!=BLOCK_SIZE) {
306                 printk("%s: N_TXTOFF!=BLOCK_SIZE. See a.out.h.", filename);
307                 retval = -ENOEXEC;
308                 goto exec_error2;
309         }
 //如果 sh_bang 标志没有设置,则复制指定个数的环境变量字符串和参数到参数和环境空间中。
 //若 sh_bang 标志已经设置,则表明是将运行脚本程序,此时环境变量页面已经复制,无须再复制。
310         if (! sh_bang) {
311                 p = copy_strings(envc,envp,page,p,0);
312                 p = copy_strings(argc,argv,page,p,0);
 //如果 p=0,则表示环境变量与参数空间页面已经被占满,容纳不下了。转至出错处理处。
313                 if (! p) {
314                         retval = -ENOMEM;
315                         goto exec_error2;
316                 }
317         }
318 /* OK, This is the point of no return */   /* 下面开始就没有返回的地方了 */
 //如果原程序也是一个执行程序,则释放其 i 节点,并让进程 executable 字段指向新程序 i 节点。
319         if (current->executable)
320                 iput(current->executable);
321         current->executable = inode;
 //清复位所有信号处理句柄。但对于 SIG_IGN 句柄不能复位,因此在 322 与 323 行之间需添加一条 if
 //语句:if (current->sa[I].sa_handler!=SIG_IGN)。这是源代码中的一个 bug。
322         for (i=0 ; i<32 ; i++)
323                 current->sigaction[i].sa_handler = NULL;
 //根据执行时关闭(close_on_exec)文件句柄位图标志,关闭指定的打开文件,并复位该标志。
324         for (i=0 ; i<NR_OPEN ; i++)
325                 if ((current->close_on_exec>>i)&1)
326                         sys_close(i);
327         current->close_on_exec = 0;
 //根据指定的基地址和限长,释放原程序代码段和数据段所对应的内存页表指定的内存块及页表本身。
328         free_page_tables(get_base(current->ldt[1]),get_limit(0x0f));
329         free_page_tables(get_base(current->ldt[2]),get_limit(0x17));
 //如果"上次任务使用了协处理器"指向的是当前进程,则将其置空,并复位使用了协处理器的标志。
330         if (last_task_used_math==current)
331                 last_task_used_math = NULL;
332         current->used_math = 0;
 //根据 a_text 修改局部表中描述符基址和段限长,并将参数和环境空间页面放置在数据段末端。执行
 //下面语句之后,p此时是以数据段起始处为原点的偏移值,仍指向参数和环境空间数据开始处,
 //即转换成为堆栈的指针。
```

```
333         p += change_ldt(ex.a_text,page)-MAX_ARG_PAGES * PAGE_SIZE;
  //create_tables()在新用户堆栈中创建环境和参数变量指针表,并返回该堆栈指针。
334         p = (unsigned long) create_tables((char *)p,argc,envc);
  //修改当前进程各字段为新执行程序的信息。令进程代码段尾值字段 end_code = a_text;令进程数
  //据段尾字段 end_data = a_data + a_text;令进程堆结尾字段 brk = a_text + a_data + a_bss。
335         current->brk = ex.a_bss +
336                 (current->end_data = ex.a_data +
337                 (current->end_code = ex.a_text));
  //设置进程堆栈开始字段为堆栈指针所在的页面,并重新设置进程的用户 id 和组 id。
338         current->start_stack = p & 0xfffff000;
339         current->euid = e_uid;
340         current->egid = e_gid;
341         i = ex.a_text+ex.a_data;          //初始化一页 bss 段数据,全为 0。
342         while (i&0xfff)
343                 put_fs_byte(0,(char *) (i++));
  //将原调用系统中断的程序在堆栈上的代码指针替换为指向新执行程序的入口点,并将堆栈指针替换
  //为新执行程序的堆栈指针。返回指令将弹出这些堆栈数据并使得 CPU 去执行新的执行程序,因此不
  //会返回到原调用系统中断的程序中去了。
344         eip[0] = ex.a_entry;        /* eip, magic happens :-) *//* eip,魔法起作用了 */
345         eip[3] = p;                 /* stack pointer */          /* esp,堆栈指针 */
346         return 0;
347 exec_error2:
348         iput(inode);
349 exec_error1:
350         for (i=0 ; i<MAX_ARG_PAGES ; i++)
351                 free_page(page[i]);
352         return(retval);
353 }
```

a. out 是一种称为汇编与链接输出(Assembly & Link Editor Output)的执行文件格式,Linux 内核 0. 11 版仅支持这种格式。虽然这种格式目前已经逐渐被功能更为齐全的 ELF (Executable and Link Format)执行格式所代替,但是由于其简单性,作为学习入门的材料比较适用。详细介绍可参见 11. 2 节中的内容。

9. 2. 15 stat. c 程序

文件 9-15 中的程序实现取文件状态信息系统调用 stat( )和 fstat( ),并将信息存放在用户的文件状态结构缓冲区中。stat( )是利用文件名取信息,而 fstat( )是使用文件句柄(描述符)来取信息。

文件 9-15 linux/fs/stat. c

```
 7 #include <errno.h>         //错误号头文件。包含系统中各种出错号(Linus 从 MINIX 中引进的)。
 8 #include <sys/stat.h>  //文件状态头文件。含有文件或文件系统状态结构 stat{}和常量。
 9
10 #include <linux/fs.h>  //文件系统头文件。定义文件表结构(file,buffer_head,m_inode 等)。
11 #include <linux/sched.h> //调度程序头文件,定义任务结构 task_struct、初始任务 0 的数据。
12 #include <linux/kernel.h>// 内核头文件。含有一些内核常用函数的原型定义。
13 #include <asm/segment.h> //段操作头文件。定义了有关段寄存器操作的嵌入式汇编函数。
14 //复制文件状态信息。
   //参数 inode 是文件对应的 i 节点,statbuf 是 stat 文件状态结构指针,用于存放取得的状态信息。
```

```
15 static void cp_stat(struct m_inode * inode, struct stat * statbuf)
16 {
17         struct stat tmp;
18         int i;
19 //首先验证(或分配)存放数据的内存空间,然后临时复制相应节点上的信息。
20         verify_area(statbuf,sizeof ( * statbuf));
21         tmp.st_dev = inode->i_dev;          //文件所在的设备号。
22        tmp.st_ino = inode->i_num;          //文件 i 节点号。
23        tmp.st_mode = inode->i_mode;        //文件属性。
24        tmp.st_nlink = inode->i_nlinks;     //文件的链接数。
25        tmp.st_uid = inode->i_uid;          //文件的用户 id。
26        tmp.st_gid = inode->i_gid;          //文件的组 id。
27        tmp.st_rdev = inode->i_zone[0];     //设备号(如果文件是特殊的字符文件或块文件)。
28        tmp.st_size = inode->i_size;        //文件大小(字节数)(如果文件是常规文件)。
29        tmp.st_atime = inode->i_atime;      //最后访问时间。
30        tmp.st_mtime = inode->i_mtime;      //最后修改时间。
31        tmp.st_ctime = inode->i_ctime;      //最后节点修改时间。
32        for (i=0 ; i<sizeof (tmp) ; i++)    //最后将这些状态信息复制到用户缓冲区中。
33              put_fs_byte(((char *) &tmp)[i],&((char *) statbuf)[i]);
34 }
35 //文件状态系统调用函数-根据文件名获取文件状态信息。返回 0,若出错则返回出错号。
   //参数 filename 是指定的文件名,statbuf 是存放状态信息的缓冲区指针。
36 int sys_stat(char * filename, struct stat * statbuf)
37 {
38         struct m_inode * inode;
39 //首先根据文件名找出对应的 i 节点,若出错则返回错误码。
40         if (! (inode=namei(filename)))
41                return  -ENOENT;
42         cp_stat(inode,statbuf); //将 i 节点上文件状态信息复制到用户缓冲中,并释放该 i 节点。
43         iput(inode);
44         return 0;
45 }
46 //文件状态系统调用-根据文件句柄获取文件状态信息。返回 0,若出错则返回出错号。
   //参数 fd 是指定文件的句柄(描述符),statbuf 是存放状态信息的缓冲区指针。
47 int sys_fstat(unsigned int fd, struct stat * statbuf)
48 {
49         struct file * f;
50         struct m_inode * inode;
51 //如果文件句柄值大于一个程序最多打开文件数 NR_OPEN,或者该句柄的文件结构指针为空,或者对
   //应文件结构的 i 节点字段为空,则出错,返回出错号并退出。
52         if (fd >= NR_OPEN || ! (f=current->filp[fd]) || ! (inode=f->f_inode))
53                return  -EBADF;
54         cp_stat(inode,statbuf);         //将 i 节点上的文件状态信息复制到用户缓冲区中。
55         return 0;
56 }
```

9.2.16 fcntl.c 程序

从本小节开始注释的一些文件,都属于对目录和文件进行操作的上层处理程序。

程序 fcntl.c(见文件 9-16)实现了文件控制系统调用 fcntl()和两个文件句柄(描述符)复制系统调用 dup()和 dup2()。dup2()指定了新句柄的数值,而 dup()则返回当前值最小的未

用句柄。句柄复制操作主要用在文件的标准输入/输出重定向和管道操作方面。

文件 9-16 linux/fs/fcntl.c

```
 7 #include <string.h>          //字符串头文件。主要定义了一些有关字符串操作的嵌入函数。
 8 #include <errno.h>           //错误号头文件。包含系统中各种出错号(Linus 从 MINIX 中引进的)。
 9 #include <linux/sched.h>     //调度程序头文件,定义任务结构 task_struct、初始任务 0 的数据。
10 #include <linux/kernel.h>    //内核头文件。含有一些内核常用函数的原型定义。
11 #include <asm/segment.h>     //段操作头文件。定义了有关段寄存器操作的嵌入式汇编函数。
12
13 #include <fcntl.h>           //文件控制头文件。用于文件及其描述符的操作控制常数符号的定义。
14 #include <sys/stat.h>        //文件状态头文件。含有文件或文件系统状态结构 stat{}和常量。
15
16 extern int sys_close(int fd);       //关闭文件系统调用(fs/open.c, 192 行)。
17 //复制文件句柄(描述符)。
   //参数 fd 是欲复制的文件句柄,arg 指定新文件句柄的最小数值。返回新文件句柄或出错号。
18 static int dupfd(unsigned int fd, unsigned int arg)
19 {
   //若文件句柄值大于一个程序最多打开文件数 NR_OPEN,或者该句柄的文件结构不存在,则出错。
20         if (fd >= NR_OPEN || ! current->filp[fd])
21                 return  -EBADF;
   //如果指定的新句柄值 arg 大于最多打开文件数,则出错,返回出错号并退出。
22         if (arg >= NR_OPEN)
23                 return  -EINVAL;
   //在当前进程的文件结构指针数组中寻找索引号大于或等于 arg 但还没有使用的项。
24         while (arg < NR_OPEN)
25                 if (current->filp[arg])
26                         arg++;
27                 else
28                         break;
   //如果找到的新句柄值 arg 大于最多打开文件数,则出错,返回出错号并退出。
29         if (arg >= NR_OPEN)
30                 return  -EMFILE;
   //在执行时关闭标志位图中复位该句柄位。也即在运行 exec()类函数时不关闭该句柄。
31         current->close_on_exec &= ~(1<<arg);
   //令该文件结构指针等于原句柄 fd 的指针,并将文件引用计数增 1。
32         (current->filp[arg] = current->filp[fd])->f_count++;
33         return arg;                  //返回新的文件句柄。
34 }
35 //复制文件句柄系统调用函数。
   //复制指定文件句柄 oldfd,新句柄值等于 newfd。如果 newfd 已经打开,则首先关闭之。
36 int sys_dup2(unsigned int oldfd, unsigned int newfd)
37 {
38         sys_close(newfd);            //若句柄 newfd 已经打开,则首先关闭之。
39         return dupfd(oldfd,newfd);   //复制并返回新句柄。
40 }
41 //复制文件句柄系统调用函数。复制指定文件句柄 oldfd,新句柄的值是当前最小的未用句柄。
42 int sys_dup(unsigned int fildes)
43 {
44         return dupfd(fildes,0);
45 }
46 //文件控制系统调用函数。参数 fd 是文件句柄,cmd 是操作命令(参见 include/fcntl.h,23~30 行)。
47 int sys_fcntl(unsigned int fd, unsigned int cmd, unsigned long arg)
```

```
48 {
49         struct file * filp;
50 //若文件句柄值大于一个进程最多打开文件数 NR_OPEN,或该句柄的文件结构指针为空,则出错。
51         if (fd >= NR_OPEN || ! (filp = current->filp[fd]))
52                 return  -EBADF;
53         switch (cmd) {              //根据不同命令 cmd 进行分别处理。
54                 case F_DUPFD:       //复制文件句柄。
55                         return dupfd( fd,arg);
56                 case F_GETFD:       //取文件句柄的执行时关闭标志。
57                         return (current->close_on_exec>>fd)&1;
58                 case F_SETFD:       //设置句柄执行时关闭标志。arg 位 0 置位是设置,否则关闭。
59                         if (arg&1)
60                                 current->close_on_exec |= (1<<fd);
61                         else
62                                 current->close_on_exec &= ~(1<<fd);
63                         return 0;
64                 case F_GETFL:       //取文件状态标志和访问模式。
65                         return filp->f_flags;
66                 case F_SETFL:       //设置文件状态和访问模式(根据 arg 设置添加、非阻塞标志)。
67                         filp->f_flags &= ~(O_APPEND | O_NONBLOCK);
68                         filp->f_flags |= arg & (O_APPEND | O_NONBLOCK);
69                         return 0;
70                 case F_GETLK:   case F_SETLK:   case F_SETLKW:     //未实现。
71                         return -1;
72                 default:
73                         return  -1;
74         }
75 }
```

9.2.17 ioctl.c 程序

文件 9-17 是 ioctl.c 程序,实现了输入/输出控制系统调用 ioctl()。它主要调用 tty_ioctl()函数对终端的 I/O 进行控制。

文件 9-17 linux/fs/ioctl.c

```
 7 #include <string.h>          //字符串头文件。主要定义了一些有关字符串操作的嵌入函数。
 8 #include <errno.h>           //错误号头文件。包含系统中各种出错号(Linus 从 MINIX 中引进的)。
 9 #include <sys/stat.h>        //文件状态头文件。含有文件或文件系统状态结构 stat{}和常量。
10
11 #include <linux/sched.h>//调度程序头文件,定义任务结构 task_struct、初始任务 0 的数据。
12
13 extern int tty_ioctl(int dev, int cmd, int arg);      //终端 ioctl(chr_drv/tty_ioctl.c, 115)。
14
15 typedef int (*ioctl_ptr)(int dev,int cmd,int arg);   //定义输入输出控制(ioctl)函数指针类型。
16
17 #define NRDEVS ((sizeof (ioctl_table))/(sizeof (ioctl_ptr)))       //定义系统中设备种数。
18 //ioctl 操作函数指针表。
19 static ioctl_ptr ioctl_table[]={
20         NULL,               /* nodev */
21         NULL,               /* /dev/mem */
```

```
22        NULL,              /* /dev/fd */
23        NULL,              /* /dev/hd */
24        tty_ioctl,         /* /dev/ttyx */
25        tty_ioctl,         /* /dev/tty */
26        NULL,              /* /dev/lp */
27        NULL};             /* named pipes */
28 //系统调用函数-输入输出控制函数。  返回:成功则返回 0,否则返回出错号。
29 //参数:fd-文件描述符;cmd-命令码;arg-参数。
30 int sys_ioctl(unsigned int fd, unsigned int cmd, unsigned long arg)
31 {
32        struct file * filp;
33        int dev,mode;
34 //如果文件描述符超出可打开的文件数,或者对应描述符的文件结构指针为空,则返回出错号,退出。
35        if (fd >= NR_OPEN || ! (filp = current->filp[fd]))
36               return  -EBADF;
   //取对应文件的属性。如果该文件不是字符文件,也不是块设备文件,则返回出错号,退出。
37        mode=filp->f_inode->i_mode;
38        if (! S_ISCHR(mode) && ! S_ISBLK(mode))
39               return  -EINVAL;
   //从字符或块设备文件的 i 节点中取设备号。如果设备号大于系统现有的设备数,则返回出错号。
40        dev = filp->f_inode->i_zone[0];
41        if (MAJOR(dev) >= NRDEVS)
42               return  -ENODEV;
   //如果该设备在 ioctl 函数指针表中没有对应函数,则返回出错号。
43        if (! ioctl_table[MAJOR(dev)])
44               return  -ENOTTY;
   //否则返回实际 ioctl 函数返回码,成功则返回 0,否则返回出错号。
45        return ioctl_table[MAJOR(dev)](dev,cmd,arg);
46 }
```

9.3 本章小结

本章讲解了 Linux 中文件系统和高速缓冲管理的实现代码。文件系统直接采用了 MINIX 的 1.0 版文件系统,所支持的最大文件系统尺寸是 64 MB。这个文件系统与经典的 UNIX 文件系统基本上是完全一样的。高速缓冲管理程序主要为加快块设备的输入输出提供了缓冲机制。通过使用散列表和空闲缓冲队列,大大提高了块设备输入输出的效率。

9.4 习题

1. 当安装一个文件系统时,内核调用驱动程序的打开过程,但在系统调用结束时释放设备特殊文件的索引节点。在卸载一个文件系统时,内核存取设备特殊文件的索引节点,并调用驱动程序的关闭过程,然后释放索引节点。试对索引节点操作及驱动程序打开和关闭的顺序与打开和关闭一个块设备的顺序进行比较和说明。

2. 在 buffer. c 程序 getblk( ) 函数中 215、216 两行,既然已经是对空闲缓冲队列操作,为什么还要判断缓冲区是否被引用?

3. kernel 中许多 lock 函数都使用了 cli 和 sti，这是为什么？是担心中断程序会捣乱么？假设有一个进程在内核空间获得了 super 锁，然后在 bread( ) 中等待，这时另一个进程也试图获得 super 锁，于是关了中断。这是否会导致内核死锁？

4. main.c 中 init 函数的 183 行，execve 是如何处理当前进程映像的？184 行以 2 作为返回值出于什么考虑？

5. 在高速缓冲区管理程序 buffer.c 的 getblk 函数中，在检查一个块是否正处于忙状态之前，内核必须提高 CPU 的优先级以封锁中断。为什么？

6. MINIX 文件系统有两个版本，1.0 和 2.0 版。在 Linux 0.11 内核中使用了它的 1.0 版本。请指出这两个版本之间的主要区别，改进的主要作用是什么？

第10章 内存管理

在 Intel 80x86 体系结构中,Linux 内核的内存管理程序采用了分页管理机制。利用页目录和页表结构处理内核中其他部分代码对内存的申请和释放操作。内存的管理是以内存页面为单位进行的,一个内存页面是指地址连续的 4KB 内存。通过页目录项和页表项,可以寻址和管理指定页面的使用情况。在 Linux 0.11 内核的内存管理目录中共有三个文件,见表 10-1。

表 10-1 内存管理目录

名称	大小	最后修改时间
Makefile	813B	1991-12-02 03:21:45
memory. c	11223B	1991-12-03 00:48:01
page. s	508B	1991-10-02 14:16:30

其中,page. s 文件比较短,仅包含内存页异常的中断处理过程(INT 14),主要实现了对缺页和页写保护的处理。memory. c 是内存页面管理的核心文件,用于内存的初始化操作、页目录和页表的管理和内核其他部分对内存的申请处理过程。

10.1 总体功能描述

在 Intel 80x86 CPU 中,程序在寻址过程中使用的是由段和偏移值构成的地址。该地址并不能直接用来寻址物理内存地址,因此被称为虚拟地址。为了能寻址物理内存,就需要一种地址变换机制将虚拟地址映射或变换到物理内存中,这种地址变换机制就是内存管理的主要功能之一(内存管理的另外一个主要功能是内存的寻址保护机制。由于篇幅所限,本章不对其进行讨论)。虚拟地址通过段管理机制首先变换成一种中间地址形式——CPU 32 位的线性地址,然后使用分页管理机制将此线性地址映射到物理地址。

为了弄清 Linux 内核对内存的管理操作方式,我们需要了解内存分页管理的工作原理,了解其寻址的机制。分页管理的目的是将物理内存页面映射到某一线性地址处,或反之。在分析本章的内存管理程序时,要清楚给定的地址是指线性地址还是实际物理内存的地址。

10.1.1 内存分页管理机制

在 Intel 80x86 的系统中,内存分页管理是通过页目录表和内存页表所组成的二级表进行,如图 10-1 所示。

其中页目录表和页表的结构是一样的,表项结构也相同。页目录表中的每个表项(简称页目录项)(4B)用来寻址一个页表,而每个页表项(4B)用来指定一页物理内存页。因此,当指定了一个页目录项和一个页表项,我们就可以唯一地确定所对应的物理内存页。页目录表占用一页内存,因此最多可以寻址 1024 个页表。而每个页表也同样占用一页内存,因此一个页表可以寻址最多 1024 个物理内存页面。这样在 80386 中,一个页目录表所寻址的所有页表共可以寻址 1024 × 1024 × 4096B = 4GB 的内存空间。在 Linux 0.11 内核中,所有进程都使用一个页目录表,而每个进程都有自己的页表。

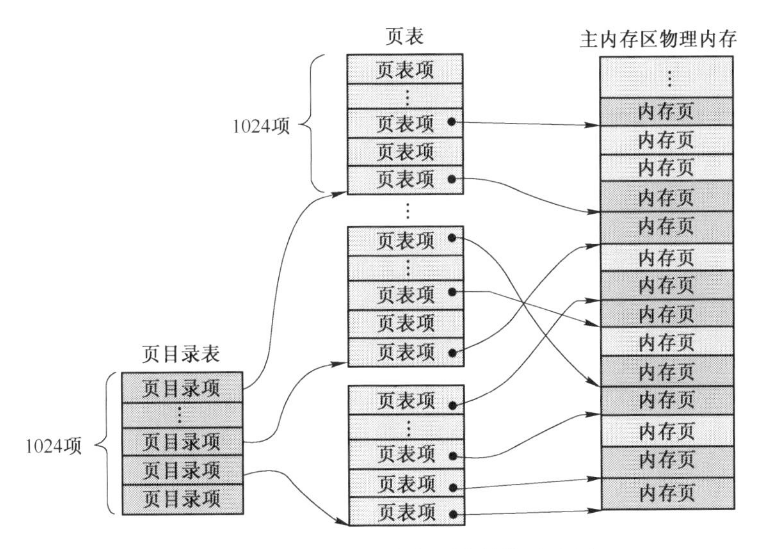

图 10-1 页目录表和内存页表结构示意图

对于应用进程或内核其他部分来讲,在申请内存时使用的是线性地址。接下来我们就要问了:"那么,一个线性地址如何使用这两个表来映射到一个物理地址上呢?"。为了使用分页机制,一个 32 位的线性地址被分成了三个部分,分别用来指定一个页目录项、一个页表项和对应物理内存页上的偏移地址,从而能间接地寻址到线性地址指定的物理内存位置,如图 10-2 所示。

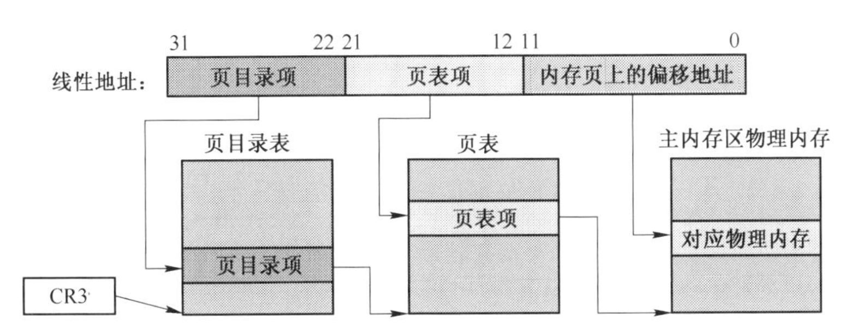

图 10-2 线性地址变换示意图

线性地址的位 31~22 共 10 位(bit)用来确定页目录中的目录项,位 21~12 用来寻址页目录项指定的页表中的页表项,最后的 12 位(bit)用作页表项指定的一页物理内存中的偏移地址。

在内存管理的函数中,大量使用了从线性地址到实际物理地址的变换计算。对于一个给定进程的线性地址,通过图 10-2 中所示的地址变换关系,我们可以很容易地找到该线性地址对应的页目录项。若该目录项有效(被使用),则该目录项中的页框地址指定了一个页表在物理内存中的基址,那么结合线性地址中的页表项指针,若该页表项有效,则根据该页表项中的指定的页框地址,我们就可以最终确定指定线性地址对应的实际物理内存页的地址。反之,如果需要从一个已知被使用的物理内存页地址,寻找对应的线性地址,则需要对整个页目录表和所有页表进行搜索。若该物理内存页被共享,我们就可能会找到多个对应的线性地址来。图 10-3用形象的方法说明了一个给定的线性地址是如何映射到物理内存页上的。对于第一个进程(任务 0),其页表是在页目录表之后,共 4 页。对于应用程序的进程,其页表所使用的内存是在进程创建时向内存管理程序申请的,因此是在主内存区中。

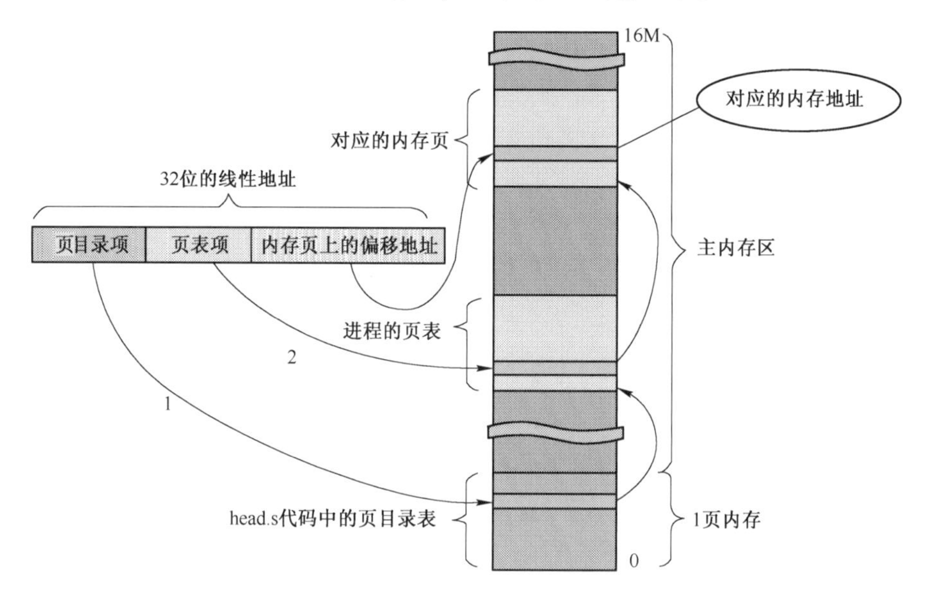

图 10-3　线性地址对应的物理地址

一个系统中可以同时存在多个页目录表,而在某个时刻只有一个页目录表可用。当前的页目录表是用 CPU 的寄存器 CR3 来确定的,它存储着当前页目录表的物理内存地址。但在本书所讨论的 Linux 内核中只使用了一个页目录表。

在图 10-1 中我们看到,每个页表项对应的物理内存页在 4GB 的地址范围内是随机的,是由页表项中页框地址内容确定的,也即是由内存管理程序通过设置页表项来确定。每个页表项由页框地址、访问标志位、脏(已修改)标志位和存在标志位等构成。页表项的结构参见图 10-4。

31 … 12	11									0
页框地址 位31…12 (PAGE FRAME ADDRESS)	可用 (AVAIL)	0	0	D	A	0	0	U/S	R/W	P

图 10-4　页目录项和页表项结构

其中,页框地址(PAGE FRAME ADDRESS)指定了一页内存的物理起始地址。因为内存页是位于 4KB 边界上的,所以其低 12 位总是 0,因此页表项的低 12 位可作他用。在一个页目录表中,页表项的页框地址是一个页表的起始地址;在第二级页表中,页表项的页框地址则包含期望内存操作的物理内存页地址。

图中的存在位(PRESENT,P)确定了一个页表项是否可以用于地址转换过程。P=1 表示该项可用。当页目录表项或第二级表项的 P=0 时,则该表项是无效的,不能用于地址转换过程。此时该页表项的所有其他位都可供程序使用;处理器不对这些位进行测试。

当 CPU 试图使用一个页表项进行地址转换时,如果此时任意一级页表项的 P=0,则处理器就会发出页异常信号。此时缺页中断异常处理程序就可以把所请求的页加入到物理内存中,并且导致异常的指令会被重新执行。

已访问(Accessed,A)和已修改(Dirty,D)位用于提供有关页使用的信息。除了页目录项中的已修改位,这些位将由硬件置位,但不复位。

在对一页内存进行读或写操作之前,CPU 将设置相关的目录和二级页表项的已访问位。在向一个二级页表项所涵盖的地址进行写操作之前,处理器将设置该二级页表项的已修改位,而页目录项中的已修改位是不用的。当所需求的内存超出实际物理内存量时,内存管理程序就可以使用这些位来确定哪些页可以从内存中取走,以腾出空间。内存管理程序还需负责检测和复位这些比特位。

读/写位(Read/Write,R/W)和用户/超级用户位(User/Supervisor,U/S)并不用于地址转换,但用于分页级的保护机制,是由 CPU 在地址转换过程中同时操作的。

10.1.2 Linux 中内存的管理和分配

有了以上概念,我们就可以说明 Linux 进行内存管理的方法了。但还需要了解一下 Linux 0.11 内核使用内存空间的情况。对于 Linux 0.11 内核,它默认最多支持 16MB 物理内存。在一个具有 16MB 内存的 80x86 计算机系统中,Linux 内核占用物理内存最前段的一部分,图 10-5 中 end 标示出内核模块结束的位置。随后是高速缓冲区,它的最高内存地址为 4MB。高速缓冲区被显示内存和 ROM BIOS 分成两段。剩余的内存部分称为主内存区。主内存区就是由本章的程序进行分配管理的。若系统中还存在 RAM 虚拟盘,则主内存区前段还要扣除虚拟盘所占的内存空间。当需要使用主内存区时就需要向本章的内存管理程序申请,所申请的基本单位是内存页。整个物理内存各部分的功能示意如图 10-5 所示。

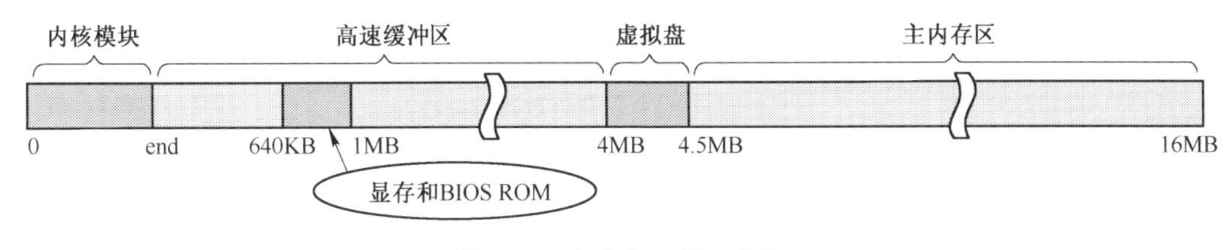

图 10-5 主内存区域示意图

在第 3 章中,我们已经知道,Linux 的页目录和页表是在程序 head.s 中设置的。head.s 程序在物理地址 0 处存放了一个页目录表,紧随其后是 4 个页表。这 4 个页表将被用于内核和任务 0,其他的派生进程将在主内存区申请内存页来存放自己的页表。本章中的两个程序就是用于对这些表进行操作,从而实现主内存区中内存的分配使用。

page.s 程序用于实现页异常中断处理过程(INT 14)。该中断处理过程对由于缺页和页写保护引起的中断分别调用 memory.c 中的 do_no_page()和 do_wp_page()函数进行处理。do_no_page()会把需要的页面从块设备中取到内存指定位置处。在共享内存页面情况下,do_wp_page()会复制被写的页面(copy on write,写时复制),从而也取消了对页面的共享。

在阅读本章代码时,读者还需要了解一个执行程序进程的代码和数据在虚拟的线性地址空间中的分布情况,参见图 10-6。

每个进程在线性地址中都是从 nr * 64MB 的地址位置开始(nr 是任务号),占用线性地址空间的范围是 64MB。其中最后部的环境参数数据块最长为 128KB,其左面是起始堆栈指针。在进程创建时 bss 段的第一页被初始化为全 0。

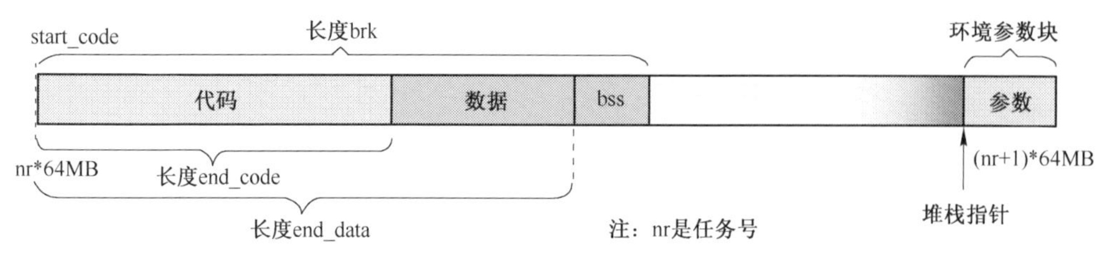

图 10-6　进程在虚拟线性地址空间中的分布

10.1.3　写时复制机制

为了节约物理内存，在调用 fork( )生成新进程时，新进程与原进程会共享同一内存区。只有当其中一进程进行写操作时，系统才会为其另外分配内存页面。这就是写时复制(copy on write)的概念。

当进程 A 使用系统调用 fork 创建一个子进程 B 时，由于子进程 B 实际上是父进程 A 的一个副本，因此会拥有与父进程相同的物理页面。也即为了达到节约内存和加快创建速度的目标，fork( )函数会让子进程 B 以只读方式共享父进程 A 的物理页面。同时将父进程 A 对这些物理页面的访问权限也设成只读。详见 memory. c 程序中的 copy_page_tables( )函数。这样一来，当父进程 A 或子进程 B 任何一方对这些以共享的物理页面执行写操作时，都会产生页面出错异常(page_fault int14)中断，此时 CPU 会执行系统提供的异常处理函数 do_wp_page( )来试图解决这个异常。

do_wp_page( )会对这块导致写入异常中断的物理页面进行取消共享操作(使用 un_wp_page( )函数)，为写进程复制一新的物理页面，使父进程 A 和子进程 B 各自拥有一块内容相同的物理页面。这时才真正地进行了复制操作(只复制这一块物理页面)。并且把将要执行写入操作的这块物理页面标记成可以写访问的。最后，从异常处理函数中返回时，CPU 就会重新执行刚才导致异常的写入操作指令，使进程能够继续执行下去。

因此，对于进程在自己的虚拟地址范围内进行写操作时，就会使用上面这种被动的写时复制操作，也即：写操作 → 页面异常中断 → 处理写保护异常 → 重新执行写操作。而对于系统内核，当在某个进程的虚拟地址范围内执行写操作时，例如，进程调用某个系统调用，而该系统调用会将数据复制到进程的缓冲区域中，则会主动地调用内存页面验证函数 write_verify( )，来判断是否有页面共享的情况存在，如果有，就进行页面的写时复制操作。

10.2　程序分析

10.2.1　memory. c 程序

本程序进行内存分页的管理。实现了对主内存区内存的动态分配和收回操作。对于物理内存的管理，内核使用了一个字节数组(mem_map[ ])来表示主内存区中所有物理内存页的状态。每个字节描述一个物理内存页的占用状态。其中的值表示被占用的次数，0 表示对应的物理内存空闲着。当申请一页物理内存时，就将对应字节的值增 1。对于进程虚拟线性地址的管理，内核使用了处理器的页目录表和页表结构来管理。而物理内存页与进程线性地址之间的映射关系则是通过修改页目录项和页表项的内容来处理。下面对程序中所提供的几个主要函数进行详细说明。

get_free_page()和 free_page()这两个函数是专门用来管理主内存区中物理内存的占用和空闲情况,与每个进程的线性地址无关。

get_free_page()函数用于在主内存区中申请一页空闲内存页,并返回物理内存页的起始地址。它首先扫描内存页面字节数组 mem_map[],寻找值是 0 的字节项(对应空闲页面)。若无则返回 0 结束,表示物理内存已使用完。若找到值为 0 的字节,则将其置 1,并换算出对应空闲页面的起始地址。然后对该内存页面作清零操作。最后返回该空闲页面的物理内存起始地址。

free_page()用于释放指定地址处的一页物理内存。它首先判断指定的内存地址是否小于 1MB,若是则返回,因为 1MB 以内是内核专用的;若指定的物理内存地址大于或等于实际内存最高端地址,则显示出错信息;然后由指定的内存地址换算出页面号:(addr - 1MB)/4KB;接着判断页面号对应的 mem_map[]字节项是否为 0,若不为 0,则减 1 返回;否则对该字节项清零,并显示"试图释放一空闲页面"的出错信息。

free_page_tables()和 copy_page_tables()这两个函数则以一个页表对应的物理内存块(4MB)为单位,释放或复制指定线性地址和长度(页表个数)对应的物理内存页块。不仅对管理线性地址的页目录和页表中的对应项内容进行修改,而且也对每个页表中所有页表项对应的物理内存页进行释放或占用操作。

free_page_tables()用于释放指定线性地址和长度(页表个数)对应的物理内存页。它首先判断指定的线性地址是否在 4MB 的边界上,若不是则显示出错信息,并死机;然后判断指定的地址值是否为 0,若是,则显示出错信息"试图释放内核和缓冲区所占用的空间",并死机;接着计算在页目录表中所占用的目录项数 size,即页表个数,并计算对应的起始目录项号;然后从对应起始目录项开始,释放所占用的所有 size 个目录项;同时释放对应目录项所指的页表中的所有页表项和相应的物理内存页;最后刷新页变换高速缓冲。

copy_page_tables()用于复制指定线性地址和长度(页表个数)内存对应的页目录项和页表项,从而被复制的页目录和页表对应的原物理内存区被共享使用。该函数首先验证指定的源线性地址和目的线性地址是否都在 4MB 的内存边界地址上,否则就显示出错信息,并死机;然后由指定线性地址换算出对应的起始页目录项(from_dir, to_dir);并计算需复制的内存区占用的页表数(即页目录项数);接着开始分别将原目录项和页表项复制到新的空闲目录项和页表项中。页目录表只有一个,而新进程的页表需要申请空闲内存页面来存放;此后再将原始和新的页目录和页表项都设置成只读的页面。当有写操作时就利用页异常中断调用,执行写时复制操作。最后对共享物理内存页对应的字节数组 mem_map[]的标志进行增 1 操作。

put_page()用于将一指定的物理内存页面映射到指定的线性地址处。它首先判断指定的内存页面地址的有效性,要在 1MB 和系统最高端内存地址之外,否则发出警告;然后计算该指定线性地址在页目录表中对应的页目录项;此时若该页目录项有效(P = 1),则取其对应页表的地址;否则申请空闲页给页表使用,并设置该页表中对应页表项的属性。最后仍返回指定的物理内存页面地址。

do_wp_page()是页异常中断过程(在 mm/page.s 中实现)中调用的页写保护处理函数。它首先判断地址是否在进程的代码区域,若是则终止程序(代码不能被改动);然后执行写时复制页面的操作。

do_no_page()是页异常中断过程中调用的缺页处理函数。它首先判断指定的线性地址在一个进程空间中相对于进程基址的偏移长度值。如果它大于代码加数据长度,或者进程刚开始创建,则立刻申请一页物理内存,并映射到进程线性地址中,然后返回;接着尝试进行页面共享操作,若成功,则立刻返回;否则申请一页内存并从设备中读入一页信息;若加入该页信息时,指定线性地址+1 页长度超过了进程代码加数据的长度,则将超过的部分清零。然后将该页映射到指定的线性地址处。

get_empty_page()用于取得一页空闲物理内存并映射到指定线性地址处。主要使用了 get_free_page()和 put_page()函数来实现该功能。

memory.c 程序如文件 10-1 所示。

文件 10-1 linux/mm/memory.c

```
 7 /*
 8  * demand-loading started 01.12.91-seems it is high on the list of
 9  * things wanted, and it should be easy to implement.-Linus
10  */
   /* 需求加载是从 1991 年 12 月 1 日开始编写的——在程序编制表中似乎是最重要的程序,
11  * 并且应该是很容易编制的-Linus    */
12 /*
13  * Ok, demand-loading was easy, shared pages a little bit tricker. Shared
14  * pages started 02.12.91, seems to work.-Linus.
15  *
16  * Tested sharing by executing about 30 /bin/sh: under the old kernel it
17  * would have taken more than the 6M I have free, but it worked well as
18  * far as I could see.
19  *
20  * Also corrected some "invalidate()"s-I wasn't doing enough of them.
21  */
   /* 需求加载是比较容易编写的,而共享页面却需要有点技巧。共享页面程序是从 1991 年 12 月 1 日开
    * 始编写的,好像能够工作-Linus。
    * 通过执行大约 30 个/bin/sh 对共享操作进行了测试:在老内核当中需要占用多于 6MB 的内存,而目
    * 前却不用。现在看来工作得很好。
    * 对"invalidate()"函数也进行了修正。在这方面我还做得不够。    */
22
23 #include <signal.h>          //信号头文件,定义信号符号常量、信号结构以及信号操作函数原型。
24
25 #include <asm/system.h> //系统头文件,定义了设置或修改描述符/中断门等的嵌入式汇编宏。
26
27 #include <linux/sched.h>//调度程序头文件,定义了任务结构 task_struct、初始任务 0 的数据。
28 #include <linux/head.h> //head 头文件,定义了段描述符的简单结构,和几个选择符常量。
29 #include <linux/kernel.h>//内核头文件。含有一些内核常用函数的原型定义。
30
31 volatile void do_exit(long code);    //进程退出处理函数,在 kernel/exit.c,102 行。
32 //显示内存已用完出错信息,并退出。
33 static inline volatile void oom(void)
34 {
35         printk("out of memory\n\r");
36         do_exit(SIGSEGV);            //do_exit()应该使用退出代码,这里用了信号值 SIGSEGV(11)
37 }                                    //相同值的出错号含义是"资源暂时不可用",正好同义。
```

```
38 //刷新页变换高速缓冲宏函数。
   //为了提高地址转换的效率,CPU 将最近使用的页表数据存放在芯片中高速缓冲中。在修改过页表信
   //息之后,就需要刷新该缓冲区。这里使用重新加载页目录基址寄存器 cr3 的方法来进行刷新。下面
   //eax = 0,是页目录的基址。
39 #define invalidate() \
40 __asm__("movl %%eax,%%cr3"::"a" (0))
41 /* 下面定义若需要改动,则需要与 head.s 等文件中的相关信息一起改变 */
42 /* these are not to be changed without changing head.s etc */
   //linux 0.11 内核默认支持的最大内存容量是 16MB,可以修改这些定义以适合更多的内存。
43 #define LOW_MEM 0x100000                          //内存低端(1MB)。
44 #define PAGING_MEMORY (15*1024*1024)              //分页内存 15MB。主内存区最多 15MB。
45 #define PAGING_PAGES (PAGING_MEMORY>>12)          //分页后的物理内存页数。
46 #define MAP_NR(addr) (((addr)-LOW_MEM)>>12)       //指定内存地址映射为页号。
47 #define USED 100                                  //页面被占用标志,参见 405 行。
48 //CODE_SPACE(addr) ((((addr)+0xfff)&~0xfff) < current->start_code + current->end_code)。
   //该宏用于判断给定地址是否位于当前进程的代码段中,参见 252 行。
49 #define CODE_SPACE(addr) ((((addr)+4095)&~4095) < \
50 current->start_code+current->end_code)
51 //全局变量,存放实际物理内存最高端地址。
52 static long HIGH_MEMORY=0;
53 //复制 1 页内存(4K 字节)。
54 #define copy_page(from,to)\
55 __asm__("cld ; rep ; movsl"::"S" (from),"D" (to),"c" (1024):"cx","di","si")
56 //内存映射字节图(1B 代表 1 页),每个页面对应的字节用于标志页面当前被引用(占用)次数。
57 static unsigned char mem_map [ PAGING_PAGES ]={0,};
58
59 /*
60  * Get physical address of first (actually last :-) free page, and mark it
61  * used. If no free pages left, return 0.
62  */
   /* 获取第一个(实际上是最后 1 个)空闲页面,并标记为已使用。如果没有空闲页面,就返回 0。*/
   //取空闲页面。如果已经没有可用内存了,则返回 0。
   //输入:%1(ax=0) - 0;%2(LOW_MEM);%3(cx=PAGING_PAGES);%4(edi=mem_map+
   //PAGING_PAGES-1)。
   //输出:返回%0(ax=页面起始地址)。
   //上面%4 寄存器实际指向 mem_map[]内存字节图的最后一个字节。本函数从字节图末端开始向前扫描
   //所有页面标志(页面总数为 PAGING_PAGES),若有页面空闲(其内存映像字节为 0)则返回页面地
   //址。注意!本函数只是指出在主内存区的一页空闲页面,但并没有映射到某个进程的线性地址去。
   //后面的 put_page()函数就是用来作映射的。
63 unsigned long get_free_page(void)
64 {
65 register unsigned long __res asm("ax");
66
67 __asm__("std ; repne ; scasb\n\t"         //方向位置位,将 al(0)与对应每个页面的(di)内容比较,
68         "jne 1f\n\t"                      //如果没有等于 0 的字节,则跳转结束(返回 0)。
69         "movb $1,1(%%edi)\n\t             //将对应页面的内存映像位置 1。
70         "sall $12,%%ecx\n\t"              //页面数*4KB=相对页面起始地址。
71         "addl %2,%%ecx\n\t"               /再加上低端内存地址,即获得页面实际物理起始地址。
72         "movl %%ecx,%%edx\n\t"            //将页面实际起始地址→edx 寄存器。
73         "movl $1024,%%ecx\n\t"            //寄存器 ecx 置计数值 1024。
74         "leal 4092(%%edx),%%edi\n\t"      //将 4092+edx 的位置→edi(该页面的末端)。
75         "rep ; stosl\n\t"                 //将 edi 所指内存清零(反方向,即将该页面清零)。
```

```
76         "movl %%edx,%%eax\n"          //将页面起始地址→eax(返回值)。
77         "1:"
78         :"=a"(__res)
79         :"" (0),"i" (LOW_MEM),"c" (PAGING_PAGES),
80         "D" (mem_map+PAGING_PAGES-1)
81         :"di","cx","dx");
82 return  __res;                        //返回空闲页面地址(如果无空闲则返回 0)。
83 }
84
85 /*
86  * Free a page of memory at physical address 'addr'. Used by
87  * 'free_page_tables()'
88  */
  /* 释放物理地址'addr'开始的一页内存。用于函数'free_page_tables()'。*/
  //释放物理地址 addr 开始的一页面内存。
  //1MB 以下的内存空间用于内核程序和缓冲,不作为分配页面的内存空间。
89 void free_page(unsigned long addr)
90 {
91         if (addr < LOW_MEM) return;   //如果物理地址 addr 小于内存低端(1MB),则返回。
92         if (addr >= HIGH_MEMORY)      //如果物理地址 addr>=内存最高端,则显示出错信息。
93                 panic("trying to free nonexistent page");
94         addr -= LOW_MEM;              //物理地址减去低端内存位置,再除以 4KB,得页面号。
95         addr >>= 12;
96         if (mem_map[addr]--) return;  //如果对应内存页面映射字节不等于 0,则减 1 返回。
97         mem_map[addr]=0;              //否则置对应页面映射字节为 0,并显示出错信息,死机。
98         panic("trying to free free page");
99 }
100
101 /*
102  * This function frees a continuos block of page tables, as needed
103  * by 'exit()'. As does copy_page_tables(), this handles only 4Mb blocks.
104  */
  /* 下面函数释放页表连续的内存块,'exit()'需要该函数。与 copy_page_tables()
   * 类似,该函数仅处理 4MB 的内存块。*/
  //根据指定的线性地址和限长(页表个数),释放对应内存页表所指定的内存块并置表项空闲。页目
  //录位于物理地址 0 开始处,共 1024 项,占 4KB。每个目录项指定一个页表。内核页表从物理地址 0x1000
  //处开始(紧接着目录空间),每个页表有 1024 项,也占 4KB 内存。每个页表项对应一页物理内存(4KB)。
  //目录项和页表项的大小均为 4B。参数:from - 起始基地址;size - 释放的长度。
105 int free_page_tables(unsigned long from,unsigned long size)
106 {
107         unsigned long *pg_table;
108         unsigned long * dir, nr;
109
110         if (from & 0x3fffff)                    //要释放内存块的地址需以 4MB 为边界。
111                 panic("free_page_tables called with wrong alignment");
112         if (! from)                             //出错,试图释放内核和缓冲所占空间。
113                 panic("Trying to free up swapper memory space");
  //计算所占页目录项数(4MB 的进位整数倍),即所占页表数。
114         size = (size + 0x3fffff) >> 22;
  //下句计算起始目录项。对应的目录项号=from>>22,因每项占 4 字节,且由于页目录是从物理地址 0
  //开始,因此实际目录项指针=目录项号<<2,也即(from>>20)。与 0xffc 进行与操作确保目录项指针
  //范围有效。
```

```
115         dir = (unsigned long *) ((from>>20) & 0xffc); /* _pg_dir=0 */
116         for ( ; size-->0 ; dir++) {                 //size 现在是需要被释放内存的目录项数。
117                 if (!(1 & *dir))                    //如果该目录项无效(P 位=0),则继续。
118                         continue;                   //目录项的位 0(P 位)表示对应页表是否存在。
119                 pg_table = (unsigned long *) (0xfffff000 & *dir);  //取目录项中页表地址。
120                 for (nr=0 ; nr<1024 ; nr++) {         //每个页表有 1024 个页项。
121                         if (1 & *pg_table)          //若该页表项有效(P 位=1),则释放对应内存页。
122                                 free_page(0xfffff000 & *pg_table);
123                         *pg_table = 0;              //该页表项内容清零。
124                         pg_table++;                 //指向页表中下一项。
125                 }
126                 free_page(0xfffff000 & *dir);  //释放该页表所占内存页面。
127                 *dir=0;                             //对相应页表的目录项清零。
128         }
129         invalidate();                               //刷新页变换高速缓冲。
130         return 0;
131 }
132
133 /*
134  * Well, here is one of the most complicated functions in mm.It
135  * copies a range of linear addresses by copying only the pages.
136  * Let's hope this is bug-free, 'cause this one I don't want to debug :-)
137  *
138  * Note! We don't copy just any chunks of memory-addresses have to
139  * be divisible by 4Mb (one page-directory entry), as this makes the
140  * function easier. It's used only by fork anyway.
141  *
142  * NOTE 2!! When from==0 we are copying kernel space for the first
143  * fork(). Then we DONT want to copy a full page-directory entry,as
144  * that would lead to some serious memory waste-we just copy the
145  * first 160 pages-640kB. Even that is more than we need, but it
146  * doesn't take any more memory-we don't copy-on-write in the low
147  * 1 Mb-range, so the pages can be shared with the kernel. Thus the
148  * special case for nr=xxxx.
149  */
    /* 好了,下面是内存管理 mm 中最为复杂的程序之一。它通过只复制内存页面来复制一定范围内线性
     * 地址中的内容。希望代码中没有错误,因为我不想再调试这块代码了。
     * 注意! 我们并不复制任何内存块—— 内存块的地址需要是 4MB 的倍数(正好一个页目录项对
     * 应的内存大小),因为这样处理可使函数很简单。不管怎样,它仅被 fork()使用(fork.c 第 56 行)。
     * 注意 2!! 当 from 等于 0 时,是在为第一次 fork()调用复制内核空间。此时我们不想复制整个页目
     * 录项对应的内存,因为这样做会导致内存严重的浪费——我们只复制头 160 个页面——对应 640KB。
     * 即使是复制这些页面也已经超出我们的需求,但这不会占用更多的内存——在低 1MB 内存范围内
     * 我们不执行写时复制操作,所以这些页面可以与内核共享。因此这是 nr=xxxx 的特殊情况(nr 在
     * 程序中指页面数)。*/
    //复制指定线性地址和长度(页表个数)内存对应的页目录项和页表,从而被复制的页目录和页表对
    //应的原物理内存区被共享使用。
    //复制指定地址和长度的内存对应的页目录项和页表项。需申请页面来存放新页表,原内存区被共享;
    //此后两个进程将共享内存区,直到有一个进程执行写操作时,才分配新的内存页(写时复制机制)。
150 int copy_page_tables(unsigned long from,unsigned long to,long size)
151 {
152         unsigned long * from_page_table;
153         unsigned long * to_page_table;
```

```
154         unsigned long this_page;
155         unsigned long * from_dir, * to_dir;
156         unsigned long nr;
157 //源地址和目的地址都需要是在 4MB 的内存边界地址上。否则出错,死机。
158         if ((from&0x3fffff) ||(to&0x3fffff))
159                 panic("copy_page_tables called with wrong alignment");
  //取得源地址和目的地址的目录项指针(from_dir 和 to_dir)。参见对 115 行的注释。
160         from_dir=(unsigned long *) ((from>>20) & 0xffc); /* _pg_dir = 0 */
161         to_dir=(unsigned long *) ((to>>20) & 0xffc);
  //计算要复制的内存块占用的页表数(即目录项数)。
162         size=((unsigned) (size+0x3fffff)) >> 22;
  //下面开始对每个占用的页表依次进行复制操作。
163         for( ; size-->0 ; from_dir++,to_dir++) {
  //如果目的目录项指定的页表已经存在(P=1),则出错,死机。
164                 if(1 & *to_dir)
165                         panic("copy_page_tables: already exist");
  //如果此源目录项未被使用,则不用复制对应页表,跳过。
166                 if (! (1 & *from_dir))
167                         continue;
  //取当前源目录项中页表的地址→from_page_table。
168                 from_page_table=(unsigned long *) (0xfffff000 & *from_dir);
  //为目的页表取一页空闲内存,如果返回是 0 则说明没有申请到空闲内存页面。返回值=-1,退出。
169                 if (! (to_page_table=(unsigned long *) get_free_page()))
170                         return-1;       /* Out of memory, see freeing */
  //设置目的目录项信息。7 是标志信息,表示(Usr, R/W, Present)。
171                 *to_dir = ((unsigned long) to_page_table) |7;
  //针对当前处理的页表,设置需复制的页面数。如果是在内核空间,则仅需复制头 160 页,否则需要
  //复制 1 个页表中的所有 1024 页表项。
172                 nr=(from==0)? 0xA0:1024;
  //对于当前页表,开始复制指定数目 nr 个内存页表项。
173                 for ( ; nr--> 0 ; from_page_table++,to_page_table++) {
174                         this_page = *from_page_table;     //取源页表项内容。
175                         if (! (1 & this_page))     //如果当前源页面没有使用,则不用复制。
176                                 continue;
  //复位页表项中 R/W 标志(置 0)。如果 U/S 位是 0,则 R/W 就没有作用。如果 U/S 是 1,而 R/W 是 0,
  //那么运行在用户层的代码就只能读页面。如果 U/S 和 R/W 都置位,则就有写的权限。
177                         this_page &= ~2;
178                         *to_page_table=this_page; //将该页表项复制到目的页表中。
  //如果该页表项所指页面的地址在 1MB 以上,则需要设置内存页面映射数组 mem_map[],于是计算页面
  //号,并以它为索引在页面映射数组相应项中增加引用次数。1MB 以下是内核代码页面。
179                         if (this_page > LOW_MEM) {
  //下面这句的含义是令源页表项所指内存页也为只读。因为现在开始有两个进程共用内存区了。若其
  //中一个内存需要进行写操作,则可以通过页异常的写保护处理,为执行写操作的进程分配一页新的空
  //闲页面,即进行写时复制的操作。
180                                 *from_page_table=this_page; //令源页表项也只读。
181                                 this_page -= LOW_MEM;
182                                 this_page >>= 12;
183                                 mem_map[this_page]++;
184                         }
185                 }
186         }
187         invalidate();                           //刷新页变换高速缓冲。
```

```
188         return 0;
189 }
190
191 /*
192  * This function puts a page in memory at the wanted address.
193  * It returns the physical address of the page gotten, 0 if
194  * out of memory (either when trying to access page-table or
195  * page.)
196  */
 /* 下面函数将一内存页面放置在指定地址处。它返回页面的物理地址,如果内存不够(在访问页表或
  * 页面时),则返回 0。*/
 //把一物理内存页面映射到指定的线性地址处。
 //主要工作是在页目录和页表中设置指定页面的信息。若成功则返回页面地址。
197 unsigned long put_page(unsigned long page,unsigned long address)
198 {
199         unsigned long tmp, *page_table;
200 /* 注意!!! 这里使用了页目录基址_pg_dir=0 的条件 */
201 /* NOTE !!! This uses the fact that _pg_dir=0 */
202 //如果申请的页面位置低于 LOW_MEM(1MB)或超出系统实际含有内存高端 HIGH_MEMORY,则发
 //出警告。
203         if (page < LOW_MEM || page >= HIGH_MEMORY)
204                 printk("Trying to put page %p at %p\n",page,address);
 //如果申请的页面在内存页面映射字节图中没有置位,则显示警告信息。
205         if (mem_map[(page-LOW_MEM)>>12] != 1)
206                 printk("mem_map disagrees with %p at %p\n",page,address);
 //计算指定地址在页目录表中对应的目录项指针。
207         page_table = (unsigned long *) ((address>>20) & 0xffc);
 //如果该目录项有效(P=1)(即指定的页表在内存中),则从中取得指定页表的地址→page_table。
208         if ((*page_table)&1)
209                 page_table = (unsigned long *) (0xfffff000 & *page_table);
210         else {
 //否则,申请空闲页面给页表使用,并在对应目录项中置相应标志 7(User, U/S, R/W)。然后将该
 //页表的地址保存在 page_table 中。
211                 if (!(tmp=get_free_page()))
212                         return 0;
213                 *page_table = tmp|7;
214                 page_table = (unsigned long *) tmp;
215         }
 //在页表中设置指定地址的物理内存页面的页表项内容。每个页表共可有 1024 项(0x3ff)。
216         page_table[(address>>12) & 0x3ff]=page | 7;
217 /* no need for invalidate */
 /* 不需要刷新页变换高速缓冲 */
218         return page;          //返回页面地址。
219 }
220 //取消写保护页面函数。用于页异常中断过程中写保护异常的处理(写时复制)。
 //输入参数为页表项指针。un_wp_page 意思是取消页面的写保护:Un-Write Protected。
221 void un_wp_page(unsigned long * table_entry)
222 {
223         unsigned long old_page,new_page;
224
225         old_page = 0xfffff000 & *table_entry;   //取指定页表项内物理页面地址。
 //若页面地址大于内存低端 LOW_MEM(1MB),且其在页面映射字节图数组中值为 1(表示仅被引用
```

```
    //1次,页面未被共享),则在该页面页表项中置 R/W 标志(可写),并刷新页变换高速缓冲后返回。
226         if (old_page >= LOW_MEM && mem_map[MAP_NR(old_page)]==1) {
227                 *table_entry |= 2;
228                 invalidate();
229                 return;
230         }
231         if (!(new_page=get_free_page()))        //否则,在主内存区内申请一页空闲页面。
232                 oom();                          //Out of Memory。内存不够处理。
    //如果原页面地址大于内存低端(则意味着 mem_map[]>1,页面是共享的),则将原页面的页面映射值
    //递减 1。然后将指定页表项内容更新为新页面的地址,并置可读写等标志(U/S, R/W, P)。刷新页
    //变换高速缓冲。最后将原页面内容复制到新页面。
233         if (old_page >= LOW_MEM)
234                 mem_map[MAP_NR(old_page)]--;
235         *table_entry = new_page | 7;
236         invalidate();
237         copy_page(old_page,new_page);
238 }
239
240 /*
241  * This routine handles present pages, when users try to write
242  * to a shared page. It is done by copying the page to a new address
243  * and decrementing the shared-page counter for the old page.
244  *
245  * If it's in code space we exit with a segment error.
246  */
    /* 当用户试图往一个共享页面上写时,该函数处理已存在的内存页面,(写时复制)它是通过将页面复
     * 制到一个新地址上并递减原页面的共享页面计数值实现的。如果它在代码空间,我们就以段错误
     * 息退出。*/
    //页异常中断处理调用的 C 函数。写共享页面处理函数。在 page.s 程序中被调用。
    //参数 error_code 是由 CPU 自动产生,address 是页面线性地址。
    //写共享页面时,需复制页面(写时复制)。
247 void do_wp_page(unsigned long error_code,unsigned long address)
248 {
249 #if 0
250 /* we cannot do this yet: the estdio library writes to code space */
251 /* stupid, stupid. I really want the libc.a from GNU */
    /* 我们现在还不能这样做:因为 estdio 库会在代码空间执行写操作 */
    /* 真是太愚蠢了。我真想从 GNU 得到 libc.a 库。*/
252         if (CODE_SPACE(address))            //如果地址位于代码空间,则终止执行程序。
253                 do_exit(SIGSEGV);
254 #endif
    //处理取消页面保护。参数指定页面在页表中的页表项指针,其计算方法是:
    //((address>>10) & 0xffc):计算指定地址的页面在页表中的偏移地址;
    //(0xfffff000 & *((address>>20) &0xffc)):取目录项中页表的地址值,
    //其中((address>>20) &0xffc)计算页面所在页表的目录项指针;
    //两者相加即得指定地址对应页面的页表项指针。这里对共享的页面进行复制。
255         un_wp_page((unsigned long *)
256                 (((address>>10) & 0xffc) + (0xfffff000 &
257                 *((unsigned long *) ((address>>20) &0xffc)))));
258
259 }
260 //写页面验证。若页面不可写,则复制页面。在 fork.c 第 34 行被调用。
```

```
261 void write_verify(unsigned long address)
262 {
263         unsigned long page;
264 //判断指定地址所对应页目录项的页表是否存在(P),若不存在(P=0)则返回。
265         if (! ( (page= *((unsigned long *) ((address>>20) & 0xffc)) )&1))
266                 return;
    //取页表的地址,加上指定地址的页面在页表中的页表项偏移值,得对应物理页面的页表项指针。
267         page &=0xfffff000;
268         page +=((address>>10) & 0xffc);
    //如果该页面不可写(标志 R/W 没有置位),则执行共享检验和复制页面操作(写时复制)。
269         if ((3 & *(unsigned long *) page) ==1)        /* non-writeable, present */
270                 un_wp_page((unsigned long *) page);   /* 不可写的,在内存中 */
271         return;
272 }
273 //取得一页空闲内存并映射到指定线性地址处。
    //与 get_free_page()不同。get_free_page()仅是申请取得了主内存区的一页物理内存。而该函数
    //不仅是获取一页物理内存页面,还进一步调用 put_page(),将物理页面映射到指定的线性地址处。
274 void get_empty_page(unsigned long address)
275 {
276         unsigned long tmp;
277 //若不能取得一空闲页面,或者不能将页面放置到指定地址处,则显示内存不够的信息。279行上英
    //文注释的含义是:即使 get_free_page()函数的参数 tmp 是 0 也没有关系,该函数会忽略它并能正
    //常返回。
278         if (! (tmp=get_free_page()) || ! put_page(tmp,address)) {
279                 free_page(tmp);          /* 0 is ok-ignored */
280                 oom();
281         }
282 }
283
284 /*
285  * try_to_share() checks the page at address "address" in the task "p",
286  * to see if it exists, and if it is clean. If so, share it with the current
287  * task.
288  *
289  * NOTE! This assumes we have checked that p !=current, and that they
290  * share the same executable.
291  */
    /* try_to_share()在任务"p"中检查位于地址"address"处的页面,看页面是否存在,是否干净。
     * 如果干净,就与当前任务共享。
     * 注意! 这里我们已假定 p 不等于当前任务,并且它们共享同一个执行程序。 */
    //尝试对进程指定地址处的页面进行共享操作。
    //同时还验证指定的地址处是否已经申请了页面,若是则出错,死机。返回 1-成功,0-失败。
292 static int try_to_share(unsigned long address, struct task_struct * p)
293 {
294         unsigned long from;
295         unsigned long to;
296         unsigned long from_page;
297         unsigned long to_page;
298         unsigned long phys_addr;
299
300         from_page = to_page = ((address>>20) & 0xffc);     //求指定内存地址的页目录项。
    //计算进程 p 的代码起始地址所对应的页目录项。
```

```
301         from_page += ((p->start_code>>20) & 0xffc);
    //计算当前进程中代码起始地址所对应的页目录项。
302         to_page += ((current->start_code>>20) & 0xffc);
303 /* is there a page-directory at from? */     /* 在 from 处是否存在页目录？ */
    // *** 对 p 进程页面进行操作。
    //取页目录项内容。如果该目录项无效(P=0),则返回。否则取该目录项对应页表地址保存在 from 中。
304         from= *(unsigned long *) from_page;
305         if (! (from & 1))
306                 return 0;
307         from &=0xfffff000;
    //计算地址对应的页表项指针值,并取出该页表项内容保存在 phys_addr 中。
308         from_page=from+((address>>10) & 0xffc);
309         phys_addr= *(unsigned long *) from_page;
310 /* is the page clean and present? */     /* 页面干净并且存在吗？ */
    //0x41 对应页表项中的 Dirty 和 Present 标志。如果页面不干净或无效则返回。
311         if ((phys_addr & 0x41) != 0x01)
312                 return 0;
    //取页面的地址保存在 phys_addr 中。如果该页面地址不存在或小于内存低端(1MB)也返回退出。
313         phys_addr &= 0xfffff000;
314         if (phys_addr >= HIGH_MEMORY || phys_addr<LOW_MEM)
315                 return 0;
    // *** 对当前进程页面进行操作。
    //取页目录项内容保存在 to 中。如果该目录项无效(P=0),则取空闲页面,并更新 to_page 所指的目
    //录项。
316         to = *(unsigned long *) to_page;
317         if (! (to & 1))
318                 if (to=get_free_page())
319                         *(unsigned long *) to_page = to | 7;
320                 else
321                         oom();
    //取对应页表地址保存在 to 中,页表项地址→to_page。如果对应的页面已经存在,则出错,死机。
322         to &= 0xfffff000;
323         to_page=to+((address>>10) & 0xffc);
324         if (1 & *(unsigned long *) to_page)
325                 panic("try_to_share: to_page already exists");
326 /* share them: write-protect */     /* 对它们进行共享处理:写保护 */
    //对 p 进程中页面置写保护标志(置 R/W=0 只读)。并且当前进程中的对应页表项指向它。
327         *(unsigned long *) from_page &= ~2;
328         *(unsigned long *) to_page = *(unsigned long *) from_page;
    //刷新页变换高速缓冲。
329         invalidate();
    //计算所操作页面的页面号,并将对应页面映射数组项中的引用递增 1。
330         phys_addr -= LOW_MEM;
331         phys_addr >>= 12;
332         mem_map[phys_addr]++;
333         return 1;
334 }
335 
336 /*
337  * share_page() tries to find a process that could share a page with
338  * the current one. Address is the address of the wanted page relative
339  * to the current data space.
```

```
340  *
341  * We first check if it is at all feasible by checking executable->i_count.
342  * It should be >1 if there are other tasks sharing this inode.
343  */
   /* share_page()试图找到一个进程,它可以与当前进程共享页面。参数 address 是当前数据空间中期
    * 望共享的某页面地址。
    * 首先我们通过检测 executable->i_count 来查证是否可行。如果有其他任务已共享该 inode,则
    * 它应该大于 1。*/
   //共享页面。在缺页处理时看看能否共享页面。返回 1 - 成功,0 - 失败。
344 static int share_page(unsigned long address)
345 {
346         struct task_struct ** p;
347 //如果是不可执行的,则返回。excutable 是执行进程的内存 i 节点结构。
348         if (! current->executable)
349                 return 0;
   //如果仅在单独执行(executable->i_count=1),也退出。
350         if (current->executable->i_count < 2)
351                 return 0;
   //搜索任务数组中所有任务。寻找与当前进程可共享页面的进程,并尝试对指定地址的页面进行共享。
352         for (p=&LAST_TASK ; p > &FIRST_TASK ; --p) {
353                 if (! *p)                        //如果该任务项空闲,则继续寻找。
354                         continue;
355                 if (current == *p)               //如果就是当前任务,也继续寻找。
356                         continue;
357                 if ((*p)->executable !=current->executable) //如果 executable 不等,也继续。
358                         continue;
359                 if (try_to_share(address,*p))    //尝试共享页面。
360                         return 1;
361         }
362         return 0;
363 }
364 //页异常中断处理调用的函数。处理缺页异常情况。在 page.s 程序中被调用。
   //参数 error_code 是由 CPU 自动产生,address 是页面线性地址。
365 void do_no_page(unsigned long error_code,unsigned long address)
366 {
367         int nr[4];
368         unsigned long tmp;
369         unsigned long page;
370         int block,i;
371 
372         address &= 0xfffff000;          //页面线性地址。
   //首先算出指定线性地址在进程空间中相对于进程基址的偏移长度值。
373         tmp=address-current->start_code;
   //若当前进程的 executable 空,或指定地址超出代码+数据长度,则申请一页物理内存,并映射到指定
   //的线性地址处。executable是进程i节点结构。该值为0,表明进程刚开始设置,需要内存;而指定的
   //地址超出代码加数据长度,表明进程在申请新的内存空间,也需要给予。因此就直接调用 get_empty_
   //page()函数,申请一页物理内存并映射到指定线性地址处即可。start_code 是进程代码段地址,
   //end_data 是代码加数据长度。对于 Linux 内核,它的代码段和数据段的起始基址是相同的。
374         if (! current->executable || tmp >= current->end_data) {
375                 get_empty_page(address);
376                 return;
377         }
```

```
378         if (share_page(tmp))           //如果尝试共享页面成功,则退出。
379                 return;
    //取空闲页面,如果内存不够了,则显示内存不够,终止进程。
380         if (! (page=get_free_page()))
381                 oom();
382 /* remember that 1 block is used for header * /     /* 记住,(程序)头要使用1个数据块 * /
    //首先计算缺页所在的数据块项。BLOCK_SIZE = 1024B,因此一页内存需要 4 个数据块。
383         block=1+tmp/BLOCK_SIZE;
    //根据 i 节点信息,取数据块在设备上的对应的逻辑块号。
384         for (i=0 ; i<4 ; block++,i++)
385                 nr[i] = bmap(current->executable,block);
    //读设备上一个页面的数据(4 个逻辑块)到指定物理地址 page 处。
386         bread_page(page,current->executable->i_dev,nr);
    //在增加了一页内存后,该页内存的部分可能会超过进程的 end_data 位置。下面的循环即是对物理页
    //面超出的部分进行清零处理。
387         i=tmp+4096-current->end_data;
388         tmp=page + 4096;
389         while (i--> 0) {
390                 tmp--;
391                 *(char *)tmp=0;
392         }
    //如果把物理页面映射到指定线性地址的操作成功,就返回。否则就释放内存页,显示内存不够。
393         if (put_page(page,address))
394                 return;
395         free_page(page);
396         oom();
397 }
398 //物理内存初始化。参数:start_mem-可用作分页处理的物理内存起始位置(已去除 RAMDISK 所占内
    //存空间等);end_mem-实际物理内存最大地址。在该版 Linux 内核中,最多能使用 16MB 内存,大于
    //16MB 的内存将不予考虑,弃置不用。另外,0~1MB 内存空间用于内核系统(其实是 0~640KB)。
399 void mem_init(long start_mem, long end_mem)
400 {
401         int i;
402 
403         HIGH_MEMORY = end_mem;                  //设置内存最高端。
404         for (i=0 ; i<PAGING_PAGES ; i++)        //首先置所有页面为已占用(USED=100)状态,
405                 mem_map[i] = USED;              //即将页面映射数组全置成 USED。
406         i=MAP_NR(start_mem);                    //然后计算可使用起始内存的页面号。
407         end_mem-=start_mem;                     //再计算可分页处理的内存块大小。
408         end_mem >>= 12;                         //从而计算出可用于分页处理的页面数。
409         while (end_mem-->0)                     //最后将这些可用页面对应的页面映射数组清零。
410                 mem_map[i++]=0;
411 }
412 //计算内存空闲页面数并显示。
413 void calc_mem(void)
414 {
415         int i,j,k,free=0;
416         long * pg_tbl;
417 //扫描内存页面映射数组 mem_map[],获取空闲页面数并显示。
418         for(i=0 ; i<PAGING_PAGES ; i++)
419                 if (! mem_map[i]) free++;
420         printk("%d pages free (of %d)\n\r",free,PAGING_PAGES);
```

```
//扫描所有页目录项(除 0,1 项),如果页目录项有效,则统计对应页表中有效页面数,并显示。
421         for(i=2 ; i<1024 ; i++) {
422                 if (1&pg_dir[i]) {
423                         pg_tbl=(long *) (0xfffff000 & pg_dir[i]);
424                         for(j=k=0 ; j<1024 ; j++)
425                                 if (pg_tbl[j]&1)
426                                         k++;
427                         printk("Pg-dir[%d] uses %d pages\n",i,k);
428                 }
429         }
430 }
```

10.2.2 page.s 程序

该程序(见文件 10-2)包括页异常中断处理过程(INT 14),主要分两种情况处理。一是由于缺页引起的页异常中断,通过调用 do_no_page(error_code, address)来处理;二是由页写保护引起的页异常,此时调用页写保护处理函数 do_wp_page(error_code, address)进行处理。其中的出错号(error_code)是由 CPU 自动产生并压入堆栈的,出现异常时访问的线性地址是从控制寄存器 CR2 中取得的。CR2 专门用来存放页出错时的线性地址。

文件 10-2 linux/mm/page.s

```
 7 /*
 8  * page.s contains the low-level page-exception code.
 9  * the real work is done in mm.c
10  */
11 /* page.s 程序包含底层页异常处理代码。实际的工作在 memory.c 中完成。*/
12 .globl _page_fault
13
14 _page_fault:
15         xchgl %eax,(%esp)            # 取出错号到 eax。
16         pushl %ecx
17         pushl %edx
18         push %ds
19         push %es
20         push %fs
21         movl $0x10,%edx              # 置内核数据段选择符。
22         mov %dx,%ds
23         mov %dx,%es
24         mov %dx,%fs
25         movl %cr2,%edx               # 取引起页面异常的线性地址。
26         pushl %edx                   # 将该线性地址和出错号压入堆栈,作为调用函数的参数。
27         pushl %eax
28         testl $1,%eax                # 测试标志 P,如果不是缺页引起的异常则跳转。
29         jne 1f
30         call _do_no_page             # 调用缺页处理函数(mm/memory.c,365 行)。
31         jmp 2f
32 1:      call _do_wp_page             # 调用写保护处理函数(mm/memory.c,247 行)。
33 2:      addl $8,%esp                 # 丢弃压入堆栈的两个参数。
34         pop %fs
```

```
35          pop %es
36          pop %ds
37          popl %edx
38          popl %ecx
39          popl %eax
40          iret
```

对于页异常的处理,当处理器在转换线性地址到物理地址的过程中检测到以下两种条件时,就会发生页异常中断(INT 14)。

- 当 CPU 发现对应页目录项或页表项的存在位(Present)标志为 0。
- 当前进程没有访问指定页面的权限。

对于页异常处理中断,CPU 提供了两项信息用来诊断页异常和从中恢复运行。

(1) 放在堆栈上的出错号。该出错号指出了异常是由于页不存在引起的还是违反了访问权限引起的;在发生异常时 CPU 的当前特权层;以及是读操作还是写操作。出错号的格式是一个 32 位的长字。但只用了最后的 3 位。分别说明导致异常发生时的原因:

位 2(U/S)——0 表示在超级用户模式下执行,1 表示在用户模式下执行;

位 1(W/R)——0 表示读操作,1 表示写操作;

位 0(P)——0 表示页不存在,1 表示页级保护。

(2) CR2(控制寄存器 2)。CPU 将造成异常的用于访问的线性地址存放在 CR2 中。异常处理程序可以使用这个地址来定位相应的页目录和页表项。如果在页异常处理程序执行期间允许发生另一个页异常,那么处理程序应该将 CR2 压入堆栈中。

10.3 本章小结

本章描述了 Linux 内核中对内存的使用和分配。说明了程序虚拟地址到线性地址以及物理地址的变换过程,主要讨论了内存的分页处理机制。对于 0.11 版本的内核,所有程序(包括内核)只共同使用了 4GB 的虚拟地址空间,与 80x86 的最大物理内存空间相同。因此本章的程序只需处理该 4GB 地址空间到物理地址空间的映射操作。另外,本章程序还实现了写时复制操作,提高了物理内存的使用效率。

10.4 习题

1. 简要说明 Intel 处理器的内存分段管理和分页管理机制。
2. 在 memory. c 程序的第 114 行上,size 为什么要加上 0x3fffff?
3. 写时复制(copy on write)机制的工作原理是什么? 为什么要这样做?
4. 在缺页异常处理时调用了函数 do_no_page()。但在该函数调入页面并且修改了对应页表项后,并没有使用 invalidate()函数来刷新 CPU 的页变换缓冲。这样做可以吗? 为什么?

第11章　包含文件

程序在使用一个函数之前，应该首先声明该函数。为了便于使用，通常的做法是把同一类函数或数据结构以及常数的声明放在一个头文件(header file)中。头文件中也可以包括任何相关的类型定义和宏(macro)。在程序源代码文件中则使用预处理指令“#include”来引用相关的头文件。

在一般应用程序源代码中，头文件与开发环境中的库文件有着不可分割的紧密联系，库中的每个函数都需要在头文件中加以声明。应用程序开发环境中的头文件(通常放置在系统/usr/include/目录中)可以看作是其所提供函数库(例如libc.a)中函数的一个组成部分，是库函数的使用说明或接口声明。在编译器把源代码程序转换成目标模块后，链接程序(linker)会把程序所有的目标模块组合在一起，包括用到的任何库文件中的模块。从而构成一个可执行的程序。

对于标准C函数库来讲，其最基本的头文件有15个。每个头文件都表示出一类特定函数的功能说明或结构定义，例如I/O操作函数、字符处理函数等。有关标准函数库的详细说明及其实现可参照Plauger编著的《The Standard C Library》一书。

而对于本书所描述的内核源代码，其中涉及的头文件则可以看作是对内核及其函数库所提供服务的一个概要说明，是内核及其相关程序专用的头文件。在这些头文件中主要描述了内核所用到的所有数据结构、初始化数据、常数和宏定义，也包括少量的程序代码。

Linux 0.11版内核中共有32个头文件(*.h)，其中asm/子目录中含有4个，linux/子目录中含有10个，sys/子目录中含有5个。从下一节开始我们首先描述include/目录下的13个头文件，然后依次说明每个子目录中的文件。说明顺序按照文件名称排序进行。

表11-1　linux/include/目录下的文件

名　称	大　小	最后修改时间
asm/		1991-09-17 13:08:31
linux/		1991-11-02 13:35:49
sys/		1991-09-17 15:06:07
a. out. h	6047 B	1991-09-17 15:10:49
const. h	321 B	1991-09-17 15:12:39
ctype. h	1049 B	1991-11-07 17:30:47
errno. h	1268 B	1991-09-17 15:04:15
fcntl. h	1374 B	1991-09-17 15:12:39
signal. h	1762 B	1991-09-22 19:58:04
stdarg. h	780 B	1991-09-17 15:02:23
stddef. h	286 B	1991-09-17 15:02:17
string. h	7881 B	1991-09-17 15:04:09
termios. h	5325 B	1991-11-25 20:02:08
time. h	734 B	1991-09-17 15:02:02
unistd. h	6410 B	1991-11-25 20:18:55
utime. h	225 B	1991-09-17 15:03:38

11.1　程序分析

11.1.1　include/目录下的文件

include/目录下的文件见表11-1。

11.1.2　a. out. h文件

a. out. h头文件主要定义了二进制执行文件a. out(assembley out)的格式。其中包括三个数据结构和一些宏函数，如文件11-1所示。

文件 11-1 linux/include/a. out. h

```
1 #ifndef _A_OUT_H
2 #define _A_OUT_H
3
4 #define __GNU_EXEC_MACROS__
5  //执行文件结构。
   //unsigned long a_magic      //执行文件魔数。使用 N_MAGIC 等宏访问。
   //unsigned a_text            //代码长度,字节数。
   //unsigned a_data            //数据长度,字节数。
   //unsigned a_bss             //文件中的未初始化数据区长度,字节数。
   //unsigned a_syms            //文件中的符号表长度,字节数。
   //unsigned a_entry           //执行开始地址。
   //unsigned a_trsize          //代码重定位信息长度,字节数。
   //unsigned a_drsize          //数据重定位信息长度,字节数。
6 struct exec {
7   unsigned long a_magic;      /* Use macros N_MAGIC, etc for access */
8   unsigned a_text;            /* length of text, in bytes */
9   unsigned a_data;            /* length of data, in bytes */
10  unsigned a_bss;             /* length of uninitialized data area for file, in bytes */
11  unsigned a_syms;            /* length of symbol table data in file, in bytes */
12  unsigned a_entry;           /* start address */
13  unsigned a_trsize;          /* length of relocation info for text, in bytes */
14  unsigned a_drsize;          /* length of relocation info for data, in bytes */
15 };
16 //用于取执行结构中的魔数。
17 #ifndef N_MAGIC
18 #define N_MAGIC(exec) ((exec).a_magic)
19 #endif
20
21 #ifndef OMAGIC
22 /* Code indicating object file or impure executable */ /* 目标文件或不纯的可执行文件代号 */
23 #define OMAGIC 0407
24 /* Code indicating pure executable. */                 /* 指明为纯可执行文件的代号 */
25 #define NMAGIC 0410
26 /* Code indicating demand-paged executable. */         /* 指明为需求分页处理的可执行文件 */
27 #define ZMAGIC 0413
28 #endif /* not OMAGIC */
29 //如果魔数不能被识别,则返回真。
30 #ifndef N_BADMAG
31 #define N_BADMAG(x)                                              \
32  (N_MAGIC(x) != OMAGIC && N_MAGIC(x) != NMAGIC
33  && N_MAGIC(x) != ZMAGIC)
34 #endif
35
36 #define _N_BADMAG(x)                                             \
37  (N_MAGIC(x) != OMAGIC && N_MAGIC(x) != NMAGIC                   \
38  && N_MAGIC(x) != ZMAGIC)
39 //程序头在内存中的偏移位置。
40 #define _N_HDROFF(x) (SEGMENT_SIZE - sizeof (struct exec))
41 //代码起始偏移值。
42 #ifndef N_TXTOFF
43 #define N_TXTOFF(x)                                              \
```

```
44 (N_MAGIC(x) == ZMAGIC ? _N_HDROFF((x)) + sizeof (struct exec) : sizeof (struct exec))
45 #endif
46 //数据起始偏移值。
47 #ifndef N_DATOFF
48 #define N_DATOFF(x) (N_TXTOFF(x) + (x).a_text)
49 #endif
50 //代码重定位信息偏移值。
51 #ifndef N_TRELOFF
52 #define N_TRELOFF(x) (N_DATOFF(x) + (x).a_data)
53 #endif
54 //数据重定位信息偏移值。
55 #ifndef N_DRELOFF
56 #define N_DRELOFF(x) (N_TRELOFF(x) + (x).a_trsize)
57 #endif
58 //符号表偏移值。
59 #ifndef N_SYMOFF
60 #define N_SYMOFF(x) (N_DRELOFF(x) + (x).a_drsize)
61 #endif
62 //字符串信息偏移值。
63 #ifndef N_STROFF
64 #define N_STROFF(x) (N_SYMOFF(x) + (x).a_syms)
65 #endif
66 /* 代码段加载到内存中后的地址 */
67 /* Address of text segment in memory after it is loaded. */
68 #ifndef N_TXTADDR
69 #define N_TXTADDR(x) 0
70 #endif
71
72 /* Address of data segment in memory after it is loaded.
73    Note that it is up to you to define SEGMENT_SIZE
74    on machines not listed here. */
   /* 数据段加载到内存中后的地址。
    * 注意,对于下面没有列出名称的机器,需要你自己来定义对应的 SEGMENT_SIZE */
75 #if defined(vax) || defined(hp300) || defined(pyr)
76 #define SEGMENT_SIZE PAGE_SIZE
77 #endif
78 #ifdef hp300
79 #define PAGE_SIZE       4096
80 #endif
81 #ifdef sony
82 #define SEGMENT_SIZE    0x2000
83 #endif  /* Sony.  */
84 #ifdef is68k
85 #define SEGMENT_SIZE 0x20000
86 #endif
87 #if defined(m68k) && defined(PORTAR)
88 #define PAGE_SIZE 0x400
89 #define SEGMENT_SIZE PAGE_SIZE
90 #endif
91
92 #define PAGE_SIZE 4096
93 #define SEGMENT_SIZE 1024
```

```
94 //以段为界的大小。
95 #define_N_SEGMENT_ROUND(x) (((x) + SEGMENT_SIZE -1) & ~(SEGMENT_SIZE -1))
96 //代码段尾地址。
97 #define_N_TXTENDADDR(x) (N_TXTADDR(x)+(x).a_text)
98 //数据开始地址。
99 #ifndef N_DATADDR
100 #define N_DATADDR(x)\
101       (N_MAGIC(x)==OMAGIC? (_N_TXTENDADDR(x))\
102       : (_N_SEGMENT_ROUND (_N_TXTENDADDR(x))))
103 #endif
104 /* bss 段加载到内存以后的地址 * /
105 /* Address of bss segment in memory after it is loaded. * /
106 #ifndef N_BSSADDR
107 #define N_BSSADDR(x) (N_DATADDR(x) + (x).a_data)
108 #endif
109 //nlist 结构。
110 #ifndef N_NLIST_DECLARED
111 struct nlist {
112   union {
113       char *n_name;
114       struct nlist *n_next;
115       long n_strx;
116 } n_un;
117 unsigned char n_type;
118 char n_other;
119 short n_desc;
120 unsigned long n_value;
121 };
122 #endif
123 //下面定义 nlist 结构中 n_type 字段中各种类型常量符号。
124 #ifndef N_UNDF
125 #define N_UNDF 0
126 #endif
127 #ifndef N_ABS
128 #define N_ABS 2
129 #endif
130 #ifndef N_TEXT
131 #define N_TEXT 4
132 #endif
133 #ifndef N_DATA
134 #define N_DATA 6
135 #endif
136 #ifndef N_BSS
137 #define N_BSS 8
138 #endif
139 #ifndef N_COMM
140 #define N_COMM 18
141 #endif
142 #ifndef N_FN
143 #define N_FN 15
144 #endif
145
```

```
146 #ifndef N_EXT
147 #define N_EXT 1
148 #endif
149 #ifndef N_TYPE
150 #define N_TYPE 036
151 #endif
152 #ifndef N_STAB
153 #define N_STAB 0340
154 #endif
155
156 /* The following type indicates the definition of a symbol as being
157    an indirect reference to another symbol. The other symbol
158    appears as an undefined reference, immediately following this symbol.
159
160    Indirection is asymmetrical. The other symbol's value will be used
161    to satisfy requests for the indirect symbol, but not vice versa.
162    If the other symbol does not have a definition, libraries will
163    be searched to find a definition. */
   /* 下面的类型指明了符号的定义作为对另一个符号的间接引用。紧接该符号的其他的符号呈现为未
    * 定义的引用。间接性是不对称的。其他符号的值将被用于满足间接符号的请求,反之则不然。如果
    * 其他符号并没有定义,则将搜索库来寻找一个定义 */
164 #define N_INDR 0xa
165
166 /* The following symbols refer to set elements.
167    All the N_SET[ATDB] symbols with the same name form one set.
168    Space is allocated for the set in the text section, and each set
169    element's value is stored into one word of the space.
170    The first word of the space is the length of the set (number of elements).
171
172    The address of the set is made into an N_SETV symbol
173    whose name is the same as the name of the set.
174    This symbol acts like a N_DATA global symbol
175    in that it can satisfy undefined external references. */
   /* 下面的符号与集合元素有关。所有具有相同名称N_SET[ATDB]的符号形成一个集合。在代码部分
    * 中已为集合分配了空间,并且每个集合元素的值存放在一个字(word)的空间。空间的第一个字存有
    * 集合的长度(集合元素数目)。集合的地址被放入一个N_SETV符号,它的名称与集合同名。在满足
    * 未定义的外部引用方面,该符号的行为像一个 N_DATA 全局符号。*/
176 /* 以下这些符号在目标文件中是作为链接程序 ld 的输入。*/
177 /* These appear as input to LD, in a .o file. */
178 #define N_SETA 0x14      /* Absolute set element symbol */ /* 绝对集合元素符号 */
179 #define N_SETT 0x16      /* Text set element symbol */     /* 代码集合元素符号 */
180 #define N_SETD 0x18      /* Data set element symbol */     /* 数据集合元素符号 */
181 #define N_SETB 0x1A      /* Bss set element symbol */      /* Bss 集合元素符号 */
182
183 /* This is output from ld. */ /* 下面是 ld 的输出。*/
184 #define N_SETV 0x1C            /* Pointer to set vector in data area. */
185                                /* 指向数据区中集合向量。*/
186 #ifndef N_RELOCATION_INFO_DECLARED
187
188 /* This structure describes a single relocation to be performed.
189    The text-relocation section of the file is a vector of these structures,
190    all of which apply to the text section.
```

```
191    Likewise, the data-relocation section applies to the data section. */
  /* 下面的结构描述执行一个重定位的操作。文件的代码重定位部分是这些结构的一个向量,所有这些
192   *适用于代码部分。类似地,数据重定位部分适用于数据部分。*/
193 struct relocation_info                   //重定位信息数据结构。
194 {
195   /* Address (within segment) to be relocated. */    /* 需要重定位的地址(在段内)。*/
196   int r_address;
197   /* The meaning of r_symbolnum depends on r_extern */  /* r_symbolnum 含义与 r_ex-
  tern 有关 */
198   unsigned int r_symbolnum:24;
199   /* Nonzero means value is a pc-relative offset
200   and it should be relocated for changes in its own address
201   as well as for changes in the symbol or section specified. */
  /* 非零意味着值是一个 pc 相关的偏移值,因而在其本身的地址空间以及符号或指定的节改变时,需要
  *  被重定位 */
202  unsigned int r_pcrel:1;
203  /* Length (as exponent of 2) of the field to be relocated.
204    Thus, a value of 2 indicates 1<<2 bytes. */
   /* 需要被重定位的字段长度(是 2 的乘方)。因此,若值是 2 则表示 1<<2 字节数。*/
205  unsigned int r_length:2;
206  /* 1 => relocate with value of symbol.
207           r_symbolnum is the index of the symbol
208           in file's the symbol table.
209    0 =>  relocate with the address of a segment.
210           r_symbolnum is N_TEXT, N_DATA, N_BSS or N_ABS
211           (the N_EXT bit may be set also, but signifies nothing). */
  /* 1 => 以符号的值重定位。       r_symbolnum 是文件符号表中符号的索引。
   * 0 => 以段的地址进行重定位。    r_symbolnum 是 N_TEXT、N_DATA、N_BSS 或 N_ABS
   * (N_EXT 比特位也可以被设置,但是毫无意义)。*/
212 unsigned int r_extern:1;
213 /* Four bits that aren't used, but when writing an object file
214    it is desirable to clear them. */
  /* 没有使用的 4 位,但是当进行写一个目标文件时最好将它们复位。*/
215    unsigned int r_pad:4;
216 };
217 #endif /* no N_RELOCATION_INFO_DECLARED. */
218
219
220 #endif /* __A_OUT_GNU_H__ */
```

Linux 内核 0.11 版仅支持 a.out 执行文件格式,虽然这种格式目前已经渐渐不用,而使用功能更为齐全的 ELF 格式,但是由于其简单性,作为学习入门的材料比较适用。下面全面介绍一下 a.out 格式。

在头文件 a.out.h 中声明了三个数据结构以及一些宏函数。这些数据结构描述了系统中可执行的机器码文件(二进制文件)。

一个执行文件共可有七个部分(七节)组成。按照顺序,这些部分是:

执行头部分(exec header)。执行文件头部分。该部分中含有一些参数,内核使用这些参数将执行文件加载到内存中并执行,而链接程序(ld)使用这些参数将一些二进制目标文件组合成一个可执行文件。这是唯一必要的组成部分。

代码段部分(text segment)。含有程序执行时被加载到内存中的执行代码,可以以只读形式进行加载。

数据段部分(data segment)。这部分含有经过初始化的数据,总是被加载到可读写的内存中。

代码重定位部分(text relocations)。这部分含有供链接程序使用的记录数据。在组合二进制目标文件时用于定位代码段中的指针或地址。

数据重定位部分(data relocations)。与代码重定位部分的作用类似,但用于数据段中指针的重定位。

符号表部分(simbol table)。这部分同样含有供链接程序使用的记录数据,用于在二进制目标文件之间对命名的变量和函数(符号)进行交叉引用。

字符串表部分(string table)。该部分含有与符号名相对应的字符串。

每个二进制执行文件均以一个执行数据结构(exec structure)开始。该数据结构的形式如下:

```
struct exec {
        unsigned long a_midmag;
        unsigned long a_text;
        unsigned long a_data;
        unsigned long a_bss;
        unsigned long a_syms;
        unsigned long a_entry;
        unsigned long a_trsize;
        unsigned long a_drsize;
};
```

各个字段的功能如下:

a_midmag　该字段含有被 N_GETFLAG()、N_GETMID 和 N_GETMAGIC()访问的子部分,是由链接程序在运行时加载到进程地址空间。宏 N_GETMID()用于返回机器标识符(machine-id),指示出二进制文件将在什么机器上运行。N_GETMAGIC()宏指明魔数,它唯一地确定了二进制执行文件与其他加载的文件之间的区别。字段中必须包含以下值之一:

- OMAGIC　表示代码和数据段紧随在执行头后面并且是连续存放的。内核将代码和数据段都加载到可读写内存中。
- NMAGIC　同 OMAGIC 一样,代码和数据段紧随在执行头后面并且是连续存放的。然而内核将代码加载到了只读内存中,并把数据段加载到代码段后下一页可读写内存边界开始。
- ZMAGIC　内核在必要时从二进制执行文件中加载独立的页面。执行头部、代码段和数据段都被链接程序处理成多个页面大小的块。内核加载的代码页面是只读的,而数据段的页面是可写的。

a_text　该字段含有代码段的长度值,字节数。

a_data　该字段含有数据段的长度值,字节数。

a_bss　含有 bss 段的长度,内核用其设置在数据段后初始的 break(brk)。内核在加载程序时,这段可写内存显现出处于数据段后面,并且初始时为全零。

a_syms　含有符号表部分的字节长度值。

a_entry　含有内核将执行文件加载到内存中以后,程序执行起始点的内存地址。

a_trsize　该字段含有代码重定位表的大小,是字节数。

a_drsize　该字段含有数据重定位表的大小，是字节数。

在 a.out.h 头文件中定义了几个宏，这些宏使用 exec 结构来测试一致性或者定位执行文件中各个部分（节）的位置偏移值。这些宏有：

```
N_BADMAG(exec)      如果 a_magic 字段不能被识别，则返回非零值。
N_TXTOFF(exec)      代码段的起始位置字节偏移值。
N_DATOFF(exec)      数据段的起始位置字节偏移值。
N_DRELOFF(exec)     数据重定位表的起始位置字节偏移值。
N_TRELOFF(exec)     代码重定位表的起始位置字节偏移值。
N_SYMOFF(exec)      符号表的起始位置字节偏移值。
N_STROFF(exec)      字符串表的起始位置字节偏移值。
```

重定位记录具有标准格式，它使用重定位信息（relocation_info）结构来描述：

```
struct relocation_info {
    int             r_address;
    unsigned int    r_symbolnum : 24,
                    r_pcrel : 1,
                    r_length : 2,
                    r_extern : 1,
                    r_baserel : 1,
                    r_jmptable : 1,
                    r_relative : 1,
                    r_copy : 1;
};
```

该结构中各字段的含义如下：

r_address　该字段含有需要链接程序处理（编辑）的指针的字节偏移值。代码重定位的偏移值是从代码段开始处计数的，数据重定位的偏移值是从数据段开始处计算的。链接程序会将已经存储在该偏移处的值与使用重定位记录计算出的新值相加。

r_symbolnum　该字段含有符号表中一个符号结构的序号值（不是字节偏移值）。链接程序在算出符号的绝对地址以后，就将该地址加到正在进行重定位的指针上（如果 r_extern 比特位是 0，那么情况就不同，见下文）。

r_pcrel　如果设置了该位，链接程序就认为正在更新一个指针，该指针使用 PC 相关寻址方式，是属于机器码指令部分。当运行程序使用这个被重定位的指针时，该指针的地址被隐式地加到该指针上。

r_length　该字段含有指针长度的 2 的次方值：0 表示 1 字节长，1 表示 2 字节长，2 表示 4 字节长。

r_extern　如果被置位，表示该重定位需要一个外部引用；此时链接程序必须使用一个符号地址来更新相应指针。当该位是 0 时，则重定位是“局部”的；链接程序更新指针以反映各个段加载地址中的变化，而不是反映一个符号值的变化（除非同时设置了 r_baserel，见下文）。在这种情况下，r_symbolnum 字段的内容是一个 n_type 值（见下文）；这类字段告诉链接程序被重定位的指针指向哪个段。

r_baserel　如果设置了该位，则 r_symbolnum 字段指定的符号将被重定位成全局偏移表（Global Offset Table）中的一个偏移值。在运行时刻，全局偏移表该偏移处被设置为符号的地址。

r_jmptable　如果被置位，则 r_symbolnum 字段指定的符号将被重定位成过程链接表（Procedure Linkage Table）中的一个偏移值。

r_relative　如果被置位，则说明此重定位与代码映像文件在运行时被加载的地址相关。这类重定位仅在共享目标文件中出现。

r_copy　如果被置位，该重定位记录指定了一个符号，该符号的内容将被复制到 r_address 指定的地方。该复制操作是通过共享目标模块中一个合适的数据项中的运行时刻链接程序完成的。

符号将名称映射为地址（或者更通俗地讲是字符串映射到值）。由于链接程序对地址的调整，一个符号的名称必须用来表示其地址，直到已被赋予一个绝对地址值。符号是由符号表中固定长度的记录以及字符串表中的可变长度名称组成。符号表是 nlist 结构的一个数组，如下所示：

```
struct nlist {
     union {
          char      *n_name;
          long      n_strx;
     } n_un;
     unsigned charn_type;
     charn_other;
     shortn_desc;
     unsigned longn_value;
};
```

其中各字段的含义为：

n_un.n_strx　含有本符号的名称在字符串表中的字节偏移值。当程序使用 nlist() 函数访问一个符号表时，该字段被替换为 n_un.n_name 字段，这是内存中字符串的指针。

n_type　用于链接程序确定如何更新符号的值。使用位屏蔽（bitmask）可以将n_type 字段分割成三个子字段，对于 N_EXT 类型位置位的符号，链接程序将它们看作是“外部的”符号，并且允许其他二进制目标文件对它们的引用。N_TYPE 屏蔽码用于链接程序感兴趣的比特位：

- N_UNDF　一个未定义的符号。链接程序必须在其他二进制目标文件中定位一个具有相同名称的外部符号，以确定该符号的绝对数据值。特殊情况下，如果 n_type 字段是非零值，并且没有二进制文件定义这个符号，则链接程序在 BSS 段中将该符号解析为一个地址，保留长度等于 n_value 的字节。如果符号在多于一个二进制目标文件中都没有定义并且这些二进制目标文件的长度不一致，则链接程序将选择所有二进制目标文件中最大的长度。
- N_ABS　一个绝对符号。链接程序不会更新一个绝对符号。
- N_TEXT　一个代码符号。该符号的值是代码地址，链接程序在合并二进制目标文件时会更新其值。
- N_DATA　一个数据符号；与 N_TEXT 类似，但是用于数据地址。对应代码和数据符号的值不是文件的偏移值而是地址；为了找出文件的偏移，就有必要确定相关部分开始加载的地址并减去它，然后加上该部分的偏移。
- N_BSS　一个 BSS 符号；与代码或数据符号类似，但在二进制目标文件中没有对应的偏移。

- N_FN　一个文件名符号。在合并二进制目标文件时,链接程序会将该符号插入在二进制文件中的符号之前。符号的名称就是给予链接程序的文件名,而其值是二进制文件中第一个代码段地址。链接和加载时不需要文件名符号,但对于调试程序非常有用。
- N_STAB　屏蔽码用于选择符号调试程序(例如 gdb)感兴趣的位;其值在 stab()中说明。

n_other　该字段按照 n_type 确定的段,提供有关符号重定位操作的符号独立性信息。目前,n_other 字段的最低 4 位含有两个值之一:AUX_FUNC 和 AUX_OBJECT(有关定义参见 link. h)。AUX_FUNC 将符号与可调用的函数相关,AUX_OBJECT 将符号与数据相关,而不管它们是位于代码段还是数据段。该字段主要用于链接程序 ld,用于动态可执行程序的创建。

n_desc　保留给调试程序使用;链接程序不对其进行处理。不同的调试程序将该字段用作不同的用途。

n_value　含有符号的值。对于代码、数据和 BSS 符号,这是一个地址;对于其他符号(例如调试程序符号),值可以是任意的。

字符串表是由长度为 u_int32_t 后跟一 null 结尾的符号字符串组成。长度代表整个表的字节大小,所以在 32 位的机器上其最小值(或者是第 1 个字符串的偏移)总是 4。

11. 1. 3　const. h 文件

const. h 文件含有一些 i 节点标志的常数定义,见文件 11-2。

文件 11-2　linux/include/const. h

```
 1 #ifndef _CONST_H
 2 #define _CONST_H
 3 //定义缓冲使用内存的末端(代码中没有使用该常量)。
 4 #define BUFFER_END 0x200000
 5 //i 节点数据结构中 i_mode 字段的各标志位。
 6 #define I_TYPE              0170000      //指明 i 节点类型。
 7 #define I_DIRECTORY         0040000      //是目录文件。
 8 #define I_REGULAR           0100000      //常规文件,不是目录文件或特殊文件。
 9 #define I_BLOCK_SPECIAL     0060000      //块设备特殊文件。
10 #define I_CHAR_SPECIAL      0020000      //字符设备特殊文件。
11 #define I_NAMED_PIPE        0010000      //命名管道。
12 #define I_SET_UID_BIT       0004000      //在执行时设置有效用户 id 类型。
13 #define I_SET_GID_BIT       0002000      //在执行时设置有效组 id 类型。
14
15 #endif
```

11. 1. 4　ctype. h 文件

该文件定义了一些有关字符类型判断和转换的宏,是使用数组(表)进行操作的。当使用宏时,字符是作为一个表(_ _ctype)中的索引,从表中获取一个字节,于是可得到相关的比特位,见文件 11-3。

文件 11-3　linux/include/ctype.h

```
1 #ifndef _CTYPE_H
2 #define _CTYPE_H
3
4 #define _U        0x01      /* upper */          //该比特位用于大写字符[A-Z]。
5 #define _L        0x02      /* lower */          //该比特位用于小写字符[a-z]。
6 #define _D        0x04      /* digit */          //该比特位用于数字[0-9]。
7 #define _C        0x08      /* cntrl */          //该比特位用于控制字符。
8 #define _P        0x10      /* punct */          //该比特位用于标点字符。
9 #define _S        0x20      /* white space (space/lf/tab) */ //空白字符(如空格\t\n等)。
10 #define _X       0x40      /* hex digit */      //该比特位用于十六进制数字。
11 #define _SP      0x80      /* hard space (0x20) */   //该比特位用于空格字符(0x20)。
12
13 extern unsigned char _ctype[];          //字符特性数组(表),定义了各个字符对应上面的属性。
14 extern char _ctmp;                      //一个临时字符变量(在 lib/ctype.c 中定义)。
15 //下面是一些确定字符类型的宏。
16 #define isalnum(c) ((_ctype+1)[c]&(_U|_L|_D))        //是字符或数字[A-Z]、[a-z]或[0-9]。
17 #define isalpha(c) ((_ctype+1)[c]&(_U|_L))           //是字符。
18 #define iscntrl(c) ((_ctype+1)[c]&(_C))              //是控制字符。
19 #define isdigit(c) ((_ctype+1)[c]&(_D))              //是数字。
20 #define isgraph(c) ((_ctype+1)[c]&(_P|_U|_L|_D))     //是图形字符。
21 #define islower(c) ((_ctype+1)[c]&(_L))              //是小写字符。
22 #define isprint(c) ((_ctype+1)[c]&(_P|_U|_L|_D|_SP)) //是可打印字符。
23 #define ispunct(c) ((_ctype+1)[c]&(_P))              //是标点符号。
24 #define isspace(c) ((_ctype+1)[c]&(_S))              //是空白字符如空格\f\n\r\t\v。
25 #define isupper(c) ((_ctype+1)[c]&(_U))              //是大写字符。
26 #define isxdigit(c) ((_ctype+1)[c]&(_D|_X))          //是十六进制数字。
27
28 #define isascii(c) (((unsigned) c)<=0x7f)            //是 ASCII 字符。
29 #define toascii(c) (((unsigned) c)&0x7f)             //转换成 ASCII 字符。
30
31 #define tolower(c) (_ctmp=c,isupper(_ctmp)?_ctmp-('A'-'a'):_ctmp) //转换成对应小写字符。
32 #define toupper(c) (_ctmp=c,islower(_ctmp)?_ctmp-('a'-'A'):_ctmp) //转换成对应大写字符。
33
34 #endif
```

11.1.5　errno.h 文件

本文件定义了 Linux 系统中的一些出错号的常量符号,见文件 11-4。

文件 11-4　linux/include/errno.h

```
1 #ifndef _ERRNO_H
2 #define _ERRNO_H
3
4 /*
5  * ok, as I hadn't got any other source of information about
6  * possible error numbers, I was forced to use the same numbers
7  * as minix.
8  * Hopefully these are posix or something. I wouldn't know (and posix
9  * isn't telling me -they want $$$for their standard).
```

```
10 *
11 * We don't use the _SIGN cludge of minix, so kernel returns must
12 * see to the sign by themselves.
13 *
14 * NOTE! Remember to change strerror() if you change this file!
15 */
16 /* 由于我没有得到任何其他有关出错号的资料,我只能使用与MINIX系统相同的出错
    * 号了。希望这些是 POSIX 兼容的或者在一定程度上是这样的,我不知道(而且 POSIX
    * 没有告诉我——要获得他们的标准需要出钱)。
    * 我们没有使用 MINIX 那样的_SIGN 簇,所以内核的返回值必须自己辨别正负号。
    * 注意! 如果你改变该文件的话,记着也要修改 strerror()函数。 */
17 extern int errno;
18
19 #define ERROR          99          //一般错误。
20 #define EPERM          1           //操作没有许可。
21 #define ENOENT         2           //文件或目录不存在。
22 #define ESRCH          3           //指定的进程不存在。
23 #define EINTR          4           //中断的函数调用。
24 #define EIO            5           //输入/输出错。
25 #define ENXIO          6           //指定设备或地址不存在。
26 #define E2BIG          7           //参数列表太长。
27 #define ENOEXEC        8           //执行程序格式错误。
28 #define EBADF          9           //文件句柄(描述符)错误。
29 #define ECHILD         10          //子进程不存在。
30 #define EAGAIN         11          //资源暂时不可用。
31 #define ENOMEM         12          //内存不足。
32 #define EACCES         13          //没有许可权限。
33 #define EFAULT         14          //地址错。
34 #define ENOTBLK        15          //不是块设备文件。
35 #define EBUSY          16          //资源正忙。
36 #define EEXIST         17          //文件已存在。
37 #define EXDEV          18          //非法链接。
38 #define ENODEV         19          //设备不存在。
39 #define ENOTDIR        20          //不是目录文件。
40 #define EISDIR         21          //是目录文件。
41 #define EINVAL         22          //参数无效。
42 #define ENFILE         23          //系统打开文件数太多。
43 #define EMFILE         24          //打开文件数太多。
44 #define ENOTTY         25          //不恰当的 IO 控制操作(没有 tty 终端)。
45 #define ETXTBSY        26          //不再使用。
46 #define EFBIG          27          //文件太大。
47 #define ENOSPC         28          //设备已满(设备已经没有空间)。
48 #define ESPIPE         29          //无效的文件指针重定位。
49 #define EROFS          30          //文件系统只读。
50 #define EMLINK         31          //链接太多。
51 #define EPIPE          32          //管道错。
52 #define EDOM           33          //域(domain)出错。
53 #define ERANGE         34          //结果太大。
54 #define EDEADLK        35          //避免资源死锁。
55 #define ENAMETOOLONG   36          //文件名太长。
56 #define ENOLCK         37          //没有锁定可用。
57 #define ENOSYS         38          //功能还没有实现。
```

```
58 #define ENOTEMPTY     39            //目录不空。
59
60 #endif
```

11.1.6 fcntl.h 文件

文件控制选项头文件，主要定义了函数 fcntl()和 open()中用到的一些选项和符号。代码见文件 11-5。

文件 11-5 linux/include/fcntl.h

```
 1 #ifndef _FCNTL_H
 2 #define _FCNTL_H
 3
 4 #include <sys/types.h>              //类型头文件。定义了基本的系统数据类型。
 5 /* open/fcntl -NOCTTY 和 NDELAY 现在还没有实现 * /
 6 /* open/fcntl -NOCTTY, NDELAY isn't implemented yet * /
 7 #define O_ACCMODE      00003              //文件访问模式屏蔽码。
  //打开文件 open()和文件控制 fcntl()函数使用的文件访问模式。同时只能使用三者之一。
 8 #define O_RDONLY       00                 //以只读方式打开文件。
 9 #define O_WRONLY       01                 //以只写方式打开文件。
10 #define O_RDWR         02                 //以读写方式打开文件。
  //下面是文件创建标志,用于 open()。可与上面访问模式用'位或'的方式一起使用。
11 #define O_CREAT      00100    /* not fcntl * /      //如果文件不存在就创建。
12 #define O_EXCL       00200    /* not fcntl * /      //独占使用文件标志。
13 #define O_NOCTTY     00400    /* not fcntl * /      //不分配控制终端。
14 #define O_TRUNC      01000    /* not fcntl * /      //若文件已存在且是写操作,则长度截为 0。
15 #define O_APPEND     02000    //以添加方式打开,文件指针置为文件尾。
16 #define O_NONBLOCK   04000    /* not fcntl * /      //非阻塞方式打开和操作文件。
17 #define O_NDELAY     O_NONBLOCK    //非阻塞方式打开和操作文件。
18
19 /* Defines for fcntl-commands. Note that currently
20  * locking isn't supported, and other things aren't really
21  * tested.
22  * / /* 下面定义了 fcntl 命令。注意目前锁定命令还不支持,而其他命令实际上还没有测试过。* /
  //文件句柄(描述符)操作函数 fcntl()的命令。
23 #define F_DUPFD      0        /* dup * /            //复制文件句柄为最小数值的句柄。
24 #define F_GETFD      1        /* get f_flags * /    //取文件句柄标志。
25 #define F_SETFD      2        /* set f_flags * /    //设置文件句柄标志。
26 #define F_GETFL      3        /* more flags (cloexec)* ///取文件状态标志和访问模式。
27 #define F_SETFL      4        //设置文件状态标志和访问模式。
  //下面是文件锁定命令。fcntl()的第三个参数 lock 是指向 flock 结构的指针。
28 #define F_GETLK      5        /* not implemented * //返回阻止锁定的 flock 结构。
29 #define F_SETLK      6        //设置(F_RDLCK 或 F_WRLCK)或清除(F_UNLCK)锁定。
30 #define F_SETLKW     7        //等待设置或清除锁定。
31
32 /* for F_[GET|SET]FL * /       /* 用于 F_GETFL 或 F_SETFL * /
  //在执行 exec()簇函数时关闭文件句柄。(执行时关闭 -Close On EXECution)
33 #define FD_CLOEXEC   1        /* actually anything with low bit set goes * /
34                               /* 实际上只要低位为 1 即可 * /
35 /* Ok, these are locking features, and aren't implemented at any
36  * level. POSIX wants them.
```

```
37 * /  /* 以下是锁定类型,任何函数中都还没有实现。POSIX 标准要求这些类型。* /
38 #define F_RDLCK      0         //共享或读文件锁定。
39 #define F_WRLCK      1         //独占或写文件锁定。
40 #define F_UNLCK      2         //文件解锁。
41
42 /* Once again -not implemented, but ... * /    /* 同样 -也还没有实现,但是 ... * /
   //文件锁定操作数据结构。描述了受影响文件段的类型(l_type)、开始偏移(l_whence)、
   //相对偏移(l_start)、锁定长度(l_len)和实施锁定的进程 id。
43 struct flock {
44       short l_type;              //锁定类型(F_RDLCK,F_WRLCK,F_UNLCK)。
45       short l_whence;            //开始偏移(SEEK_SET,SEEK_CUR 或 SEEK_END)。
46       off_t l_start;             //阻塞锁定的开始处。相对偏移(字节数)。
47       off_t l_len;               //阻塞锁定的大小;如果是 0 则为到文件末尾。
48       pid_t l_pid;               //加锁的进程 id。
49 };
50 //以下是使用上述标志或命令的函数原型。创建新文件或重写一个已存在文件。
51 extern int creat(const char * filename,mode_t mode);
   //参数 filename 是欲创建文件的文件名,mode 是创建文件的属性(参见 include/sys/stat.h)。
52 extern int fcntl(int fildes,int cmd, ...);
   //文件句柄操作,会影响文件的打开。参数 fildes 是文件句柄,cmd 是操作命令,见上面 23~30 行。
53 extern int open(const char * filename, int flags, ...);
54 //打开文件。在文件与句柄间建立联系。参数 filename 是欲打开文件名,flags 是上面标志的组合。
55 #endif
```

11.1.7 signal.h 文件

该头文件中主要定义了信号符号常量和数据结构 sigaction,见文件 11-6。

文件 11-6 linux/include/signal.h

```
 1 #ifndef _SIGNAL_H
 2 #define _SIGNAL_H
 3
 4 #include <sys/types.h>             //类型头文件。定义了基本的系统数据类型。
 5
 6 typedef int sig_atomic_t;          //定义信号原子操作类型。
 7 typedef unsigned int sigset_t;    /* 32 bits * /    //定义信号集类型。
 8
 9 #define _NSIG       32          //定义信号种类——32 种。
10 #define NSIG        _NSIG       //NSIG = _NSIG
11 //以下这些是 Linux 0.11 内核中定义的信号。
12 #define SIGHUP       1          //Hang Up       —挂断控制终端或进程。
13 #define SIGINT       2          //Interrupt     —来自键盘的中断。
14 #define SIGQUIT      3          //Quit          —来自键盘的退出。
15 #define SIGILL       4          //Illegal       —非法指令。
16 #define SIGTRAP      5          //Trap          —跟踪断点。
17 #define SIGABRT      6          //Abort         —异常结束。
18 #define SIGIOT       6          //IO Trap       —同上。
19 #define SIGUNUSED    7          //Unused        —没有使用。
20 #define SIGFPE       8          //FPE           —协处理器出错。
21 #define SIGKILL      9          //Kill          —强迫进程终止。
22 #define SIGUSR1      10         //User1         —用户信号 1,进程可使用。
```

```
23 #define SIGSEGV    11        //Segment Violation—无效内存引用。
24 #define SIGUSR2    12        //User2         —用户信号 2,进程可使用。
25 #define SIGPIPE    13        //Pipe          —管道写出错,无读者。
26 #define SIGALRM    14        //Alarm         —实时定时器报警。
27 #define SIGTERM    15        //Terminate     —进程终止。
28 #define SIGSTKFLT  16        //Stack Fault   —栈出错(协处理器)。
29 #define SIGCHLD    17        //Child         —子进程停止或被终止。
30 #define SIGCONT    18        //Continue      —恢复进程继续执行。
31 #define SIGSTOP    19        //Stop          —停止进程的执行。
32 #define SIGTSTP    20        //TTY Stop      —tty 发出停止进程,可忽略。
33 #define SIGTTIN    21        //TTY In        —后台进程请求输入。
34 #define SIGTTOU    22        //TTY Out       —后台进程请求输出。
35 /* 我还没有实现 sigaction 的编写,但在头文件中仍希望遵守 POSIX 标准 */
36 /* Ok, I haven't implemented sigaction, but trying to keep headers POSIX */
37 #define SA_NOCLDSTOP 1           //当子进程处于停止状态,就不对 SIGCHLD 处理。
38 #define SA_NOMASK   0x40000000//不阻止在指定的信号处理程序(信号句柄)中再收到该信号。
39 #define SA_ONESHOT  0x80000000//信号句柄一旦被调用过就恢复到默认处理句柄。
40 //以下参数用于 sigprocmask()—改变阻塞信号集(屏蔽码)。这些参数可以改变该函数的行为。
41 #define SIG_BLOCK   0            /* for blocking signals */
                                 //在阻塞信号集中加上给定的信号集。
42 #define SIG_UNBLOCK1             /* for unblocking signals */
                                 //从阻塞信号集中删除指定的信号集。
43 #define SIG_SETMASK2             /* for setting the signal mask */
44                               //设置阻塞信号集(信号屏蔽码)。
45 #define SIG_DFL     ((void (*)(int))0) /* default signal handling */
                                 //默认的信号处理程序(信号句柄)。
46 #define SIG_IGN     ((void (*)(int))1) /* ignore signal */ //忽略信号的处理程序。
47 //下面是 sigaction 的数据结构。
   //sa_handler是对应某信号指定要采取的行动。可以是上面的SIG_DFL,或者是SIG_IGN来忽略该信号,
   //也可以是指向处理该信号函数的一个指针。sa_mask给出了对信号的屏蔽码,在信号程序执行时将
   //阻塞对这些信号的处理。sa_flags指定改变信号处理过程的信号集。它是由37~39行的位标志定
   //义的。sa_restorer恢复函数指针,由函数库libc提供,用于清理用户态堆栈。另外,引起触发信号
   //处理的信号也将被阻塞,除非使用了 SA_NOMASK 标志。
48 struct sigaction {
49         void (*sa_handler)(int);
50         sigset_t sa_mask;
51         int sa_flags;
52         void (*sa_restorer)(void);
53 };
54 //为信号 sig 安装一个新的信号处理程序(信号句柄),与 sigaction()类似。
55 void (*signal(int _sig, void (*_func)(int)))(int);
56 int raise(int sig);        //向当前进程发送一个信号。其作用等价于 kill(getpid(),sig)。
57 int kill(pid_t pid, int sig);       //可用于向任何进程组或进程发送任何信号。
58 int sigaddset(sigset_t *mask, int signo);      //向信号集中添加信号。
59 int sigdelset(sigset_t *mask, int signo);      //从信号集中去除指定的信号。
60 int sigemptyset(sigset_t *mask);               //从信号集中清除指定信号集。
61 int sigfillset(sigset_t *mask);                //向信号集中置入所有信号。
   //判断一个信号是不是信号集中的。1 —是, 0 —不是, -1—出错。
62 int sigismember(sigset_t *mask, int signo); /* 1 -is, 0 -not, -1-error */
63 int sigpending(sigset_t *set);                 //对 set 中的信号进行检测,看是否有挂起的信号。
64 int sigprocmask(int how, sigset_t *set, sigset_t *oldset);  //改变目前的被阻塞信号集。
   //用 sigmask 临时替换进程的信号屏蔽码,然后暂停该进程直到收到一个信号。
```

```
65 int sigsuspend(sigset_t *sigmask);
66 int sigaction(int sig, struct sigaction *act, struct sigaction *oldact);
67 //用于改变进程在收到指定信号时所采取的行动。
68 #endif /* _SIGNAL_H */
```

11.1.8 stdarg.h 文件

stdarg.h 是标准参数头文件。它以宏的形式定义变量参数列表。主要说明了一个类型(va_list)和三个宏(va_start, va_arg 和 va_end),用于 vsprintf、vprintf、vfprintf 函数。在阅读该文件时,需要首先理解变参函数的使用方法,可参见 kernel/vsprintf.c 列表后的说明。代码见文件 11-7。

文件 11-7 linux/include/stdarg.h

```
 1 #ifndef _STDARG_H
 2 #define _STDARG_H
 3
 4 typedef char *va_list;     //定义 va_list 是一个字符指针类型。
 5
 6 /* Amount of space required in an argument list for an arg of type TYPE.
 7    TYPE may alternatively be an expression whose type is used. */
 /* 给出类型为 TYPE 的 arg 参数列表所要求的空间容量。TYPE 也可以是使用该类型的一个表达式 */
 8 //下面这句定义了取整后的 TYPE 类型的字节长度值。是 int 长度(4)的倍数。
 9 #define __va_rounded_size(TYPE)\
10   (((sizeof (TYPE) + sizeof (int) -1) / sizeof (int)) * sizeof (int))
11 //下面这个函数(用宏实现)使 AP 指向传给函数的可变参数表的第一个参数。在第一次调用 va_arg
   //或va_end之前,必须首先调用该函数。17行上的__builtin_saveregs()是在gcc的库程序
   //libgcc2.c 中定义的,用于保存寄存器。它的说明可参见 gcc 手册章节“Target Description Macros”中的
   //“Implementing the Varargs Macros”小节。
12 #ifndef __sparc__
13 #define va_start(AP, LASTARG)                          \
14 (AP = ((char *) &(LASTARG) + __va_rounded_size (LASTARG)))
15 #else
16 #define va_start(AP, LASTARG)                          \
17 (__builtin_saveregs (),                                \
18 AP = ((char *) &(LASTARG) + __va_rounded_size (LASTARG)))
19 #endif
20 //下面该宏用于被调用函数完成一次正常返回。va_end 可以修改 AP 使其在重新调用 va_start 之前不
   //能被使用。va_end 必须在 va_arg 读完所有的参数后再被调用。
21 void va_end (va_list);        /* Defined in gnulib */  /* 在 gnulib 中定义 */
22 #define va_end(AP)
23 //下面宏用于扩展表达式使其与下一个被传递参数具有相同的类型和值。对于缺省值,va_arg 可以用
   //字符、无符号字符和浮点类型。在第一次使用 va_arg 时,它返回表中的第一个参数,后续的每次调
   //用都将返回表中的下一个参数。这是通过先访问 AP,然后把它增加以指向下一项来实现的。va_arg
   //使用 TYPE 来完成访问和定位下一项,每调用一次 va_arg,它就修改 AP 以指示表中的下一参数。
24 #define va_arg(AP, TYPE)                               \
25 (AP += __va_rounded_size (TYPE),                       \
26 *((TYPE *) (AP - __va_rounded_size (TYPE))))
27
28 #endif /* _STDARG_H */
```

11.1.9 stddef.h 文件

stddef.h 头文件也是由 C 标准化组织(X3J11)创建的,其名称含义是标准(std)定义(def)。主要用于存放一些"标准定义"(另外一个内容容易混淆的头文件是 stdlib.h,也是由标准化组织建立的,主要用来声明一些不与其他头文件类型相关的各种函数)。在本文件中定义的类型和宏还有一个共同点;这些定义曾经试图被包含在 C 语言的特性中,但后来由于各种编译器都以各自的方式定义这些信息,很难编写出能取代所有这些定义的代码来,因此就放弃了。

在 Linux 0.11 内核中很少使用该文件。代码见文件 11-8。

文件 11-8 linux/include/stddef.h

```
 1 #ifndef _STDDEF_H
 2 #define _STDDEF_H
 3
 4 #ifndef _PTRDIFF_T
 5 #define _PTRDIFF_T
 6 typedef long ptrdiff_t;                 //两个指针相减结果的类型。
 7 #endif
 8
 9 #ifndef _SIZE_T
10 #define _SIZE_T
11 typedef unsigned long size_t;           //sizeof 返回的类型。
12 #endif
13
14 #undef NULL
15 #define NULL ((void *)0)                //空指针。
16
17 #define offsetof(TYPE, MEMBER) ((size_t) &((TYPE *)0)->MEMBER)//成员在类型中的偏移位置。
18
19 #endif
```

11.1.10 string.h 文件

该头文件中以内嵌函数的形式定义了所有字符串操作函数,为了提高执行速度使用了内嵌汇编程序。代码见文件 11-9。

文件 11-9 linux/include/string.h

```
 1 #ifndef _STRING_H_
 2 #define _STRING_H_
 3
 4 #ifndef NULL
 5 #define NULL ((void *) 0)
 6 #endif
 7
 8 #ifndef _SIZE_T
 9 #define _SIZE_T
10 typedef unsigned int size_t;
11 #endif
12
```

```
13 extern char * strerror(int errno);
14
15 /*
16 * This string-include defines all string functions as inline
17 * functions. Use gcc. It also assumes ds=es=data space, this should be
18 * normal. Most of the string-functions are rather heavily hand-optimized,
19 * see especially strtok,strstr,str[c]spn. They should work, but are not
20 * very easy to understand. Everything is done entirely within the register
21 * set, making the functions fast and clean. String instructions have been
22 * used through-out, making for "slightly" unclear code :-)
23 *
24 *         (C) 1991 Linus Torvalds
25 */
   /* 这个字符串头文件以内嵌函数的形式定义了所有字符串操作函数。使用 gcc 时,同时
   * 假定了ds=es=数据空间,这应该是常规的。绝大多数字符串函数都是经手工进行大
   * 量优化的,尤其是函数strtok、strstr、str[c]spn。它们应该能正常工作,但不是那
   * 么容易理解。所有的操作基本上都是使用寄存器集来完成的,这使得函数既快又整洁。
   * 所有地方都使用了字符串指令,这又使得代码"稍微"难以理解。
   *         (C) 1991 Linus Torvalds         */
26 //将一个字符串(src)复制到另一个字符串(dest),直到遇到 NULL 字符后停止。
   //参数:dest -目的字符串指针,src -源字符串指针。%0 -esi(src),%1 -edi(dest)。
27 extern inline char * strcpy(char * dest,const char *src)
28 {
29 __asm__("cld\n"                          //清方向位。
30         "1:\tlodsb\n\t"                  //加载 DS:[esi]处 1 字节->al,并更新 esi。
31         "stosb\n\t"                      //存储字节 al->ES:[edi],并更新 edi。
32         "testb %%al,%%al\n\t"            //刚存储的字节是 0?
33         "jne 1b"                         //不是则向后跳转到标号 1 处,否则结束。
34         ::"S" (src),"D" (dest):"si","di","ax");
35 return dest;                             //返回目的字符串指针。
36 }
37 //复制源字符串 count 个字节到目的字符串。
   //如果源串长度小于 count 个字节,就附加空字符(NULL)到目的字符串。
   //参数:dest -目的字符串指针,src -源字符串指针,count -复制字节数。
   //%0 -esi(src),%1 -edi(dest),%2 -ecx(count)。
38 extern inline char * strncpy(char * dest,const char *src,int count)
39 {
40 __asm__("cld\n"                          //清方向位。
41         "1:\tdecl %2\n\t"                //寄存器 ecx--(count--)。
42         "js 2f\n\t"                      //如果 count<0 则向前跳转到标号 2,结束。
43         "lodsb\n\t"                      //取 ds:[esi]处 1 字节->al,并且 esi++。
44         "stosb\n\t"                      //存储该字节->es:[edi],并且 edi++。
45         "testb %%al,%%al\n\t"            //该字节是 0?
46         "jne 1b\n\t"                     //不是,则向前跳转到标号 1 处继续复制。
47         "rep\n\t"                        //否则,在目的串中存放剩余个数的空字符。
48         "stosb\n"
49         "2:"
50         ::"S" (src),"D" (dest),"c" (count):"si","di","ax","cx");
51 return dest;                             //返回目的字符串指针。
52 }
53 //将源字符串复制到目的字符串的末尾处。参数:dest -目的字符串指针,src -源字符串指针。
   //%0 -esi(src),%1 -edi(dest),%2 -eax(0),%3 -ecx(-1)。
```

```
54 extern inline char * strcat(char * dest,const char *src)
55{
56 __asm__("cld\n\t"                    //清方向位。
57         "repne\n\t"                  //比较 al 与 es:[edi]字节,并更新 edi++,直到找到
58         "scasb\n\t"                  //目的串中是 0 的字节,此时 edi 已经指向后 1 字节。
59         "decl %1\n"                  //让 es:[edi]指向 0 值字节。
60         "1:\tlodsb\n\t"              //取源字符串字节 ds:[esi]->al,并且 esi++。
61         "stosb\n\t"                  //将该字节存到 es:[edi],并且 edi++。
62         "testb %%al,%%al\n\t"        //该字节是 0?
63         "jne 1b"                     //不是,则向后跳转到标号 1 处继续复制,否则结束。
64         ::"S"(src),"D"(dest),"a"(0),"c"(0xffffffff):"si","di","ax","cx");
65 return dest; //返回目的字符串指针。
66 }
67 //将源字符串的 count 个字节复制到目的字符串的末尾处,最后添一空字符。
   //参数:dest - 目的字符串,src - 源字符串,count - 欲复制的字节数。
   //%0 - esi(src),%1 - edi(dest),%2 - eax(0),%3 - ecx(-1),%4 - (count)。
68 extern inline char * strncat(char * dest,const char * src,int count)
69 {
70 __asm__("cld\n\t"                    //清方向位。
71         "repne\n\t"                  //比较 al 与 es:[edi]字节,edi++。
72         "scasb\n\t"                  //直到找到目的串的末端 0 值字节。
73         "decl %1\n\t"                //edi 指向该 0 值字节。
74         "movl %4,%3\n"               //欲复制字节数==>ecx。
75         "1:\tdecl %3\n\t"            //ecx--(从 0 开始计数)。
76         "js 2f\n\t"                  //ecx <0 ?,是则向前跳转到标号 2 处。
77         "lodsb\n\t"                  //否则取 ds:[esi]处的字节==>al,esi++。
78         "stosb\n\t"                  //存储到 es:[edi]处,edi++。
79         "testb %%al,%%al\n\t"        //该字节值为 0?
80         "jne 1b\n"                   //不是则向后跳转到标号 1 处,继续复制。
81         "2:\txorl %2,%2\n\t"         //将 al 清零。
82         "stosb"                      //存到 es:[edi]处。
83         ::"S"(src),"D"(dest),"a"(0),"c"(0xffffffff),"g"(count)
84         :"si","di","ax","cx");
85 return dest;                         //返回目的字符串指针。
86 }
87 //将一个字符串与另一个字符串进行比较。参数:cs - 字符串 1,ct - 字符串 2。
   //%0 - eax(__res)返回值,%1 - edi(cs)字符串 1 指针,%2 - esi(ct)字符串 2 指针。
   //返回:如果串 1 > 串 2,则返回 1;串 1 = 串 2,则返回 0;串 1 < 串 2,则返回-1。
88 extern inline int strcmp(const char * cs,const char * ct)
89 {
90 register int __res __asm__("ax");             //__res 是寄存器变量(eax)。
91 __asm__("cld\n"                               //清方向位。
92          "1:\tlodsb\n\t"                      //取字符串 2 的字节 ds:[esi]==>al,并且 esi++。
93          "scasb\n\t"                          //al 与字符串 1 的字节 es:[edi]作比较,并且 edi++。
94          "jne 2f\n\t"                         //如果不相等,则向前跳转到标号 2。
95          "testb %%al,%%al\n\t"                //该字节是 0 值字节吗(字符串结尾)?
96          "jne 1b\n\t"                         //不是,则向后跳转到标号 1,继续比较。
97          "xorl %%eax,%%eax\n\t"               //是,则返回值 eax 清零,
98          "jmp 3f\n"                           //向前跳转到标号 3,结束。
99          "2:\tmovl $1,%%eax\n\t"              //eax 中置 1。
100         "jl 3f\n\t"                          //若前面比较中串 2 字符<串 1 字符,则返回正值,结束。
101         "negl %%eax\n"                       //否则 eax =-eax,返回负值,结束。
```

```
102          "3:"
103          :"=a" (__res):"D" (cs),"S" (ct):"si","di");
104 return __res;                              //返回比较结果。
105 }
106 //字符串 1 与字符串 2 的前 count 个字符进行比较。
    //参数:cs - 字符串 1,ct - 字符串 2,count - 比较的字符数。
    //%0 - eax(__res)返回值,%1 - edi(cs)串 1 指针,%2 - esi(ct)串 2 指针,%3 - ecx(count)。
    //返回:如果串 1 > 串 2,则返回 1;串 1 = 串 2,则返回 0;串 1 < 串 2,则返回-1。
107 extern inline int strncmp(const char * cs,const char * ct,int count)
108 {
109 register int __res __asm__("ax");          //__res 是寄存器变量(eax)。
110 __asm__( "cld\n"                           //清方向位。
111          "1:\tdecl %3\n\t"                 //count--。
112          "js 2f\n\t"                       //如果 count<0,则向前跳转到标号 2。
113          "lodsb\n\t"                       //取串 2 的字符 ds:[esi]==>al,并且 esi++。
114          "scasb\n\t"                       //比较 al 与串 1 的字符 es:[edi],并且 edi++。
115          "jne 3f\n\t"                      //如果不相等,则向前跳转到标号 3。
116          "testb %%al,%%al\n\t"             //该字符是 NULL 字符吗?
117 "jne 1b\n"                                 //不是,则向后跳转到标号 1,继续比较。
118          "2:\txorl %%eax,%%eax\n\t"        //是 NULL 字符,则 eax 清零(返回值)。
119          "jmp 4f\n"                        //向前跳转到标号 4,结束。
120          "3:\tmovl $1,%%eax\n\t"           //eax 中置 1。
121          "jl 4f\n\t"                       //如果前面比较中串 2 字符<串 2 字符,则返回 1,结束。
122          "negl %%eax\n"                    //否则 eax = -eax,返回负值,结束。
123          "4:"
124          :"=a" (__res):"D" (cs),"S" (ct),"c" (count):"si","di","cx");
125 return __res;                              //返回比较结果。
126 }
127 //在字符串中寻找第一个匹配的字符。参数:s - 字符串,c - 欲寻找的字符。
    //%0 - eax(__res),%1 - esi(字符串指针 s),%2 - eax(字符 c)。
    //返回:返回字符串中第一次出现匹配字符的指针。若没有找到匹配的字符,则返回空指针。
128 extern inline char * strchr(const char * s,char c)
129 {
130 register char * __res __asm__("ax");       //__res 是寄存器变量(eax)。
131 __asm__("cld\n\t"//清方向位。
132          "movb %%al,%%ah\n"                //将欲比较字符移到 ah。
133          "1:\tlodsb\n\t"                   //取字符串中字符 ds:[esi]==>al,并且 esi++。
134          "cmpb %%ah,%%al\n\t"              //字符串中字符 al 与指定字符 ah 相比较。
135          "je 2f\n\t"                       //若相等,则向前跳转到标号 2 处。
136          "testb %%al,%%al\n\t"             //al 中字符是 NULL 字符吗(字符串结尾)?
137          "jne 1b\n\t"                      //若不是,则向后跳转到标号 1,继续比较。
138          "movl $1,%1\n"                    //是,则说明没有找到匹配字符,esi 置 1。
139          "2:\tmovl %1,%0\n\t"              //将指向匹配字符后一个字节处的指针值放入 eax。
140          "decl %0"                         //将指针调整为指向匹配的字符。
141          :"=a" (__res):"S" (s),"" (c):"si");
142 return __res;                              //返回指针。
143 }
144 //寻找字符串中指定字符最后一次出现的地方(反向搜索)。参数:s - 字符串,c - 字符。
    //%0 - edx(__res),%1 - edx(0),%2 - esi(字符串指针 s),%3 - eax(字符 c)。
    //返回:返回字符串中最后一次出现匹配字符的指针。若没有找到匹配的字符,则返回空指针。
145 extern inline char * strrchr(const char * s,char c)
146 {
```

```
147 register char * __res __asm__("dx");        //__res 是寄存器变量(edx)。
148 __asm__( "cld\n\t"                          //清方向位。
149         "movb %%al,%%ah\n"                  //将欲寻找的字符移到 ah。
150         "1:\tlodsb\n\t"                     //取字符串中字符 ds:[esi]==>al,并且 esi++。
151         "cmpb %%ah,%%al\n\t"                //字符串中字符 al 与指定字符 ah 作比较。
152         "jne 2f\n\t"                        //若不相等,则向前跳转到标号 2 处。
153         "movl %%esi,%0\n\t"                 //将字符指针保存到 edx 中。
154         "decl %0\n"                         //指针后退一位,指向字符串中匹配字符处。
155         "2:\ttestb %%al,%%al\n\t"           //比较的字符是 0 吗(到字符串尾)?
156         "jne 1b"                            //不是则向后跳转到标号 1 处,继续比较。
157 :"=d"(__res):""(0),"S"(s),"a"(c):"ax","si");
158 return __res;                               //返回指针。
159 }
160 //在字符串 1 中寻找第 1 个字符序列,该字符序列中的任何字符都包含在字符串 2 中。
    //参数:cs -字符串 1 指针,ct -字符串 2 指针。
    //%0 -esi(__res),%1 -eax(0),%2 -ecx(-1),%3 -esi(串 1 指针 cs),%4 -(串 2 指针 ct)。
    //返回字符串 1 中包含字符串 2 中任何字符的首个字符序列的长度值。
161 extern inline int strspn(const char * cs, const char * ct)
162 {
163 register char * __res __asm__("si");        //__res 是寄存器变量(esi)。
164 __asm__("cld\n\t"                           //清方向位。
165         "movl %4,%%edi\n\t"                 //首先计算串 2 的长度。串 2 指针放入 edi 中。
166         "repne\n\t"                         //比较 al(0)与串 2 中的字符(es:[edi]),并 edi++。
167         "scasb\n\t"                         //如果不相等就继续比较(ecx 逐步递减)。
168         "notl %%ecx\n\t"                    //ecx 中每位取反。
169         "decl %%ecx\n\t"                    //ecx--,得 2 的长度值。
170         "movl %%ecx,%%edx\n"                //将串 2 的长度值暂放入 edx 中。
171         "1:\tlodsb\n\t"                     //取串 1 字符 ds:[esi]==>al,并且 esi++。
172         "testb %%al,%%al\n\t"               //该字符等于 0 值吗(串 1 结尾)?
173         "je 2f\n\t"                         //如果是,则向前跳转到标号 2 处。
174         "movl %4,%%edi\n\t"                 //取串 2 头指针放入 edi 中。
175         "movl %%edx,%%ecx\n\t"              //再将串 2 的长度值放入 ecx 中。
176         "repne\n\t"                         //比较 al 与串 2 中字符 es:[edi],并且 edi++。
177         "scasb\n\t"                         //如果不相等就继续比较。
178         "je 1b\n"                           //如果相等,则向后跳转到标号 1 处。
179         "2:\tdecl %0"                       //esi--,指向最后一个包含在串 2 中的字符。
180 :"=S"(__res):"a"(0),"c"(0xffffffff),""(cs),"g"(ct)
181 :"ax","cx","dx","di");
182 return __res-cs;                            //返回字符序列的长度值。
183 }
184 //寻找字符串 1 中不包含字符串 2 中任何字符的首个字符序列。
    //参数:cs -字符串 1 指针,ct -字符串 2 指针。
    //%0 -esi(__res),%1 -eax(0),%2 -ecx(-1),%3 -esi(串 1 指针 cs),%4 -(串 2 指针 ct)。
    //返回字符串 1 中不包含字符串 2 中任何字符的首个字符序列的长度值。
185 extern inline int strcspn(const char * cs, const char * ct)
186 {
187 register char * __res __asm__("si");        //__res 是寄存器变量(esi)。
188 __asm__("cld\n\t"                           //清方向位。
189         "movl %4,%%edi\n\t"                 //首先计算串 2 的长度。串 2 指针放入 edi 中。
190         "repne\n\t"                         //比较 al(0)与串 2 中的字符(es:[edi]),并 edi++。
191         "scasb\n\t"                         //如果不相等就继续比较(ecx 逐步递减)。
192         "notl %%ecx\n\t"                    //ecx 中每位取反。
```

```
193          "decl %%ecx\n\t"                   //ecx--,得 2 的长度值。
194          "movl %%ecx,%%edx\n"               //将串 2 的长度值暂放入 edx 中。
195          "1:\tlodsb\n\t"                    //取串 1 字符 ds:[esi]==>al,并且 esi++。
196          "testb %%al,%%al\n\t"              //该字符等于 0 值吗(串 1 结尾)?
197          "je 2f\n\t"                        //如果是,则向前跳转到标号 2 处。
198          "movl %4,%%edi\n\t"                //取串 2 头指针放入 edi 中。
199          "movl %%edx,%%ecx\n\t"             //再将串 2 的长度值放入 ecx 中。
200          "repne\n\t"                        //比较 al 与串 2 中字符 es:[edi],并且 edi++。
201          "scasb\n\t"                        //如果不相等就继续比较。
202          "jne 1b\n"                         //如果不相等,则向后跳转到标号 1 处。
203          "2:\tdecl %0"                      //esi--,指向最后一个包含在串 2 中的字符。
204 :"=S"(__res):"a"(0),"c"(0xffffffff),""(cs),"g"(ct)
205 :"ax","cx","dx","di");
206 return  __res-cs;                           //返回字符序列的长度值。
207 }
208 //在字符串 1 中寻找首个包含在字符串 2 中的任何字符。
    //参数:cs -字符串 1 的指针,ct -字符串 2 的指针。
    //%0 -esi(__res),%1 -eax(0),%2 -ecx(0xffffffff),%3 -esi(串 1 指针 cs),%4 -(串 2 指针 ct)。
    //返回字符串 1 中首个包含字符串 2 中字符的指针。
209 extern inline char * strpbrk(const char * cs,const char * ct)
210 {
211 register char * __res  __asm__("si");       //__res 是寄存器变量(esi)。
212 __asm__("cld\n\t"                           //清方向位。
213          "movl %4,%%edi\n\t"                //首先计算串 2 的长度。串 2 指针放入 edi 中。
214          "repne\n\t"                        //比较 al(0)与串 2 中的字符(es:[edi]),并 edi++。
215          "scasb\n\t"                        //如果不相等就继续比较(ecx 逐步递减)。
216          "notl %%ecx\n\t"                   //ecx 中每位取反。
217          "decl %%ecx\n\t"                   //ecx--,得串 2 的长度值。
218          "movl %%ecx,%%edx\n"               //将串 2 的长度值暂放入 edx 中。
219          "1:\tlodsb\n\t"                    //取串 1 字符 ds:[esi]==>al,并且 esi++。
220          "testb %%al,%%al\n\t"              //该字符等于 0 值吗(串 1 结尾)?
221          "je 2f\n\t"                        //如果是,则向前跳转到标号 2 处。
222          "movl %4,%%edi\n\t"                //取串 2 头指针放入 edi 中。
223          "movl %%edx,%%ecx\n\t"             //再将串 2 的长度值放入 ecx 中。
224          "repne\n\t"                        //比较 al 与串 2 中字符 es:[edi],并且 edi++。
225          "scasb\n\t"                        //如果不相等就继续比较。
226          "jne 1b\n\t"                       //如果不相等,则向后跳转到标号 1 处。
227          "decl %0\n\t"                      //esi--,指向一个包含在串 2 中的字符。
228          "jmp 3f\n"                         //向前跳转到标号 3 处。
229          "2:\txorl %0,%0\n"                 //没有找到符合条件的,将返回值为 NULL。
230          "3:"
231 :"=S"(__res):"a"(0),"c"(0xffffffff),""(cs),"g"(ct)
232 :"ax","cx","dx","di");
233 return __res;//返回指针值。
234 }
235 //在字符串 1 中寻找首个匹配整个字符串 2 的字符串。
    //参数:cs -字符串 1 的指针,ct -字符串 2 的指针。
    //%0 -eax(__res),%1 -eax(0),%2 -ecx(0xffffffff),%3 -esi(串 1 指针 cs),%4 -(串 2 指针 ct)。
    //返回:返回字符串 1 中首个匹配字符串 2 的字符串指针。
236 extern inline char * strstr(const char * cs,const char * ct)
237 {
238 register char * __res  __asm__("ax");     //__res 是寄存器变量(eax)。
```

```
239 __asm__("cld\n\t" \                    //清方向位。
240        "movl %4,%%edi\n\t"             //首先计算串 2 的长度。串 2 指针放入 edi 中。
241        "repne\n\t"                     //比较 al(0)与串 2 中的字符(es:[edi]),并 edi++。
242        "scasb\n\t"                     //如果不相等就继续比较(ecx 逐步递减)。
243        "notl %%ecx\n\t"                //ecx 中每位取反。
244        "decl %%ecx\n\t"        /* NOTE! This also sets Z if searchstring='' */
                              /* 注意! 如果搜索串为空,将设置 Z 标志 *///得串 2 的长度值。
245        "movl %%ecx,%%edx\n"            //将串 2 的长度值暂放入 edx 中。
246        "1:\tmovl %4,%%edi\n\t"         //取串 2 头指针放入 edi 中。
247        "movl %%esi,%%eax\n\t"          //将串 1 的指针复制到 eax 中。
248        "movl %%edx,%%ecx\n\t"          //再将串 2 的长度值放入 ecx 中。
249        "repe\n\t"                      //比较串 1 和串 2 字符(ds:[esi],es:[edi]),esi++,edi++。
250        "cmpsb\n\t"                     //若对应字符相等就一直比较下去。
251        "je 2f\n\t"            /* also works for empty string, see above */
                          /* 对空串同样有效,见上面 *///若全相等,则转到标号 2。
252        "xchgl %%eax,%%esi\n\t"         //串 1 头指针==>esi,比较结果的串 1 指针==>eax。
253        "incl %%esi\n\t"                //串 1 头指针指向下一个字符。
254        "cmpb $0,-1(%%eax)\n\t"         //串 1 指针(eax-1)所指字节是 0 吗?
255        "jne 1b\n\t"                    //不是则跳转到标号 1,继续从串 1 的第 2 个字符开始比较。
256        "xorl %%eax,%%eax\n\t"          //清 eax,表示没有找到匹配。
257        "2:"
258        :"=a"(__res):""(0),"c"(0xffffffff),"S"(cs),"g"(ct)
259        :"cx","dx","di","si");
260 return __res;                          //返回比较结果。
261 }
262 //计算字符串长度。参数:s - 字符串。
    //%0 - ecx(__res),%1 - edi(字符串指针 s),%2 - eax(0),%3 - ecx(0xffffffff)。
    //返回:返回字符串的长度。
263 extern inline int strlen(const char * s)
264 {
265 register int __res __asm__("cx");      //__res 是寄存器变量(ecx)。
266 __asm__("cld\n\t"                      //清方向位。
267        "repne\n\t"                     //al(0)与字符串中字符 es:[edi]比较,
268        "scasb\n\t"                     //若不相等就一直比较。
269        "notl %0\n\t"                   //ecx 取反。
270        "decl %0"                       //eax--,得字符串长度值。
271        :"=c"(__res):"D"(s),"a"(0),""(0xffffffff):"di");
272 return __res;                          //返回字符串长度值。
273 }
274
275 extern char * ___strtok;     //用于临时存放指向下面被分析字符串 1(s)的指针。
276 //利用字符串 2 中的字符将字符串 1 分割成标记(tokern)序列。
    //将串 1 看作是包含零个或多个单词(token)的序列,并由分割符字符串 2 中的一个或多个字符分开。
    //第一次调用 strtok()时,将返回指向字符串 1 中第 1 个 token 首字符的指针,并在返回 token 时将
    //一 null 字符写到分割符处。后续使用 null 作为字符串 1 的调用,将用这种方法继续扫描字符串 1,
    //直到没有 token 为止。在不同的调用过程中,分割符串 2 可以不同。
    //参数:s - 待处理的字符串 1,ct - 包含各个分割符的字符串 2。
    //汇编输出:%0 - ebx(__res),%1 - esi(__strtok);
    //汇编输入:%2 - ebx(__strtok),%3 - esi(字符串 1 指针 s),%4 - (字符串 2 指针 ct)。
    //返回:返回字符串 s 中第 1 个 token,如果没有找到 token,则返回一个 NULL 指针。
    //后续使用字符串 s 指针为 NULL 的调用,将在原字符串 s 中搜索下一个 token。
277 extern inline char * strtok(char * s,const char * ct)
```

```
278 {
279 register char * __res __asm__("si");
280 __asm__("testl %1,%1\n\t"              //首先测试 esi(字符串 1 指针 s)是否为 NULL。
281         "jne 1f\n\t"                   //如果不是,则表明是首次调用本函数,跳转标号 1。
282         "testl %0,%0\n\t"              //如果是 NULL,则表示此次是后续调用,测 ebx(__strtok)。
283         "je 8f\n\t"                    //如果 ebx 指针是 NULL,则不能处理,跳转结束。
284         "movl %0,%1\n"                 //将 ebx 指针复制到 esi。
285         "1:\txorl %0,%0\n\t"           //清 ebx 指针。
286         "movl $-1,%%ecx\n\t"           //置 ecx = 0xffffffff。
287         "xorl %%eax,%%eax\n\t"         //清零 eax。
288         "cld\n\t"                      //清方向位。
289         "movl %4,%%edi\n\t"            //下面求字符串 2 的长度。edi 指向字符串 2。
290         "repne\n\t"                    //将 al(0)与 es:[edi]比较,并且 edi++。
291         "scasb\n\t"                    //直到找到字符串 2 的结束 null 字符,或计数 ecx==0。
292         "notl %%ecx\n\t"               //将 ecx 取反,
293         "decl %%ecx\n\t"               //ecx--,得到字符串 2 的长度值。
294         "je 7f\n\t"                    /* empty delimeter-string *//* 分割符字符串空 */
                                           //若串 2 长度为 0,则转标号 7。
295         "movl %%ecx,%%edx\n"           //将串 2 长度暂存入 edx。
296         "2:\tlodsb\n\t"                //取串 1 的字符 ds:[esi]==>al,并且 esi++。
297         "testb %%al,%%al\n\t"          //该字符为 0 值吗(串 1 结束)?
298         "je 7f\n\t"                    //如果是,则跳转标号 7。
299         "movl %4,%%edi\n\t"            //edi 再次指向串 2 首。
300         "movl %%edx,%%ecx\n\t"         //取串 2 的长度值置入计数器 ecx。
301         "repne\n\t"                    //将 al 中串 1 的字符与串 2 中所有字符比较,
302         "scasb\n\t"                    //判断该字符是否为分割符。
303         "je 2b\n\t"                    //若能在串 2 中找到相同字符(分割符),则跳转标号 2。
304         "decl %1\n\t"                  //若不是分割符,则串 1 指针 esi 指向此时的该字符。
305         "cmpb $0,(%1)\n\t"             //该字符是 NULL 字符吗?
306         "je 7f\n\t"                    //若是,则跳转标号 7 处。
307         "movl %1,%0\n"                 //将该字符的指针 esi 存放在 ebx。
308         "3:\tlodsb\n\t"                //取串 1 下一个字符 ds:[esi]==>al,并且 esi++。
309         "testb %%al,%%al\n\t"          //该字符是 NULL 字符吗?
310         "je 5f\n\t"                    //若是,表示串 1 结束,跳转到标号 5。
311         "movl %4,%%edi\n\t"            //edi 再次指向串 2 首。
312         "movl %%edx,%%ecx\n\t"         //串 2 长度值置入计数器 ecx。
313         "repne\n\t"                    //将 al 中串 1 的字符与串 2 中每个字符比较,
314         "scasb\n\t"                    //测试 al 字符是否是分割符。
315         "jne 3b\n\t"                   //若不是分割符则跳转标号 3,检测串 1 中下一个字符。
316         "decl %1\n\t"                  //若是分割符,则 esi--,指向该分割符字符。
317         "cmpb $0,(%1)\n\t"             //该分割符是 NULL 字符吗?
318         "je 5f\n\t"                    //若是,则跳转到标号 5。
319         "movb $0,(%1)\n\t"             //若不是,则将该分割符用 NULL 字符替换掉。
320         "incl %1\n\t"                  //esi 指向串 1 中下一个字符,即剩余串首。
321         "jmp 6f\n"                     //跳转标号 6 处。
322         "5:\txorl %1,%1\n"             //esi 清零。
323         "6:\tcmpb $0,(%0)\n\t"         //ebx 指针指向 NULL 字符吗?
324         "jne 7f\n\t"                   //若不是,则跳转标号 7。
325         "xorl %0,%0\n"                 //若是,则让 ebx=NULL。
326         "7:\ttestl %0,%0\n\t"          //ebx 指针为 NULL 吗?
327         "jne 8f\n\t"                   //若不是则跳转 8,结束汇编代码。
328         "movl %0,%1\n"                 //将 esi 置为 NULL。
```

```
329         "8:"
330         :"=b" (__res),"=S" (__strtok)
331         :"" (__strtok),"1" (s),"g" (ct)
332         :"ax","cx","dx","di");
333 return __res;                       //返回指向新 token 的指针。
334 }
335 //内存块复制。从源地址 src 处开始复制 n 个字节到目的地址 dest 处。
    //参数:dest -复制的目的地址,src -复制的源地址,n -复制字节数。
    //%0 -ecx(n),%1 -esi(src),%2 -edi(dest)。
336 extern inline void * memcpy(void * dest,const void * src, int n)
337 {
338 __asm__("cld\n\t"                   //清方向位。
339         "rep\n\t"                   //重复执行复制 ecx 个字节,
340         "movsb"                     //从 ds:[esi]到 es:[edi],esi++,edi++。
341         ::"c" (n),"S" (src),"D" (dest)
342         :"cx","si","di");
343 return dest;                        //返回目的地址。
344 }
345 //内存块移动。同内存块复制,但考虑移动的方向。
    //参数:dest -复制的目的地址,src -复制的源地址,n -复制字节数。
    //若 dest<src 则:%0 -ecx(n),%1 -esi(src),%2 -edi(dest)。否则:%0 -ecx(n),%1 -esi(src+n-1),
    //%2 -edi(dest+n -1)。这样操作是为了防止在复制时错误地重叠覆盖。
346 extern inline void * memmove(void * dest,const void * src, int n)
347 {
348 if (dest<src)
349 __asm__("cld\n\t"                   //清方向位。
350         "rep\n\t"                   //从 ds:[esi]到 es:[edi],并且 esi++,edi++,
351         "movsb"                     //重复执行复制 ecx 字节。
352         ::"c" (n),"S" (src),"D" (dest)
353         :"cx","si","di");
354 else
355 __asm__("std\n\t"                   //置方向位,从末端开始复制。
356         "rep\n\t"                   //从 ds:[esi]到 es:[edi],并且 esi--,edi--,
357         "movsb"                     //复制 ecx 个字节。
358         ::"c" (n),"S" (src+n-1),"D" (dest+n-1)
359 :"cx","si","di");
360 return dest;
361 }
362 //比较 n 个字节的两块内存(两个字符串),即使遇到 NULL 字节也不停止比较。
    //参数:cs -内存块 1 地址,ct -内存块 2 地址,count -比较的字节数。
    //%0 -eax(__res),%1 -eax(0),%2 -edi(内存块 1),%3 -esi(内存块 2),%4 -ecx(count)。
    //返回:若块 1>块 2 返回 1;块 1<块 2,返回-1;块 1==块 2,则返回 0。
363 extern inline int memcmp(const void * cs,const void * ct,int count)
364 {
365 register int __res __asm__("ax"); //__res 是寄存器变量。
366 __asm__("cld\n\t"                   //清方向位。
367         "repe\n\t"                  //如果相等则重复,
368         "cmpsb\n\t"                 //比较 ds:[esi]与 es:[edi]的内容,并且 esi++,edi++。
369         "je 1f\n\t"                 //如果都相同,则跳转到标号 1,返回 0(eax)值
370         "movl $1,%%eax\n\t"         //否则 eax 置 1,
371         "jl 1f\n\t"                 //若内存块 2 内容的值<内存块 1,则跳转标号 1。
372         "negl %%eax\n"              //否则 eax =-eax。
```

```
373         "1:"
374         :"=a" (__res):"" (0),"D" (cs),"S" (ct),"c" (count)
375         :"si","di","cx");
376 return  __res;     //返回比较结果。
377 }
378 //在 n 字节大小的内存块(字符串)中寻找指定字符。
    //参数:cs -指定内存块地址,c -指定的字符,count -内存块长度。
    //%0 -edi(__res),%1 -eax(字符 c),%2 -edi(内存块地址 cs),%3 -ecx(字节数 count)。
    //返回第一个匹配字符的指针,如果没有找到,则返回 NULL 字符。
379 extern inline void * memchr(const void * cs,char c,int count)
380 {
381 register void * __res  __asm__("di"); //__res 是寄存器变量。
382 if (! count)                          //如果内存块长度==0,则返回 NULL,没有找到。
383 return NULL;
384 __asm__("cld\n\t"                     //清方向位。
385         "repne\n\t"                   //如果不相等则重复执行下面语句,
386         "scasb\n\t"                   //al 中字符与 es:[edi]字符作比较,并且 edi++,
387         "je 1f\n\t"                   //如果相等则向前跳转到标号 1 处。
388         "movl  $1,%0\n"               //否则 edi 中置 1。
389         "1:\tdecl %0"                 //让 edi 指向找到的字符(或是 NULL)。
390         :"=D" (__res):"a" (c),"D" (cs),"c" (count)
391         :"cx");
392 return  __res;                        //返回字符指针。
393 }
394 //用字符填写指定长度内存块。用字符 c 填写 s 指向的内存区域,共填 count 字节。
    //%0 -eax(字符 c),%1 -edi(内存地址),%2 -ecx(字节数 count)。
395 extern inline void * memset(void * s,char c,int count)
396 {
397 __asm__("cld\n\t"                     //清方向位。
398         "rep\n\t"                     //重复 ecx 指定的次数,执行
399         "stosb"                       //将 al 中字符存入 es:[edi]中,并且 edi++。
400         ::"a" (c),"D" (s),"c" (count)
401         :"cx","di");
402 return s;
403 }
404
405 #endif
```

11.1.11 termios.h 文件

该文件含有终端 I/O 接口定义,包括 termios 数据结构和一些对通用终端接口设置的函数原型。这些函数用来读取或设置终端的属性、线路控制,读取或设置波特率以及读取或设置终端前端进程的组 id。虽然这是 Linux 早期的头文件,但已基本符合目前的 POSIX 标准,并作了适当的扩展。

在该文件中定义的两个终端数据结构 termio 和 termios 是分别属于两类 UNIX 系列(或克隆),termio 是在 AT&T 系统 V 中定义的,而 termios 是 POSIX 标准指定的。两个结构基本一样,只是 termio 使用短整数类型定义模式标志集,而 termios 使用长整数定义模式标志集。由于目前这两种结构都在使用,因此为了兼容性,大多数系统都同时支持它们。另外,以前使用的是一种与 termios 类似的名为 sgtty 的结构,目前已基本不用。代码见文件 11-10。

文件 11-10 linux/include/ termios. h

```
1 #ifndef _TERMIOS_H
2 #define _TERMIOS_H
3
4 #define TTY_BUF_SIZE 1024            //tty 中的缓冲区长度。
5
6 /* 0x54 is just a magic number to make these relatively uniqe ('T') */
7 /* 0x54 只是一个魔数,目的是为了使这些常数唯一('T') */
  //tty 设备的 ioctl 调用命令集。ioctl 将命令编码在低位字中。名称 TC[ * ]是指 tty 控制命令。
8 #define TCGETS          0x5401        //取相应终端 termios 结构中的信息(参见 tcgetattr())。
9 #define TCSETS          0x5402        //设置相应终端 termios 结构中的信息。
  //在设置终端 termios 的信息之前,需要先等待输出队列中所有数据处理完(耗尽)。对于修改参数会
  //影响输出的情况,就需要使用这种形式(参见 tcsetattr(),TCSADRAIN 选项)。
10 #define TCSETSW        0x5403
  //在设置 termios 的信息之前,需要先等待输出队列中所有数据处理完,并且刷新(清空)输入队列。
  //再设置(参见 tcsetattr(),TCSAFLUSH 选项)。
11 #define TCSETSF        0x5404
12 #define TCGETA         0x5405        //取相应终端 termios 结构中的信息(参见 tcgetattr())。
13 #define TCSETA         0x5406        //设置相应终端 termios 结构中的信息(TCSANOW 选项)。
  //在设置终端 termios 的信息之前,需要先等待输出队列中所有数据处理完(耗尽)。对于修改参数会影
  //响输出的情况,就需要使用这种形式(参见 tcsetattr(),TCSADRAIN 选项)。
14 #define TCSETAW        0x5407
  //在设置 termios 的信息之前,需要先等待输出队列中所有数据处理完,并且刷新(清空)输入队列。再
  //设置(参见 tcsetattr(),TCSAFLUSH 选项)。
15 #define TCSETAF 0x5408
  //等待输出队列处理完毕(空),如果参数值是 0,则发送一个 break(参见 tcsendbreak(),tcdrain())。
16 #define TCSBRK         0x5409
  //开始/停止控制。如果参数值是 0,则挂起输出;如果是 1,则重新开启挂起的输出;如果是 2,则
  //挂起输入;如果是 3,则重新开启挂起的输入(参见 tcflow())。
17 #define TCXONC         0x540A
  //刷新已写输出但还没发送或已收但还没有读数据。如果参数是 0,则刷新(清空)输入队列;如果是 1,
  //则刷新输出队列;如果是 2,则刷新输入和输出队列(参见 tcflush())。
18 #define TCFLSH 0x540B
  //下面名称 TIOC[ * ]的含义是 tty 输入输出控制命令。
19 #define TIOCEXCL       0x540C        //设置终端串行线路专用模式。
20 #define TIOCNXCL       0x540D        //复位终端串行线路专用模式。
21 #define TIOCSCTTY      0x540E        //设置 tty 为控制终端(TIOCNOTTY-禁止 tty 为控制终端)。
22 #define TIOCGPGRP      0x540F        //读取指定终端设备进程的组 id(参见 tcgetpgrp())。
23 #define TIOCSPGRP      0x5410        //设置指定终端设备进程的组 id(参见 tcsetpgrp())。
24 #define TIOCOUTQ       0x5411        //返回输出队列中还未送出的字符数。
  //模拟终端输入。该命令以一个指向字符的指针作为参数,并假装该字符是在终端上键入的。用户必
  //须在该控制终端上具有超级用户权限或具有读许可权限。
25 #define TIOCSTI        0x5412
26 #define TIOCGWINSZ     0x5413        //读取终端设备窗口大小信息(参见 winsize 结构)。
27 #define TIOCSWINSZ     0x5414        //设置终端设备窗口大小信息(参见 winsize 结构)。
  //返回 modem 状态控制引线的当前状态比特位标志集(参见下面 185~196 行)。
28 #define TIOCMGET       0x5415
  //设置单个 modem 状态控制引线的状态(true 或 false)(Individual control line set)。
29 #define TIOCMBIS       0x5416
  //复位单个 modem 状态控制引线的状态(Individual control line clear)。
30 #define TIOCMBIC       0x5417
  //设置 modem 状态引线的状态。如果某一比特位置位,则 modem 对应的状态引线将置为有效。
```

```
31 #define TIOCMSET      0x5418
   //读取软件载波检测标志(1 -开启;0 -关闭)。对于本地连接的终端或其他设备,软件载波标志是
   //开启的,对于使用 modem 线路的终端或设备则是关闭的。为了能使用这两个 ioctl 调用,tty 线路
   //应该是以 O_NDELAY 方式打开的,这样 open()就不会等待载波。
32 #define TIOCGSOFTCAR 0x5419
33 #define TIOCSSOFTCAR 0x541A       //设置软件载波检测标志(1 -开启;0 -关闭)。
34 #define TIOCINQ      0x541B       //返回输入队列中还未取走字符的数目。
35 //窗口大小(Window size)属性结构。在窗口环境中可用于基于屏幕的应用程序。
   //ioctls 中的 TIOCGWINSZ 和 TIOCSWINSZ 可用来读取或设置这些信息。
36 struct winsize {
37         unsigned short ws_row;           //窗口字符行数。
38         unsigned short ws_col;           //窗口字符列数。
39         unsigned short ws_xpixel;        //窗口宽度,像素值。
40         unsigned short ws_ypixel;        //窗口高度,像素值。
41 };
42 //AT&T 系统 V 的 termios 结构。
43 #define NCC 8                            //termios 结构中控制字符数组的长度。
44 struct termios {
45       unsigned short c_iflag;      /* input mode flags */       //输入模式标志。
46       unsigned short c_oflag;      /* output mode flags */      //输出模式标志。
47       unsigned short c_cflag;      /* control mode flags */     //控制模式标志。
48       unsigned short c_lflag;      /* local mode flags */       //本地模式标志。
49       unsigned char c_line;        /* line discipline */        //线路规程(速率)。
50       unsigned char c_cc[NCC];     /* control characters */     //控制字符数组。
51 };
52 //POSIX 的 termios 结构。
53 #define NCCS 17                      //termios 结构中控制字符数组的长度。
54 struct termios {
55       unsigned long c_iflag;       /* input mode flags */       //输入模式标志。
56       unsigned long c_oflag;       /* output mode flags */      //输出模式标志。
57       unsigned long c_cflag;       /* control mode flags */     //控制模式标志。
58       unsigned long c_lflag;       /* local mode flags */       //本地模式标志。
59       unsigned char c_line;        /* line discipline */        //线路规程(速率)。
60       unsigned char c_cc[NCCS];    /* control characters */     //控制字符数组。
61 };
62
63 /* c_cc characters */    /* c_cc 数组中的字符 */    //以下是 c_cc 数组对应字符的索引值。
64 #define VINTR 0        //c_cc[VINTR]    = INTR    (^C) ,\003,中断字符。
65 #define VQUIT 1        //c_cc[VQUIT]    = QUIT    (^\) ,\034,退出字符。
66 #define VERASE 2       //c_cc[VERASE]   = ERASE   (^H) ,\177,擦除字符。
67 #define VKILL 3        //c_cc[VKILL]    = KILL    (^U) ,\025,终止字符。
68 #define VEOF 4         //c_cc[VEOF]     = EOF     (^D) ,\004,文件结束字符。
69 #define VTIME 5        //c_cc[VTIME]    = TIME    (\0) ,\0, 定时器值(参见后面说明)。
70 #define VMIN 6         //c_cc[VMIN]     = MIN     (\1) ,\1, 定时器值。
71 #define VSWTC 7        //c_cc[VSWTC]    = SWTC    (\0) ,\0, 交换字符。
72 #define VSTART 8       //c_cc[VSTART]   = START   (^Q) ,\021,开始字符。
73 #define VSTOP 9        //c_cc[VSTOP]    = STOP    (^S) ,\023,停止字符。
74 #define VSUSP 10       //c_cc[VSUSP]    = SUSP    (^Z) ,\032,挂起字符。
75 #define VEOL 11        //c_cc[VEOL]     = EOL     (\0) ,\0, 行结束字符。
76 #define VREPRINT 12    //c_cc[VREPRINT] = REPRINT (^R) ,\022,重显示字符。
77 #define VDISCARD 13    //c_cc[VDISCARD] = DISCARD (^O) ,\017,丢弃字符。
78 #define VWERASE 14     //c_cc[VWERASE]  = WERASE  (^W) ,\027,单词擦除字符。
```

```
79 #define VLNEXT 15     //c_cc[VLNEXT]   = LNEXT   (^V) ,\026,下一行字符。
80 #define VEOL2 16      //c_cc[VEOL2]    = EOL2    (\0),\0, 行结束字符 2。
81
82 /* c_iflag bits */ /* c_iflag 比特位 */
   //termios 结构输入模式字段 c_iflag 各种标志的符号常数。
83 #define IGNBRK       0000001        //输入时忽略 BREAK 条件。
84 #define BRKINT       0000002        //在 BREAK 时产生 SIGINT 信号。
85 #define IGNPAR       0000004        //忽略奇偶校验出错的字符。
86 #define PARMRK       0000010        //标记奇偶校验错。
87 #define INPCK        0000020        //允许输入奇偶校验。
88 #define ISTRIP       0000040        //屏蔽字符第 8 位。
89 #define INLCR        0000100        //输入时将换行符 NL 映射成回车符 CR。
90 #define IGNCR        0000200        //忽略回车符 CR。
91 #define ICRNL        0000400        //在输入时将回车符 CR 映射成换行符 NL。
92 #define IUCLC        0001000        //在输入时将大写字符转换成小写字符。
93 #define IXON         0002000        //允许开始/停止(XON/XOFF)输出控制。
94 #define IXANY        0004000        //允许任何字符重启输出。
95 #define IXOFF        0010000        //允许开始/停止(XON/XOFF)输入控制。
96 #define IMAXBEL      0020000        //输入队列满时响铃。
97
98 /* c_oflag bits */  /* c_oflag 比特位 */
   //termios 结构中输出模式字段 c_oflag 各种标志的符号常数。
99 #define OPOST        0000001        //执行输出处理。
100 #define OLCUC       0000002        //在输出时将小写字符转换成大写字符。
101 #define ONLCR       0000004        //在输出时将换行符 NL 映射成回车-换行符 CR-NL。
102 #define OCRNL       0000010        //在输出时将回车符 CR 映射成换行符 NL。
103 #define ONOCR       0000020        //在 0 列不输出回车符 CR。
104 #define ONLRET      0000040        //换行符 NL 执行回车符的功能。
105 #define OFILL       0000100        //延迟时使用填充字符而不使用时间延迟。
106 #define OFDEL       0000200        //填充字符是 ASCII 码 DEL。如果未设置,则使用 ASCII NULL。
107 #define NLDLY       0000400        //选择换行延迟。
108 #define NL0         0000000        //换行延迟类型 0。
109 #define NL1         0000400        //换行延迟类型 1。
110 #define CRDLY       0003000        //选择回车延迟。
111 #define CR0         0000000        //回车延迟类型 0。
112 #define CR1         0001000        //回车延迟类型 1。
113 #define CR2         0002000        //回车延迟类型 2。
114 #define CR3         0003000        //回车延迟类型 3。
115 #define TABDLY      0014000        //选择水平制表延迟。
116 #define TAB0        0000000        //水平制表延迟类型 0。
117 #define TAB1        0004000        //水平制表延迟类型 1。
118 #define TAB2        0010000        //水平制表延迟类型 2。
119 #define TAB3        0014000        //水平制表延迟类型 3。
120 #define XTABS       0014000        //将制表符 TAB 换成空格,该值表示空格数。
121 #define BSDLY       0020000        //选择退格延迟。
122 #define BS0         0000000        //退格延迟类型 0。
123 #define BS1         0020000        //退格延迟类型 1。
124 #define VTDLY       0040000        //纵向制表延迟。
125 #define VT0         0000000        //纵向制表延迟类型 0。
126 #define VT1         0040000        //纵向制表延迟类型 1。
127 #define FFDLY       0040000        //选择换页延迟。
128 #define FF0         0000000        //换页延迟类型 0。
```

```
129 #define FF1         0040000        //换页延迟类型 1。
130
131 /* c_cflag bit meaning *//* c_cflag 比特位的含义 */
    //termios 结构中控制模式标志字段 c_cflag 标志的符号常数(8 进制数)。
132 #define   CBAUD      0000017        //传输速率位屏蔽码。
133 #define   B0         0000017        0000000  /* hang up */  /* 挂断线路 */
134 #define   B50        0000001        //波特率 50。
135 #define   B75        0000002        //波特率 75。
136 #define   B110       0000003        //波特率 110。
137 #define   B134       0000004        //波特率 134。
138 #define   B150       0000005        //波特率 150。
139 #define   B200       0000006        //波特率 200。
140 #define   B300       0000007        //波特率 300。
141 #define   B600       0000010        //波特率 600。
142 #define   B1200      0000011        //波特率 1200。
143 #define   B1800      0000012        //波特率 1800。
144 #define   B2400      0000013        //波特率 2400。
145 #define   B4800      0000014        //波特率 4800。
146 #define   B9600      0000015        //波特率 9600。
147 #define   B19200     0000016        //波特率 19200。
148 #define   B38400     0000017        //波特率 38400。
149 #define EXTA B19200                 //扩展波特率 A。
150 #define EXTB B38400                 //扩展波特率 B。
151 #define   CSIZE      0000060        //字符位宽度屏蔽码。
152 #define   CS5        0000000        //每字符 5 比特位。
153 #define   CS6        0000020        //每字符 6 比特位。
154 #define   CS7        0000040        //每字符 7 比特位。
155 #define   CS8        0000060        //每字符 8 比特位。
156 #define   CSTOPB     0000100        //设置两个停止位,而不是 1 个。
157 #define   CREAD      0000200        //允许接收。
158 #define   CPARENB    0000400        //开启输出时产生奇偶位、输入时进行奇偶校验。
159 #define   CPARODD    0001000        //输入/输入校验是奇校验。
160 #define   HUPCL      0002000        //最后进程关闭后挂断。
161 #define   CLOCAL     0004000        //忽略调制解调器(modem)控制线路。
162 #define   CIBAUD     03600000       /* input baud rate (not used) */ /* 输入波特率(未使用) */
163 #define   CRTSCTS    020000000000   /* flow control */  /* 流控制 */
164
165 #define   PARENB     CPARENB        //开启输出时产生奇偶位、输入时进行奇偶校验。
166 #define   PARODD     CPARODD        //输入/输入校验是奇校验。
167
168 /* c_lflag bits */  /* c_lflag 比特位 */
    //termios 结构中本地模式标志字段 c_lflag 的符号常数。
169 #define   ISIG       0000001        //当收到字符 INTR、QUIT、SUSP 或 DSUSP,产生相应的信号。
170 #define   ICANON     0000002        //开启规范模式(熟模式)。
171 #define   XCASE      0000004        //若设置了 ICANON,则终端是大写字符的。
172 #define   ECHO       0000010        //回显输入字符。
173 #define   ECHOE      0000020        //若设置了 ICANON,则 ERASE/WERASE 将擦除前一字符/单词。
174 #define   ECHOK      0000040        //若设置了 ICANON,则 KILL 字符将擦除当前行。
175 #define   ECHONL     0000100        //如设置了 ICANON,则即使 ECHO 没有开启也回显 NL 字符。
176 #define   NOFLSH     0000200        //当生成 SIGINT 和 SIGQUIT 信号时不刷新输入输出队列,当
                                    //生成 SIGSUSP 信号时,刷新输入队列。
177 #define   TOSTOP     0000400        //发送 SIGTTOU 信号到后台进程的进程组,该后台进程试图写
```

```
    //自己的控制终端。
178 #define   ECHOCTL    0001000          //若设置了 ECHO,则除 TAB、NL、START 和 STOP 以外的 ASCII
                                          //控制信号将被回显成像^X 式样,X 值是控制符+0x40。
179 #define   ECHOPRT    0002000          //若设置了 ICANON 和 IECHO,则字符在擦除时将显示。
180 #define   ECHOKE     0004000          //若设置了 ICANON,则 KILL 通过擦除行上的所有字符被回显。
181 #define   FLUSHO     0010000          //输出被刷新。通过键入 DISCARD 字符,该标志被翻转。
182 #define   PENDIN     0040000          //当下一个字符是读时,输入队列中的所有字符将被重显。
183 #define   IEXTEN     0100000          //开启实现时定义的输入处理。
184
185 /* modem lines */    /* modem 线路信号符号常数 */
186 #define   TIOCM_LE   0x001            //线路允许(Line Enable)。
187 #define   TIOCM_DTR  0x002            //数据终端就绪(Data Terminal Ready)。
188 #define   TIOCM_RTS  0x004            //请求发送(Request to Send)。
189 #define   TIOCM_ST   0x008            //串行数据发送(Serial Transfer)。[??]
190 #define   TIOCM_SR   0x010            //串行数据接收(Serial Receive)。[??]
191 #define   TIOCM_CTS  0x020            //清除发送(Clear To Send)。
192 #define   TIOCM_CAR  0x040            //载波监测(Carrier Detect)。
193 #define   TIOCM_RNG  0x080            //响铃指示(Ring indicate)。
194 #define   TIOCM_DSR  0x100            //数据设备就绪(Data Set Ready)。
195 #define   TIOCM_CD   TIOCM_CAR
196 #define   TIOCM_RI   TIOCM_RNG
197
198 /* tcflow() and TCXONC use these */  /* tcflow()和 TCXONC 使用这些符号常数 */
199 #define   TCOOFF     0                //挂起输出。
200 #define   TCOON      1                //重启被挂起的输出。
201 #define   TCIOFF     2                //系统传输一个 STOP 字符,使设备停止向系统传输数据。
202 #define   TCION      3                //系统传输一个 START 字符,使设备开始向系统传输数据。
203
204 /* tcflush() and TCFLSH use these */  /* tcflush()和 TCFLSH 使用这些符号常数 */
205 #define   TCIFLUSH   0                //清接收到的数据但不读。
206 #define   TCOFLUSH   1                //清已写的数据但不传送。
207 #define   TCIOFLUSH  2                //清接收到的数据但不读。清已写的数据但不传送。
208
209 /* tcsetattr uses these */  /* tcsetattr()使用这些符号常数 */
210 #define   TCSANOW    0                //改变立即发生。
211 #define   TCSADRAIN  1                //改变在所有已写的输出被传输之后发生。
212 #define   TCSAFLUSH  2                //改变在所有已写的输出被传输之后并且在所有接收到但
213                                       //还没有读取的数据被丢弃之后发生。
214 typedef int speed_t;                  //波特率数值类型。
215 //返回 termios_p 所指 termios 结构中的接收波特率。
216 extern speed_t cfgetispeed(struct termios *termios_p);
    //返回 termios_p 所指 termios 结构中的发送波特率。
217 extern speed_t cfgetospeed(struct termios *termios_p);
    //将 termios_p 所指 termios 结构中的接收波特率设置为 speed。
218 extern int cfsetispeed(struct termios *termios_p, speed_t speed);
    //将 termios_p 所指 termios 结构中的发送波特率设置为 speed。
219 extern int cfsetospeed(struct termios *termios_p, speed_t speed);
    //等待 fildes 所指对象已写输出数据被传送出去。
220 extern int tcdrain(int fildes);
    //挂起/重启 fildes 所指对象数据的接收和发送。
221 extern int tcflow(int fildes, int action);
    //丢弃 fildes 指定对象所有已写但还没传送以及所有已收到但还没有读取的数据。
```

```
222 extern int tcflush(int fildes, int queue_selector);
    //获取与句柄 fildes 对应对象的参数,并将其保存在 termios_p 所指的地方。
223 extern int tcgetattr(int fildes, struct termios *termios_p);
    //如果终端使用异步串行数据传输,则在一定时间内连续传输一系列 0 值比特位。
224 extern int tcsendbreak(int fildes, int duration);
    //使用 termios 结构指针 termios_p 所指的数据,设置与终端相关的参数。
225 extern int tcsetattr(int fildes, int optional_actions,
226 struct termios *termios_p);
227
228 #endif
```

对于控制字符 TIME 和 MIN,在非规范模式输入处理中,输入字符没有被处理成行,因此擦除和终止处理也就不会发生。MIN 和 TIME 的值即用于确定如何处理接收到的字符。

MIN 表示当满足读操作时(即字符返给用户时)需要读取的最少字符数。TIME 是以 1/10 秒计数的定时值,用于超时定时和短期数据传输。这两个字符的四种组合情况及其相互作用描述如下:

MIN > 0,TIME > 0 的情况:

在这种情况下,TIME 起字符与字符间的定时器作用,并在接收到第 1 个字符后开始起作用。由于它是字符与字符间的定时器,所以每收到一个字符就会被复位重启。MIN 与 TIME 之间的相互作用如下:一旦收到一个字符,字符间定时器就开始工作。如果在定时器超时(注意定时器每收到一个字符就会重新开始计时)之前收到了 MIN 个字符,则读操作即被满足。如果在 MIN 个字符被收到之前定时器超时了,就将到此时已收到的字符返回给用户。注意,如果 TIME 超时,则起码有一个接收到的字符将被返回,因为定时器只有在接收到了一个字符之后才开始起作用(计时)。在这种情况下(MIN > 0,TIME > 0),读操作将会睡眠,直到接收到第 1 个字符激活 MIN 与 TIME 机制。如果读到字符数少于已有的字符数,那么定时器将不会被重新激活,因而随后的读操作将被立刻满足。

MIN > 0,TIME = 0 的情况:

在这种情况下,由于 TIME 的值是 0,因此定时器不起作用,只有 MIN 是有意义的。等待的读操作只有当接收到 MIN 个字符时才会被满足(等待着的操作将睡眠直到收到 MIN 个字符)。使用这种情况去读基于记录的终端 I/O 的程序将会在读操作中被不确定地(随意地)阻塞。

MIN = 0,TIME > 0 的情况:

在这种情况下,由于 MIN=0,则 TIME 不再起字符间的定时器作用,而是一个读操作定时器,并在读操作一开始就起作用。只要接收到一个字符或者定时器超时就已满足读操作。注意,在这种情况下,如果定时器超时了,将读不到一个字符。如果定时器没有超时,那么只有在读到一个字符之后读操作才会满足。因此在这种情况下,读操作不会无限制地(不确定地)被阻塞,以等待字符。在读操作开始后,如果在 TIME * 0.10s 的时间内没有收到字符,读操作将以收到 0 个字符而返回。

MIN = 0,TIME = 0 的情况:

在这种情况下,读操作会立刻返回。所请求读的字符数或缓冲队列中现有字符数中的最小值将被返回,而不会等待更多的字符被输入缓冲中。

总的来说,在非规范模式下,这两个值是超时定时值和字符计数值。MIN 表示为了满足读操作,需要读取的最少字符数。TIME 是一个以 1/10s 计数的计时值。这两个值都设置的话,读操作将等待,直到至少读到一个字符,然后在已读取 MIN 个字符或者时间 TIME 在读取最后一个字符后超时。如果仅设置了 MIN,那么在读取 MIN 个字符之前读操作将不返回。如果仅设置了 TIME,那么在读到至少一个字符或者定时超时后读操作将立刻返回。如果两个值都没有设置,则读操作将立刻返回,仅给出目前已读的字节数。

11.1.12 time.h 文件

该头文件用于涉及处理时间的函数。在 MINIX 中有一段对时间的描述很有趣:时间的处理较为复杂,比如什么是 GMT(格林尼治标准时间)、本地时间或其他时间等。尽管 Ussher 主教(1581~1656 年)曾经计算过,根据圣经,世界开始之日是公元前 4004 年 10 月 12 日上午 9 点,但在 UNIX 世界里,时间是从格林尼治标准时间 1970 年 1 月 1 日午夜开始的,在这之前,一切均是空无的和(无效的)。代码如文件 11-11 所示。

文件 11-11 linux/include/time.h

```
 1 #ifndef _TIME_H
 2 #define _TIME_H
 3
 4 #ifndef _TIME_T
 5 #define _TIME_T
 6 typedef long time_t;         //从 GMT 1970 年 1 月 1 日开始的以秒计数的时间(日历时间)。
 7 #endif
 8
 9 #ifndef _SIZE_T
10 #define _SIZE_T
11 typedef unsigned int size_t;
12 #endif
13
14 #define CLOCKS_PER_SEC 100              //系统时钟滴答频率,100Hz。
15
16 typedef long clock_t;                   //从进程开始系统经过的时钟滴答数。
17
18 struct tm {
19         int tm_sec;                   //秒数 [0,59]。
20         int tm_min;                   //分钟数 [ 0,59]。
21         int tm_hour;                  //小时数 [0,59]。
22         int tm_mday;                  //1 个月的天数 [0,31]。
23         int tm_mon;                   //1 年中月份 [0,11]。
24         int tm_year;                  //从 1900 年开始的年数。
25         int tm_wday;                  //1 星期中的某天 [0,6](星期天 =0)。
26         int tm_yday;                  //1 年中的某天 [0,365]。
27         int tm_isdst;                 //夏令时标志。
28 };
29 //以下是有关时间操作的函数原型。
```

```
30 clock_t clock(void);     //确定处理器使用时间。返回程序所用处理器时间(滴答数)的近似值。
31 time_t time(time_t *tp); //取时间。返回从 1970.01.01:00:00:00 开始的秒数(称为日历时间)。
32 double difftime(time_t time2, time_t time1);  //计算时间差。返回 time2 与 time1 秒数差值。
33 time_t mktime(struct tm *tp);               //将 tm 结构表示的时间转换成日历时间。
34
35 char *asctime(const struct tm *tp);    //将时间转换成一个字符串。返回指向串指针。
36 char *ctime(const time_t *tp);         //将日历时间转换成一个字符串形式。
37 struct tm *gmtime(const time_t *tp);   //将日历时间转换成 tm 结构表示的 UTC 时间。
38 struct tm *localtime(const time_t *tp); //将日历时间转换成指定时区(timezone)的时间。
   //将 tm 结构表示的时间利用格式字符串 fmt 转换成最大长度为 smax 的字符串并将结果存储在 s 中。
39 size_t strftime(char *s, size_t smax, const char *fmt, const struct tm *tp);
   //初始化时间转换信息,使用环境变量 TZ,对 zname 变量进行初始化。在与时区相关的时间转换函
   //数中将自动调用该函数。
40 void tzset(void);
41
42 #endif
```

11.1.13 unistd.h 文件

unistd.h 头文件中定义了各种符号常数和类型,并声明了各种函数。如果定义了__LIBRARY__,则还包括系统调用号和内嵌汇编_syscall0()等。代码如文件 11-12 所示。

文件 11-12 linux/include/unistd.h

```
1 #ifndef _UNISTD_H
2 #define _UNISTD_H
3 /* 这也许是个玩笑,但我正在着手处理 */
4 /* this may be a joke, but I'm working on it */
5 #define _POSIX_VERSION 198808L
6 //符号常数,指出符合 IEEE 标准 1003.1 实现的版本号,是一个整数值。
7 #define _POSIX_CHOWN_RESTRICTED /* only root can do a chown (I think..) */
  //chown()和 fchown()的使用受限于进程的权限。/* 只有超级用户可以执行 chown(我想..) */
8 #define _POSIX_NO_TRUNC       /* no pathname truncation (but see in kernel) */
  //长于(NAME_MAX)的路径名将产生错误,而不会自动截断。/* 路径名不截断(但是请看内核代码) */
9 #define _POSIX_VDISABLE '\0'  /* character to disable things like ^C */
  //下面这个符号将定义成字符值,该值将禁止终端对其的处理。/* 禁止像^C 这样的字符 */
10 /* #define _POSIX_SAVED_IDS */  /* we'll get to this yet */
  //每个进程都有一保存的 set-user-ID 和一保存的 set-group-ID。/* 我们将着手对此进行处理 */
11 /* #define _POSIX_JOB_CONTROL */ /* we aren't there quite yet. Soon hopefully */
12 //系统实现支持作业控制。           /* 我们还没有支持这项标准,希望很快就行 */
13 #define STDIN_FILENO      0          //标准输入文件句柄(描述符)号。
14 #define STDOUT_FILENO     1          //标准输出文件句柄号。
15 #define STDERR_FILENO     2          //标准出错文件句柄号。
16
17 #ifndef NULL
18 #define NULL    ((void *)0)          //定义空指针。
19 #endif
20
21 /* access */    /* 文件访问 */      //以下定义的符号常数用于 access()函数。
22 #define F_OK              0          //检测文件是否存在。
23 #define X_OK              1          //检测是否可执行(搜索)。
24 #define W_OK              2          //检测是否可写。
```

```
25 #define R_OK              4           //检测是否可读。
26
27 /* lseek */    /* 文件指针重定位 */   //以下符号常数用于 lseek()和 fcntl()函数。
28 #define SEEK_SET          0           //将文件读写指针设置为偏移值。
29 #define SEEK_CUR          1           //将文件读写指针设置为当前值加上偏移值。
30 #define SEEK_END          2           //将文件读写指针设置为文件长度加上偏移值。
31
32 /* _SC stands for System Configuration. We don't use them much */
   /* _SC 表示系统配置。我们很少使用 */ //下面的符号常数用于 sysconf()函数。
33 #define _SC_ARG_MAX       1           //最大变量数。
34 #define _SC_CHILD_MAX     2           //子进程最大数。
35 #define _SC_CLOCKS_PER_SEC 3          //每秒滴答数。
36 #define _SC_NGROUPS_MAX   4           //最大组数。
37 #define _SC_OPEN_MAX      5           //最大打开文件数。
38 #define _SC_JOB_CONTROL   6           //作业控制。
39 #define _SC_SAVED_IDS     7           //保存的标识符。
40 #define _SC_VERSION       8           //版本。
41
42 /* more (possibly) configurable things - now pathnames */
   /* 更多的(可能的)可配置参数 - 现在用于路径名 */ //下面的符号常数用于 pathconf()函数。
43 #define _PC_LINK_MAX      1           //链接最大数。
44 #define _PC_MAX_CANON     2           //最大常规文件数。
45 #define _PC_MAX_INPUT     3           //最大输入长度。
46 #define _PC_NAME_MAX      4           //名称最大长度。
47 #define _PC_PATH_MAX      5           //路径最大长度。
48 #define _PC_PIPE_BUF      6           //管道缓冲大小。
49 #define _PC_NO_TRUNC      7           //文件名不截断。
50 #define _PC_VDISABLE      8           //
51 #define _PC_CHOWN_RESTRICTED 9        //改变宿主受限。
52
53 #include <sys/stat.h>      //文件状态头文件。含有文件或文件系统状态结构 stat{}和常量。
54 #include <sys/times.h>     //定义了进程中运行时间结构 tms 以及 times()函数原型。
55 #include <sys/utsname.h>   //系统名称结构头文件。
56 #include <utime.h>         //用户时间头文件。定义了访问和修改时间结构以及 utime()原型。
57
58 #ifdef __LIBRARY__
59 //以下是内核实现的系统调用符号常数,用作系统调用函数表中的索引值。(见 include/linux/sys.h)
60 #define __NR_setup     0        /* used only by init, to get system going */
                                /* __NR_setup 仅用于初始化,以启动系统 */
61 #define __NR_exit      1
62 #define __NR_fork      2
63 #define __NR_read      3
64 #define __NR_write     4
65 #define __NR_open      5
66 #define __NR_close     6
67 #define __NR_waitpid   7
68 #define __NR_creat     8
69 #define __NR_link      9
70 #define __NR_unlink    10
71 #define __NR_execve    11
72 #define __NR_chdir     12
73 #define __NR_time      13
74 #define __NR_mknod     14
```

```
 75 #define   __NR_chmod     15
 76 #define   __NR_chown     16
 77 #define   __NR_break     17
 78 #define   __NR_stat      18
 79 #define   __NR_lseek     19
 80 #define   __NR_getpid    20
 81 #define   __NR_mount     21
 82 #define   __NR_umount    22
 83 #define   __NR_setuid    23
 84 #define   __NR_getuid    24
 85 #define   __NR_stime     25
 86 #define   __NR_ptrace    26
 87 #define   __NR_alarm     27
 88 #define   __NR_fstat     28
 89 #define   __NR_pause     29
 90 #define   __NR_utime     30
 91 #define   __NR_stty      31
 92 #define   __NR_gtty      32
 93 #define   __NR_access    33
 94 #define   __NR_nice      34
 95 #define   __NR_ftime     35
 96 #define   __NR_sync      36
 97 #define   __NR_kill      37
 98 #define   __NR_rename    38
 99 #define   __NR_mkdir     39
100 #define   __NR_rmdir     40
101 #define   __NR_dup       41
102 #define   __NR_pipe      42
103 #define   __NR_times     43
104 #define   __NR_prof      44
105 #define   __NR_brk       45
106 #define   __NR_setgid    46
107 #define   __NR_getgid    47
108 #define   __NR_signal    48
109 #define   __NR_geteuid   49
110 #define   __NR_getegid   50
111 #define   __NR_acct      51
112 #define   __NR_phys      52
113 #define   __NR_lock      53
114 #define   __NR_ioctl     54
115 #define   __NR_fcntl     55
116 #define   __NR_mpx       56
117 #define   __NR_setpgid   57
118 #define   __NR_ulimit    58
119 #define   __NR_uname     59
120 #define   __NR_umask     60
121 #define   __NR_chroot    61
122 #define   __NR_ustat     62
123 #define   __NR_dup2      63
124 #define   __NR_getppid   64
125 #define   __NR_getpgrp   65
126 #define   __NR_setsid    66
```

```
127 #define __NR_sigaction67
128 #define __NR_sgetmask 68
129 #define __NR_ssetmask 69
130 #define __NR_setreuid 70
131 #define __NR_setregid 71
132 //以下定义系统调用嵌入式汇编宏函数。
    //不带参数的系统调用宏函数。type name(void)。
    //%0 -eax(__res),%1 -eax(__NR_##name)。其中 name 是系统调用的名称,与__NR_组合形成上面
    //的系统调用符号常数,从而用来对系统调用表中函数指针寻址。
    //返回:如果返回值大于或等于 0,则返回该值,否则置出错号 errno,并返回-1。
133 #define_syscall0(type,name) \
134 type name(void)\
135 {\
136 long__res;\
137 __asm__ volatile ("int $0x80"\              //调用系统中断 0x80。
138                     : "=a" (__res)\           //返回值==>eax(__res)。
139                     : "" (__NR_##name));\     //输入为系统中断调用号__NR_name。
140 if (__res >= 0)\                             //如果返回值>=0,则直接返回该值。
141 return (type)__res;\
142 errno = -__res;\                             //否则置出错号,并返回-1。
143 return  -1;\
144 }
145 //有 1 个参数的系统调用宏函数。type name(atype a)
    //%0 -eax(__res),%1 -eax(__NR_name),%2 -ebx(a)。
146 #define_syscall1(type,name,atype,a)\
147 type name(atype a)\
148 {\
149 long __res;\
150 __asm__ volatile ("int $0x80"\
151                     : "=a" (__res)\
152                     : "" (__NR_##name),"b" ((long)(a)));\
153 if (__res >= 0)\
154                     return (type)__res;\
155 errno = -__res;\
156 return  -1;\
157 }
158 //有 2 个参数的系统调用宏函数。type name(atype a, btype b)
    //%0 -eax(__res),%1 -eax(__NR_name),%2 -ebx(a),%3 -ecx(b)。
159 #define _syscall2(type,name,atype,a,btype,b)\
160 type name(atype a,btype b)\
161 {\
162 long __res;\
163 __asm__ volatile ("int $0x80"\
164                     : "=a" (__res)\
165                     : "" (__NR_##name),"b" ((long)(a)),"c" ((long)(b)));\
166 if (__res >= 0)\
167                     return (type)__res;\
168 errno = -__res;\
169 return  -1;\
170 }
171 //有 3 个参数的系统调用宏函数。type name(atype a, btype b, ctype c)
    //%0 -eax(__res),%1 -eax(__NR_name),%2 -ebx(a),%3 -ecx(b),%4 -edx(c)。
```

```
172 #define  _syscall3(type,name,atype,a,btype,b,ctype,c)\
173 type name(atype a,btype b,ctype c)\
174 {\
175 long  __res;\
176 __asm__ volatile ("int $0x80"\
177                  : "=a" (__res)\
178                  : "" (__NR_##name),"b" ((long)(a)),"c" ((long)(b)),"d" ((long)(c)));\
179 if (__res>=0)\
180                  return (type)__res;\
181 errno=-__res;\
182 return  -1;\
183 }
184
185 #endif /* __LIBRARY__ */
186
187 extern int errno;                    //出错号,全局变量。
188 //对应各系统调用的函数原型定义。(详细说明参见 include/linux/sys.h )
189 int access(const char * filename, mode_t mode);
190 int acct(const char * filename);
191 int alarm(int sec);
192 int brk(void * end_data_segment);
193 void * sbrk(ptrdiff_t increment);
194 int chdir(const char * filename);
195 int chmod(const char * filename, mode_t mode);
196 int chown(const char * filename, uid_t owner, gid_t group);
197 int chroot(const char * filename);
198 int close(int fildes);
199 int creat(const char * filename, mode_t mode);
200 int dup(int fildes);
201 int execve(const char * filename, char * * argv, char * * envp);
202 int execv(const char * pathname, char * * argv);
203 int execvp(const char * file, char * * argv);
204 int execl(const char * pathname, char * arg0, ...);
205 int execlp(const char * file, char * arg0, ...);
206 int execle(const char * pathname, char * arg0, ...);
207 volatile void exit(int status);
208 volatile void _exit(int status);
209 int fcntl(int fildes, int cmd, ...);
210 int fork(void);
211 int getpid(void);
212 int getuid(void);
213 int geteuid(void);
214 int getgid(void);
215 int getegid(void);
216 int ioctl(int fildes, int cmd, ...);
217 int kill(pid_t pid, int signal);
218 int link(const char * filename1, const char * filename2);
219 int lseek(int fildes, off_t offset, int origin);
220 int mknod(const char * filename, mode_t mode, dev_t dev);
221 int mount(const char * specialfile, const char * dir, int rwflag);
222 int nice(int val);
223 int open(const char * filename, int flag, ...);
```

```
224 int pause(void);
225 int pipe(int * fildes);
226 int read(int fildes, char * buf, off_t count);
227 int setpgrp(void);
228 int setpgid(pid_t pid,pid_t pgid);
229 int setuid(uid_t uid);
230 int setgid(gid_t gid);
231 void ( * signal(int sig, void ( * fn)(int)))(int);
232 int stat(const char * filename, struct stat * stat_buf);
233 int fstat(int fildes, struct stat * stat_buf);
234 int stime(time_t * tptr);
235 int sync(void);
236 time_t time(time_t * tloc);
237 time_t times(struct tms * tbuf);
238 int ulimit(int cmd, long limit);
239 mode_t umask(mode_t mask);
240 int umount(const char * specialfile);
241 int uname(struct utsname * name);
242 int unlink(const char * filename);
243 int ustat(dev_t dev, struct ustat * ubuf);
244 int utime(const char * filename, struct utimbuf * times);
245 pid_t waitpid(pid_t pid,int * wait_stat,int options);
246 pid_t wait(int * wait_stat);
247 int write(int fildes, const char * buf, off_t count);
248 int dup2(int oldfd, int newfd);
249 int getppid(void);
250 pid_t getpgrp(void);
251 pid_t setsid(void);
252
253 #endif
```

11.1.14 utime.h 文件

该文件定义了文件访问和修改时间结构 utimbuf{}以及 utime()函数原型。时间以秒计。代码见文件 11-13。

文件 11-13 linux/include/utime.h

```
 1 #ifndef _UTIME_H
 2 #define _UTIME_H
 3
 4 #include <sys/types.h>   /* I know -shouldn't do this, but .. */
 5                          /* 我知道 -不应该这样做,但是 .. */
 6 struct utimbuf {
 7        time_t actime;     //文件访问时间。从 1970.01.01:00:00:00 开始的秒数。
 8        time_t modtime;    //文件修改时间。从 1970.01.01:00:00:00 开始的秒数。
 9 };
10 //设置文件访问和修改时间函数。
11 extern int utime(const char *filename, struct utimbuf *times);
12
13 #endif
14
```

11.1.15 include/asm/目录下的文件

该目录下的文件说明了与具体机器密切相关的一些数据结构和参数,见表 11-2。

表 11-2 linux/include/asm/目录下的文件

名称	大小	最后修改时间
io.h	477 B	1991-08-07 10:17:51
memory.h	507 B	1991-06-15 20:54:44
segment.h	1366 B	1991-11-25 18:48:24
system.h	1711 B	1991-09-17 13:08:31

11.1.16 io.h 文件

该文件中定义了对硬件 I/O 端口访问的嵌入式汇编宏函数:outb()、inb()以及 outb_p()和 inb_p()。前面两个函数与后面两个的主要区别在于后者代码中使用了 jmp 指令进行了时间延迟。代码见文件 11-14。

文件 11-14 linux/include/asm/io.h

```
   //硬件端口字节输出函数。参数:value -欲输出字节;port -端口。
 1 #define outb(value,port)\
 2 __asm__ ("outb %%al,%%dx"::"a" (value),"d" (port))
 3
 4 //硬件端口字节输入函数。参数:port -端口。返回读取的字节。
 5 #define inb(port) ({\
 6 unsigned char _v;\
 7 __asm__ volatile ("inb %%dx,%%al":"=a" (_v):"d" (port));\
 8 _v;\
 9 })
10 //带延迟的硬件端口字节输出函数。参数:value -欲输出字节;port -端口。
11 #define outb_p(value,port)\
12 __asm__ ("outb %%al,%%dx\n"\
13                "\tjmp 1f\n"\
14                "1:\tjmp 1f\n"\
15                "1:"::"a" (value),"d" (port))
16 //带延迟的硬件端口字节输入函数。参数:port -端口。返回读取的字节。
17 #define inb_p(port) ({\
18 unsigned char _v;\
19 __asm__ volatile ("inb %%dx,%%al\n"\
20         "\tjmp 1f\n"\
21         "1:\tjmp 1f\n"\
22         "1:":"=a" (_v):"d" (port));\
23 _v;\
24 })
```

11.1.17 memory.h 文件

该文件含有一个内存复制嵌入式汇编宏 memcpy()。与 string.h 中定义的 memcpy()相同,只是后者采用的是嵌入式汇编 C 函数形式定义的。代码见文件 11-15。

文件 11-15 linux/include/asm/memory.h

```
1 /*
2  *  NOTE!!! memcpy(dest,src,n) assumes ds=es=normal data segment. This
3  *  goes for all kernel functions (ds=es=kernel space, fs=local data,
4  *  gs=null), as well as for all well-behaving user programs (ds=es=
5  *  user data space). This is NOT a bug, as any user program that changes
6  *  es deserves to die if it isn't careful.
7  */
   /* 注意!!! memcpy(dest,src,n)假设段寄存器 ds=es=通常数据段。在内核中使用的
    * 所有函数都基于该假设(ds=es=内核空间,fs=局部数据空间,gs=null),具有良好
    * 行为的应用程序也是这样(ds=es=用户数据空间)。如果任何用户程序随意改动了
    * es 寄存器而出错,则并不是由于系统程序错误造成的。*/
   //内存块复制。从源地址 src 处开始复制 n 个字节到目的地址 dest 处。
   //参数:dest -复制的目的地址,src -复制的源地址,n -复制字节数。
   //%0 -edi(目的地址 dest),%1 -esi(源地址 src),%2 -ecx(字节数 n),
8 #define memcpy(dest,src,n) ({\
9 void * _res = dest;\
10 __asm__ ("cld;rep;movsb"\    //从 ds:[esi]复制到 es:[edi]且 esi++,edi++。共复制 ecx 字节。
11         ::"D" ((long)(_res)),"S" ((long)(src)),"c" ((long) (n))\
12         :"di","si","cx");\
13 _res;\
14 })
```

11.1.18 segment.h 文件

该文件中定义了一些访问 Intel CPU 中段寄存器或与段寄存器有关的内存操作函数。代码见文件 11-16。

文件 11-16 linux/include/asm/segment.h

```
   //读取 fs 段中指定地址处的字节。返回:返回内存 fs:[addr]处的字节。
   //参数:addr -指定的内存地址。%0 -(返回的字节_v);%1 -(内存地址 addr)。
1 extern inline unsigned char get_fs_byte(const char * addr)
2 {
3         unsigned register char _v;
4 
5         __asm__ ("movb %%fs:%1,%0":"=r" (_v):"m" (*addr));
6         return _v;
7 }
8 //读取 fs 段中指定地址处的字。返回:返回内存 fs:[addr]处的字。
  //参数:addr -指定的内存地址。%0 -(返回的字_v);%1 -(内存地址 addr)。
9 extern inline unsigned short get_fs_word(const unsigned short *addr)
10 {
11         unsigned short _v;
12 
13         __asm__ ("movw %%fs:%1,%0":"=r" (_v):"m" (*addr));
14         return _v;
15 }
16 //读取 fs 段中指定地址处的长字(4 字节)。返回:返回内存 fs:[addr]处的长字。
   //参数:addr -指定的内存地址。%0 -(返回的长字_v);%1 -(内存地址 addr)。
17 extern inline unsigned long get_fs_long(const unsigned long *addr)
18 {
```

```
19          unsigned long  _v;
20
21         __asm__ ("movl %%fs:%1,%0":"=r" (_v):"m" ( * addr));\
22          return  _v;
23 }
24 //将一字节存放在 fs 段中指定内存地址处。
   //参数:val -字节值;addr -内存地址。%0 -寄存器(字节值 val);%1 -(内存地址 addr)。
25 extern inline void put_fs_byte(char val,char * addr)
26 {
27 __asm__ ("movb %0,%%fs:%1"::"r" (val),"m" ( * addr));
28 }
29 //将一字存放在 fs 段中指定内存地址处。
   //参数:val -字值;addr -内存地址。%0 -寄存器(字值 val);%1 -(内存地址 addr)。
30 extern inline void put_fs_word(short val,short * addr)
31 {
32 __asm__ ("movw %0,%%fs:%1"::"r" (val),"m" ( * addr));
33 }
34 //将一长字存放在 fs 段中指定内存地址处。
   //参数:val -长字值;addr -内存地址。%0 -寄存器(长字值 val);%1 -(内存地址 addr)。
35 extern inline void put_fs_long(unsigned long val,unsigned long * addr)
36 {
37 __asm__ ("movl %0,%%fs:%1"::"r" (val),"m" ( * addr));
38 }
39
40 /*
41  * Someone who knows GNU asm better than I should double check the followig.
42  * It seems to work, but I don't know if I'm doing something subtly wrong.
43  * —TYT, 11/24/91
44  * [ nothing wrong here, Linus ]
45  */
   /* 比我更懂 GNU 汇编的人应该仔细检查下面的代码。这些代码能使用,但我不知道是否
    * 含有一些小错误。—TYT,1991 年 11 月 24 日
    * [ 这些代码没有错误,Linus ]      */
46 //取 fs 段寄存器值(选择符)。返回:fs 段寄存器值。
47 extern inline unsigned long get_fs()
48 {
49          unsigned short  _v;
50         __asm__("mov %%fs,%%ax":"=a" (_v):);
51          return  _v;
52 }
53 //取 ds 段寄存器值。返回:ds 段寄存器值。
54 extern inline unsigned long get_ds()
55 {
56          unsigned short  _v;
57         __asm__("mov %%ds,%%ax":"=a" (_v):);
58          return  _v;
59 }
60 //设置 fs 段寄存器。参数:val -段值(选择符)。
61 extern inline void set_fs(unsigned long val)
62 {
63         __asm__("mov %0,%%fs"::"a" ((unsigned short) val));
64 }
```

11.1.19 system.h 文件

该文件中定义了设置或修改描述符/中断门等的嵌入式汇编宏。其中，函数 move_to_user_mode()用于内核在初始化结束时"切换"到初始进程(任务 0)。所使用的方法是模拟中断调用返回过程，即利用指令 iret 运行初始任务 0，如图 11-1 所示。

在执行任务 0 代码之前，首先设置堆栈，模拟具有特权层切换的刚进入中断调用过程时堆栈的内容布置情况。然后执行 iret 指令，从而引起系统移到任务 0 中去执行。在执行 iret 语句时，堆栈内容正如图中所示，此时 esp 为 esp1。任务 0 的堆栈就是内核的堆栈。当执行了 iret 之后，就移到了任务 0 中执行了。由于任务 0 的描述符特权级是 3，所以堆栈上的 ss:esp 也会被弹出。因此在 iret 之后，esp 又等于 esp0 了。注意，这里的中断返回指令 iret 并不会造成 CPU 执行任务切换操作，因为在执行这个函数之前，标志位 NT 已经在 sched_init()中被复位。在 NT 复位时执行 iret 指令不会造成 CPU 执行任务切换操作。任务 0 的执行纯粹是人工启动的。

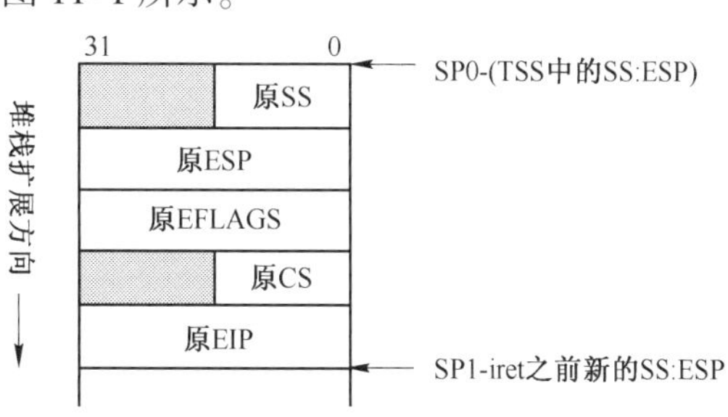

图 11-1　中断调用层间切换时堆栈内容

任务 0 是一个特殊进程，它的数据段和代码段直接映射到内核代码和数据空间，即从物理地址 0 开始的 640KB 内存空间，其堆栈地址即内核代码所使用的堆栈。因此图中堆栈中的原 ss 和原 esp 是直接将现有内核的堆栈指针压入堆栈的。代码见文件 11-17。

文件 11-17　linux/include/asm/system.h

```
    //移到用户模式运行。该函数利用 iret 指令实现从内核模式移到初始任务 0 去执行。
 1 #define move_to_user_mode()\
 2 __asm__ ("movl %%esp,%%eax\n\t"\         //保存堆栈指针 esp 到 eax 寄存器中。
        "pushl $0x17\n\t"\                  //首先将 Task0 堆栈段选择符(SS)入栈。
 4      "pushl %%eax\n\t"\                  //然后将保存的堆栈指针值(esp)入栈。
 5      "pushfl\n\t"\                       //将标志寄存器(eflags)内容入栈。
 6      "pushl $0x0f\n\t"\                  //将 Task0 代码段选择符(cs)入栈。
 7      "pushl $1f\n\t"\                    //将下面标号 1 的偏移地址(eip)入栈。
 8      "iret\n"\                           //执行中断返回指令，则会跳转到下面标号 1 处。
 9      "1:\tmovl $0x17,%%eax\n\t"\         //此时开始执行任务 0，
10      "movw %%ax,%%ds\n\t"\               //初始化段寄存器指向本局部表的数据段。
11      "movw %%ax,%%es\n\t"\
12      "movw %%ax,%%fs\n\t"\
13      "movw %%ax,%%gs"\
14      :::"ax")
15
16 #define sti() __asm__ ("sti"::)           //开中断嵌入汇编宏函数。
17 #define cli() __asm__ ("cli"::)           //关中断。
18 #define nop() __asm__ ("nop"::)           //空操作。
19
20 #define iret() __asm__ ("iret"::)         //中断返回。
21                                           //设置门描述符宏函数。
    //参数:gate_addr-描述符地址;type-描述符中类型域值;dpl-描述符特权层值;addr-偏移地址。
```

```
  //%0 -(由 dpl,type 组合成的类型标志字);%1 -(描述符低 4 字节地址);
  //%2 -(描述符高 4 字节地址);%3 -edx(程序偏移地址 addr);%4 -eax(高字中含有段选择符)。
22 #define _set_gate(gate_addr,type,dpl,addr)\
23 __asm__ ("movw %%dx,%%ax\n\t"\            //将偏移地址低字与段选择符组合成描述符低 4 字节(eax)。
24         "movw %0,%%dx\n\t"\               //将类型标志字与偏移高字组合成描述符高 4 字节(edx)。
25         "movl %%eax,%1\n\t"\              //分别设置门描述符的低 4 字节和高 4 字节。
26         "movl %%edx,%2"\
27         :\
28         : "i" ((short) (0x8000+(dpl<<13)+(type<<8))),\
29         "o" ( *((char *) (gate_addr))),\
30         "o" ( *(4+(char *) (gate_addr))),\
31         "d" ((char *) (addr)),"a" (0x00080000))
32 //设置中断门、陷阱门和系统调用门宏函数。参数:n -中断号;addr -中断程序偏移地址。
  //&idt[n]对应中断号在中断描述符表中的偏移值;中断描述符的类型是 14,特权级是 0。
33 #define set_intr_gate(n,addr)\
34         _set_gate(&idt[n],14,0,addr)
35 //&idt[n]对应中断号在中断描述符表中的偏移值;中断描述符的类型是 15,特权级是 0。
36 #define set_trap_gate(n,addr)\
37         _set_gate(&idt[n],15,0,addr)
38 //&idt[n]对应中断号在中断描述符表中的偏移值;中断描述符的类型是 15,特权级是 3。
39 #define set_system_gate(n,addr)\
40         _set_gate(&idt[n],15,3,addr)
41 //设置段描述符函数。
  //参数:gate_addr -描述符地址;type -描述符中类型域值;dpl -描述符特权层值;
  //base -段的基地址;limit -段限长。(参见段描述符的格式)
42 #define _set_seg_desc(gate_addr,type,dpl,base,limit) {\
43         *(gate_addr) = ((base) & 0xff000000) |\             //描述符低 4 字节。
44                 (((base) & 0x00ff0000)>>16) |\
45                 ((limit) & 0xf0000) |\
46                 ((dpl)<<13) |\
47                 (0x00408000) |\
48                 ((type)<<8);\
49         *((gate_addr)+1) = (((base) & 0x0000ffff)<<16) |\   //描述符高 4 字节。
50                 ((limit) & 0x0ffff); }
51 //在全局表中设置任务状态段/局部表描述符。
  //参数:n -在全局表中描述符项 n 所对应的地址;addr -状态段/局部表所在内存的基地址;
  //type -描述符中的标志类型字节。
  //%0 -eax(地址 addr);%1 -(描述符项 n 的地址);%2 -(描述符项 n 的地址偏移 2 处);
  //%3 -(描述符项 n 的地址偏移 4 处);%4 -(描述符项 n 的地址偏移 5 处);
  //%5 -(描述符项 n 的地址偏移 6 处);%6 -(描述符项 n 的地址偏移 7 处);
52 #define _set_tssldt_desc(n,addr,type)\
53 __asm__ ("movw $104,%1\n\t"\          //将 TSS 长度放入描述符长度域(第 0~1 字节)。
54         "movw %%ax,%2\n\t"\           //将基地址的低字放入描述符第 2~3 字节。
55         "rorl $16,%%eax\n\t"\         //将基地址高字移入 ax 中。
56         "movb %%al,%3\n\t"\           //将基地址高字中低字节移入描述符第 4 字节。
57         "movb $" type ",%4\n\t"\      //将标志类型字节移入描述符的第 5 字节。
58         "movb $0x00,%5\n\t"\          //描述符的第 6 字节置 0。
59         "movb %%ah,%6\n\t"\           //将基地址高字中高字节移入描述符第 7 字节。
60         "rorl $16,%%eax"\             //eax 恢复原值。
61         ::"a" (addr), "m" ( *(n)), "m" ( *(n+2)), "m" ( *(n+4)),\
62          "m" ( *(n+5)), "m" ( *(n+6)), "m" ( *(n+7))\
63         )
```

```
64 //在全局表中设置任务状态段描述符和局部表描述符。
   //n -是该描述符的指针;addr -是描述符中的基地址值。任务状态段描述符的类型是 0x89。
65 #define set_tss_desc(n,addr) _set_tssldt_desc(((char *) (n)),addr,"0x89")
   //n -是该描述符的指针;addr -是描述符中的基地址值。局部表描述符的类型是 0x82。
66 #define set_ldt_desc(n,addr) _set_tssldt_desc(((char *) (n)),addr,"0x82")
```

11.1.20 include/linux/目录下的文件

该目录下含有与 kernel/下程序相关的头文件,见表 11-3。

表 11-3 linux/include/linux/目录

名称	大小	最后修改时间
config. h	1289 B	1991-12-08 18:37:16
fdreg. h	2466 B	1991-11-02 10:48:44
fs. h	5474 B	1991-12-01 19:48:26
hdreg. h	1968 B	1991-10-13 15:32:15
head. h	304 B	1991-06-19 19:24:13
kernel. h	734 B	1991-12-02 03:19:07
mm. h	219 B	1991-07-29 17:51:12
sched. h	5838 B	1991-11-20 14:40:46
sys. h	2588 B	1991-11-25 20:15:35
tty. h	2173 B	1991-09-21 11:58:05

11.1.21 config. h 文件

内核配置头文件的代码见文件 11-18。定义使用的键盘语言类型和硬盘类型可选项。

文件 11-18 linux/include/linux/config. h

```
1 #ifndef _CONFIG_H
2 #define _CONFIG_H
3
4 /*
5  * The root-device is no longer hard-coded. You can change the default
6  * root-device by changing the line ROOT_DEV = XXX in boot/bootsect.s
7  */
  /* 根文件系统设备已不再是硬编码的了。通过修改 boot/bootsect.s 文件中行
8  * ROOT_DEV = XXX,你可以改变根设备的默认设置值。 */
9 /*
10  * define your keyboard here -
11  * KBD_FINNISH for Finnish keyboards
12  * KBD_US for US-type
13  * KBD_GR for German keyboards
14  * KBD_FR for Frech keyboard
15  */
  /* 在这里定义你的键盘类型 -
  * KBD_FINNISH 是芬兰键盘;KBD_US 是美式键盘;KBD_GR 是德式键盘;KBD_FR 是法式键盘。 */
16 /* #define KBD_US */
```

```
17 /* #define KBD_GR */
18 /* #define KBD_FR */
19 #define KBD_FINNISH
20
21 /*
22  * Normally, Linux can get the drive parameters from the BIOS at
23  * startup, but if this for some unfathomable reason fails, you'd
24  * be left stranded. For this case, you can define HD_TYPE, which
25  * contains all necessary info on your harddisk.
26  *
27  * The HD_TYPE macro should look like this:
28  *
29  * #define HD_TYPE { head, sect, cyl, wpcom, lzone, ctl}
30  *
31  * In case of two harddisks, the info should be sepatated by
32  * commas:
33  *
34  * #define HD_TYPE { h,s,c,wpcom,lz,ctl },{ h,s,c,wpcom,lz,ctl }
35  */
  /* 通常,Linux 能够在启动时从 BIOS 中获取驱动器的参数,但是若由于未知原因而
   * 没有得到这些参数时,会使程序束手无策。对于这种情况,你可以定义 HD_TYPE,
   * 其中包括硬盘的所有信息。
   * HD_TYPE 宏应该像下面这样的形式:
   * #define HD_TYPE { head, sect, cyl, wpcom, lzone, ctl}
   * 对于有两个硬盘的情况,参数信息需用逗号分开:
   * #define HD_TYPE { h,s,c,wpcom,lz,ctl }, {h,s,c,wpcom,lz,ctl }    */
36 /*
37  This is an example, two drives, first is type 2, second is type 3:
38
39 #define HD_TYPE { 4,17,615,300,615,8 }, { 6,17,615,300,615,0 }
40
41  NOTE: ctl is 0 for all drives with heads<=8, and ctl=8 for drives
42  with more than 8 heads.
43
44  If you want the BIOS to tell what kind of drive you have, just
45  leave HD_TYPE undefined. This is the normal thing to do.
46 */
  /* 下面是一个例子,两个硬盘,第 1 个是类型 2,第 2 个是类型 3:
   * #define HD_TYPE { 4,17,615,300,615,8 }, {6,17,615,300,615,0 }
   * 注意:对应所有硬盘,若其磁头数<=8,则 ctl 等于 0,若磁头数多于 8 个,则 ctl=8。
   * 如果你想让 BIOS 给出硬盘的类型,那么只需不定义 HD_TYPE。这是默认操作。    */
47
48 #endif
```

11.1.22 fdreg.h 头文件

该头文件(见文件 11-19)用以说明软盘系统常用到的一些参数以及所使用的 I/O 端口。由于软盘驱动器的控制比较烦琐,命令也多,因此在阅读代码之前,最好先参考有关微型计算机控制接口原理的书籍,了解软盘控制器(FDC)的工作原理,这样读者就会觉得这里的定义还是比较合理、有序的。在对软驱进行编程时需要访问 4 个端口,分别对应一个或多个寄存器,

参见 6.2.5 节中的详细说明。

文件 11-19 linux/include/linux/fdreg.h

```
 1 /*
 2  * This file contains some defines for the floppy disk controller.
 3  * Various sources. Mostly "IBM Microcomputers: A Programmers
 4  * Handbook", Sanches and Canton.
 5  */
  /* 该文件中含有一些软盘控制器的一些定义。这些信息有多处来源,大多数取自 Sanches 和 Canton
   * 编著的《IBM 微型计算机:程序员手册》一书。*/
 6 #ifndef _FDREG_H    //该定义用来排除代码中重复包含此头文件。
 7 #define _FDREG_H
 8 //一些软盘类型函数的原型说明。
 9 extern int ticks_to_floppy_on(unsigned int nr);
10 extern void floppy_on(unsigned int nr);
11 extern void floppy_off(unsigned int nr);
12 extern void floppy_select(unsigned int nr);
13 extern void floppy_deselect(unsigned int nr);
14 /* 软盘控制器(FDC)寄存器端口。摘自 S&C,340 页 */
15 /* Fd controller regs. S&C, about page 340 */
  //下面是有关软盘控制器一些端口和符号的定义。
16 #define FD_STATUS      0x3f4     //主状态寄存器端口。
17 #define FD_DATA        0x3f5     //数据端口。
18 #define FD_DOR         0x3f2     /* Digital Output Register */  //数字输出寄存器。
19 #define FD_DIR         0x3f7     /* Digital Input Register (read) *///数字输入寄存器。
20 #define FD_DCR         0x3f7 /* Diskette Control Register (write)*///传输率控制寄存器。
21
22 /* Bits of main status register */  /* 主状态寄存器各比特位的含义 */
23 #define STATUS_BUSYMASK 0x0F    /* drive busy mask */  //驱动器忙(每位对应一驱动器)
24 #define STATUS_BUSY     0x10    /* FDC busy *///软盘控制器忙。
25 #define STATUS_DMA      0x20    /* 0-DMA mode */  //0-为 DMA 数据传输模式。
26 #define STATUS_DIR      0x40    /* 0-CPU->fdc */  //方向:0-CPU->fdc,1-相反。
27 #define STATUS_READY    0x80    /* Data reg ready */  //数据寄存器就绪位。
28
29 /* Bits of FD_ST0 */    /*状态字节 0(ST0)各比特位的含义 */
30 #define ST0_DS          0x03    /* drive select mask */  //驱动器选择号(发生中断时)
31 #define ST0_HA          0x04    /* Head (Address) */  //磁头号。
32 #define ST0_NR          0x08    /* Not Ready */  //磁盘驱动器未准备好。
33 #define ST0_ECE         0x10    /* Equipment chech error */  //设备检测出错(零道校准出错)
34 #define ST0_SE          0x20    /* Seek end */  //寻道或重新校正操作执行结束。
35 #define ST0_INTR        0xC0    /* Interrupt code mask */  /* 中断代码屏蔽位 */
36 //中断代码位(中断原因),00-命令正常结束;01-异常结束;10-命令无效;11-FDD 就绪状态改变。
37 /* Bits of FD_ST1 */    /*状态字节 1(ST1)各比特位的含义 */
38 #define ST1_MAM         0x01    /* Missing Address Mark */  //未找到地址标志(ID AM)。
39 #define ST1_WP          0x02    /* Write Protect */  //写保护。
40 #define ST1_ND          0x04    /* No Data - unreadable */  //未找到指定的扇区。
41 #define ST1_OR          0x10    /* OverRun */  //数据传输超时(DMA 控制器故障)。
42 #define ST1_CRC         0x20    /* CRC error in data or addr */  //CRC 检验出错。
43 #define ST1_EOC         0x80    /* End Of Cylinder */  //访问超过磁道上的最大扇区号。
44
45 /* Bits of FD_ST2 */    /*状态字节 2(ST2)各比特位的含义 */
46 #define ST2_MAM         0x01    /* Missing Addess Mark (again) *///未找到数据地址标志。
```

```
47 #define ST2_BC              0x02    /* Bad Cylinder */    //磁道坏。
48 #define ST2_SNS             0x04    /* Scan Not Satisfied */  //检索(扫描)条件不满足。
49 #define ST2_SEH             0x08    /* Scan Equal Hit */    //检索条件满足。
50 #define ST2_WC              0x10    /* Wrong Cylinder */    //磁道(柱面)号不符。
51 #define ST2_CRC             0x20    /* CRC error in data field */  //数据域 CRC 校验错。
52 #define ST2_CM              0x40    /* Control Mark = deleted */  //读数据遇到删除标志。
53
54 /* Bits of FD_ST3 */     /*状态字节 3(ST3)各比特位的含义 */
55 #define ST3_HA              0x04    /* Head (Address) */   //磁头号。
56 #define ST3_TZ              0x10    /* Track Zero signal (1=track 0) */   //零磁道信号。
57 #define ST3_WP              0x40    /* Write Protect */    //写保护。
58
59 /* Values for FD_COMMAND */    /* 软盘命令码 */
60 #define FD_RECALIBRATE      0x07    /* move to track 0 */  //重新校正(磁头退到零磁道)。
61 #define FD_SEEK             0x0F    /* seek track */    //磁头寻道。
62 #define FD_READ             0xE6    /* read with MT, MFM, SKip deleted */
                                    //读数据(MT 多磁道操作,MFM 格式,跳过删除数据)。
63 #define FD_WRITE            0xC5    /* write with MT, MFM */  //写数据(MT,MFM)。
64 #define FD_SENSEI           0x08    /* Sense Interrupt Status */   //检测中断状态。
65 #define FD_SPECIFY          0x03    /* specify HUT etc */
66                                  //设定驱动器参数(步进速率、磁头卸载时间等)。
67 /* DMA commands */    /* DMA 命令 */
68 #define DMA_READ            0x46    //DMA 读盘,DMA 方式字(送 DMA 端口 12,11)。
69 #define DMA_WRITE           0x4A    //DMA 写盘,DMA 方式字。
70
71 #endif
```

11.1.23 fs.h 文件

该文件是文件系统头文件,主要描述了文件操作的一些常量、高速缓冲块结构以及 MINIX 文件系统 1.0 版的结构。代码见文件 11-20。

文件 11-20 linux/include/linux/fs.h

```
 1 /*
 2  * This file has definitions for some important file table
 3  * structures etc.
 4  */    /* 本文件含有某些重要文件表结构的定义等。*/
 5
 6 #ifndef _FS_H
 7 #define _FS_H
 8
 9 #include <sys/types.h>     //类型头文件。定义了基本的系统数据类型。
10
11 /* devices are as follows: (same as minix, so we can use the minix
12  * file system. These are major numbers.)
13  *
14  * 0 - unused (nodev)        //没有用到。
15  * 1 - /dev/mem              //内存设备。
16  * 2 - /dev/fd               //软盘设备。
17  * 3 - /dev/hd               //硬盘设备。
18  * 4 - /dev/ttyx             //tty 串行终端设备。
```

```
19  * 5 - /dev/tty            //tty 终端设备。
20  * 6 - /dev/lp             //打印设备。
21  * 7 - unnamed pipes       //未命名管道。
22  */
  /* 系统所含的设备如上(与 MINIX 系统的一样,所以我们可以使用 MINIX 的
   * 文件系统。以下这些是主设备号。) */
23
24 #define IS_SEEKABLE(x) ((x)>=1 && (x)<=3)       //是不是可以寻找定位的设备。
25
26 #define READ 0
27 #define WRITE 1
28 #define READA 2        /* read-ahead - don't pause */
29 #define WRITEA 3        /* "write-ahead" - silly, but somewhat useful */
30
31 void buffer_init(long buffer_end);
32
33 #define MAJOR(a) (((unsigned)(a))>>8)               //取高字节(主设备号)。
34 #define MINOR(a) ((a)&0xff)                         //取低字节(次设备号)。
35
36 #define NAME_LEN 14                                 //名字长度值。
37 #define ROOT_INO 1                                  //根 i 节点。
38
39 #define I_MAP_SLOTS 8                               //i 节点位图槽数。
40 #define Z_MAP_SLOTS 8                               //逻辑块(区段块)位图槽数。
41 #define SUPER_MAGIC 0x137F                          //文件系统魔数。
42
43 #define NR_OPEN 20                                  //打开文件数。
44 #define NR_INODE 32
45 #define NR_FILE 64
46 #define NR_SUPER 8
47 #define NR_HASH 307
48 #define NR_BUFFERS nr_buffers
49 #define BLOCK_SIZE 1024                             //数据块长度。
50 #define BLOCK_SIZE_BITS 10                          //数据块长度所占比特位数。
51 #ifndef NULL
52 #define NULL ((void *) 0)
53 #endif
54 //下两行定义:1. 每个逻辑块可存放的 i 节点数;2. 每个逻辑块可存放的目录项数。
55 #define INODES_PER_BLOCK ((BLOCK_SIZE)/(sizeof (struct d_inode)))
56 #define DIR_ENTRIES_PER_BLOCK ((BLOCK_SIZE)/(sizeof (struct dir_entry)))
57 //管道头、管道尾、管道大小、管道空、管道满、管道头指针递增。
58 #define PIPE_HEAD(inode) ((inode).i_zone[0])
59 #define PIPE_TAIL(inode) ((inode).i_zone[1])
60 #define PIPE_SIZE(inode) ((PIPE_HEAD(inode)-PIPE_TAIL(inode))&(PAGE_SIZE-1))
61 #define PIPE_EMPTY(inode) (PIPE_HEAD(inode)==PIPE_TAIL(inode))
62 #define PIPE_FULL(inode) (PIPE_SIZE(inode)==(PAGE_SIZE-1))
63 #define INC_PIPE(head)\
64 __asm__("incl %0\n\tandl $4095,%0"::"m" (head))
65
66 typedef char buffer_block[BLOCK_SIZE];            //块缓冲区。
67 //缓冲区头数据结构。(极为重要!!!)。在程序中常用 bh 来表示 buffer_head 类型的缩写。
68 struct buffer_head {
```

```
69     char * b_data;                        /* pointer to data block (1024 bytes) * ///指针。
70     unsigned long b_blocknr;              /* block number * /        //块号。
71     unsigned short b_dev;                 /* device (0 = free) * /  //数据源的设备号。
72     unsigned char b_uptodate;             //更新标志:表示数据是否已更新。
73     unsigned char b_dirt;                 /* 0-clean,1-dirty * ///修改标志:0 未修改,1 已修改.
74     unsigned char b_count;                /* users using this block * /  //使用的用户数。
75     unsigned char b_lock;                 /* 0 -ok, 1 -locked * /  //缓冲区是否被锁定。
76     struct task_struct * b_wait;          //指向等待该缓冲区解锁的任务。
77     struct buffer_head * b_prev;          //hash 队列上前一块(这四个指针用于缓冲区的管理)。
78     struct buffer_head * b_next;          //hash 队列上下一块。
79         struct buffer_head * b_prev_free;   //空闲表上前一块。
80         struct buffer_head * b_next_free;   //空闲表上下一块。
81 };
82 //磁盘上的索引节点(i 节点)数据结构。
83 struct d_inode {
84         unsigned short i_mode;            //文件类型和属性(rwx 位)。
85         unsigned short i_uid;             //用户 id(文件拥有者标识符)。
86         unsigned long i_size;             //文件大小(字节数)。
87         unsigned long i_time;             //修改时间(自 1970.01.01:00:00:00 算起,秒)。
88         unsigned char i_gid;              //组 id(文件拥有者所在的组)。
89         unsigned char i_nlinks;           //链接数(多少个文件目录项指向该 i 节点)。
90         unsigned short i_zone[9];         //直接(0~6)、间接(7)或双重间接(8)逻辑块号。
91 };                                        //zone 是区的意思,可译成区段,或逻辑块。
92 //这是在内存中的 i 节点结构。前 7 项与 d_inode 完全一样。
93 struct m_inode {
94         unsigned short i_mode;            //文件类型和属性(rwx 位)。
95         unsigned short i_uid;             //用户 id(文件拥有者标识符)。
96         unsigned long i_size;             //文件大小(字节数)。
97         unsigned long i_mtime;            //修改时间(自 1970.1.1:0 算起,秒)。
98         unsigned char i_gid;              //组 id(文件拥有者所在的组)。
99         unsigned char i_nlinks;           //文件目录项链接数。
100        unsigned short i_zone[9];         //直接(0~6)、间接(7)或双重间接(8)逻辑块号。
101 /* these are in memory also * /
102        struct task_struct * i_wait;      //等待该 i 节点的进程。
103        unsigned long i_atime;            //最后访问时间。
104        unsigned long i_ctime;            //i 节点自身修改时间。
105        unsigned short i_dev;             //i 节点所在的设备号。
106        unsigned short i_num;             //i 节点号。
107        unsigned short i_count;           //i 节点被使用的次数,0 表示该 i 节点空闲。
108        unsigned char i_lock;             //锁定标志。
109        unsigned char i_dirt;             //已修改(脏)标志。
110        unsigned char i_pipe;             //管道标志。
111        unsigned char i_mount;            //安装标志。
112        unsigned char i_seek;             //搜寻标志(lseek 时)。
113        unsigned char i_update;           //更新标志。
114 };
115                                          //文件结构(用于在文件句柄与 i 节点之间建立关系)
116 struct file {
117        unsigned short f_mode;            //文件操作模式(RW 位)
118        unsigned short f_flags;           //文件打开和控制的标志。
119        unsigned short f_count;           //对应文件句柄(文件描述符)数。
120        struct m_inode * f_inode;         //指向对应 i 节点。
```

```
121         off_t f_pos;                        //文件位置(读写偏移值)。
122 };
123                                             //内存中磁盘超级块结构。
124 struct super_block {
125         unsigned short s_ninodes;           //节点数。
126         unsigned short s_nzones;            //逻辑块数。
127         unsigned short s_imap_blocks;       //i 节点位图所占用的数据块数。
128         unsigned short s_zmap_blocks;       //逻辑块位图所占用的数据块数。
129         unsigned short s_firstdatazone;     //第一个数据逻辑块号。
130         unsigned short s_log_zone_size;     //log(数据块数/逻辑块),以 2 为底。
131         unsigned long s_max_size;           //文件最大长度。
132         unsigned short s_magic;             //文件系统魔数。
133 /* These are only in memory */
134         struct buffer_head * s_imap[8];     //i 节点位图缓冲块指针数组(占用 8 块,可表示 64M)。
135         struct buffer_head * s_zmap[8];     //逻辑块位图缓冲块指针数组(占用 8 块)。
136         unsigned short s_dev;               //超级块所在的设备号。
137         struct m_inode * s_isup;            //被安装的文件系统根目录的 i 节点。(isup-super i)
138         struct m_inode * s_imount;          //被安装到的 i 节点。
139         unsigned long s_time;               //修改时间。
140         struct task_struct * s_wait;        //等待该超级块的进程。
141         unsigned char s_lock;               //被锁定标志。
142         unsigned char s_rd_only;            //只读标志。
143         unsigned char s_dirt;               //已修改(脏)标志。
144 };
145                                             //磁盘上超级块结构。上面 125~132 行完全一样。
146 struct d_super_block {
147         unsigned short s_ninodes;           //节点数。
148         unsigned short s_nzones;            //逻辑块数。
149         unsigned short s_imap_blocks;       //i 节点位图所占用的数据块数。
150         unsigned short s_zmap_blocks;       //逻辑块位图所占用的数据块数。
151         unsigned short s_firstdatazone;     //第一个数据逻辑块。
152         unsigned short s_log_zone_size;     //log(数据块数/逻辑块),以 2 为底。
153         unsigned long s_max_size;           //文件最大长度。
154         unsigned short s_magic;             //文件系统魔数。
155 };
156                                             //文件目录项结构。
157 struct dir_entry {
158         unsigned short inode;               //i 节点。
159         char name[NAME_LEN];                //文件名。
160 };
161
162 extern struct m_inode inode_table[NR_INODE];        //定义 i 节点表数组(32 项)。
163 extern struct file file_table[NR_FILE];             //文件表数组(64 项)。
164 extern struct super_block super_block[NR_SUPER];    //超级块数组(8 项)。
165 extern struct buffer_head * start_buffer;          //缓冲区起始内存位置。
166 extern int nr_buffers;                      //缓冲块数。
167                                             //磁盘操作函数原型。
168 extern void check_disk_change(int dev);     //检测驱动器中软盘是否改变。
    //检测指定软驱中软盘更换情况。如果软盘更换了则返回 1,否则返回 0。
169 extern int floppy_change(unsigned int nr);
    //设置启动指定驱动器所需等待的时间(设置等待定时器)。
170 extern int ticks_to_floppy_on(unsigned int dev);
```

```
171 extern void floppy_on(unsigned int dev); //启动指定驱动器。
172 extern void floppy_off(unsigned int dev);//关闭指定的软盘驱动器。
                                            //以下是文件系统操作管理用的函数原型。
173 extern void truncate(struct m_inode * inode);    //将 i 节点指定的文件截为 0。
174 extern void sync_inodes(void);          //刷新 i 节点信息。
175 extern void wait_on(struct m_inode * inode);    //等待指定的 i 节点。
    //逻辑块(区段,磁盘块)位图操作。取数据块 block 在设备上对应的逻辑块号。
176 extern int bmap(struct m_inode * inode,int block);
    //创建数据块 block 在设备上对应的逻辑块,并返回在设备上的逻辑块号。
177 extern int create_block(struct m_inode * inode,int block);
178 extern struct m_inode * namei(const char * pathname);//获取指定路径名的 i 节点号。
179 extern int open_namei(const char * pathname, int flag, int mode,
180         struct m_inode * * res_inode);      //根据路径名为打开文件操作作准备。
181 extern void iput(struct m_inode * inode); //释放一个 i 节点(回写入设备)。
182 extern struct m_inode * iget(int dev,int nr);//从设备读取指定节点号的一个 i 节点。
183 extern struct m_inode * get_empty_inode(void);//从 i 节点表中获取一个空闲 i 节点项。
184 extern struct m_inode * get_pipe_inode(void);//获取管道节点。返回为 i 节点指针。
    //在哈希表中查找指定的数据块。返回找到块的缓冲头指针。
185 extern struct buffer_head * get_hash_table(int dev, int block);
186 extern struct buffer_head * getblk(int dev, int block); //从设备读块(先在 hash 表中查找)。
187 extern void ll_rw_block(int rw, struct buffer_head * bh);    //读/写数据块。
188 extern void brelse(struct buffer_head * buf);              //释放指定缓冲块。
189 extern struct buffer_head * bread(int dev,int block);       //读取指定的数据块。
190 extern void bread_page(unsigned long addr,int dev,int b[4]); //读 4 块缓冲区到内存中。
    //读取头一个指定的数据块,并标记后续将要读的块(预读)。
191 extern struct buffer_head * breada(int dev,int block,...);
192 extern int new_block(int dev);                     //向设备 dev 申请一磁盘块。返回逻辑块号。
    //释放设备数据区中的逻辑块 block。复位指定逻辑块 block 的逻辑块位图比特位。
193 extern void free_block(int dev, int block);
194 extern struct m_inode * new_inode(int dev); //为设备 dev 建立一 i 节点,返回 i 节点号。
195 extern void free_inode(struct m_inode * inode); //释放一个 i 节点(删除文件时)。
196 extern int sync_dev(int dev);                      //刷新指定设备缓冲区。
197 extern struct super_block * get_super(int dev); //读取指定设备的超级块。
198 extern int ROOT_DEV;                               //启动引导时的根文件系统设备号。
199
200 extern void mount_root(void);                      //安装根文件系统。
201
202 #endif
```

11.1.24 hdreg.h 文件

该文件中主要定义了对硬盘控制器进行编程的一些命令常量符号。其中包括控制器端口、硬盘状态寄存器各位的状态、控制器命令以及出错状态常量符号。另外还给出了硬盘分区表数据结构。代码见文件 11-21。

文件 11-21 linux/include/linux/hdreg.h

```
1 /*
2  * This file contains some defines for the AT-hd-controller.
3  * Various sources. Check out some definitions (see comments with
4  * a ques).
5  *//* 本文件含有一些 AT 硬盘控制器的定义。来自各种资料。请查证某些定义(带有问号的注释) */
```

```
 6 #ifndef _HDREG_H
 7 #define _HDREG_H
 8 /* 硬盘控制器寄存器端口。参见:IBM AT BIOS 程序 */
 9 /* Hd controller regs. Ref: IBM AT Bios-listing */
10 #define HD_DATA          0x1f0        /* _CTL when writing */
11 #define HD_ERROR         0x1f1        /* see err-bits */
12 #define HD_NSECTOR       0x1f2        /* nr of sectors to read/write */
13 #define HD_SECTOR        0x1f3        /* starting sector */
14 #define HD_LCYL          0x1f4        /* starting cylinder */
15 #define HD_HCYL          0x1f5        /* high byte of starting cyl */
16 #define HD_CURRENT       0x1f6        /* 101dhhhh , d=drive, hhhh=head */
17 #define HD_STATUS        0x1f7        /* see status-bits */
18 #define HD_PRECOMP HD_ERROR  /* same io address, read=error, write=precomp */
19 #define HD_COMMAND HD_STATUS    /* same io address, read=status, write=cmd */
20
21 #define HD_CMD           0x3f6        //控制寄存器端口。
22
23 /* Bits of HD_STATUS */    /* 硬盘状态寄存器各位的定义(HD_STATUS) */
24 #define ERR_STAT         0x01         //命令执行错误。
25 #define INDEX_STAT       0x02         //收到索引。
26 #define ECC_STAT         0x04         /* Corrected error */  //ECC 校验错。
27 #define DRQ_STAT         0x08         //请求服务。
28 #define SEEK_STAT        0x10         //寻道结束。
29 #define WRERR_STAT       0x20         //驱动器故障。
30 #define READY_STAT       0x40         //驱动器准备好(就绪)。
31 #define BUSY_STAT        0x80         //控制器忙碌。
32
33 /* Values for HD_COMMAND */   /* 硬盘命令值(HD_CMD) */
34 #define WIN_RESTORE      0x10         //驱动器重新校正(驱动器复位)。
35 #define WIN_READ         0x20         //读扇区。
36 #define WIN_WRITE        0x30         //写扇区。
37 #define WIN_VERIFY       0x40         //扇区检验。
38 #define WIN_FORMAT       0x50         //格式化磁道。
39 #define WIN_INIT         0x60         //控制器初始化。
40 #define WIN_SEEK         0x70         //寻道。
41 #define WIN_DIAGNOSE     0x90         //控制器诊断。
42 #define WIN_SPECIFY      0x91         //建立驱动器参数。
43
44 /* Bits for HD_ERROR */    /* 错误寄存器各比特位的含义(HD_ERROR) */
   //执行控制器诊断命令时含义与其他命令时的不同。下面分别列出:
   //        诊断命令时          其他命令时
   //0x01    无错误              数据标志丢失
   //0x02    控制器出错          磁道 0 错
   //0x03    扇区缓冲区错
   //0x04    ECC 部件错          命令放弃
   //0x05    控制处理器错
   //0x10                        ID 未找到
   //0x40                        ECC 错误
   //0x80                        坏扇区
45 #define MARK_ERR         0x01         /* Bad address mark ? */
46 #define TRK0_ERR         0x02         /* couldn't find track 0 */
47 #define ABRT_ERR         0x04         /* ? */
```

```
48 #define ID_ERR              0x10          /* ? */
49 #define ECC_ERR             0x40          /* ? */
50 #define BBD_ERR             0x80          /* ? */
51 //硬盘分区表结构。参见下面列表后信息。
52 struct partition {
53             unsigned char boot_ind;   /* 0x80 - active (unused) */
54                     unsigned char head;    /* ? */
55                     unsigned char sector;   /* ? */
56                     unsigned char cyl;    /* ? */
57                     unsigned char sys_ind;    /* ? */
58                     unsigned char end_head;    /* ? */
59                     unsigned char end_sector;    /* ? */
60                     unsigned char end_cyl;    /* ? */
61                     unsigned int start_sect;    /* starting sector counting
from 0 */
62                     unsigned int nr_sects;    /* nr of sectors in partition */
63 };
64
65 #endif
```

11.2.25 head.h 文件

该文件定义了 CPU 描述符的简单结构和指定描述符的项号。代码见文件 11-22。

文件 11-22 linux/include/linux/head.h

```
 1 #ifndef _HEAD_H
 2 #define _HEAD_H
 3
 4 typedef struct desc_struct {          //定义了段描述符的数据结构。该结构仅说明每个描述
 5         unsigned long a,b;            //符是由 8 个字节构成,每个描述符表共有 256 项。
 6 } desc_table[256];
 7
 8 extern unsigned long pg_dir[1024]; //内存页目录数组。每个目录项 4 字节。从物理地址 0 开始。
 9 extern desc_table idt,gdt;            //中断描述符表,全局描述符表。
10
11 #define GDT_NUL 0                     //全局描述符表的第 0 项,不用。
12 #define GDT_CODE 1                    //第 1 项,是内核代码段描述符项。
13 #define GDT_DATA 2                    //第 2 项,是内核数据段描述符项。
14 #define GDT_TMP 3                     //第 3 项,系统段描述符,Linux 没有使用。
15
16 #define LDT_NUL 0                     //每个局部描述符表的第 0 项,不用。
17 #define LDT_CODE 1                    //第 1 项,是用户程序代码段描述符项。
18 #define LDT_DATA 2                    //第 2 项,是用户程序数据段描述符项。
19
20 #endif
```

11.1.26 kernel.h 文件

该文件定义了一些内核常用的函数原型等。代码见文件 11-23。

文件 11-23 linux/include/linux/kernel.h

```
 1 /*
 2  * 'kernel.h' contains some often-used function prototypes etc
 3  */ /* 'kernel.h'定义了一些常用函数的原型等。*/
  //验证给定地址开始的内存块是否超限。若超限则追加内存( kernel/fork.c, 24 )。
 4 void verify_area(void * addr,int count);
 5 volatile void panic(const char * str);   //显示内核出错信息,进入死循环(kernel/panic.c,16)。
 6 int printf(const char * fmt, ...);       //标准打印(显示)函数( init/main.c, 151)。
 7 int printk(const char * fmt, ...);       //内核专用的打印信息函数( kernel/printk.c,21 )。
 8 int tty_write(unsigned ch,char * buf,int count); //向 tty 写字符串(chr_drv/tty_io.c,290 )。
 9 void * malloc(unsigned int size);        //通用内核内存分配函数( lib/malloc.c,117)。
10 void free_s(void * obj, int size);       //释放指定对象占用的内存( lib/malloc.c,182)。
11
12 #define free(x) free_s((x), 0)
13
14 /*
15  * This is defined as a macro, but at some point this might become a
16  * real subroutine that sets a flag if it returns true (to do
17  * BSD-style accounting where the process is flagged if it uses root
18  * privs).  The implication of this is that you should do normal
19  * permissions checks first, and check suser() last.
20  */
  /* 下面函数是以宏的形式定义的,但是在某方面来看它可以成为一个真正的子程序,如果返回是
   * true 时它将设置标志(如果使用 root 用户权限的进程设置了标志,则用于执行 BSD 方式的计账
   * 处理)。这意味着你应该首先执行常规权限检查,最后再检测 suser()。*/
21 #define suser() (current->euid == 0)    //检测是否为超级用户。
```

11.1.27 mm.h 文件

mm.h 是内存管理头文件,其中主要定义了内存页面的大小和几个页面释放函数原型。代码见文件 11-24。

文件 11-24 linux/include/linux/mm.h

```
 1 #ifndef _MM_H
 2 #define _MM_H
 3
 4 #define PAGE_SIZE 4096          //定义内存页面的大小(字节数)。
 5 //取空闲页面函数。返回页面地址。扫描页面映射数组 mem_map[]取空闲页面。
 6 extern unsigned long get_free_page(void);
  //在指定物理地址处放置一页面。在页目录和页表中放置指定页面信息。
 7 extern unsigned long put_page(unsigned long page,unsigned long address);
  //释放物理地址 addr 开始的一页面内存。修改页面映射数组 mem_map[]中引用次数信息。
 8 extern void free_page(unsigned long addr);
 9
10 #endif
```

11.1.28 sched.h 文件

调度程序头文件,定义了任务结构 task_struct、初始任务 0 的数据,还有一些有关描述符参

数设置和获取的嵌入式汇编函数宏语句。代码见文件 11-25。

文件 11-25 linux/include/linux/sched. h

```
1 #ifndef _SCHED_H
2 #define _SCHED_H
3
4 #define NR_TASKS 64                       //系统中同时最多任务(进程)数。
5 #define HZ 100                            //定义系统时钟滴答频率(100Hz,每个滴答 10ms)
6
7 #define FIRST_TASK task[0]                //任务 0 比较特殊,所以特意给它单独定义一个符号。
8 #define LAST_TASK task[NR_TASKS -1]       //任务数组中的最后一项任务。
9
10 #include <linux/head.h>  //head 头文件,定义了段描述符的简单结构,和几个选择符常量。
11 #include <linux/fs.h>    //文件系统头文件。定义文件表结构(file,buffer_head,m_inode 等)。
12 #include <linux/mm.h>    //内存管理头文件。含有页面大小定义和一些页面释放函数原型。
13 #include <signal.h>      //信号头文件。定义信号符号常量,信号结构以及信号操作函数原型。
14
15 #if (NR_OPEN > 32)
16 #error "Currently the close-on-exec-flags are in one word, max 32 files/proc"
17 #endif
18 //这里定义了进程运行可能处于的状态。
19 #define TASK_RUNNING            0  //进程正在运行或已准备就绪。
20 #define TASK_INTERRUPTIBLE      1  //进程处于可中断等待状态。
21 #define TASK_UNINTERRUPTIBLE    2  //进程处于不可中断等待状态,主要用于 I/O 操作等待。
22 #define TASK_ZOMBIE             3  //进程处于僵死状态,已经停止运行,但父进程还没发信号。
23 #define TASK_STOPPED            4  //进程已停止。
24
25 #ifndef NULL
26 #define NULL ((void *) 0)             //定义 NULL 为空指针。
27 #endif
28 //复制进程的页目录页表。Linus 认为这是内核中最复杂的函数之一( mm/memory.c, 105 )。
29 extern int copy_page_tables(unsigned long from, unsigned long to, long size);
   //释放页表所指定的内存块及页表本身( mm/memory.c, 150 )。
30 extern int free_page_tables(unsigned long from, unsigned long size);
31
32 extern void sched_init(void);     //调度程序的初始化函数( kernel/sched.c, 385 )。
33 extern void schedule(void);       //进程调度函数( kernel/sched.c, 104 )。
   //异常(陷阱)中断处理初始化函数,设置中断调用门并允许中断请求信号( kernel/traps.c, 181 )。
34 extern void trap_init(void);
35 extern void panic(const char * str); //显示内核出错信息,进入死循环(kernel/panic.c,16)。
   //往 tty 上写指定长度的字符串( kernel/chr_drv/tty_io.c, 290 )。
36 extern int tty_write(unsigned minor,char * buf,int count);
37
38 typedef int (*fn_ptr)();                       //定义函数指针类型。
39 //下面是数学协处理器使用的结构,主要用于保存进程切换时 i387 的执行状态信息。
40 struct i387_struct {
41         long       cwd;         //控制字(Control word)。
42         long       swd;         //状态字(Status word)。
43         long       twd;         //标记字(Tag word)。
44         long       fip;         //协处理器代码指针。
45         long       fcs;         //协处理器代码段寄存器。
46         long       foo;         //内存操作数的偏移值。
```

```
47        long        fos;              //内存操作数的段值。
48        long        st_space[20];     /* 8*10 bytes for each FP-reg = 80 bytes */
49 };                                   //8 个 10 字节的协处理器累加器 */
50 //任务状态段数据结构(参见对任务状态段的描述,见图 5-8)。
51 struct tss_struct {
52        long        back_link;        /* 16 high bits zero */
53        long        esp0;
54        long        ss0;              /* 16 high bits zero */
55        long        esp1;
56        long        ss1;              /* 16 high bits zero */
57        long        esp2;
58        long        ss2;              /* 16 high bits zero */
59        long        cr3;
60        long        eip;
61        long        eflags;
62        long        eax,ecx,edx,ebx;
63        long        esp;
64        long        ebp;
65        long        esi;
66        long        edi;
67        long        es;               /* 16 high bits zero */
68        long        cs;               /* 16 high bits zero */
69        long        ss;               /* 16 high bits zero */
70        long        ds;               /* 16 high bits zero */
71        long        fs;               /* 16 high bits zero */
72        long        gs;               /* 16 high bits zero */
73        long        ldt;              /* 16 high bits zero */
74        long        trace_bitmap;     /* bits: trace 0, bitmap 16~31 */
75        struct i387_struct i387;
76 };
77 //这里是任务(进程)数据结构,或称为进程描述符。
   //long state                       任务的运行状态(-1 不可运行,0 可运行(就绪),>0 已停止)。
   //long counter                     任务运行时间计数(递减)(滴答数),运行时间片。
   //long priority                    运行优先数。任务开始运行时 counter = priority,越大运行越长。
   //long signal                      信号。是位图,每个比特位代表一种信号,信号值=位偏移值+1。
   //struct sigaction sigaction[32]   信号执行属性结构,对应信号将要执行的操作和标志信息。
   //long blocked                     进程信号屏蔽码(对应信号位图)。
   //int exit_code                    任务执行停止的退出码,其父进程会取。
   //unsigned long start_code         代码段地址。
   //unsigned long end_code           代码长度(字节数)。
   //unsigned long end_data           代码长度 + 数据长度(字节数)。
   //unsigned long brk                总长度(字节数)。
   //unsigned long start_stack        堆栈段地址。
   //long pid                         进程标识号(进程号)。
   //long father                      父进程号。
   //long pgrp                        进程组号。
   //long session                     会话号。
   //long leader                      会话首领。
   //unsigned short uid               用户标识号(用户 id)。
   //unsigned short euid              有效用户 id。
   //unsigned short suid              保存的用户 id。
   //unsigned short gid               组标识号(组 id)。
```

```
//unsigned short egid          有效组 id。
//unsigned short sgid          保存的组 id。
//long alarm                   报警定时值(滴答数)。
//long utime                   用户态运行时间(滴答数)。
//long stime                   系统态运行时间(滴答数)。
//long cutime                  子进程用户态运行时间。
//long cstime                  子进程系统态运行时间。
//long start_time              进程开始运行时刻。
//unsigned short used_math     标志:是否使用了协处理器。
//int tty                      进程使用 tty 的子设备号。-1 表示没有使用。
//unsigned short umask         文件创建属性屏蔽位。
//struct m_inode * pwd         当前工作目录 i 节点结构。
//struct m_inode * root        根目录 i 节点结构。
//struct m_inode * executable 执行文件 i 节点结构。
//unsigned long close_on_exec 执行时关闭文件句柄位图标志。(参见 include/fcntl.h)
//struct file * filp[NR_OPEN] 进程使用的文件表结构。
//struct desc_struct ldt[3]    本任务的局部表描述符。0-空,1-代码段 cs,2-数据和堆栈段 ds&ss。
//struct tss_struct tss        本进程的任务状态段信息结构。
78 struct task_struct {
79 /* these are hardcoded - don't touch */
80         long state;     /* -1 unrunnable, 0 runnable, >0 stopped */
81         long counter;
82         long priority;
83         long signal;
84         struct sigaction sigaction[32];
85         long blocked;   /* bitmap of masked signals */
86 /* various fields */
87         int exit_code;
88         unsigned long start_code,end_code,end_data,brk,start_stack;
89         long pid,father,pgrp,session,leader;
90         unsigned short uid,euid,suid;
91         unsigned short gid,egid,sgid;
92         long alarm;
93         long utime,stime,cutime,cstime,start_time;
94         unsigned short used_math;
95 /* file system info */
96         int tty;                /* -1 if no tty, so it must be signed */
97         unsigned short umask;
98         struct m_inode * pwd;
99         struct m_inode * root;
100        struct m_inode * executable;
101        unsigned long close_on_exec;
102        struct file * filp[NR_OPEN];
103 /* ldt for this task 0 - zero 1 - cs 2 - ds&ss */
104        struct desc_struct ldt[3];
105 /* tss for this task */
106        struct tss_struct tss;
107 };
108
109 /*
110  *  INIT_TASK is used to set up the first task table, touch at
111  * your own risk! . Base=0, limit=0x9ffff (=640KB)
```

```
112  */
    /* INIT_TASK 用于设置第 1 个任务表,若想修改责任自负! 基址 = 0,段限长 = 0x9ffff(=640KB)*/
113 #define INIT_TASK\                  //对应上面任务结构的第 1 个任务(任务 0)的数据信息。
114 /* state etc */{ 0,15,15,\          //state, counter, priority
115 /* signals */  0,{{},},0,\          //signal, sigaction[32], blocked
116 /* ec,brk... */0,0,0,0,0,0,\        //exit_code,start_code,end_code,end_data,brk,start_stack
117 /* pid etc.. */0,-1,0,0,0,\         //pid, father, pgrp, session, leader
118 /* uid etc */  0,0,0,0,0,0,\        //uid, euid, suid, gid, egid, sgid
119 /* alarm */    0,0,0,0,0,0,\        //alarm, utime, stime, cutime, cstime, start_time
120 /* math */     0,\                  //used_math
121 /* fs info */  -1,0022,NULL,NULL,NULL,0,\//tty,umask,pwd,root,executable,close_on_exec
122 /* filp */     {NULL,},\            //filp[20]
123         {\                          //ldt[3]
124                 {0,0},\
125 /* ldt */  {0x9f,0xc0fa00},\        //代码长 640K,基址 0x0,G=1,D=1,DPL=3,P=1 TYPE=0x0a
126                {0x9f,0xc0f200},\    //数据长 640K,基址 0x0,G=1,D=1,DPL=3,P=1 TYPE=0x02
127         },\
128 /*tss*/{0,PAGE_SIZE+(long)&init_task,0x10,0,0,0,0,(long)&pg_dir,\//tss
129          0,0,0,0,0,0,0,0,\
130          0,0,0x17,0x17,0x17,0x17,0x17,0x17,\
131          _LDT(0),0x80000000,\
132                 {}\
133         },\
134 }
135 
136 extern struct task_struct *task[NR_TASKS];        //任务数组。
137 extern struct task_struct *last_task_used_math;   //上一个使用过协处理器的进程。
138 extern struct task_struct *current;               //当前进程结构指针变量。
139 extern long volatile jiffies;                     //从开机开始算起的滴答数(10ms/滴答)。
140 extern long startup_time;//开机时间。从 1970.01.01:00:00:00 开始计时的秒数。
141 
142 #define CURRENT_TIME (startup_time+jiffies/HZ)//当前时间(秒数)。
143 //添加定时器函数(定时时间 jiffies 滴答数,定时到时调用函数*fn())。(kernel/sched.c,272)
144 extern void add_timer(long jiffies, void (*fn)(void));
145 extern void sleep_on(struct task_struct ** p);   //不可中断的等待睡眠(kernel/sched.c,151)
146 extern void interruptible_sleep_on(struct task_struct ** p);  //可中断的等待睡眠(167)
147 extern void wake_up(struct task_struct ** p);  //明确唤醒睡眠的进程(kernel/sched.c,188)
148 
149 /*
150  * Entry into gdt where to find first TSS. 0-nul, 1-cs, 2-ds, 3-syscall
151  * 4-TSS0, 5-LDT0, 6-TSS1 etc ...
152  */
    /* 寻找第 1 个 TSS 在全局表中的入口。0-没有用 nul,1-代码段 cs,2-数据段 ds,3-系统段 syscall
     * 4-任务状态段 TSS0,5-局部表 LTD0,6-任务状态段 TSS1,等。*/
153 #define FIRST_TSS_ENTRY 4    //全局表中第 1 个局部描述符表(LDT)描述符的选择符索引号。
154 #define FIRST_LDT_ENTRY (FIRST_TSS_ENTRY+1)
    //宏定义,计算在全局表中第 n 个任务的 TSS 描述符的索引号(选择符)。
155 #define _TSS(n) ((((unsigned long) n)<<4)+(FIRST_TSS_ENTRY<<3))
    //宏定义,计算在全局表中第 n 个任务的 LDT 描述符的索引号。
156 #define _LDT(n) ((((unsigned long) n)<<4)+(FIRST_LDT_ENTRY<<3))
    //宏定义,加载第 n 个任务的任务寄存器 tr。
157 #define ltr(n) __asm__("ltr %%ax"::"a" (_TSS(n)))
```

```
    //宏定义,加载第 n 个任务的局部描述符表寄存器 ldtr。
158 #define lldt(n) __asm__("lldt %%ax"::"a" (_LDT(n)))
    //取当前运行任务的任务号(是任务数组中的索引值,与进程号 pid 不同)。
    //返回:n -当前任务号。用于( kernel/traps.c, 79 行)。
159 #define str(n)\
160 __asm__("str %%ax\n\t"\                 //将任务寄存器中 TSS 段选择符==>ax
161         "subl %2,%%eax\n\t"\            //(eax -FIRST_TSS_ENTRY*8)==>eax
162         "shrl $4,%%eax"\                //(eax/16)==>eax = 当前任务号。
163         :"=a" (n)\
164         :"a" (0),"i" (FIRST_TSS_ENTRY<<3))
165 /*
166  *      switch_to(n) should switch tasks to task nr n, first
167  * checking that n isn't the current task, in which case it does nothing.
168  * This also clears the TS-flag if the task we switched to has used
169  * tha math co-processor latest.
170  */
    /* switch_to(n)将切换当前任务到任务 nr,即 n。首先检测任务 n 是不是当前任务,
     * 如果是则什么也不做退出。如果我们切换到的任务最近(上次运行)使用过数学
     * 协处理器的话,则还需复位控制寄存器 cr0 中的 TS 标志。   */
    //输入:%0 -新 TSS 的偏移地址(*&__tmp.a); %1 -存放新 TSS 的选择符值(*&__tmp.b);
    //      dx -新任务 n 的选择符;ecx -新任务指针 task[n]。
    //其中临时数据结构__tmp 中,a 的值是 32 位偏移值,b 为新 TSS 的选择符。在任务切换时,a 值没有
    //用(忽略)。在判断新任务上次执行是否使用过协处理器时,是通过将新任务状态段的地址与保存
    //在 last_task_used_math 变量中的使用过协处理器的任务状态段的地址进行比较而做出的。
171 #define switch_to(n) {\
172 struct {long a,b;} __tmp;\
173 __asm__("cmpl %%ecx,_current\n\t"\      //任务 n 是当前任务吗? (current ==task[n]?)
174         "je 1f\n\t"\                    //是,则什么都不做,退出。
175         "movw %%dx,%1\n\t"\             //将新任务的选择符==>*&__tmp.b。
176         "xchgl %%ecx,_current\n\t"\     //current = task[n];ecx = 被切换出的任务。
177         "ljmp %0\n\t"\                  //执行长跳转至*&__tmp,造成任务切换。
                                            //在任务切换回来后才会继续执行下面的语句。
178         "cmpl %%ecx,_last_task_used_math\n\t"\      //新任务上次使用过协处理器吗?
179         "jne 1f\n\t"\//没有则跳转,退出。
180         "clts\n"\     //新任务上次使用过协处理器,则清 cr0 的 TS 标志。
181         "1:"\
182         ::"m" (*&__tmp.a),"m" (*&__tmp.b),\
183         "d" (_TSS(n)),"c" ((long) task[n]));\
184 }
185 //页面地址对准。(在内核代码中没有任何地方引用!!)
186 #define PAGE_ALIGN(n) (((n)+0xfff)&0xfffff000)
187 //设置位于地址 addr 处描述符中的各基地址字段(基地址是 base),参见列表后说明。
    //%0 -地址 addr 偏移 2;%1 -地址 addr 偏移 4;%2 -地址 addr 偏移 7;edx -基地址 base。
188 #define _set_base(addr,base)\
189 __asm__("movw %%dx,%0\n\t"\         //基址 base 低 16 位(位 15-0)→[addr+2]。
190         "rorl $16,%%edx\n\t"\       //edx 中基址高 16 位(位 31-16)→dx。
191         "movb %%dl,%1\n\t"\         //基址高 16 位中的低 8 位(位 23-16)→[addr+4]。
192         "movb %%dh,%2"\             //基址高 16 位中的高 8 位(位 31-24)→[addr+7]。
193         ::"m" (*((addr)+2)),\
194           "m" (*((addr)+4)),\
195           "m" (*((addr)+7)),\
196           "d" (base)\
```

```
197         :"dx")
198 //设置位于地址 addr 处描述符中的段限长字段(段长是 limit)。
    //%0 -地址 addr;%1 -地址 addr 偏移 6 处;edx -段长值 limit。
199 #define  _set_limit(addr,limit)\
200 __asm__("movw %%dx,%0\n\t"\       //段长 limit 低 16 位(位 15~0)→[addr]。
        "rorl $16,%%edx\n\t"\         //edx 中的段长高 4 位(位 19~16)→dl。
202     "movb %1,%%dh\n\t"\           //取原[addr+6]字节→dh,其中高 4 位是写标志。
203     "andb $0xf0,%%dh\n\t"\        //清 dh 的低 4 位(将存放段长的位 19~16)。
204     "orb %%dh,%%dl\n\t"\          //将原高 4 位标志和段长的高 4 位(位 19~16)合成
205     "movb %%dl,%1"\               //1 字节,并放回[addr+6]处。
206     ::"m" ( *(addr)),\
207       "m" ( *((addr)+6)),\
208       "d" (limit)\
209     :"dx")
210 //设置局部描述符表中 ldt 描述符的基地址字段。
211 #define set_base(ldt,base) _set_base( ((char *)&(ldt)) , base )
    //设置局部描述符表中 ldt 描述符的段长字段。
212 #define set_limit(ldt,limit) _set_limit( ((char *)&(ldt)) , (limit-1)>>12 )
213 //从地址 addr 处描述符中取段基地址。功能与_set_base()正好相反。
    //edx -存放基地址(__base);%1 -地址 addr 偏移 2;%2 -地址 addr 偏移 4;%3 -addr 偏移 7。
214 #define  _get_base(addr) ({\
215 unsigned long  __base;\
216 __asm__("movb %3,%%dh\n\t"\       //取[addr+7]处基址高 16 位的高 8 位(位 31~24)→dh。
217     "movb %2,%%dl\n\t"\
218     "shll $16,%%edx\n\t"\
219     "movw %1,%%dx"\
220     :"=d" (__base)\
221     :"m" ( *((addr)+2)),\
222      "m" ( *((addr)+4)),\
223      "m" ( *((addr)+7)));\
224 __base;})
225 //取局部描述符表中 ldt 所指段描述符中的基地址。
226 #define get_base(ldt) _get_base( ((char *)&(ldt)) )
227 //取段选择符 segment 的段长值。%0 -存放段长值(字节数);%1 -段选择符 segment。
228 #define get_limit(segment) ({\
229 unsigned long  __limit;\
230 __asm__("lsll %1,%0\n\tincl %0":"=r" (__limit):"r" (segment));\
231 __limit;})
232
233 #endif
```

11.1.29 sys.h 文件

本文件列出了所有系统调用函数的原型以及系统调用函数指针表。代码见文件 11-26。

文件 11-26 linux/include/linux/sys.h

```
1 extern int sys_setup();     //系统启动初始化设置函数。      (kernel/blk_drv/hd.c,71)
2 extern int sys_exit();      //程序退出。                  (kernel/exit.c, 137)
3 extern int sys_fork();      //创建进程。                  (kernel/system_call.s, 208)
4 extern int sys_read();      //读文件。                    (fs/read_write.c, 55)
5 extern int sys_write();     //写文件。                    (fs/read_write.c, 83)
```

```
 6 extern int sys_open();     //打开文件。                 (fs/open.c, 138)
 7 extern int sys_close();    //关闭文件。                 (fs/open.c, 192)
 8 extern int sys_waitpid();  //等待进程终止。             (kernel/exit.c, 142)
 9 extern int sys_creat();    //创建文件。                 (fs/open.c, 187)
10 extern int sys_link();     //创建一个文件的硬链接。     (fs/namei.c, 721)
11 extern int sys_unlink();   //删除一个文件名(或删除文件)。(fs/namei.c, 663)
12 extern int sys_execve();   //执行程序。                 (kernel/system_call.s, 200)
13 extern int sys_chdir();    //更改当前目录。             (fs/open.c, 75)
14 extern int sys_time();     //取当前时间。               (kernel/sys.c, 102)
15 extern int sys_mknod();    //建立块/字符特殊文件。      (fs//namei.c, 412)
16 extern int sys_chmod();    //修改文件属性。             (fs/open.c, 105)
17 extern int sys_chown();    //修改文件宿主和所属组。     (fs/open.c, 121)
18 extern int sys_break();    //                           (-kernel/sys.c, 21)
19 extern int sys_stat();     //使用路径名取文件的状态信息。(fs/stat.c, 36)
20 extern int sys_lseek();    //重新定位读/写文件偏移。    (fs/read_write.c, 25)
21 extern int sys_getpid();   //取进程 id。                (kernel/sched.c, 348)
22 extern int sys_mount();    //安装文件系统。             (fs/super.c, 200)
23 extern int sys_umount();   //卸载文件系统。             (fs/super.c, 167)
24 extern int sys_setuid();   //设置进程用户 id。          (kernel/sys.c, 143)
25 extern int sys_getuid();   //取进程用户 id。            (kernel/sched.c, 358)
26 extern int sys_stime();    //设置系统时间日期。         (-kernel/sys.c, 148)
27 extern int sys_ptrace();   //程序调试。                 (-kernel/sys.c, 26)
28 extern int sys_alarm();    //设置报警。                 (kernel/sched.c, 338)
29 extern int sys_fstat();    //使用文件句柄取文件的状态信息。(fs/stat.c, 47)
30 extern int sys_pause();    //暂停进程运行。             (kernel/sched.c, 144)
31 extern int sys_utime();    //改变文件的访问和修改时间。 (fs/open.c, 24)
32 extern int sys_stty();     //修改终端行设置。           (-kernel/sys.c, 31)
33 extern int sys_gtty();     //取终端行设置信息。         (-kernel/sys.c, 36)
34 extern int sys_access();   //检查用户对一个文件的访问权限。(fs/open.c, 47)
35 extern int sys_nice();     //设置进程执行优先权。       (kernel/sched.c, 378)
36 extern int sys _ ftime();  //取日期和时间。             (-kernel/sys.c,16)
37 extern int sys_sync();     //同步高速缓冲与设备中数据。 (fs/buffer.c, 44)
38 extern int sys_kill();     //终止一个进程。             (kernel/exit.c, 60)
39 extern int sys_rename();   //更改文件名。               (-kernel/sys.c, 41)
40 extern int sys_mkdir();    //创建目录。                 (fs//namei.c, 463)
41 extern int sys_rmdir();    //删除目录。                 (fs//namei.c, 587)
42 extern int sys_dup();      //复制文件句柄。             (fs/fcntl.c, 42)
43 extern int sys_pipe();     //创建管道。                 (fs/pipe.c, 71)
44 extern int sys_times();    //取运行时间。               (kernel/sys.c, 156)
45 extern int sys_prof();     //程序执行时间区域。         (-kernel/sys.c, 46)
46 extern int sys_brk();      //修改数据段长度。           (kernel/sys.c, 168)
47 extern int sys_setgid();   //设置进程组 id。            (kernel/sys.c, 72)
48 extern int sys_getgid();   //取进程组 id。              (kernel/sched.c, 368)
49 extern int sys_signal();   //信号处理。                 (kernel/signal.c, 48)
50 extern int sys_geteuid();  //取进程有效用户 id。        (kenrl/sched.c, 363)
51 extern int sys_getegid();  //取进程有效组 id。          (kenrl/sched.c, 373)
52 extern int sys_acct();     //进程记账。                 (-kernel/sys.c, 77)
53 extern int sys_phys();     //                           (-kernel/sys.c, 82)
54 extern int sys_lock();     //                           (-kernel/sys.c, 87)
55 extern int sys_ioctl();    //设备控制。                 (fs/ioctl.c, 30)
56 extern int sys_fcntl();    //文件句柄操作。             (fs/fcntl.c, 47)
57 extern int sys_mpx();      //                           (-kernel/sys.c, 92)
```

```
58 extern int sys_setpgid(); //设置进程组 id。           (kernel/sys.c, 181)
59 extern int sys_ulimit();  //                          (-kernel/sys.c, 97)
60 extern int sys_uname();   //显示系统信息。             (kernel/sys.c, 216)
61 extern int sys_umask();   //取默认文件创建属性码。      (kernel/sys.c, 230)
62 extern int sys_chroot();  //改变根系统。               (fs/open.c, 90)
63 extern int sys_ustat();   //取文件系统信息。            (fs/open.c, 19)
64 extern int sys_dup2();    //复制文件句柄。              (fs/fcntl.c, 36)
65 extern int sys_getppid(); //取父进程 id。              (kernel/sched.c, 353)
66 extern int sys_getpgrp(); //取进程组 id,等于 getpgid(0)。(kernel/sys.c, 201)
67 extern int sys_setsid();  //在新会话中运行程序。        (kernel/sys.c, 206)
68 extern int sys_sigaction(); //改变信号处理过程。        (kernel/signal.c, 63)
69 extern int sys_sgetmask();//取信号屏蔽码。              (kernel/signal.c, 15)
70 extern int sys_ssetmask();//设置信号屏蔽码。            (kernel/signal.c, 20)
71 extern int sys_setreuid();//设置真实与/或有效用户 id。  (kernel/sys.c,118)
72 extern int sys_setregid();//设置真实与/或有效组 id。    (kernel/sys.c, 51)
73 //系统调用函数指针表。用于系统调用中断处理程序(int 0x80),作为跳转表。
74 fn_ptr sys_call_table[] = { sys_setup, sys_exit, sys_fork, sys_read,
75 sys_write, sys_open, sys_close, sys_waitpid, sys_creat, sys_link,
76 sys_unlink, sys_execve, sys_chdir, sys_time, sys_mknod, sys_chmod,
77 sys_chown, sys_break, sys_stat, sys_lseek, sys_getpid, sys_mount,
78 sys_umount, sys_setuid, sys_getuid, sys_stime, sys_ptrace, sys_alarm,
79 sys_fstat, sys_pause, sys_utime, sys_stty, sys_gtty, sys_access,
80 sys_nice, sys_ftime, sys_sync, sys_kill, sys_rename, sys_mkdir,
81 sys_rmdir, sys_dup, sys_pipe, sys_times, sys_prof, sys_brk, sys_setgid,
82 sys_getgid, sys_signal, sys_geteuid, sys_getegid, sys_acct, sys_phys,
83 sys_lock, sys _ ioctl, sys_fcntl, sys_mpx, sys_setpgid, sys_ulimit,
84 sys_uname, sys_umask, sys_chroot, sys_ustat, sys_dup2, sys_getppid,
85 sys_getpgrp, sys_setsid, sys_sigaction, sys_sgetmask, sys_ssetmask,
86 sys_setreuid,sys_setregid };
```

11.1.30 tty.h 文件

文件 11-27 linux/include/linux/ tty.h

```
 1 /*
 2  * 'tty.h' defines some structures used by tty_io.c and some defines.
 3  *
 4  * NOTE! Don't touch this without checking that nothing in rs_io.s or
 5  * con_io.s breaks. Some constants are hardwired into the system (mainly
 6  * offsets into 'tty_queue'
 7  */
 8  /* 'tty.h'中定义了 tty_io.c 程序使用的某些结构和其他一些定义。
    * 注意! 在修改这里的定义时,一定要确保 rs_io.s 或 con_io.s 程序中不会出现问题。
    * 在系统中有些常量是直接写在程序中的(主要是一些 tty_queue 中的偏移值)。*/
 9 #ifndef _TTY_H
10 #define _TTY_H
11
12 #include <termios.h>        //终端输入输出函数头文件。主要定义控制异步通信口的终端接口。
13
14 #define TTY_BUF_SIZE 1024          //tty 缓冲区大小。
15 //tty 等待队列数据结构。
16 struct tty_queue {
```

```
17        unsigned long data;             //等待队列缓冲区中当前字符行数。
                                          //对于串口终端,则存放串行端口地址。
18        unsigned long head;             //缓冲区中数据头指针。
19        unsigned long tail;             //缓冲区中数据尾指针。
20        struct task_struct * proc_list; //等待进程列表。
21        char buf[TTY_BUF_SIZE];         //队列的缓冲区。
22 };
23 //以下定义了 tty 等待队列中缓冲区操作宏函数(tail 在前,head 在后)。
24 #define INC(a) ((a) = ((a)+1) & (TTY_BUF_SIZE -1))     //a 缓冲区指针前移 1 字节,并循环。
25 #define DEC(a) ((a) = ((a)-1) & (TTY_BUF_SIZE -1))     //a 缓冲区指针后退 1 字节,并循环。
26 #define EMPTY(a) ((a).head == (a).tail)                //清空指定队列的缓冲区。
27 #define LEFT(a) (((a).tail-(a).head -1)&(TTY_BUF_SIZE -1))//缓冲区还可存放字符的长度。
28 #define LAST(a) ((a).buf[(TTY_BUF_SIZE -1)&((a).head -1)])//缓冲区中最后一个位置。
29 #define FULL(a) (! LEFT(a))                            //缓冲区满(如果为 1 的话)。
30 #define CHARS(a) (((a).head-(a).tail)&(TTY_BUF_SIZE -1))    //缓冲区中已存放字符的长度。
31 #define GETCH(queue,c)\       //从 queue 队列项缓冲区中取一字符(从 tail 处,并且 tail+=1)。
32 (void)({c=(queue).buf[(queue).tail];INC((queue).tail);})
33 #define PUTCH(c,queue)\      //往 queue 队列项缓冲区中放置一字符(在 head 处,并且 head+=1)。
34 (void)({(queue).buf[(queue).head]=(c);INC((queue).head);})
35 //判断终端键盘字符类型。
36 #define INTR_CHAR(tty) ((tty)->termios.c_cc[VINTR])        //中断符。
37 #define QUIT_CHAR(tty) ((tty)->termios.c_cc[VQUIT])        //退出符。
38 #define ERASE_CHAR(tty) ((tty)->termios.c_cc[VERASE])      //擦除符。
39 #define KILL_CHAR(tty) ((tty)->termios.c_cc[VKILL])        //终止符。
40 #define EOF_CHAR(tty) ((tty)->termios.c_cc[VEOF])          //文件结束符。
41 #define START_CHAR(tty) ((tty)->termios.c_cc[VSTART])      //开始符。
42 #define STOP_CHAR(tty) ((tty)->termios.c_cc[VSTOP])        //结束符。
43 #define SUSPEND_CHAR(tty) ((tty)->termios.c_cc[VSUSP])     //挂起符。
44 //tty 数据结构。
45 struct tty_struct {
46        struct termios termios;                     //终端 io 属性和控制字符数据结构。
47        int pgrp;                                   //所属进程组。
48        int stopped;                                //停止标志。
49        void (*write)(struct tty_struct * tty);     //tty 写函数指针。
50        struct tty_queue read_q;                    //tty 读队列。
51        struct tty_queue write_q;                   //tty 写队列。
52        struct tty_queue secondary;                 //tty 辅助队列(存放规范模式字符序列),
53        };                                          //可称为规范(熟)模式队列。
54
55 extern struct tty_struct tty_table[];              //tty 结构数组。
56
57 /*     intr=^C        quit=^|        erase=del      kill=^U
58        eof=^D         vtime=\0       vmin=\1        sxtc=\0
59        start=^Q       stop=^S        susp=^Z        eol=\0
60        reprint=^R     discard=^U     werase=^W      lnext=^V
61        eol2=\0
62 */
  /* 中断 intr=^C      退出 quit=^|      删除 erase=del     终止 kill=^U
   * 文件结束 eof=^D   vtime=\0          vmin=\1            sxtc=\0
   * 开始 start=^Q     停止 stop=^S      挂起 susp=^Z       行结束 eol=\0
   * 重显 reprint=^R   丢弃 discard=^U   werase=^W          lnext=^V
  * 行结束 eol2=\0      */                //控制字符对应的 ASCII 码值。(8 进制)
```

```
63 #define INIT_C_CC "\003\034\177\025\004\0\1\0\021\023\032\0\022\017\027\026\0"
64
65 void rs_init(void);       //异步串行通信初始化。     (kernel/chr_drv/serial.c, 37)
66 void con_init(void);      //控制终端初始化。         (kernel/chr_drv/console.c, 617)
67 void tty_init(void);      //tty 初始化。             (kernel/chr_drv/tty_io.c, 105)
68
69 int tty_read(unsigned c, char * buf, int n);    //(kernel/chr_drv/tty_io.c, 230)
70 int tty_write(unsigned c, char * buf, int n);   //(kernel/chr_drv/tty_io.c, 290)
71
72 void rs_write(struct tty_struct * tty);         //(kernel/chr_drv/serial.c, 53)
73 void con_write(struct tty_struct * tty);        //(kernel/chr_drv/console.c, 445)
74
75 void copy_to_cooked(struct tty_struct * tty); //(kernel/chr_drv/tty_io.c, 145)
76
77 #endif
```

11.1.31 include/sys/目录中的文件

该目录中包含一些系统时间信息和有关系统状态的结构,见表 11-4。

表 11-4 linux/include/sys/目录

名称	大小	最后修改时间
stat. h	1304 B	1991-09-17 15:02:48
times. h	200 B	1991-09-17 15:03:06
types. h	805 B	1991-09-17 15:02:55
utsname. h	234 B	1991-09-17 15:03:23
wait. h	560 B	1991-09-17 15:06:07

11.1.32 stat. h 文件

该头文件说明了函数 stat()返回的数据及其结构类型,以及一些属性操作测试宏、函数原型。代码见文件 11-28。

文件 11-28 linux/include/sys/stat. h

```
 1 #ifndef _SYS_STAT_H
 2 #define _SYS_STAT_H
 3
 4 #include <sys/types.h>
 5
 6 struct stat {
 7         dev_t   st_dev;       //含有文件的设备号。
 8         ino_t   st_ino;       //文件 i 节点号。
 9         umode_t st_mode;      //文件属性(见下面)。
10         nlink_t st_nlink;     //指定文件的链接数。
11         uid_t   st_uid;       //文件的用户(标识)号。
12         gid_t   st_gid;       //文件的组号。
13         dev_t   st_rdev;      //设备号(如果文件是特殊的字符文件或块文件)。
14         off_t   st_size;      //文件大小(字节数)(如果文件是常规文件)。
15         time_t  st_atime;     //上次(最后)访问时间。
16         time_t  st_mtime;     //最后修改时间。
```

```
17         time_t  st_ctime;    //最后节点修改时间。
18 };
19 //以下这些是 st_mode 值的符号名称。
   //文件类型:
20 #define S_IFMT  00170000    //文件类型(8 进制表示)。
21 #define S_IFREG  0100000    //常规文件。
22 #define S_IFBLK  0060000    //块特殊(设备)文件,如磁盘 dev/fd0。
23 #define S_IFDIR  0040000    //目录文件。
24 #define S_IFCHR  0020000    //字符设备文件。
25 #define S_IFIFO  0010000    //FIFO 特殊文件。
   //文件属性位:
26 #define S_ISUID  0004000    //执行时设置用户 ID(set-user-ID)。
27 #define S_ISGID  0002000    //执行时设置组 ID。
28 #define S_ISVTX  0001000    //对于目录,受限删除标志。
29
30 #define S_ISREG(m)      (((m) & S_IFMT) == S_IFREG)      //测试是否为常规文件。
31 #define S_ISDIR(m)      (((m) & S_IFMT) == S_IFDIR)      //是否为目录文件。
32 #define S_ISCHR(m)      (((m) & S_IFMT) == S_IFCHR)      //是否为字符设备文件。
33 #define S_ISBLK(m)      (((m) & S_IFMT) == S_IFBLK)      //是否为块设备文件。
34 #define S_ISFIFO(m)     (((m) & S_IFMT) == S_IFIFO)      //是否为 FIFO 特殊文件。
35
36 #define S_IRWXU 00700       //宿主可以读、写、执行/搜索。
37 #define S_IRUSR 00400       //宿主读许可。
38 #define S_IWUSR 00200       //宿主写许可。
39 #define S_IXUSR 00100       //宿主执行/搜索许可。
40
41 #define S_IRWXG 00070       //组成员可以读、写、执行/搜索。
42 #define S_IRGRP 00040       //组成员读许可。
43 #define S_IWGRP 00020       //组成员写许可。
44 #define S_IXGRP 00010       //组成员执行/搜索许可。
45
46 #define S_IRWXO 00007       //其他人读、写、执行/搜索许可。
47 #define S_IROTH 00004       //其他人读许可。
48 #define S_IWOTH 00002       //其他人写许可。
49 #define S_IXOTH 00001       //其他人执行/搜索许可。
50
51 extern int chmod(const char *_path, mode_t mode);     //修改文件属性。
52 extern int fstat(int fildes, struct stat *stat_buf); //取指定文件句柄的文件状态信息。
53 extern int mkdir(const char *_path, mode_t mode);     //创建目录。
54 extern int mkfifo(const char *_path, mode_t mode);    //创建管道文件。
55 extern int stat(const char *filename, struct stat *stat_buf);//取指定文件文件的状态信息。
56 extern mode_t umask(mode_t mask);                     //设置属性屏蔽码。
57
58 #endif
```

11.1.33 times.h 文件

该头文件中主要定义了文件访问与修改时间结构 tms。它将由 times()函数返回。其中 time_t 是在 sys/types.h 中定义的。还定义了一个函数原型 times()。代码见文件 11-29。

文件 11-29 linux/include/sys/times.h

```
1 #ifndef _TIMES_H
2 #define _TIMES_H
3
4 #include <sys/types.h>       //类型头文件。定义了基本的系统数据类型。
5
6 struct tms {
7         time_t tms_utime;   //用户使用的 CPU 时间。
8         time_t tms_stime;   //系统(内核)CPU 时间。
9         time_t tms_cutime;  //已终止的子进程使用的用户 CPU 时间。
10        time_t tms_cstime;  //已终止的子进程使用的系统 CPU 时间。
11 };
12
13 extern time_t times(struct tms * tp);
14
15 #endif
```

11.1.34 types.h 文件

该文件中定义了基本的数据类型。所有类型均定义为适当的数字类型长度。另外,size_t 是无符号整数类型,off_t 是扩展的符号整数类型,pid_t 是符号整数类型。代码见文件 11-30。

文件 11-30 linux/include/sys/types.h

```
1 #ifndef _SYS_TYPES_H
2 #define _SYS_TYPES_H
3
4 #ifndef _SIZE_T
5 #define _SIZE_T
6 typedef unsigned int size_t;          //用于对象的大小(长度)。
7 #endif
8
9 #ifndef _TIME_T
10 #define _TIME_T
11 typedef long time_t;                 //用于时间(以秒计)。
12 #endif
13
14 #ifndef _PTRDIFF_T
15 #define _PTRDIFF_T
16 typedef long ptrdiff_t;
17 #endif
18
19 #ifndef NULL
20 #define NULL ((void *) 0)
21 #endif
22
23 typedef int pid_t;                      //用于进程号和进程组号。
24 typedef unsigned short uid_t;           //用于用户号(用户标识号)。
25 typedef unsigned char gid_t;            //用于组号。
26 typedef unsigned short dev_t;           //用于设备号。
27 typedef unsigned short ino_t;           //用于文件序列号。
```

```
28 typedef unsigned short mode_t;        //用于某些文件属性。
29 typedef unsigned short umode_t;       //
30 typedef unsigned char nlink_t;        //用于链接计数。
31 typedef int daddr_t;
32 typedef long off_t;                   //用于文件长度(大小)。
33 typedef unsigned char u_char;         //无符号字符类型。
34 typedef unsigned short ushort;        //无符号短整数类型。
35
36 typedef struct { int quot,rem; } div_t;  //用于 DIV 操作。
37 typedef struct { long quot,rem; } ldiv_t;//用于长 DIV 操作。
38
39 struct ustat {
40         daddr_t  f_tfree;
41         ino_t  f_tinode;
42         char   f_fname[6];
43         char   f_fpack[6];
44 };
45
46 #endif
```

11.1.35 utsname.h 文件

utsname.h 是系统名称结构头文件。其中定义了结构 utsname 以及函数原型 uname()。POSIX 要求字符数组长度应该是不指定的,但是其中存储的数据需以 NULL 终止。因此该版内核的 utsname 结构定义不符合要求(数组长度都被定义为 9)。代码见文件 11-31。

文件 11-31 linux/include/sys/utsname.h

```
 1 #ifndef  _SYS_UTSNAME_H
 2 #define  _SYS_UTSNAME_H
 3
 4 #include <sys/types.h>       //类型头文件。定义了基本的系统数据类型。
 5
 6 struct utsname {
 7         char sysname[9];      //本版本操作系统的名称。
 8         char nodename[9];     //与实现相关的网络中节点名称。
 9         char release[9];      //本实现的当前发行级别。
10         char version[9];      //本次发行的版本级别。
11         char machine[9];      //系统运行的硬件类型名称。
12 };
13
14 extern int uname(struct utsname * utsbuf);
15
16 #endif
```

11.1.36 wait.h 文件

该文件描述了进程等待信息的一些宏,包括符号常数和 wait()、waitpid() 函数原型声明。代码见文件 11-32。

文件 11-32 linux/include/sys/wait.h

```
 1 #ifndef _SYS_WAIT_H
 2 #define _SYS_WAIT_H
 3
 4 #include <sys/types.h>
 5
 6 #define _LOW(v)         ( (v) & 0377)          //取低字节(8 进制表示)。
 7 #define _HIGH(v)        ( ((v) >> 8) & 0377)   //取高字节。
 8
 9 /* options for waitpid, WUNTRACED not supported */ /*waitpid 的选项,WUNTRACED 未被支持*/
10 #define WNOHANG         1                      //如果没有状态也不要挂起,并立刻返回。
11 #define WUNTRACED       2                      //报告停止执行的子进程状态。
12
13 #define WIFEXITED(s)    (!((s)&0xFF)           //如果子进程正常退出,则为真。
14 #define WIFSTOPPED(s)   (((s)&0xFF)==0x7F)     //如果子进程正停止着,则为真。
15 #define WEXITSTATUS(s)(((s)>>8)&0xFF)          //返回退出状态。
16 #define WTERMSIG(s)     ((s)&0x7F)             //返回导致进程终止的信号值(信号量)。
17 #define WSTOPSIG(s)     (((s)>>8)&0xFF)        //返回导致进程停止的信号值。
18 #define WIFSIGNALED(s)  (((unsigned int)(s)-1 & 0xFFFF) < 0xFF)   //如果由于未捕捉到信号
                                               //而导致子进程退出,则为真。
19 //wait()和 waitpit()函数允许进程获取与其子进程之一的状态信息。各种选项允许获取已经终止或
   //停止的子进程状态信息。如果存在两个或两个以上子进程的状态信息,则报告的顺序是不指定的。
   //wait()将挂起当前进程,直到其子进程之一退出(终止),或者收到要求终止该进程的信号,或者
   //是需要调用一个信号句柄(信号处理程序)。waitpid()挂起当前进程,直到 pid 指定的子进程退出
   //(终止)或者收到要求终止该进程的信号,或者是需要调用一个信号句柄(信号处理程序)。如果
   //pid= -1,options=0,则 waitpid()的作用与 wait()函数一样。否则其行为将随 pid 和 options 参
   //数的不同而不同。(参见 kernel/exit.c,142 行)
20 pid_t wait(int *stat_loc);
21 pid_t waitpid(pid_t pid, int *stat_loc, int options);
22
23 #endif
```

11.2 本章小结

本章描述了 Linux 内核程序所使用的所有头文件。在这些头文件中定义了内核中使用的所有数据结构和全局变量,包括一些以宏的形式实现的函数和程序。因此这些头文件是内核程序的重要组成部分。

11.3 习题

1. 从 Linux 内核 0.95 版开始,为了与当时的 GNU 的执行文件头文件一致,Linus 对 a.out.h 文件进行了修改,造成使用 0.95 版内核编译的执行程序与以前版本不兼容(不能在 0.1x 版的内核系统上运行)。请比较本书讨论的 a.out.h 文件与 linux 内核 0.95 版的 a.out.h 文件的主要区别。

2. 第 4 章中 main.c 的 172 行,setup((void *) &drive_info)是如何通过 static inline_sy-

scall1(int, setup, void * , BIOS) 跳到 hd. c 中的 sys_setup 的?

3. 在 include/ asm/ system. h 的第 22 行开始的一段代码写到"movw %%dx, %%ax\ n\ t",偏移地址低字与段选择符组合成描述符低 4 字节(eax),这一句按 80386 汇编应该是仅将 dx→ax,怎么会与段选择符组合呢?

4. 在 include/ signal. h 中第 45、46 行,定义了两个具有具体数值的信号处理句柄指针,它们的用途是什么?

第 12 章　内核库文件

内核库文件主要用于为内核用户态初始进程(例如进程 1)提供常用函数调用,见表 12-1。其中共有 12 个 C 语言文件,除了一个由 Tytso 编制的 malloc. c 程序较长以外,其他的程序都很短,有的只有一二行代码,是直接调用系统中断调用实现的。

这些文件中主要包括退出函数_exit( )、关闭文件函数 close( )、复制文件描述符函数 dup( )、文件打开函数 open( )、写文件函数 write( )、执行程序函数 execve( )、内存分配函数 malloc( )、等待子进程状态函数 wait( )、创建会话系统调用 setsid( )以及在 include/string. h 中实现的所有字符串操作函数。

表 12-1　/linux/lib/目录

文　件　名	大　　小	最后修改时间	文　件　名	大　　小	最后修改时间
Makefile	2602 B	1991-12-02 03:16:05	malloc. c	7469 B	1991-12-02 03:15:20
_exit. c	198 B	1991-10-02 14:16:29	open. c	389 B	1991-10-02 14:16:29
close. c	131 B	1991-10-02 14:16:29	setsid. c	128 B	1991-10-02 14:16:29
ctype. c	1202 B	1991-10-02 14:16:29	string. c	177 B	1991-10-02 14:16:29
dup. c	127 B	1991-10-02 14:16:29	wait. c	253 B	1991-10-02 14:16:29
errno. c	73 B	1991-10-02 14:16:29	write. c	160 B	1991-10-02 14:16:29
execve. c	170 B	1991-10-02 14:16:29			

在编译内核阶段,Makefile 中的相关指令会把以上这些程序编译成 . o 模块,然后组建成 lib. a 库文件形式并链接到内核模块中。与通常编译环境提供的各种库文件不同(例如 libc. a、libufc. a 等),这个库中的函数主要用于内核初始化阶段的 init/main. c 程序,为其在用户态执行的 init( )函数提供支持。因此它包含的函数很少,也特别简单。但它与一般库文件的实现方式完全相同。

创建函数库通常使用命令 ar(archive,归档)。例如要创建一个含有 3 个模块 a. o、b. o 和 c. o 的函数库 libmine. a,则需要执行如下命令:

ar -rc libmine. a a. o b. o c. o d. o

若要往这个库文件中添加函数模块 dup. o,则可执行以下命令:

ar -rs dup. o

12.1　程序分析

12.1.1　_exit. c 程序

_exit. c 定义了内核使用的程序(退出)终止函数_exit( )。代码见文件 12-1。

文件 12-1　linux/lib/_exit. c

```
7 #define __LIBRARY__        //定义一个符号常量,见下行说明。
8 #include <unistd.h>        //Linux 标准头文件。定义了各种符号常数和类型,并声明了各种函数。
```

```
9 //内核使用的程序(退出)终止函数。
  //直接调用系统中断 int 0x80,功能号__NR_exit。参数:exit_code-退出码。
10 volatile void_exit(int exit_code)
11 {
  //%0-eax(系统调用号__NR_exit);%1-ebx(退出码 exit_code)。
12         __asm__("int $ 0x80"::"a" (__NR_exit),"b" (exit_code));
13 }
```

12.1.2 close.c 程序

close.c 定义了文件关闭函数 close()。代码见文件 12-2。

文件 12-2 linux/lib/close.c

```
7 #define  __LIBRARY__
8 #include <unistd.h>      //Linux 标准头文件。定义各种符号常数和类型,并声明了各种函数。
9 //关闭文件函数。
  //该调用宏函数对应:int close(int fd)。直接调用了系统中断 int 0x80,参数是__NR_close。
  //其中 fd 是文件描述符。
10 _syscall1(int,close,int,fd)
```

12.1.3 ctype.c 程序

ctype.c 定义了字符类型,用于判断字符的所属类型,包括控制字符(_C)、大写字符(_U)、小写字符(_L)等。代码见文件 12-3。

文件 12-3 linux/lib/ctype.c

```
7 #include <ctype.h>             //字符类型头文件。定义了一些有关字符类型判断和转换的宏。
8
9 char  _ctmp;                   //一个临时字符变量,供 ctype.h 文件中转换字符宏函数使用。
  //字符特性数组(表),定义了各个字符对应的属性,这些属性类型(如_C 等)在 ctype.h 中定义。
  //用于判断字符是控制字符(_C)、大写字符(_U)、小写字符(_L)等所属类型。
10 unsigned char  _ctype[] = {0x00,                          /* EOF */
11 _C,_C,_C,_C,_C,_C,_C,_C,                                  /* 0~7 */
12 _C,_C|_S,_C|_S,_C|_S,_C|_S,_C|_S,_C,_C,                   /* 8~15 */
13 _C,_C,_C,_C,_C,_C,_C,_C,                                  /* 16~23 */
14 _C,_C,_C,_C,_C,_C,_C,_C,                                  /* 24~31 */
15 _S|_SP,_P,_P,_P,_P,_P,_P,_P,                              /* 32~39 */
16 _P,_P,_P,_P,_P,_P,_P,_P,                                  /* 40~47 */
17 _D,_D,_D,_D,_D,_D,_D,_D,                                  /* 48~55 */
18 _D,_D,_P,_P,_P,_P,_P,_P,                                  /* 56~63 */
19 _P,_U|_X,_U|_X,_U|_X,_U|_X,_U|_X,_U|_X,_U,                /* 64~71 */
20 _U,_U,_U,_U,_U,_U,_U,_U,                                  /* 72~79 */
21 _U,_U,_U,_U,_U,_U,_U,_U,                                  /* 80~87 */
22 _U,_U,_U,_P,_P,_P,_P,_P,                                  /* 88~95 */
23 _P,_L|_X,_L|_X,_L|_X,_L|_X,_L|_X,_L|_X,_L,                /* 96~103 */
24 _L,_L,_L,_L,_L,_L,_L,_L,                                  /* 104~111 */
25 _L,_L,_L,_L,_L,_L,_L,_L,                                  /* 112~119 */
26 _L,_L,_L,_P,_P,_P,_P,_C,                                  /* 120~127 */
27 0,0,0,0,0,0,0,0,0,0,0,0,0,0,0,0,                          /* 128~143 */
28 0,0,0,0,0,0,0,0,0,0,0,0,0,0,0,0,                          /* 144~159 */
```

```
29 0,0,0,0,0,0,0,0,0,0,0,0,0,0,0,0,                              /* 160~175 */
30 0,0,0,0,0,0,0,0,0,0,0,0,0,0,0,0,                              /* 176~191 */
31 0,0,0,0,0,0,0,0,0,0,0,0,0,0,0,0,                              /* 192~207 */
32 0,0,0,0,0,0,0,0,0,0,0,0,0,0,0,0,                              /* 208~223 */
33 0,0,0,0,0,0,0,0,0,0,0,0,0,0,0,0,                              /* 224~239 */
34 0,0,0,0,0,0,0,0,0,0,0,0,0,0,0,0};                             /* 240~255 */
```

12.1.4 dup.c 程序

该程序包括一个创建文件描述符副本的函数 dup()。在成功返回之后，新的和原来的描述符可以交替使用。它们共享锁定、文件读写指针以及文件标志。例如，如果文件读写位置指针被其中一个描述符使用 lseek()修改之后，则对于另一个描述符来讲，文件读写指针也被改变。该函数使用数值最小的未使用描述符来建立新描述符。但是这两个描述符并不共享执行时关闭标志(close-on-exec)。代码见文件 12-4。

文件 12-4 linux/lib/dup.c

```
 7 #define __LIBRARY__
 8 #include <unistd.h>       //Linux 标准头文件。定义各种符号常数和类型，并声明了各种函数。
 9 //复制文件描述符函数。
   //下面该调用宏函数对应：int dup(int fd)。直接调用了系统中断 int 0x80，参数是__NR_dup。
   //其中 fd 是文件描述符。
10 _syscall1(int,dup,int,fd)
```

12.1.5 errno.c 程序

该程序仅定义了一个出错号变量 errno。用于在函数调用失败时存放出错号。代码见文件 12-5。

文件 12-5 linux/lib/errno.c

```
 7 int errno;
```

12.1.6 execve.c 程序

定义加载并执行子进程(其他程序)函数 execve()。代码见文件 12-6。

文件 12-6 linux/lib/execve.c

```
 7 #define __LIBRARY__
 8 #include <unistd.h>       //Linux 标准头文件。定义各种符号常数和类型，并声明了各种函数。
 9 //加载并执行指定程序。
   //下面调用宏函数对应：int execve(const char * file, char ** argv, char ** envp)。
   //参数：file - 被执行程序文件名；argv-命令行参数指针数组；envp-环境变量指针数组。
   //直接调用系统中断 int 0x80，参数是__NR_execve。参见 include/unistd.h 和 fs/exec.c 程序。
10 _syscall3(int,execve,const char *,file,char **,argv,char **,envp)
```

12.1.7 malloc.c 程序

该程序中主要包括内存分配函数 malloc()。为了不与用户程序使用的 malloc()函数混淆,从内核 0.98 版以后就改名为 kmalloc(),而 free_s()函数改名为 kfree_s()。

malloc()函数使用了存储桶(bucket)的原理对分配的内存进行管理。基本思想是对不同请求的内存块大小(长度),使用存储桶目录(下面简称目录)分别进行处理。例如对于请求内存块的长度在 32 字节或 32 字节以下但大于 16 字节时,就使用存储桶目录第二项对应的存储桶描述符链表分配内存块。其基本结构如图 12-1 所示。该函数目前一次所能分配的最大内存长度是一个内存页面,即 4096 字节。

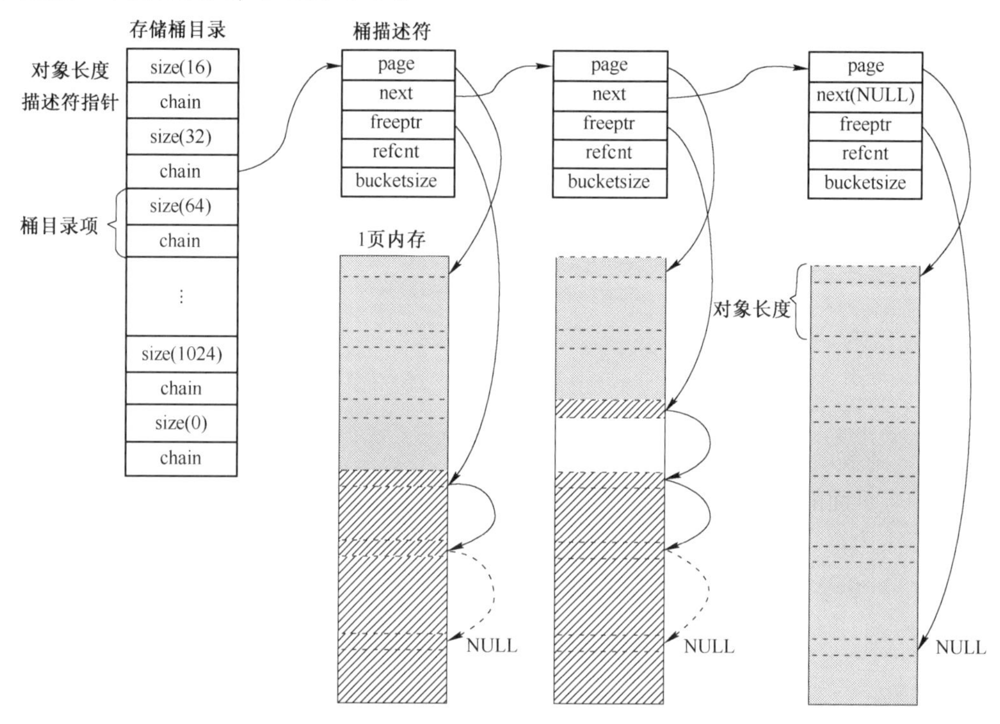

图 12-1 使用存储桶原理进行内存分配管理的结构示意图

在第一次调用 malloc()函数时,首先要建立一个页面的空闲存储桶描述符(下面简称描述符)链表,其中存放着还未使用或使用完毕而收回的描述符。该链表结构如图 12-2 所示。其中 free_bucket_desc 是链表头指针。从链表中取出或放入一个描述符都是从链表头开始操作。当取出一个描述符时,就将链表头指针所指向的头一个描述符取出;当释放一个空闲描述符时也是将其放在链表头处。

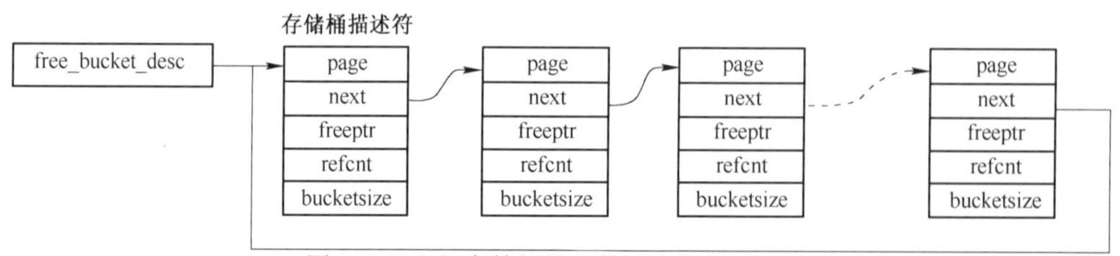

图 12-2 空闲存储桶描述符链表结构示意图

malloc()函数执行的基本步骤如下:

1) 首先搜索目录,寻找适合请求内存块大小的目录项对应的描述符链表。当目录项的对象字节长度大于请求的字节长度，就算找到了相应的目录项。如果搜索完整个目录都没有找到合适的目录项，则说明用户请求的内存块太大。

2）在目录项对应的描述符链表中查找具有空闲空间的描述符。如果某个描述符的空闲内存指针 freeptr 不为 NULL，则表示找到了相应的描述符。如果没有找到具有空闲空间的描述符，那么就需要新建一个描述符。新建描述符的过程如下：

① 如果空闲描述符链表头指针还是 NULL 的话，说明是第一次调用 malloc( ) 函数，此时需要 init_bucket_desc( ) 来创建空闲描述符链表。

② 然后从空闲描述符链表头处取一个描述符，初始化该描述符，令其对象引用计数为 0，对象大小等于对应目录项指定对象的长度值，并申请一内存页面，让描述符的页面指针 page 指向该内存页，描述符的空闲内存指针 freeptr 也指向页开始位置。

③ 对该内存页面根据本目录项所用对象长度进行页面初始化，建立所有对象的一个链表，即每个对象的头部都存放一个指向下一个对象的指针，最后一个对象的开始处存放一个 NULL 指针值。

④ 然后将该描述符插入到对应目录项的描述符链表开始处。

3）将该描述符的空闲内存指针 freeptr 复制为返回给用户的内存指针，然后调整该 freeptr 指向描述符对应内存页面中下一个空闲对象位置，并使该描述符引用计数值增 1。

free_s( ) 函数用于回收用户释放的内存块。基本原理是首先根据该内存块的地址换算出该内存块对应页面的地址（用页面长度进行模运算），然后搜索目录中的所有描述符，找到对应该页面的描述符。将该释放的内存块链入 freeptr 所指向的空闲对象链表中，并将描述符的对象引用计数值减 1。如果引用计数值此时等于零，则表示该描述符对应的页面已经完全空出，可以释放该内存页面并将该描述符收回到空闲描述符链表中。

malloc. c 程序代码见文件 12-7。

文件 12-7 linux/lib/malloc. c

```
 1 /*
 2  * malloc.c --- a general purpose kernel memory allocator for Linux.
 3  *
 4  * Written by Theodore Ts'o (tytso@ mit.edu), 11/29/91
 5  *
 6  * This routine is written to be as fast as possible, so that it
 7  * can be called from the interrupt level.
 8  *
 9  * Limitations: maximum size of memory we can allocate using this routine
10  *      is 4k, the size of a page in Linux.
11  *
12  * The general game plan is that each page (called a bucket) will only hold
13  * objects of a given size.  When all of the object on a page are released,
14  * the page can be returned to the general free pool.  When malloc() is
15  * called, it looks for the smallest bucket size which will fulfill its
16  * request, and allocate a piece of memory from that bucket pool.
17  *
18  * Each bucket has as its control block a bucket descriptor which keeps
19  * track of how many objects are in use on that page, and the free list
20  * for that page.  Like the buckets themselves, bucket descriptors are
```

```
21  * stored on pages requested from get_free_page().  However, unlike buckets,
22  * pages devoted to bucket descriptor pages are never released back to the
23  * system.  Fortunately, a system should probably only need 1 or 2 bucket
24  * descriptor pages, since a page can hold 256 bucket descriptors (which
25  * corresponds to 1 megabyte worth of bucket pages.)  If the kernel is using
26  * that much allocated memory, it's probably doing something wrong.  :-)
27  *
28  * Note: malloc() and free() both call get_free_page() and free_page()
29  *       in sections of code where interrupts are turned off, to allow
30  *       malloc() and free() to be safely called from an interrupt routine.
31  *       (We will probably need this functionality when networking code,
32  *       particularily things like NFS, is added to Linux.)  However, this
33  *       presumes that get_free_page() and free_page() are interrupt-level
34  *       safe, which they may not be once paging is added.  If this is the
35  *       case, we will need to modify malloc() to keep a few unused pages
36  *       "pre-allocated" so that it can safely draw upon those pages if
37  *       it is called from an interrupt routine.
38  *
39  *       Another concern is that get_free_page() should not sleep; if it
40  *       does, the code is carefully ordered so as to avoid any race
41  *       conditions.  The catch is that if malloc() is called re-entrantly,
42  *       there is a chance that unnecessary pages will be grabbed from the
43  *       system.  Except for the pages for the bucket descriptor page, the
44  *       extra pages will eventually get released back to the system, though,
45  *       so it isn't all that bad.
46  */
47  /*      malloc.c -Linux 的通用内核内存分配函数。
    * 由 Theodore Ts'o 编制 (tytso@ mit.edu), 11/29/91
    * 该函数被编写成尽可能地快,从而可以从中断层调用此函数。
    * 限制:使用该函数一次所能分配的最大内存是 4KB,即 Linux 中内存页面的大小。
    *
    * 编写该函数所遵循的一般规则是每页(被称为一个存储桶)仅分配所要容纳对象的大小。
    * 当一页上的所有对象都释放后,该页就可以返回通用空闲内存池。当malloc()被调用
    * 时,它会寻找满足要求的最小的存储桶,并从该存储桶中分配一块内存。
    *
    * 每个存储桶都有一个作为其控制用的存储桶描述符,其中记录了页面上有多少对象正被
    * 使用以及该页上空闲内存的列表。就像存储桶自身一样,存储桶描述符也是存储在使用
    * get_free_page()申请到的页面上的,但是与存储桶不同的是,桶描述符所占用的页面将
    * 不再会释放给系统。幸运的是一个系统大约只需要 1 到 2 页的桶描述符页面,因为一个
    * 页面可以存放 256 个桶描述符(对应 1MB 内存的存储桶页面)。如果系统为桶描述符分配
    * 了许多内存,那么肯定系统什么地方出了问题。
    *
    * 注意! malloc()和 free()两者关闭了中断的代码部分都调用了 get_free_page()和 free_
    *       page()函数,以使 malloc()和 free()可以安全地被从中断程序中调用(当网络代
    *       码,尤其是 NFS 等被加入到 Linux 中时就可能需要这种功能)。但前提是假设 get_
    *       free_page()和 free_page()是可以安全地在中断级程序中使用的,这在一旦加入
    *       了分页处理之后就可能不是安全的。如果真是这种情况,那么我们就需要修改
    *       malloc()来“预先分配”几页不用的内存,如果 malloc()和 free()被从中断程序中
    *       调用时就可以安全地使用这些页面。
    *
    *       另外需要考虑到的是 get_free_page()不应该睡眠;如果会睡眠的话,则为了防止
    *       任何竞争条件,代码需要仔细地安排顺序。关键在于如果 malloc()是可以重入地
```

```
 *        被调用的话,那么就存在不必要的页面被从系统中取走的机会。除了用于桶描述
 *        符的页面,这些额外的页面最终会释放给系统,所以并不像想象的那样不好。*/
48 #include <linux/kernel.h> //内核头文件。含有一些内核常用函数的原型定义。
49 #include <linux/mm.h>     //内存管理头文件。含有页面大小定义和一些页面释放函数原型。
50 #include <asm/system.h>   //系统头文件。定义了设置或修改描述符/中断门等的嵌入式汇编宏。
51 //存储桶描述符结构。
52 struct bucket_desc {     /* 16 bytes */
53         void                 *page;          //该桶描述符对应的内存页面指针。
54         struct bucket_desc   *next;          //下一个描述符指针。
55         void                 *freeptr;       //指向本桶中空闲内存位置的指针。
56         unsigned short       refcnt;         //引用计数。
57         unsigned short       bucket_size;    //本描述符对应存储桶的大小。
58 };
59 //存储桶描述符目录结构。
60 struct _bucket_dir {     /* 8 bytes */
61         int                  size;       //该存储桶的大小(字节数)。
62         struct bucket_desc    *chain;     //该存储桶目录项的桶描述符链表指针。
63 };
64
65 /*
66  * The following is the where we store a pointer to the first bucket
67  * descriptor for a given size.
68  *
69  * If it turns out that the Linux kernel allocates a lot of objects of a
70  * specific size, then we may want to add that specific size to this list,
71  * since that will allow the memory to be allocated more efficiently.
72  * However, since an entire page must be dedicated to each specific size
73  * on this list, some amount of temperance must be exercised here.
74  *
75  * Note that this list *must* be kept in order.
76  */
 /* 下面是我们存放第一个给定大小存储桶描述符指针的地方。
  * 如果Linux内核分配了许多指定大小的对象,那么我们就希望将该指定的大小加到
  * 该列表(链表)中,因为这样可以使内存的分配更有效。但是,因为一页完整内存页面
  * 必须用于列表中指定大小的所有对象,所以需要做总数方面的测试操作。 */
 //存储桶目录列表(数组)。
77 struct _bucket_dir bucket_dir[] = {
78         { 16,   (struct bucket_desc *) 0},      //16B 长度的内存块。
79         { 32,   (struct bucket_desc *) 0},      //32B 长度的内存块。
80         { 64,   (struct bucket_desc *) 0},      //64B 长度的内存块。
81         { 128,  (struct bucket_desc *) 0},      //128B 长度的内存块。
82         { 256,  (struct bucket_desc *) 0},      //256B 长度的内存块。
83         { 512,  (struct bucket_desc *) 0},      //512B 长度的内存块。
84         { 1024, (struct bucket_desc *) 0},      //1024B 长度的内存块。
85         { 2048, (struct bucket_desc *) 0},      //2048B 长度的内存块。
86         { 4096, (struct bucket_desc *) 0},      //4096B(1 页)内存。
87         { 0,    (struct bucket_desc *) 0}};     /* End of list marker */
88
89 /*
90  * This contains a linked list of free bucket descriptor blocks.
91  */
 /* 下面是含有空闲桶描述符内存块的链表。*/
```

```
92 struct bucket_desc *free_bucket_desc = (struct bucket_desc *) 0;
93
94 /*
95  * This routine initializes a bucket description page.
96  */
   /* 下面的子程序用于初始化一页桶描述符页面。*/
   //初始化桶描述符。建立空闲桶描述符链表,并让 free_bucket_desc 指向第一个空闲桶描述符。
97 static inline void init_bucket_desc()
98 {
99         struct bucket_desc *bdesc, *first;
100        int     i;
101 //申请一页内存,用于存放桶描述符。如果失败,则显示初始化桶描述符时内存不够出错信息,死机。
102        first=bdesc=(struct bucket_desc *) get_free_page();
103        if (! bdesc)
104                panic("Out of memory in init_bucket_desc()");
   //首先计算一页内存中可存放的桶描述符数量,然后对其建立单向链接指针。
105        for (i=PAGE_SIZE/sizeof(struct bucket_desc); i > 1; i--) {
106                bdesc->next = bdesc+1;
107                bdesc++;
108        }
109        /*
110         * This is done last, to avoid race conditions in case
111         * get_free_page() sleeps and this routine gets called again....
112         */
           /* 这是在最后处理的,目的是为了避免在 get_free_page()睡眠时该子程序又被
            * 调用而引起的竞争条件。  */
   //将空闲桶描述符指针 free_bucket_desc 加入链表中。
113        bdesc->next = free_bucket_desc;
114        free_bucket_desc=first;
115 }
116 //分配动态内存函数。参数:len - 请求的内存块长度。
   //返回:指向被分配内存的指针。如果失败则返回 NULL。
117 void *malloc(unsigned int len)
118 {
119        struct bucket_dir      *bdir;
120        struct bucket_desc     *bdesc;
121        void                   *retval;
122
123        /*
124         * First we search the bucket_dir to find the right bucket change
125         * for this request.
126         */
           /* 首先我们搜索存储桶目录 bucket_dir 来寻找适合请求的桶大小。   */
   //搜索存储桶目录,寻找适合申请内存块大小的桶描述符链表。如果目录项的桶字节数大于请求的
   //字节数,就找到了对应的桶目录项。
127        for (bdir=bucket_dir; bdir->size; bdir++)
128                if (bdir->size >= len)
129                        break;
   //如果搜索完整个目录都没有找到合适大小的目录项,则表明所请求的内存块太大,超出了该程
   //序的分配限制(最长为 1 个页面)。于是显示出错信息,死机。
130        if (! bdir->size) {
131                printk("malloc called with impossibly large argument (%d)\n",
```

```
132                     len);
133             panic("malloc: bad arg");
134     }
135     /*
136      * Now we search for a bucket descriptor which has free space
137      */
    /* 现在我们来搜索具有空闲空间的桶描述符。 */
138     cli();  /* Avoid race conditions */   /* 为了避免出现竞争条件,首先关闭中断 */
//搜索对应桶目录项中描述符链表,查找具有空闲空间的桶描述符。如果桶描述符的空闲内存指针
//freeptr 不为空,则表示找到了相应的桶描述符。
139     for (bdesc=bdir->chain; bdesc; bdesc = bdesc->next)
140             if (bdesc->freeptr)
141                     break;
142     /*
143      * If we didn't find a bucket with free space, then we'll
144      * allocate a new one.
145      */
    /* 如果没有找到具有空闲空间的桶描述符,那么我们就要新建立一个该目录项的描述符 */
146     if (! bdesc) {
147             char            *cp;
148             int             i;
149 //若 free_bucket_desc 还为空时,表示第一次调用该程序,则对描述符链表进行初始化。
//free_bucket_desc 指向第一个空闲桶描述符。
150             if (! free_bucket_desc)
151                     init_bucket_desc();
//取 free_bucket_desc 指向的空闲桶描述符,并让 free_bucket_desc 指向下一个空闲桶描述符。
152             bdesc = free_bucket_desc;
153             free_bucket_desc = bdesc->next;
//初始化该新的桶描述符。令其引用数量等于 0;桶的大小等于对应桶目录的大小;申请一内存页面,
//让描述符的页面指针 page 指向该页面;空闲内存指针也指向该页开头,因为此时全为空闲。
154             bdesc->refcnt = 0;
155             bdesc->bucket_size=bdir->size;
156             bdesc->page = bdesc->freeptr=(void *) cp=get_free_page();
//如果申请内存页面操作失败,则显示出错信息,死机。
157             if (! cp)
158                     panic("Out of memory in kernel malloc()");
159             /* Set up the chain of free objects */
            /* 在该页空闲内存中建立空闲对象链表 */
//以该桶目录项指定的桶大小为对象长度,对该页内存进行划分,并使每个对象的开始 4 字节设置成
//指向下一对象的指针。
160             for (i=PAGE_SIZE/bdir->size; i > 1; i--) {
161                     *((char **) cp) = cp + bdir->size;
162                     cp += bdir->size;
163             }
//最后一个对象开始处的指针设置为 0(NULL)。
//然后让该桶描述符的下一描述符指针字段指向对应桶目录项指针 chain 所指的描述符,而桶目录的
//chain 指向该桶描述符,即将该描述符插入到描述符链链头处。
164             *((char **) cp)= 0;
165             bdesc->next=bdir->chain; /* link it in! */   /* 将其链入! */
166             bdir->chain=bdesc;
167     }
//返回指针即等于该描述符对应页面的当前空闲指针。然后调整该空闲空间指针指向下一个空闲对象,
```

```
//并使描述符中对应页面中的对象引用计数增 1。
168         retval=(void *) bdesc->freeptr;
169         bdesc->freeptr=*((void **) retval);
170         bdesc->refcnt++;
//最后开放中断,并返回指向空闲内存对象的指针。
171         sti();  /* OK, we're safe again */   /* 现在我们又安全了 */
172         return(retval);
173 }
174
175 /*
176  * Here is the free routine.  If you know the size of the object that you
177  * are freeing, then free_s() will use that information to speed up the
178  * search for the bucket descriptor.
179  *
180  * We will #define a macro so that "free(x)" is becomes "free_s(x, 0)"
181  */
/* 下面是释放子程序。如果你知道释放对象的大小,则 free_s()将使用该信息加速
 * 搜寻对应桶描述符的速度。
 * 我们将定义一个宏,使得"free(x)"成为"free_s(x, 0)"。*/
//释放存储桶对象。参数:obj-对应对象指针;size-大小。
182 void free_s(void *obj, int size)
183 {
184         void                *page;
185         struct _bucket_dir      *bdir;
186         struct bucket_desc      *bdesc, *prev;
187
188         /* Calculate what page this object lives in */    /* 计算该对象所在的页面 */
189         page=(void *)  ((unsigned long) obj & 0xfffff000);
190         /* Now search the buckets looking for that page */
            /* 现在搜索存储桶目录项所链接的桶描述符,寻找该页面 */
191         for (bdir=bucket_dir; bdir->size; bdir++) {
192                 prev=0;
193                 /* If size is zero then this conditional is always false */
                    /* 如果参数 size 是 0,则下面条件肯定是 false */
194                 if (bdir->size < size)
195                         continue;
//搜索对应目录项中链接的所有描述符,查找对应页面。如果某描述符页面指针等于 page 则表示找到
//了相应的描述符,跳转到 found。如果描述符不含有对应 page,则让描述符指针 prev 指向该描述符。
196                 for (bdesc=bdir->chain; bdesc; bdesc=bdesc->next) {
197                         if (bdesc->page==page)
198                                 goto found;
199                         prev=bdesc;
200                 }
201         }
//若搜索了对应目录项的所有描述符都没有找到指定的页面,则显示出错信息,死机。
202         panic("Bad address passed to kernel free_s()");
203 found:
//找到对应的桶描述符后,首先关闭中断。然后将该对象内存块链入空闲块对象链表中,并使该描述符
//的对象引用计数减 1。
204         cli(); /* To avoid race conditions */   /* 为了避免竞争条件 */
205         *((void **)obj)=bdesc->freeptr;
206         bdesc->freeptr=obj;
```

```
207         bdesc->refcnt--;
//如果引用计数已等于0,则我们就可以释放对应的内存页面和该桶描述符。
208         if (bdesc->refcnt == 0) {
209                 /*
210                  * We need to make sure that prev is still accurate.  It
211                  * may not be, if someone rudely interrupted us....
212                  */
                /* 我们需要确信 prev 仍然是正确的,若某程序粗鲁地中断了我们
                 * 就有可能不是了。   */
//如果 prev 已经不是搜索到的描述符的前一个描述符,则重新搜索当前描述符的前一个描述符。
213                 if ((prev && (prev->next != bdesc)) ||
214                     (! prev && (bdir->chain != bdesc)))
215                         for (prev = bdir->chain; prev; prev = prev->next)
216                                 if (prev->next == bdesc)
217                                         break;
//如果找到该前一个描述符,则从描述符链中删除当前描述符。
218                 if (prev)
219                         prev->next = bdesc->next;
//如果 prev == NULL,则说明当前一个描述符是该目录项第一个描述符,即目录项中 chain 应该直接
//指向当前描述符 bdesc,否则表示链表有问题,显示出错信息,死机。因此,为了将当前描述符从链表中
//删除,应该让 chain 指向下一个描述符。
220                 else {
221                         if (bdir->chain != bdesc)
222                                 panic("malloc bucket chains corrupted");
223                         bdir->chain = bdesc->next;
224                 }
//释放当前描述符所操作的内存页面,并将该描述符插入空闲描述符链表开始处。
225                 free_page((unsigned long) bdesc->page);
226                 bdesc->next = free_bucket_desc;
227                 free_bucket_desc = bdesc;
228         }
229         sti();      //开中断,返回。
230         return;
231 }
```

12.1.8 open.c 程序

open()系统调用用于将一个文件名转换成一个文件描述符。当调用成功时,返回的文件描述符将是进程没有打开的最小数值的描述符。该调用创建一个新的打开文件,并不与任何其他进程共享。在执行 exec 函数时,该新的文件描述符将始终保持着打开状态。文件的读写指针被设置在文件开始位置。程序见文件 12-8。

参数 flag 是 O_RDONLY、O_WRONLY、O_RDWR 之一,分别代表文件只读打开、只写打开和读写打开方式,可以与其他一些标志一起使用(参见 fs/open.c,138 行)。

文件 12-8 linux/lib/open.c

```
7 #define __LIBRARY__
8 #include <unistd.h>       //Linux 标准头文件。定义了各种符号常数和类型,并声明了各种函数。
9 #include <stdarg.h>         //标准参数头文件。以宏的形式定义变量参数列表。
```

```
10 //打开并有可能创建一个文件。参数:filename-文件名;flag-文件打开标志;
   //返回:文件描述符,若出错则置出错号,并返回-1。
11 int open(const char * filename, int flag, ...)
12 {
13         register int res;
14         va_list arg;
15 //利用 va_start()宏函数,取得 flag 后面参数的指针,然后调用系统中断 int 0x80,功能 open,
   //进行文件打开操作。
   //%0-eax(返回的描述符或出错号);%1-eax(系统中断调用功能号__NR_open);
   //%2-ebx(文件名 filename);%3-ecx(打开文件标志 flag);%4-edx(后随参数文件属性 mode)。
16         va_start(arg,flag);
17         __asm__("int $ 0x80"
18                 :"=a" (res)
19                 :"" (__NR_open),"b" (filename),"c" (flag),
20                 "d" (va_arg(arg,int)));
   //系统中断调用返回值大于或等于 0,表示是一个文件描述符,则直接返回之。
21         if (res>=0)
22                 return res;
   //否则说明返回值小于 0,则代表一个出错号。设置该出错号并返回-1。
23         errno=-res;
24         return -1;
25 }
```

12.1.9 setsid.c 程序

该程序包括一个 setsid()系统调用函数。如果调用的进程不是一个组的组长时,该函数用于创建一个新会话。则调用进程将成为该新会话的组长、新进程组的组长,并且没有控制终端。调用进程的组 id 和会话 id 被设置成进程的 pid(进程标识符)。调用进程将成为新进程组和新会话中的唯一进程。代码见文件 12-9。

文件 12-9 linux/lib/setsid.c

```
 7 #define __LIBRARY__
 8 #include <unistd.h>      //Linux 标准头文件。定义了各种符号常数和类型,并声明了各种函数。
 9 //创建一个会话并设置进程组号。
   //下面系统调用宏对应于函数:pid_t setsid()。返回:调用进程的会话标识符(session ID)。
10 _syscall0(pid_t,setsid)
```

12.1.10 string.c 程序

所有字符串操作函数已经在 string.h 中实现,因此 string.c 程序仅包含 string.h 头文件。代码见文件 12-10。

文件 12-10 linux/lib/string.c

```
 7 #ifndef __GNUC__              //需要 GNU 的 C 编译器编译。
 8 #error I want gcc!
 9 #endif
10
11 #define extern
```

```
12 #define inline
13 #define __LIBRARY__
14 #include <string.h>
```

12.1.11 wait.c 程序

该程序包括函数 waitpid()和 wait()。这两个函数允许进程获取与其子进程之一的状态信息。各种选项允许获取已经终止或停止的子进程状态信息。如果存在两个或两个以上子进程的状态信息,则报告的顺序是不指定的。程序见文件 12-11。

wait()将挂起当前进程,直到其子进程之一退出(终止),或者收到要求终止该进程的信号,或者是需要调用一个信号句柄(信号处理程序)。

waitpid()挂起当前进程,直到 pid 指定的子进程退出(终止)或者收到要求终止该进程的信号,或者是需要调用一个信号句柄(信号处理程序)。

如果 pid=-1,options=0,则 waitpid()的作用与 wait()函数一样。否则其行为将随 pid 和 options 参数的不同而不同(参见 kernel/exit.c,142 行)。

文件 12-11 linux/lib/wait.c

```
 7 #define __LIBRARY__
 8 #include <unistd.h>      //Linux 标准头文件。定义了各种符号常数和类型,并声明了各种函数。
 9 #include <sys/wait.h>    //等待调用头文件。定义系统调用 wait()和 waitpid()及相关常数符号。
10 //等待进程终止系统调用函数。
   //下面的宏结构对应于函数:pid_t waitpid(pid_t pid, int * wait_stat, int options)
   //参数:pid-等待被终止进程的进程 id,或者是用于指定特殊情况的其他特定数值;
   //       wait_stat-用于存放状态信息;options-WNOHANG 或 WUNTRACED 或是 0。
11 _syscall3(pid_t,waitpid,pid_t,pid,int *,wait_stat,int,options)
12 //wait()系统调用。直接调用 waitpid()函数。
13 pid_t wait(int * wait_stat)
14 {
15         return waitpid(-1,wait_stat,0);
16 }
```

12.1.12 write.c 程序

该程序中包括一个向文件描述符写操作函数 write()。该函数向文件描述符指定的文件写入 count 字节的数据到缓冲区 buf 中。代码见文件 12-12。

文件 12-12 linux/lib/write.c

```
 7 #define __LIBRARY__
 8 #include <unistd.h>      //Linux 标准头文件。定义了各种符号常数和类型,并声明了各种函数。
 9 //写文件系统调用函数。
   //该宏结构对应于函数:int write(int fd, const char * buf, off_t count)
   //参数:fd-文件描述符;buf-写缓冲区指针;count-写字节数。
   //返回:成功时返回写入的字节数(0 表示写入 0 字节);出错时将返回-1,并且设置了出错号。
10 _syscall3(int,write,int,fd,const char *,buf,off_t,count)
```

12.2 本章小结

本章注释了内核使用的通用函数。这些函数以库函数的形式为内核程序提供服务。

12.3 习题

1. 参考第 2 章中对 Makefile 文件的注释，理解内核函数库的使用方法。它能被一般应用程序使用吗？为什么？

2. 参照这里内核库函数的编制方法，为内核添加一个系统调用，并在 C 标准函数库中为该调用建立一个库函数。

第 13 章　内核组建工具

Linux 内核源代码中的 tools/目录中包含一个生成内核磁盘映像文件的工具程序 build. c，该程序将单独编译成可执行文件，在 linux/目录下的 Makefile 文件中被调用运行，用于将所有内核编译代码链接和合并成一个可运行的内核映像文件 Image。具体方法是对 boot/中的 bootsect. s、setup. s 使用 8086 汇编器进行编译，分别生成各自的执行模块。再对源代码中的其他所有程序使用 GNU 的编译器 gcc/gas 进行编译，并链接成模块 system。然后使用 build 工具将这三块组合成一个内核映像文件 Image。基本编译链接/组合结构参见第 2 章中的图 2-20。

13. 1　build. c 程序分析

build. c 程序（见文件 13-1）使用 4 个参数，分别是 bootsect 文件名、setup 文件名、system 文件名和可选的根文件系统设备文件名。

程序首先检查命令行上最后一个根设备文件名可选参数，若其存在，则读取该设备文件的状态信息结构（stat），取出设备号。若命令行上不带该参数，则使用默认值。

然后对 bootsect 文件进行处理，读取该文件的 MINIX 执行头部信息，判断其有效性，然后读取随后 512 字节的引导代码数据，判断其是否具有可引导标志 0xAA55，并将前面获取的根设备号写入到 508、509 位移处，最后将该 512 字节代码数据写到 stdout 标准输出，由 Make 文件重定向到 Image 文件。

接下来以类似的方法处理 setup 文件。若该文件长度小于 4 个扇区，则用 0 将其填满为 4 个扇区的长度，并写到标准输出 stdout 中。

最后处理 system 文件。该文件是使用 GCC 编译器产生的，所以其执行头部格式是 GCC 类型的，与 Linux 定义的 a. out 格式一样。在判断执行入口点是 0 后，就将数据写到标准输出 stdout 中。若其代码数据长度超过 128KB，则显示出错信息。

文件 13-1　linux/tools/build. c

```
 7 /*
 8  * This file builds a disk-image from three different files:
 9  *
10  * -bootsect: max 510 bytes of 8086 machine code, loads the rest
11  * -setup: max 4 sectors of 8086 machine code, sets up system parm
12  * -system: 80386 code for actual system
13  *
14  * It does some checking that all files are of the correct type, and
15  * just writes the result to stdout, removing headers and padding to
16  * the right amount. It also writes some system data to stderr.
17  */
18 /* 该程序从三个不同的程序中创建磁盘映像文件:
    * -bootsect:该文件的 8086 机器码最长为 510 字节,用于加载其他程序。
    * -setup:该文件的 8086 机器码最长为 4 个磁盘扇区,用于设置系统参数。
```

```
 * -system:实际系统的 80386 代码。
 * 该程序首先检查所有程序模块的类型是否正确,并将检查结果在终端上显示出来,
 * 然后删除模块头部并扩充到正确的长度。该程序也会将一些系统数据写到 stderr。*/
19 /*
20  * Changes by tytso to allow root device specification
21  */
22 /* Tytso 对该程序作了修改,以允许指定根文件设备。   */
23 #include <stdio.h>      /* fprintf */            /* 使用其中的 fprintf() */
24 #include <string.h>                              /* 字符串操作 */
25 #include <stdlib.h>     /* contains exit */      /* 含有 exit() */
26 #include <sys/types.h> /* unistd.h needs this */ /* 供 unistd.h 使用 */
27 #include <sys/stat.h>                            /* 文件状态信息结构 */
28 #include <linux/fs.h>                            /* 文件系统 */
29 #include <unistd.h>     /* contains read/write *//* 含有 read()/write() */
30 #include <fcntl.h>                               /* 文件操作模式符号常数 */
31
32 #define MINIX_HEADER 32          //MINIX 二进制模块头部长度为 32B。
33 #define GCC_HEADER 1024          //GCC 头部信息长度为 1024B。
34
35 #define SYS_SIZE 0x2000          //system 文件最长节数(字节数为 SYS_SIZE*16=128KB)。
36
37 #define DEFAULT_MAJOR_ROOT 3     //默认根设备主设备号 - 3(硬盘)。
38 #define DEFAULT_MINOR_ROOT 6     //默认根设备次设备号 - 6(第 2 个硬盘的第 1 分区)。
39 /* 下面指定 setup 模块占的最大扇区数:不要改变该值,除非也改变 bootsect 等相应文件。*/
40 /* max nr of sectors of setup: don't change unless you also change
41  * bootsect etc */
42 #define SETUP_SECTS 4            //setup 最大长度为 4 个扇区(4*512B)。
43
44 #define STRINGIFY(x) #x          //用于出错时显示语句中表示扇区数。
45
46 void die(char * str)     //显示出错信息,并终止程序。
47 {
48         fprintf(stderr,"%s\n",str);
49         exit(1);
50 }
51
52 void usage(void)      //显示程序使用方法,并退出。
53 {
54         die("Usage: build bootsect setup system [rootdev] [> image]");
55 }
56
57 int main(int argc, char ** argv)
58 {
59         int i,c,id;
60         char buf[1024];
61         char major_root, minor_root;
62         struct stat sb;
63
64         if ((argc != 4) && (argc != 5))      //若命令行参数不是 4 或 5 个,则显示用法并退出。
65                 usage();
66         if (argc==5) {                       //如果参数是 5 个,则说明带有根设备名。
 //如果根设备名是软盘("FLOPPY"),则取该设备文件的状态信息,若出错则显示信息,退出。
```

```
67              if (strcmp(argv[4], "FLOPPY")) {
68                      if (stat(argv[4], &sb)) {
69                          perror(argv[4]);
70                          die("Couldn't stat root device.");
71                      }
//若成功则取该设备名状态结构中的主设备号和次设备号,否则让主设备号和次设备号取 0。
72                      major_root=MAJOR(sb.st_rdev);
73                      minor_root=MINOR(sb.st_rdev);
74              } else {
75                      major_root= 0;
76                      minor_root=0;
77              }
//若参数只有 4 个,则让主设备号和次设备号等于系统默认的根设备。
78      } else {
79              major_root=DEFAULT_MAJOR_ROOT;
80              minor_root=DEFAULT_MINOR_ROOT;
81      }
//在标准错误终端上显示所选择的根设备主、次设备号。
82      fprintf(stderr, "Root device is (%d, %d)\n", major_root, minor_root);
//如果主设备号不等于 2(软盘)或 3(硬盘),也不等于 0(取系统默认根设备),则显示出错信息,退出。
83      if ((major_root !=2) && (major_root !=3) &&
84          (major_root !=0)) {
85              fprintf(stderr, "Illegal root device (major=%d)\n",
86                      major_root);
87              die("Bad root device --- major #");
88      }
89      for (i=0;i<sizeof buf; i++) buf[i]=0;     //初始化 buf 缓冲区,全置 0。
//以只读方式打开参数 1 指定的文件(bootsect),若出错则显示出错信息,退出。
90      if ((id=open(argv[1],O_RDONLY,0))<0)
91              die("Unable to open 'boot'");
//读取文件中的 MINIX 执行头部信息(参见列表后说明),若出错则显示出错信息,退出。
92      if (read(id,buf,MINIX_HEADER) !=MINIX_HEADER)
93              die("Unable to read header of 'boot'");
//0x0301-MINIX 头部 a_magic 魔数;0x10-a_flag 可执行;0x04-a_cpu, Intel 8086 机器码。
94      if (((long *) buf)[0]!=0x04100301)
95              die("Non-Minix header of 'boot'");
//判断头部长度字段 a_hdrlen(字节)是否正确。(后三字节正好没有用,是 0)
96      if (((long *) buf)[1]!=MINIX_HEADER)
97              die("Non-Minix header of 'boot'");
98      if (((long *) buf)[3]!=0)        //判断数据段长 a_data 字段(long)内容是否为 0。
99              die("Illegal data segment in 'boot'");
100     if (((long *) buf)[4]!=0)        //判断堆 a_bss 字段(long)内容是否为 0。
101             die("Illegal bss in 'boot'");
102     if (((long *) buf)[5] !=0)       //判断执行点 a_entry 字段(long)内容是否为 0。
103             die("Non-Minix header of 'boot'");
104     if (((long *) buf)[7] !=0)       //判断符号表长字段 a_sym 的内容是否为 0。
105           die("Illegal symbol table in 'boot'");
106     i=read(id,buf,sizeof buf);       //读取实际代码数据,应该返回读取字节数为 512 字节。
107     fprintf(stderr,"Boot sector %d bytes.\n",i);
108     if (i !=512)
109             die("Boot block must be exactly 512 bytes");
//判断 boot 块 0x510 处是否有可引导标志 0xAA55。
```

```
110         if (( *(unsigned short *)(buf+510)) != 0xAA55)
111                 die("Boot block hasn't got boot flag (0xAA55)");
112         buf[508] =(char) minor_root;      //引导块的 508、509 偏移处存放的是根设备号。
113         buf[509] =(char) major_root;
   //将该 boot 块 512 字节的数据写到标准输出 stdout,若写出字节数不对,则显示出错信息,退出。
114         i =write(1,buf,512);
115         if (i!=512)
116                 die("Write call failed");
117         close (id);        //最后关闭 bootsect 模块文件。
118 
   //现在开始处理 setup 模块。首先以只读方式打开该模块,若出错则显示出错信息,退出。
119         if ((id=open(argv[2],O_RDONLY,0))<0)
120                 die("Unable to open 'setup'");
   //读取该文件中的 MINIX 执行头部信息(32 字节),若出错则显示出错信息,退出。
121         if (read(id,buf,MINIX_HEADER) != MINIX_HEADER)
122                 die("Unable to read header of 'setup'");
   //0x0301-MINIX 头部 a_magic 魔数;0x10 - a_flag 可执行;0x04 - a_cpu, Intel 8086 机器码。
123         if (((long *) buf)[0]!=0x04100301)
124                 die("Non-Minix header of 'setup'");
   //判断头部长度字段 a_hdrlen(字节)是否正确。(后三字节正好没有用,是 0)
125         if (((long *) buf)[1]!=MINIX_HEADER)
126                 die("Non-Minix header of 'setup'");
127         if (((long *) buf)[3]!=0)        //判断数据段长 a_data 字段(long)内容是否为 0。
128                 die("Illegal data segment in 'setup'");
129         if (((long *) buf)[4]!=0)        //判断堆 a_bss 字段(long)内容是否为 0。
130                 die("Illegal bss in 'setup'");
131         if (((long *) buf)[5] != 0)      //判断执行点 a_entry 字段(long)内容是否为 0。
132                 die("Non-Minix header of 'setup'");
133         if (((long *) buf)[7] !=0)       //判断符号表长字段 a_sym 的内容是否为 0。
134                 die("Illegal symbol table in 'setup'");
   //读取随后的执行代码数据,并写到标准输出 stdout。
135         for (i=0 ; (c=read(id,buf,sizeof buf))>0 ; i+=c )
136                 if (write(1,buf,c)!=c)
137                         die("Write call failed");
138         close (id);     //关闭 setup 模块文件。
   //若 setup 模块长度大于 4 个扇区,则算出错,显示出错信息,退出。
139         if (i > SETUP_SECTS * 512)
140                 die("Setup exceeds " STRINGIFY(SETUP_SECTS)
141                         " sectors-rewrite build/boot/setup");
142         fprintf(stderr,"Setup is %d bytes.\n",i);   //在 stderr 显示 setup 文件长度值。
143         for (c=0 ; c<sizeof(buf) ; c++)                //将缓冲区 buf 清零。
144                 buf[c] ='\0';
   //若 setup 长度小于 4 * 512 字节,则用 \0 将 setup 填足为 4 * 512 字节。
145         while (i<SETUP_SECTS * 512) {
146                 c=SETUP_SECTS * 512-i;
147                 if (c > sizeof(buf))
148                         c=sizeof(buf);
149                 if (write(1,buf,c) !=c)
150                         die("Write call failed");
151                 i +=c;
152         }
153 
```

```
//下面处理 system 模块。首先以只读方式打开该文件。
154         if ((id=open(argv[3],O_RDONLY,0))<0)
155                 die("Unable to open 'system'");
//system 模块是 GCC 格式的文件,先读取 GCC 格式的头部结构信息(Linux 的执行文件也采用该格式)。
156         if (read(id,buf,GCC_HEADER) != GCC_HEADER)
157                 die("Unable to read header of 'system'");
//该结构中的执行代码入口点字段 a_entry 值应为 0。
158         if (((long *) buf)[5] !=0)
159                 die("Non-GCC header of 'system'");
//读取随后的执行代码数据,并写到标准输出 stdout。
160         for (i=0 ; (c=read(id,buf,sizeof buf))>0 ; i+=c )
161                 if (write(1,buf,c)!=c)
162                         die("Write call failed");
//关闭 system 文件,并向 stderr 上打印 system 的字节数。
163         close(id);
164         fprintf(stderr,"System is %d bytes.\n",i);
//若 system 代码数据长度超过 SYS_SIZE(或 128KB),则显示出错信息,退出。
165         if (i > SYS_SIZE*16)
166                 die("System is too big");
167         return(0);
168 }
```

MINIX 可执行文件 a. out 的头部结构如下所示。详细情况参见 include/a. out. h 后面的说明。

```
struct  exec {
  unsigned char a_magic[2];       //执行文件魔数。
  unsigned char a_flags;          //标志(参见后面说明)。
  unsigned char a_cpu;            //cpu 标识号。
  unsigned char a_hdrlen;         //头部长度。
  unsigned char a_unused;         //保留给将来使用。
  unsigned short a_version;       //版本信息(目前未用)。
  long          a_text;           //代码段长度,字节数。
  long          a_data;           //数据段长度,字节数。
  long          a_bss;            //堆长度,字节数。
  long          a_entry;          //执行入口点地址。
  long          a_total;          //分配的内存总量。
  long          a_syms;           //符号表大小。
};
```

其中标志字段定义为:

```
A_UZP     0x01          //未映射的 0 页(页数)。
A_PAL     0x02          //以页边界调整的可执行文件。
A_NSYM    0x04          //新型符号表。
A_EXEC    0x10          //可执行文件。
A_SEP     0x20          //代码和数据是分开的。
```

CPU 标识号为:

```
A_NONE    0x00        //未知。
A_I8086   0x04        //Intel i8086/8088。
A_M68K    0x0B        //Motorola m68000。
A_NS16K   0x0C        //国家半导体公司 16032。
A_I80386  0x10        //Intel i80386。
A_SPARC   0x17        //Sun 公司 SPARC。
```

GCC 执行文件头部结构信息参见 linux/include/a.out.h 文件。

13.2 本章小结

本章说明了编译和建立内核的工具程序 build.c。该程序并不属于内核系统,但在编译创建可运行的内核程序时,它会将内核中的所有单独编译的模块组合成一个可运行的 Image 程序。

13.3 习题

1. 简单描述内核映像文件是如何拼接而成的。这个组建程序对内核的大小有限制吗?
2. 从 Linux 内核版本 0.95 开始,执行文件的格式修改成与 GNU 的 a.out 格式一样,引起与以前版本的执行文件格式不兼容问题。请参照 0.95 版内核,找出 a.out 格式上的差异。
3. 在 RedHat Linux 9.0 下编译 Linux 0.11 内核时,由于 gcc 编译器已经默认使用 ELF 的执行文件格式,请问如何修改本程序以达到正确编制 0.11 内核的目的?

参 考 文 献

[1] Intel Co. INTEL 80386 Programmer's Reference Manual [Z]. 1987.

[2] JAMES L TURLEY. Advanced 80386 Programming Techniques[M]. New York:Osborne McGraw-Hill,1988.

[3] BRIAN W KERNIGHAN,DENNIS M RITCHIE. The C programming Language [M]. 2nd ed. Upper Saddle River:Prentice-Hall,1988.

[4] LELAND L BECK. System Software: An Introduction to Systems Programming [M]. 3rd ed. Reading: Addison-Wesley,1997.

[5] RICHARD M STALLMAN. Using and Porting the GNU Compiler Collection [M]. Free Software Foundation, 1998.

[6] The Open Group Base Specifications Issue 6 IEEE Std 1003.1-2001[S]. The IEEE and The Open Group.

[7] DAVID A RUSLING. The Linux Kernel[OL]. http://www.tldp.org/,1999.

[8] Linux Kernel Source Code[OL]. http://www.kernel.org/.

[9] Digital Co Ltd. VT100 User Guide[OL]. http://www.vt100.net/.

[10] CLARK L COLEMAN. Using Inline Assembly with gcc[OL]. http://oldlinux.org/Linux.old/.

[11] JOHN H CRAWFORD, PATRICK P GELSINGER. Programming the 80386[M]. Hoboken:Sybex, 1988.

[12] FreeBSD Online Manual[OL]. http://www.freebsd.org/cgi/man.cgi.

[13] MARSHALL K MCKUSICK,et al. 4.4BSD操作系统设计与实现[M]. 李善平,等译.北京:人民邮电出版社,2002.

[14] MAURICE J BACH. UNIX操作系统设计[M]. 陈葆珏,等译. 北京:机械工业出版社,2000.

[15] JOHN LIONS. 莱昂氏UNIX源代码分析[M]. 尤晋元,译. 北京:机械工业出版社,2000.

[16] ANDREW S TANENBAUM. 操作系统:设计与实现[M]. 王鹏,尤晋元,等译. 北京:电子工业出版社,1998.

[17] ALESSANDRO RUBINI, JONATHAN. Linux设备驱动程序[M]. 魏永明,等译. 北京:中国电力出版社,2002.

[18] DANIEL P BOVET, MARCO CESATI. 深入理解LINUX内核[M]. 陈莉君,等译. 北京:中国电力出版社,2001.

[19] 张载鸿. 微型机(PC系列)接口控制教程[M]. 北京:清华大学出版社,1992.

[20] 李凤华,等. MS-DOS 5.0内核剖析[M]. 西安:西安电子科技大学出版社,1992.